高等院校数学教材同步
辅导及考研复习用书

高等数学
同步辅导讲义

（适用同济 第七版 上册） 上 册

李正元 主编

○ 章节知识点归纳总结、
题型科学分类归纳、典型例题全解析
○ 教材同步学习、章节复习、考研总复习

北京航空航天大学出版社
BEIHANG UNIVERSITY PRESS

内 容 简 介

本书按照同济大学数学系编写的《高等数学》第七版（上册）第一章至第七章章节顺序编写。对高等数学教材的学习进行同步辅导，每节设有与本节有关的知识点归纳总结、典型题型归纳及解题方法与技巧两个部分，以讲清讲透基本概念为主线，帮助读者在加深理解和掌握各章节的基本概念和重要定理与公式的基础上，通过选编的典型例题，给出多种解题方法与技巧。通过本书的学习，可以开阔读者思路、活跃思维，达到举一反三、触类旁通的效果，以提高分析解决问题的能力。

本书适用于高等院校读者同步复习高等数学教材、学期末总复习以及备考硕士研究生入学考试使用。

图书在版编目(CIP)数据

高等数学同步辅导讲义. 上册 / 李正元主编. -- 北京 ： 北京航空航天大学出版社，2022.6
ISBN 978 - 7 - 5124 - 3815 - 6

Ⅰ. ①高… Ⅱ. ①李… Ⅲ. ①高等数学－高等学校－自学参考资料 Ⅳ. ①O13

中国版本图书馆 CIP 数据核字(2022)第 091326 号

高等数学同步辅导讲义（上册）
李正元　主编
策划编辑　杨国龙　刘　扬　　责任编辑　孙玉杰

*

北京航空航天大学出版社出版发行

北京市海淀区学院路 37 号(邮编 100191)　http://www.buaapress.com.cn
发行部电话：(010)82317024　传真：(010)82328026
读者信箱：qdpress@buaacm.com.cn　　邮购电话：(010)82316936
保定市中画美凯印刷有限公司印装　　各地书店经销

*

开本：787×1 092　1/16　印张：20.75　字数：505 千字
2022 年 7 月第 1 版　　2022 年 7 月第 1 次印刷
ISBN 978 - 7 - 5124 - 3815 - 6　定价：59.00 元

前　　言

　　高等数学课程对于大学生来说，其重要性是不言而喻的，多年来被众多部委和省市列为教学的重点评估课程之一。高等数学在全国硕士学位研究生考试中被指定为全国统考科目。然而，一方面，近年来由于教学改革的实施，高等数学授课时间有所减少，因此，概念的深入探讨、知识点的融会贯通、知识面的拓展势必受到一定影响；另一方面，后续课程以及硕士研究生入学考试对高等数学的要求在教学大纲范围内有深化的趋势。如何解决这一新的矛盾，如何把大学期间高等数学的学习与硕士研究生入学考试复习紧密衔接，作者根据在北京大学多年的教学实践以及硕士研究生入学考试高等数学辅导的经验，听取了广大学员的意见，以同济·第七版为蓝本，参考了北京大学、清华大学、复旦大学、上海交通大学、武汉大学、华中科技大学、浙江大学、四川大学、西安交通大学、哈尔滨工业大学、大连理工大学、东北大学、湖南大学、重庆大学、华南理工大学等高等院校的现行教材，认真编写了本书。

　　本书每章都设有知识点归纳总结、典型题型归纳及解题方法与技巧。本书以讲清、讲透基本概念为主线，希望能帮助读者把握并理解各章的基本概念和重要的定理与公式；并通过选编的典型例题，或是澄清基本概念与基本运算，或是指出读者解题中常犯的错误，或是介绍高等数学中常用解题思路与技巧，希望读者能开阔思路，活跃思维，举一反三，触类旁通，提高分析与解决问题的能力。

　　在本次修订中，对于超过新的教学基本要求的内容，涉及一节、一目或有标题的内容均采用 * 或**号标出，有关典型例题也以 * 号或**号标出；对于新的教学基本要求中指明的为某些专业选用的基本内容或典型例题也以 * 号或**号标出。另外，全书中以"$\forall$"表示任意，"$\exists$"表示存在。

　　要写好一本书实非易事，疏漏错误在所难免，欢迎广大专家、同行和读者批评指正！

李正元

于北大燕北园

目　　录

第一章 函数与极限

第一节 映射与函数

一、知识点归纳总结

1. 函数概念

(1) 函数的定义

设数集 $X \subset \mathbf{R}$,若 $\exists$ 某种对应规则 f,对 X 中每一元素 $x \in X$,都有实数集 $\mathbf{R}$ 中唯一一元素 y 与之对应,则称 f 是从 X 到 $\mathbf{R}$ 的一个函数,记作

$$f : X \rightarrow \mathbf{R}$$

函数 f 在 x 点的值,记作 $y = f(x)$.这时 x 称为自变量,y 称为因变量.自变量 x 的变化域 X 称为函数的定义域,记为 $D(f)$;而相应的因变量 y 的变化域 Y 称为函数的值域,记为 $R(f)$.$R(f) = f(X) = \{y \mid y = f(x), x \in X\}$.

在定义中,我们把对应规则 f 称为函数,把 $f(x)$ 称为函数值.严格来说,对应规则不是数,是某种规则,而函数值是数,两者是不同的.

今后,在高等数学范围内,我们不区分函数与函数值.函数可以用 f 表示,也可以用 $f(x)$ 或 $y = f(x)$ 表示,函数值用 $f(x)$ 表示.

(2) Y 是函数的值域的充要条件

设函数 $y = f(x)$ 的定义域是 X,则 Y 是 $f(x)$ 的值域的充要条件是:$\forall x \in X$,有 $f(x) \in Y$,且 $\forall y \in Y$,至少 $\exists$ 一个 $x \in X$,使得 $f(x) = y$.

(3) 函数定义中的两个要素

定义域与对应规则是函数定义中的两个要素.值域随定义域与对应规则而确定.当且仅当定义域相同且对应规则相同时,这两个函数才是相同的.若函数有分析表达式,使分析表达式有意义的自变量的取值范围就是函数的自然定义域.在具体问题中,自然定义域不一定就是定义域.

(4) 函数概念的实质

函数表示法(如分析表示法,图示法,列表法等)只是两个变量间函数关系的表现形式.变量之间是否存在函数关系,就看是否存在一种对应规则,使得其中一个量定了而另一个量就被唯一确定,它不依赖于对应规则的表现形式.一个函数可以没有分析表达式,即使有分析表达式,在整个定义域上也不一定有统一的表达式.如所谓分段函数,在整个定义域上自变量的不同变化范围,对应规则用不同的式子来表示.

（5）常量与变量

自变量与因变量是相对的. 一个量在某个过程中是常量,在另一过程中可以是变量. 一个量在某个过程中是自变量,在另一个过程中可以是因变量,这一点既简单又重要.

2. 几类常见的函数

（1）有界函数

若 ∃ 常数 $M>0$, $\forall x \in X$ 有 $|f(x)| \leqslant M$,称 $f(x)$ 在 X 上有界,也称 $f(x)$ 在 X 上是有界函数.

几何意义是:$y=f(x)$ 的图形位于直线 $y=M$ 与 $y=-M$ 之间.

（2）奇偶函数

设 X 关于原点对称(若 $x \in X \Rightarrow -x \in X$),若 $\forall x \in X$,有

$$f(x)=f(-x) \quad (f(x)=-f(-x)),$$

则称 $f(x)$ 在 X 上是偶(奇)函数.

偶函数的图形关于 y 轴对称,奇函数的图形关于原点对称.

（3）单调函数

设 $f(x)$ 定义在区间 X 上,$\forall x_1, x_2 \in X$,若 $x_1 < x_2$,有 $f(x_1)<f(x_2)$($f(x_1)>f(x_2)$),则称 $f(x)$ 在区间 X 上单调增大(单调减小),它们统称为单调函数. 单调增大(单调减小)也称为单调上升或单调递增(单调下降或单调递减).

$\forall x_1, x_2 \in X$,若 $x_1 < x_2$,有 $f(x_1) \leqslant f(x_2)$($f(x_1) \geqslant f(x_2)$),则称 $f(x)$ 在区间 X 上单调不减(单调不增).

（4）周期函数

设 $f(x)$ 定义在 X 上,若 ∃ 常数 $T \neq 0$,满足:$\forall x \in X$,有 $x \pm T \in X$,且 $f(x+T)=f(x)$($\forall x \in X$),则称 $f(x)$ 为周期函数,T 为 $f(x)$ 的周期. 它的几何意义是:自变量每增加或减少一个固定的距离 T 后图形都重复出现.

周期函数一定有无穷多个周期,若 T 是 $f(x)$ 的周期,则 $\forall$ 自然数 n,$\pm nT$ 均是它的周期. 若无穷多个周期中,有一个最小的正数,则称它为最小周期,简称为周期.

3. 复合函数

设函数 $y=f(u)$ 的定义域包含函数 $u=\varphi(x)$ 的值域,则在函数 $u=\varphi(x)$ 的定义域 X 上可以确定一个函数 $y=f[\varphi(x)]$($x \in X$),称为由 $u=\varphi(x)$ 与 $y=f(u)$ 复合而成的复合函数. u 称为中间变量. 中间变量 u 在函数 $y=f(u)$ 中是自变量,而在函数 $u=\varphi(x)$ 中是因变量.

4. 反函数

（1）反函数的定义

设函数 $y=f(x)$ 的定义域为 X,值域为 Y. 若 $\forall y \in Y$,有唯一确定的 $x \in X$ 使得 $f(x)=y$,由此对应关系在 Y 上确定了一个函数,称为 $y=f(x)$ 的反函数,记为 $x=f^{-1}(y)$.

（2）函数与其反函数的关系

设 $y=f(x)$，定义域为 X，值域为 Y. 若 $y=f(x)$ 存在反函数 $x=f^{-1}(y)$，则它的定义域为 Y，值域为 X，且有

$$f[f^{-1}(y)]=y \quad (\forall y \in Y), \qquad f^{-1}[f(x)]=x \quad (\forall x \in X).$$

$y=f(x)$ 与 $x=f^{-1}(y)$ 的图形重合，$y=f(x)$ 与 $y=f^{-1}(x)$ 的图形关于直线 $y=x$ 对称.

（3）反函数的存在性

$f(x)$ 在 X 上存在反函数 $\Leftrightarrow \forall x_1, x_2 \in X$，若 $x_1 \neq x_2$，则 $f(x_1) \neq f(x_2)$. 单调函数一定存在反函数，且反函数有相同的单调性.

5. 基本初等函数

常数函数（$y=c$），幂函数（$y=x^a$），指数函数（$y=a^x$），对数函数（$y=\log_a x$），三角函数（$y=\sin x$，$\cos x$，$\tan x$，$\cot x$，$\sec x$，$\csc x$），反三角函数（$y=\arcsin x$，$\arccos x$，$\arctan x$，$\operatorname{arccot} x$，$\operatorname{arcsec} x$，$\operatorname{arccsc} x$）称为基本初等函数.

要熟悉这些函数的函数关系、定义域、函数图形和一些性质（包括有界性、奇偶性、单调性与周期性等）.

6. 初等函数

由基本初等函数经过有限次的四则运算以及复合运算而得到的函数称为初等函数.

7. 双曲函数与反双曲函数

双曲正弦 $y=\operatorname{sh}x=\dfrac{e^x-e^{-x}}{2}$ $\qquad (x \in (-\infty, +\infty))$，

双曲余弦 $y=\operatorname{ch}x=\dfrac{e^x+e^{-x}}{2}$ $\qquad (x \in (-\infty, +\infty))$，

双曲正切 $y=\operatorname{th}x=\dfrac{\operatorname{sh}x}{\operatorname{ch}x}=\dfrac{e^x-e^{-x}}{e^x+e^{-x}}$ $\quad (x \in (-\infty, +\infty))$，

它们的反函数分别是

反双曲正弦 $y=\operatorname{arsh}x=\ln(x+\sqrt{x^2+1})$ $\quad (x \in (-\infty, +\infty))$，

反双曲余弦 $y=\operatorname{arch}x=\ln(x+\sqrt{x^2-1})$ $\quad (x \in [1, +\infty))$，

反双曲正切 $y=\operatorname{arth}x=\dfrac{1}{2}\ln\dfrac{1+x}{1-x}$ $\quad (x \in (-1, 1))$.

双曲余弦的反函数是双值的，它的反函数有两支：$y=\pm\ln(x+\sqrt{x^2-1})$，取正值的一支作为该函数的主值.

8. 映射

（1）映射的定义

设 X, Y 是两个非空集合，若存在一个规则 T，使得 X 中的每个元素 x 按规则 T 在 Y 中有唯一元素 y 与之对应，则称 T 为从 X 到 Y 的映射，记作：

$$T: X \rightarrow Y$$

元素 y 称为元素 x(在映射 T 下)的像,并记作 $T(x)$,即 $y = T(x)$,而元素 x 称为元素 y(在映射 T 下)的原像.X 称为映射 T 的定义域,记作 $D(T)$,X 中所有元素的像所组成的集合称为 T 的值域,记作 $R(T)$ 或 $T(X)$.

$$R(T) = T(X) = \{y \mid y = T(x), x \in X\}.$$

函数是映射的特例,它是 **R** 中某数集到 **R** 的一个映射.

(2) 几类重要的映射

设 T 是从集合 X 到集合 Y 的映射.

① 若 $T(X) = Y$,即 Y 中 $\forall$ 元素均是 X 中元素的像,则称 T 为 X 到 Y 上的满射.

② 若对 $\forall x_1, x_2 \in X, x_1 \neq x_2$,必有 $T(x_1) \neq T(x_2)$,则称 T 为 X 到 Y 的单射.

③ 若 T 既是满射又是单射,称 T 为 X 到 Y 的一一映射.

(3) 逆映射

设映射 T 为 X 到 Y 的一个单射,则对每个 $y \in R(T)$,有唯一的 $x \in X$,适合 $T(x) = y$,于是可定义一个从 $R(T)$ 到 X 的映射,它将每个 $y \in R(T)$ 映射为 X 中的元素 x,满足 $T(x) = y$,把这个映射称为 T 的逆映射,记作 T^{-1},即

$$T^{-1} : R(T) \to X$$

对 $\forall y \in R(T)$,若 $T(x) = y$,规定 $T^{-1}(y) = x$.

T^{-1} 的定义域 $D(T^{-1}) = R(T)$,值域 $R(T^{-1}) = X = D(T)$.

反函数是逆映射的一个特例.

(4) 复合映射

设有两个映射 $T_1 : X \to Y_1, T_2 : Y_2 \to Z$,其中 $T_1(X) \subset Y_2$,则由 T_1 和 T_2 可确定从 X 到 Z 的对应规则,它将每个元素 $x \in X$,映射为 Z 中的元素 $z = T_2(T_1(x))$,这个对应规则就确定了从 X 到 Z 的一个映射,称为 T_1 和 T_2 构成的复合映射,记作 $T_2 o T_1$,即

$$T_2 o T_1 : X \to T$$

对每个 $x \in X, (T_2 o T_1)(x) = T_2(T_1(x))$.

映射 T_1 和 T_2 可构成复合映射的条件是:T_1 的值域 $R(T_1)$ 必须包含在 T_2 的定义域 $D(T_2)$ 内,即 $R(T_1) \subset D(T_2)$,否则不能构成复合映射.

$T_1 o T_2$ 有意义不一定 $T_2 o T_1$ 有意义,它们均有意义时也未必相同.

复合函数是复合映射的特例.

二、典型题型归纳及解题方法与技巧

1. 函数的有界性、奇偶性、单调性与周期性

【例 1.1.1】指出下列函数的定义域、值域、奇偶性、周期性(若是周期函数,指出其周期即最小周期)和有界性.

(1) $y = |x|$; (2) $y = \sqrt{x(4-x)}$;

(3) $y = \cos^2 x + 2$; (4) $y = |\sin x| + |\cos x|$.

【解】(1) $D(f) = \{x \mid -\infty < x < +\infty\}, R(f) = \{y \mid y \geqslant 0\}$,偶函数,非周期,无界.

(2) $D(f) = \{x \mid 0 \leqslant x \leqslant 4\}, R(f) = \{y \mid 0 \leqslant y \leqslant 2\}$,非奇非偶函数,非周期的有界

函数.

(3) $D(f)=\{x\mid-\infty<x<+\infty\}$，$R(f)=\{y\mid 2\leqslant y\leqslant 3\}$，偶函数，周期函数（周期$\pi$），有界.

(4) $D(f)=\{x\mid-\infty<x<+\infty\}$，$R(f)=\{y\mid 1\leqslant y\leqslant\sqrt{2}\}$，偶函数，周期函数$\left(\text{周期}\dfrac{\pi}{2}\right)$，有界.

评注　若 $y=f(x)$ 的定义域 $D(f)=X$，要证它的值域 $R(f)=Y$，即证：① $\forall x\in X$，$f(x)\in Y$；② $\forall y\in Y$，存在 $x\in X$，使得 $f(x)=y$.

对于题(1)，(3)易得到它们的值域.

对于题(4)，考察 $y^2=1+2\mid\sin x\cos x\mid=1+\mid\sin 2x\mid$，由此得 y^2 的值域为 $[1,2]$. 于是 y 的值域为 $[1,\sqrt{2}]$.

对于题(2)，可用配方法得 $y=\sqrt{4-(x-2)^2}$，由此可得相应的值域.

或者，$\forall x\in[0,4]\Rightarrow y\geqslant 0$. 又对 $y\geqslant 0$，考察方程

$$\sqrt{x(4-x)}=y\Leftrightarrow x^2-4x+y^2=0\Leftrightarrow x=2\pm\sqrt{4-y^2},$$

当 $y\geqslant 0$ 时，仅当 $y\in[0,2]$ 才有解 $x\in[0,4]$. 因此求得值域为 $[0,2]$.

【例 1.1.2】 设 $f(x)=x\sin x\,\mathrm{e}^{\cos x}\ (-\infty<x<+\infty)$，则 $f(x)$ 是

(A) 有界函数. (B) 单调函数.

(C) 周期函数. (D) 偶函数.

【分析】 由 $\sin x,\cos x$ 分别是 $(-\infty,+\infty)$ 上的奇函数和偶函数，于是 $\forall x\in(-\infty,+\infty)$，有 $f(-x)=[-x\sin(-x)]\mathrm{e}^{\cos(-x)}=(-1)^2x\sin x\,\mathrm{e}^{\cos x}=f(x)$.

$\Rightarrow f(x)$ 在 $(-\infty,+\infty)$ 为偶函数. 故应选(D).

评注　① 也可用奇偶函数的运算性质"两个奇函数之积是偶函数，两个偶函数之积为偶函数，任一函数 $g(u)$ 与偶函数 $u=h(x)$ 的复合 $g[h(x)]$ 也是偶函数"等来证明该例中的 $f(x)$ 是偶函数.

② 要证 $f(x)$ 在定义域 X 上无界，则应说明任何正数 M 都不是 $f(x)$ 的界，也就是要证：对于任意给定的 $M>0$，都存在点 $x_M\in X$，使得 $\mid f(x_M)\mid>M$ 成立.

③ 若存在 $x_1,x_2,x_3\in X$ 且 $x_1<x_2<x_3$，但 $f(x_1)<f(x_2)$，$f(x_2)>f(x_3)$（或 $f(x_1)>f(x_2)$，$f(x_2)<f(x_3)$）同时成立，则 $f(x)$ 在区间 X 上不是单调函数.

2. 证明函数的单调性、有界性与周期性

【例 1.1.3】 记 $[x]$ 为不超过 x 的最大整数，如 $[3.7]=3$，$[-4.35]=-5$，称 $y=[x]$ 为取整函数. 求证：$f(x)=x-[x]$ 在 $(-\infty,+\infty)$ 是有界周期函数.

【分析与证明】 可通过取整函数 $y=[x]$ 分段变化的规律来了解函数 $f(x)=x-[x]$ 是怎样变化的：

当 $n\leqslant x<n+1\ (n=0,\pm 1,\pm 2,\cdots)$ 时，$n+1\leqslant x+1<n+2$，按定义有

$$[x]=n,\quad[x+1]=n+1,$$
$$0=n-n\leqslant f(x)=x-[x]<(n+1)-n=1,$$
$$f(x+1)=(x+1)-[x+1]=x+1-(n+1)$$

$$= x - n = x - [x] = f(x).$$

因此 $f(x)$ 是有界的,并且是以 1 为周期的周期函数.

【例 1.1.4】求证:$f(x) = \dfrac{e^x - e^{-x}}{e^x + e^{-x}}$ 在 $(-\infty, +\infty)$ 单调增加.

【证明】$\forall x_1, x_2 \in (-\infty, +\infty)$,$x_2 > x_1$,则有

$$f(x_2) - f(x_1) = \frac{e^{x_2} - e^{-x_2}}{e^{x_2} + e^{-x_2}} - \frac{e^{x_1} - e^{-x_1}}{e^{x_1} + e^{-x_1}}$$

$$= \frac{(e^{x_2} - e^{-x_2})(e^{x_1} + e^{-x_1}) - (e^{x_1} - e^{-x_1})(e^{x_2} + e^{-x_2})}{(e^{x_2} + e^{-x_2})(e^{x_1} + e^{-x_1})}$$

$$= \frac{2[e^{x_2 - x_1} - e^{-(x_2 - x_1)}]}{(e^{x_2} + e^{-x_2})(e^{x_1} + e^{-x_1})} > 0,$$

因此,$f(x)$ 在 $(-\infty, +\infty)$ 单调增加.

3. 利用函数概念求函数表达式

【例 1.1.5】设 $f(x)$ 定义在 $(-\infty, +\infty)$ 上,且满足

$$2f(x) + f(1-x) = x^2.$$

求 $f(x)$ 的表达式.

【分析与求解】注意:$f(x) = f[1-(1-x)]$,在等式

$$2f(x) + f(1-x) = x^2 \qquad (1.1-1)$$

中将 x 换成 $1-x$,得

$$2f(1-x) + f[1-(1-x)] = (1-x)^2,$$

即

$$2f(1-x) + f(x) = (1-x)^2. \qquad (1.1-2)$$

由式(1.1-1)乘 2 并减去式(1.1-2)即可消去 $f(1-x)$,得

$$3f(x) = 2x^2 - (1-x)^2,\text{即 } 3f(x) = x^2 + 2x - 1,$$

亦即

$$f(x) = \frac{1}{3}(x^2 + 2x - 1),\forall x \in (-\infty, +\infty).$$

4. 求复合函数的定义域

【例 1.1.6】设 $y = f(x)$ 的定义域为 $[0, 2]$,求下列函数的定义域:

(1) $y = f(\text{sgn} x)$,其中 $\text{sgn} x = \begin{cases} 1, & x > 0, \\ 0, & x = 0, \\ -1, & x < 0; \end{cases}$ (2) $y = f(x+a) + f(x-a)$,$a > 0$.

【解】若已知 $y = f(x)$ 的定义域为 X,求复合函数 $y = f[\varphi(x)]$ 的定义域,即求 $u = \varphi(x)$ 的定义域中最大部分使得相应的值域等于或属于 X.

(1) 仅当 $x \geq 0$ 时 $u = \text{sgn} x$ 的值域属于 $[0, 2]$,所以 $y = f(\text{sgn} x)$ 的定义域为 $[0, +\infty)$.

(2) $y = f(x+a) + f(x-a)$ 的定义域为 $\begin{cases} 0 \leq x+a \leq 2, \\ 0 \leq x-a \leq 2. \end{cases}$

当 $a \leq 1$ 时,定义域为 $a \leq x \leq 2-a$;当 $a > 1$ 时,这个函数没有定义.

5. 求复合函数

【例 1.1.7】求下列函数的复合函数：

(1) 设 $\varphi(x)=x^2$，$\psi(x)=2^x$，求 $\varphi[\varphi(x)]$，$\varphi[\psi(x)]$，$\psi[\varphi(x)]$，$\psi[\psi(x)]$.

(2) 设 $g(x)=\begin{cases}2-x, & x\leqslant 0,\\ 2+x, & x>0,\end{cases}$ $f(x)=\begin{cases}x^2, & x<0,\\ -x, & x\geqslant 0,\end{cases}$ 求 $g[f(x)]$ 与 $f[g(x)]$.

(3) 设 $f(x)=\sin x$，$g(x)=\arcsin x$，求 $f[g(x)]$，$g[f(x)]$.

【解】(1) 令 $u=\varphi(x)$，则 $\varphi[\varphi(x)]=\varphi(u)=u^2=[\varphi(x)]^2=(x^2)^2=x^4$.

令 $u=\psi(x)$，则 $\varphi[\psi(x)]=\varphi(u)=u^2=[\psi(x)]^2=(2^x)^2=2^{2x}=4^x$.

变量替换的过程可以省略，即

$$\psi[\varphi(x)]=2^{\varphi(x)}=2^{x^2};\quad \psi[\psi(x)]=2^{\psi(x)}=2^{2^x}.$$

(2) 直接用代入法. 求 $g[f(x)]$ 时，先用 $f(x)$ 代替 x，得

$$g[f(x)]=\begin{cases}2-f(x), & f(x)\leqslant 0,\\ 2+f(x), & f(x)>0.\end{cases}$$

由 $f(x)$ 的定义知，当 $x<0$ 时，$f(x)=x^2>0$；当 $x>0$ 时，$f(x)=-x<0$；当 $x=0$ 时，$f(x)=0$. 于是

$$g[f(x)]=\begin{cases}2-(-x), & x\geqslant 0,\\ 2+x^2, & x<0\end{cases}=\begin{cases}2+x, & x\geqslant 0,\\ 2+x^2, & x<0.\end{cases}$$

用同样方法可求 $f[g(x)]=\begin{cases}[g(x)]^2, & g(x)<0,\\ -g(x), & g(x)\geqslant 0.\end{cases}$

注意：$g(x)=2+|x|\geqslant 2$，因而 $g(x)<0$ 的解是空集，$g(x)\geqslant 0$ 恒成立，于是

$$f[g(x)]=-g(x)=-2-|x|.$$

(3) 注意函数与反函数的关系及反三角函数的主值 $\Rightarrow$

$$f[g(x)]=\sin(\arcsin x)=x\ (x\in[-1,1]).$$

当 $-\dfrac{\pi}{2}+k\pi\leqslant x\leqslant\dfrac{\pi}{2}+k\pi$ 时，$-\dfrac{\pi}{2}\leqslant x-k\pi\leqslant\dfrac{\pi}{2}(k=0,\pm1,\pm2,\cdots)$.

令 $t=x-k\pi$，则

$$\arcsin[\sin(t+k\pi)]=\arcsin[(-1)^k\sin t]=(-1)^k\arcsin(\sin t)$$
$$=(-1)^k(x-k\pi),$$

即 $\arcsin(\sin x)=(-1)^k(x-k\pi)$，$x\in\left[-\dfrac{\pi}{2}+k\pi,\dfrac{\pi}{2}+k\pi\right]$ $(k=0,\pm1,\pm2,\cdots)$.

6. 求反函数

【例 1.1.8】求下列函数的反函数：

(1) $y=\dfrac{1}{2}\left(x+\dfrac{1}{x}\right)(|x|\geqslant 1)$；　(2) $y=\ln(x+\sqrt{x^2+1})(x\in(-\infty,+\infty))$.

【解】(1) 考察方程 $y=\dfrac{1}{2}\left(x+\dfrac{1}{x}\right)$ 即 $x^2-2xy+1=0$，它有解 $\Leftrightarrow y^2\geqslant 1$，解为

$$x=y\pm\sqrt{y^2-1}.$$

当 $y\geqslant 1$ 时，$x=y+\sqrt{y^2-1}\geqslant 1$（另一解要舍去，因 $0<y-\sqrt{y^2-1}\leqslant 1$）.

当 $y \leqslant -1$ 时, $x = y - \sqrt{y^2-1}$ (另一解要舍去,因 $-1 \leqslant y + \sqrt{y^2-1} < 0$).

因此,所求反函数为 $y = \begin{cases} x + \sqrt{x^2-1}, & x \geqslant 1, \\ x - \sqrt{x^2-1}, & x \leqslant -1. \end{cases}$

评注 不要把该题中的反函数写成

$$y = x + \sqrt{x^2-1} \ (x \geqslant 1) \ 和 \ y = x - \sqrt{x^2-1} \ (x \leqslant -1),$$

这样容易误解为有两个反函数.

(2) $y = \ln(x + \sqrt{x^2+1}) \Leftrightarrow e^y = x + \sqrt{x^2+1}$.

又 $\quad y = \ln \dfrac{1}{\sqrt{x^2+1}-x} = -\ln(-x + \sqrt{x^2+1}) \Leftrightarrow e^{-y} = -x + \sqrt{x^2+1}$,

两式相减得 $e^y - e^{-y} = 2x$. 反函数 $x = \dfrac{1}{2}(e^y - e^{-y})$, $y \in (-\infty, +\infty)$.

因此,所求反函数为 $y = \dfrac{1}{2}(e^x - e^{-x})$, $x \in (-\infty, +\infty)$.

评注 若能确定 $Y, \forall y \in Y$,则 $y = f(x)$ 可唯一解出 x. $\forall y \overline{\in} Y$,方程 $y = f(x)$ 无解,则不仅求出了反函数,而且也求出了反函数的定义域 Y.

【**例 1.1.9**】求 $y = f(x) = \begin{cases} 1 - 2x^2, & x < -1, \\ x^3, & -1 \leqslant x \leqslant 2, \\ 12x - 16, & x > 2 \end{cases}$ 的反函数.

【**解**】当 $x < -1$ 时,$y = 1 - 2x^2 < -1$,解得 $x = -\sqrt{\dfrac{1-y}{2}}$ (另一解舍去);

当 $-1 \leqslant x \leqslant 2$ 时,$y = x^3 \in [-1, 8]$,$\forall y \in [-1, 8]$,解得 $x = \sqrt[3]{y}$;

当 $x > 2$ 时,$y = 12x - 16 > 8$,$\forall y > 8$,解得 $x = \dfrac{y+16}{12}$.

因此,所求反函数为 $y = f^{-1}(x) = \begin{cases} -\sqrt{\dfrac{1-x}{2}}, & x < -1, \\ \sqrt[3]{x}, & -1 \leqslant x \leqslant 8, \\ \dfrac{x+16}{12}, & x > 8. \end{cases}$

【**例 1.1.10**】已知 $f(x) = e^{x^2}$,$f[\varphi(x)] = 1 - x$ 且 $\varphi(x) \geqslant 0$,求 $\varphi(x)$ 并写出它的定义域.

【**分析与求解**】这是已知 $f(u)$ 及 $f(u)$ 与某 $u = \varphi(x)$ 的复合函数 $f[\varphi(x)]$,求中间变量 $u = \varphi(x)$. 实质上是求 $f(u)$ 的反函数.

因 $f[\varphi(x)] = e^{\varphi^2(x)} = 1 - x$,则 $\varphi^2(x) = \ln(1-x)$. 从而 $\varphi(x) = \sqrt{\ln(1-x)}$.

由 $\ln(1-x) \geqslant 0$,知 $x \leqslant 0$. 因此 $\varphi(x)$ 的定义域: $x \leqslant 0$.

评注　设 $f[\varphi(x)]=\psi(x)$，其中 $\psi(x)$ 是已知函数.那么有两类问题：一是已知 f 求 φ.另一是已知 φ 求 f.

若 f 已知，并存在反函数，则 $\varphi(x)=f^{-1}[\psi(x)]$.

若 φ 已知，并存在反函数.令 $t=\varphi(x)$，则 $x=\varphi^{-1}(t)$，从而 $f(t)=\psi[\varphi^{-1}(t)]$，即 $f(x)=\psi[\varphi^{-1}(x)]$.因此，这两类问题实质上都是求反函数问题.

第二节　数列的极限

一、知识点归纳总结

1. 数列极限的定义

给定数列 $\{x_n\}$，若存在实数 a，对任意给定的正数 ε，都存在一个正整数 N，使得当 $n>N$ 时就有 $|x_n-a|<\varepsilon$ 成立，则称 n 趋于正无穷时 $\{x_n\}$ 以 a 为极限，简称 $\{x_n\}$ 以 a 为极限，记为

$$\lim_{n\to+\infty}x_n=a \quad 或 \quad x_n\to a \quad (n\to+\infty).$$

又称 $\{x_n\}$ 收敛于 a 或简称 $\{x_n\}$ 收敛.

用 $\forall$（表示"对于任意给定的"或"对于每一个"，下同），$\exists$（表示"存在"，下同）来表示：

$\lim\limits_{n\to+\infty}x_n=a \Leftrightarrow \forall\varepsilon>0$，$\exists$ 正整数 N，当 $n>N$ 时，有 $|x_n-a|<\varepsilon$.

2. 数列极限的性质

① 极限的不等式性质.设 $\lim\limits_{n\to+\infty}x_n=A$，$\lim\limits_{n\to+\infty}y_n=B$.

若 $A>B \Rightarrow \exists N$，当 $n>N$ 时，$x_n>y_n$；

若 $\exists N$，当 $n>N$ 时 $x_n\geqslant y_n \Rightarrow A\geqslant B$.

② 极限的唯一性.设 $\lim\limits_{n\to+\infty}x_n=A$，$\lim\limits_{n\to+\infty}x_n=B \Rightarrow A=B$.

③ 存在极限的数列的有界性.

若 $\lim\limits_{n\to+\infty}x_n=a$，则 x_n 是有界的，即 $\exists$ 常数 $M>0$，$\forall n=1,2,3,\cdots$，有 $|x_n|\leqslant M$.

3. 数列极限与子数列极限的关系

在数列 $\{x_n\}$ 中任意抽取无限多项并保持这些项在原数列 $\{x_n\}$ 中的先后次序，这样得到的一个数列称为原数列 $\{x_n\}$ 的子数列（或子列）.

记 $\{n_k\}$ 为某数列，$\forall k=1,2,3,\cdots$，n_k 为自然数并满足 $n_{k+1}>n_k$，$n_k\geqslant k$，$\{x_n\}$ 的子列可表为 $\{x_{n_k}\}$.用记号 x_{n_k} 表示子数列中的第 k 项，原数列 $\{x_n\}$ 中的第 n_k 项.

$\lim\limits_{n\to+\infty}x_n=a \Rightarrow$ 对 x_n 的任一子列 x_{n_k} 有 $\lim\limits_{k\to+\infty}x_{n_k}=a$.

评注　事实上我们有 $\lim\limits_{n\to+\infty}x_n=a\Leftrightarrow$ 对 x_n 的任意子列 x_{n_k} 有 $\lim\limits_{k\to+\infty}x_{n_k}=a$.特别有 $\lim\limits_{n\to+\infty}x_n=a \Leftrightarrow \lim\limits_{n\to+\infty}x_{2n}=\lim\limits_{n\to+\infty}x_{2n-1}=a$.

4. 按定义证明数列的极限等式

按定义证明 $\lim\limits_{n\to+\infty}x_n=a$ 常用两种方法：

方法一 直接解不等式 $|x_n-a|<\varepsilon$,得 $n>f(\varepsilon)$.

方法二 先放大 $|x_n-a|\leqslant y_n$,y_n 简单(以 0 为极限);然后解不等式 $y_n<\varepsilon$,得 $n>f(\varepsilon)$.

5.几个常用的极限等式

按定义可证:设 q,a,k 为常数,则

① $\lim\limits_{n\to+\infty}q^n=0$ ($|q|<1$). ② $\lim\limits_{n\to+\infty}\dfrac{a^n}{n!}=0$.

③ $\lim\limits_{n\to+\infty}\dfrac{n^k}{a^n}=0$ ($|a|>1$). ④ $\lim\limits_{n\to+\infty}\sqrt[n]{a}=1$ ($a>0$).

⑤ $\lim\limits_{n\to+\infty}\sqrt[n]{n}=1$.

二、典型题型归纳及解题方法与技巧

1. 按定义证明数列极限等式

【例 1.2.1】设 a,k 为正的常数,按定义证明:

(1) $\lim\limits_{n\to+\infty}\dfrac{1}{(n-a)^k}=0$; (2) $\lim\limits_{n\to+\infty}a^{\frac{1}{n}}=1$; (3) $\lim\limits_{n\to+\infty}\dfrac{n!}{n^n}=0$.

【分析与证明】(1) 按定义即证:$\forall\varepsilon>0$,$\exists$ 正整数 N,当 $n>N$ 时,有

$$\left|\frac{1}{(n-a)^k}\right|<\varepsilon\Leftrightarrow|n-a|^k>\frac{1}{\varepsilon}.$$

当 $n>a$ 时解不等式 $|n-a|^k=(n-a)^k>\dfrac{1}{\varepsilon}\Leftrightarrow n>\left(\dfrac{1}{\varepsilon}\right)^{\frac{1}{k}}+a$.

以 $[x]$ 表示不超过 x 的最大整数.因此,$\forall\varepsilon>0$,取 $N=\left[\left(\dfrac{1}{\varepsilon}\right)^{\frac{1}{k}}+|a|\right]+1$,当 $n>N$ 时,有 $\left|\dfrac{1}{(n-a)^k}\right|<\varepsilon$,即 $\lim\limits_{n\to+\infty}\dfrac{1}{(n-a)^k}=0$.

(2) 按定义即证:$\forall\varepsilon>0$,$\exists N$,当 $n>N$ 时,

$$|a^{\frac{1}{n}}-1|=\begin{cases} a^{\frac{1}{n}}-1, & a>1, \\ 0, & a=1, \\ 1-a^{\frac{1}{n}}, & 0<a<1 \end{cases} <\varepsilon.$$

当 $a>1$ 时,解不等式 $|a^{\frac{1}{n}}-1|=a^{\frac{1}{n}}-1<\varepsilon$,得

$$a^{\frac{1}{n}}<1+\varepsilon, \quad \frac{1}{n}\lg a<\lg(1+\varepsilon), \quad 即 \quad n>\lg a/\lg(1+\varepsilon).$$

因此,$\forall\varepsilon>0$,取 $N=[\lg a/\lg(1+\varepsilon)]+1$,当 $n>N$ 时,有

$$|a^{\frac{1}{n}}-1|<\varepsilon, \quad 即 \quad \lim\limits_{n\to+\infty}\sqrt[n]{a}=1.$$

当 $0<a<1$ 时类似可证.当 $a=1$ 时取 $N=1$ 即可.

(3) 直接解不等式 $\left|\dfrac{n!}{n^n}\right|=\dfrac{n!}{n^n}<\varepsilon$ 是不可能的,先对 $\dfrac{n!}{n^n}$ 放大,然后再解不等式,

找 N.

先将 $\dfrac{n!}{n^n}$ 放大：$\dfrac{n!}{n^n}=\dfrac{1\cdot 2\cdot 3\cdots n}{n\cdot n\cdot n\cdots n}\leqslant\dfrac{1}{n}$；然后 $\forall\varepsilon>0$，解不等式 $\dfrac{1}{n}<\varepsilon$，得 $n>\dfrac{1}{\varepsilon}$.

因此，$\forall\varepsilon>0$，取 $N=\left[\dfrac{1}{\varepsilon}\right]+1$，当 $n>N$ 时有

$$\left|\dfrac{n!}{n^n}-0\right|\leqslant\dfrac{1}{n}<\varepsilon,\qquad 即\quad \lim_{n\to+\infty}\dfrac{n!}{n^n}=0.$$

评注 ① 按定义证明 $\lim\limits_{n\to+\infty}x_n=a$，即 $\forall\varepsilon>0$，找 N，使得 $n>N$ 时有 $|x_n-a|<\varepsilon$. 本题中(1)与(2)的共同点是：直接解不等式 $|x_n-a|<\varepsilon$ 得 $n>f(\varepsilon)$. 因而可取 $N=[f(\varepsilon)]+1$. 这里不妨设 $f(\varepsilon)>0$.

② 按定义证明 $\lim\limits_{n\to+\infty}x_n=a$ 时，往往 $\forall\varepsilon>0$，直接解不等式 $|x_n-a|<\varepsilon$ 是不可能的或十分复杂. 所谓由此不等式解出 $n>f(\varepsilon)$，即若 $|x_n-a|<\varepsilon$，则有 $n>f(\varepsilon)$，反之亦然. 但极限定义中只要求 $\forall\varepsilon>0$，$\exists N$，当 $n>N$ 时有 $|x_n-a|<\varepsilon$ 就行了，并不要求 $|x_n-a|<\varepsilon$ 时必有 $n>N$. 因此，通常先将 $|x_n-a|$ 适当放大，即 $|x_n-a|\leqslant y_n$，y_n 简单（以 0 为极限），然后解不等式 $y_n<\varepsilon$，得 $n>f(\varepsilon)$. 本题中(3)就是这种方法.

2. 进一步理解数列极限的 ε-N 定义及收敛数列的性质

【例 1.2.2】 就数列极限的 ε-N 定义回答下列问题：

(1) N 是否唯一？　(2) N 是否与 ε 存在函数关系？

【解】 (1) N 不是唯一的. 因为若 $\forall\varepsilon>0$，$\exists N=N'$，当 $n>N$ 时有 $|x_n-a|<\varepsilon$，则 $\forall N'+1,N'+2,\cdots$ 等均可作为 N.

(2) 在数列极限 $\lim\limits_{n\to\infty}x_n=a$ 定义中，N 与 ε 有关，但不能说 N 与 ε 之间存在函数关系. 因为对任意给定的 $\varepsilon>0$，如果存在一个满足定义要求的 N_0，那么任何一个大于 N_0 的正整数 N 都可作为定义要求的 N，这就是说 N 的值并不是由 ε 的值所唯一确定的，按照函数的定义，N 与 ε 之间不存函数关系.

【例 1.2.3】 进一步回答下列问题：

(1) 若 $\exists N$ 与 ε 无关，$\forall\varepsilon>0$，当 $n>N$ 时有 $|x_n-a|<\varepsilon$，此数列 x_n 有何特点？

(2) 以下写法是否正确？为什么？

$$\lim_{n\to+\infty}x_n=a\ \Rightarrow\ \exists N,\forall\varepsilon>0,当\ n>N\ 时\ |x_n-a|<\varepsilon,\cdots$$

(3) 下列结论是否正确？为什么？

设 $x_n<y_n(n=1,2,\cdots)$，又 $\exists$ 极限 $\lim\limits_{n\to+\infty}x_n=A$，$\lim\limits_{n\to+\infty}y_n=B$，则 $A<B$.

【解】 (1) 此数列 x_n 满足 $n>N$ 时，$x_n=a$.

若不然，则 $\exists n_0>N$，$x_{n_0}\neq a$. 令 $\varepsilon_0=|x_{n_0}-a|$，则 $\varepsilon_0>0$. 按假设条件，则对 $0<\varepsilon<\varepsilon_0$，又有 $|x_{n_0}-a|\geqslant\varepsilon$，这便矛盾. 因此，$n>N$ 时 $x_n=a$.

(2) 不正确. 因为按题(1)的分析，"$\exists N$，$\forall\varepsilon>0$，当 $n>N$ 时，$|x_n-a|<\varepsilon$" $\Rightarrow$ "$n>N$ 时 $x_n=a$". 但条件 $\lim\limits_{n\to+\infty}x_n=a$ 并不意味着 $x_n=a\ (n>N)$.

评注 在数列极限的 ε-N 定义中，$\forall\varepsilon>0$，$\exists N$，当 $n>N$ 时 $|x_n-a|<\varepsilon$，这里给定 $\varepsilon>0$ 后找到 N，N 与 ε 有关. 调换顺序，$\exists N$，$\forall\varepsilon>0$，当 $n>N$ 时 $|x_n-a|<\varepsilon$，则引起质变. 这一点要引起注意.

（3）不正确. 这时只能保证 $A \leqslant B$, 不能保证 $A < B$.

例如, $x_n = \dfrac{1}{n}$, $y_n = \dfrac{2}{n}$, 则 $x_n < y_n$ $(n = 1, 2, \cdots)$, 但 $\lim\limits_{n \to +\infty} x_n = \lim\limits_{n \to +\infty} y_n = 0$.

评注　在极限存在的条件下, 不等式两边可以取极限, 保持不等号, 但不等号中还须带上等号.

【例 1.2.4】 "对于任意给定的 $\varepsilon \in (0, 1)$, 总存在正整数 N, 当 $n \geqslant N$ 时恒有 $|x_n - a| \leqslant 2\varepsilon$" 是数列 x_n 收敛于 a 的

（A）充分条件但非必要条件.　　　　（B）必要条件但非充分条件.

（C）充分必要条件.　　　　　　　　（D）既非充分条件又非必要条件.

【解】 极限 $\lim\limits_{n \to +\infty} x_n = a$ 的直观含义是: n 无限增大时, $|x_n - a|$ 无限趋于零; $\forall \varepsilon > 0$ 的实质是 $\varepsilon > 0$ 任意小, ε 可任意小, $\varepsilon \in (0, 1)$, 2ε 也可任意小. 从直观上看应选（C）. 进一步可回答下面的问题.

【例 1.2.5】 数列极限 $\lim\limits_{n \to +\infty} x_n = a$ 的定义（记作 A）改成下面的叙述（记作 B）是否可以? 为什么?

$\forall \varepsilon > 0$, $0 < \varepsilon < \varepsilon_0$, $\exists$ 正整数 N, 当 $n > N$ 时就有 $|x_n - a| \leqslant M\varepsilon$, 其中 $\varepsilon_0 > 0$, $M > 0$ 分别为某常数.

【解】 可以, 即 $A \Leftrightarrow B$. 理由是: $A \Rightarrow B$, 显然. 下证: $B \Rightarrow A$.

$\forall \varepsilon > 0$, 若 $\varepsilon < \varepsilon_0 \Rightarrow \dfrac{1}{M+1} \varepsilon < \varepsilon_0 \Rightarrow \exists N$, 当 $n > N$ 时有

$$|x_n - a| \leqslant M \cdot \frac{1}{M+1} \varepsilon < \varepsilon.$$

若 $\varepsilon \geqslant \varepsilon_0$, 取 $\varepsilon_1 \in (0, \varepsilon_0) \Rightarrow \exists N_1$, 当 $n > N_1$ 时, $|x_n - a| < \varepsilon_1 < \varepsilon$.

因此 $B \Rightarrow A$.

评注　知道了 $\lim\limits_{n \to a} x_n = a$ 的这个等价定义后, 就可知道例 1.2.4 中应选（C）.

第三节　函数的极限

一、知识点归纳总结

1. 函数极限的定义

① 自变量趋于无穷的情形. 给定函数 $f(x)$ 与常数 A, 若 $\forall \varepsilon > 0$, $\exists$ 正数 X, 当 $|x| > X$ 时总有 $|f(x) - A| < \varepsilon$, 则称当 x 趋于无穷时 $f(x)$ 以 A 为极限. 记作

$$\lim_{x \to \infty} f(x) = A \quad \text{或} \quad f(x) \to A \quad (x \to \infty).$$

② 自变量趋于有限值的情形. 给定函数 $f(x)$ 与常数 a, A. 若 $\forall \varepsilon > 0$, $\exists \delta > 0$, 当 $0 < |x - a| < \delta$ 时, 总有 $|f(x) - A| < \varepsilon$, 则称 x 趋于 a 时 $f(x)$ 以 A 为极限, 记作

$$\lim_{x \to a} f(x) = A \quad \text{或} \quad f(x) \to A \quad (x \to a).$$

注意　在极限 $\lim\limits_{x \to a} f(x) = A$ 的定义中,不能把限定条件 $|x-a| > 0$(即 $x \neq a$)去掉,写作"当 $|x-a| < \delta$ 时,有 $|f(x)-A| < \varepsilon$".因为极限 $\lim\limits_{x \to a} f(x) = A$ 的意义是:当自变量 x 趋于 a 时,对应的函数值 $f(x)$ 无限接近常数 A.$f(x)$ 在点 a 的情况,包括 $f(x)$ 在 a 是否有定义,有定义时 $f(a)$ 等于什么,都不影响 $x \to a$ 时 $f(x)$ 的变化趋势,故应把 $x=a$ 这一点排除在外.如果将此条件去掉,把 $\lim\limits_{x \to a} f(x) = A$ 的定义写作:"$\forall \varepsilon > 0, \exists \delta > 0$,当 $|x-a| < \delta$ 时,有 $|f(x)-A| < \varepsilon$",则当 $x=a$ 时,也有 $|f(x)-A| < \varepsilon$.由 ε 的任意性,要使此不等式成立,必定有 $f(a) = A$.这个条件显然与 $x \to a$ 时,$f(x)$ 的变化趋势是不相干的.

③ 单侧极限的情形.给定函数 $f(x)$ 与常数 a, A.若 $\forall \varepsilon > 0, \exists \delta > 0$,当 $0 < x-a < \delta (-\delta < x-a < 0)$ 时,总有 $|f(x)-A| < \varepsilon$,则称 A 为 $f(x)$ 当 $x \to a$ 时的右(左)极限或 A 为 $f(x)$ 在 a 点的右(左)极限.记作

$$\lim_{x \to a+0} f(x) = A \text{ 或 } f(x) \to A \quad (x \to a+0) \text{ 或 } f(a+0) = A.$$

$$(\lim_{x \to a-0} f(x) = A \text{ 或 } f(x) \to A \quad (x \to a-0) \text{ 或 } f(a-0) = A)$$

2. 单侧极限与双侧极限的关系

① $\lim\limits_{x \to a} f(x) = A \Leftrightarrow \lim\limits_{x \to a+0} f(x) = \lim\limits_{x \to a-0} f(x) = A.$ $(f(a+0) = f(a-0) = A)$

② $\lim\limits_{x \to \infty} f(x) = A \Leftrightarrow \lim\limits_{x \to +\infty} f(x) = \lim\limits_{x \to -\infty} f(x) = A.$

3. 函数极限的性质

① 极限的不等式性质.设 $\lim\limits_{x \to a} f(x) = A, \lim\limits_{x \to a} g(x) = B.$

若 $A > B$,则 $\exists \delta > 0$,当 $0 < |x-a| < \delta$ 时,$f(x) > g(x)$;

若 $\exists \delta > 0$,当 $0 < |x-a| < \delta$ 时,$f(x) \geqslant g(x)$,则 $A \geqslant B.$

② 极限的唯一性.设 $\lim\limits_{x \to a} f(x) = A, \lim\limits_{x \to a} f(x) = B$,则 $A = B.$

③ 存在极限的函数的局部有界性.设 $\lim\limits_{x \to a} f(x) = A$,则 $f(x)$ 在 a 点的某空心邻域有界,即 $\exists \delta > 0$ 及 $M > 0$,当 $0 < |x-a| < \delta$ 时,$|f(x)| \leqslant M.$

对函数极限来说,有各种不同的极限过程,如 $x \to a+0, x \to a-0, x \to +\infty, x \to -\infty$ 等,对各种极限过程均有类似于上述的性质.

4. 函数极限与数列极限的关系

设 $\lim\limits_{x \to a} f(x) = A$,则 $\forall$ 一数列 $\{x_n\}$,只要 $x_n \neq a (n=1,2,\cdots)$,$\lim\limits_{n \to +\infty} x_n = a$,就有 $\lim\limits_{n \to +\infty} f(x_n) = A.$

评注　事实上我们也有 $\lim\limits_{x \to a} f(x) = A \Leftrightarrow \forall$ 一数列 $\{x_n\}$,只要 $x_n \neq a (n=1,2,\cdots)$,$\lim\limits_{n \to +\infty} x_n = a$,就有 $\lim\limits_{n \to +\infty} f(x_n) = A.$

二、典型题型归纳及解题方法与技巧

1. 按定义证明函数极限等式

【例 1.3.1】求证：$\lim\limits_{x \to a} \sin x = \sin a$.

【证明】$|\sin x - \sin a| = 2\left|\sin \dfrac{x-a}{2} \cos \dfrac{x+a}{2}\right| \leqslant 2\left|\sin \dfrac{x-a}{2}\right| \leqslant 2\left|\dfrac{x-a}{2}\right| = |x-a|$，因此，$\forall \varepsilon > 0$，$\exists \delta = \varepsilon$，当 $|x-a| < \delta$ 时就有

$$|\sin x - \sin a| < \varepsilon, \quad \text{即} \quad \lim\limits_{x \to a} \sin x = \sin a.$$

评注　① 这里利用三角函数恒等式实现放大：$|\sin x - \sin a| \leqslant k|x-a|$，$k=1$，其中还用到了不等式 $|\sin x| \leqslant |x|$.

② 类似可证：$\lim\limits_{x \to a} \cos x = \cos a$.

【例 1.3.2】求证：$\lim\limits_{x \to 0} a^x = 1 \ (a > 0)$.

【证明】$a = 1$ 时 $a^x = 1$，显然成立. 下设 $a \neq 1$. 先证 $\lim\limits_{x \to 0+0} a^x = 1$.

(1) $a > 1$. 当 $x > 0$ 时，

$$|a^x - 1| = a^x - 1 < \varepsilon \Leftrightarrow a^x < 1 + \varepsilon \Leftrightarrow x \lg a < \lg(1+\varepsilon) \Leftrightarrow x < \frac{\lg(1+\varepsilon)}{\lg a}.$$

因此，$\forall \varepsilon > 0$，$\exists \delta = \dfrac{\lg(1+\varepsilon)}{\lg a}$，当 $0 < x < \delta$ 时，有

$$|a^x - 1| < \varepsilon. \quad \text{即} \quad \lim\limits_{x \to 0+0} a^x = 1.$$

(2) $0 < a < 1$. 不妨设 $0 < \varepsilon < 1$. 当 $x > 0$ 时，

$$|a^x - 1| = 1 - a^x < \varepsilon \Leftrightarrow a^x > 1 - \varepsilon$$

$$\Leftrightarrow x \lg a > \lg(1-\varepsilon) \Leftrightarrow x < \frac{\lg(1-\varepsilon)}{\lg a}.$$

因此，$\forall \varepsilon > 0, 0 < \varepsilon < 1$，$\exists \delta = \dfrac{\lg(1-\varepsilon)}{\lg a}$，当 $0 < x < \delta$ 时，有

$$|a^x - 1| < \varepsilon. \quad \text{即} \quad \lim\limits_{x \to 0+0} a^x = 1.$$

类似可证 $\lim\limits_{x \to 0-0} a^x = 1$.

因此 $\lim\limits_{x \to 0} a^x = 1$.

评注　这是利用了单双侧极限的关系，由证明 $\lim\limits_{x \to x_0 +0} f(x) = \lim\limits_{x \to x_0 -0} f(x) = A$ 而得到 $\lim\limits_{x \to x_0} f(x) = A$.

【例 1.3.3】按定义证明：$\lim\limits_{x \to +\infty} \arctan x = \dfrac{\pi}{2}$.

【分析与证明】考察 $\left|\arctan x - \dfrac{\pi}{2}\right| < \varepsilon \Leftrightarrow \dfrac{\pi}{2} - \varepsilon < \arctan x < \dfrac{\pi}{2} + \varepsilon$

$$\Leftrightarrow \frac{\pi}{2} - \varepsilon < \arctan x.$$

$$\forall \varepsilon, 0 < \varepsilon < \frac{\pi}{2}, \text{解不等式} \frac{\pi}{2} - \varepsilon < \arctan x \Rightarrow x > \tan\left(\frac{\pi}{2} - \varepsilon\right).$$

因此, $\forall \varepsilon, 0 < \varepsilon < \frac{\pi}{2}, \exists X = \tan\left(\frac{\pi}{2} - \varepsilon\right)$, 当 $x > X$ 时, 有

$$\frac{\pi}{2} - \varepsilon < \arctan x < \frac{\pi}{2} + \varepsilon. \quad \text{即} \quad \lim_{x \to +\infty} \arctan x = \frac{\pi}{2}.$$

2. 进一步理解函数极限的性质

【例 1.3.4】 下列结论是否正确? 为什么?

设 $f(x)$ 定义于 (a, b), 又 $c \in (a, b)$ 且存在极限 $\lim\limits_{x \to c} f(x) = A$, 则 $f(x)$ 在 (a, b) 有界.

【分析】 不正确. 这时只能保证: $\exists c$ 的一个空心邻域 $U_0(c, \delta)$, $f(x)$ 在 $U_0(c, \delta)$ 有界, 不能保证 $f(x)$ 在 (a, b) 有界. 例如: 设 $f(x) = \frac{1}{x}$, $(a, b) = (0, 1)$, 若 $c \in (0, 1)$, 则 $\lim\limits_{x \to c} f(x) = \frac{1}{c}$. 但 $f(x) = \frac{1}{x}$ 在 $(0, 1)$ 无界.

【例 1.3.5】 下列命题中正确的是

(A) 若 $\lim\limits_{x \to x_0} f(x) \geqslant \lim\limits_{x \to x_0} g(x) \Rightarrow \exists \delta > 0$, 当 $0 < |x - x_0| < \delta$ 时有 $f(x) \geqslant g(x)$.

(B) 若 $\exists \delta > 0$, 使得当 $0 < |x - x_0| < \delta$ 时有 $f(x) > g(x)$ 且 $\lim\limits_{x \to x_0} f(x) = A_0$, $\lim\limits_{x \to x_0} g(x) = B_0$ 均存在, 则 $A_0 > B_0$.

(C) 若 $\exists \delta > 0$, 当 $0 < |x - x_0| < \delta$ 时 $f(x) > g(x) \Rightarrow \lim\limits_{x \to x_0} f(x) \geqslant \lim\limits_{x \to x_0} g(x)$.

(D) 若 $\lim\limits_{x \to x_0} f(x) > \lim\limits_{x \to x_0} g(x) \Rightarrow \exists \delta > 0$, 当 $0 < |x - x_0| < \delta$ 时有 $f(x) > g(x)$.

【分析】 (D) 正确. (D) 正是极限的不等式性质中所述的结论; (A) 的错误在于, 由 $\lim\limits_{x \to x_0} f(x) = \lim\limits_{x \to x_0} g(x)$ 不能判断 x_0 附近 $f(x)$ 与 $g(x)$ 的大小关系; 由 (B) 的条件只能得 $A_0 \geqslant B_0$; 在 (C) 中没假设极限存在.

第四节　无穷小量与无穷大量

一、知识点归纳总结

1. 无穷小量

① 无穷小量的定义. 设 $f(x)$ 在 $U_0(a)$ 上有定义, 若 $\lim\limits_{x \to a} f(x) = 0$, 则称 $f(x)$ 当 $x \to a$ 时是无穷小量(简称无穷小), 记作 $f(x) = o(1) \ (x \to a)$, 其中 $U_0(a)$ 为 a 点的某空心邻域.

设 $\lim\limits_{n \to +\infty} x_n = 0$, 则称数列 x_n 为无穷小量. 同样记作 $x_n = o(1) \ (n \to +\infty)$.

极限过程 $x \to a$ 还可换成 $x \to a + 0, x \to a - 0, x \to +\infty, x \to -\infty$ 或 $x \to \infty$ 等.

概括各种情形, 我们可以说: 在某极限过程中以 0 为极限的变量称为无穷小量.

② 无穷小量与极限的关系.
$$\lim_{x \to a} f(x) = A \Leftrightarrow f(x) - A = o(1) \quad (x \to a),$$
即当 $x \to a$ 时,$f(x) - A$ 为无穷小量.

③ 无穷小量的简单性质.在同一个极限过程中,有限个无穷小量的和与积均为无穷小量;无穷小量与(局部)有界变量之积为无穷小量;无穷小量与存在极限变量之积为无穷小量.

2. 无穷大量

① 无穷大量的定义.给定函数 $f(x)$ 与常数 a,

➤ 若 $\forall M > 0, \exists \delta > 0$,当 $0 < |x - a| < \delta$ 时,有 $|f(x)| > M$,则称当 $x \to a$ 时 $f(x)$ 为无穷大量,记作 $\lim\limits_{x \to a} f(x) = \infty$;

➤ 若 $\forall M > 0, \exists \delta > 0$,当 $0 < |x - a| < \delta$ 时,有 $f(x) > M (f(x) < -M)$,则称当 $x \to a$ 时 $f(x)$ 为正(负)无穷大量,记作 $\lim\limits_{x \to a} f(x) = +\infty \ (-\infty)$.

极限过程 $x \to a$ 还可换成 $x \to a+0, x \to a-0, x \to +\infty, x \to -\infty$ 或 $x \to \infty$ 等.

② 无穷大量与无穷小量的关系.

在同一个极限中,若 u 是无穷小量,$u \neq 0$,则 $\dfrac{1}{u}$ 是无穷大量;若 u 是无穷大量,则 $\dfrac{1}{u}$ 是无穷小量.

二、典型题型归纳及解题方法与技巧

1. 按定义证明一个变量是无穷小量或无穷大量

【例 1.4.1】(1) 用 ε-δ 语言叙述:$x \to a$ 时 $f(x)$ 是无穷小量的定义.

(2) 按定义证明:$x \to 1$ 时 $\log_a x$ 是无穷小量.

【解】(1) 即叙述 $\lim\limits_{x \to a} f(x) = 0$ 的定义.若 $f(x)$ 满足:

$\forall \varepsilon > 0, \exists \delta > 0$,当 $0 < |x - a| < \delta$ 时,就有 $|f(x)| < \varepsilon$,则称 $x \to a$ 时 $f(x)$ 是无穷小量.

(2) 即按定义证:$\lim\limits_{x \to 1} \log_a x = 0$.不妨设 $a > 1$. $\forall \varepsilon > 0$,有

$$-\varepsilon < \log_a x < \varepsilon \Leftrightarrow a^{-\varepsilon} < x < a^{\varepsilon} \Leftrightarrow -(1 - a^{-\varepsilon}) < x - 1 < a^{\varepsilon} - 1.$$

因此,$\forall \varepsilon > 0, \exists \delta = \min(1 - a^{-\varepsilon}, a^{\varepsilon} - 1) = 1 - a^{-\varepsilon}$,当 $|x - 1| < \delta$ 时,$|\log_a x| < \varepsilon$,即 $\lim\limits_{x \to 1} \log_a x = 0$.

【例 1.4.2】按定义证明:

(1) $x \to 0+$ 时,$\log_a x$ 是负无穷大量,其中常数 $a > 1$;

(2) $x \to +\infty$ 时,q^x 是正无穷大量,其中常数 $q > 1$.

【证明】(1) $\forall M > 0, \log_a x < -M \Leftrightarrow 0 < x < a^{-M}$.因此,$\forall M > 0, \exists \delta = a^{-M}$,当 $0 < x < \delta$ 时有 $\log_a x < -M$. 即 $\lim\limits_{x \to 0+} \log_a x = -\infty$.

(2) $\forall M > 0, q^x > M \Leftrightarrow x \lg q > \lg M \Leftrightarrow x > \lg M / \lg q$.因此,$\forall M > 0, \exists X = \lg M / \lg q$,当 $x > \lg M / \lg q$ 时有 $q^x > M$,即 $x \to +\infty$ 时 q^x 为正无穷大量.

评注 由无穷小量的 $\varepsilon-\delta$ 定义可知:

① $\lim\limits_{x \to a} f(x)=0 \Leftrightarrow \lim\limits_{x \to a}|f(x)|=0$;

② 若 $\lim\limits_{x \to a} g(x)=0$,又 $|f(x)| \leqslant |g(x)|(0<|x-a|<\eta)$,则 $\lim\limits_{x \to a} f(x)=0$.

对数列极限也有类似的结论.

2. 用无穷小量的运算性质,无穷大量与无穷小量的关系证明一个变量是无穷小量或无穷大量

【例 1.4.3】已知 $x \to 0$ 时 x 是无穷小量,求证:

(1) $\lim\limits_{x \to 0}\left(x^2 \sqrt{2+\sin \dfrac{1}{x}}\right)=0$;

(2) $\lim\limits_{x \to 0}(x^3+5x)=0$;(3) $\lim\limits_{x \to 0} \dfrac{1}{x \arctan \dfrac{1}{x}}=\infty$.

【分析与证明】按无穷小量的运算法则或无穷小量与无穷大量的关系来证明.

(1) 由"无穷小量之积为无穷小量"得 $x \to 0$ 时 x^2 为无穷小量. 又 $\left|\sqrt{2+\sin \dfrac{1}{x}}\right| \leqslant \sqrt{3}$

$(\forall x \neq 0)$,即 $\sqrt{2+\sin \dfrac{1}{x}}$ 为有界函数,从而根据"无穷小量与有界函数之积为无穷小量"

可得 $\lim\limits_{x \to 0}\left(x^2 \sqrt{2+\sin \dfrac{1}{x}}\right)=0$.

(2) 由无穷小量之积为无穷小量,无穷小量之和为无穷小量得

$$\lim_{x \to 0}(x^3+5x)=\lim_{x \to 0} x^3+5 \lim_{x \to 0} x=0+0=0.$$

(3) 注意 $\arctan \dfrac{1}{x}$ 为有界函数,于是 $\lim\limits_{x \to 0} x \arctan \dfrac{1}{x}=0$.

再由无穷大量与无穷小量的关系知 $\lim\limits_{x \to 0} \dfrac{1}{x \arctan \dfrac{1}{x}}=\infty$.

【例 1.4.4】在下列各题中指出哪些是无穷小量,哪些是无穷大量?

(1) $\sin x(1+\cos x) \quad (x \to 0)$;

(2) $\dfrac{1+2x}{x^2} \quad (x \to 0)$;

(3) $3^x-1 \quad (x \to 0)$;

(4) $\lg x \quad (x \to 0+)$;

(5) $\dfrac{x+1}{\sqrt{x}-3} \quad (x \to 9)$;

(6) $\arctan x \quad (x \to +\infty)$.

【分析与求解】(1) $\sin x(1+\cos x)(x \to 0)$ 与(3) $3^x-1 \ (x \to 0)$ 是无穷小量.

因为已证 $\lim\limits_{x \to 0} \sin x=0$,又 $1+\cos x$ 为有界变量 $\Rightarrow \lim\limits_{x \to 0}(1+\cos x)\sin x=0$;已证 $\lim\limits_{x \to 0} 3^x=1$,

由极限与无穷小量的关系 $\Rightarrow \lim\limits_{x \to 0}(3^x-1)=0$.

(2) $\dfrac{1+2x}{x^2} \ (x \to 0)$ 与(5) $\dfrac{x+1}{\sqrt{x}-3} \ (x \to 9)$ 及(4) $\lg x \ (x \to 0+)$ 均是无穷大量. 因为

$$\lim_{x \to 0} x^2 = 0 \Rightarrow \lim_{x \to 0} \frac{1}{x^2} = \infty,$$

又 $\lim\limits_{x \to 0}(1+2x) = 1 \Rightarrow \lim\limits_{x \to 0} \dfrac{1+2x}{x^2} = \infty.$

$$\lim_{x \to 9} \sqrt{x} = \sqrt{9} = 3 \Rightarrow \lim_{x \to 9}(\sqrt{x} - 3) = 0 \Rightarrow \lim_{x \to 9} \frac{1}{\sqrt{x} - 3} = \infty,$$

又 $\lim\limits_{x \to 9}(x+1) = 10 \Rightarrow \lim\limits_{x \to 9} \dfrac{x+1}{\sqrt{x} - 3} = \infty.$

（6）$\arctan x$ 既不是无穷小量，也不是无穷大量，因为 $\lim\limits_{x \to +\infty} \arctan x = \dfrac{\pi}{2}.$

评注 上述求解中用到如下事实：若 $\lim\limits_{x \to a} f(x) = \infty,\ \lim\limits_{x \to a} g(x) = A \neq 0$，则有 $\lim\limits_{x \to a}[f(x)g(x)] = \infty.$

【例 1.4.5】 判断下列命题是否正确，并证明你的判断：

（1）设 x_n 是无穷小量，则 x_n^n 是无穷小量；

（2）设 $x_n > 0$ 是无穷小量，则 $\sqrt[n]{x_n}$ 是无穷小量；

（3）设 x_n 是无穷小量，则 $n^2 x_n^n$ 是无穷小量；

（4）设 $\lim\limits_{x \to a} f(x) = 0,\ \lim\limits_{x \to a} \dfrac{g(x)}{f(x)} = l$（实数），则 $x \to a$ 时 $g(x)$ 是无穷小量；

（5）设 $\lim\limits_{x \to 0} f(x) = 0,\ \lim\limits_{x \to 0} \dfrac{g(x)}{f(x)} = \infty$，则 $x \to a$ 时 $g(x)$ 不是无穷小量.

【分析与求解】（1）命题正确. 已知 $\lim\limits_{n \to +\infty} q^n = 0\,(|q| < 1)$，可否将 x_n^n 与 q^n 比较 $(0 < q < 1)$？因为 $\lim\limits_{n \to +\infty} x_n = 0$，这是可以办到的.

由于 $\lim\limits_{n \to +\infty} x_n = 0$，则 $\exists N$，当 $n > N$ 时 $|x_n| < \dfrac{1}{2}$. 于是 $|x_n^n| < \left(\dfrac{1}{2}\right)^n.$

又因为 $\lim\limits_{n \to +\infty}\left(\dfrac{1}{2}\right)^n = 0$，所以 $\lim\limits_{n \to +\infty} x_n^n = 0.$

评注 解此题常犯的错误是：因 $\lim\limits_{n \to +\infty} x_n = 0$，所以

$$\lim_{n \to +\infty} x_n^n = \lim_{n \to +\infty} x_n \cdot \lim_{n \to +\infty} x_n \cdots \lim_{n \to +\infty} x_n$$

$$= 0 \times 0 \times \cdots \times 0 = 0. \text{（这是不对的）}$$

无穷小量的一个运算性质是：有限个无穷小量之积为无穷小量. 但这里 $x_n^n = x_n \cdot x_n \cdots x_n$ 是 n 个无穷小量之积，个数 n 随 n 的增大而无限增多，不能用上述法则. 因此上述的论证是错误的.

（2）命题不正确. 如 $x_n = \left(\dfrac{1}{2}\right)^n$，则 $\lim\limits_{n \to +\infty} x_n = 0$. 但 $\lim\limits_{n \to +\infty} \sqrt[n]{x_n} = \dfrac{1}{2} \neq 0.$

评注 解此题常犯的错误是：

因 $\lim\limits_{n \to +\infty} x_n = 0,\quad x_n > 0 \Rightarrow \lim\limits_{n \to +\infty} \sqrt[n]{x_n} = \sqrt[n]{0} = 0 \Rightarrow$ 命题正确. 这种推理是不对的.

（3）命题正确. 已知 $\lim\limits_{n \to +\infty} n^2 q^n = 0\ (|q| < 1)$，将 $n^2 x_n^n$ 与 $n^2 q^n$ 比较 $(0 < q < 1)$. 或利

用(1)中的结论.

① 因 $\lim\limits_{n\to+\infty} x_n = 0 \Rightarrow \exists N$，当 $n > N$ 时，$|x_n| < \dfrac{1}{2}$. 于是 $|n^2 x_n^n| < n^2 \left(\dfrac{1}{2}\right)^n$.

已知 $\lim\limits_{n\to+\infty} n^2 \left(\dfrac{1}{2}\right)^n = 0$，因此 $\lim\limits_{n\to+\infty} n^2 x_n^n = 0$.

② $n^2 x_n^n = (\sqrt[n]{n^2}\, x_n)^n$. 注意 $\lim\limits_{n\to+\infty} \sqrt[n]{n} = 1$，$\sqrt[n]{n}$ 是有界数列 $\Rightarrow \sqrt[n]{n^2}$ 是有界数列，又

$\lim\limits_{n\to+\infty} x_n = 0 \Rightarrow \lim\limits_{n\to+\infty} \sqrt[n]{n^2}\, x_n = 0$. 由题(1)结论知，$\lim\limits_{n\to+\infty} n^2 x_n^n = \lim\limits_{n\to+\infty} (\sqrt[n]{n^2}\, x_n)^n = 0$.

评注　由无穷小量的运算法则知 $\lim\limits_{n\to+\infty} \sqrt[n]{n^2}\, x_n = 1^2 \times 0 = 0$.

(4) 命题正确. 考察 $g(x)$ 与 $f(x)$，$\dfrac{g(x)}{f(x)}$ 的关系知 $g(x) = f(x) \cdot \dfrac{g(x)}{f(x)}$. $x \to a$ 时

$f(x)$ 是无穷小量，$\dfrac{g(x)}{f(x)}$ 是存在极限的变量，由无穷小量的性质知，它们之积为无穷小量，即 $\lim\limits_{x\to a} g(x) = 0$.

(5) 命题不正确. 因为无穷小量与无穷小量之比可以为无穷大量. 如

$$f(x) = (x-a)^2, \quad g(x) = x-a,$$

则 $\lim\limits_{x\to a} f(x) = 0$，$\lim\limits_{x\to a} g(x) = 0$，$\lim\limits_{x\to a} \dfrac{g(x)}{f(x)} = \lim\limits_{x\to a} \dfrac{1}{x-a} = \infty$.

第五节　极限运算法则

一、知识点归纳总结

1. 极限的四则运算法则

① 设 u, v 是同一个自变量的函数，在同一个极限过程中 u, v 均存在极限：$\lim u = A$，$\lim v = B$，则

$$\lim(u \pm v) = A \pm B, \quad \lim(u \cdot v) = A \cdot B, \quad \lim \frac{u}{v} = \frac{A}{B} \quad (B \neq 0).$$

② 设有数列 $\{x_n\}$ 和 $\{y_n\}$，若 $\lim\limits_{n\to+\infty} x_n = A$，$\lim\limits_{n\to+\infty} y_n = B$，则

$$\lim_{n\to+\infty} (x_n \pm y_n) = A \pm B,$$

$$\lim_{n\to+\infty} (x_n \cdot y_n) = A \cdot B,$$

$$\lim_{n\to+\infty} \frac{x_n}{y_n} = \frac{A}{B} \quad \text{当 } y_n \neq 0(n = 1,2,3,\cdots) \text{ 且 } (B \neq 0) \text{ 时}.$$

2. 求极限的幂指数运算法则

① 设 $\lim\limits_{x\to x_0} f(x) = A > 0$，$\lim\limits_{x\to x_0} g(x) = B$，则 $\lim\limits_{x\to x_0} f(x)^{g(x)} = A^B$.

② 设 $\lim\limits_{x\to x_0} f(x) = A$，$\lim\limits_{x\to x_0} g(x) = +\infty$，则 $\lim\limits_{x\to x_0} f(x)^{g(x)} = \begin{cases} 0, & 0 < A < 1, \\ +\infty, & A > 1. \end{cases}$

其他极限过程也有类似结论：

① 设 $\lim\limits_{n \to +\infty} x_n = a > 0$，$\lim\limits_{n \to +\infty} y_n = b$，则 $\lim\limits_{n \to +\infty} x_n^{y_n} = a^b$．

② 设 $\lim\limits_{n \to +\infty} x_n = a$，$\lim\limits_{n \to +\infty} y_n = +\infty$，则 $\lim\limits_{n \to +\infty} x_n^{y_n} = \begin{cases} 0, & 0 < a < 1, \\ +\infty, & a > 1. \end{cases}$

3. 利用变量替换法求极限

设有复合函数 $y = f[g(x)]$，

① 若 $\lim\limits_{x \to x_0} g(x) = +\infty$，$\lim\limits_{u \to +\infty} f(u) = A$，则 $\lim\limits_{x \to x_0} f[g(x)] \xLeftarrow[\substack{x \to x_0 \text{ 时} \\ u \to +\infty}]{u = g(x)} \lim\limits_{u \to +\infty} f(u) = A$．

② 若 $\lim\limits_{x \to x_0} g(x) = u_0$，当 $0 < |x - x_0| < \delta$ 时 $g(x) \neq u_0$，$\lim\limits_{u \to u_0} f(u) = A$，则

$$\lim\limits_{x \to x_0} f[g(x)] \xLeftarrow[\substack{x \to x_0 \text{ 时} \\ u \to u_0}]{u = g(x)} \lim\limits_{u \to u_0} f(u) = A.$$

其他极限过程也有类似结论．

评注 变量替换法求极限就是求复合函数的极限．

二、典型题型归纳及解题方法与技巧

1. 求 $\dfrac{0}{0}$ 型或 $\dfrac{\infty}{\infty}$ 型极限

若 $\lim\limits_{x \to a} f(x) = \lim\limits_{x \to a} g(x) = 0$，或 $\lim\limits_{x \to a} f(x) = \lim\limits_{x \to a} g(x) = \infty$，分别称 $\lim\limits_{x \to a} \dfrac{f(x)}{g(x)}$ 为 $\dfrac{0}{0}$ 型或 $\dfrac{\infty}{\infty}$ 型的未定式极限．求这类极限不能直接用极限的四则运算法则．常用的方法之一是：设法先消去分子、分母中极限为 0 或 ∞ 的因子，然后再用极限的四则运算法则．

【例 1.5.1】 求下列极限：

(1) $I = \lim\limits_{n \to +\infty} \dfrac{n^{10} - 7n + 1}{4n^{10} - 8n^8 + 4n^2 - 1}$；

(2) $I = \lim\limits_{n \to +\infty} \dfrac{2 \cdot 3^n + 3 \cdot (-2)^n}{5 \cdot 3^n + 2^n}$；

(3) $I = \lim\limits_{x \to -\infty} \dfrac{\sqrt{4x^2 + x - 1} + x + 1}{\sqrt{x^2 + \sin x}}$．

【分析与求解】 均是求 $\dfrac{\infty}{\infty}$ 型的极限，设法消去极限为 ∞ 的因子．

(1) 分子、分母同除以 n^{10}，就约去了分子、分母中极限为 ∞ 的因子，然后就可用极限四则运算法则．

$$I = \lim\limits_{n \to +\infty} \dfrac{1 - \dfrac{7}{n^9} + \dfrac{1}{n^{10}}}{4 - \dfrac{8}{n^2} + \dfrac{4}{n^8} - \dfrac{1}{n^{10}}} = \dfrac{1}{4}.$$

(2) 分子、分母同除 3^n，就约去了分子、分母为 ∞ 的因子，并注意

$$\lim\limits_{n \to +\infty} \left(\dfrac{2}{3}\right)^n = 0, \quad \lim\limits_{n \to +\infty} \left(-\dfrac{2}{3}\right)^n = 0,$$

由极限的四则运算法则得 $I = \lim\limits_{n \to +\infty} \dfrac{2 + 3 \cdot \left(-\dfrac{2}{3}\right)^n}{5 + \left(\dfrac{2}{3}\right)^n} = \dfrac{2}{5}$.

(3) 分子、分母同除 $\sqrt{x^2} = -x\ (x<0)$,得 $I = \lim\limits_{x \to -\infty} \dfrac{\sqrt{4 + \dfrac{1}{x} - \dfrac{1}{x^2}} - 1 - \dfrac{1}{x}}{\sqrt{1 + \dfrac{\sin x}{x^2}}}$.

注意 $\lim\limits_{x \to -\infty} \dfrac{\sin x}{x^2} = 0$(无穷小量与有界变量之积为无穷小量),若 $\lim\limits_{x \to -\infty} f(x) = A \geqslant 0$,则

$\lim\limits_{x \to -\infty} \sqrt{f(x)} = \sqrt{A}$,于是再由极限四则运算法则得 $I = \lim\limits_{x \to -\infty} \dfrac{\sqrt{4} - 1}{\sqrt{1}} = 1$.

【例 1.5.2】求下列极限:

(1) $I = \lim\limits_{h \to 0} \dfrac{(x+h)^3 - x^3}{h}$; (2) $I = \lim\limits_{x \to 7} \dfrac{2 - \sqrt{x-3}}{x^2 - 49}$.

【分析与求解】均是求 $\dfrac{0}{0}$ 型极限,设法消去极限为 0 的因子.

(1) 将 $(x+h)^3$ 展开,然后约去分子、分母中的公因子 h,就可利用极限四则运算法则.

$$I = \lim\limits_{h \to 0} \dfrac{3x^2 h + 3xh^2 + h^3}{h} = \lim\limits_{h \to 0}(3x^2 + 3xh + h^2) = 3x^2.$$

也可将分子因式分解后约去 h 得

$$I = \lim\limits_{h \to 0} \dfrac{h\left[(x+h)^2 + x(x+h) + x^2\right]}{h}$$
$$= \lim\limits_{h \to 0}\left[(x+h)^2 + x(x+h) + x^2\right].$$

再用极限四则运算法则得 $I = \lim\limits_{h \to 0}(x+h)^2 + \lim\limits_{h \to 0}\left[x(x+h)\right] + x^2 = 3x^2$.

(2) 为了约去极限为 0 的因子,分子、分母同乘 $2 + \sqrt{x-3}$,得

$$I = \lim\limits_{x \to 7} \dfrac{7 - x}{(x-7)(x+7)(2 + \sqrt{x-3})}$$
$$= \lim\limits_{x \to 7} \dfrac{-1}{(x+7)(2 + \sqrt{x-3})} = -\dfrac{1}{(7+7)(2 + \sqrt{7-3})} = -\dfrac{1}{56}.$$

2. 求 $0 \cdot \infty$ 型或 $\infty - \infty$ 型极限

若 $\lim\limits_{x \to a} f(x) = 0$, $\lim\limits_{x \to a} g(x) = \infty$,称 $\lim\limits_{x \to a}[f(x)g(x)]$ 为 $0 \cdot \infty$ 型极限. 若 $\lim\limits_{x \to a} f(x) = \infty$, $\lim\limits_{x \to a} g(x) = \infty$,称 $\lim\limits_{x \to a}[f(x) - g(x)]$ 为 $\infty - \infty$ 型极限. 求这类极限也不能直接用极限四则运算法则. 常用的方法是,先设法转化为 $\dfrac{0}{0}$ 或 $\dfrac{\infty}{\infty}$ 型极限.

【例 1.5.3】求下列极限:

(1) $I = \lim\limits_{x \to +\infty} x(\sqrt{x^2+1} - x)$; (2) $I = \lim\limits_{x \to +\infty} x^{\frac{3}{2}}(\sqrt{x+2} - 2\sqrt{x+1} + \sqrt{x})$.

【分析与求解】（1）因为 $\lim\limits_{x\to+\infty} x\sqrt{x^2+1}=+\infty$，$\lim\limits_{x\to+\infty} x^2=+\infty$，所以也是 $\infty-\infty$ 型极限，不能直接用四则运算法则．现在将分子、分母同乘以 $(\sqrt{x^2+1}+x)$ 化成 $\dfrac{\infty}{\infty}$ 型极限，然后约去极限为 ∞ 的因子，最后就可以用极限四则运算法则求得极限

$$I=\lim_{x\to+\infty}\frac{x}{\sqrt{x^2+1}+x}=\lim_{x\to+\infty}\frac{1}{\sqrt{1+\dfrac{1}{x^2}}+1}=\frac{1}{2}.$$

评注　注意 $\lim\limits_{x\to+\infty}(\sqrt{x^2+1}-x)=\lim\limits_{x\to+\infty}\dfrac{1}{\sqrt{x^2+1}+x}=0$，

因此所求极限 $\lim\limits_{x\to+\infty} x(\sqrt{x^2+1}-x)$ 也是 $\infty\cdot 0$ 型，用上述方法化成了 $\dfrac{\infty}{\infty}$ 型．

（2）这个极限可以看成是 $\infty\cdot 0$ 型，也可看成是 $\infty-\infty$ 型．通过两次分子有理化可化成 $\dfrac{\infty}{\infty}$ 型的极限．

$$I=\lim_{x\to+\infty}x^{\frac{3}{2}}\left[(\sqrt{x+2}-\sqrt{x+1})-(\sqrt{x+1}-\sqrt{x})\right]$$

$$=\lim_{x\to+\infty}x^{\frac{3}{2}}\left(\frac{1}{\sqrt{x+2}+\sqrt{x+1}}-\frac{1}{\sqrt{x+1}+\sqrt{x}}\right)$$

$$=\lim_{x\to+\infty}x^{\frac{3}{2}}\left[\frac{\sqrt{x}-\sqrt{x+2}}{(\sqrt{x+2}+\sqrt{x+1})(\sqrt{x+1}+\sqrt{x})}\right]$$

$$=\lim_{x\to+\infty}x^{\frac{3}{2}}\cdot\frac{-2}{(\sqrt{x+2}+\sqrt{x+1})(\sqrt{x+1}+\sqrt{x})(\sqrt{x}+\sqrt{x+2})},$$

分子与分母同除 $x^{\frac{3}{2}}$ 得

$$I=\lim_{x\to+\infty}\frac{-2}{\left(\sqrt{1+\dfrac{2}{x}}+\sqrt{1+\dfrac{1}{x}}\right)\left(\sqrt{1+\dfrac{1}{x}}+1\right)\left(1+\sqrt{1+\dfrac{2}{x}}\right)}$$

$$=\frac{-2}{2\times 2\times 2}=-\frac{1}{4}.$$

3. 求 n 项和或 n 项积的数列的极限

【例 1.5.4】求 $\lim\limits_{n\to+\infty} x_n$：

（1）$x_n=1+2x+3x^2+\cdots+(n-1)x^{n-2}+nx^{n-1}$，其中 $|x|<1$；

（2）$x_n=\dfrac{1}{1\cdot 2\cdot 3}+\dfrac{1}{2\cdot 3\cdot 4}+\cdots+\dfrac{1}{n(n+1)(n+2)}$；

（3）$x_n=\left(1-\dfrac{1}{2^2}\right)\left(1-\dfrac{1}{3^2}\right)\cdots\left(1-\dfrac{1}{n^2}\right)$.

【分析与求解】这里均是求 n 项和或 n 项积的数列的极限，项数随 n 无限增大，不能直接用极限的四则运算法则，而首先要将它们作恒等变形，转化为可以用极限的四则运算法则的情形．

（1）注意和式的特点：$x_n = \sum_{k=1}^{n} a_k b_k$，其中 $a_k = k$ 是等差数列，$b_k = x^{k-1}$ 是等比数列，公比为 x，按此特点我们用"错位相减法"来化简．

$$x_n = 1 + 2x + 3x^2 + \cdots + (n-1)x^{n-2} + nx^{n-1},$$

$$x \cdot x_n = x + 2x^2 + \cdots + (n-2)x^{n-2} + (n-1)x^{n-1} + nx^n,$$

两式相减得　　　$x_n(1-x) = 1 + x + x^2 + \cdots + x^{n-1} - nx^n = \dfrac{1-x^n}{1-x} - nx^n$，

于是　　　　　　　　　$$x_n = \dfrac{1-x^n}{(1-x)^2} - \dfrac{nx^n}{1-x}.$$

注意 $|x| < 1$ 时，$\lim\limits_{n \to +\infty} x^n = 0$，$\lim\limits_{n \to +\infty} nx^n = 0$，因此

$$\lim_{n \to +\infty} x_n = \lim_{n \to +\infty} \frac{1-x^n}{(1-x)^2} - \lim_{n \to +\infty} \frac{nx^n}{1-x} = \frac{1}{(1-x)^2}.$$

（2）$x_n = \sum\limits_{k=1}^{n} \dfrac{1}{k(k+1)(k+2)}$．用"裂项法"将 x_n 化简，先将和式中的每一项

$\dfrac{1}{k(k+1)(k+2)}$ 拆成若干项：

$$\frac{1}{k(k+1)(k+2)} = \left(\frac{1}{k} - \frac{1}{k+1} \right) \frac{1}{k+2} = \frac{1}{k(k+2)} - \frac{1}{(k+1)(k+2)}$$

$$= \frac{1}{2}\left(\frac{1}{k} - \frac{1}{k+2} \right) - \left(\frac{1}{k+1} - \frac{1}{k+2} \right)$$

$$= \frac{1}{2}\left(\frac{1}{k} + \frac{1}{k+2} - \frac{2}{k+1} \right).$$

然后求和得

$$x_n = \sum_{k=1}^{n} \frac{1}{k(k+1)(k+2)} = \frac{1}{2}\sum_{k=1}^{n} \frac{1}{k} + \frac{1}{2}\sum_{k=1}^{n} \frac{1}{k+2} - \sum_{k=1}^{n} \frac{1}{k+1}$$

$$= \frac{1}{2}\sum_{k=1}^{n} \frac{1}{k} + \frac{1}{2}\sum_{k=3}^{n+2} \frac{1}{k} - \sum_{k=2}^{n+1} \frac{1}{k}$$

$$= \frac{1}{2} + \frac{1}{4} + \frac{1}{2}\frac{1}{n+1} + \frac{1}{2}\frac{1}{n+2} - \frac{1}{2} - \frac{1}{n+1}$$

$$= \frac{1}{4} + \frac{1}{2}\left(\frac{1}{n+2} - \frac{1}{n+1} \right).$$

因此　　　　　　　$$\lim_{n \to +\infty} x_n = \lim_{n \to +\infty} \left[\frac{1}{4} + \frac{1}{2}\left(\frac{1}{n+2} - \frac{1}{n+1} \right) \right]$$

$$= \frac{1}{4} + \frac{1}{2}\lim_{n \to +\infty}\left(\frac{1}{n+2} - \frac{1}{n+1} \right) = \frac{1}{4}.$$

（3）将 x_n 改写并化简．

$$x_n = \frac{2^2-1}{2^2} \cdot \frac{3^2-1}{3^2} \cdot \frac{4^2-1}{4^2} \cdot \cdots \cdot \frac{n^2-1}{n^2}$$

$$= \frac{1 \times 3}{2^2} \cdot \frac{2 \times 4}{3^2} \cdot \frac{3 \times 5}{4^2} \cdot \cdots \cdot \frac{(n-1) \times (n+1)}{n^2} = \frac{1}{2}\frac{n+1}{n},$$

因此
$$\lim_{n \to +\infty} x_n = \frac{1}{2} \lim_{n \to +\infty} \frac{n+1}{n} = \frac{1}{2} \lim_{n \to +\infty} \left(1 + \frac{1}{n}\right) = \frac{1}{2}.$$

4. 利用变量替换法求极限

通过变量替换法，把所求极限转化为某个已知的极限.

【例 1.5.5】求下列极限：

（1）$I = \lim\limits_{x \to -\infty} \arctan x$；　　　（2）$I = \lim\limits_{x \to 0+} \arctan \dfrac{1}{x}$；　　　（3）$I = \lim\limits_{x \to 0-} \arctan \dfrac{1}{x}$.

【分析与求解】已知 $\lim\limits_{x \to +\infty} \arctan x = \dfrac{\pi}{2}$，通过变量替换把所求极限转化为这个极限.

（1）$I \xlongequal{x = -t} \lim\limits_{t \to +\infty} \arctan(-t) = -\lim\limits_{t \to +\infty} \arctan t = -\dfrac{\pi}{2}$；

（2）$I \xlongequal{t = \frac{1}{x}} \lim\limits_{t \to +\infty} \arctan t = \dfrac{\pi}{2}$；　　　（3）$I \xlongequal{t = -\frac{1}{x}} \lim\limits_{t \to -\infty} \arctan t = -\dfrac{\pi}{2}$.

【例 1.5.6】证明下列极限等式：

（1）$\lim\limits_{x \to x_0} a^x = a^{x_0}$；　　　　　　　　　　　（2）$\lim\limits_{x \to x_0} \log_a x = \log_a x_0, x_0 > 0$；

（3）设 $\lim\limits_{x \to x_0} f(x) = A$，则 $\lim\limits_{x \to x_0} a^{f(x)} = a^A$；

（4）设 $\lim\limits_{x \to x_0} f(x) = A > 0$，则 $\lim\limits_{x \to x_0} \log_a f(x) = \log_a A$.

【分析与证明】分别利用已知极限 $\lim\limits_{x \to 0} a^x = 1$，$\lim\limits_{x \to 1} \log_a x = 0$ 与变量替换法.

（1）$\lim\limits_{x \to x_0} a^x = a^{x_0} \lim\limits_{x \to x_0} a^{x - x_0} \xlongequal{t = x - x_0} a^{x_0} \lim\limits_{t \to 0} a^t = a^{x_0}$；

（2）$\lim\limits_{x \to x_0} \log_a x = \lim\limits_{x \to x_0} \log_a \left(\dfrac{x}{x_0} \cdot x_0\right) = \lim\limits_{x \to x_0} \log_a \dfrac{x}{x_0} + \log_a x_0 \xlongequal{t = \frac{x}{x_0}} \lim\limits_{t \to 1} \log_a t + \log_a x_0 = \log_a x_0$；

（3）$\lim\limits_{t \to x_0} a^{f(x)} \xlongequal{t = f(x)} \lim\limits_{t \to A} a^t = a^A$；

（4）$\lim\limits_{x \to x_0} \log_a f(x) \xlongequal{t = f(x)} \lim\limits_{t \to A} \log_a t = \log_a A$.

【例 1.5.7】试证明极限的幂指数运算法则：

设 $\lim\limits_{x \to x_0} f(x) = A > 0$，$\lim\limits_{x \to x_0} g(x) = B$，则 $\lim\limits_{x \to x_0} f(x)^{g(x)} = A^B$.

【证明】将 $f(x)^{g(x)}$ 表示成 $f(x)^{g(x)} = a^{g(x) \log_a f(x)}$，由例 1.5.6 的结论得
$$\lim_{x \to x_0} [g(x) \log_a f(x)] = B \log_a A,$$
$$\lim_{x \to x_0} f(x)^{g(x)} = \lim_{x \to x_0} a^{g(x) \log_a f(x)} = a^{B \log_a A} = A^B.$$

5. 求分段函数的极限

【例 1.5.8】设 $f(x) = \begin{cases} x^2 + 2x - 2, & x \leqslant 1, \\ x, & 1 < x < 2, \\ 2x - 2, & x \geqslant 2, \end{cases}$ 试求：

(1) $\lim\limits_{x\to 1} f(x)$;　　　　(2) $\lim\limits_{x\to 2} f(x)$;　　　　(3) $\lim\limits_{x\to 3} f(x)$.

【分析与求解】$f(x)$是分段函数,$x=1$,$x=2$是分界点,求$\lim\limits_{x\to 1} f(x)$与$\lim\limits_{x\to 2} f(x)$要分别求左、右极限,$x=3$不是分界点,可直接求$\lim\limits_{x\to 3} f(x)$.

(1) $\lim\limits_{x\to 1+0} f(x)=\lim\limits_{x\to 1+0} x=1$,$\lim\limits_{x\to 1-0} f(x)=\lim\limits_{x\to 1-0}(x^2+2x-2)=1$,它们相等,因此,$\lim\limits_{x\to 1} f(x)=1$.

(2) $\lim\limits_{x\to 2+0} f(x)=\lim\limits_{x\to 2+0}(2x-2)=2$,$\lim\limits_{x\to 2-0} f(x)=\lim\limits_{x\to 2-0} x=2$,它们相等,因此,$\lim\limits_{x\to 2} f(x)=2$.

(3) $\lim\limits_{x\to 3} f(x)=\lim\limits_{x\to 3}(2x-2)=4$.

【例 1.5.9】求 $I=\lim\limits_{x\to 0}\left[\dfrac{(2+2^{\frac{1}{x}})\pi}{1+2^{\frac{4}{x}}}+2\arctan\dfrac{1}{x}\right]$.

【分析与求解】这里 $\lim\limits_{x\to 0+} 2^{\frac{1}{x}}(=+\infty)\neq\lim\limits_{x\to 0-} 2^{\frac{1}{x}}(=0)$,

$$\lim\limits_{x\to 0+}\arctan\dfrac{1}{x}\left(=\dfrac{\pi}{2}\right)\neq\lim\limits_{x\to 0-}\arctan\dfrac{1}{x}\left(=-\dfrac{\pi}{2}\right).$$

要分别考察

$$\lim\limits_{x\to 0+}\left[\dfrac{(2+2^{\frac{1}{x}})\pi}{1+2^{\frac{4}{x}}}+2\arctan\dfrac{1}{x}\right]=\lim\limits_{x\to 0+}\dfrac{(2\cdot 2^{-\frac{4}{x}}+2^{-\frac{3}{x}})\pi}{2^{-\frac{4}{x}}+1}+2\lim\limits_{x\to 0+}\arctan\dfrac{1}{x}$$

$$=0+2\cdot\dfrac{\pi}{2}=\pi,$$

$$\lim\limits_{x\to 0-}\left[\dfrac{(2+2^{\frac{1}{x}})\pi}{1+2^{\frac{4}{x}}}+2\arctan\dfrac{1}{2}\right]=\lim\limits_{x\to 0-}\dfrac{(2+2^{\frac{1}{x}})\pi}{1+2^{\frac{4}{x}}}+2\lim\limits_{x\to 0-}\arctan\dfrac{1}{x}$$

$$=2\pi-2\cdot\dfrac{\pi}{2}=\pi.$$

因左、右极限相等,因此 $I=\pi$.

评注　在以下情形,求 $\lim\limits_{x\to a} f(x)$需分别考察 $\lim\limits_{x\to a+0} f(x)$与 $\lim\limits_{x\to a-0} f(x)$:

① $f(x)$是分段函数,$x=a$是分界点.

② $f(x)$中含有某些项$\left(\text{如}2^{\frac{1}{x}},\arctan\dfrac{1}{x}\right)$,它们在 $x=a(a=0)$处的左、右极限不相同.

6. 由极限值确定函数式中的参数

【例 1.5.10】已知 $\lim\limits_{x\to\infty}\left(\dfrac{x^2}{x+1}-ax-b\right)=0$,其中$a,b$为参数,则

(A) $a=1$,　$b=1$.　　　　　　　　　　(B) $a=-1$,　$b=1$.

(C) $a=1$,　$b=-1$.　　　　　　　　　(D) $a=-1$,　$b=-1$.

【分析】由题设知,∃极限 $\lim\limits_{x\to\infty}\left(\dfrac{x^2}{x+1}-ax\right)=b$ 并求其值. 这是 $\infty-\infty$ 型极限,先通

分得

$$\lim_{x \to \infty}\left(\frac{x^2}{x+1} - ax\right) = \lim_{x \to \infty}\frac{x^2(1-a) - ax}{x+1} = \begin{cases} \infty, & a \neq 1, \\ -1, & a = 1. \end{cases}$$

因此, $a = 1, b = -1$, 故选(C).

评注 当 $a \neq 1$ 时, 不能写成

$$\lim_{x \to \infty}\left[\frac{x^2(1-a) - ax}{x+1}\right] = \left(\lim_{x \to \infty}\frac{x^2}{x+1}\right)(1-a) - a\lim_{x \to \infty}\frac{x}{1+x}$$
$$= \infty(1-a) - a = \infty.$$

在用极限四则运算法则时, 应要求每个极限存在.

在上述解法中, 实际上是用了如下法则:

① 若 $\lim_{x \to \infty}f(x) = \infty$, $\lim_{x \to \infty}g(x) = A \neq 0$, 则 $\lim_{x \to \infty}[f(x)g(x)] = \infty$.

② 若 $\lim_{x \to \infty}f(x) = \infty$, $\lim_{x \to \infty}g(x) = A$, 则 $\lim_{x \to \infty}[f(x) + g(x)] = \infty$.

第六节　极限存在准则　两个重要极限

一、知识点归纳总结

1. 夹逼定理(夹逼准则)

① 设数列 $\{x_n\}$, $\{y_n\}$ 与 $\{z_n\}$ 满足条件:

➤ $y_n \leqslant x_n \leqslant z_n$ （$n > N$）;

➤ $\lim_{n \to +\infty}y_n = \lim_{n \to +\infty}z_n = a$,

则数列 $\{x_n\}$ 的极限存在且 $\lim_{n \to +\infty}x_n = a$.

② 设 $f(x)$, $g(x)$ 与 $h(x)$ 满足条件:

➤ 当 $x \in \overset{\circ}{U}(x_0, r)$（或 $|x| > M$）时有 $g(x) \leqslant f(x) \leqslant h(x)$;

➤ $\lim_{\substack{x \to x_0 \\ (x \to \infty)}}g(x) = \lim_{\substack{x \to x_0 \\ (x \to \infty)}}h(x) = A$,

则 $\lim_{\substack{x \to x_0 \\ (x \to \infty)}}f(x)$ 存在且等于 A.

评注 ① 将 a 或 A 改为 ∞（$+\infty$ 或 $-\infty$）, 也有相应的结论, 即

$$\lim_{n \to +\infty}x_n = \infty(+\infty \text{ 或 } -\infty); \qquad \lim_{\substack{x \to x_0 \\ (x \to \infty)}}f(x) = \infty(+\infty \text{ 或 } -\infty).$$

② 函数极限的其他极限过程也有类似的结论.

2. 单调有界数列必存在极限准则

若对任意自然数 n, 有 $x_n \leqslant x_{n+1}$（$x_n \geqslant x_{n+1}$）, 则称数列 $\{x_n\}$ 是单调上升(下降)的, 统称为单调的. 单调上升(下降)又称单调增大(减小).

① 设 $\{x_n\}$ 单调上升, 若 $\{x_n\}$ 有上界, 即 $\exists$ 常数 M, $x_n \leqslant M$（$\forall n$）, 则 x_n 必 $\exists$ 极限: $\lim_{n \to +\infty}x_n = a$ 且 $x_n \leqslant a$（$n = 1, 2, \cdots$）; 若 $\{x_n\}$ 无上界, 则 $\lim_{n \to +\infty}x_n = +\infty$.

② 设 $\{x_n\}$ 单调下降,若 $\{x_n\}$ 有下界,即 $\exists$ 常数 m,$x_n \geqslant m\,(\forall n)$,则 x_n 必 $\exists$ 极限:$\lim\limits_{n \to +\infty} x_n = a$ 且 $x_n \geqslant a\,(n=1,2,3,\cdots)$;若 $\{x_n\}$ 无下界,则 $\lim\limits_{n \to +\infty} x_n = -\infty$.

3. 证明 $\lim\limits_{n \to +\infty} x_n$ 不存在的方法

① 证明 $\{x_n\}$ 存在子列 $\{x_{n_k}\}$,有 $\lim\limits_{k \to +\infty} x_{n_k} = \infty$,或证明 $\{x_n\}$ 存在两个子列 $\{x_{n_k}(1)\}$,$\{x_{n_k}(2)\}$,有 $\lim\limits_{k \to +\infty} x_{n_k}(1) \neq \lim\limits_{k \to +\infty} x_{n_k}(2)$,则可得 $\lim\limits_{n \to +\infty} x_n$ 不存在.

② 利用极限的运算法则. 例如:

➤ 若 $\lim\limits_{n \to +\infty} x_n$ 存在,$\lim\limits_{n \to +\infty} y_n$ 不存在,又 $z_n = x_n \pm y_n$,则 $\lim\limits_{n \to +\infty} z_n$ 不存在.

➤ 若 $\lim\limits_{n \to +\infty} x_n = a \neq 0$,$\lim\limits_{n \to +\infty} y_n$ 不存在,又 $z_n = x_n y_n$,则 $\lim\limits_{n \to +\infty} z_n$ 不存在.

4. 证明函数极限 $\lim\limits_{x \to a} f(x)$ 不存在的方法

① 考察左、右极限,若 $\lim\limits_{x \to a+\sigma} f(x)$,$\lim\limits_{x \to a-\sigma} f(x)$ 均 $\exists$ 但不相等,或这两个单侧极限中有一个不 $\exists$(如为 ∞),则 $\lim\limits_{x \to a} f(x)$ 不存在.

② 若 $\exists x_n \neq a$,$x_n \to a\,(n \to +\infty)$,$\lim\limits_{n \to +\infty} f(x_n)$ 不 $\exists$(如为 ∞),或 $\exists x_n \neq a$,$y_n \neq a$,$x_n \to a$,$y_n \to a\,(n \to +\infty)$,而 $\lim\limits_{n \to +\infty} f(x_n) \neq \lim\limits_{n \to +\infty} f(y_n)$,则 $\lim\limits_{x \to a} f(x)$ 不存在.

③ 利用极限运算法则(如同数列情形).

5. 两个重要极限

① $\lim\limits_{x \to 0} \dfrac{\sin x}{x} = 1$($x$ 是弧度单位).

② $\lim\limits_{x \to \infty} \left(1 + \dfrac{1}{x}\right)^x = e$(或 $\lim\limits_{x \to 0}(1+x)^{\frac{1}{x}} = e$,$\lim\limits_{n \to +\infty} \left(1 + \dfrac{1}{n}\right)^n = e$),其中 e 是一个无理数.

另外,数列 $x_n = \left(1 + \dfrac{1}{n}\right)^n$ 是单调上升有上界的,$\left(1 + \dfrac{1}{n}\right)^n < e\,(n=1,2,3,\cdots)$.

*6. 柯西极限存在准则

数列 $\{x_n\}$ 收敛的充要条件是:$\forall \varepsilon > 0$,$\exists$ 正整数 N,使得 $n,m > N$ 时就有 $|x_n - x_m| < \varepsilon$.

二、典型题型归纳及解题方法与技巧

1. 用适当放大缩小法求数列极限

用夹逼定理求极限 $\lim\limits_{n \to +\infty} x_n$,就是要将数列 x_n 放大与缩小成:$y_n \leqslant x_n \leqslant z_n$,要想成功,必须会求极限 $\lim\limits_{n \to +\infty} y_n$ 与 $\lim\limits_{n \to +\infty} z_n$ 且相等.

放大与缩小常用的方法有:

方法一 简单的放大与缩小的手段

如 n 个正数之和不超过最大数乘 n,不小于最小数乘 n;分子与分母同为正数时,分母放大此数缩小;若干正数乘积中,小于 1 的因子略去则放大,大于 1 的因子略去则缩小等.

【例 1.6.1】求 $\lim\limits_{n\to+\infty} x_n$，$x_n = \dfrac{1}{\sqrt{n^2+1}} + \dfrac{1}{\sqrt{n^2+2}} + \cdots + \dfrac{1}{\sqrt{n^2+n}}$.

【分析】常见的错误是：

$$\lim\limits_{n\to+\infty} x_n = \lim\limits_{n\to+\infty} \dfrac{1}{\sqrt{n^2+1}} + \lim\limits_{n\to+\infty} \dfrac{1}{\sqrt{n^2+2}} + \cdots + \lim\limits_{n\to+\infty} \dfrac{1}{\sqrt{n^2+n}}$$
$$= 0 + 0 + \cdots + 0 = 0.$$

错误原因：和式 x_n 中的每一项都是无穷小量，但无穷小量的个数不是有限的，是随 n 的增大而无限增多，所以不能用极限的四则运算法则.

对这类极限问题，常用的方法之一是适当放大缩小法.

【解】将数列 x_n 适当放大缩小得 $\dfrac{n}{\sqrt{n^2+n}} \leqslant x_n \leqslant \dfrac{n}{\sqrt{n^2+1}}$，又

$$\lim\limits_{n\to+\infty} \dfrac{n}{\sqrt{n^2+n}} = \lim\limits_{n\to+\infty} \dfrac{1}{\sqrt{1+\dfrac{1}{n}}} = 1, \quad \lim\limits_{n\to+\infty} \dfrac{n}{\sqrt{n^2+1}} = \lim\limits_{n\to+\infty} \dfrac{1}{\sqrt{1+\dfrac{1}{n^2}}} = 1,$$

因此 $\lim\limits_{n\to+\infty} x_n = 1$.

【例 1.6.2】求 $\lim\limits_{n\to+\infty} x_n$，$x_n = \sum\limits_{i=1}^{n}\left(\sqrt{1+\dfrac{i}{n^2}} - 1\right)$.

【分析与求解】 方法一 作恒等变形后再用简单手段作适当放大与缩小

$$x_n = \sum\limits_{i=1}^{n} \dfrac{\dfrac{i}{n^2}}{\sqrt{1+\dfrac{i}{n^2}} + 1}.$$

注意 $\quad \sum\limits_{i=1}^{n} \dfrac{i}{n^2} = \dfrac{1}{n^2} \sum\limits_{i=1}^{n} i = \dfrac{n(n+1)}{2n^2} = \dfrac{n+1}{2n}$，

于是 $\quad \dfrac{1}{\sqrt{1+\dfrac{1}{n}} + 1} \cdot \dfrac{n+1}{2n} = \sum\limits_{i=1}^{n} \dfrac{\dfrac{i}{n^2}}{\sqrt{1+\dfrac{1}{n}} + 1} \leqslant x_n \leqslant \sum\limits_{i=1}^{n} \dfrac{\dfrac{i}{n^2}}{2} = \dfrac{n+1}{4n}$.

又 $\quad \lim\limits_{n\to+\infty} \dfrac{1}{\sqrt{1+\dfrac{1}{n}} + 1} \cdot \dfrac{n+1}{2n} = \dfrac{1}{2} \cdot \dfrac{1}{2} = \dfrac{1}{4}, \quad \lim\limits_{n\to+\infty} \dfrac{n+1}{4n} = \dfrac{1}{4}$，

因此 $\lim\limits_{n\to+\infty} x_n = \dfrac{1}{4}$.

方法二 利用极限的不等式性质进行放大或缩小

【例 1.6.3】* 设 $\lim\limits_{n\to+\infty} x_n = b > 0$，求 $\lim\limits_{n\to+\infty} \dfrac{x_n^n}{n!}$.

【分析与求解】已知 $\lim\limits_{n\to+\infty} \dfrac{a^n}{n!} = 0$，为了利用这个结论，将 $\dfrac{x_n^n}{n!}$ 放大.

因 $\lim\limits_{n\to+\infty} x_n = b > 0$，$b < 2b$，由极限的不等式性质 $\Rightarrow \exists N$，当 $n > N$ 时，

$$0 < x_n < 2b, \quad 0 < \frac{x_n^n}{n!} < \frac{(2b)^n}{n!}.$$

又 $\lim\limits_{n \to +\infty} \frac{(2b)^n}{n!} = 0$，因此 $\lim\limits_{n \to +\infty} \frac{x_n^n}{n!} = 0$.

【例 1.6.4】* 设 $\lim\limits_{n \to +\infty} x_n = q > 0$，$\lim\limits_{n \to +\infty} y_n = +\infty$，求 $\lim\limits_{n \to +\infty} x_n^{y_n}$.

【分析与求解】已知 $\lim\limits_{n \to +\infty} q^{y_n} = \begin{cases} +\infty, & q > 1, \\ 0, & 0 < q < 1, \end{cases}$ 为了利用这个结论，将 $x_n^{y_n}$ 适当放大或缩小.

因 $\lim\limits_{n \to +\infty} x_n = q > 0$，由极限的不等式性质，若 $q > 1$，取 q_1，$1 < q_1 < q$，则 $\exists N$，当 $n > N$ 时，$x_n > q_1 > 1$，$x_n^{y_n} > q_1^{y_n}$. 因 $\lim\limits_{n \to +\infty} q_1^{y_n} = +\infty$，所以 $\lim\limits_{n \to +\infty} x_n^{y_n} = +\infty$.

若 $0 < q < 1$，取 q_1，$q < q_1 < 1$，则 $\exists N$，当 $n > N$ 时 $0 < x_n < q_1$，$0 < x_n^{y_n} < q_1^{y_n}$. 因 $\lim\limits_{n \to +\infty} q_1^{y_n} = 0$，所以 $\lim\limits_{n \to +\infty} x_n^{y_n} = 0$.

因此求得 $\lim\limits_{n \to +\infty} x_n^{y_n} = \begin{cases} +\infty, & q > 1, \\ 0, & 0 < q < 1. \end{cases}$

当 $q = 1$ 时结论不确定.

评注　① 解例 1.6.3 与例 1.6.4 时常犯如下错误：

$$\lim\limits_{n \to +\infty} \frac{x_n^n}{n!} \xlongequal{\times} \lim\limits_{n \to +\infty} \frac{b^n}{n!} = 0, \quad \lim\limits_{n \to +\infty} x_n^{y_n} \xlongequal{\times} \lim\limits_{n \to +\infty} q^{y_n} = \begin{cases} +\infty, & q > 1, \\ 0, & 0 < q < 1. \end{cases}$$

虽然结论是对的，但方法不妥. 当 $n \to +\infty$ 时，x_n 中的 n，x_n 的指数 n，$n!$ 中的 n，同时有 $n \to +\infty$. 在上述求解过程中，先把指数的 n 与 $n!$ 固定，只对 x_n 取极限，写成

$$\lim\limits_{n \to +\infty} \frac{x_n^n}{n!} \xlongequal{\times} \lim\limits_{n \to +\infty} \frac{b^n}{n!}.$$

这是不妥的，没有这种极限运算法则.

另一错误类似.

② 例 1.6.4 中，当 $q = 1$ 时求解中常犯的错误是

$$\lim\limits_{n \to +\infty} x_n^{y_n} \xlongequal{\times} \lim\limits_{n \to +\infty} 1^{y_n} = 1 \quad 或 \quad \lim\limits_{n \to +\infty} x_n^{y_n} \xlongequal{\times} 1^\infty = 1.$$

这里结果与方法都是错的. 第一式中的错误如同评注①中所指出.

按求极限的幂指数运算法则，若 $\lim\limits_{n \to +\infty} x_n = 1$，$\lim\limits_{n \to +\infty} y_n = B$（有限数）$\Rightarrow \lim\limits_{n \to +\infty} x_n^{y_n} = 1^B = 1$.

1 的任何次方均为 1，这里 $\lim\limits_{n \to +\infty} y_n = +\infty$，不能用幂指数运算法则. 把 1^∞ 看成 1 是错误的，∞ 不是一个数，这时极限 $\lim\limits_{n \to +\infty} x_n^{y_n}$ 称为是 1^∞ 型的，它可能存在，也可能不存在，存在时其极限值也要视 x_n，y_n 的具体情况而定.

方法三　分段放大与缩小

【例 1.6.5】* 求证：$\lim\limits_{x \to +\infty} \frac{x^k}{a^x} = 0$，其中 $a > 1$，k 为常数.

【分析与证明】不妨设 $k > 0$. 因为 $\lim\limits_{x \to +\infty} \frac{x^k}{a^x} = \lim\limits_{x \to +\infty} \left[\frac{x}{(a^{\frac{1}{k}})^x} \right]^k$，记 $b = a^{\frac{1}{k}}$，则 $b > 1$，

只需证 $\lim\limits_{x \to +\infty} \dfrac{x}{b^x} = 0$. 已知 $\lim\limits_{x \to +\infty} \dfrac{n}{b^n} = 0$,故作如下放大与缩小.

记 $[x] = n$ 是不超过 x 的最大整数,则

$$[x] \leqslant x < [x] + 1, \qquad \frac{[x]}{b^{[x]+1}} \leqslant \frac{x}{b^x} < \frac{[x]+1}{b^{[x]}},$$

即 $\qquad \dfrac{1}{b} \dfrac{n}{b^n} \leqslant \dfrac{x}{b^x} < \dfrac{n}{b^n} + \dfrac{1}{b^n} \quad (n = [x] \leqslant x < [x] + 1 = n + 1)$.

注意 $x \to +\infty \Leftrightarrow [x] = n \to +\infty$,又

$$\lim_{x \to +\infty} \left(\frac{n}{b^n} + \frac{1}{b^n} \right) = \lim_{n \to +\infty} \left(\frac{n}{b^n} + \frac{1}{b^n} \right) = 0, \qquad \lim_{x \to +\infty} \frac{n}{b \cdot b^n} = \lim_{n \to +\infty} \frac{n}{b \cdot b^n} = 0,$$

因此 $\lim\limits_{x \to +\infty} \dfrac{x}{b^x} = 0$. 即 $\lim\limits_{x \to +\infty} \dfrac{x^k}{a^k} = 0$.

评注 利用第三章中洛必达法则易证该结论.

2. 适当放大缩小法同样可用于求函数的极限

【例 1.6.6】求 $\lim\limits_{x \to +\infty} (\sin \sqrt{x+1} - \sin \sqrt{x})$.

【解】因为 $|\sin \sqrt{x+1} - \sin \sqrt{x}| \leqslant |\sqrt{x+1} - \sqrt{x}| = \dfrac{1}{\sqrt{x+1} + \sqrt{x}}$,又

$\lim\limits_{x \to +\infty} \dfrac{1}{\sqrt{x+1} + \sqrt{x}} = 0$,故 $\lim\limits_{x \to +\infty} (\sin \sqrt{x+1} - \sin \sqrt{x}) = 0$.

评注 该例的求解中用了如下不等式:

$$\forall x, y, \quad |\sin x - \sin y| \leqslant |x - y|.$$

因为 $\qquad |\sin x - \sin y| = 2 \left| \sin \dfrac{x-y}{2} \right| \left| \cos \dfrac{x+y}{2} \right|$

$$\leqslant 2 \left| \sin \frac{x-y}{2} \right| \leqslant 2 \cdot \left| \frac{x-y}{2} \right| = |x - y|.$$

3. 利用两个重要极限并结合变量替换法求极限

【解题思路】

(1) 设 $\lim\limits_{x \to a} \varphi(x) = 0, 0 < |x - a| < \delta$ 时 $\varphi(x) \neq 0, \lim\limits_{x \to a} \psi(x) = A$,则

$$\lim_{x \to a} \frac{\sin \varphi(x)}{\varphi(x)} \xlongequal[\substack{x \to a \text{ 时} \\ u \to 0}]{u = \varphi(x)} \lim_{u \to 0} \frac{\sin u}{u} = 1,$$

$$\lim_{x \to a} [1 + \varphi(x)]^{\frac{1}{\varphi(x)}} \xlongequal[\substack{x \to a \text{ 时} \\ u \to 0}]{u = \varphi(x)} \lim_{u \to 0} (1 + u)^{\frac{1}{u}} = e,$$

$$\lim_{x \to a} [1 + \varphi(x)]^{\frac{\psi(x)}{\varphi(x)}} = \lim_{x \to a} \{[1 + \varphi(x)]^{\frac{1}{\varphi(x)}}\}^{\psi(x)} = e^A.$$

(2) 设 $\lim\limits_{x \to a} \varphi(x) = \infty, \lim\limits_{x \to a} \psi(x) = A$,则

$$\lim_{x \to a} \left[1 + \frac{1}{\varphi(x)} \right]^{\varphi(x)} \xlongequal[\substack{x \to a \text{ 时} \\ u \to \infty}]{u = \varphi(x)} \lim_{u \to \infty} \left(1 + \frac{1}{u} \right)^u = e,$$

$$\lim_{x \to a}\left[1+\frac{1}{\varphi(x)}\right]^{\varphi(x)\psi(x)} = \lim_{x \to a}\left\{\left[1+\frac{1}{\varphi(x)}\right]^{\varphi(x)}\right\}^{\psi(x)} = e^A,$$

$$\lim_{x \to 0}\frac{\ln(1+x)}{x} = \lim_{x \to 0}\ln(1+x)^{\frac{1}{x}} = \ln e = 1.$$

【例 1.6.7】求下列极限：

(1) $I = \lim\limits_{x \to 0}\dfrac{a^x-1}{x}$；   (2) $I = \lim\limits_{x \to 0}\dfrac{\cos x - \cos 3x}{x^2}$；

(3) $I = \lim\limits_{x \to \pi}\dfrac{\sin mx}{\sin nx}(n,m$ 为自然数)；   (4) $I = \lim\limits_{x \to 0}\dfrac{1-\cos x}{x^2}$.

【解】(1) $I \xrightarrow[\substack{x \to 0 \text{ 时}\\ t \to 0}]{t=a^x-1} \lim\limits_{t \to 0}\dfrac{t\ln a}{\ln(1+t)} = \lim\limits_{t \to 0}\dfrac{\ln a}{\dfrac{\ln(1+t)}{t}} = \ln a.$

(2) 利用和差化积公式得

$$\frac{\cos x - \cos 3x}{x^2} = \frac{2\sin 2x \, \sin x}{2x \cdot x}\cdot 2.$$

再利用 $\lim\limits_{x \to 0}\dfrac{\sin x}{x} = 1$ 及变量替换法得

$$I = 4\lim\limits_{x \to 0}\frac{\sin 2x}{2x}\cdot\lim\limits_{x \to 0}\frac{\sin x}{x}\xrightarrow{\text{令}\, u=2x}4\cdot\lim\limits_{u \to 0}\frac{\sin u}{u} = 4.$$

(3) 令 $t = x - \pi$，则 $x \to \pi$ 对应 $t \to 0$，于是

$$I = \lim\limits_{t \to 0}\frac{\sin(mt+m\pi)}{\sin(nt+n\pi)} = (-1)^{m-n}\lim\limits_{t \to 0}\frac{\sin mt}{\sin nt}$$

$$= (-1)^{m-n}\lim\limits_{t \to 0}\frac{\sin mt}{mt}\cdot\frac{nt}{\sin nt}\cdot\frac{m}{n} = (-1)^{m-n}\frac{m}{n}.$$

(4) $I = \lim\limits_{x \to 0}\dfrac{2\sin^2\dfrac{x}{2}}{x^2} = \lim\limits_{x \to 0}\dfrac{\sin^2\dfrac{x}{2}}{\left(\dfrac{x}{2}\right)^2}\dfrac{1}{2}\xrightarrow{t=\frac{x}{2}}\dfrac{1}{2}\lim\limits_{t \to 0}\left(\dfrac{\sin t}{t}\right)^2 = \dfrac{1}{2}.$

4. 求 1^∞ 型极限

若 $\lim\limits_{x \to a}f(x)=1,\lim\limits_{x \to a}g(x)=\infty$，则称 $\lim\limits_{x \to a}f(x)^{g(x)}$ 为 1^∞ 型极限. 这时不能直接用幂指数函数的极限运算法则. 最重要的 1^∞ 型极限是：

$$\lim_{x \to a}[1+\varphi(x)]^{\frac{1}{\varphi(x)}} = e,\quad \lim_{x \to a}\left[1+\frac{1}{\psi(x)}\right]^{\psi(x)} = e,$$

其中, $\lim\limits_{x \to a}\varphi(x)=0(0<|x-a|<\delta$ 时 $\varphi(x)\neq 0),\lim\limits_{x \to a}\psi(x)=\infty.$

求 1^∞ 型极限的常用方法之一是将它转化成上述情形.

【例 1.6.8】求下列极限：

(1) $I = \lim\limits_{x \to 0+}(\cos\sqrt{x})^{\frac{\pi}{x}}$；   (2) $I = \lim\limits_{x \to \infty}\left(\dfrac{x^2-1}{x^2+1}\right)^{x^2}$；

(3) $I = \lim\limits_{x \to \infty}\left(\sin\dfrac{1}{x}+\cos\dfrac{1}{x}\right)^x$.

【分析与求解】均是求 1^∞ 型的极限，通过变量替换转化为重要极限的情形.

（1） $I = \lim\limits_{x \to 0+} \left[1 + (\cos\sqrt{x} - 1)\right]^{\frac{1}{\cos\sqrt{x}-1} \cdot \frac{\cos\sqrt{x}-1}{x} \cdot \pi}$. 因为

$$\lim\limits_{x \to 0+} \frac{\cos\sqrt{x} - 1}{x} \xlongequal{t=\sqrt{x}} \lim\limits_{t \to 0+} \frac{\cos t - 1}{t^2} = -\frac{1}{2},$$

$$\lim\limits_{x \to 0+} \left[1 + (\cos\sqrt{x} - 1)\right]^{\frac{1}{\cos\sqrt{x}-1}} \xlongequal{u=\cos\sqrt{x}-1} \lim\limits_{u \to 0} (1+u)^{\frac{1}{u}} = e,$$

所以 $I = e^{-\frac{1}{2}\pi}$.

（2） $I = \lim\limits_{x \to \infty} \left(1 - \frac{2}{x^2+1}\right)^{-\frac{x^2+1}{2} \cdot \frac{-2}{x^2+1} \cdot x^2}$. 因为 $\lim\limits_{x \to \infty} \frac{-2x^2}{x^2+1} = \lim\limits_{x \to \infty} \frac{-2}{1+\frac{1}{x^2}} = -2$,

$$\lim\limits_{x \to \infty} \left(1 - \frac{2}{x^2+1}\right)^{-\frac{x^2+1}{2}} \xlongequal{t=-\frac{1}{2}(x^2+1)} \lim\limits_{t \to \infty} \left(1 + \frac{1}{t}\right)^t = e,$$

所以 $I = e^{-2}$.

（3） $I = \lim\limits_{x \to \infty} \left[1 + \left(\sin\frac{1}{x} + \cos\frac{1}{x} - 1\right)\right]^x$

$$= \lim\limits_{x \to \infty} \left[1 + \left(\sin\frac{1}{x} + \cos\frac{1}{x} - 1\right)\right]^{\frac{1}{\sin\frac{1}{x}+\cos\frac{1}{x}-1} \cdot x\left(\sin\frac{1}{x}+\cos\frac{1}{x}-1\right)}.$$

注意

$$\lim\limits_{x \to \infty} \left(\sin\frac{1}{x} + \cos\frac{1}{x} - 1\right) = 0,$$

$$\lim\limits_{x \to \infty} \left[1 + \left(\sin\frac{1}{x} + \cos\frac{1}{x} - 1\right)\right]^{\frac{1}{\sin\frac{1}{x}+\cos\frac{1}{x}-1}} = e,$$

$$\lim\limits_{x \to \infty} x\left(\sin\frac{1}{x} + \cos\frac{1}{x} - 1\right) = \lim\limits_{x \to \infty} \left(\frac{\sin\frac{1}{x}}{\frac{1}{x}} + \frac{\cos\frac{1}{x} - 1}{\frac{1}{x}}\right)$$

$$\xlongequal{t=\frac{1}{x}} \lim\limits_{t \to 0} \left(\frac{\sin t}{t} + \frac{\cos t - 1}{t}\right) = 1,$$

因此 $I = e$.

5. 利用单调有界数列必收敛定理证明某些数列收敛

【例 1.6.9】证明下列数列 $\{x_n\}$ 收敛：

（1） $x_n = 1 + \frac{1}{2^2} + \frac{1}{3^2} + \cdots + \frac{1}{n^2}$;

（2）* $x_n = \left(1 + \frac{1}{2^2}\right)\left(1 + \frac{1}{3^2}\right)\left(1 + \frac{1}{4^2}\right)\cdots\left(1 + \frac{1}{n^2}\right)$.

【分析与证明】这里 x_n 是单调上升的，只需再证它们有上界，然后用单调有界数列必收敛定理得结论.

(1) $x_{n+1}-x_n=\dfrac{1}{(n+1)^2}>0\ (n=1,2,\cdots)\Rightarrow x_n$ 单调上升.

为了估计 x_n,把 x_n 中的每一项作如下放大与变形,即

$$\frac{1}{k^2}<\frac{1}{k\cdot(k-1)}=\frac{1}{k-1}-\frac{1}{k},\quad k=2,3,\cdots,$$

于是　　$x_n<1+\dfrac{1}{1\cdot 2}+\dfrac{1}{2\cdot 3}+\dfrac{1}{3\cdot 4}+\cdots+\dfrac{1}{(n-1)n}$

$$=1+\left(1-\frac{1}{2}\right)+\left(\frac{1}{2}-\frac{1}{3}\right)+\left(\frac{1}{3}-\frac{1}{4}\right)+\cdots+\left(\frac{1}{n-1}-\frac{1}{n}\right)$$

$$=2-\frac{1}{n}<2.$$

因此,x_n 单调上升有上界 $\Rightarrow\{x_n\}$ 收敛.

(2) $x_n>0\ (n=1,2,\cdots),\ \dfrac{x_{n+1}}{x_n}=1+\dfrac{1}{(n+1)^2}>1\ (n=1,2,\cdots)$

$\Rightarrow x_n$ 单调上升.证明 x_n 的有界性遇到了困难,但 $y_n=\left(1-\dfrac{1}{2^2}\right)\left(1-\dfrac{1}{3^2}\right)\cdots\left(1-\dfrac{1}{n^2}\right)$

与 $x_n y_n$ 易估计.由

$$y_n=\frac{1\times 3}{2^2}\cdot\frac{2\times 4}{3^2}\cdot\frac{3\times 5}{4^2}\cdots\frac{(n-1)(n+1)}{n^2}=\frac{1}{2}\cdot\frac{n+1}{n}=\frac{1}{2}\left(1+\frac{1}{n}\right)$$

$\Rightarrow\dfrac{1}{2}<y_n<1.$

又易知 $x_n y_n=\left(1-\dfrac{1}{2^4}\right)\left(1-\dfrac{1}{3^4}\right)\cdots\left(1-\dfrac{1}{n^4}\right)<1\Rightarrow x_n<\dfrac{1}{y_n}<2.$

因此,x_n 单调上升有上界 $\Rightarrow\{x_n\}$ 收敛.

【例 1.6.10】* 证明数列 $x_n=1-\dfrac{1}{2}+\dfrac{1}{3}-\cdots+(-1)^{n-1}\dfrac{1}{n}$ 收敛.

【分析与证明】显然 x_n 不是单调的,不能直接用单调有界数列必收敛定理.但若考虑它的偶数项组成的数列

$$x_{2n}=\left(1-\frac{1}{2}\right)+\left(\frac{1}{3}-\frac{1}{4}\right)+\cdots+\left(\frac{1}{2n-1}-\frac{1}{2n}\right),$$

其中每个括号内的数均大于零 $\Rightarrow x_{2n+2}-x_{2n}=\dfrac{1}{2n+1}-\dfrac{1}{2n+2}>0\Rightarrow x_{2n}$ 单调上升.

又　　$x_{2n}=1-\left(\dfrac{1}{2}-\dfrac{1}{3}\right)-\left(\dfrac{1}{4}-\dfrac{1}{5}\right)-\cdots-\left(\dfrac{1}{2n-2}-\dfrac{1}{2n-1}\right)-\dfrac{1}{2n}<1,$

因此,x_{2n} 单调上升有上界 $\Rightarrow x_{2n}$ 收敛.记 $\lim\limits_{n\to+\infty}x_{2n}=a.$

再考察 $x_{2n+1}=x_{2n}+\dfrac{1}{2n+1}\Rightarrow\lim\limits_{n\to+\infty}x_{2n+1}=a.$

因此 $\lim\limits_{n\to+\infty}x_n=a,\{x_n\}$ 收敛.

6.求递归数列的极限

设数列 $\{x_n\}$ 由下式给出(x_0 给定):

$$x_{n+1} = f(x_n) \quad (n = 0, 1, 2, \cdots), \tag{1.6-1}$$

其中, $f(x)$ 是已知连续函数. 式(1.6-1)是递归关系, 由 x_0 可以求出 x_1, 由 x_1 可求 $x_2, \cdots$, 由 x_n 可求 x_{n+1}. 称这种数列为递归数列, 式(1.6-1)是相应的递归方程.

假设: 若 $\lim\limits_{n \to +\infty} x_n = a$, 则 $\lim\limits_{n \to +\infty} f(x_n) = f(a)$. 下面讨论求递归数列的极限的方法:

方法一　先证 x_n 收敛. 设 $\lim\limits_{n \to +\infty} x_n = a$, 由递归方程得 $a = f(a)$, 解出 a 即求得 $\lim\limits_{n \to +\infty} x_n = a$.

证明数列 $\{x_n\}$ 收敛的一个准则是: 单调有界数列必收敛定理. 证明 x_n 单调性的方法: 或按定义证明, 或由 $f(x)$ 的单调性证明, 因为我们有下面的结论:

【命题 1.6-1】设 $x_{n+1} = f(x_n), x_n \in$ 区间 $I(n = 1, 2, \cdots)$, 若 $f(x)$ 在区间 I 单调上升, $x_2 > x_1 (x_2 < x_1)$, 则 x_n 单调上升(单调下降).

【证明】设 $x_2 > x_1 \Rightarrow f(x_2) > f(x_1)$, 即 $x_3 > x_2$. 若 $x_{k+1} > x_k \Rightarrow f(x_{k+1}) > f(x_k)$, 即 $x_{k+2} > x_{k+1}$. 因此, $\forall n = 1, 2, 3, \cdots, x_{n+1} > x_n$, 即 x_n 单调上升. 类似可证: $x_2 < x_1$ 时 x_n 单调下降.

【例 1.6.11】设数列 $\{x_n\}$ 满足 $x_{n+1} = \dfrac{x_n}{2} + \dfrac{1}{x_n}$, $x_0 > 0$, 求 $\lim\limits_{n \to +\infty} x_n$.

【分析与求解】先设 $\lim\limits_{n \to +\infty} x_n = a$, 将递归方程两边取极限得 $a = \dfrac{a}{2} + \dfrac{1}{a}$, 即 $a^2 = 2$. 因 $x_n > 0 \Rightarrow a = \sqrt{2}$.

以下证 x_n 收敛. 为证 x_n 的单调有界性, 我们考察 x_n 与 $\sqrt{2}$ 的关系. 由已知的不等式 $\forall a, b > 0$, 有

$$a + b \geqslant 2\sqrt{ab} \Rightarrow x_{n+1} \geqslant 2\sqrt{\frac{x_n}{2} \cdot \frac{1}{x_n}} = \sqrt{2} \quad (n = 0, 1, 2, \cdots),$$

$$x_{n+1} - x_n = \frac{x_n}{2} + \frac{1}{x_n} - x_n = \frac{1}{x_n} - \frac{x_n}{2} = \frac{2 - x_n^2}{2x_n} \leqslant 0 \quad (n = 1, 2, \cdots)$$

$\Rightarrow x_n$ 单调下降有下界 $\Rightarrow x_n$ 收敛. 因此 $\lim\limits_{n \to +\infty} x_n = \sqrt{2}$.

评注　① 对正的数列 x_n, 也可通过证明 $\dfrac{x_{n+1}}{x_n} \leqslant 1$(或 $\geqslant 1$) $(n = 1, 2, \cdots)$ 证得 x_n 单调下降(或单调上升).

该例中 $\dfrac{x_{n+1}}{x_n} = \dfrac{1}{x_n^2} + \dfrac{1}{2} \leqslant \dfrac{1}{2} + \dfrac{1}{2} = 1$ $(n = 1, 2, \cdots) \Rightarrow x_n$ 单调下降.

② 从证明中看到, 该数列 $\{x_n\}$ 的单调性是对 $n \geqslant 1$ 的, 不含 x_0 项, 也就是 x_0 可能大于 $x_1 (x_0 > \sqrt{2})$, x_0 也可能小于 $x_1 (x_0 < \sqrt{2})$. 若 $x_0 = \sqrt{2}$, 则 $x_0 = x_1 = x_2 = \cdots = x_n = \sqrt{2}$ $(n = 0, 1, 2, \cdots)$.

③ 对递归数列 $\{x_n\}$, 未证明它收敛时, 先形式地由递归方程 $x_{n+1} = f(x_n)$ 求出 $\lim\limits_{n \to +\infty} x_n = a$. 如果 x_n 是单调有界的, 这个 a 值为证明 x_n 的单调有界性提供了部分重要信息. 如果已证 x_n 单调下降, 那么就要去证明 $x_n \geqslant a$. 反之, 若已证 $x_n \geqslant a$, 那么就要去证明 x_n 单调下降. 有时估计式 $x_n \geqslant a$(或 $x_n \leqslant a$)对按定义证明 x_n 的单调性提供了很大方便.

【例 1.6.12】设 $x_1 > 0$, $x_{n+1} = \dfrac{3(1+x_n)}{3+x_n}$ $(n=1,2,\cdots)$, 求 $\lim\limits_{n \to +\infty} x_n$.

【分析与求解】显然, $0 < x_n < 3$, $n=2,3,\cdots \Rightarrow x_n$ 有界.

令 $f(x) = \dfrac{3(1+x)}{3+x} = \dfrac{3(3+x)-6}{3+x} = 3 - \dfrac{6}{3+x}$, 显然, $x > 0$ 时 $f(x)$ 单调上升(命题 1.6-1) $\Rightarrow x_n$ 单调有界 $\Rightarrow x_n$ 收敛. 记 $\lim\limits_{n \to +\infty} x_n = a$, 对递归方程取极限得 $a = \dfrac{3(1+a)}{3+a}$, 解得 $a = \sqrt{3}$, 因此 $\lim\limits_{n \to +\infty} x_n = \sqrt{3}$.

方法二 先设 $\lim\limits_{n \to +\infty} x_n = a$, 由递归方程得 $a = f(a)$. 解出 a, 再证明: $n \to +\infty$ 时, $|x_n - a| \to 0$.

下面的结论在证明 $\lim\limits_{n \to +\infty} |x_n - a| = 0$ 时是常用的.

【命题 1.6-2】设 x_n 满足 $|x_{n+1}| \leqslant k|x_n|$ $(n=0,1,2,\cdots)$, 其中 $0 < k < 1$ 为常数, 则 $\lim\limits_{n \to +\infty} x_n = 0$.

【证明】由 $|x_1| \leqslant k|x_0| \Rightarrow |x_2| \leqslant k|x_1| \leqslant k^2|x_0|$, $|x_3| \leqslant k|x_2| \leqslant k^3|x_0|$, $\cdots$ 易归纳证得 $|x_n| \leqslant k^n|x_0|$ $(n=1,2,\cdots)$.

因 $\lim\limits_{n \to +\infty} k^n|x_0| = 0$, 所以 $\lim\limits_{n \to +\infty} x_n = 0$.

当 $f(x)$ 单调下降时, 由递归方程 $x_{n+1} = f(x_n)$ 确定的递归数列 $\{x_n\}$ 不可能是单调的. 因为若 $x_1 < x_2 (x_1 > x_2) \Rightarrow f(x_1) > f(x_2) (f(x_1) < f(x_2))$ 即 $x_2 > x_3 (x_2 < x_3)$. 这时不能直接用单调有界数列收敛性定理. 但前面的方法仍提示我们: 可先设 $\lim\limits_{n \to +\infty} x_n = a$, 形式地由递归方程求出 a 来, 然后再另想办法证明 $\lim\limits_{n \to +\infty} (x_n - a) = 0$.

【例 1.6.13】设 $x_1 = 2$, $x_{n+1} = 2 + \dfrac{1}{x_n}$ $(n=1,2,\cdots)$, 求 $\lim\limits_{n \to +\infty} x_n$.

【分析与求解】令 $f(x) = 2 + \dfrac{1}{x}$, 则 $x_{n+1} = f(x_n)$ $(n=1,2,\cdots)$, $f(x)$ 对 $x > 0$ 单调下降, x_n 不具单调性. 但显然有 $2 < x_n < 2.5$ $(n=2,3,\cdots)$.

设 $\lim\limits_{n \to +\infty} x_n = a$, 由递归方程 $\Rightarrow a = 2 + \dfrac{1}{a}$, 即 $a^2 - 2a - 1 = 0$, 解得正根 $a = \sqrt{2} + 1 > 2$.

下面考察 $|x_{n+1} - a|$:

$$|x_{n+1} - a| = \left| \left(2 + \frac{1}{x_n}\right) - \left(2 + \frac{1}{a}\right) \right| = \frac{|x_n - a|}{ax_n}$$

$$\leqslant \frac{1}{4}|x_n - a| \quad (n=2,3,\cdots).$$

$\Rightarrow \lim\limits_{n \to +\infty} |x_n - a| = 0$, 即 $\lim\limits_{n \to +\infty} x_n = a = \sqrt{2} + 1$.

7. 极限存在性的讨论

【例 1.6.14】讨论下列极限是否存在, 为什么?

(1) $\lim\limits_{x \to 0} \cos \dfrac{1}{x}$;

(2) $\lim\limits_{x \to 0} \dfrac{e^{\frac{1}{x}} + 1}{e^{\frac{1}{x}} - 1}$;

(3) $\lim\limits_{x\to 1}\dfrac{x^2}{x^2-1}$；

(4) $\lim\limits_{x\to 0}\left[\dfrac{1}{x^3}\ln(1+x^3)\sin\dfrac{1}{x}\right]$.

【解】（1）取 $x_n=\dfrac{1}{2n\pi}$，$y_n=\dfrac{1}{2n\pi+\dfrac{\pi}{2}}$，则均有 $x_n\to 0$，$y_n\to 0$ $(n\to+\infty)$，但

$$\lim\limits_{n\to+\infty}\cos\dfrac{1}{x_n}=\lim\limits_{n\to+\infty}\cos 2n\pi=1,\quad \lim\limits_{n\to+\infty}\cos\dfrac{1}{y_n}=\lim\limits_{n\to+\infty}\cos\left(2n\pi+\dfrac{\pi}{2}\right)=0,$$

因此 $\lim\limits_{x\to 0}\cos\dfrac{1}{x}$ 不存在.

（2）解此题常犯的错误是：因 $\lim\limits_{x\to 0}e^{-\frac{1}{x}}=0$，所以

$$原式=\lim\limits_{x\to 0}\dfrac{1+e^{-\frac{1}{x}}}{1-e^{-\frac{1}{x}}}=\dfrac{1+0}{1-0}=1.（这是错误的解法）$$

事实上，$x\to 0$ 时，$e^{-\frac{1}{x}}$ 的变化趋势与 $x>0$ 还是 $x<0$ 有关，即

$$\lim\limits_{x\to 0+}e^{-\frac{1}{x}}=0,\quad \lim\limits_{x\to 0-}e^{-\frac{1}{x}}=+\infty.$$

所以要分别考察左、右极限：

$$\lim\limits_{x\to 0+}\dfrac{e^{\frac{1}{x}}+1}{e^{\frac{1}{x}}-1}=\lim\limits_{x\to 0+}\dfrac{1+e^{-\frac{1}{x}}}{1-e^{-\frac{1}{x}}}=\dfrac{1+0}{1-0}=1,\quad \lim\limits_{x\to 0-}\dfrac{e^{\frac{1}{x}}+1}{e^{\frac{1}{x}}-1}=\dfrac{0+1}{0-1}=-1,$$

由于它们不相等，因此 $\lim\limits_{x\to 0}\dfrac{e^{\frac{1}{x}}+1}{e^{\frac{1}{x}}-1}$ 不存在.

（3）解此题常犯的表达上的一个错误是：

$$\lim\limits_{x\to 1}\dfrac{x^2}{x^2-1}=\dfrac{\lim\limits_{x\to 1}x^2}{\lim\limits_{x\to 1}(x^2-1)}=\dfrac{1}{0}=\infty.$$

因为分母的极限为零，两个函数之商的极限运算法则不能用.

可以考察它的倒数的极限，由极限的四则运算法则知

$$\lim\limits_{x\to 1}\dfrac{x^2-1}{x^2}=\dfrac{0}{1}=0.$$

再由无穷小量与无穷大量的关系得 $\lim\limits_{x\to 1}\dfrac{x^2}{x^2-1}=\infty$. 极限 $\lim\limits_{x\to 1}\dfrac{x^2}{x^2-1}$ 不存在.

（4）注意 $\lim\limits_{x\to 0}\dfrac{1}{x^3}\ln(1+x^3)\xlongequal{t=x^3}\lim\limits_{t\to 0}\dfrac{\ln(1+t)}{t}=1\ne 0$.

如同题（1）可证 $\lim\limits_{x\to 0}\sin\dfrac{1}{x}$ 不存在，因此 $\lim\limits_{x\to 0}\left[\dfrac{1}{x^3}\ln(1+x^3)\sin\dfrac{1}{x}\right]$ 不存在.

评注 这里对不同的情形用不同的方法证明了 $\lim\limits_{x\to a}f(x)$ 不存在. 对题（1），选取两串 $x_n\ne a$，$y_n\ne a$，$x_n\to a$，$y_n\to a$ $(n\to+\infty)$，证明了 $\lim\limits_{n\to+\infty}f(x_n)\ne\lim\limits_{n\to+\infty}f(y_n)$.

对题（2）证明左、右极限不相等，对题（3）证明它是无穷大量. 对题（4），利用了极限运算法则：$f(x)=h(x)g(x)$，若 $\lim\limits_{x\to a}h(x)=A\ne 0$，$\lim\limits_{x\to a}g(x)$ 不存在，则 $\lim\limits_{x\to a}f(x)$ 不存在.

【例 1.6.15】设 $x_n=\begin{cases} \dfrac{n^2+\sqrt{n}}{n}, & \text{若 } n \text{ 为奇数,} \\ \dfrac{1}{n}, & \text{若 } n \text{ 为偶数,} \end{cases}$ 则当 $n\to+\infty$ 时,x_n 为

(A) 无穷大量.　　　　　　　　　　　(B) 无穷小量.

(C) 有界变量.　　　　　　　　　　　(D) 无界变量.

【分析】这是分段定义的数列,奇偶项表达式不相同,要分别考察

$$\lim_{n\to+\infty} x_{2n-1} = \lim_{n\to+\infty} \frac{(2n-1)^2+\sqrt{2n-1}}{2n-1} = \lim_{n\to+\infty}\left(2n-1+\frac{1}{\sqrt{2n-1}}\right) = +\infty,$$

$$\lim_{n\to+\infty} x_{2n} = \lim_{n\to+\infty} \frac{1}{2n} = 0,$$

因此, $\lim\limits_{n\to+\infty} x_n \neq \infty$, $\lim\limits_{n\to+\infty} x_n \neq 0$, x_n 是无界变量,选(D).

【例 1.6.16】* 设 $\lim\limits_{x\to x_0} f(x) = A$,$\lim\limits_{x\to x_0} g(x)$ 不存在.

(1) 问 $\lim\limits_{x\to x_0} [f(x)g(x)]$ 是否存在?请证明你的判断;

(2) 当 $0<|x-x_0|<\delta$ 时,$f(x)\neq 0$,问 $\lim\limits_{x\to x_0} \dfrac{g(x)}{f(x)}$ 是否存在?请证明你的判断;

(3) 当 $0<|x-x_0|<\delta$ 时,$g(x)\neq 0$,问 $\lim\limits_{x\to x_0} \dfrac{f(x)}{g(x)}$ 是否存在?请证明你的判断.

【分析】可用极限四则运算法则与反证法来讨论,若结论确定,则予以证明,若结论不确定,举出例子.

【解】(1) 若 $A\neq 0 \Rightarrow \lim\limits_{x\to 0}[f(x)g(x)]$ 不存在.

若该极限存在,记为 $B \Rightarrow \lim\limits_{x\to x_0} g(x) = \lim\limits_{x\to x_0}\left[\dfrac{1}{f(x)} \cdot f(x)g(x)\right]$
$$= \lim_{x\to x_0} \frac{1}{f(x)} \lim_{x\to x_0}[f(x)g(x)] = \frac{B}{A},$$

与 $\lim\limits_{x\to x_0} g(x)$ 不存在矛盾.

若 $A=0$,则不一定.若 $f(x)=x-x_0$,$g(x)=\sin\dfrac{1}{x-x_0}$,则

$$\lim_{x\to x_0} f(x) = 0, \quad \lim_{x\to x_0} g(x) \text{ 不存在,}$$

但 $\lim\limits_{x\to x_0}[f(x)g(x)] = 0$.(有界变量与无穷小量之积为无穷小量)

又如 $f(x)=x-x_0$,$g(x)=\dfrac{1}{x-x_0}\sin\dfrac{1}{x-x_0}$,则

$$\lim_{x\to x_0} f(x) = 0, \quad \lim_{x\to x_0} g(x) \text{ 不存在,} \quad \lim_{x\to x_0}[f(x)g(x)] \text{ 不存在.}$$

(2) 不存在.因为 $g(x) = \dfrac{g(x)}{f(x)} \cdot f(x)$,若存在极限 $\lim\limits_{x\to x_0} \dfrac{g(x)}{f(x)} = B$,则

$$\lim_{x\to x_0} g(x) = B \cdot A, \quad \text{与} \lim_{x\to x_0} g(x) \text{ 不存在矛盾.}$$

(3) 不一定.如 $f(x)=1$,$g(x)=\mathrm{e}^{\frac{1}{x-x_0}}$,则

$$\lim_{x \to x_0} f(x) \text{ 存在}, \quad \lim_{x \to x_0} g(x) \text{ 不存在}, \quad \lim_{x \to x_0} \frac{f(x)}{g(x)} = \lim_{x \to x_0} e^{-\frac{1}{x-x_0}} \text{ 不存在}.$$

又如 $f(x) = 1, g(x) = \dfrac{1}{x - x_0}$,则

$$\lim_{x \to x_0} f(x) \text{ 存在}, \quad \lim_{x \to x_0} g(x) \text{ 不存在}(\infty), \quad \lim_{x \to x_0} \frac{f(x)}{g(x)} = \lim_{x \to x_0} (x - x_0) = 0.$$

第七节　无穷小量的比较

一、知识点归纳总结

1. 高阶、同阶、等价无穷小量的定义

设 $f(x), g(x)$ 在 $U_0(a)$ 定义,$g(x) \neq 0$ 且 $\lim\limits_{x \to a} f(x) = \lim\limits_{x \to a} g(x) = 0$,又设

$\lim\limits_{x \to a} \dfrac{f(x)}{g(x)} = l$,则

① 若 $l \neq 0$ 为有限实数,则称 $x \to a$ 时 $f(x)$ 与 $g(x)$ 为同阶无穷小量,记作

$$f(x) \sim lg(x) \quad (x \to a).$$

特别是 $l = 1$ 时,称 $x \to a$ 时 $f(x)$ 与 $g(x)$ 为等价无穷小量,记作 $f(x) \sim g(x)(x \to a)$.

② 若 $l = 0$,则称 $x \to a$ 时 $f(x)$ 是比 $g(x)$ 高阶的无穷小量,也称 $x \to a$ 时 $g(x)$ 是比 $f(x)$ 低阶的无穷小量,记作 $f(x) = o(g(x)) \quad (x \to a)$.

2. 等价无穷小量的性质

设 $\lim\limits_{x \to a} f(x) = \lim\limits_{x \to a} g(x) = \lim\limits_{x \to a} h(x) = 0, x \in U_0(a)$ 时 $f(x) \neq 0, g(x) \neq 0, h(x) \neq 0$.

① $f(x) \sim g(x)(x \to a)$,则 $g(x) \sim f(x)(x \to a)$.

② $f(x) \sim g(x), g(x) \sim h(x)(x \to a)$,则 $f(x) \sim h(x)(x \to a)$.

③ $f(x) \sim g(x)(x \to a) \Leftrightarrow f(x) - g(x) = o(g(x))(x \to a)$,

或 $\qquad\qquad f(x) - g(x) = o(f(x)) \quad (x \to a)$.

④ 若 $f(x) \sim g(x)(x \to a)$,又 $\lim\limits_{x \to a} f(x)h(x) = A$,则 $\lim\limits_{x \to a} g(x)h(x) = A$.

评注　性质③表明:两个无穷小量等价等同于它们之差是其中任意一个无穷小量的高阶无穷小量.性质④表明:在求极限过程中等价无穷小量因子可以替换.

3. 重要的等价无穷小量

$x \to 0$ 时,$\sin x \sim x, \quad \tan x \sim x, \quad \arcsin x \sim x, \quad \arctan x \sim x, \quad \ln(1+x) \sim x,$

$$e^x - 1 \sim x, \quad a^x - 1 \sim x\ln a, \quad 1 - \cos x \sim \frac{1}{2}x^2, \quad (1+bx)^a - 1 \sim bax.$$

二、典型题型归纳及解题方法与技巧

1. 比较无穷小量的阶(高阶,同阶而不等价,或等价)

【例 1.7.1】比较下列无穷小量的阶(高阶,同阶而不等价或等价):

(1) $n \to +\infty$ 时，$\dfrac{1}{n}$ 与 $\dfrac{3n+2}{5n^2+n-1}$；

(2) $x \to 1-0$ 时，$\ln(1+\sqrt{1-x})$ 与 $1-x$；

(3) $x \to 0$ 时，$\sqrt{5+x^3}-\sqrt{5}$ 与 $\dfrac{1}{2\sqrt{5}}x^3$.

【分析】$n \to +\infty$ 时比较无穷小量 x_n 与 y_n 的阶，就是求 $\dfrac{0}{0}$ 型极限 $\lim\limits_{n \to +\infty} \dfrac{x_n}{y_n}$. 同样，$x \to a$ 时比较无穷小量 $f(x)$ 与 $g(x)$ 的阶，也是求 $\dfrac{0}{0}$ 型极限 $\lim\limits_{x \to a} \dfrac{f(x)}{g(x)}$.

【解】(1) $\lim\limits_{n \to +\infty} \dfrac{\dfrac{3n+2}{5n^2+n-1}}{\dfrac{1}{n}} = \lim\limits_{n \to +\infty} \dfrac{3n^2+2n}{5n^2+n-1} = \lim\limits_{n \to +\infty} \dfrac{3+\dfrac{2}{n}}{5+\dfrac{1}{n}-\dfrac{1}{n^2}} = \dfrac{3}{5}.$

因此，$n \to +\infty$ 时，$\dfrac{1}{n}$ 是与 $\dfrac{3n+2}{5n^2+n-1}$ 同阶而不等价的无穷小量.

(2) $\lim\limits_{x \to 1-0} \dfrac{1-x}{\ln(1+\sqrt{1-x})} = \lim\limits_{x \to 1-0} \left[\dfrac{\sqrt{1-x}}{\ln(1+\sqrt{1-x})} \cdot \dfrac{1-x}{\sqrt{1-x}} \right]$

$\qquad = \lim\limits_{x \to 1-0} \dfrac{\sqrt{1-x}}{\ln(1+\sqrt{1-x})} \lim\limits_{x \to 1-0} \sqrt{1-x}$

$\qquad = \lim\limits_{t \to 0+} \dfrac{t}{\ln(1+t)} \lim\limits_{x \to 1-0} \sqrt{1-x} = 1 \times 0 = 0,$

因此，当 $x \to 1-0$ 时，$1-x$ 是比 $\ln(1+\sqrt{1-x})$ 高阶的无穷小量.

(3) $\lim\limits_{x \to 0} \dfrac{\sqrt{5+x^3}-\sqrt{5}}{\dfrac{1}{2\sqrt{5}}x^3} = \lim\limits_{x \to 0} \dfrac{(5+x^3)-5}{\dfrac{1}{2\sqrt{5}}x^3 \cdot (\sqrt{5+x^3}+\sqrt{5})} = 1,$

因此，当 $x \to 0$ 时，$\sqrt{5+x^3}-\sqrt{5}$ 与 $\dfrac{1}{2\sqrt{5}}x^3$ 是等价无穷小量.

【例 1.7.2】设 $\alpha > 0$，$\beta > 0$ 为任意常数，当 $x \to +\infty$ 时将无穷小量 $\dfrac{1}{x^\alpha}$，$\dfrac{1}{\ln^\beta x}$，e^{-x} 按从低阶到高阶的顺序排列.

【解】考察 $\lim\limits_{x \to +\infty} \dfrac{\dfrac{1}{x^\alpha}}{\dfrac{1}{\ln^\beta x}} = \lim\limits_{x \to +\infty} \dfrac{\ln^\beta x}{x^\alpha} \xlongequal{t=\ln x} \lim\limits_{t \to +\infty} \dfrac{t^\beta}{(\mathrm{e}^t)^\alpha} = \lim\limits_{t \to +\infty} \dfrac{t^\beta}{(\mathrm{e}^\alpha)^t} = 0$（见例 1.6.5），于是

$$\dfrac{1}{x^\alpha} = o\left(\dfrac{1}{\ln^\beta x}\right) \quad (x \to +\infty).$$

再考察 $\lim\limits_{x \to +\infty} \dfrac{\mathrm{e}^{-x}}{\dfrac{1}{x^\alpha}} = \lim\limits_{x \to +\infty} \dfrac{x^\alpha}{\mathrm{e}^x} = 0$，即 $\mathrm{e}^{-x} = o\left(\dfrac{1}{x^\alpha}\right) \quad (x \to +\infty),$

因此,$x \to +\infty$ 时按从低阶到高阶的顺序排列为 $\dfrac{1}{\ln^{\beta} x}$,$\dfrac{1}{x^{\alpha}}$,e^{-x}.

评注 ① 上述结论表明:当 $x \to +\infty$ 时,若以 $\dfrac{1}{x}$ 为基本无穷小量,则 $\forall \alpha > 0$(不论它多么大),e^{-x} 都比 $\dfrac{1}{x^{\alpha}}$ 高阶;$\forall \beta > 0$(不论它多么大),$\forall \alpha > 0$(不论它多么小),$\dfrac{1}{x^{\alpha}}$ 都比 $\dfrac{1}{\ln^{\beta} x}$ 高阶.

② 这里利用已知极限 $\lim\limits_{x \to +\infty} \dfrac{x^{k}}{a^{x}} = 0 \, (a > 1)$(例 1.6.5)及变量替换法求得极限 $\lim\limits_{x \to +\infty} \dfrac{\ln^{\beta} x}{x^{\alpha}} = 0 \, (\beta > 0, \alpha > 0)$.

③ 利用第三章之洛必达法则,容易给出该问题的简单解法.

2. 用等价无穷小量因子替换法求极限

【例 1.7.3】利用等价无穷小量因子替换求下列极限:

(1) $I = \lim\limits_{x \to 1-0} \sqrt{1 - x^{2}} \cot \sqrt{\dfrac{1-x}{1+x}}$;

(2) $I = \lim\limits_{x \to \infty} x \left[\sin\ln\left(1 + \dfrac{3}{x}\right) - \sin\ln\left(1 + \dfrac{1}{x}\right) \right]$;

(3) $I = \lim\limits_{x \to 0} \dfrac{\ln(\sin^{2} x + \mathrm{e}^{x}) - x}{\ln(x^{2} + \mathrm{e}^{2x}) - 2x}$.

【解】(1) $I = \lim\limits_{x \to 1-0} \sqrt{1 - x^{2}} \, \dfrac{1}{\tan \sqrt{\dfrac{1-x}{1+x}}} = \lim\limits_{x \to 1-0} \dfrac{\sqrt{1 - x^{2}}}{\sqrt{\dfrac{1-x}{1+x}}} = \lim\limits_{x \to 1-0} (1 + x) = 2.$

这里用了等价无穷小量因子替换 $\tan \sqrt{\dfrac{1-x}{1+x}} \sim \sqrt{\dfrac{1-x}{1+x}}$ $(x \to 1-0)$.

(2) 因为 $I = \lim\limits_{x \to \infty} x \sin\ln\left(1 + \dfrac{3}{x}\right) - \lim\limits_{x \to \infty} x \sin\ln\left(1 + \dfrac{1}{x}\right)$,又

$$\sin\ln\left(1 + \dfrac{k}{x}\right) \sim \ln\left(1 + \dfrac{k}{x}\right) \sim \dfrac{k}{x} \quad (x \to \infty),$$

其中,k 为常数,所以利用等价无穷小量因子替换得

$$I = \lim\limits_{x \to \infty} x \cdot \dfrac{3}{x} - \lim\limits_{x \to \infty} x \cdot \dfrac{1}{x} = 3 - 1 = 2.$$

(3) 先改写 $x = \ln \mathrm{e}^{x}$,$2x = \ln \mathrm{e}^{2x}$.

$$\text{分子} = \ln\left(1 + \dfrac{\sin^{2} x}{\mathrm{e}^{x}}\right) \sim \dfrac{\sin^{2} x}{\mathrm{e}^{x}} (x \to 0), \text{分母} = \ln\left(1 + \dfrac{x^{2}}{\mathrm{e}^{2x}}\right) \sim \dfrac{x^{2}}{\mathrm{e}^{2x}} (x \to 0),$$

于是 $I = \lim\limits_{x \to 0} \dfrac{\ln(1 + \sin^{2} x \, \mathrm{e}^{-x})}{\ln(1 + x^{2} \, \mathrm{e}^{-2x})} = \lim\limits_{x \to 0} \dfrac{\sin^{2} x \, \mathrm{e}^{-x}}{x^{2} \, \mathrm{e}^{-2x}} = 1.$

评注　① 求极限的一个重要方法是,等价无穷小量因子替换(而不是等价无穷小量替换),也就是说在极限的乘除法运算中等价无穷小量因子可以替换,但在加减法中等价无穷小量不一定能替换.

② 作等价无穷小量因子替换时,对分子或分母中的某个加项作替换,就可能出错.这是因为:由等价无穷小量的性质知道,作等价无穷小量因子替换时,必须将分子和分母的整体分别换成它们各自的等价无穷小量(由于 $\alpha \sim \alpha, \beta \sim \beta$,故保持分子或分母不变也是可以的).但如果对分子(或分母)中的某个加项作替换,则不能保证替换后的新的分子(或分母)与原来的分子(或分母)是等价无穷小量.例如,在求极限 $\lim\limits_{x \to 0} \dfrac{\tan x - \sin x}{x^3}$ 时,如果将 $\tan x, \sin x$ 均换成 x,那么分子成为 0,得出极限为 0.而事实上

$$\lim_{x \to 0} \frac{\tan x - \sin x}{x^3} = \lim_{x \to 0}\left(\frac{\tan x}{x} \cdot \frac{1 - \cos x}{x^2}\right) = 1 \cdot \frac{1}{2} = \frac{1}{2},$$

即 $\tan x - \sin x \sim \dfrac{1}{2}x^3 \ (x \to 0)$.

但是,如果分子(或分母)为若干个因子的乘积,那么可对其中的一个或若干个无穷小量因子作替换,这时可保证所得的新的分子(或分母)的整体与原来的分子(或分母)的整体是等价无穷小量.

3. 关于带"o"的等式

【例 1.7.4】判断下列等式是否正确,并证明你的判断.

(1) 设 $\lim\limits_{x \to a} f(x) = 0$,则 $o(f(x)) + o(f(x)) = o(f(x)) \quad (x \to a)$;

(2) 设 $\lim\limits_{x \to a} f(x) = 0$,则 $o(f(x)) - o(f(x)) = o$;

(3) $o(x^3) = o(x^2) \quad (x \to 0)$;

(4) $o(x^2) = o(x^3) \quad (x \to 0)$.

【分析与解答】

(1) 正确.要证此等式,按定义只需证明 $\lim\limits_{x \to a} \dfrac{o(f(x) + o(f(x))}{f(x)} = 0$.

由记号"o"的定义 $\Rightarrow \lim\limits_{x \to a} \dfrac{o(f(x)) + o(f(x))}{f(x)} = \lim\limits_{x \to a} \dfrac{o(f(x))}{f(x)} + \lim\limits_{x \to a} \dfrac{o(f(x))}{f(x)} = 0 + 0 = 0$,因此

$$o(f(x)) + o(f(x)) = o(f(x)) \quad (x \to a).$$

该等式的含意是:$x \to a$ 时比 $f(x)$ 高阶的两个无穷小量之和仍是比 $f(x)$ 高阶的无穷小量.

(2) 不正确.该等式左端的含意是:当 $x \to a$ 时两个都比 $f(x)$ 高阶的无穷小量之差.这两个无穷小量当然不一定相等.例如:$x^3 = o(x^2), x^4 = o(x^2)(x \to 0)$,但 $x^3 - x^4 \neq 0$ $(x \neq 0)$.

(3) 正确.该等式的含意是:$x \to 0$ 时比 x^3 高阶的无穷小量也是比 x^2 高阶的无穷小量,这当然是对的.证明如下:

$$\lim_{x \to 0} \frac{o(x^3)}{x^2} = \lim_{x \to 0} \frac{o(x^3)}{x^3} \cdot \frac{x^3}{x^2} = \lim_{x \to 0} \frac{o(x^3)}{x^2} \lim_{x \to 0} x = 0 \times 0 = 0.$$

(4) 不正确. 该等式的含意是:$x \to 0$ 时比 x^2 高阶的无穷小量也是比 x^3 高阶的无穷小量. 当然,这不一定. 例如 $x^3 = o(x^2)(x \to 0)$,但 $x^3 \neq o(x^3)(x \to 0)$.

评注 这些是一类带"o"的等式,与通常等式的意义不同. 等式左端为条件,右端为结论,等式两端的意义是不一样的. 常常等式两端不能变换. 例如,若将等式

$$o(f(x)) + o(f(x)) = o(f(x))$$

的两端交换一下,写成

$$o(f(x)) = o(f(x)) + o(f(x)),$$

这样,等式就失去了意义. 若将等式 $o(x^3) = o(x^2)(x \to 0)$ 的两端交换一下写成 $o(x^2) = o(x^3)(x \to 0)$,则是错误的. 另外此类等式反映的是某种性质,不是指数值关系,不能认为

$$o(f(x)) - o(f(x)) = 0.$$

4. 比较无穷小量,确定无穷小量中的参数

【例 1.7.5】设 $x \to 0$ 时 $(1 + ax^2)^{\frac{1}{3}} - 1$ 与 $\cos x - 1$ 是等价无穷小量,求常数 a 的值.

【解】注意 $1 - \cos x \sim \dfrac{1}{2} x^2 \quad (x \to 0)$, $\quad (1 + bt)^{\alpha} - 1 \sim \alpha bt \quad (t \to 0)$.

$\Rightarrow \qquad (1 + ax^2)^{\frac{1}{3}} - 1 \sim \dfrac{1}{3} ax^2 \quad (x \to 0)$.

用等价无穷小量因子替换得

$$\lim_{x \to 0} \frac{(1 + ax^2)^{\frac{1}{3}} - 1}{\cos x - 1} = \lim_{x \to 0} \frac{\dfrac{1}{3} ax^2}{-\dfrac{1}{2} x^2} = -\frac{2}{3} a.$$

由 $-\dfrac{2}{3} a = 1$ 得 $a = -\dfrac{3}{2}$.

第八节　函数的连续性与间断点

一、知识点归纳总结

1. 函数连续性定义

① 若有 $\lim\limits_{x \to x_0} f(x) = f(x_0)$,则称 $f(x)$ 在 $x = x_0$ 连续.

② 若有 $\lim\limits_{x \to x_0 + 0} f(x) = f(x_0)$($\lim\limits_{x \to x_0 - 0} f(x) = f(x_0)$),则称 $f(x)$ 在 $x = x_0$ 右(左)连续.

③ 若 $f(x)$ 在 (a, b) 内每一点均连续,则称 $f(x)$ 在 (a, b) 连续.

④ 若 $f(x)$ 在 (a, b) 连续,又在 $x = a$ 右连续,在 $x = b$ 左连续,则称 $f(x)$ 在 $[a, b]$ 连续.

2. 单侧连续与双侧连续的关系

$f(x)$ 在 $x = x_0$ 连续 $\Leftrightarrow f(x)$ 在 $x = x_0$ 既左连续又右连续.

3. 间断点及其分类

设 $f(x)$ 在 $x=x_0$ 的单侧空心邻域有定义,又 $x=x_0$ 不是 $f(x)$ 的连续点,则称 $x=x_0$ 是 $f(x)$ 的间断点.

① 设 $f(x)$ 在 $x=x_0$ 的空心邻域有定义,$x=x_0$ 是 $f(x)$ 的间断点,则有以下分类:

第一类间断点:若 $f(x_0+0)$ 与 $f(x_0-0)$ 均存在,称 x_0 为 $f(x)$ 的第一类间断点,其中若 $f(x_0+0)=f(x_0-0)\neq f(x_0)$ 或 $f(x_0+0)=f(x_0-0)$,$f(x)$ 在 x_0 无定义,称 x_0 为 $f(x)$ 的可去间断点.若 $f(x_0+0)\neq f(x_0-0)$,称 x_0 为 $f(x)$ 的跳跃间断点.

第二类间断点:若 $f(x_0+0)$ 与 $f(x_0-0)$ 中至少有一个不存在,称 x_0 是 $f(x)$ 的第二类间断点,其中若有一个为无穷,称 x_0 为 $f(x)$ 的无穷间断点.

② 设 $f(x)$ 只在 $x=x_0$ 的右(左)侧空心邻域有定义,$x=x_0$ 是 $f(x)$ 的间断点,则有以下分类:

第一类间断点:若 $f(x_0+0)(f(x_0-0))$ 存在(但不为 $f(x_0)$ 或 $f(x)$ 在 $x=x_0$ 无定义),称 x_0 为第一类间断点.

第二类间断点:若 $f(x_0+0)(f(x_0-0))$ 不存在,称 x_0 为 $f(x)$ 的第二类间断点.

4. 连续函数的局部性质

设 $f(x)$ 在 $x=a$ 连续,$f(a)>A$,则 $\exists a$ 的邻域 $U(a,\delta)$,当 $x\in U(a,\delta)$ 时,有
$$f(x)>A.$$

二、典型题型归纳及解题方法与技巧

1. 连续性的等价定义

【例 1.8.1】叙述 $f(x)$ 在 $x=x_0$ 连续的等价定义:

(1) 设自变量 x 在 x_0 有增量 Δx,对应的有函数的增量 $\Delta y=f(x_0+\Delta x)-f(x_0)$,用增量来叙述函数 $f(x)$ 在 $x=x_0$ 连续的等价定义;

(2) 叙述 $f(x)$ 在 $x=x_0$ 连续的 $\varepsilon-\delta$ 定义.

【解】(1) $f(x)$ 在 x_0 连续 $\Leftrightarrow \lim\limits_{\Delta x\to 0}\Delta y=0$,即自变量的增量 $\Delta x\to 0$ 时,对应的函数的增量 Δy 也趋于 0.

(2) 由函数极限的 $\varepsilon-\delta$ 定义得,$f(x)$ 在 x_0 连续 $\Leftrightarrow \forall \varepsilon>0$,$\exists \delta>0$,当 $|x-x_0|<\delta$ 时,$|f(x)-f(x_0)|<\varepsilon$.

【例 1.8.2】*设 $f(x)$ 定义在 $(-\infty,+\infty)$,下列每一种说法是否表明 $f(x)$ 在 $(-\infty,+\infty)$ 连续?

(1) $f(x)$ 在任意有限开区间 (a,b) 连续;

(2) $\exists c$,$f(x)$ 在 $(-\infty,c]$ 和 $(c,+\infty)$ 分别连续.

【分析与解答】考察 $\forall$ 点 $x_0\in(-\infty,+\infty)$,是否有 $f(x)$ 在 x_0 连续.

(1) $\forall x_0\in(-\infty,+\infty)$,则有 a 和 b 使 $a<x_0<b$,即 $x_0\in(a,b)$,由 $f(x)$ 在 (a,b) 连续 $\Rightarrow f(x)$ 在 x_0 连续.由 x_0 的任意性 $\Rightarrow f(x)$ 在 $(-\infty,+\infty)$ 连续.因此可得出 $f(x)$ 在 $(-\infty,+\infty)$ 连续.

(2) 若令 $x_0=c$,则所给条件仅表明 $f(x)$ 在 x_0 左连续,不能保证在 x_0 右连续.如

$$f(x)=\begin{cases} 1, & x\leqslant c, \\ \dfrac{1}{x-c}, & x>c, \end{cases}$$

显然 $f(x)$ 在 $(-\infty,c]$ 连续（在 $x=c$ 是左连续），在 $(c,+\infty)$ 也连续，但在 $x=c$ 处不连续，因为

$$\lim_{x\to c+0}f(x)=\lim_{x\to c+0}\frac{1}{x-c}=\infty.$$

因此不能得出 $f(x)$ 在 $(-\infty,+\infty)$ 连续.

2. 补充定义函数值使之成为连续函数

【例 1.8.3】下列函数 $f(x)$ 在 $x=0$ 无定义，请补充定义 $f(0)$ 的值使得 $f(x)$ 在 $x=0$ 处连续.

(1) $f(x)=\dfrac{2^x-1}{x}$；   (2) $f(x)=\begin{cases} \dfrac{\ln(1+x)}{x}, & x>0, \\ \dfrac{\sqrt{1+x}-\sqrt{1-x}}{x}, & -1<x<0. \end{cases}$

【分析与求解】补充定义 $f(0)=\lim\limits_{x\to 0}f(x)$，则 $f(x)$ 在 $x=0$ 连续.

(1) $\lim\limits_{x\to 0}f(x)=\lim\limits_{x\to 0}\dfrac{2^x-1}{x}\xlongequal[x\ln 2=\ln(1+t)]{\text{令}\,2^x-1=t}\lim\limits_{t\to 0}\dfrac{t}{\ln(1+t)}\ln 2=\ln 2$，因此，定义 $f(0)=\ln 2$，则 $f(x)$ 在 $x=0$ 连续.

(2) $f(x)$ 是分段函数，分别求 $\lim\limits_{x\to 0+}f(x)$ 与 $\lim\limits_{x\to 0-}f(x)$：

$$\lim_{x\to 0+}f(x)=\lim_{x\to 0+}\frac{\ln(1+x)}{x}=1,$$

$$\lim_{x\to 0-}f(x)=\lim_{x\to 0-}\frac{\sqrt{1+x}-\sqrt{1-x}}{x}=\lim_{x\to 0-}\frac{2x}{x(\sqrt{1+x}+\sqrt{1-x})}=\frac{2}{2}=1,$$

由 $f(0+)=f(0-)=1\Rightarrow\lim\limits_{x\to 0}f(x)=1$. 因此，定义 $f(0)=1$，则 $f(x)$ 在 $x=0$ 连续.

【例 1.8.4】设 $f(x)$ 在 (a,b) 连续，又

$$\lim_{x\to a+0}f(x)=A, \qquad \lim_{x\to b-0}f(x)=B,$$

试定义一个函数 $F(x)$ 满足：$F(x)$ 在 $[a,b]$ 连续且 $F(x)=f(x)(a<x<b)$.

【解】令 $F(x)=\begin{cases} A, & x=a, \\ f(x), & a<x<b, \\ B, & x=b, \end{cases}$ 则 $x\in(a,b)$ 时 $F(x)$ 与 $f(x)$ 恒同，由 $f(x)$

连续，得 $F(x)$ 连续，又

$$\lim_{x\to a+0}F(x)=\lim_{x\to a+0}f(x)=A=F(a),$$

$$\lim_{x\to b-0}F(x)=\lim_{x\to b-0}f(x)=B=F(b),$$

即 $F(x)$ 在 $x=a$ 右连续，在 $x=b$ 左连续，因此 $F(x)$ 在 $[a,b]$ 连续.

评注 ① 若 $f(x)$ 在 $x=a$ 无定义,但存在极限 $\lim\limits_{x \to a} f(x)=A$,则可补充定义 $f(a)=A$,使得 $f(x)$ 在 $x=a$ 连续.若 $f(x)$ 在 $x=a$ 无定义,但存在极限 $\lim\limits_{x \to a+0} f(x)=A$ ($\lim\limits_{x \to a-0} f(x)=A$),则可补充定义 $f(a)=A$ 使得 $f(x)$ 在 $x=a$ 右连续(左连续).

② 例 1.8.4 中,实际上就是补充定义 $f(a)$,$f(b)$,使得 $f(x)$ 在 $x=a$ 右连续,在 $x=b$ 左连续.

3. 利用连续性的 ε-δ 定义证明连续函数的某些性质

【例 1.8.5】 设 $f(x)$,$g(x)$ 在 $x=x_0$ 连续,求证:

(1) 若 $f(x_0)>A$,则 $\exists \delta>0$,当 $x \in (x_0-\delta,x_0+\delta)$ 时,$f(x)>A$;

(2) 若 $f(x_0)>g(x_0)$,则 $\exists \delta>0$,当 $x \in (x_0-\delta,x_0+\delta)$ 时,$f(x)>g(x)$.

【分析与证明】(1) 按连续性的 ε-δ 定义,由 $f(x)$ 在 x_0 连续 $\Rightarrow \forall \varepsilon>0$,$\exists \delta>0$,当 $x \in (x_0-\delta,x_0+\delta)$ 时,$|f(x)-f(x_0)|<\varepsilon$,即 $f(x_0)-\varepsilon<f(x)<f(x_0)+\varepsilon$.

若能取 ε 满足 $\varepsilon>0$,$f(x_0)-\varepsilon=A$,即可得证.

取 $\varepsilon=f(x_0)-A$,按题设 $\varepsilon>0$,则 $\exists \delta>0$,当 $x \in (x_0-\delta,x_0+\delta)$ 时,

$$f(x)>f(x_0)-\varepsilon=f(x_0)-[f(x_0)-A]=A,$$

结论得证.

(2) 注意 $f(x_0)>g(x_0)$ 即 $f(x_0)-g(x_0)>0$,于是令 $F(x)=f(x)-g(x)$,则 $F(x)$ 在 x_0 连续,$F(x_0)>0$,由题(1) $\Rightarrow \exists \delta>0$,当 $x \in (x_0-\delta,x_0+\delta)$ 时 $F(x)>0$,即

$$f(x)>g(x).$$

【例 1.8.6】设 $f(x)$ 在 $x=x_0$ 连续,求证:$|f(x)|$ 在 $x=x_0$ 连续.

【分析与证明一】直接由极限运算法则,即由

$$\text{若} \lim\limits_{x \to x_0} f(x)=A, \quad \text{则} \lim\limits_{x \to x_0} |f(x)|=|A|,$$

可得,因 $\lim\limits_{x \to x_0} f(x)=f(x_0)$,所以 $\lim\limits_{x \to x_0} |f(x)|=|f(x_0)|$,即 $|f(x)|$ 在 $x=x_0$ 连续.

【分析与证明二】若 $f(x_0) \neq 0$,由连续性 $\Rightarrow \exists \delta>0$,当 $x \in (x_0-\delta,x_0+\delta)$ 时,

$$f(x) \begin{cases} >0, & f(x_0)>0, \\ <0, & f(x_0)<0 \end{cases} \Rightarrow x \in (x_0-\delta,x_0+\delta) \text{时},|f(x)| = \begin{cases} f(x), & f(x_0)>0, \\ -f(x), & f(x_0)<0 \end{cases}$$

$\Rightarrow |f(x)|$ 与 $f(x)$ 在 x_0 有相同的连续性 $\Rightarrow |f(x)|$ 在 x_0 连续.

若 $f(x_0)=0 \Rightarrow \lim\limits_{x \to x_0} f(x)=f(x_0)=0 \Rightarrow \lim\limits_{x \to x_0} |f(x)|=0=|f(x_0)| \Rightarrow |f(x)|$ 在 x_0 连续.

【分析与证明三】利用连续性的 ε-δ 定义.由 $f(x)$ 在 $x=x_0$ 连续 $\Rightarrow \forall \varepsilon>0$,$\exists \delta>0$,当 $|x-x_0|<\delta$ 时,$|f(x)-f(x_0)|<\varepsilon$

$\Rightarrow ||f(x)|-|f(x_0)|| \leqslant |f(x)-f(x_0)|<\varepsilon \Rightarrow |f(x)|$ 在 x_0 连续.

评注 ① 在分析与证明一中利用了极限的运算性质:

$$\lim\limits_{x \to x_0} f(x)=A \Rightarrow \lim\limits_{x \to x_0} |f(x)|=|A|.$$

在分析与证明二中利用了连续函数的局部性质:若 $f(x)$ 在 x_0 连续,$f(x_0)>0$ (<0) $\Rightarrow \exists \delta>0$,当 $|x-x_0|<\delta$ 时 $f(x)>0$ (<0),及无穷小量的性质:

若 $\lim\limits_{x \to x_0} f(x) = 0 \Rightarrow \lim\limits_{x \to x_0} |f(x)| = 0$.

在分析与证明三中用到了绝对值不等式性质：$||a| - |b|| \leqslant |a - b|$.

② 若 $|f(x)|$ 在 x_0 连续，则 $f(x)$ 在 x_0 不一定连续.

例如，$f(x) = \begin{cases} 1, & x \geqslant 0, \\ -1, & x < 0 \end{cases}$ 在 $x = 0$ 不连续，但 $|f(x)| = 1$ 在 $x = 0$ 连续.

4. 讨论极限函数的连续性

【例 1.8.7】讨论函数 $f(x) = \lim\limits_{n \to +\infty} \dfrac{\ln(e^n + x^{-n})}{n}$ $(x > 0)$ 的连续区间和间断点.

【分析与求解】先求极限函数 $f(x)$. 注意

$$\lim_{n \to +\infty} q^n = \begin{cases} \infty, & |q| > 1, \\ 0, & |q| < 1, \end{cases}$$

于是分情形求极限函数. 当 $x > \dfrac{1}{e}$ 时，

$$f(x) = \lim_{n \to +\infty} \frac{\ln\left[e^n\left(1 + \left(\dfrac{1}{xe}\right)^n\right)\right]}{n} = \lim_{n \to +\infty} \frac{n\ln e + \ln\left[1 + \left(\dfrac{1}{xe}\right)^n\right]}{n}$$

$$= \ln e + \lim_{n \to +\infty} \ln\left[1 + \left(\frac{1}{xe}\right)^n\right]^{\frac{1}{n}}.$$

由求极限的幂指数运算法则 $\lim\limits_{n \to +\infty} \left[1 + \left(\dfrac{1}{xe}\right)^n\right]^{\frac{1}{n}} = 1^0 = 1$ 及 $\ln x$ 的连续性得 $f(x) = 1 + \ln 1 = 1$.

当 $x = \dfrac{1}{e}$ 时，

$$f\left(\frac{1}{e}\right) = \lim_{n \to +\infty} \frac{\ln(e^n + e^n)}{n} = \lim_{n \to +\infty} \frac{\ln(2e^n)}{n} = \lim_{n \to +\infty} \frac{\ln 2 + n}{n} = 1.$$

当 $0 < x < \dfrac{1}{e}$ 时，

$$f(x) = \lim_{n \to +\infty} \frac{\ln[x^{-n}(1 + (xe)^n)]}{n}$$

$$= \lim_{n \to +\infty} \frac{-n\ln x + \ln[1 + (ex)^n]}{n} = -\ln x + 0 = -\ln x.$$

因此 $f(x) = \begin{cases} -\ln x, & 0 < x \leqslant \dfrac{1}{e}, \\ 1, & x \geqslant \dfrac{1}{e} \end{cases}$ 在 $(0, +\infty)$ 上连续.

因为 $\lim\limits_{x \to 0+} f(x) = \lim\limits_{x \to 0+}(-\ln x) = +\infty$，所以，$x = 0$ 是 $f(x)$ 的间断点（第二类间断点）.

第九节 连续函数的运算与初等函数的连续性

一、知识点归纳总结

1. 连续函数的运算法则

（1）连续函数的四则运算

设 $f(x)$，$g(x)$ 在 $x=x_0$ 连续，则 $f(x)\pm g(x)$，$f(x)\cdot g(x)$，$f(x)/g(x)$ $(g(x_0)\neq 0)$ 在 $x=x_0$ 也连续.

（2）复合函数的连续性

设 $u=g(x)$ 在 $x=x_0$ 连续，$y=f(u)$ 在 $u_0=g(x_0)$ 连续，则复合函数 $y=f[g(x)]$ 在 $x=x_0$ 连续.

（3）反函数的连续性

设 $y=f(x)$ 在区间 I_x 上严格单调且连续，则它的反函数 $x=\varphi(y)$ 也在对应的区间 $I_y=\{y\mid y=f(x),x\in I_x\}$ 上连续且有相同的单调性.

2. 初等函数的连续性

初等函数在它的定义区间上处处连续.

设 I_x 是初等函数 $f(x)$ 的定义区间，x_0 是区间 I_x 的端点，但 $x_0\bar{\in}I_x$，则 $x=x_0$ 是 $f(x)$ 的间断点.

二、典型题型归纳及解题方法与技巧

1. 求初等函数的连续区间

【例 1.9.1】确定下列各函数的连续区间：

(1) $f(x)=\ln\dfrac{x^2}{(x+1)(x-3)}$；   (2) $f(x)=\arcsin\dfrac{2x}{1+x}$.

【分析与求解】这些函数均是初等函数，因为初等函数在它的定义域区间上连续，所以确定它们的连续区间就是确定它们的定义域区间.

(1) $f(x)$ 的定义域由 $\dfrac{x^2}{(x+1)(x-3)}>0$ 确定，即

$$(x+1)(x-3)>0,x\neq 0\Leftrightarrow x>3\quad \text{或}\quad x<-1.$$

于是，$f(x)$ 的连续区间是 $(-\infty,-1)$，$(3,+\infty)$.

(2) 仅当 $-1\leqslant\dfrac{2x}{1+x}\leqslant 1$ $(x\neq -1)$ 时反正弦函数有意义. 解前面的不等式：

若 $1+x>0$，有 $-(1+x)\leqslant 2x\leqslant 1+x$，即 $-\dfrac{1}{3}\leqslant x\leqslant 1$.

若 $1+x<0$，有 $-(1+x)\geqslant 2x\geqslant 1+x$，无解.

因此 $f(x)$ 的定义域为 $-\dfrac{1}{3}\leqslant x\leqslant 1$，从而 $f(x)$ 的连续区间就是 $\left[-\dfrac{1}{3},1\right]$.

评注 关于初等函数的连续性的结论,为什么表述成"初等函数在其定义区间内都是连续的",而不说成"初等函数在其定义域内都是连续的"?

事实上,尽管基本初等函数在其定义域内是连续的,但初等函数在其定义域的某些点上却不一定能定义连续性,因为定义函数在一点处连续的前提条件是函数在该点的某个邻域内有定义. 例如,初等函数 $f(x) = \sqrt{\sin x} + \sqrt{16-x^2} + \sqrt{-x}$,它的定义域 $D = [-4, -\pi] \cup \{0\}$,$f(x)$ 在 $x = 0$ 处就无法定义其连续性,我们不能说 $f(x)$ 在其定义域 D 上连续,只能说 $f(x)$ 在其定义区间 $[-4, -\pi]$ 上连续.

一般地,由连续函数的运算法则可知,如果初等函数 $f(x)$ 的定义域 D 内的某点存在某个邻域包含在 D 内,即该点属于 $f(x)$ 的某个定义区间,那么 $f(x)$ 在该点必定连续. 因此,初等函数在其定义区间内是连续的.

2. 求初等函数的间断点并判断类型

【例 1.9.2】指出下列函数的间断点及其类型:

(1) $f(x) = \arctan \dfrac{1}{x}$; (2) $f(x) = \dfrac{1}{x} \ln(1+x)$; (3) $f(x) = \dfrac{2x\sin\dfrac{1}{x} - \cos\dfrac{1}{x}}{\cos x}$.

【分析】这些函数均是初等函数,它们的间断点即定义域的边界点,函数在这些点上无定义. 判断间断点的类型就是考察函数在间断点处的极限.

【解】(1) $f(x)$ 的定义域是 $x \neq 0$,于是 $f(x)$ 的间断点只有 $x = 0$,又

$$\lim_{x \to 0^+} \arctan \frac{1}{x} = \frac{\pi}{2}, \quad \lim_{x \to 0^-} \arctan \frac{1}{x} = -\frac{\pi}{2},$$

因此,$x = 0$ 是 $f(x)$ 的第一类间断点(跳跃间断点).

(2) $f(x)$ 的定义域是 $(-1, 0) \cup (0, +\infty)$,于是 $f(x)$ 的间断点只有 $x = 0, -1$,又

$$\lim_{x \to -1+0} \frac{1}{x} \ln(1+x) = \infty, \quad \lim_{x \to 0} \frac{1}{x} \ln(1+x) = 1,$$

因此 $x = 0$ 是 $f(x)$ 的第一类间断点(且是可去间断点),$x = -1$ 是 $f(x)$ 的第二类间断点(且是无穷间断点).

(3) $f(x)$ 的定义域是 $x \neq k\pi + \dfrac{\pi}{2}$ $(k = 0, \pm 1, \pm 2, \cdots)$ 及 $x \neq 0$,所以 $f(x)$ 的间断点只有 $x = 0, x = k\pi + \dfrac{\pi}{2}$ $(k = 0, \pm 1, \pm 2, \cdots)$.

记 $x_k = k\pi + \dfrac{\pi}{2}$,注意 $\lim\limits_{x \to x_k} \cos x = \cos x_k = 0$,

$$\lim_{x \to x_k} \left(2x\sin\frac{1}{x} - \cos\frac{1}{x}\right) = 2x_k \sin\frac{1}{x_k} - \cos\frac{1}{x_k} \neq 0$$

$$\Rightarrow \lim_{x \to x_k} f(x) = \lim_{x \to x_k} \frac{2x\sin\dfrac{1}{x} - \cos\dfrac{1}{x}}{\cos x_k} = \infty.$$

因 $\lim\limits_{x \to 0} \dfrac{2x\sin\dfrac{1}{x}}{\cos x} = 0$, $\lim\limits_{x \to 0} \dfrac{\cos\dfrac{1}{x}}{\cos x}$ 不存在 $\Rightarrow \lim\limits_{x \to 0} f(x) = \lim\limits_{x \to 0} \dfrac{2x\sin\dfrac{1}{x} - \cos\dfrac{1}{x}}{\cos x}$ 不存在.

因此 $x=x_k$ 是 $f(x)$ 的第二类间断点(且是无穷间断点),$x=0$ 是 $f(x)$ 的第二类间断点(不是无穷间断点).

评注　对于初等函数来说,间断点一定位于定义域的边界,但边界点有两种情形,如 $y=\sqrt{x}$,定义域是 $[0,+\infty)$,$x=0$ 是边界点,它属于定义域,$\sqrt{x}$ 在 $x=0$ 是连续点,不是间断点.又如 $y=\ln x$,定义域是 $(0,+\infty)$,边界点 $x=0$ 不属于定义域,是间断点.对于这两个函数来说,均不必考虑把 $x<0$ 上的点作为间断点,因为 $\forall x_0\in(-\infty,0)$,不存在 x_0 的单侧空心邻域使得这两个函数在这个单侧空心邻域上有定义.

3. 分段函数的连续性

如何判断分段函数的连续性? 对于非分界点等同于讨论通常的非分段函数.因此关键是判断分段函数在分界点处的连续性.

方法一　分别考察分界点处的左、右连续性

基本根据是:

① $f(x)$ 在 x_0 连续 $\Leftrightarrow f(x)$ 在 x_0 既左连续又右连续.

② 若在 x_0 的右(左)邻域上 $f(x)=g(x)$($x_0\leqslant x<x_0+\delta$ 或 $x_0-\delta<x\leqslant x_0$),则 $f(x)$ 与 $g(x)$ 在 x_0 有相同的右(左)连续性.

根据上述结论可得:

设 $f(x)=\begin{cases}g(x), & x_0-\delta<x\leqslant x_0, \\ h(x), & x_0<x<x_0+\delta,\end{cases}$ $\delta>0$ 为某常数,又 $g(x)$ 在 x_0 左连续,$h(x)$ 在 x_0 右连续,则

$$f(x) \text{ 在 } x=x_0 \text{ 连续} \Leftrightarrow h(x_0)=g(x_0).$$

【证明】 在所设条件下

$$\lim_{x\to x_0+0}f(x)=\lim_{x\to x_0+0}h(x)=h(x_0),$$

$$\lim_{x\to x_0-0}f(x)=\lim_{x\to x_0-0}g(x)=g(x_0)=f(x_0),$$

于是由 $f(x)$ 在 x_0 连续 $\Leftrightarrow \lim\limits_{x\to x_0+0}f(x)=\lim\limits_{x\to x_0-0}f(x)=f(x_0)$,得

$$f(x) \text{ 在 } x_0 \text{ 连续} \Leftrightarrow h(x_0)=g(x_0).$$

方法二　考察分界点处的左、右极限或极限

① 设 $f(x)=\begin{cases}g(x), & x_0-\delta<x<x_0, \\ A, & x=x_0, \\ h(x), & x_0<x<x_0+\delta,\end{cases}$ 则

$$f(x) \text{ 在 } x_0 \text{ 连续} \Leftrightarrow \lim_{x\to x_0+0}h(x)=\lim_{x\to x_0-0}g(x)=A.$$

② 设 $f(x)=\begin{cases}g(x), & x\in(x_0-\delta,x_0+\delta)\backslash\{x_0\}, \\ A, & x=x_0,\end{cases}$ 则

$$f(x) \text{ 在 } x_0 \text{ 连续} \Leftrightarrow \lim_{x\to x_0}g(x)=A.$$

【例 1.9.3】讨论函数 $f(x)$ 的连续性：$f(x)=\begin{cases}\dfrac{\sin2(\mathrm{e}^x-1)}{\mathrm{e}^x-1}, & x>0,\\[2mm] 1, & x=0,\\[2mm] \dfrac{-2}{x^2}\ln\dfrac{1}{1+x^2}, & x<0.\end{cases}$

【解】这是讨论分段函数的连续性. 在非分界点处它们分别与某初等函数相同,因而关键是讨论分界点处的连续性.

当 $x\neq0$ 时,$f(x)$ 分别在 $(-\infty,0),(0,+\infty)$ 与某初等函数相同,故连续. 当 $x=0$ 时考察

$$\lim_{x\to0+}f(x)=\lim_{x\to0+}\frac{\sin2(\mathrm{e}^x-1)}{\mathrm{e}^x-1}=\lim_{x\to0+}2\cdot\frac{\sin2(\mathrm{e}^x-1)}{2(\mathrm{e}^x-1)}=2,$$

$$\lim_{x\to0-}f(x)=\lim_{x\to0-}\left(\frac{-2}{x^2}\ln\frac{1}{1+x^2}\right)=\lim_{x\to0-}\frac{2\ln(1+x^2)}{x^2}=2,$$

即
$$f(0+0)=f(0-0)\neq f(0).$$

因此 $f(x)$ 在 $x\neq0$ 处连续,$x=0$ 是 $f(x)$ 的第一类间断点(可去间断点).

【例 1.9.4】设 $f(x)=\begin{cases}x^2, & x\leqslant1,\\ 1-x, & x>1,\end{cases}$ $g(x)=\begin{cases}x, & x\leqslant2,\\ 2(x-1), & 2<x\leqslant5,\\ x+3, & x>5,\end{cases}$

讨论 $y=f[g(x)]$ 的连续性,若有间断点请指出类型.

【解法一】先写出 $f[g(x)]$ 的表达式. 考察 $g(x)$ 的值：

$$g(x)\begin{cases}\leqslant1, & x\leqslant1,\\ >1, & x>1,\end{cases}$$

于是
$$f[g(x)]=\begin{cases}g^2(x), & x\leqslant1,\\ 1-g(x), & x>1.\end{cases}$$

再由 $g(x)$ 的表达式得

$$f[g(x)]=\begin{cases}x^2, & x\leqslant1,\\ 1-x, & 1<x\leqslant2,\\ 1-2(x-1), & 2<x\leqslant5,\\ 1-(x+3), & x>5\end{cases}=\begin{cases}x^2, & x\leqslant1,\\ 1-x, & 1<x\leqslant2,\\ 3-2x, & 2\leqslant x\leqslant5,\\ -(x+2), & x\geqslant5.\end{cases}$$

当 $x\neq1,2,5$ 时,$f[g(x)]$ 分别在不同的区间与某初等函数相同,故连续. 当 $x=2,5$ 时,分别由左、右连续得 $f[g(x)]$ 连续. 当 $x=1$ 时,
$$\lim_{x\to1+0}f[g(x)]=\lim_{x\to1+0}(1-x)=0, \quad \lim_{x\to1-0}f[g(x)]=\lim_{x\to1-0}x^2=1,$$
从而 $f[g(x)]$ 在 $x=1$ 不连续且是第一类间断点(跳跃间断点).

【解法二】注意 $u=g(x)=\begin{cases}x, & x\leqslant2,\\ 2(x-1), & 2\leqslant x\leqslant5,\\ x+3, & x\geqslant5.\end{cases}$

当 $x\neq2,5$ 时,$g(x)$ 分别在不同的区间与某初等函数相同,故连续. 当 $x=2,5$ 时,分别由左、右连续得 $g(x)$ 连续,从而 $g(x)$ 处处连续. 函数

$$y = f(u) = \begin{cases} u^2, & u \leqslant 1, \\ 1-u, & u > 1, \end{cases}$$

当 $u \neq 1$ 时连续. 由复合函数连续性知, 当 $g(x) \neq 1$, 即 $x \neq 1$ 时 $f[g(x)]$ 连续. 对 $x = 1$, 有

$$\lim_{x \to 1+0} f[g(x)] \xrightarrow{g(x)=x} \lim_{x \to 1+0} f(x) = \lim_{x \to 1+0}(1-x) = 0,$$

$$\lim_{x \to 1-0} f[g(x)] \xrightarrow{g(x)=x} \lim_{x \to 1-0} f(x) = \lim_{x \to 1-0} x^2 = 1.$$

从而 $x = 1$ 是 $f[g(x)]$ 的第一类间断点(跳跃间断点).

4. 利用函数的连续性求极限

设我们能用某方法(不是按定义, 而是连续性的运算法则)知道 $f(x)$ 在 $x = a$ 连续, 按定义则有 $\lim\limits_{x \to a} f(x) = f(a)$. 因此, 对连续函数求极限就是用代入法求函数值. 特别是, 若 $f(x)$ 是初等函数, $a \in D(f)$, 则有 $\lim\limits_{x \to a} f(x) = f(a)$.

【例 1.9.5】利用函数的连续性, 求下列极限:

(1) $I = \lim\limits_{x \to 0} \dfrac{\sqrt[3]{x+1} \lg(2+x^2)}{(1-x)^2 + \cos x}$;   (2) $I = \lim\limits_{x \to 1} \dfrac{x^2 + \mathrm{e}^{1-x}}{\tan(x-1) + \ln(1+x)}$.

【分析与求解】这里所求极限 $\lim\limits_{x \to a} f(x)$, 其中 $f(x)$ 均为初等函数, 在定义域上连续, 又 $a \in D(f)$, 所以可用代入法求极限, 即 $\lim\limits_{x \to a} f(x) = f(a)$.

(1) 将 $x = 0$ 代入得 $I = \dfrac{\lg 2}{1+1} = \dfrac{1}{2} \lg 2$.

(2) 将 $x = 1$ 代入得 $I = \dfrac{1+1}{0+\ln 2} = \dfrac{2}{\ln 2}$.

5. 由函数连续性确定函数表达式中的参数

【例 1.9.6】适当选取常数 a, b, 使函数 $f(x) = \begin{cases} \mathrm{e}^x, & x < 0, \\ ax+b, & x \geqslant 0 \end{cases}$ 处处是连续的.

【解】显然, 当 $x < 0$ 时, $f(x) = \mathrm{e}^x$. e^x 是初等函数, 当 $x < 0$ 时连续, 于是 $x < 0$ 时 $f(x)$ 连续. 当 $x > 0$ 时, $f(x) = ax+b$, $\forall$ 常数 a, b 它也是连续的. 因此关键是选取 a, b 使 $f(x)$ 在 $x = 0$ 连续. 因为它是分段定义的函数, 且 $x = 0$ 是连续点, 我们分别考察 $x = 0$ 处的左、右连续性.

$$\lim_{x \to 0-} f(x) = \lim_{x \to 0-} \mathrm{e}^x = \mathrm{e}^0 = 1, \quad \lim_{x \to 0+} f(x) = \lim_{x \to 0+}(ax+b) = b,$$

$f(x)$ 在 $x = 0$ 连续 $\Leftrightarrow \lim\limits_{x \to 0+} f(x) = \lim\limits_{x \to 0-} f(x) = f(0)$, 即 $b = 1 = b$.

因此, 仅当 $b = 1$, a 为 $\forall$ 常数时 $f(x)$ 在 $x = 0$ 连续, 从而 $f(x)$ 在 $(-\infty, +\infty)$ 连续.

评注 解此问题常犯以下错误:

错误①. 因 $f(0+) = \lim\limits_{x \to 0+}(ax+b) = b, f(0-) = \lim\limits_{x \to 0-} \mathrm{e}^x = 1$, 由 $f(0+) = f(0-) = f(0)$ 得 $b = 1$, 所以 a 为 $\forall$ 实数, $b = 1$ 时 $f(x)$ 连续.

此解法是不完整的, 没有说明 $f(x)$ 在 $(-\infty, 0)$ 与 $(0, +\infty)$ 上连续.

错误②. 因 $f(0+)=\lim\limits_{x\to0+}(ax+b)=b$，$f(0-)=\lim\limits_{x\to0-}\mathrm{e}^x=1$，由 $f(0+)=f(0-)$ 得 $b=1$，所以 a 为 $\forall$ 实数，$b=1$ 时 $f(x)$ 连续.

此解法除了没说明 $f(x)$ 在 $(-\infty,0)$ 与 $(0,+\infty)$ 连续外，还错在，由 $f(0+)=f(0-)$ 不一定能保证 $f(x)$ 在 $x=0$ 连续. $f(x)$ 在 $x=0$ 连续 $\Leftrightarrow f(0+)=f(0-)=f(0)$.

【例 1.9.7】设 $f(x)=\begin{cases}\dfrac{ax+b}{\sqrt{3x+1}-\sqrt{x+3}}, & x\neq1,\\ 2, & x=1,\end{cases}$ 试确定常数 a,b 之值，使得 $f(x)$ 在 $x=1$ 处连续.

【分析与求解】就是求常数 a,b，使得 $\lim\limits_{x\to1}f(x)=2$.

首先，由 $\lim\limits_{x\to1}(\sqrt{3x+1}-\sqrt{x+3})=\sqrt{4}-\sqrt{4}=0$ 及 $\lim\limits_{x\to1}\dfrac{ax+b}{\sqrt{3x+1}-\sqrt{x+3}}$ 存在

$\Rightarrow \lim\limits_{x\to1}(ax+b)=a+b=0.$

在此条件下，

$$\lim_{x\to1}f(x)=\lim_{x\to1}\frac{a(x-1)+a+b}{2(x-1)}(\sqrt{3x+1}+\sqrt{x+3})$$

$$=\lim_{x\to1}\frac{a(x-1)}{2(x-1)}\cdot(\sqrt{4}+\sqrt{4})=2a.$$

由 $\lim\limits_{x\to1}f(x)=f(1)=2$，得 $2a=2$，即 $a=1$.

再由 $a+b=0$ 得 $b=-1$.

因此仅当 $a=1,b=-1$ 时 $f(x)$ 在 $x=1$ 处连续.

【例 1.9.8】确定常数 a,b，使得

$$f(x)=\frac{\mathrm{e}^x-b}{(x-a)(x-2)}$$

有无穷间断点 $x=0$ 与可去间断点 $x=2$.

【分析与求解】$\lim\limits_{x\to0}f(x)=\dfrac{1-b}{2a}$ $(a\neq0)$ $\Rightarrow a\neq0$ 时 $x=0$ 不是 $f(x)$ 的无穷间断点.

当 $a=0$ 时，

$$\lim_{x\to0}f(x)=\begin{cases}\lim\limits_{x\to0}\dfrac{\mathrm{e}^x-1}{x(x-2)}=\lim\limits_{x\to0}\dfrac{\mathrm{e}^x-1}{x}\cdot\left(-\dfrac{1}{2}\right)=-\dfrac{1}{2}, & b-1,\\[3mm]\lim\limits_{x\to0}\dfrac{\mathrm{e}^x-b}{x(x-2)}=\infty, & b\neq1.\end{cases}$$

$\Rightarrow$ 仅当 $a=0,b\neq1$ 时 $f(x)$ 以 $x=0$ 为无穷间断点. 令 $a=0$. 由于

$$\lim_{x\to2}f(x)=\lim_{x\to2}\frac{\mathrm{e}^x-b}{x(x-2)}=\begin{cases}\infty, & b\neq\mathrm{e}^2,\\[2mm]\dfrac{\mathrm{e}^2}{2}, & b=\mathrm{e}^2,\end{cases}$$

其中 $\lim\limits_{x\to2}\dfrac{\mathrm{e}^x-\mathrm{e}^2}{2(x-2)}=\dfrac{\mathrm{e}^2}{2}\lim\limits_{x\to2}\dfrac{\mathrm{e}^{x-2}-1}{x-2}=\dfrac{\mathrm{e}^2}{2}\lim\limits_{t\to0}\dfrac{\mathrm{e}^t-1}{t}=\dfrac{\mathrm{e}^2}{2}$，

因此，仅当 $a=0,b=\mathrm{e}^2$ 时 $f(x)$ 以 $x=0$ 为无穷间断点，同时以 $x=2$ 为可去间断点.

6. 四则运算中有不连续函数的情形

【例 1.9.9】 连续函数的四则运算中有：若 $f(x),g(x)$ 在 $x=x_0$ 连续，则 $f(x)+g(x),f(x)\cdot g(x)$ 在 $x=x_0$ 连续. 现回答下列问题并证明你的判断.

(1) 若 $f(x)$ 在 $x=x_0$ 连续，$g(x)$ 在 $x=x_0$ 不连续，则 $f(x)+g(x)$，$f(x)\cdot g(x)$ 在 $x=x_0$ 是否连续？若又有 $f(x_0)\neq 0$，则又如何？

(2) 若 $f(x),g(x)$ 在 $x=x_0$ 都不连续，则 $f(x)+g(x)$，$f(x)\cdot g(x)$ 在 $x=x_0$ 处是否不连续？

【解】 (1) $f(x)+g(x)$ 在 $x=x_0$ 一定不连续.

因为，若 $f(x)+g(x)$ 在 $x=x_0$ 连续，由连续函数四则运算法则知 $g(x)=[f(x)+g(x)]-f(x)$ 在 $x=x_0$ 连续. 与假设条件矛盾.

$f(x)\cdot g(x)$ 在 $x=x_0$ 可能连续，也可能不连续.

例如，$f(x)=x^2$ 在 $x=0$ 连续，$g(x)=\begin{cases}\dfrac{1}{x}, & x\neq 0,\\ 0, & x=0\end{cases}$ 在 $x=0$ 不连续，但 $f(x)\cdot g(x)=x$ 在 $x=0$ 连续.

又如，若 $f(x)=x$，在 $x=0$ 连续，则 $f(x)g(x)=\begin{cases}1, & x\neq 0,\\ 0, & x=0\end{cases}$ 在 $x=0$ 不连续.

若又有 $f(x_0)\neq 0$，则 $f(x)g(x)$ 在 $x=x_0$ 不连续. 因为若不然，

$$g(x)=\frac{f(x)g(x)}{f(x)} \text{ 在 } x=x_0 \text{ 连续，与 } g(x) \text{ 在 } x=x_0 \text{ 不连续矛盾.}$$

(2) $f(x)+g(x)$，$f(x)\cdot g(x)$ 在 $x=x_0$ 不一定不连续.

例如，$f(x)=\begin{cases}1, & x\neq 0,\\ 0, & x=0\end{cases}$ 与 $g(x)=\begin{cases}0, & x\neq 0,\\ 1, & x=0\end{cases}$ 在 $x=0$ 均不连续，但 $f(x)+g(x)=1$，$f(x)\cdot g(x)=0$ 在 $x=0$ 均连续.

7. 连续函数与不连续函数的复合或不连续函数之间的复合的连续性判断

【例 1.9.10】 设 $f(x)$ 在 x_0 某邻域有定义且值域包含在 $g(u)$ 的定义域内. 在下列情形内能否断定 $g[f(x)]$ 在 x_0 间断？

(1) $f(x)$ 在 x_0 连续，$g(u)$ 在 $f(x_0)$ 不连续；

(2) $f(x)$ 在 x_0 不连续，$g(u)$ 在 $f(x_0)$ 连续；

(3) $f(x)$ 在 x_0 与 $g(u)$ 在 $f(x_0)$ 均不连续.

【解】 均不能断定.

(1) $f(x)=1$ 在 x_0 连续，而 $g(u)=D(u)=\begin{cases}1, & u \text{ 为有理数},\\ 0, & u \text{ 为无理数}\end{cases}$ 在 $f(x_0)=1$ 不连续，但 $g[f(x)]=1$ 在 x_0 连续.

(2) $f(x)=D(x)$ 在 x_0 不连续，$g(u)=1$ 在 $f(x_0)$ 连续，但 $g[f(x)]=1$ 在 x_0 连续.

(3) $f(x)=D(x)$ 在 x_0 不连续，$g(u)=D(u)$ 在 $f(x_0)$ 不连续，但 $g[f(x)]=1$ 在

x_0 连续.

评注　① 在题(1),(2),(3)的条件下,同样不能断定 $g[f(x)]$ 在 x_0 连续.

② 狄里希利函数 $D(x)=\begin{cases}1, & x \text{ 为有理数},\\ 0, & x \text{ 为无理数}\end{cases}$ 处处不连续,因为 $\forall x_0$,存在一串有理数 $x_n \to x_0$,存在一串无理数 $y_n \to x_0$,于是 $\lim\limits_{n\to+\infty} D(x_n)=1, \lim\limits_{n\to+\infty} D(y_n)=0,$

$\Rightarrow \lim\limits_{x\to x_0} D(x)$ 不存在 $\Rightarrow D(x)$ 在 x_0 不连续.

③ 设 $f(x)$ 在 x_0 连续,$g(u)$ 在相应的 $u_0=f(x_0)$ 连续,则可得复合函数 $g[f(x)]$ 在 x_0 连续.其余情形对 $g[f(x)]$ 在 x_0 的连续性得不到确定的结论.

第十节　闭区间上连续函数的性质

一、知识点归纳总结

1. 有界闭区间上连续函数的有界性与最大值、最小值的存在性

① 设 $f(x)$ 在 $[a,b]$ 连续,则 $f(x)$ 在 $[a,b]$ 有界,即存在常数 $M>0$,使得
$$|f(x)|\leqslant M \quad (\forall x\in[a,b]).$$

② 设 $f(x)$ 在 $[a,b]$ 连续,则 $f(x)$ 在 $[a,b]$ 上有最大值与最小值,也就是说存在 x_1, $x_2\in[a,b]$,使得 $f(x_1)\leqslant f(x)\leqslant f(x_2)(\forall x\in[a,b])$.

这里,$f(x_1)$ 为 $f(x)$ 在 $[a,b]$ 的最小值,记为 $f(x_1)=\min\limits_{x\in[a,b]} f(x)$;$f(x_2)$ 为 $f(x)$ 在 $[a,b]$ 的最大值,记为 $f(x_2)=\max\limits_{x\in[a,b]} f(x)$.

2. 连续函数的介值定理(又称中间值定理)

设 $f(x)$ 在 $[a,b]$ 连续,$f(a)\neq f(b)$,则对 $f(a)$ 与 $f(b)$ 之间的任何数 η,必存在 $c\in(a,b)$,使得 $f(c)=\eta$.

3. 证明函数零点的存在性并估计函数零点的值

设 $f(x)$ 在 $[a,b]$ 连续,则 $f(x)$ 在 $[a,b]$ 一致连续,即 $\forall\varepsilon>0$,总存在 $\delta>0$,使得 $\forall x_1,x_2\in[a,b]$ 只要 $|x_1-x_2|<\delta$,就有 $|f(x_1)-f(x_2)|<\varepsilon$.

*4. 有界闭区间上连续函数的一致连续性

设 $f(x_0)=0$,称 $x=x_0$ 为函数 $f(x)$ 的零点,又称 $x=x_0$ 是方程 $f(x)=0$ 的根.

作为连续函数中间值定理的特殊情形,有连续函数的零点存在性定理:

设 $f(x)$ 在 $[a,b]$ 连续且 $f(a)\cdot f(b)<0$,则 $\exists c\in(a,b)$,使得
$$f(c)=0.$$

因此,要证 $[a,b]$ 上的连续函数 $f(x)$ 在 (a,b) 存在零点,只需证 $f(a)$ 与 $f(b)$ 异号,由此也给出 $f(x)$ 的零点值的估计.

二、典型题型归纳及解题方法与技巧

1. 正确理解描述连续函数性质的有关定理

【例 1.10.1】判断下列结论是否正确,并证明你的判断.

(1) 设 $f(x)$ 在 (a,b) 连续,则 $f(x)$ 在 (a,b) 有界;

(2) 设 $f(x)$ 在 (a,b) 连续且有界,则 $f(x)$ 在 (a,b) 有最大值与最小值;

(3) 设 $f(x)$ 定义在 $[a,b]$ 上,在 (a,b) 连续,又 $f(a) \cdot f(b) < 0$,则 $\exists c \in (a,b)$,使得 $f(c) = 0$.

【解】(1) 不正确.为证明这个结论不正确,只需给出一个函数,它在开区间 (a,b) 上连续,但无界.

令 $f(x) = \dfrac{1}{x-a}$,则 $f(x)$ 在 (a,b) 连续,但 $f(x)$ 在 (a,b) 无界,见图 1.10-1.

(2) 不正确.为证明这个结论不正确,只需给出一个函数,它在开区间 (a,b) 连续且有界,但不存在最大值与最小值.

令 $f(x) = x$,则 $f(x)$ 在 (a,b) 连续且有界,但 $f(x)$ 在 (a,b) 不存在最大值与最小值,见图 1.10-2.

(3) 不正确.显然,若又有 $f(x)$ 在 $x=a$ 右连续,在 $x=b$ 左连续,则 $f(x)$ 在 $[a,b]$ 连续,于是由连续函数中间值定理知,$\exists c \in (a,b)$,使 $f(c) = 0$.因此,只需考察 $f(x)$ 在 $x=a$ 或 $x=b$ 不连续的情形.

若 $f(x)$ 在 $[a,b)$ 连续,恒正,而 $f(b) < 0$,则 $f(x)$ 满足题中所设条件,但不 $\exists c \in (a,b)$,使 $f(c) = 0$,见图 1.10-3.

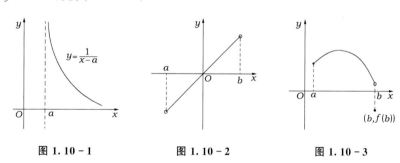

图 1.10-1   图 1.10-2   图 1.10-3

评注 ① 该例表明:若 $f(x)$ 在 (a,b) 连续,不能保证 $f(x)$ 在 (a,b) 有界,也不能保证 $f(x)$ 在 (a,b) 有最大值和最小值.若 $f(x)$ 定义在 $[a,b]$ 上,只在 (a,b) 连续,不能保证 $f(x)$ 取到 $f(a)$ 与 $f(b)$ 之间的所有值.

② 若 $f(x)$ 在 (a,b) 是严格单调函数,则 $f(x)$ 在 (a,b) 不存在最大值与最小值.

【例 1.10.2】判断下列结论是否正确,并证明你的判断.

(1) 设 $f(x)$ 在 $(-\infty, +\infty)$ 连续,$\forall x_1 < x_2$,若 $f(x_1) \neq f(x_2)$,则对 $f(x_1)$ 与 $f(x_2)$ 之间的任何数 η,必 $\exists c \in (x_1, x_2)$,使得 $f(c) = \eta$;

(2) 设 $f(x)$ 定义在 $[a,b]$ 上并可以取到 $f(a)$,$f(b)$ 之间的一切值,则 $f(x)$ 在 $[a,b]$ 连续.

【解】(1) 正确.在所设条件下,$\forall x_1 < x_2$,$f(x)$在$[x_1,x_2]$连续,在$[x_1,x_2]$利用连续函数中间值定理得结论.

(2) 不正确.为证明这个论断不正确,只需给出一个反例.令$y = f(x)$的图形如图 1.10-4 所示,则有

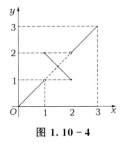

$$f(x) = \begin{cases} x, & 0 \leqslant x < 1, \\ 3-x, & 1 \leqslant x \leqslant 2, \\ x, & 2 < x \leqslant 3. \end{cases}$$

图 1.10-4

它取 $f(0)=0$,$f(3)=3$ 之间的一切值,但它在$[0,3]$中有不连续点 $x=1$ 与 $x=2$.

2. 利用闭区间上连续函数的性质证明有关结论

【例 1.10.3】判断下列结论是否正确,并证明你的判断.

(1) 设 $f(x)$ 在$[a,b]$连续,$M = \max\limits_{[a,b]} f(x)$ $m = \min\limits_{[a,b]} f(x)$,且 $M \neq m$,则 $f(x)$ 在$[a,b]$的值域为$[m,M]$;

(2) 设 $f(x)$ 在$[a,b]$取到最大值 M 与最小值 m,则 $f(x)$ 在$[a,b]$的值域是$[m,M]$.

【分析与思路】设 $f(x)$ 的定义域是$[a,b]$,则 Y 是 $f(x)$ 的值域的充要条件是:若 $x \in [a,b]$,则 $f(x) \in Y$;反之,若 $y \in Y$,则 $\exists x \in [a,b]$,使得 $f(x) = y$.

因此,若要证明$[m,M]$是 $f(x)$ 在$[a,b]$的值域,就是要证:

① $m \leqslant f(x) \leqslant M$ ($\forall x \in [a,b]$).

② $\forall y \in [m,M]$,$\exists x \in [a,b]$,$f(x) = y$.

【解】(1) 正确.首先 $\forall x \in [a,b]$由最大值与最小值的定义知,

$$m \leqslant f(x) \leqslant M.$$

其次,因 $f(x)$ 在$[a,b]$连续,由最值定理知,$\exists x_1, x_2 \in [a,b]$,使得

$$f(x_1) = m, \quad f(x_2) = M.$$

再由连续函数的中间值定理知,$\forall y \in (m,M)$,$\exists x$ 在 x_1 与 x_2 之间,即 $x \in [a,b]$,使得 $f(x) = y$.这就证明了 $f(x)$ 在$[a,b]$的值域为$[m,M]$.

(2) 不正确.若 $f(x)$ 在$[a,b]$连续,我们已证此结论正确.现考虑有不连续点的情形.

给定函数

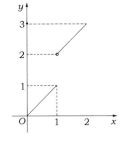

$$f(x) = \begin{cases} x, & 0 \leqslant x \leqslant 1, \\ x+1, & 1 < x \leqslant 2, \end{cases}$$

图 1.10-5

见图 1.10-5,则 $f(x)$ 在$[0,2]$取到最大值 $M = 3 = f(2)$ 和最小值 $m = 0 = f(0)$.它的值域是$[0,1] \cup (2,3]$,而不是$[0,3] = [m,M]$.

评注 求在$[a,b]$上连续函数 $f(x)$ 的值域,就是求它的最小值 m 与最大值 M.

【例 1.10.4】设 $f(x)$ 在$[a,b]$连续且是一一对应的,求证:

(1) 当 $f(a) < f(b)$ 时 $f(x)$ 是单调增大的;

(2) 当 $f(a) > f(b)$ 时 $f(x)$ 是单调减小的.

【分析与证明】(1) 用反证法.若不然,$\exists x_1, x_2 \in [a,b]$,$x_1 < x_2$,使得 $f(x_1) \geqslant$

$f(x_2)$.由一一对应性 $\Rightarrow$ $f(x_1) > f(x_2)$.

若 $f(x_2) > f(a) \Rightarrow f(x_1) > f(x_2) > f(a)$,由连续函数中间值定理 $\Rightarrow$ $\exists \xi \in (a, x_1)$,使得 $f(\xi) = f(x_2)$,显然 $\xi \neq x_2$,这与一一对应性矛盾.

若 $f(x_2) < f(a) \Rightarrow f(x_2) < f(a) < f(b) \Rightarrow \exists \eta \in (x_2, b)$,使得 $f(\eta) = f(a)$,$\eta \neq a$,这也与一一对应性矛盾.

因此 $f(x)$ 在 $[a, b]$ 单调增大.

(2) 令 $g(x) = -f(x) \Rightarrow g(x)$ 在 $[a, b]$ 连续且是一一对应的,$g(a) < g(b)$. 由题 (1) $\Rightarrow g(x)$ 在 $[a, b]$ 单调增大的 $\Rightarrow f(x)$ 在 $[a, b]$ 单调减小的.

评注　我们已知道:若 $f(x)$ 在 $[a, b]$ 单调,则 $f(x)$ 在 $[a, b]$ $\exists$ 反函数;反之,若 $f(x)$ 在 $[a, b]$ $\exists$ 反函数,则 $f(x)$ 不一定是单调的. 但是,如果 $f(x)$ 在 $[a, b]$ 连续,则 $f(x)$ 在 $[a, b]$ $\exists$ 反函数的充要条件是 $f(x)$ 在 $[a, b]$ 单调. 这是因为,若 $f(x)$ 在 $[a, b]$ $\exists$ 反函数,则 $f(x)$ 在 $[a, b]$ 是一一对应的,又 $f(x)$ 连续,由这个例子的结论知,$f(x)$ 在 $[a, b]$ 单调.

3. 开区间上连续函数性质的讨论

【例 1.10.5】设 $f(x)$ 在 (a, b) 连续,又 $\lim\limits_{x \to a+0} f(x) = A$,$\lim\limits_{x \to b-0} f(x) = B$,求证:$f(x)$ 在 (a, b) 有界.

【分析与证明一】引进一个辅助函数在所述条件下,把讨论开区间上连续函数的有界性转化为讨论闭区间上的连续函数的有界性.

令
$$F(x) = \begin{cases} A, & x = a, \\ f(x), & a < x < b, \\ B, & x = b, \end{cases}$$

因为 $\lim\limits_{x \to a+0} F(x) = \lim\limits_{x \to a+0} f(x) = A$,所以 $F(x)$ 在 $x = a$ 右连续. 同理 $F(x)$ 在 $x = b$ 左连续. 又 $f(x)$ 在 (a, b) 连续. $F(x) = f(x)$ $(a < x < b)$,所以 $F(x)$ 在 (a, b) 连续. 于是 $F(x)$ 在 $[a, b]$ 连续,在 $[a, b]$ 有界. 因此 $f(x)$ 在 (a, b) 有界.

【分析与证明二】利用存在极限的函数的局部有界性定理,在所述条件下也可把开区间上连续函数的有界性问题转化为有界闭区间上的情形.

由 $\lim\limits_{x \to a+0} f(x) = A \Rightarrow \exists \delta > 0, a + \delta < b$,当 $x \in (a, a + \delta)$ 时 $f(x)$ 有界. 由 $\lim\limits_{x \to b-0} f(x) = B \Rightarrow \exists \eta > 0, a + \delta < b - \eta$,当 $x \in (b - \eta, b)$ 时 $f(x)$ 有界,又 $f(x)$ 在 $[a + \delta, b - \eta]$ 连续,故有界. 因此 $f(x)$ 在 (a, b) 有界.

评注　类似于该题中分析与证明二可证明:若 $f(x)$ 在 $[a, +\infty)$ 连续且存在极限 $\lim\limits_{x \to +\infty} f(x) = A$,则 $f(x)$ 在 $[a, +\infty)$ 有界. 若 $f(x)$ 在 $(-\infty, +\infty)$ 连续,又存在极限 $\lim\limits_{x \to -\infty} f(x) = A$,$\lim\limits_{x \to +\infty} f(x) = B$,则 $f(x)$ 在 $(-\infty, +\infty)$ 有界.

【例 1.10.6】* 设 $f(x)$ 在 $(-\infty, +\infty)$ 连续,$\lim\limits_{x \to \pm\infty} f(x) = +\infty$.

(1) 求证:$\exists X > 0$,当 $|x| > X$ 时 $f(x) > f(0)$;

(2) 求证:$f(x)$ 在 $(-\infty, +\infty)$ 有最小值.

【分析与证明】(1) 由极限 $\lim\limits_{x \to +\infty} f(x) = +\infty$ 的定义:$\forall$ 实数 M,$\exists X_1 > 0$,当 $x > X_1$

时 $f(x)>M$，及 $\lim\limits_{x\to-\infty}f(x)=+\infty$ 的定义：$\forall$ 实数 M，$\exists X_2>0$，当 $x<-X_2$ 时 $f(x)>M$，适当取定 M 来证明我们的结论．证明如下：

因为 $\lim\limits_{x\to\pm\infty}f(x)=+\infty$，取 $M=f(0)$，则

$$\exists A>0，当 x>A 时 f(x)>M=f(0)，$$
$$\exists B>0，当 x<-B 时 f(x)>M=f(0)，$$

于是 $\exists X=\max(A,B)$，当 $|x|>X$ 时有 $x>X\geqslant A$ 或 $x<-X\leqslant-B$，于是

$$f(x)>M=f(0).$$

（2）把无穷区间 $(-\infty,+\infty)$ 上连续函数的最小值问题转化为某有界闭区间 $[a,b]$ 上的最小值问题．如果能取一个有界闭区间 $[a,b]$ 使得 $f(x)$ 在 $[a,b]$ 以外的值总大于 $[a,b]$ 内某点的值，那么 $f(x)$ 在 $[a,b]$ 的最小值就是 $f(x)$ 在 $(-\infty,+\infty)$ 的最小值．证明如下：

由题（1）的结果可知，$\exists X>0$，当 $|x|>X$ 时 $f(x)>f(0)$，因此，取 $[a,b]=[-X,X]$，因为 $f(x)$ 在 $[a,b]$ 连续，由连续函数的最值定理，$\exists c\in[a,b]$，使得 $f(c)=\min\limits_{[a,b]}f(x)$．因而 $f(c)\leqslant f(0)$．$\forall x$，$|x|>X$，有 $f(x)>f(0)\geqslant f(c)$．因此，$f(c)$ 就是 $f(x)$ 在 $(-\infty,+\infty)$ 的最小值．

4. 证明某区间上的连续函数存在零点

【例 1.10.7】证明方程 $x=\cos x$ 在 $(-\infty,+\infty)$ 存在唯一根．

【分析】转化为证明 $F(x)=x-\cos x$ 在 $(-\infty,+\infty)$ 存在唯一零点．因 $F(x)$ 在 $(-\infty,+\infty)$ 连续，为证 $F(x)$ 存在零点，只需找到两点 a,b，使得 $F(a)$ 与 $F(b)$ 异号．可取 $a=0,b=\dfrac{\pi}{2}$．若能证明 $F(x)$ 是单调的，则它的零点唯一．

【证明】令 $F(x)=x-\cos x$，则 $F(x)$ 在 $(-\infty,+\infty)$ 连续．又

$$F(0)=-1<0,\quad F\left(\frac{\pi}{2}\right)=\frac{\pi}{2}>0\Rightarrow\exists c\in\left(0,\frac{\pi}{2}\right)，使得 F(c)=0.$$

下面再证 $F(x)$ 单调上升．$\forall x_2>x_1$，

$$F(x_2)-F(x_1)=(x_2-\cos x_2)-(x_1-\cos x_1)$$
$$=(x_2-x_1)-(\cos x_2-\cos x_1)$$
$$=(x_2-x_1)+2\sin\frac{x_2-x_1}{2}\sin\frac{x_1+x_2}{2}.$$

注意：

$$\left|2\sin\frac{x_2-x_1}{2}\sin\frac{x_1+x_2}{2}\right|\leqslant 2\left|\sin\frac{x_2-x_1}{2}\right|<2\cdot\frac{x_2-x_1}{2}=x_2-x_1,$$

于是 $F(x_2)-F(x_1)>0$，即 $F(x)$ 在 $(-\infty,+\infty)$ 单调上升．因此，$F(x)$ 在 $(-\infty,+\infty)$ 有唯一零点，即方程 $x=\cos x$ 在 $(-\infty,+\infty)$ $\exists$ 唯一根．

【例 1.10.8】设 $f(x)$ 在 $[a,b]$ 连续且 $a\leqslant f(x)\leqslant b(x\in[a,b])$，求证：$\exists x_0\in[a,b]$，使得 $f(x_0)=x_0$．

【分析与证明】即证 $F(x)=f(x)-x$ 在 $[a,b]$ 存在零点．显然 $F(x)$ 在 $[a,b]$ 连续．只需考察 $F(a)$ 与 $F(b)$．

若 $F(a)=f(a)-a=0$，则存在 $x_0=a$，有 $f(x_0)=x_0$.

若 $F(b)=f(b)-b=0$，则存在 $x_0=b$，有 $f(x_0)=x_0$.

若 $F(a)\neq0$ 且 $F(b)\neq0$，按假设条件有 $F(a)>0$，$F(b)<0$.

于是由连续函数的零点存在性定理知，$\exists x_0\in(a,b)$，使得 $F(x_0)=0$，即 $f(x_0)=x_0$.

【例 1.10.9】证明：$\cos x-\dfrac{1}{x}=0$ 有无穷多个正根，并指出这一事实的几何意义.

【分析与思路】利用连续函数的零点存在性定理来证明这个结论. 这就要给出无穷多个点：

$$0<a_1<b_1<a_2<b_2<\cdots<a_n<b_n<\cdots$$

使得 $f(a_n)\cdot f(b_n)<0$ $(n=1,2,\cdots)$.

令 $f(x)=\cos x-\dfrac{1}{x}$，$f(x)=0$ 有无穷多个正根的几何意义是曲线 $y=f(x)$ 与正 x 轴有无穷多个交点. 将方程改写为 $\cos x=\dfrac{1}{x}$，则 $\cos x-\dfrac{1}{x}=0$ 有无穷多个正根的另一几何意义是：曲线 $y=\cos x$ 与 $y=\dfrac{1}{x}$ 当 $x>0$ 时有无穷多个交点，见图 1.10-6.

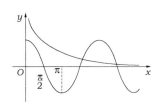

图 1.10-6

【证明】令 $f(x)=\cos x-\dfrac{1}{x}$，则 $f(x)$ 在 $(0,+\infty)$ 连续. 从图 1.10-6 中可看到，可取

$$a_n=2n\pi,\quad b_n=(2n+1)\pi\quad(n=1,2,\cdots),$$

则

$$f(a_n)=1-\frac{1}{2n\pi}>0,\quad f(b_n)=-1-\frac{1}{(2n+1)\pi}<0,$$

且

$$a_n<b_n<a_{n+1}<b_{n+1}\quad(n=1,2,\cdots).$$

$\Rightarrow \exists x_n\in(a_n,b_n)=(2n\pi,(2n+1)\pi),n=1,2,\cdots$

使得

$$f(x_n)=\cos x_n-\frac{1}{x_n}=0,$$

且

$$0<x_1<x_2<\cdots<x_n<\cdots$$

【例 1.10.10】设 $f(x)$ 在 $[0,1]$ 连续且 $f(0)=f(1)$，证明：在 $[0,1]$ 上至少存在一点 ξ，使得 $f(\xi)=f\left(\xi+\dfrac{1}{n}\right)$，其中 $n\geqslant1$ 为常数.

【分析与证明】即证 $F(x)=f(x)-f\left(x+\dfrac{1}{n}\right)$ 在 $[0,1]$ 存在零点. $n=1$ 时显然成立：$F(0)=f(0)-f(1)=0$. 下设 $n>1$. 因 $f(x)$ 在 $[0,1]$ 连续，所以 $F(x)$ 在 $\left[0,1-\dfrac{1}{n}\right]$ 连续. 事实上，我们要证 $F(x)$ 在 $\left[0,1-\dfrac{1}{n}\right]$ 存在零点. 考察

$$\begin{cases} F(0)=f(0)-f\left(\dfrac{1}{n}\right), \\[2mm] F\left(\dfrac{1}{n}\right)=f\left(\dfrac{1}{n}\right)-f\left(\dfrac{2}{n}\right), \\[2mm] F\left(\dfrac{2}{n}\right)=f\left(\dfrac{2}{n}\right)-f\left(\dfrac{3}{n}\right), \\[2mm] \cdots\cdots \\[2mm] F\left(\dfrac{n-1}{n}\right)=f\left(\dfrac{n-1}{n}\right)-f(1). \end{cases}$$

将它们相加得 $F(0)+F\left(\dfrac{1}{n}\right)+\cdots+F\left(\dfrac{n-1}{n}\right)=f(0)-f(1)=0$.

于是 $F(0),F\left(\dfrac{1}{n}\right),\cdots,F\left(\dfrac{n-1}{n}\right)$ 中或全为零，或至少有两个值异号，故由连续函数的零点定理知，$\exists\xi\in\left[0,1-\dfrac{1}{n}\right]$，使得 $F(\xi)=0$，即 $f(\xi)=f\left(\xi+\dfrac{1}{n}\right)$.

5. 推广的连续函数零点存在性定理

【例 1.10.11】设 $f(x)$ 在 $(a,+\infty)$ 连续，又
$$\lim_{x\to a+0}f(x)=A, \qquad \lim_{x\to+\infty}f(x)=B,$$
若 A 与 B 异号，则 $\exists c\in(a,+\infty)$，使得 $f(c)=0$.

【分析】利用极限的不等式性质，把无穷区间（开区间）的情形转化为有限闭区间的情形.

【证明】不妨设 $A>0,B<0$. 由函数极限的不等式性质 $\Rightarrow$ $\exists\delta>0$，当 $a<x<a+\delta$ 时 $f(x)>0$，$\exists X>a+\delta$，当 $x>X$ 时 $f(x)<0$. 于是 $\exists x_1\in(a,a+\delta)$，$f(x_1)>0$，$\exists x_2>X$，$f(x_2)<0$. 又 $f(x)$ 在 $[x_1,x_2]$ 连续，因此，$\exists c\in(x_1,x_2)\subset(a,+\infty)$，$f(c)=0$.

评注　① 当 A,B 中有一个为 ∞ 或两个均为 ∞ 时结论仍成立. 如，设 $f(x)$ 在 $(a,+\infty)$ 连续，又
$$\lim_{x\to a+0}f(x)=+\infty(-\infty), \qquad \lim_{x\to+\infty}f(x)=-\infty(+\infty),$$
则 $\exists c\in(a,+\infty)$，使得 $f(c)=0$.

② 对于无穷区间 $(-\infty,+\infty)$ 也有类似的结论.

【例 1.10.12】设常数 $\alpha>0$，求证：$\dfrac{1}{x^\alpha}=\ln x$ 在 $(0,+\infty)$ 有且仅有一个根.

【分析与证明】问题等价于证明 $f(x)=\dfrac{1}{x^\alpha}-\ln x$ 在 $(0,+\infty)$ 有且仅有一个零点. 显然 $f(x)$ 在 $(0,+\infty)$ 连续.

为证明 $f(x)$ 在 $(0,+\infty)$ $\exists$ 零点，只需考察极限 $\lim\limits_{x\to0^+}f(x)$ 与 $\lim\limits_{x\to+\infty}f(x)$.

注意：
$$\lim_{x\to0+}\frac{1}{x^\alpha}=+\infty, \qquad \lim_{x\to0+}(-\ln x)=+\infty$$

$\Rightarrow$
$$\lim_{x\to0+}f(x)=\lim_{x\to0+}\left(\frac{1}{x^\alpha}-\ln x\right)=+\infty.$$

又
$$\lim_{x\to+\infty}\frac{1}{x^\alpha}=0,\quad \lim_{x\to+\infty}(-\ln x)=-\infty$$

$\Rightarrow$
$$\lim_{x\to+\infty}f(x)=\lim_{x\to+\infty}\left(\frac{1}{x^\alpha}-\ln x\right)=-\infty.$$

由推广的零点存在性定理得, $\exists c\in(0,+\infty)$, 使得 $f(c)=0$.

为证零点的唯一性(只有一个零点), 我们考察 $f(x)$ 的单调性.

$\ln x$ 在 $(0,+\infty)$ 单调上升 $\Rightarrow$ $-\ln x$ 在 $(0,+\infty)$ 单调下降. 又 x^α 在 $(0,+\infty)$ 单调上升 $\Rightarrow$ $\frac{1}{x^\alpha}$ 在 $(0,+\infty)$ 单调下降 $\Rightarrow$ $f(x)=\frac{1}{x^\alpha}-\ln x$ 在 $(0,+\infty)$ 单调下降. 因此, $f(x)$ 在 $(0,+\infty)$ 只有一个零点.

> **评注** ① 在论证中用到了单调函数的一些运算性质.
>
> ② 在论证中还用到了无穷大量的如下运算性质:
>
> ➤ 若 $\lim\limits_{x\to a}f(x)=+\infty(-\infty)$, $\lim\limits_{x\to a}g(x)=+\infty(-\infty)$
>
> $\Rightarrow \lim\limits_{x\to a}[f(x)+g(x)]=+\infty(-\infty)$;
>
> ➤ 若 $\lim\limits_{x\to a}f(x)=+\infty(-\infty)$, $\lim\limits_{x\to a}g(x)=A$(或 $g(x)$ 在 $0<|x-a|<\delta$ 有界), 则 $\lim\limits_{x\to a}[f(x)+g(x)]=+\infty(-\infty)$.

【小结】设 $f(x),g(x)$ 在 $[a,b]$ 连续, 要证方程 $f(x)=g(x)$ 在 (a,b) 存在根, 通常是构造辅助函数 $F(x)=f(x)-g(x)$, 转化为证明 $F(x)$ 在 (a,b) 存在零点. 因 $F(x)$ 在 $[a,b]$ 连续, 余下的关键是证明 $F(a)$ 与 $F(b)$ 异号或在 (a,b) 内找两点, $F(x)$ 在这两点的函数值异号. 论证的方法是, 或直接算出 $F(a)$ 与 $F(b)$ 的值, 或通过对函数图形的分析找到这种点, 或由题设中的条件经计算或推理论证 $F(a)$ 与 $F(b)$ 异号. 若要证明 $F(x)$ 存在多个零点, 就要找到多组函数值异号的点. 若只有 $f(x),g(x)$ 在 (a,b) 连续, 为证 $F(x)=f(x)-g(x)$ 在 (a,b) 存在零点, 通常要考察 $F(x)$ 在 $x=a,b$ 的单侧极限值.

保证 $F(x)$ 在 (a,b) 只有一个零点的充分条件是 $F(x)$ 在 (a,b) 单调. 现在我们证明 $F(x)$ 在 (a,b) 单调上升(或下降)的主要方法有:按定义, $\forall x_1,x_2\in(a,b)$, 且 $x_1<x_2$, 要证 $F(x_1)<F(x_2)$, 或按单调性的运算法则.

第二章　导数与微分

第一节　导数的概念

一、知识点归纳总结

1. 导数与单侧导数的定义

（1）导数定义

设函数 $f(x)$ 在 x_0 邻域有定义. 若 $f(x)$ 在 x_0 的函数增量 $\Delta y = f(x) - f(x_0) = f(x_0 + \Delta x) - f(x_0)$ 与相应的自变量增量 $\Delta x = x - x_0$ 之比在 $\Delta x \to 0 (x \to x_0)$ 时极限存在, 则称 $f(x)$ 在 x_0 可导或有导数, 而这个极限就称为 $f(x)$ 在 x_0 处的导数, 记为 $f'(x_0)$ 或 $y'(x_0)$, $\dfrac{\mathrm{d}y}{\mathrm{d}x}\Big|_{x=x_0}$, 即

$$f'(x_0) = \lim_{\Delta x \to 0} \frac{\Delta y}{\Delta x} = \lim_{\Delta x \to 0} \frac{f(x_0 + \Delta x) - f(x_0)}{\Delta x} = \lim_{x \to x_0} \frac{f(x) - f(x_0)}{x - x_0}.$$

（2）单侧导数定义

若在 x_0 处极限

$$f'_+(x_0) = \lim_{\Delta x \to 0+} \frac{f(x_0 + \Delta x) - f(x_0)}{\Delta x}$$

存在, 称 $f'_+(x_0)$ 为 $f(x)$ 在 x_0 处的右导数, 又称 $f(x)$ 在 x_0 处右可导. 若极限

$$f'_-(x_0) = \lim_{\Delta x \to 0-} \frac{f(x_0 + \Delta x) - f(x_0)}{\Delta x}$$

存在, 称 $f'_-(x_0)$ 为 $f(x)$ 在 x_0 处的左导数, 又称 $f(x)$ 在 x_0 处左可导.

导数又称为微商.

2. 导数的几何意义与力学意义

几何意义　函数 $y = f(x)$ 在 x_0 的导数 $f'(x_0)$ 就是曲线 $y = f(x)$ 在点 $M_0(x_0, f(x_0))$ 切线 $M_0 T$ 的斜率. 若 $M_0 T$ 与 x 轴正向夹角为 α, 则 $f'(x_0) = \tan \alpha$.

力学意义　若 x 表示时间变量, $y = f(x)$ 是物体作直线运动的路程函数, 则 $f'(x_0)$ 就是 x_0 时刻物体运动的速度.

一般情形　$f'(x_0)$ 表示量 $y = f(x)$ 在 x_0 处对 x 的变化率.

3. 进一步理解导数概念

（1）等价表述

$$\lim_{\Delta x \to 0} \frac{f(x_0 + \Delta x) - f(x_0)}{\Delta x} = A$$

$$\Leftrightarrow \frac{f(x_0+\Delta x)-f(x_0)}{\Delta x}=A+\alpha(\Delta x),\text{其中}\lim_{\Delta x\to 0}\alpha(\Delta x)=0$$

$$\Leftrightarrow f(x_0+\Delta x)-f(x_0)=A\Delta x+\Delta x\alpha(\Delta x),\text{其中}\lim_{\Delta x\to 0}\alpha(\Delta x)=0.$$

（2）单侧可导与双侧可导的关系

存在导数 $f'(x_0)\Leftrightarrow f'_+(x_0),f'_-(x_0)$ 均存在且相等,即 $f'(x_0)=f'_+(x_0)=f'_-(x_0)$.

（3）可导性与连续性的关系

若 $f(x)$ 在 x_0 处可导,则 $f(x)$ 在 x_0 处连续,反之则不一定.

（4）函数的导数仍是一个函数

若 $f(x)$ 在区间 X 上每一点都可导,则称 $f(x)$ 在 X 上可导（X 端点的可导指单侧可导）.此时 $f'(x)$ 仍是 X 上的函数,称为 $f(x)$ 的导函数.

4. 按定义求导数

按定义求导数就是直接计算极限 $\lim\limits_{\Delta x\to 0}\dfrac{\Delta y}{\Delta x}$,当导数存在时,这是 $\dfrac{0}{0}$ 型极限,采取先相消而后代入的方法求这类极限.相消即消去分子、分母中极限为零的因子.这里两个重要极限

$$\lim_{x\to 0}\frac{\sin x}{x}=1,\quad \lim_{x\to 0}(1+x)^{\frac{1}{x}}=e$$

起着重要作用.代入就是利用连续性求极限.

二、典型题型归纳及解题方法与技巧

1. 导数定义的理解

【例 2.1.1】判断下列结论是否正确.为什么?

（1）若 $f(x),g(x)$ 在 $x=x_0$ 同时可导,且 $f(x_0)=g(x_0)$,则 $f'(x_0)=g'(x_0)$;

（2）若 $x\in(x_0-\delta,x_0+\delta),x\neq x_0$ 时 $f(x)=g(x)$,则 $f(x)$ 与 $g(x)$ 在 $x=x_0$ 有相同的可导性;

（3）若 $\exists x_0$ 邻域 $(x_0-\delta,x_0+\delta)$,当 $x\in(x_0-\delta,x_0+\delta)$ 时 $f(x)=g(x)$,则 $f(x)$ 与 $g(x)$ 在 $x=x_0$ 有相同的可导性.若可导,则 $f'(x_0)=g'(x_0)$.

【解】（1）不正确.函数在某一点的可导性及导数值不仅与该点函数值有关,还与该点附近的函数值有关.仅有 $f(x_0)=g(x_0)$ 不能保证 $f'(x_0)=g'(x_0)$.正如曲线 $y=f(x)$ 与 $y=g(x)$ 在某处相遇,它是相交而不相切,见图 2.1-1.

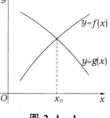

图 2.1-1

（2）不正确.例如,

$$f(x)=x^2,\quad g(x)=\begin{cases}x^2, & x\neq 0,\\ 1, & x=0,\end{cases}$$

显然,$x\neq 0$ 时 $f(x)=g(x)$,但 $f(x)$ 在 $x=0$ 可导,而 $g(x)$ 在 $x=0$ 不可导,因为 $g(x)$ 在 $x=0$ 不连续.

（3）正确.由假设条件立即可得

$$\frac{f(x)-f(x_0)}{x-x_0}=\frac{g(x)-g(x_0)}{x-x_0}, \quad x\in(x_0-\delta,x_0+\delta), \quad x\neq x_0,$$

因此,当 $x\to x_0$ 时等式左右两端的极限或同时不存在或同时存在,若存在则相等.再由导数定义得结论.

【例 2.1.2】设 $f'(x)$ 存在,求极限 $\lim\limits_{h\to 0}\dfrac{f(x+ah)-f(x-bh)}{h}$,其中 a,b 为非零常数.

【分析与求解】本题实质上是求极限 $\lim\limits_{h\to 0}\dfrac{f(x+ah)-f(x)}{h}$.按导数定义及变量替换法求极限得

$$\lim_{h\to 0}\frac{f(x+ah)-f(x)}{h}=\lim_{h\to 0}\frac{f(x+ah)-f(x)}{ah}a$$

$$\xlongequal{\text{令}\ \Delta x=ah}a\lim_{\Delta x\to 0}\frac{f(x+\Delta x)-f(x)}{\Delta x}=af'(x).$$

同理
$$\lim_{h\to 0}\frac{f(x-bh)-f(x)}{h}=-bf'(x).$$

因此,将原式变形后利用上述方法得

$$\lim_{h\to 0}\frac{f(x+ah)-f(x-bh)}{h}$$

$$=\lim_{h\to 0}\frac{[f(x+ah)-f(x)]-[f(x-bh)-f(x)]}{h}$$

$$=\lim_{h\to 0}\frac{f(x+ah)-f(x)}{h}-\lim_{h\to 0}\frac{f(x-bh)-f(x)}{h}$$

$$=af'(x)-[-bf'(x)]=(a+b)f'(x).$$

2. 按定义求基本初等函数的导数

【例 2.1.3】按定义求下列函数的导数:

(1) $f(x)=\sqrt[3]{x}$,求 $f'(x)$;　　　　　　(2) $f(x)=\arcsin x$,求 $f'(x)$.

【分析】按定义求导数 $f'(x)$,就是求 $\dfrac{0}{0}$ 型极限.由导数定义,可得

$$f'(x)=\lim_{\Delta x\to 0}\frac{f(x+\Delta x)-f(x)}{\Delta x}.$$

不能直接用求极限的四则运算法则,要想办法消去分子、分母中极限为零的因子,或从分子中直接分离出一个因子 Δx 与分母相消,或从分子中分离出一个与 Δx 等价的无穷小因子,取极限后与分母的 Δx 相消,最后再以 $\Delta x=0$ 代入,即利用连续性求极限.

【解】(1) 先求差商 $\dfrac{\Delta y}{\Delta x}=\dfrac{\sqrt[3]{x+\Delta x}-\sqrt[3]{x}}{\Delta x}$.

利用式 $(a-b)(a^2+ab+b^2)=a^3-b^3$,从分子中分离出一个因子 Δx,即

$$\frac{\Delta y}{\Delta x}=\frac{(\sqrt[3]{x+\Delta x}-\sqrt[3]{x})[(\sqrt[3]{x+\Delta x})^2+\sqrt[3]{x+\Delta x}\cdot\sqrt[3]{x}+(\sqrt[3]{x})^2]}{\Delta x[(\sqrt[3]{x+\Delta x})^2+\sqrt[3]{x+\Delta x}\cdot\sqrt[3]{x}+(\sqrt[3]{x})^2]}$$

$$= \frac{(\sqrt[3]{x+\Delta x})^3 - (\sqrt[3]{x})^3}{\Delta x [(\sqrt[3]{x+\Delta x})^2 + \sqrt[3]{x+\Delta x} \cdot \sqrt[3]{x} + (\sqrt[3]{x})^2]},$$

消去 Δx 后得 $\dfrac{\Delta y}{\Delta x} = \dfrac{1}{(\sqrt[3]{x+\Delta x})^2 + \sqrt[3]{x+\Delta x} \cdot \sqrt[3]{x} + (\sqrt[3]{x})^2}.$

最后可用代入法求极限

$$f'(x) = \lim_{\Delta x \to 0} \frac{\Delta y}{\Delta x} = \lim_{\Delta x \to 0} \frac{1}{(\sqrt[3]{x+\Delta x})^2 + \sqrt[3]{x+\Delta x} \cdot \sqrt[3]{x} + (\sqrt[3]{x})^2}$$

$$\xlongequal{\text{令}\ \Delta x = 0} \frac{1}{(\sqrt[3]{x})^2 + (\sqrt[3]{x})^2 + (\sqrt[3]{x})^2} = \frac{1}{3\sqrt[3]{x^2}}.$$

因此，$f'(x) = \dfrac{1}{3} x^{-\frac{2}{3}} \quad (x \neq 0).$

（2）先求差商 $\dfrac{\Delta y}{\Delta x} = \dfrac{\arcsin(x+\Delta x) - \arcsin x}{\Delta x}.$

从分子中分离出因子 Δx 有困难，作变量替换，把反正弦函数变为正弦函数. 令 $t = \arcsin x$，则 $\Delta t = \arcsin(x+\Delta x) - \arcsin x$，$\arcsin(x+\Delta x) = t + \Delta t$，$\Delta x = \sin(t+\Delta t) - \sin t.$ $\Rightarrow \dfrac{\Delta y}{\Delta x} = \dfrac{\Delta t}{\sin(t+\Delta t) - \sin t}.$

利用三角函数的和差化积公式

$$\sin(t+\Delta t) - \sin t = 2\sin \frac{\Delta t}{2} \cos\left(t + \frac{\Delta t}{2}\right),$$

从分母分离出与 Δt 等价的无穷小量 $2\sin \dfrac{\Delta t}{2}.$

现在令 $\Delta x \to 0$ 必有 $\Delta t \to 0.$ 取极限得

$$\lim_{\Delta x \to 0} \frac{\Delta y}{\Delta x} = \lim_{\Delta t \to 0} \frac{\Delta t}{2\sin \dfrac{\Delta t}{2} \cos\left(t + \dfrac{\Delta t}{2}\right)} = \lim_{\Delta t \to 0} \frac{\Delta t/2}{\sin \dfrac{\Delta t}{2}} \lim_{\Delta t \to 0} \frac{1}{\cos\left(t + \dfrac{\Delta t}{2}\right)}$$

$$= \frac{1}{\cos t} = \frac{1}{\sqrt{1 - \sin^2 t}} = \frac{1}{\sqrt{1 - x^2}} \quad (|x| < 1).$$

3. 导数的几何意义

【例 2.1.4】试说明下列事实的几何意义：

（1）函数 $f(x), g(x)$ 在 x_0 可导且 $f(x_0) = g(x_0)$，$f'(x_0) = g'(x_0)$；

（2）函数 $f(x)$ 在 x_0 存在 $f'_+(x_0)$，$f'_-(x_0)$，但 $f'_+(x_0) \neq f'_-(x_0)$；

（3）函数 $f(x)$ 在 $x = x_0$ 连续，又 $\lim\limits_{x \to x_0} \dfrac{f(x) - f(x_0)}{x - x_0} = \infty.$

【解】（1）$f(x_0) = g(x_0)$ 表示曲线 $y = f(x)$ 与 $y = g(x)$ 有交点 $M_0(x_0, f(x_0))$，即 $(x_0, g(x_0))$；又 $f'(x_0) = g'(x_0)$，表示曲线在交点处切线的斜率相同. 因此曲线 $y = f(x)$ 与 $y = g(x)$ 在 M_0 点处相切.

（2）函数 $y = f(x)$ 在 $x = x_0$ 存在极限

$$f'_+(x_0) = \lim_{x \to x_0 + 0} \frac{f(x) - f(x_0)}{x - x_0},$$

表示点 $M(x, f(x))$ 在 $M_0(x_0, f(x_0))$ 右方沿曲线 $y = f(x)$ 趋于 M_0 时割线 $\overline{M_0 M}$ 的斜率的极限为 $f'_+(x_0)$，它是曲线 $y = f(x)$ 在点 M_0 处的右切线的斜率. 同理，$f'_-(x_0)$ 是曲线 $y = f(x)$ 在点 M_0 处左切线的斜率. $f'_+(x_0) \neq f'_-(x_0)$，即曲线 $y = f(x)$ 在 M_0 处的左、右切线有一个夹角，见图 2.1-2.

（3）$y = f(x)$ 在 $x = x_0$ 连续表示 $x \to x_0$ 时，点 $M(x, f(x))$ 沿曲线 $y = f(x)$ 趋于点 $M_0(x_0, f(x_0))$. 而 $\lim\limits_{x \to x_0} \dfrac{f(x) - f(x_0)}{x - x_0} = \infty$ 表示点 M 沿曲线趋于 M_0 时割线 $\overline{MM_0}$ 的斜率趋于 ∞，即割线趋于垂直方向、曲线 $y = f(x)$ 在点 M_0 有垂直于 x 轴的切线 $x = x_0$，见图 2.1-3.

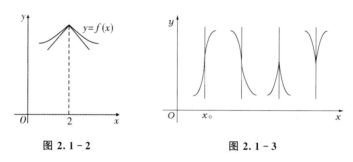

图 2.1-2   图 2.1-3

【例 2.1.5】设有函数 $y = 1 + \sqrt{1 - (x-1)^2}$ （$|x-1| \leqslant 1$）.

（1）在 Oxy 平面上此函数的图形 Γ 是什么曲线？

（2）用几何方法写出曲线 Γ 分别在点 $(1,2)$，$(0,1)$ 及 $\left(\dfrac{3}{2}, 1 + \dfrac{\sqrt{3}}{2}\right)$ 处切线的斜率，然后分别求出 $y'(1)$，$\lim\limits_{x \to 0+} \dfrac{y(x) - y(0)}{x}$ 及 $y'\left(\dfrac{3}{2}\right)$.

【解】（1）将函数表达式改写成 $(x-1)^2 + (y-1)^2 = 1$，$y \geqslant 1$，因此，函数图形 Γ 是以 $(1,1)$ 为中心、以 1 为半径的上半圆周，如图 2.1-4 所示.

（2）在 $(1,2)$ 处，Γ 的切线与 x 轴平行，斜率为 0，因而 $y'(1) = 0$.

在 $(0,1)$ 处切线与 x 轴垂直，斜率为 $+\infty$，即 $\lim\limits_{x \to 0+} \dfrac{y(x) - y(0)}{x} = +\infty$.

在点 $\left(\dfrac{3}{2}, 1 + \dfrac{\sqrt{3}}{2}\right)$ 处与 Γ 的切线垂直的直线的斜率是 $\dfrac{\left(1 + \dfrac{\sqrt{3}}{2}\right) - 1}{\dfrac{3}{2} - 1} = \sqrt{3}$.

于是相应的切线的斜率是 $-\dfrac{1}{\sqrt{3}}$，因而 $y'\left(\dfrac{3}{2}\right) = -\dfrac{1}{\sqrt{3}}$.

【例 2.1.6】设有函数 $y = |\sin x|$，在 $\left[-\dfrac{\pi}{2}, \dfrac{\pi}{2}\right]$ 画出它的图形，并回答问题：

（1）从图形上判断此函数在 $x = 0$ 是否连续，证明你的判断；

（2）从图形上判断此函数在 $x = 0$ 是否存在左、右导数，证明你的判断；

（3）从图形上判断此函数在 $x = 0$ 是否存在导数，证明你的判断.

【解】函数 $y=|\sin x|$ 在 $\left[-\dfrac{\pi}{2},\dfrac{\pi}{2}\right]$ 上的图形如图 2.1-5 所示.

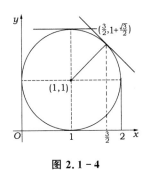

图 2.1-4　　　　　　　图 2.1-5

（1）从图形上看（见图 2.1-5），曲线在 $(0,0)$ 不断开，函数在 $x=0$ 连续. 为证明这一点，考察

$$|\Delta y|=||\sin \Delta x|-|\sin 0||=|\sin \Delta x|\leqslant|\Delta x|,$$

立即可得 $\lim\limits_{\Delta x\to 0}\Delta y=0$. 即函数 $y=|\sin x|$ 在 $x=0$ 连续.

（2）从图 2.1-5 可判断，此函数在 $x=0$ 存在左、右导数，因为曲线在 $(0,0)$ 处有左、右切线.

为证明这一点，在 $x=0$ 处考察

$$\frac{\Delta y}{\Delta x}=\frac{y(\Delta x)-y(0)}{\Delta x}=\frac{|\sin \Delta x|}{\Delta x}=\left|\frac{\sin \Delta x}{\Delta x}\right|\frac{|\Delta x|}{\Delta x},$$

因此

$$y'_+(0)=\lim\limits_{\Delta x\to 0+}\frac{\Delta y}{\Delta x}=\lim\limits_{\Delta x\to 0+}\left(\left|\frac{\sin \Delta x}{\Delta x}\right|\frac{|\Delta x|}{\Delta x}\right)=1.$$

同理

$$y'_-(0)=-1.$$

（3）从图形上判断此函数在 $x=0$ 不存在导数，因为曲线在 $(0,0)$ 是尖点，不存在切线.

因为 $y'_+(0)\neq y'_-(0)$，所以 $y=|\sin x|$ 在 $x=0$ 不可导.

4. 奇偶函数与周期函数的导数

【例 2.1.7】设 $a>0$，$y=f(x)$ 在 $(-a,a)$ 上是偶函数且可导.

（1）观察曲线 $y=f(x)$ 及曲线在对称点 $(x,f(x))$，$(-x,f(-x))$ 处切线的几何特征，并回答 $y=f(x)$ 的导函数 $f'(x)$ 在 $(-a,a)$ 有无奇偶性？ $f'(0)=$？

（2）证明你的结论.

【解】画出一个偶函数 $y=f(x)$ 的图形及对称点处的切线（见图 2.1-6）.

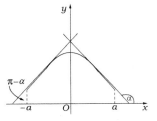

图 2.1-6

（1）偶函数 $y=f(x)$ 对应的曲线关于 y 轴对称. 关于 y 轴的对称点 $(x,f(x))$，$(-x,f(-x))$ 处曲线的切线关于 y 轴也对称. 因此，它们与 x 轴正向的夹角分别为 α 与 $\pi-\alpha$. 由

$$f'(x)=\tan\alpha,\quad f'(-x)=\tan(\pi-\alpha),$$

得

$$f'(-x)=-\tan\alpha=-f'(x),$$

即 $f'(x)$ 为奇函数.

在 $(0, f(0))$ 处的切线是水平的,即曲线的切线的斜率为 0,故 $f'(0)=0$.

(2)由导数的定义及偶函数的性质来证明.

$$f'(-x) = \lim_{\Delta x \to 0} \frac{f(-x+\Delta x)-f(-x)}{\Delta x} \quad (\text{导数的定义})$$

$$= \lim_{\Delta x \to 0} \frac{f(x-\Delta x)-f(x)}{\Delta x} \quad (\text{偶函数的性质})$$

$$\xlongequal{t=-\Delta x} \lim_{t \to 0}\left(-\frac{f(x+t)-f(x)}{t}\right) \quad (\text{变量替换法求极限})$$

$$= -f'(x).$$

由于 $f'(x)$ 是奇函数, $\forall x \in (-a,a)$,有 $f'(-x)=-f'(x)$.

令 $x=0$ 得 $f'(0)=-f'(0)$,即 $f'(0)=0$.

评注 ① 若 $y=f(x)$ 在 $(-a,a)$ 是奇函数且可导,可作类似讨论得 $f'(x)$ 在 $(-a,a)$ 为偶函数.

② 奇偶函数的导数性质:若 $f(x)$ 在对称区间 I 可导且为奇(偶)函数,则 $f'(x)$ 在区间 I 为偶(奇)函数.

【例 2.1.8】设 $y=f(x)$ 是以 T 为周期的周期函数且可导.

(1)由周期函数的几何意义说明曲线 $y=f(x)$ 在点 $(x, f(x))$ 处与 $(x+T, f(x+T))$ 处的切线有何特点.并回答 $y=f(x)$ 的导函数 $f'(x)$ 有无周期性.

(2)证明你的结论.

【解】画出周期函数 $y=f(x)$ 的图形及点 $(x, f(x)),(x+T, f(x+T))$ 处的切线(见图 2.1-7).

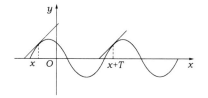

图 2.1-7

(1)点 x 邻域的函数 $y=f(x)$ 的图形沿 x 轴平移 T 单位得 $y=f(x)$ 在点 $x+T$ 邻域的图形.因而曲线 $y=f(x)$ 在点 $(x, f(x))$ 处的切线与 $y=f(x)$ 在点 $(x+T, f(x+T))$ 处的切线平行,即 $f'(x)=f'(x+T)$.从导数的几何意义看,$f'(x)$ 也是以 T 为周期的周期函数.

(2)由导数的定义及周期函数的性质来证明.

评注 周期函数的导数性质:设 $f(x)$ 是以 T 为周期的周期函数,又 $f(x)$ 可导,则 $f'(x)$ 也是以 T 为周期的周期函数.

5. $f(x)$ 与 $|f(x)|$ 的可导性间的关系

【例 2.1.9】* 设 $f(x_0)\neq 0$, $f(x)$ 在 $x=x_0$ 连续,则 $f(x)$ 在 $x=x_0$ 可导是 $|f(x)|$ 在 x_0 可导的( )条件.

(A)充分非必要　　　　　　　　(B)充要

(C)必要非充分　　　　　　　　(D)非充分非必要

【分析】由 $f(x_0)\neq 0 \Rightarrow f(x_0)>0$ 或 $f(x_0)<0$,因 $f(x)$ 在 x_0 处连续,则 $f(x)$ 在 x_0 某邻域是保号的,即 $\exists \delta>0$,当 $|x-x_0|<\delta$ 时,

$$f(x) \begin{cases} >0, & f(x_0)>0, \\ <0, & f(x_0)<0 \end{cases}$$

$\Rightarrow |x-x_0|<\delta$ 时，$\qquad f(x) = \begin{cases} |f(x)|, & f(x_0)>0, \\ -|f(x)|, & f(x_0)<0 \end{cases}$

$\Rightarrow f(x)$ 与 $|f(x)|$ 在 $x=x_0$ 有相同的可导性. 应选(B).

【例 2.1.10】* 设 $f(x_0)=0$，则 $f'(x_0)=0$ 是 $|f(x)|$ 在 $x=x_0$ 可导的(　　)条件.

(A) 充分非必要　　　　　　　　　　　(B) 充要

(C) 必要非充分　　　　　　　　　　　(D) 非充分非必要

【分析】按定义 $|f(x)|$ 在 $x=x_0$ 可导，即

$$\lim_{x \to x_0} \frac{|f(x)|-|f(x_0)|}{x-x_0} = \lim_{x \to x_0} \frac{|f(x)|}{x-x_0} \ \exists,$$

即

$$\lim_{x \to x_0^+} \frac{|f(x)|}{x-x_0} \ (\geqslant 0), \quad \lim_{x \to x_0^-} \frac{|f(x)|}{x-x_0} \ (\leqslant 0)$$

均存在且相等.

$$\Leftrightarrow \lim_{x \to x_0} \frac{|f(x)|}{x-x_0} = 0 \Leftrightarrow \lim_{x \to x_0} \frac{|f(x)-f(x_0)|}{|x-x_0|} = 0$$

$$\Leftrightarrow \lim_{x \to x_0} \frac{f(x)-f(x_0)}{x-x_0} = f'(x_0) = 0.$$

因此选(B).

评注　① 例 2.1.10 的证明中用到了 $\lim\limits_{x \to x_0} g(x)=0 \Leftrightarrow \lim\limits_{x \to x_0} |g(x)|=0$.

② 例 2.1.9 与例 2.1.10 给出了 $f(x)$ 与 $|f(x)|$ 的可导性间的关系：

$f(x)$ 在 $x=x_0$ 处可导 $\Rightarrow |f(x)|$ 在

$$x=x_0 \text{ 处} \begin{cases} \text{可导,} & \text{若 } f(x_0) \neq 0 \text{ 或 } f(x_0)=0, f'(x_0)=0, \\ \text{不可导,} & \text{若 } f(x_0)=0, f'(x_0) \neq 0. \end{cases}$$

$|f(x)|$ 在 $x=x_0$ 处可导 $\Rightarrow f(x)$ 在

$$x=x_0 \text{ 处} \begin{cases} \text{可导,} & \text{若 } f(x) \text{ 在 } x_0 \text{ 连续}, f(x_0) \neq 0, \\ \text{可导且 } f'(x_0)=0, & \text{若 } f(x_0)=0, \\ \text{不可导,} & \text{若 } f(x) \text{ 在 } x_0 \text{ 不连续}, f(x_0) \neq 0. \end{cases}$$

③ 例 2.1.9 与例 2.1.10 的几何意义见图 2.1-8.

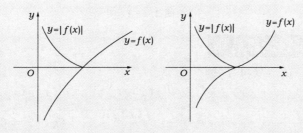

图 2.1-8

$y = f(x)$ 的图形中,位于 x 轴上方部分保持不变,位于 x 轴下方部分关于 x 轴对称地翻到 x 轴上方,就得到 $y = |f(x)|$ 的图形.

在连续曲线的情形下,除了 x 轴上的点外,显然 $y = f(x)$ 与 $y = |f(x)|$ 有相同的可导性.在 x 轴上的点,即 $f(x_0) = 0$ 时,若 $f'(x_0) \neq 0$,则 $y = |f(x)|$ 在 $(x_0, 0)$ 是尖点,无切线.若 $f'(x_0) = 0$,$y = f(x)$ 在 $(x_0, 0)$ 的切线是 x 轴,$y = |f(x)|$ 也是如此.

第二节　函数的求导法则

一、知识点归纳总结

由基本初等函数的导数表与求导法则可计算任意初等函数的导数.求导法则也适用于非初等函数.

1. 基本初等函数导数表

$(c)' = 0$ （c 为常数）　　　　　　　　$(x^{\alpha})' = \alpha x^{\alpha-1}$

$(\sin x)' = \cos x$　　　　　　　　　　$(\cos x)' = -\sin x$

$(\tan x)' = \dfrac{1}{\cos^2 x}$　　　　　　　　$(\cot x)' = -\dfrac{1}{\sin^2 x}$

$(\ln x)' = \dfrac{1}{x}$　　　　　　　　　$(\log_a x)' = \dfrac{1}{x \ln a} \ (a > 0, a \neq 1)$

$(e^x)' = e^x$　　　　　　　　　　　$(a^x)' = a^x \ln a \ (a > 0)$

$(\arcsin x)' = \dfrac{1}{\sqrt{1-x^2}}$　　　　　$(\arccos x)' = -\dfrac{1}{\sqrt{1-x^2}}$

$(\arctan x)' = \dfrac{1}{1+x^2}$　　　　　　$(\text{arccot} x)' = -\dfrac{1}{1+x^2}$

求导法则分如下几种情形,见图 2.2-1：

图 2.2-1

2. 导数的四则运算法则

设 $f(x), g(x)$ 在 x 处可导,则

$[f(x) \pm g(x)]' = f'(x) \pm g'(x)$,　$[f(x)g(x)]' = f'(x)g(x) + f(x)g'(x)$,

$$\left[\frac{f(x)}{g(x)}\right]' = \frac{f'(x)g(x) - f(x)g'(x)}{g^2(x)} \quad (g(x) \neq 0).$$

3. 复合函数求导法则

设 $u = \varphi(x)$ 在 x 处可导,$y = f(u)$ 在对应点 $u = \varphi(x)$ 可导,则复合函数 $y =$

$f[\varphi(x)]$ 在 x 处可导且

$$\frac{\mathrm{d}y}{\mathrm{d}x} = \frac{\mathrm{d}y}{\mathrm{d}u} \cdot \frac{\mathrm{d}u}{\mathrm{d}x} \quad \text{或} \quad y'_x = y'_u \cdot u'_x \quad \text{或}$$

$$\frac{\mathrm{d}y}{\mathrm{d}x} = f'[\varphi(x)]\varphi'(x), \text{其中 } f'[\varphi(x)] = f'(u)\big|_{u=\varphi(x)}.$$

复合函数求导法又称**锁链法则**.

若是多个函数的复合,则可逐次应用锁链法则.

4. 初等函数的求导法

利用基本初等函数导数表、导数的四则运算法则及复合函数求导法则可求任意初等函数的导数.

应用锁链法则的关键是,恰当地选取中间变量,将所给函数分解成基本初等函数的复合或四则运算、复合函数求导时,先对中间变量求导,然后再乘上中间变量对自变量求导,这样每一步都是基本初等函数的求导,中间变量可不必写出.

5. 复合函数求导法的应用——由复合函数求导法则导出的求导法则

(1) 幂指数函数 $f(x)^{g(x)}$ 的求导法

设 $f(x) > 0, f(x), g(x)$ 可导.

① 复合函数求导法. 对 $f(x)^{g(x)} = \mathrm{e}^{g(x)\ln f(x)}$ 求导,

$$[f(x)^{g(x)}]' = [\mathrm{e}^{g(x)\ln f(x)}]' = \mathrm{e}^{g(x)\ln f(x)}[g(x)\ln f(x))]'$$
$$= f(x)^{g(x)}\left[g'(x)\ln f(x) + g(x)\frac{f'(x)}{f(x)}\right].$$

② 对数求导法. 对 $y = f(x)^{g(x)}$ 两边取对数得 $\ln y = g(x)\ln f(x)$. 两边对 x 求导,并注意 y 是 x 的函数得

$$\frac{y'}{y} = g'(x)\ln f(x) + g(x)\frac{f'(x)}{f(x)},$$

因此,

$$y' = f(x)^{g(x)}\left[g'(x)\ln f(x) + g(x)\frac{f'(x)}{f(x)}\right].$$

这两种方法无本质区别,但对数求导法适用于函数表达式为若干因子连乘积时的求导,它把积的求导转化为和的求导.

(2) 反函数求导法

设 $y = f(x)$ 在区间 I_x 内连续且单调,在 $x_0 \in I_x$ 可导,$f'(x_0) \neq 0$,则它的反函数 $x = \varphi(y)$ 在相应的 $y_0 = f(x_0)$ 可导且

$$\varphi'(y_0) = \frac{1}{f'(x_0)}.$$

若已知反函数存在且可导,则反函数的导数可由复合函数求导法则求出:$y = f(x)$ 的反函数 $x = \varphi(y)$,则 $y = f[\varphi(y)]$. 两边对 y 求导由复合函数求导法则得

$$\frac{\mathrm{d}}{\mathrm{d}y}(y) = \frac{\mathrm{d}}{\mathrm{d}y}f[\varphi(y)], \quad 1 = f'(x)\big|_{x=\varphi(y)}\frac{\mathrm{d}x}{\mathrm{d}y}.$$

因此,

$$\frac{\mathrm{d}x}{\mathrm{d}y} = \frac{1}{f'(x)}\bigg|_{x=\varphi(y)} = \frac{1}{y'_x}\bigg|_{x=\varphi(y)}.$$

再用复合函数求导法则求反函数的二阶导数:

$$\frac{\mathrm{d}^2 x}{\mathrm{d} y^2} = \frac{\mathrm{d}}{\mathrm{d} y}\left(\frac{1}{y'_x}\right) = \frac{\mathrm{d}}{\mathrm{d} x}\left(\frac{1}{y'_x}\right)\frac{\mathrm{d} x}{\mathrm{d} y} = -\frac{y''_{xx}}{y'^2_x} \cdot \frac{1}{y'_x} = -\frac{y''_{xx}}{y'^3_x}.$$

(3) 隐函数求导法与由参数式求导法

这两种求导法参见本章第四节内容.

6. 分段函数的求导法

对非分界点处求导就是通常的对非分段函数求导. 因此,讨论分段函数求导法的关键点是:如何求分界点处的导数. 常用以下方法:

方法一 按求导法则分别求分界点处的左右导数

基本根据是:

① $f'(x_0)$ 存在 $\Leftrightarrow f'_+(x_0)$,$f'_-(x_0)$ 存在且相等,即 $f'(x_0) = f'_+(x_0) = f'_-(x_0)$.

② 若在 x_0 的右(或左)邻域上,$f(x) = g(x)$ ($x_0 \leqslant x < x_0 + \delta$ 或 $x_0 - \delta < x \leqslant x_0$),则 $f(x)$ 与 $g(x)$ 在 x_0 处有相同的右(左)可导性,可导时在 x_0 处 $f'_+(x_0) = g'_+(x_0)$ ($f'_-(x_0) = g'_-(x_0)$).

根据上述结论,可得如下求分界点处导数的一个方法:

设 $f(x) = \begin{cases} g(x), & x_0 - \delta < x \leqslant x_0, \\ h(x), & x_0 < x < x_0 + \delta, \end{cases}$ $\delta > 0$ 为某常数,若 $g(x_0) = h(x_0)$,又 $g'_-(x_0) = h'_+(x_0) \xlongequal{\text{记为}} A$,则 $f'(x_0) = A$.

在 $g(x_0) = h(x_0)$ 的条件下,$f(x)$ 可改写成 $f(x) = \begin{cases} g(x), & x_0 - \delta < x \leqslant x_0, \\ h(x), & x_0 \leqslant x < x_0 + \delta. \end{cases}$

方法二 按定义求分界点处的导数或左、右导数

(1) 设 $f(x) = \begin{cases} g(x), & x_0 - \delta < x < x_0, \\ A, & x = x_0, \\ h(x), & x_0 < x \leqslant x_0 + \delta, \end{cases}$ 其中 $\delta > 0$ 为某常数,$g(x)$ 与 $h(x)$ 在 x_0 处无定义,常常可按定义求 $f'_+(x_0)$ 与 $f'_-(x_0)$:

$$f'_+(x_0) = \lim_{\Delta x \to 0+} \frac{f(x_0 + \Delta x) - f(x_0)}{\Delta x} = \lim_{\Delta x \to 0+} \frac{h(x_0 + \Delta x) - A}{\Delta x},$$

$$f'_-(x_0) = \lim_{\Delta x \to 0-} \frac{f(x_0 + \Delta x) - f(x_0)}{\Delta x} = \lim_{\Delta x \to 0-} \frac{g(x_0 + \Delta x) - A}{\Delta x}.$$

若上述极限均存在且相等,记为 l,则 $f'(x_0) = l$.

② 设 $f(x) = \begin{cases} g(x), & x \neq x_0, \\ A, & x = x_0, \end{cases}$ 其中 $g(x)$ 在 x_0 无定义,常常可按定义求 $f'(x_0)$:

$$f'(x_0) = \lim_{\Delta x \to 0} \frac{f(x_0 + \Delta x) - f(x_0)}{\Delta x} = \lim_{\Delta x \to 0} \frac{g(x_0 + \Delta x) - A}{\Delta x}.$$

二、典型题型归纳及解题方法与技巧

1. 导出某些基本初等函数的导数

【例 2.2.1】由导数公式

$$（\sin x）' = \cos x , \quad （\log_a x）' = \frac{1}{\ln a} \cdot \frac{1}{x}$$

及求导法则导出基本初等函数导数表中的若干公式.

（1）三角函数的导数公式；

（2）指数函数 $y = a^x$ 的导数公式；

（3）幂函数 $y = x^\alpha（x > 0）$ 的导数公式.

【解】（1）$\cos x = \sin\left(\dfrac{\pi}{2} - x\right)$（为了用公式 $(\sin x)' = \cos x$），

$$（\cos x）' = \left[\sin\left(\frac{\pi}{2} - x\right)\right]' = -\cos\left(\frac{\pi}{2} - x\right) = -\sin x .$$

$$（\tan x）' = \left(\frac{\sin x}{\cos x}\right)' = \frac{(\sin x)' \cos x - \sin x (\cos x)'}{\cos^2 x} = \frac{\cos^2 x + \sin^2 x}{\cos^2 x} = \frac{1}{\cos^2 x} .$$

$$（\cot x）' = \left(\frac{1}{\tan x}\right)' = -\frac{1}{\tan^2 x}（\tan x）' = -\frac{\cos^2 x}{\sin^2 x} \frac{1}{\cos^2 x} = -\frac{1}{\sin^2 x} .$$

（2）对 $y = a^x$ 用反函数求导公式.

$x = \log_a y$ 在 $(0, +\infty)$ 连续、单调、$x'_y = \dfrac{1}{y \ln a} \neq 0 \Rightarrow$ 反函数 $y = a^x$ 在 $(-\infty, +\infty)$ 可导，

$$y'_x = \frac{1}{x'_y} = \frac{1}{\dfrac{1}{\ln a} \dfrac{1}{y}} = y \ln a = a^x \ln a , \quad x \in (-\infty, +\infty) .$$

（3）将 $y = x^\alpha$ 表示为 $y = e^{\alpha \ln x}$，然后用复合函数求导法则得

$$y' = （e^{\alpha \ln x}）' = e^{\alpha \ln x}（\alpha \ln x）' = x^\alpha \cdot \alpha \frac{1}{x} = \alpha x^{\alpha - 1} \quad (x > 0) .$$

2. 利用求导的四则运算法则求某些初等函数的导数

【例 2.2.2】求下列函数的导数 y'：

（1）$y = 8x^3 + x + x^{\frac{1}{3}} + 7$；

（2）$y = e^x \sin x + x \ln x$；

（3）$y = \dfrac{2x + 3}{x^2 - 5x + 5}$；

（4）$y = \dfrac{\tan x}{\sqrt[3]{x^2}}$；

（5）$y = 2^x \arctan x$.

【解】利用导数表及导数的四则运算法则可求得.

（1）$y' = \left(8x^3 + x + x^{\frac{1}{3}} + 7\right)' = (8x^3)' + x' + \left(x^{\frac{1}{3}}\right)' + (7)' = 24x^2 + 1 + \dfrac{1}{3} x^{-\frac{2}{3}}$.

（2）$y' = (e^x \sin x + x \ln x)' = (e^x \sin x)' + (x \ln x)'$

$\qquad = (e^x)' \sin x + e^x (\sin x)' + (x)' \ln x + x (\ln x)'$

$\qquad = e^x \sin x + e^x \cos x + \ln x + x \cdot \dfrac{1}{x} = e^x (\sin x + \cos x) + \ln x + 1$.

（3）$y' = \dfrac{(2x + 3)'(x^2 - 5x + 5) - (2x + 3)(x^2 - 5x + 5)'}{(x^2 - 5x + 5)^2}$

$$= \frac{2(x^2-5x+5)-(2x+3)(2x-5)}{(x^2-5x+5)^2} = \frac{-2x^2-6x+25}{(x^2-5x+5)^2}.$$

(4) $y' = \dfrac{(\tan x)' \sqrt[3]{x^2} - \tan x (x^{\frac{2}{3}})'}{(\sqrt[3]{x^2})^2}$

$$= \frac{\sec^2 x \cdot x^{\frac{2}{3}} - \tan x \cdot \frac{2}{3} x^{-\frac{1}{3}}}{\sqrt[3]{x^4}} = \frac{1}{\sqrt[3]{x^2}} \left(\sec^2 x - \frac{2\tan x}{3x} \right).$$

(5) $y' = (2^x)' \arctan x + 2^x (\arctan x)' = 2^x \ln 2 \cdot \arctan x + \dfrac{2^x}{1+x^2}.$

3. $f'[h(x)]$ 与 $[f(h(x))]'$ 的区别

【例 2. 2. 3】记 $f'[h(x)] = f'(u)|_{u=h(x)}$，设 $f(x) = \sin x$，则

(1) 求 $f'(0), f'(x), f'(x^2), f'(\sin x)$；

(2) 求 $\dfrac{\mathrm{d}}{\mathrm{d}x} f(x), \dfrac{\mathrm{d}}{\mathrm{d}x} f(x^2), \dfrac{\mathrm{d}}{\mathrm{d}x} f(\sin x)$.

【解】(1) 由定义及导数表得

$$f'(x) = (\sin x)' = \cos x,$$

$$f'(0) = \cos 0 = 1, \quad f'(x^2) = \cos x^2, \quad f'(\sin x) = \cos(\sin x).$$

(2) 由导数表有 $\dfrac{\mathrm{d}}{\mathrm{d}x} f(x) = \dfrac{\mathrm{d}}{\mathrm{d}x} \sin x = \cos x$. 再由复合函数求导法则得

$$\frac{\mathrm{d}}{\mathrm{d}x} f(x^2) = f'(x^2)(x^2)' = 2x \cos x^2,$$

$$\frac{\mathrm{d}}{\mathrm{d}x} f(\sin x) = f'(\sin x)(\sin x)' = \cos(\sin x) \cdot \cos x.$$

评注　应注意 $f'[g(x)]$ 与 $[f(g(x))]'$ 是不同的：$[f(g(x))]' = f'[g(x)]g'(x)$，$f'[g(x)] = f'(u)|_{u=g(x)}$.

4. 利用复合函数求导法则求初等函数的导数

【例 2. 2. 4】求下列函数的导数 y'：

(1) $y = \ln|x|$；　(2) $y = \ln|f(x)|$，其中 $f(x)$ 可导，$f(x) \neq 0$.

【解】利用复合函数求导法则.

(1) 由 $y = \begin{cases} \ln x, & x > 0, \\ \ln(-x), & x < 0 \end{cases} \Rightarrow y' = \begin{cases} \dfrac{1}{x}, & x > 0, \\ \dfrac{1}{-x}(-x)', & x < 0 \end{cases} = \dfrac{1}{x} \quad (x \neq 0).$

(2) $y = \ln|f(x)| \Rightarrow y' \xlongequal{t=f(x)} (\ln|t|)'|_{t=f(x)} \cdot f'(x) = \dfrac{f'(x)}{f(x)}.$

【例 2. 2. 5】求下列各函数的导数 y'：

(1) $y = \sqrt[3]{2+3x^3}$；

(2) $y = \cos\left(1 + \sin\dfrac{1}{x}\right)$；

(3) $y = \arcsin e^{-\sqrt{x}}$；

(4) $y = \sin[\cos^2(\tan^3 x)]$.

【解】利用求导法则.

（1）令 $u = 2 + 3x^3$，则 $y = u^{\frac{1}{3}}$. 于是

$$y'_x = y'_u \cdot u'_x = \frac{1}{3} u^{-\frac{2}{3}} \cdot 9x^2 = \frac{3x^2 \sqrt[3]{2+3x^3}}{2+3x^3}.$$

（2）中间变量不写出来.

$$y' = -\sin\left(1 + \sin\frac{1}{x}\right)\left(1 + \sin\frac{1}{x}\right)' = -\sin\left(1 + \sin\frac{1}{x}\right)\cos\frac{1}{x} \cdot \left(\frac{1}{x}\right)'$$

$$= \frac{1}{x^2}\sin\left(1 + \sin\frac{1}{x}\right)\cos\frac{1}{x}.$$

（3）$y' = \dfrac{1}{\sqrt{1-e^{-2\sqrt{x}}}}(e^{-\sqrt{x}})' = \dfrac{e^{-\sqrt{x}}(-\sqrt{x})'}{\sqrt{1-e^{-2\sqrt{x}}}} = -\dfrac{1}{2e^{\sqrt{x}}\sqrt{(1-e^{-2\sqrt{x}})x}}.$

（4）$y' = \cos[\cos^2(\tan^3 x)][\cos^2(\tan^3 x)]'$

$$= \cos[\cos^2(\tan^3 x)] \cdot 2\cos(\tan^3 x)[\cos(\tan^3 x)]'$$

$$= \cos[\cos^2(\tan^3 x)] \cdot 2\cos(\tan^3 x)[-\sin(\tan^3 x)](\tan^3 x)'$$

$$= -\cos[\cos^2(\tan^3 x)]\sin 2(\tan^3 x) \cdot 3\tan^2 x \cdot \frac{1}{\cos^2 x}$$

$$= -3\tan^2 x \sec^2 x \cos[\cos^2(\tan^3 x)]\sin 2(\tan^3 x).$$

5. 先化简再求导

【例 2.2.6】求下列函数的导数 y'：

（1）$y = \sin x \cos x \cos 2x \cos 4x$；　　　　　　（2）$y = \ln\sqrt{\dfrac{1-\cos x}{1+\cos x}}$.

【解】若函数能化简，则在求导之前应先化简，这样可简化导数计算.

（1）$y = \dfrac{1}{2}\sin 2x \cos 2x \cos 4x = \dfrac{1}{4}\sin 4x \cos 4x = \dfrac{1}{8}\sin 8x$，

$$y' = \frac{1}{8}\cos 8x \cdot (8x)' = \cos 8x.$$

（2）$y = \dfrac{1}{2}[\ln(1-\cos x) - \ln(1+\cos x)]$

$$y' = \frac{1}{2}\left(\frac{\sin x}{1-\cos x} + \frac{\sin x}{1+\cos x}\right) = \frac{1}{2}\sin x \ \frac{2}{1-\cos^2 x} = \frac{1}{\sin x}.$$

6. 双曲函数与反双曲函数的导数

【例 2.2.7】求证：$(\operatorname{arsh}x)' = \dfrac{1}{\sqrt{1+x^2}}$，其中 $\operatorname{arsh}x$ 是 $\operatorname{sh}x$ 的反函数.

【证法一】利用反函数求导法. $y = \operatorname{arsh}x \Rightarrow x = \operatorname{sh}y$

$$\Rightarrow (\operatorname{arsh}x)' = \frac{1}{(\operatorname{sh}y)'}\bigg|_{y=\operatorname{arsh}x} = \frac{1}{\operatorname{ch}y}\bigg|_{y=\operatorname{arsh}x} = \frac{1}{\sqrt{1+\operatorname{sh}^2 y}}\bigg|_{y=\operatorname{arsh}x} = \frac{1}{\sqrt{1+x^2}}.$$

【证法二】求出 $\operatorname{arsh}x$ 的表达式再求导. 在第一章中（见例 1.1.8 题（2））已求出

$$y = \operatorname{arsh}x = \ln(x + \sqrt{1+x^2}),$$

于是
$$y' = [\ln(x + \sqrt{1+x^2})]' = \frac{1}{\sqrt{1+x^2}}.$$

7. 求复合函数在某点的导数

【例 2.2.8】设 $\varphi'(a)$ 存在且 $f(x) = \varphi(a+bx) - \varphi(a-bx)$，求 $f'(0)$.

【解法一】利用复合函数求导法则.

$\varphi(a+bx)$ 是 $\varphi(t)$ 与 $t = t(x) = a + bx$ 的复合. 由 $t(x)$ 在 $x = 0$ 处可导，$\varphi(t)$ 在相应的 $t = t(0) = a$ 处可导 $\Rightarrow \varphi(a+bx)$ 在 $x = 0$ 处可导且

$$\frac{\mathrm{d}}{\mathrm{d}x}\varphi(a+bx)\Big|_{x=0} = \varphi'(t)\Big|_{t=a} \cdot t'(x)\Big|_{x=0} = b\varphi'(a).$$

同理，令 $s = s(x) = a - bx$，$\Rightarrow \dfrac{\mathrm{d}}{\mathrm{d}x}\varphi(a-bx)\Big|_{x=0} = \varphi'(s)\Big|_{s=a} \cdot s'(x)\Big|_{x=0} = -b\varphi'(a).$

因此 $f'(0) = \dfrac{\mathrm{d}}{\mathrm{d}x}\varphi(a+bx)\Big|_{x=0} - \dfrac{\mathrm{d}}{\mathrm{d}x}\varphi(a-bx)\Big|_{x=0} = 2b\varphi'(a).$

【解法二】按定义求导.

$$
\begin{aligned}
f'(0) &= \lim_{x \to 0} \frac{f(x) - f(0)}{x} = \lim_{x \to 0} \frac{f(x)}{x} = \lim_{x \to 0} \frac{\varphi(a+bx) - \varphi(a-bx)}{x} \\
&= \lim_{x \to 0} \frac{[\varphi(a+bx) - \varphi(a)] - [\varphi(a-bx) - \varphi(a)]}{x} \\
&= b\lim_{x \to 0} \frac{\varphi(a+bx) - \varphi(a)}{bx} + b\lim_{x \to 0} \frac{\varphi(a-bx) - \varphi(a)}{-bx} \\
&= b\lim_{t \to 0} \frac{\varphi(a+t) - \varphi(a)}{t} + b\lim_{s \to 0} \frac{\varphi(a+s) - \varphi(a)}{s} \\
&= b\varphi'(a) + b\varphi'(a) = 2b\varphi'(a).
\end{aligned}
$$

8. 连乘积函数的求导

【例 2.2.9】求函数 $y = (2x+1)^2 \sqrt[3]{\dfrac{(x+2)^2(3-x)^4}{7-3x^3}}$ 的导数.

【解】这是连乘积的求导，用对数求导法，取对数前先取绝对值，因求导的函数可能取负值.

$$\ln|y| = 2\ln|2x+1| + \frac{2}{3}\ln|x+2| + \frac{4}{3}\ln|3-x| - \frac{1}{3}\ln|7-3x^3|.$$

两边对 x 求导得

$$
\begin{aligned}
\frac{1}{y}y' &= 2 \cdot \frac{1}{2x+1}(2x+1)' + \frac{2}{3}\frac{1}{x+2}(x+2)' + \frac{4}{3}\frac{1}{x-3}(x-3)' \\
&\quad - \frac{1}{3}\frac{1}{3x^3-7}(3x^3-7)' \\
&= \frac{4}{2x+1} + \frac{2}{3(x+2)} + \frac{4}{3(x-3)} - \frac{9x^2}{3(3x^3-7)}.
\end{aligned}
$$

因此 $y' = (2x+1)^2 \sqrt[3]{\dfrac{(x+2)^2(3-x)^4}{7-3x^3}}\left[\dfrac{4}{2x+1} + \dfrac{2}{3(x+2)} + \dfrac{4}{3(x-3)} - \dfrac{3x^2}{3x^3-7}\right].$

评注　在对数求导法中用了如下公式：

$$\frac{\mathrm{d}}{\mathrm{d}t}\ln|t|=\frac{1}{t},\qquad \frac{\mathrm{d}}{\mathrm{d}x}\ln|f(x)|=\frac{f'(x)}{f(x)}.$$

9. 幂指数函数的求导

【例 2.2.10】求下列函数的导数：

(1) $y=x^{a^x}(a>0)$；　　　　(2) $y=x^{\tan x}+x^{x^x}$.

【解】这些均是幂指数函数的求导.

(1) $y=\mathrm{e}^{a^x\ln x}\Rightarrow y'=x^{a^x}(a^x\ln x)'=x^{a^x}\left(a^x\ln a\ln x+\frac{1}{x}a^x\right).$

(2) $y=\mathrm{e}^{\tan x\ln x}+\mathrm{e}^{\mathrm{e}^{x\ln x}\ln x}\Rightarrow$

$$y'=x^{\tan x}(\tan x\ln x)'+x^{x^x}(\mathrm{e}^{x\ln x}\ln x)'$$

$$=x^{\tan x}\left(\sec^2 x\ln x+\frac{\tan x}{x}\right)+x^{x^x}x^x\left[(x\ln x)'\ln x+\frac{1}{x}\right]$$

$$=x^{\tan x}\left(\sec^2 x\ln x+\frac{\tan x}{x}\right)+x^{x^x}x^x\left(\ln x+\ln^2 x+\frac{1}{x}\right).$$

10. 反函数的导数

【例 2.2.11】设 $y=a\ln\dfrac{a+\sqrt{a^2-x^2}}{x}$，求其反函数 $x=x(y)$ 的导数，其中常数 $a>0$.

【解】先求 $\dfrac{\mathrm{d}y}{\mathrm{d}x}$. 由于 $\dfrac{\mathrm{d}x}{\mathrm{d}y}=\dfrac{1}{\dfrac{\mathrm{d}y}{\mathrm{d}x}}$，又 $y=a\left[\ln(a+\sqrt{a^2-x^2})-\ln x\right]\Rightarrow$

$$\frac{\mathrm{d}y}{\mathrm{d}x}=a\left[\frac{1}{a+\sqrt{a^2-x^2}}(a+\sqrt{a^2-x^2})'-\frac{1}{x}\right]$$

$$=a\left(\frac{1}{a+\sqrt{a^2-x^2}}\frac{-2x}{2\sqrt{a^2-x^2}}-\frac{1}{x}\right)$$

$$=a\left[\frac{-x(a-\sqrt{a^2-x^2})}{(a^2-a^2+x^2)\sqrt{a^2-x^2}}-\frac{1}{x}\right]=-\frac{a^2}{x\sqrt{a^2-x^2}}.$$

于是，由反函数求导公式 $\Rightarrow \dfrac{\mathrm{d}x}{\mathrm{d}y}=-\dfrac{x\sqrt{a^2-x^2}}{a^2}.$

【例 2.2.12】设 $y=f(x)$ 在 (a,b) 可导，值域为区间 Y 且存在反函数 $x=\varphi(y)$ $(y\in Y)$.

(1) 若 $x=\varphi(y)$ 在 $y_0\in Y$ 可导，求证：$f'(x_0)\neq 0$，其中 $x_0=\varphi(y_0)$；

(2) 若 $x_0\in(a,b)$，$f'(x_0)=0$，求证：$x=\varphi(y)$ 在 $y_0=f(x_0)$ 处不可导；

(3) 在题(2)的条件下，将反函数改写成 $y=\varphi(x)$，问曲线 $y=\varphi(x)$ 在 (y_0,x_0) 是否存在切线？为什么？

【分析与证明】(1) 由函数与反函数间的关系可得 $\varphi[f(x)]=x$. 两边对 x 在 x_0 处求导，由复合函数求导法得 $\varphi'[f(x_0)]f'(x_0)=1$. 因此 $f'(x_0)\neq 0$.

(2) 若 $x=\varphi(y)$ 在 $y_0=f(x_0)$ 处可导，由题(1)知，$f'(x_0)\neq 0$ $(x_0=\varphi(y_0))$，与假设

矛盾. 因此 $x=\varphi(y)$ 在 y_0 处不可导.

（3）曲线 $y=\varphi(x)$ 与 $y=f(x)$ 关于直线 $y=x$ 对称，$y=f(x)$ 在 (x_0,y_0) 处存在切线，斜率为 0，所以曲线 $y=\varphi(x)$ 在 (y_0,x_0) 处存在切线，斜率为 ∞.

11. 一元函数的可导函数与不可导函数乘积的可导性

【例 2.2.13】 设 $F(x)=g(x)\varphi(x)$，$\varphi(x)$ 在 $x=a$ 连续，$g(x)$ 在 $x=a$ 可导且 $g(a)=0$，如何求 $g'(a)$？

【分析】 以下解法是错误的：
$$F'(a)=g'(a)\varphi(a)+g(a)\varphi'(a)=g'(a)\varphi(a).$$
因为我们没有假设 $\varphi(x)$ 在 $x=a$ 可导，若 $\varphi'(a)$ 不存在，则不能用求导的四则运算法则. 此时我们只好用定义讨论 $F(x)$ 在 $x=a$ 处的可导性并求 $F'(a)$.

【解】
$$\begin{aligned}
F'(a)&=\lim_{x\to a}\frac{F(x)-F(a)}{x-a}=\lim_{x\to a}\frac{g(x)\varphi(x)}{x-a} \quad (F(a)=0)\\
&=\lim_{x\to a}\left[\frac{g(x)-g(a)}{x-a}\varphi(x)\right] \quad (g(a)=0)\\
&=\lim_{x\to a}\frac{g(x)-g(a)}{x-a}\cdot\lim_{x\to a}\varphi(x)\\
&=g'(a)\varphi(a). \quad (g'(a)\text{存在},\varphi(x)\text{在}x=a\text{连续})
\end{aligned}$$

【例 2.2.14】 设 $F(x)=g(x)\varphi(x)$，$\varphi(x)$ 在 $x=a$ 连续但不可导，又 $g'(a)$ 存在，则 $g(a)=0$ 是 $F(x)$ 在 $x=a$ 可导的（　　）条件.

（A）充要　　　　　　　　　　　　（B）充分非必要

（C）必要非充分　　　　　　　　　（D）非充分非必要

【解】（1）若 $g(a)=0$，上例已证 $F'(a)$ 存在，且 $F'(a)=g'(a)\varphi(a)$.

（2）若 $F'(a)$ 存在，则必有 $g(a)=0$.（反证法）若 $g(a)\neq0$，由商的求导法则知，$\varphi(x)=\dfrac{F(x)}{g(x)}$ 在 $x=a$ 可导，与假设条件 $\varphi'(a)$ 不存在相矛盾. 因此应选（A）.

评注 设 $g(x)$ 在 $x=a$ 可导，$\varphi(x)$ 在 $x=a$ 连续而不可导，则

$$g(x)\varphi(x)\text{在}x=a\text{处}\begin{cases}\text{不可导}, & \text{若}g(a)\neq0,\\[2mm]\text{可导且导数为}g'(a)\varphi(a), & \text{若}g(a)=0.\end{cases}$$

【例 2.2.15】 函数 $f(x)=(x^2-x-2)|x^3-x|$ 有（　　）个不可导点.

（A）3　　　　　　　　（B）2　　　　　　　　（C）1　　　　　　　　（D）0

【分析】 函数 $|x^3-x|=|x||x-1||x+1|$，函数 $|x|,|x-1|,|x+1|$ 分别仅在 $x=0,x=1,x=-1$ 不可导且它们处处连续，因此只需在这些点考察 $f(x)$ 是否可导，或用上例结论或按定义考察.

【解法一】 用上例结论来判断.
$$f(x)=g(x)\varphi(x), \quad g(x)=x^2-x-2, \quad \varphi(x)=|x||x-1||x+1|.$$

$g(x)$ 处处可导，$\varphi(x)$ 除 $x=0,1,-1$ 外也可导. 于是除 $x=0,1,-1$ 外，$f(x)$ 均可导，只需考察 $x=0,1,-1$ 处是否可导.

考察 $x=0:f(x)=g(x)\varphi(x)$，其中
$$g(x)=(x^2-x-2)|x^2-1|, \quad \varphi(x)=|x|,$$

$g'(0)$ 存在，$g(0)\neq0$，$\varphi(x)$ 在 $x=0$ 连续但不可导 $\Rightarrow f(x)$ 在 $x=0$ 不可导.

考察 $x=1$：$f(x)=g(x)\varphi(x)$，其中

$$g(x)=(x^2-x-2)|x^2+x|, \quad \varphi(x)=|x-1|,$$

$g'(1)\exists$，$g(1)\neq0$，$\varphi(x)$ 在 $x=1$ 连续但不可导 $\Rightarrow f(x)$ 在 $x=1$ 不可导.

考察 $x=-1$：$f(x)=g(x)\varphi(x)$，其中

$$g(x)=(x^2-x-2)|x^2-x|, \quad \varphi(x)=|x+1|,$$

$g'(-1)\exists$，$g(-1)=0$，$\varphi(x)$ 在 $x=-1$ 连续但不可导 $\Rightarrow f(x)$ 在 $x=-1$ 可导.

因此选(B).

【解法二】按定义考察.

考察 $x=0$ 处：

$$\frac{f(x)-f(0)}{x}=(x^2-x-2)|x^2-1|\frac{|x|}{x}.$$

于是

$$f'_+(0)=\lim_{x\to0+}\frac{f(x)-f(0)}{x}=-2\times1\times\lim_{x\to0+}\frac{x}{x}=-2,$$

$$f'_-(0)=\lim_{x\to0-}\frac{f(x)-f(0)}{x}=-2\times1\times\lim_{x\to0-}\frac{-x}{x}=2.$$

$\Rightarrow f'_+(0)\neq f'_-(0)$. 因此 $f'(0)$ 不存在.

考察 $x=1$ 处：

$$\frac{f(x)-f(1)}{x-1}=(x^2-x-2)|x^2+x|\frac{|x-1|}{x-1}.$$

于是

$$f'_+(1)=\lim_{x\to1+0}\frac{f(x)-f(1)}{x-1}=-2\times2\times1=-4,$$

$$f'_-(1)=\lim_{x\to1-0}\frac{f(x)-f(1)}{x-1}=-2\times2\times(-1)=4.$$

$\Rightarrow f'_+(0)\neq f'_-(0)$. 因此 $f'(1)$ 不存在.

考察 $x=-1$ 处：

$$\frac{f(x)-f(-1)}{x+1}=(x^2-x-2)|x^2-x|\frac{|x+1|}{x+1}.$$

于是

$$f'(-1)=\lim_{x\to-1}\frac{f(x)-f(-1)}{x+1}=0.$$

因为 $\lim\limits_{x\to-1}[(x^2-x-2)|x^2-x|]=0$，而 $\dfrac{|x+1|}{x+1}$ 为有界变量，因此 $f(x)$ 在 $x=-1$ 处可导. 故应选(B).

12. 利用导数求极限

【解题思路】设 $f'(x)$ 存在，若所求极限可化为如下类型：

$$\lim_{\Delta x\to0}\frac{f(x+\Delta x)-f(x)}{\Delta x},$$

则按导数定义即是 $f'(x)$. 若能用某种方法求得 $f'(x)$，也就求得了这个极限. 因此，对这类求极限问题归结为求导数.

【例 2.2.16】设 $\lim\limits_{x\to a}\dfrac{f(x)-b}{x-a}=A$，则 $\lim\limits_{x\to a}\dfrac{\sin f(x)-\sin b}{x-a}=$ _____.

【解】补充定义 $f(a)=b$，则有

$$f'(a)=\lim_{x\to a}\frac{f(x)-f(a)}{x-a}=\lim_{x\to a}\frac{f(x)-b}{x-a}=A.$$

于是

$$\lim_{x\to a}\frac{\sin f(x)-\sin b}{x-a}=\lim_{x\to a}\frac{\sin f(x)-\sin f(a)}{x-a}$$

$$=\big[\sin f(x)\big]'\big|_{x=a}=\cos f(a)\cdot f'(a)=A\cos b.$$

【例 2.2.17】设 $f(x)$ 在 $x=a$ 可导，$f(a)>0$，求 $w=\lim\limits_{x\to\infty}\left[\dfrac{f\left(a+\dfrac{1}{x}\right)}{f(a)}\right]^x.$

【分析与求解】这是 1^{∞} 型极限．先转化成

$$\left[\frac{f\left(a+\dfrac{1}{x}\right)}{f(a)}\right]^x=e^{\frac{\ln f\left(a+\frac{1}{x}\right)-\ln f(a)}{\frac{1}{x}}}.$$

其指数是 $\dfrac{0}{0}$ 型极限，作变量替换，令 $\Delta x=\dfrac{1}{x}$，$x\to\infty$ 时 $\Delta x\to0$，再由导数定义得

$$\lim_{x\to\infty}\frac{\ln f\left(a+\dfrac{1}{x}\right)-\ln f(a)}{\dfrac{1}{x}}=\lim_{\Delta x\to0}\frac{\ln f(a+\Delta x)-\ln f(a)}{\Delta x}$$

$$=\big[\ln f(x)\big]'\big|_{x=a}=\frac{f'(a)}{f(a)}.$$

因此

$$w=e^{\lim\limits_{x\to\infty}\frac{\ln f\left(a+\frac{1}{x}\right)-\ln f(a)}{\frac{1}{x}}}=e^{\frac{f'(a)}{f(a)}}.$$

13. 求分段函数的导数

【例 2.2.18】设 $f(x)=\begin{cases}g(x),& x_0-\delta<x\leqslant x_0,\\ h(x),& x_0<x<x_0+\delta,\end{cases}$ 其中 $\delta>0$ 为某常数，又 $g'_-(x_0)$，

$h'_+(x_0)$ 均 $\exists$，则 $g(x_0)=h(x_0)$，$g'_-(x_0)=h'_+(x_0)$ 是 $f(x)$ 在 x_0 可导的（　　　　）.

　（A）充分非必要条件　　　　　　　　　　（B）充要条件

　（C）必要非充分条件　　　　　　　　　　（D）非充分非必要条件

【解】设 $g(x_0)=h(x_0)$，$g'_-(x_0)=h'_+(x_0)$，则 $f(x)$ 可改写成

$$f(x)=\begin{cases}g(x),& x_0-\delta<x\leqslant x_0,\\ h(x),& x_0\leqslant x<x_0+\delta.\end{cases}$$

于是 $f'_-(x_0)=g'_-(x_0)$，$f'_+(x_0)=h'_+(x_0)$，即 $f'_+(x_0)=f'_-(x_0)\xlongequal{\text{记}}A$，因此 $f'(x_0)$ 存在且 $f'(x_0)=A$．

现设 $f(x)$ 在 x_0 可导，则 $f(x)$ 在 $x=x_0$ 连续，因此 $f(x)$ 在 x_0 既左连续又右连续，$\lim\limits_{x\to x_0+}f(x)=\lim\limits_{x\to x_0-}f(x)$．又因 $g(x)$ 在 x_0 处左可导，则 $g(x)$ 在 x_0 处左连续；同理 $h(x)$ 在 x_0 处右连续．于是 $\lim\limits_{x\to x_0+}f(x)=\lim\limits_{x\to x_0+}h(x)=h(x_0)$，$\lim\limits_{x\to x_0-}f(x)=\lim\limits_{x\to x_0-}g(x)=g(x_0)$．则 $g(x_0)=h(x_0)$．

进而
$$f(x)=\begin{cases} g(x), & x_0-\delta<x\leqslant x_0, \\ h(x), & x_0\leqslant x<x_0+\delta. \end{cases}$$

于是
$$f'_+(x_0)=h'_+(x_0), \quad f'_-(x_0)=g'_-(x_0).$$

所以 $h'_+(x_0)=g'_-(x_0)$. 综上分析应选(B).

【例 2.2.19】求下列函数的导数：

(1) 设 $f(x)=|1-2x|\sin(2+x+\sqrt{1+x^2})$，求 $f'(x)$；

(2) 设 $f(x)=\begin{cases} \dfrac{\sin2x-\tan2x}{x}, & x>0, \\ (1+x^2)^{\frac{4}{3}}-\cos2x, & x\leqslant0, \end{cases}$ 求 $f'(x)$；

(3) 设 $g(x)=\begin{cases} x^2\arctan\dfrac{1}{x}, & x\neq0, \\ 0, & x=0, \end{cases}$ $f(x)$处处可导，求 $f[g(x)]$的导数.

【解】这些均是分段函数的求导，关键是在分界点处求导.

(1) 这是分段函数，可改写成

$$f(x)=\begin{cases} (1-2x)\sin(2+x+\sqrt{1+x^2}), & x\leqslant\dfrac{1}{2}, \\ (2x-1)\sin(2+x+\sqrt{1+x^2}), & x\geqslant\dfrac{1}{2}. \end{cases}$$

当 $x\leqslant\dfrac{1}{2}$ 时，

$$f'(x)=-2\sin(2+x+\sqrt{1+x^2})+$$
$$\frac{(1-2x)\cos(2+x+\sqrt{1+x^2})(x+\sqrt{1+x^2})}{\sqrt{1+x^2}}.$$

$x=\dfrac{1}{2}$ 处是左导数，$f'_-\left(\dfrac{1}{2}\right)=-2\sin\left(\dfrac{5+\sqrt{5}}{2}\right)$.

当 $x\geqslant\dfrac{1}{2}$ 时，

$$f'(x)=2\sin(2+x+\sqrt{1+x^2})$$
$$+\frac{(2x-1)\cos(2+x+\sqrt{1+x^2})}{\sqrt{1+x^2}}(x+\sqrt{1+x^2}).$$

$x=\dfrac{1}{2}$ 处是右导数，$f'_+\left(\dfrac{1}{2}\right)=2\sin\left(\dfrac{5+\sqrt{5}}{2}\right)$.

因 $f'_+\left(\dfrac{1}{2}\right)\neq f'_-\left(\dfrac{1}{2}\right)$，所以 $f'\left(\dfrac{1}{2}\right)$不存在.

(2) 这是分段函数，分界点处 $x=0$，其中左边一段的表达式包括分界点，即 $x\leqslant0$，于是

$x\leqslant0$ 时，$f'(x)=\dfrac{8}{3}(1+x^2)^{\frac{1}{3}}x+2\sin2x.$

$x=0$ 处是左导数，$f'_-(0)=0$.

$x>0$ 时，

$$f'(x)=\frac{2x\left(\cos 2x-\dfrac{1}{\cos^2 2x}\right)-(\sin 2x-\tan 2x)}{x^2}$$

$$=\frac{-2x(\tan^2 2x+2\sin^2 x)-\sin 2x+\tan 2x}{x^2}.$$

现按定义求 $f'_+(0)$：

$$f'_+(0)=\lim_{x\to 0+}\frac{f(x)-f(0)}{x}=\lim_{x\to 0}\frac{\sin 2x-\tan 2x}{x^2}$$

$$=\lim_{x\to 0}\left[\frac{\tan 2x}{x}\cdot\frac{(\cos 2x-1)}{x}\right]=2\times 0=0,$$

因 $f'_-(0)=f'_+(0)=0\Rightarrow f'(0)=0$.

因此 $f'(x)=\begin{cases}\dfrac{8}{3}(1+x^2)^{\frac{1}{3}}x+2\sin 2x, & x\leqslant 0,\\[3mm]\dfrac{-2x(\tan^2 2x+2\sin^2 x)-\sin 2x+\tan 2x}{x^2}, & x>0.\end{cases}$

（3）若 $g'(x)$ 已求出，则按复合函数求导法得

$$\frac{\mathrm{d}}{\mathrm{d}x}f[g(x)]=f'[g(x)]g'(x).$$

故只需求 $g'(x)$.

$x\neq 0$ 时，$g'(x)=2x\arctan\dfrac{1}{x}+x^2\cdot\dfrac{1}{1+\dfrac{1}{x^2}}\left(-\dfrac{1}{x^2}\right)=2x\arctan\dfrac{1}{x}-\dfrac{x^2}{1+x^2}$；

$x=0$ 时，$g'(0)=\lim_{x\to 0}\dfrac{g(x)-g(0)}{x}=\lim_{x\to 0}\dfrac{x^2\arctan\dfrac{1}{x}}{x}=\lim_{x\to 0}\left(x\arctan\dfrac{1}{x}\right)=0$，

因此 $\dfrac{\mathrm{d}}{\mathrm{d}x}f[g(x)]=\begin{cases}f'\left(x^2\arctan\dfrac{1}{x}\right)\left(2x\arctan\dfrac{1}{x}-\dfrac{x^2}{1+x^2}\right), & x\neq 0,\\[3mm]0, & x=0.\end{cases}$

14. 确定参数使分段函数在分界点处可导

【例 2.2.20】求常数 a,b，使函数

$$f(x)=\begin{cases}x^2, & x\geqslant 3,\\ ax+b, & x<3\end{cases}\quad\text{处处可导，并求出导数.}$$

【分析】$\forall$ 常数 a,b，$x\neq 3$ 时 $f(x)$ 均可导，要使 $f'(3)\exists$，首先 $f(x)$ 在 $x=3$ 必连续，且 $f'_+(3)=f'_-(3)$，由这两个条件可求出 a 与 b.

【解】因为 $\lim\limits_{x\to 3+0}f(x)=\lim\limits_{x\to 3+0}x^2=9$，$\lim\limits_{x\to 3-0}f(x)=\lim\limits_{x\to 3-0}(ax+b)=3a+b$，要使 $f(x)$ 在 $x=3$ 处连续，a,b 须满足

$$f(3+0)=f(3-0)=f(3)=9, \quad\text{即 } 3a+b=9.$$

在此条件下，$f(x)$ 可表成 $f(x)=\begin{cases} x^2, & x\geqslant 3, \\ ax+b, & x\leqslant 3. \end{cases}$

$\Rightarrow f'(x)=2x \quad (x>3), \quad f'_+(3)=2\times 3=6,$

$\quad f'(x)=a \quad (x<3), \quad f'_-(3)=a.$

这时 $f'(3)$ 存在 $\Leftrightarrow f'_+(3)=f'_-(3)$，即 $a=6$.

将它代入 $3a+b=9$ 得 $b=-9$.

因此，仅当 $a=6, b=-9$ 时 $f(x)$ 处处可导且 $f'(x)=\begin{cases} 2x, & x\geqslant 3, \\ 6, & x<3. \end{cases}$

评注　求解此类问题常犯以下错误：

① 没说明 $\forall$ 常数 a,b，$x\neq 3$ 时 $f(x)$ 均可导.

② 先由 $x=3$ 处可导性求出 a 值，再由 $f(x)$ 在 $x=3$ 处连续性求出 b 值. 即 "因 $f'_+(3)=2x|_{x=3}=6$，$f'_-(3)=(ax+b)'|_{x=3}=a$. 由 $f'_+(3)=f'_-(3)$ 得 $a=6$. 再由连续性得

$$f(3+0)=f(3-0). \quad 即 \quad 9=3a+b, \quad b=-9."$$

这种解法的错误在于：

① 当 $3a+b\neq 9$ 时，$f'_-(3)$ 是不存在的，也就不可能有

$$f'_-(3)=(ax+b)'|_{x=3}=a.$$

② $f(3+0)=f(3-0)$ 不能保证 $f(x)$ 在 $x=3$ 连续，仅当 $f(3+0)=f(3-0)=f(3)$ 时才能保证 $f(x)$ 在 $x=3$ 连续.

因此，我们必须先由 $f(x)$ 在 $x=3$ 处连续定出 $3a+b=9$. 在此条件下就可得到 $f'_-(3)=a$.

15. 分段函数的可导性与导函数的连续性

【例 2.2.21】设 $f(x)=\begin{cases} x^n\sin\dfrac{1}{x}, & x\neq 0, \\ 0, & x=0, \end{cases}$ 其中 $n=0,1,2,\cdots$. 讨论 $f(x)$ 的连续性、可导性及导函数的连续性，若可导则求出导函数.

【分析与求解】$x\neq 0$ 时，易知 $f(x)$ 连续，可导，且

$$f'(x)=nx^{n-1}\sin\frac{1}{x}+x^n\cos\frac{1}{x}\left(\frac{1}{x}\right)'=nx^{n-1}\sin\frac{1}{x}-x^{n-2}\cos\frac{1}{x},$$

$f'(x)$ 也连续.

余下只需讨论 $x=0$ 的情形.

$n=0$ 时，$\lim\limits_{x\to 0}f(x)=\lim\limits_{x\to 0}\sin\frac{1}{x}$ 不存在，故 $f(x)$ 在 $x=0$ 间断（为第二类间断点）.

$n\geqslant 1$ 为自然数时，$\lim\limits_{x\to 0}f(x)=\lim\limits_{x\to 0}x^n\sin\frac{1}{x}=0$.（有界变量与无穷小量之乘积为无穷小量.）

于是 $f(x)$ 在 $x=0$ 连续.

下面考察

$$\lim_{x\to 0}\frac{f(x)-f(0)}{x}=\lim_{x\to 0}x^{n-1}\sin\frac{1}{x}\begin{cases}不存在，& n=0,1,\\ 0，& n=2,3,\cdots\end{cases}$$

$\Rightarrow n=0,1$ 时，$f'(0)$ 不存在. $n=2,3,\cdots$ 时，$f'(0)$ 存在且为 0.

最后考察导函数在 $x=0$ 处的连续性.

$n=0,1,2$ 时，$\lim\limits_{x\to 0}f'(x)=\lim\limits_{x\to 0}\left(nx^{n-1}\sin\dfrac{1}{x}-x^{n-2}\cos\dfrac{1}{x}\right)$ 不存在，$x=0$ 是 $f'(x)$ 的第二类间断点.

$n=3,4,5,\cdots$ 时，$\lim\limits_{x\to 0}f'(x)=\lim\limits_{x\to 0}\left(nx^{n-1}\sin\dfrac{1}{x}-x^{n-2}\cos\dfrac{1}{x}\right)=0=f'(0)$，$f'(x)$ 在 $x=0$ 连续.

> **评注** 解此题时常常会犯解答不完整的毛病. 当 n 为非负整数时，只证 $n\geqslant 1$ 时 $f(x)$ 在 $x=0$ 连续，没证 $n=0$ 时 $f(x)$ 在 $x=0$ 不连续. 只证 $n=2,3,\cdots$ 时 $f'(0)$ 存在，没证 $n=0,1$ 时 $f'(0)$ 不存在. 只证 $n=3,4,5,\cdots$ 时 $f'(x)$ 在 $x=0$ 连续，没证 $n=0,1,2$ 时 $f'(x)$ 在 $x=0$ 不连续.

第三节 高阶导数

一、知识点归纳总结

1. 高阶导数的定义

设 $y=f(x)$ 在区间 I 可导. 若导函数 $f'(x)$ 仍可导，则称 $\left[f'(x)\right]'$ 即 $f'(x)$ 的导数为 $f(x)$ 的二阶导数，记作 $f''(x)$ 或 y''，$\dfrac{\mathrm{d}^2 y}{\mathrm{d}x^2}$.

一般地，$y=f(x)$ 的 n 阶导数就是 $f(x)$ 的 $n-1$ 阶导数的导数，n 阶导数又称 n 阶微商，记作

$$f^{(n)}(x) \quad 或 \quad y^{(n)}，\qquad \frac{\mathrm{d}^n y}{\mathrm{d}x^n}.$$

相应地把 $f'(x)$ 叫作 $y=f(x)$ 的一阶导数.

2. 二阶导数的力学意义

若 x 表示时间变量，$f(x)$ 表示物体作直线运动时的路程函数，则 $f''(x)$ 是物体的加速度函数.

3. n 阶导数的求法

对给定的函数 $y=f(x)$，我们可逐阶求出高阶导数. 对某些函数如何求出 n 阶导数表达式？常用如下方法：

方法一 归纳法

先逐一求出 $y=f(x)$ 的一、二、三阶导数等，若能观察出规律性，就可写出 $y^{(n)}$ 的公式，然后用数学归纳法证明.

方法二 分解法

通过恒等变形将函数 $f(x)$ 分解成 $f(x)=f_1(x)+f_2(x)$. 若能求出 $f_1^{(n)}(x)$, $f_2^{(n)}(x)$, 则就求得 $f^{(n)}(x)=f_1^{(n)}(x)+f_2^{(n)}(x)$.

方法三　用莱布尼兹公式求乘积的 n 阶导数

$$[u(x)v(x)]^{(n)}=\sum_{k=0}^{n}C_n^k u^{(k)}(x)v^{(n-k)}(x),$$

其中

$$C_n^k=\frac{n!}{k!(n-k)!},\quad u^{(0)}(x)=u(x),\quad v^{(0)}(x)=v(x).$$

方法四　利用下列简单的初等函数的 n 阶导数公式

设 a,b,β 为常数, 用归纳法易导出下列 n 阶导数公式:

$$(e^{ax+b})^{(n)}=a^n e^{ax+b};$$

$$[\sin(ax+b)]^{(n)}=a^n\sin\left(ax+b+\frac{n\pi}{2}\right);$$

$$[\cos(ax+b)]^{(n)}=a^n\cos\left(ax+b+\frac{n\pi}{2}\right);$$

$$[(ax+b)^\beta]^{(n)}=a^n\beta(\beta-1)\cdots(\beta-n+1)(ax+b)^{\beta-n}.$$

特别地

$$\left(\frac{1}{ax+b}\right)^{(n)}=\frac{(-1)^n a^n n!}{(ax+b)^{n+1}};$$

$$[\ln(ax+b)]^{(n)}=(-1)^{n-1}a^n(n-1)!\frac{1}{(ax+b)^n}.$$

二、典型题型归纳及解题方法与技巧

1. 高阶导数的概念

【例 2.3.1】 函数 $f(x)$ 在 x_0 处二阶导数 $f''(x_0)$ 的极限表达式是(　　), 在 x_0 处的三阶左导数 $f_-^{(3)}(x_0)$ 的极限表达式是(　　).

【解】 $f''(x_0)=\lim\limits_{\Delta x\to 0}\dfrac{f'(x_0+\Delta x)-f'(x_0)}{\Delta x}$,

$$f_-^{(3)}(x_0)=\lim_{\Delta x\to 0-}\frac{f''(x_0+\Delta x)-f''(x_0)}{\Delta x}.$$

【例 2.3.2】 判断下列结论是否正确? 为什么?

(1) $[f'(x_0)]'=f''(x_0)$, 其中 x_0 是某定点;

(2) 若 $f(x)$ 在 x_0 存在二阶导数, 则 $f(x)$ 在 x_0 邻域存在一阶导数.

【解】 (1) 不正确. $f'(x_0)$ 表示 $f(x)$ 在 x_0 的导数, 它是一个数值. $[f'(x_0)]'$ 表示常数函数 $y=f'(x_0)$ 求导, 它取零值. $f''(x_0)$ 表示 $f(x)$ 在 $x=x_0$ 二阶导数, 它不一定取零值.

(2) 正确. 按定义, $f''(x_0)$ 是 $f'(x)$ 在 x_0 的导数, $f'(x)$ 在 $x=x_0$ 可导表明 $f'(x)$ 在 $x=x_0$ 邻域有定义, 即 $f(x)$ 在 $x=x_0$ 邻域存在一阶导数.

2. 求初等函数的高阶导数

【例 2.3.3】 求函数 $y=\cos^2 x\ln x$ 的二阶导数:

【解】 先求一阶导数, 再求二阶导数.

$$y' = (\cos^2 x)' \ln x + \cos^2 x \cdot (\ln x)'$$

$$= -2\cos x \sin x \ln x + \frac{\cos^2 x}{x} = -\sin 2x \ln x + \frac{\cos^2 x}{x},$$

$$y'' = -(\sin 2x \ln x)' + \left(\frac{\cos^2 x}{x}\right)' = -2\cos 2x \ln x - \frac{\sin 2x}{x} - \frac{2\cos x \sin x}{x} - \frac{\cos^2 x}{x^2}$$

$$= -2\cos 2x \ln x - \frac{2\sin 2x}{x} - \frac{\cos^2 x}{x^2}.$$

【例 2.3.4】求下列函数指定阶的导数：

（1）$y = x^3 - 5x^2 + 7x - 2$，求 y'''；　（2）$y = x(2x-1)^2(x+3)^3$，求 $y^{(6)}, y^{(7)}$；

（3）$y = \dfrac{\ln x}{x}$，求 $y^{(5)}$.

【解】注意 n 为自然数.

$$(x^n)' = nx^{n-1}, \quad (x^n)'' = n(n-1)x^{n-2},$$

$$(x^n)^{(3)} = n(n-1)(n-2)x^{n-3},$$

$$\cdots$$

$$(x^n)^{(n)} = n(n-1)(n-2)\cdots 2 \cdot 1 = n!,$$

$$(x^n)^{(m)} = 0 \quad (m > n).$$

设 $P_n(x) = a_n x^n + a_{n-1} x^{n-1} + \cdots + a_1 x + a_0$ 为 n 次多项式

$$\Rightarrow [P_n(x)]^{(n)} = (a_n x^n)^{(n)} = a_n n!.$$

（1）$y''' = (x^3 - 5x^2 + 7x - 2)''' = (x^3)''' = 3! = 6.$

（2）y 为 6 次多项式，6 次方项即 x^6 项系数为 4.

$$\Rightarrow y^{(6)} = (4x^6)^{(6)} = 4 \cdot 6!, \quad y^{(7)} = 0.$$

（3）$y' = \dfrac{1}{x}(\ln x)' + \ln x\left(\dfrac{1}{x}\right)' = \dfrac{1}{x^2} - \dfrac{\ln x}{x^2} = \dfrac{1 - \ln x}{x^2},$

$$y'' = \frac{-2}{x^3} - \frac{1}{x^3} + \frac{2\ln x}{x^3} = \frac{-3}{x^3} + \frac{2\ln x}{x^3},$$

$$y''' = \frac{9}{x^4} + \frac{2}{x^4} - \frac{6\ln x}{x^4} = \frac{11}{x^4} - \frac{6\ln x}{x^4},$$

$$y^{(4)} = \frac{-44}{x^5} - \frac{6}{x^5} + \frac{24\ln x}{x^5} = \frac{-50}{x^5} + \frac{24\ln x}{x^5},$$

$$y^{(5)} = \frac{250}{x^6} + \frac{24}{x^6} - \frac{120\ln x}{x^6} = \frac{274}{x^6} - \frac{120\ln x}{x^6}.$$

3. 求反函数的高阶导数

【例 2.3.5】设 $y = y(x)$ 满足 $y'(x) = 2e^x$，求它的反函数的二阶导数 $\dfrac{d^2 x}{dy^2}$.

【解】利用反函数的导数公式及复合函数求导法.

$$\frac{dx}{dy} = \frac{1}{y'(x)} = \frac{1}{2e^x}. \text{ 再对 } y \text{ 求导得}$$

$$\frac{d^2 x}{dy^2} = \frac{d}{dy}\left(\frac{1}{2e^x}\right) = \frac{d}{dx}\left(\frac{1}{2}e^{-x}\right)\frac{dx}{dy} = -\frac{1}{2e^x} \cdot \frac{1}{2e^x} = -\frac{1}{4e^{2x}}.$$

4. 分段函数的高阶导数

【例 2.3.6】讨论函数

$$f(x) = \begin{cases} x^4 \sin \dfrac{1}{x}, & x \neq 0, \\ 0, & x = 0 \end{cases}$$

在 $x = 0$ 处存在几阶导数,各阶导数在 $x = 0$ 处是否连续.

【分析与求解】先按定义求 $f'(0)$.

$$f'(0) = \lim_{x \to 0} \frac{f(x) - f(0)}{x} = \lim_{x \to 0} \frac{x^4 \sin \dfrac{1}{x}}{x} = \lim_{x \to 0} \left(x^3 \sin \frac{1}{x} \right) = 0.$$

为求 $f''(0)$,需先求 $f'(x)$ $(x \neq 0)$.

$$f'(x) = 4x^3 \sin \frac{1}{x} + x^4 \cos \frac{1}{x} \cdot \left(\frac{1}{x} \right)' = 4x^3 \sin \frac{1}{x} - x^2 \cos \frac{1}{x} \quad (x \neq 0).$$

再求
$$f''(0) = \lim_{x \to 0} \frac{f'(x) - f'(0)}{x} = \lim_{x \to 0} \frac{4x^3 \sin \dfrac{1}{x} - x^2 \cos \dfrac{1}{x}}{x}$$

$$= \lim_{x \to 0} \left(4x^2 \sin \frac{1}{x} - x \cos \frac{1}{x} \right) = 0.$$

为求 $f'''(0)$,需先求 $f''(x)$ $(x \neq 0)$.

$$f''(x) = [f'(x)]' = \left(4x^3 \sin \frac{1}{x} \right)' - \left(x^2 \cos \frac{1}{x} \right)'$$

$$= 12x^2 \sin \frac{1}{x} - 6x \cos \frac{1}{x} - \sin \frac{1}{x} \quad (x \neq 0).$$

因 $\lim\limits_{x \to 0} \left(12x^2 \sin \dfrac{1}{x} - 6x \cos \dfrac{1}{x} \right) = 0$,$\lim\limits_{x \to 0} \sin \dfrac{1}{x}$ 不存在,$\Rightarrow \lim\limits_{x \to 0} f''(x)$ 不存在 $\Rightarrow$ $f''(x)$ 在 $x = 0$ 不连续.

由 $\lim\limits_{x \to 0} f''(x)$ 不存在 $\Rightarrow \lim\limits_{x \to 0} \dfrac{f''(x) - f''(0)}{x} = \lim\limits_{x \to 0} \dfrac{f''(x)}{x}$ 不存在.

(若存在,必有 $\lim\limits_{x \to 0} f''(x) = 0$) $\Rightarrow$ $f'''(0)$ 不存在.)

注意,因 $f''(0)$ 存在 $\Rightarrow f'(x)$ 在 $x = 0$ 可导 $\Rightarrow f'(x)$ 在 $x = 0$ 连续.

因此,$f(x)$ 在 $x = 0$ 存在一阶与二阶导数,一阶导数 $f'(x)$ 在 $x = 0$ 连续,二阶导数 $f''(x)$ 在 $x = 0$ 不连续.

评注 ① 这里求出了 $f'(x)$ 与 $f'(0)$ 之后,因为还需求 $f''(0)$,我们就先求 $f''(0)$.若 $f''(0)$ 存在,就必然得到 $f'(x)$ 在 $x = 0$ 连续(因为 $f''(0)$ 即 $f'(x)$ 在 $x = 0$ 的导数,由可导必连续知,$f'(x)$ 在 $x = 0$ 连续). 当 $f''(0)$ 不存在时,再去求 $\lim\limits_{x \to 0} f'(x)$,来判断 $f'(x)$ 在 $x = 0$ 是否连续.

② 以下的解法是错误的. 先求出:

$$f'(x) = 4x^3 \sin \frac{1}{x} - x^2 \cos \frac{1}{x} \quad (x \neq 0), \quad f'(0) = 0.$$

再求出 $\quad f''(x)=12x^2\sin\dfrac{1}{x}-6x\cos\dfrac{1}{x}-\sin\dfrac{1}{x}\quad(x\neq0).$

因为 $\lim\limits_{x\to0}f''(x)$ 不存在 $\Rightarrow f''(0)$ 不存在.

这里最后一步的推导是错误的. $\lim\limits_{x\to0}f''(x)$ 不存在 $\nRightarrow f''(0)$ 不存在. 事实上, 对这个例子, 前面已证: $\lim\limits_{x\to0}f''(x)$ 不存在, 但 $f''(0)=0$. 这就是 $f''(x)$ 在 $x=0$ 不连续的情形.

【例 2.3.7】 设 $f(x)=x^2|x|+3x^3$, 则使 $f^{(n)}(0)$ 存在的最高阶数 $n=$ _____.

【分析】 注意: 可导函数之和为可导函数, 可导函数与不可导函数之和为不可导函数. 由于 $3x^3$ 任意阶可导, 问题变成求 $g^{(n)}(0)$ 存在的最高阶数 n, 其中 $g(x)=x^2|x|$. 这是分段函数, 实质是讨论分界点 $x=0$ 处的可导性问题.

【解法一】 $x\neq0$ 时, $|x|'=\begin{cases}1, & x>0,\\-1, & x<0\end{cases}=\dfrac{x}{|x|}=\dfrac{|x|}{x}$, 并改写 $g(x)=|x|^3$, 则

$x\neq0$ 时, $g'(x)=(|x|^3)'=3|x|^2|x|'=3x^2\cdot\dfrac{|x|}{x}=3x|x|$.

$x=0$ 时, $\lim\limits_{x\to0}\dfrac{g(x)-g(0)}{x}=\lim\limits_{x\to0}\dfrac{x^2|x|}{x}=\lim\limits_{x\to0}(x|x|)=0.$

$\Rightarrow g'(0)=0.$ 因此 $g'(x)=3x|x|\quad(\forall x).$

$x\neq0$ 时, $g''(x)=3|x|+3x|x|'=3|x|+3x\cdot\dfrac{|x|}{x}=6|x|.$

$x=0$ 时, $\lim\limits_{x\to0}\dfrac{g'(x)-g'(0)}{x}=\lim\limits_{x\to0}\dfrac{3x|x|}{x}=0.$

$\Rightarrow g''(0)=0.$ 因此, $g''(x)=6|x|.$

因 $|x|$ 在 $x=0$ 不可导 $\Rightarrow g^{(n)}(0)$ 存在的最高阶数为 2.

【解法二】 求分界点处的左、右导数.

$$g(x)=\begin{cases}x^3, & x\geq0,\\-x^3, & x\leq0\end{cases}\Rightarrow g'(x)=\begin{cases}3x^2, & x>0,\\-3x^2, & x<0,\end{cases}$$

又 $\qquad g'_+(0)=3x^2|_{x=0}=0,\quad g'_-(0)=-3x^2|_{x=0}=0$

$\Rightarrow\qquad g'(0)=0.$

因此 $\qquad g'(x)=\begin{cases}3x^2, & x\geq0,\\-3x^2, & x\leq0.\end{cases}$

再求导 $\Rightarrow g''(x)=\begin{cases}6x, & x>0,\\-6x, & x<0,\end{cases}$

又 $\qquad g''_+(0)=6x|_{x=0}=0,\quad g''_-(0)=-6x|_{x=0}=0$

$\Rightarrow\qquad g''(0)=0.$

因此 $g''(x)=6|x|$, $g^{(n)}(0)$ 存在的最高阶数为 2.

5. 变量替换下方程的变形

【例 2.3.8】 设 $y=y(x)$ 定义在 $(-1,1)$ 且二阶可导, 满足方程

$$(1-x^2)\dfrac{\mathrm{d}^2y}{\mathrm{d}x^2}-x\dfrac{\mathrm{d}y}{\mathrm{d}x}+a^2y=0.$$

作变量代换 $x=\sin t$ 后,试证明:y 作为 t 的函数满足方程 $\dfrac{\mathrm{d}^2 y}{\mathrm{d}t^2}+a^2 y=0$.

【证明】y 作为 t 的函数是 $y=y(x)$ 与 $x=\sin t$ 的复合函数,由复合函数求导法得

$$\frac{\mathrm{d}y}{\mathrm{d}t}=\frac{\mathrm{d}y}{\mathrm{d}x}\cdot\frac{\mathrm{d}x}{\mathrm{d}t}=\cos t\,\frac{\mathrm{d}y}{\mathrm{d}x}.$$

再对 t 求导得
$$\frac{\mathrm{d}^2 y}{\mathrm{d}t^2}=\frac{\mathrm{d}}{\mathrm{d}t}\left(\cos t\,\frac{\mathrm{d}y}{\mathrm{d}x}\right)=\cos t\,\frac{\mathrm{d}}{\mathrm{d}t}\left(\frac{\mathrm{d}y}{\mathrm{d}x}\right)-\sin t\,\frac{\mathrm{d}y}{\mathrm{d}x}$$

$$=\cos t\,\frac{\mathrm{d}^2 y}{\mathrm{d}x^2}\frac{\mathrm{d}x}{\mathrm{d}t}-\sin t\,\frac{\mathrm{d}y}{\mathrm{d}x}=\cos^2 t\,\frac{\mathrm{d}^2 y}{\mathrm{d}x^2}-\sin t\,\frac{\mathrm{d}y}{\mathrm{d}x}$$

$$=(1-\sin^2 t)\frac{\mathrm{d}^2 y}{\mathrm{d}x^2}-\sin t\,\frac{\mathrm{d}y}{\mathrm{d}x}=(1-x^2)\frac{\mathrm{d}^2 y}{\mathrm{d}x^2}-x\,\frac{\mathrm{d}y}{\mathrm{d}x}.$$

利用原方程得 $\dfrac{\mathrm{d}^2 y}{\mathrm{d}t^2}=-a^2 y$,即 $\dfrac{\mathrm{d}^2 y}{\mathrm{d}t^2}+a^2 y=0$.

6. 用归纳法求 $y^{(n)}$

【例 2.3.9】求函数 $y=x^{n-1}\mathrm{e}^{\frac{1}{x}}$ 的 n 阶导数 $y^{(n)}$.

【分析与求解】这里函数 y 与 n 有关,在逐阶求导总结出 $y^{(n)}$ 公式时要注意这一点.

$$y'=\left(\mathrm{e}^{\frac{1}{x}}\right)'=-\frac{1}{x^2}\mathrm{e}^{\frac{1}{x}},$$

$$y''=\left(x\mathrm{e}^{\frac{1}{x}}\right)''=x''+2x'\left(\mathrm{e}^{\frac{1}{x}}\right)'+x\left(\mathrm{e}^{\frac{1}{x}}\right)''$$

$$=-\frac{2}{x^2}\mathrm{e}^{\frac{1}{x}}+x\left(-\frac{1}{x^2}\mathrm{e}^{\frac{1}{x}}\right)'=\left(-\frac{2}{x^2}+\frac{2}{x^2}+\frac{1}{x^3}\right)\mathrm{e}^{\frac{1}{x}}=\frac{1}{x^3}\mathrm{e}^{\frac{1}{x}}.$$

归纳可得 $y^{(n)}=\dfrac{(-1)^n}{x^{n+1}}\mathrm{e}^{\frac{1}{x}}$. 下用归纳法证明:

已知 $n=1$ 时成立,设 $n=1,2,\cdots,k$ 时成立,即

$$y^{(m)}=\left(x^{m-1}\mathrm{e}^{\frac{1}{x}}\right)^{(m)}=\frac{(-1)^m}{x^{m+1}}\mathrm{e}^{\frac{1}{x}}\quad(m=1,2,\cdots,k),$$

则 $$y^{(k+1)}=\left(x^k\mathrm{e}^{\frac{1}{x}}\right)^{(k+1)}=\left[\left(x^k\mathrm{e}^{\frac{1}{x}}\right)'\right]^{(k)}=\left[(kx^{k-1}-x^{k-2})\mathrm{e}^{\frac{1}{x}}\right]^{(k)}$$

$$=k\left(x^{k-1}\mathrm{e}^{\frac{1}{x}}\right)^{(k)}-\left[\left(x^{k-2}\mathrm{e}^{\frac{1}{x}}\right)^{(k-1)}\right]'=\frac{k(-1)^k}{x^{k+1}}\mathrm{e}^{\frac{1}{x}}-\left[\frac{(-1)^{k-1}}{x^k}\mathrm{e}^{\frac{1}{x}}\right]'$$

$$=\frac{k(-1)^k}{x^{k+1}}\mathrm{e}^{\frac{1}{x}}-\left[\frac{-k(-1)^{k-1}}{x^{k+1}}-\frac{(-1)^{k-1}}{x^{k+2}}\right]\mathrm{e}^{\frac{1}{x}}=\frac{(-1)^{k+1}}{x^{k+2}}\mathrm{e}^{\frac{1}{x}}.$$

因此,$\forall$ 自然数 n,$y^{(n)}$ 归纳表达式成立.

7. 用分解法求 $y^{(n)}$

情形一 有理函数与无理函数的分解

【例 2.3.10】求下列函数的 n 阶导数 $y^{(n)}$:

(1) $y=\dfrac{x^n}{1-x}$;   (2) $y=\dfrac{x^2+x-1}{x^2+x-2}$;   (3) $y=\dfrac{1}{\sqrt{x+5}-\sqrt{x+1}}$.

【分析与求解】这是求某些有理函数或无理函数的 n 阶导数.可用分解法,即通过恒

等变形(如加一项并减去同一项,因式分解等方法)将这些函数分解成如$(ax+b)^\beta$类型的简单初等函数之和,而$\left[(ax+b)^\beta\right]^{(n)}$是会求的.

(1) $y = \dfrac{x^n - 1 + 1}{1 - x} = \dfrac{(x-1)(x^{n-1} + x^{n-2} + \cdots + x + 1)}{1-x} + \dfrac{1}{1-x}$

$$= -(x^{n-1} + x^{n-2} + \cdots + x + 1) + \dfrac{1}{1-x}.$$

注意$(x^k)^{(n)} = 0 \ (k = 0, 1, 2, \cdots, n-1)$，$\left[f_1(x) + f_2(x)\right]^{(n)} = f_1^{(n)}(x) + f_2^{(n)}(x)$.

于是$y^{(n)} = 0 + \left(\dfrac{1}{1-x}\right)^{(n)} = \dfrac{n!}{(1-x)^{n+1}}$.

(2) 将函数式改写为

$$y = \dfrac{x^2 + x - 2 + 1}{x^2 + x - 2} = 1 + \dfrac{1}{x^2 + x - 2}$$

$$= 1 + \dfrac{1}{(x+2)(x-1)} = 1 + \dfrac{1}{3}\left(\dfrac{1}{x-1} - \dfrac{1}{x+2}\right).$$

于是$y^{(n)} = \dfrac{1}{3}\left[\left(\dfrac{1}{x-1}\right)^{(n)} - \left(\dfrac{1}{x+2}\right)^{(n)}\right] = \dfrac{(-1)^n n!}{3}\left[\dfrac{1}{(x-1)^{n+1}} - \dfrac{1}{(x+2)^{n+1}}\right].$

(3) 将分母有理化得 $y = \dfrac{1}{4}(\sqrt{x+5} + \sqrt{x+1})$. 于是

$$y^{(n)} = \dfrac{1}{4}\left[(x+5)^{\frac{1}{2}}\right]^{(n)} + \left[(x+1)^{\frac{1}{2}}\right]^{(n)}$$

$$= \dfrac{1}{4} \cdot \dfrac{1}{2}\left(\dfrac{1}{2} - 1\right) \cdots \left(\dfrac{1}{2} - n + 1\right)\left[(x+5)^{\frac{1}{2} - n} + (x+1)^{\frac{1}{2} - n}\right]$$

$$= \dfrac{(-1)^{n-1}}{2^{n+2}}(2n-3)!!\ \left[(x+5)^{\frac{1}{2} - n} + (x+1)^{\frac{1}{2} - n}\right].$$

情形二 三角函数的分解

【例 2.3.11】求下列函数的 n 阶导数 $y^{(n)}$：

(1) $y = \sin^3 x$；　　　　　　　　　　　　　(2) $y = \cos^4 x + \sin^4 x$.

【分析与求解】若 $y = y(x)$ 是某些三角函数式,求 $y^{(n)}$ 时常用三角函数恒等式及有关公式将它化为求如 $A\sin(ax+b)$ 或 $B\cos(ax+b)$ 类型的三角函数的 n 阶导数.

(1) 用三角函数积化和差公式得

$$\sin^3 x = \dfrac{1}{2}(1 - \cos 2x)\sin x = \dfrac{1}{2}\sin x - \dfrac{1}{2} \cdot \dfrac{1}{2}(\sin 3x - \sin x)$$

$$= \dfrac{3}{4}\sin x - \dfrac{1}{4}\sin 3x,$$

于是$(\sin^3 x)^{(n)} = \dfrac{3}{4}(\sin x)^{(n)} - \dfrac{1}{4}(\sin 3x)^{(n)} = \dfrac{3}{4}\sin\left(x + \dfrac{n\pi}{2}\right) - \dfrac{3^n}{4}\sin\left(3x + \dfrac{n\pi}{2}\right).$

(2) $y = (\sin^2 x + \cos^2 x)^2 - 2\sin^2 x\cos^2 x$

$$= 1 - \dfrac{1}{2}\sin^2 2x = 1 - \dfrac{1}{4}(1 - \cos 4x) = \dfrac{3}{4} + \dfrac{1}{4}\cos 4x,$$

于是$y^{(n)} = \left(\dfrac{3}{4} + \dfrac{1}{4}\cos 4x\right)^{(n)} = \dfrac{1}{4}(\cos 4x)^{(n)} = 4^{n-1}\cos\left(4x + \dfrac{n\pi}{2}\right).$

情形三 对数函数的分解

【例 2.3.12】求函数 $y=\ln(3+7x-6x^2)$ 的 n 阶导数 $y^{(n)}$.

【分析与求解】$y=y(x)$ 为某些对数函数,若能利用对数运算性质将它分解为如 $A\ln(ax+b)$ 类型的对数函数之和,则利用 $[\ln(ax+b)]^{(n)}$ 的公式可求出 $y^{(n)}$.

$$y=\ln(3-2x)+\ln(1+3x).$$

于是
$$y^{(n)}=\left[\ln(3-2x)\right]^{(n)}+\left[\ln(1+3x)\right]^{(n)}$$
$$=\frac{(-1)^{n-1}(-2)^n(n-1)!}{(3-2x)^n}+\frac{(-1)^{n-1}3^n(n-1)!}{(1+3x)^n}$$
$$=\frac{-2^n(n-1)!}{(3-2x)^n}+\frac{(-1)^{n-1}3^n(n-1)!}{(1+3x)^n}.$$

8. 用莱布尼兹公式求乘积的 n 阶导数

【例 2.3.13】求函数 $y=x^3\sin x$ 的 n 阶导数 $y^{(n)}$.

【分析与求解】若会求 $u^{(k)}(x),v^{(k)}(x)$ $(k=1,2,\cdots,n)$,则求乘积 $y=u(x)v(x)$ 的 n 阶导数可用莱布尼兹公式 $y^{(n)}=\sum_{k=0}^{n}\mathrm{C}_n^k u^{(k)}(x)v^{(n-k)}(x)$.

特别是,若 $u(x)=x^m$,$m<n$ 为自然数,则 $u^{(k)}(x)=(x^m)^{(k)}=0$ $(k>m)$.因此,$y^{(n)}$ 表达式中至多有 m 项.

用乘积求导莱布尼兹公式
$$(x^3)^{(k)}=0,\quad k=4,5,\cdots,\quad (\sin x)^{(k)}=\sin\left(x+\frac{k\pi}{2}\right),$$

则 $(x^3\sin x)^{(n)}=\sum_{k=0}^{n}\mathrm{C}_n^k(x^3)^{(k)}(\sin x)^{(n-k)}$
$$=x^3(\sin x)^{(n)}+n(x^3)'(\sin x)^{(n-1)}+\frac{n(n-1)}{2}(x^3)''(\sin x)^{(n-2)}$$
$$+\frac{n(n-1)(n-2)}{3!}(x^3)^{(3)}(\sin x)^{(n-3)}$$
$$=x^3\sin\left(x+\frac{n\pi}{2}\right)+3nx^2\sin\left[x+\frac{(n-1)\pi}{2}\right]$$
$$+3n(n-1)x\sin\left[x+\frac{(n-2)\pi}{2}\right]$$
$$+n(n-1)(n-2)\sin\left[x+\frac{(n-3)\pi}{2}\right].$$

9. 选择适当方法求 n 阶导数 $y^{(n)}$

【例 2.3.14】$y=\mathrm{e}^{ax}\sin bx$,求 $y^{(n)}$,其中 a,b 为非零常数.

【解】用归纳法.
$$y'=a\mathrm{e}^{ax}\sin bx+b\mathrm{e}^{ax}\cos bx.$$

为了易归纳出规律性,将 y' 改写成
$$y'=\sqrt{a^2+b^2}\,\mathrm{e}^{ax}\left(\sin bx\cdot\frac{a}{\sqrt{a^2+b^2}}+\cos bx\cdot\frac{b}{\sqrt{a^2+b^2}}\right).$$

若引入由下列条件定义的辅助角 φ,即 $\sin\varphi = \dfrac{b}{\sqrt{a^2+b^2}}$,$\cos\varphi = \dfrac{a}{\sqrt{a^2+b^2}}$,则 y' 的表达式可改写成 $y' = \sqrt{a^2+b^2}\,\mathrm{e}^{ax}\sin(bx+\varphi)$. 再求

$$y'' = \sqrt{a^2+b^2}\,\mathrm{e}^{ax}[a\sin(bx+\varphi)+b\cos(bx+\varphi)].$$

如同前面一样,可改写成 $y'' = (\sqrt{a^2+b^2})^2\mathrm{e}^{ax}\sin(bx+2\varphi)$. 容易归纳证明:

$$y^{(n)} = (\sqrt{a^2+b^2})^n\mathrm{e}^{ax}\sin(bx+n\varphi).$$

第四节　隐函数及由参数方程所确定的函数的导数相关变化率

一、知识点归纳总结

1. 隐函数求导法

设有二元方程 $F(x,y)=0$,若在某区间 J 上存在一个函数 $y=y(x)$,将它代入方程得恒等式 $F(x,y(x))\equiv 0\ (x\in J)$,那么就说方程 $F(x,y)=0$ 在该区间 J 确定了一个隐函数. 若 $y=y(x)$ 可导,将恒等式

$$F(x,y(x))\equiv 0$$

两边对 x 求导,由复合函数求导法得 y' 所满足的方程,再解出 y' 即可. 这就是隐函数求导法.

求隐函数 $y=y(x)$ 的二阶导数的方法是:或将求得的 y' 继续对 x 求导,或将 y' 满足的方程对 x 求导,得 y'' 满足的方程,再解出 y''.

2. 由参数方程确定的函数的求导法

给定参数方程 $x=\varphi(t)$,$y=\psi(t)$,$t\in$ 区间 I.

① 若 $x=\varphi(t)$ 是区间 I 上的单调函数,则它存在反函数 $t=\bar{\varphi}(x)$,参数方程确定了 y 是 x 的函数 $y=\psi[\bar{\varphi}(x)]$,定义域是 $x=\varphi(t)$ 在区间 I 上的值域 X.

② 又设 $\varphi(t)$,$\psi(t)$ 在 $t\in I$ 上连续,则 $y=\psi[\bar{\varphi}(x)]$ 在 X 上连续.

③ 再设 $\varphi(t)$,$\psi(t)$ 在 $t\in I$ 上可导且 $\varphi'(t)\neq 0$,则 $y=\psi[\bar{\varphi}(x)]$ 在对应点 $x=\varphi(t)$ 可导且 $\dfrac{\mathrm{d}y}{\mathrm{d}x} = \dfrac{\psi'(t)}{\varphi'(t)}$.

由复合函数求导法及反函数求导公式可导出:

$$\frac{\mathrm{d}y}{\mathrm{d}x} = \frac{\mathrm{d}y}{\mathrm{d}t}\cdot\frac{\mathrm{d}t}{\mathrm{d}x} = \frac{\psi'(t)}{\varphi'(t)}.$$

进一步再求二阶导数

$$\frac{\mathrm{d}^2 y}{\mathrm{d}x^2} = \frac{\mathrm{d}}{\mathrm{d}x}\left[\frac{\psi'(t)}{\varphi'(t)}\right] = \frac{\mathrm{d}}{\mathrm{d}t}\left[\frac{\psi'(t)}{\varphi'(t)}\right]\frac{\mathrm{d}t}{\mathrm{d}x} = \frac{\psi''(t)\varphi'(t)-\psi'(t)\varphi''(t)}{\varphi'^3(t)}.$$

3. 平面曲线的切线与法线

（1）用显式方程表示的平面曲线

设平面曲线 Γ 的方程为 $y=f(x)(a\leqslant x\leqslant b)$，则曲线 Γ 在点 $M_0(x_0,y_0)(y_0=f(x_0))$ 处的切线方程为 $y=y_0+f'(x_0)(x-x_0)$，其中，$f(x)$ 在 x_0 可导. 在点 M_0 处的法线（即与切线垂直的直线）方程为

$$y=y_0-\frac{1}{f'(x_0)}(x-x_0) \quad (f'(x_0)\neq 0),$$

$$x=x_0 \quad (f'(x_0)=0).$$

当 $\lim\limits_{x\to x_0}\dfrac{f(x)-f(x_0)}{x-x_0}=\infty$ 时，也称 $f(x)$ 在 $x=x_0$ 有无穷导数，记为 $\dfrac{\mathrm{d}y}{\mathrm{d}x}\Big|_{x=x_0}=\infty$.

当 $\dfrac{\mathrm{d}y}{\mathrm{d}x}\Big|_{x=x_0}=\infty$ 且 $f(x)$ 在 $x=x_0$ 连续时，则 Γ 在 M_0 的切线方程为 $x=x_0$，如图 2.4-1 所示.

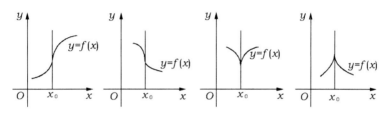

图 2.4-1

（2）用参数方程表示的平面曲线

设平面曲线 Γ 的参数方程为 $x=x(t),y=y(t)(\alpha\leqslant t\leqslant\beta)$，则 Γ 在点 $M_0(x_0,y_0)$ $(x_0=x(t_0),y_0=y(t_0))$ 处的切线方程为 $\dfrac{x-x_0}{x'(t_0)}=\dfrac{y-y_0}{y'(t_0)}$，法线方程为 $\dfrac{x-x_0}{-y'(t_0)}=\dfrac{y-y_0}{x'(t_0)}$，其中 $x(t),y(t)$ 在 $t=t_0$ 可导且 $x'^2(t_0)+y'^2(t_0)\neq 0$.

（3）用极坐标方程表示的平面曲线

设平面曲线 Γ 的极坐标方程为 $r=r(\theta)(\alpha\leqslant\theta\leqslant\beta)$，则 Γ 的参数方程为

$$x=r(\theta)\cos\theta, \quad y=r(\theta)\sin\theta.$$

由此可得曲线 Γ 的切线的斜率

$$y'_x=\frac{y'(\theta)}{x'(\theta)}=\frac{r'(\theta)\sin\theta+r(\theta)\cos\theta}{r'(\theta)\cos\theta-r(\theta)\sin\theta}=\frac{r'(\theta)\tan\theta+r(\theta)}{r'(\theta)-r(\theta)\tan\theta} \quad (\sin\theta\neq 0)$$

$$=\frac{\tan\theta+\dfrac{r(\theta)}{r'(\theta)}}{1-\dfrac{r(\theta)}{r'(\theta)}\tan\theta} \quad (\sin\theta\neq 0,r'(\theta)\neq 0),$$

其中 $r(\theta)$ 可导.

（4）用隐式方程表示的平面曲线

由隐函数求导法求出隐函数 $y=y(x)$ 的导数 $y'(x)$，则 $y=y(x)$ 在点 (x_0,y_0)

$(y_0 = y(x_0))$ 处的切线方程就是 $y = y_0 + y'(x_0)(x - x_0)$.

4. 变化率的描述

设变量 x, y 之间的函数关系为 $y = f(x)$.

(1) 差　商

$$\frac{f(x_0 + \Delta x) - f(x_0)}{\Delta x}$$

为自变量 x 从 x_0 变到 $x_0 + \Delta x$ 时 $y = f(x)$ 随 x 的平均变化率.

(2) 微商（导数）

$$f'(x_0) = \lim_{\Delta x \to 0} \frac{f(x_0 + \Delta x) - f(x_0)}{\Delta x}$$

为在 $x = x_0$ 处 $y = f(x)$ 随 x 的变化率.

5. 求相关变化率问题

若不知道某物理量（或几何量）的函数关系 $y(t)$，但知道 $y(t)$ 与另一量 $z(t)$ 的关系式

$$F(y, z) = 0,$$

上式称为量 y, z 的相关方程，又知道量 z 的变化率 $z'(t)$，则我们可通过量 z 的变化率及相关方程求出 $y'(t)$. 这种由某一变化率通过相关方程求另一变化率的问题称为相关变化率问题.

二、典型题型归纳及解题方法与技巧

1. 求隐函数的导数

【例 2.4.1】求下列方程确定的隐函数 $y = y(x)$ 的导数 y':

(1) $x^{\frac{2}{3}} + y^{\frac{2}{3}} = a^{\frac{2}{3}}$ $(a > 0)$;　　(2) $y \sin x - \cos(x - y) = 0$.

【解】用隐函数求导法. 若能由方程解出 $y = y(x)$，也可先解出 $y(x)$，然后再求导.

(1) 方法一　解出后再求导.

由方程可解出 $y = \left(a^{\frac{2}{3}} - x^{\frac{2}{3}}\right)^{\frac{3}{2}}$ 求导得

$$y' = \frac{3}{2}\left(a^{\frac{2}{3}} - x^{\frac{2}{3}}\right)^{\frac{1}{2}}\left(a^{\frac{2}{3}} - x^{\frac{2}{3}}\right)'$$

$$= \frac{3}{2}\left(a^{\frac{2}{3}} - x^{\frac{2}{3}}\right)^{\frac{1}{2}}\left(-\frac{2}{3}x^{-\frac{1}{3}}\right) = -x^{-\frac{1}{3}}\left(a^{\frac{2}{3}} - x^{\frac{2}{3}}\right)^{\frac{1}{2}}.$$

方法二　隐函数求导法.

注意 y 是 x 的函数，将方程两边对 x 求导得

$$\frac{2}{3}x^{-\frac{1}{3}} + \frac{2}{3}y^{-\frac{1}{3}}y' = 0 \Rightarrow y' = -x^{-\frac{1}{3}}y^{\frac{1}{3}}.$$

(2) y 解不出来，直接用隐函数求导法. 注意 y 是 x 的函数，将方程两边对 x 求导得

$$y' \sin x + y \cos x + \sin(x - y)(1 - y') = 0,$$

即

$$y'[\sin x - \sin(x-y)] + y\cos x + \sin(x-y) = 0.$$

解得

$$y' = \frac{y\cos x + \sin(x-y)}{\sin(x-y) - \sin x}.$$

【例 2.4.2】设 $y = y(x)$ 由下列方程确定，求 $\dfrac{\mathrm{d}y}{\mathrm{d}x}$ 与 $\dfrac{\mathrm{d}^2 y}{\mathrm{d}x^2}$.

(1) $x + \arctan y = y$;　(2) $x\mathrm{e}^{f(y)} = \mathrm{e}^y$，其中 $f''(x)$ 存在且 $f'(x) \neq 1$.

【解】(1) 将方程两端对 x 求导得

$$1 + \frac{1}{1+y^2}y' = y' \Rightarrow y' = \frac{1+y^2}{y^2} = 1 + \frac{1}{y^2}.$$

再对 x 求导得

$$y'' = -\frac{2}{y^3}y' = -\frac{2}{y^3}\cdot\frac{1+y^2}{y^2} = -\frac{2(1+y^2)}{y^5}.$$

(2) 注意到自变量 x 的取值范围是 $x > 0$. 为计算方便，在方程两端先取对数得

$$\ln x + f(y) = y.$$

然后将它对 x 求导得

$$\frac{1}{x} + f'(y)y' = y' \Rightarrow y' = \frac{1}{x[1-f'(y)]}.$$

再将 y' 满足的方程对 x 求导得

$$-\frac{1}{x^2} + f''(y)y'^2 + f'(y)y'' = y''.$$

解得 $y''[1-f'(y)] = -\dfrac{1}{x^2} + \dfrac{f''(y)}{x^2[1-f'(y)]^2}$, 　 $y'' = \dfrac{f''(y) - [1-f'(y)]^2}{x^2[1-f'(y)]^3}.$

评注　求隐函数的二阶导数时常犯如下错误，如题(1)：求得 $y' = 1 + \dfrac{1}{y^2}$ 后，再求导得

$$y'' = \left(1 + \frac{1}{y^2}\right)' = -\frac{2}{y^3}. \text{（错误）}$$

左端是对 x 求导，而右端只是对中间变量 y 求导，漏乘了 y 对 x 的导数 y'.

【例 2.4.3】设 $y = y(x)$ 由方程 $y - x\mathrm{e}^y = 1$ 确定，求 $\dfrac{\mathrm{d}^2 y}{\mathrm{d}x^2}\bigg|_{x=0}$ 的值.

【解法一】将方程两边对 x 求导得 $y' - \mathrm{e}^y - x\mathrm{e}^y y' = 0$. 解得

$$y' = \frac{\mathrm{e}^y}{1-x\mathrm{e}^y} \xrightarrow{\text{利用方程} x\mathrm{e}^y = 1-y} y' = \frac{\mathrm{e}^y}{2-y}.$$

再对 x 求导得 $y'' = \left(\dfrac{\mathrm{e}^y}{2-y}\right)'_x = \dfrac{\mathrm{e}^y y'(2-y) - \mathrm{e}^y(-y')}{(2-y)^2} = \dfrac{\mathrm{e}^y(3-y)y'}{(2-y)^2}.$

由方程得 $x=0$ 时 $y(0)=1$，再由 y' 表达式得 $y'(0) = \mathrm{e}$. 将它们代入 y'' 的表达式得

$$y''(0) = \frac{\mathrm{e}(3-1)\mathrm{e}}{(2-1)^2} = 2\mathrm{e}^2.$$

【解法二】如同解法一，求出 $y' - \mathrm{e}^y - x\mathrm{e}^y y' = 0$ 后，再对 x 求导得

$$y'' - \mathrm{e}^y y' - \mathrm{e}^y y' - x(\mathrm{e}^y y')'_x = 0.$$

令 $x=0$，由 $y(0)=1$，$y'(0)=\mathrm{e} \Rightarrow y''(0) = 2\mathrm{e}^2$.

评注 ① 若求 $\forall x$ 处的 $\dfrac{\mathrm{d}^2 y}{\mathrm{d}x^2}$，在求得 $y'' = \dfrac{\mathrm{e}^y(3-y)y'}{(2-y)^2}$ 后，还须将 y' 的表达式代入，得

$$y'' = \frac{\mathrm{e}^y(3-y)\mathrm{e}^y}{(2-y)^2 \cdot (2-y)} = \frac{\mathrm{e}^{2y}(3-y)}{(2-y)^3}.$$

② 在隐函数求导中，求得 y' 的表达式后，能用原方程将 y' 的表达式化简的应化简，这会为进一步求二阶导数 y'' 带来方便.

2. 由参数方程确定的函数的求导

【例 2.4.4】 设 $y = y(x)$ 由下列参数方程确定，求 $\dfrac{\mathrm{d}y}{\mathrm{d}x}$ 与 $\dfrac{\mathrm{d}^2 y}{\mathrm{d}x^2}$.

(1) $\begin{cases} x = \arctan t, \\ y = \ln(1+t^2); \end{cases}$ 　　　　　　(2) $\begin{cases} x = a\cos^3 t, \\ y = a\sin^3 t, \end{cases}$ a 为常数.

【解】 (1) $\dfrac{\mathrm{d}y}{\mathrm{d}x} \xrightarrow{\text{参数式求导公式}} \dfrac{y'_t}{x'_t} = \dfrac{\dfrac{1}{1+t^2}}{\dfrac{2t}{1+t^2}} = \dfrac{1}{2t}$. 注意 t 是 x 的函数，再对 x 求导得

$$\frac{\mathrm{d}^2 y}{\mathrm{d}x^2} = \frac{\mathrm{d}}{\mathrm{d}x}\left(\frac{1}{2t}\right) \xrightarrow{\text{复合函数求导公式}} \left(\frac{1}{2t}\right)' \frac{\mathrm{d}t}{\mathrm{d}x} \xrightarrow{\text{反函数求导公式}} -\frac{1}{2t^2} \cdot \frac{1}{x'_t}$$

$$= -\frac{1}{2t^2 \cdot \dfrac{2t}{1+t^2}} = -\frac{1+t^2}{4t^3}.$$

(2) $\dfrac{\mathrm{d}y}{\mathrm{d}x} = \dfrac{y'_t}{x'_t} = \dfrac{3a\sin^2 t\cos t}{3a\cos^2 t(-\sin t)} = -\tan t$，或 $\dfrac{\mathrm{d}y}{\mathrm{d}x} = -\sqrt[3]{\dfrac{y}{x}}$.

继续对 x 求导，并注意 t 是 x 的函数，得

$$\frac{\mathrm{d}^2 y}{\mathrm{d}x^2} = \frac{\mathrm{d}}{\mathrm{d}x}\left(\frac{\mathrm{d}y}{\mathrm{d}x}\right) = \frac{\mathrm{d}}{\mathrm{d}x}(-\tan t) = -(\tan t)' \cdot \frac{\mathrm{d}t}{\mathrm{d}x}$$

$$= -\frac{1}{\cos^2 t} \cdot \frac{1}{x'_t} = \frac{1}{3a\cos^4 t\sin t}.$$

评注 用参数式求导法求二阶导数时常犯如下错误：如题(1)，求得

$$\frac{\mathrm{d}y}{\mathrm{d}x} = \frac{1}{2t}$$

后继续求导得 $\qquad \dfrac{\mathrm{d}^2 y}{\mathrm{d}x^2} = \left(\dfrac{1}{2t}\right)' = -\dfrac{1}{2t^2}$. （错误）

错误在于左端对 x 求导，右端对 t 求导，这里漏掉了 $\dfrac{\mathrm{d}t}{\mathrm{d}x}$ 项. $\dfrac{\mathrm{d}y}{\mathrm{d}x}$ 对 x 求导，先对中间变量 t 求导，再乘上 t 对 x 求导，即 $\dfrac{\mathrm{d}^2 y}{\mathrm{d}x^2} = \dfrac{\mathrm{d}}{\mathrm{d}x}\left(\dfrac{\mathrm{d}y}{\mathrm{d}x}\right) = \dfrac{\mathrm{d}}{\mathrm{d}x}\left(\dfrac{1}{2t}\right) = \left(\dfrac{1}{2t}\right)'_t \dfrac{\mathrm{d}t}{\mathrm{d}x}$.

3. 综合应用复合函数求导法

【例 2.4.5】 由方程 $\sqrt{x^2+y^2} = \mathrm{e}^{\arctan\frac{y}{x}}$ 确定 $y = y(x)$，求 y' 及 y''.

【解法一】注意 y 是 x 的函数,于是对 x 求导得

$$\frac{x+yy'}{\sqrt{x^2+y^2}} = e^{\arctan\frac{y}{x}} \frac{1}{1+\frac{y^2}{x^2}} \frac{xy'-y}{x^2}.$$

即

$$\sqrt{x^2+y^2}(x+yy') = e^{\arctan\frac{y}{x}}(xy'-y).$$

注意: $\sqrt{x^2+y^2} = e^{\arctan\frac{y}{x}}$,得

$$x+yy' = xy'-y, \quad y'(x-y) = x+y \Rightarrow y' = \frac{x+y}{x-y}.$$

再求导得

$$y'' = \frac{(x-y)(x+y)'_x - (x+y)(x-y)'_x}{(x-y)^2}$$

$$= \frac{(x-y)(1+y') - (x+y)(1-y')}{(x-y)^2} = \frac{2(xy'-y)}{(x-y)^2}.$$

将 y' 的表达式代入得 $y'' = \dfrac{2(x^2+y^2)}{(x-y)^3}$.

【解法二】由该方程的特点,可将其改写成极坐标方程 $r=e^\theta$,从而得参数方程

$$x = r\cos\theta = e^\theta\cos\theta, \quad y = r\sin\theta = e^\theta\sin\theta.$$

求导得 $\quad x'(\theta) = e^\theta(\cos\theta-\sin\theta) = x-y, y'(\theta) = e^\theta(\cos\theta+\sin\theta) = x+y.$

于是由参数式求导法

$$\frac{dy}{dx} = \frac{y'(\theta)}{x'(\theta)} = \frac{x+y}{x-y}.$$

又 $x''(\theta) = x'(\theta) - y'(\theta) = -2y, y''(\theta) = x'(\theta) + y'(\theta) = 2x$,故

$$\frac{d^2y}{dx^2} = \frac{d}{d\theta}\left[\frac{y'(\theta)}{x'(\theta)}\right]\frac{d\theta}{dx} = \frac{x'(\theta)y''(\theta) - y'(\theta)x''(\theta)}{x'^3(\theta)}$$

$$= \frac{(x-y)2x + 2y(x+y)}{(x-y)^3} = \frac{2(x^2+y^2)}{(x-y)^3}.$$

【例 2.4.6】设 $y=y(x)$ 由方程组 $\begin{cases} x=3t^2+2t+3, \\ e^y\sin t - y + 1 = 0 \end{cases}$ 确定,求 $\dfrac{d^2y}{dx^2}\bigg|_{t=0}$.

【分析】这里 y 与 x 的函数关系由参数方程 $x=x(t), y=y(t)$ 给定, $\dfrac{dy}{dx} = \dfrac{y'_t}{x'_t}$,其中 $x=x(t)$ 是显式表示,易直接计算 x'_t ,而 $y=y(t)$ 由 y 与 t 的方程式确定,由隐函数求导法求出 y'_t.

【解】由方程组的第一个方程式对 t 求导得 $x'_t = 6t+2 = 2(3t+1).$ 将第二个方程对 t 求导并注意 $y=y(t)$ 得 $y'_t e^y\sin t + e^y\cos t - y'_t = 0.$

解出 y'_t 并由方程式化简得 $y'_t = \dfrac{e^y\cos t}{1-e^y\sin t} = \dfrac{e^y\cos t}{2-y}.$

因此,有 $\quad \dfrac{dy}{dx} = \dfrac{y'_t}{x'_t} = \dfrac{e^y\cos t}{2(2-y)(3t+1)}.$

于是有 $\quad \dfrac{d^2y}{dx^2} = \dfrac{d}{dt}\left(\dfrac{dy}{dx}\right)\dfrac{dt}{dx} = \dfrac{d}{dt}\left[\dfrac{e^y\cos t}{2(2-y)(3t+1)}\right]\dfrac{1}{x'_t}$

$$= \frac{\mathrm{e}^y(y_t'\cos t - \sin t)(2-y)(3t+1) - \mathrm{e}^y\cos t[-y_t'(3t+1)+3(2-y)]}{4(2-y)^2(3t+1)^3}.$$

注意，由原式得 $y|_{t=0}=1$，由 $\dfrac{\mathrm{d}y}{\mathrm{d}t}$ 表达式得 $\dfrac{\mathrm{d}y}{\mathrm{d}t}\Big|_{t=0}=\mathrm{e}$，在上式中令 $t=0$ 得

$$\frac{\mathrm{d}^2 y}{\mathrm{d}x^2}\Big|_{t=0} = \frac{\mathrm{e}^2 - \mathrm{e}(-\mathrm{e}+3)}{4} = \frac{2\mathrm{e}^2 - 3\mathrm{e}}{4}.$$

评注　① 因为只求 $\dfrac{\mathrm{d}^2 y}{\mathrm{d}x^2}\Big|_{t=0}$，不必将 y_t' 的表达式代入 $\dfrac{\mathrm{d}^2 y}{\mathrm{d}x^2}$ 的表达式，只需将 $y|_{t=0}$ 及 $y_t'|_{t=0}$ 的值代入，这样可减少计算量.

② 求得 $\dfrac{\mathrm{d}y}{\mathrm{d}x}$ 的表达式后，能用方程式将它化简的应化简，这会为求 $\dfrac{\mathrm{d}^2 y}{\mathrm{d}x^2}$ 带来方便.

4. 已知质点作直线运动时的运动方程（即路程函数），求它的速度和加速度

【例 2.4.7】 设一质点 M 沿 x 轴运动，在时刻 t 质点 M 的坐标为 x，质点的运动方程为 $x=t^3-7t^2+8t$.

（1）求 t 时刻质点运动的速度和加速度；

（2）分析质点运动情况，什么时候质点自左向右运动，什么时候质点自右向左运动.

【解】（1）t 时刻质点运动的速度为

$$v(t)=x'(t)=(t^3-7t^2+8t)'=3t^2-14t+8,$$

加速度为　　　　$a(t)=x''(t)=v'(t)=(3t^2-14t+8)'=6t-14.$

（2）当 $v(t)>0(<0)$ 时质点向右（向左）运动. 因此，先求 $v(t)$ 的零点（$v(t)=0$ 的 t 值）：

$$t=\frac{14\pm\sqrt{14^2-96}}{6}=\frac{14\pm10}{6}\Rightarrow t=\frac{2}{3},4.$$

因此，$t<\dfrac{2}{3}$ 或 $t>4$ 时 $v(t)>0$，质点向右运动；$\dfrac{2}{3}<t<4$ 时 $v(t)<0$，质点向左运动.

5. 给定平面曲线求它的切线与法线

【例 2.4.8】 给定抛物线 $y=x^2-x+3$.

（1）求过点 $(2,5)$ 的切线与法线方程；　　　（2）求过点 $(1,-1)$ 的切线方程.

【分析与求解】（1）点 $(2,5)$ 在抛物线上. 又 $y'=2x-1$，$y'(2)=3$，于是过 $(2,5)$ 的切线方程为

$$y=5+y'(2)(x-2)，即 \ y=3x-1.$$

法线方程为　　　　$y=5-\dfrac{1}{3}(x-2)，即 \ y=-\dfrac{1}{3}x+\dfrac{17}{3}.$

（2）点 $(1,-1)$ 不在抛物线上. $\forall$ 取 (x_0,y_0) 是抛物线上的点，抛物线在该点的切线方程为

$$y=y_0+y'(x_0)(x-x_0)，\quad 即 \quad y=x_0^2-x_0+3+(2x_0-1)(x-x_0).$$

令 $x=1$，$y=-1$，得 $x_0^2-2x_0-3=0$. 解得 $x_0=3,-1$.

$x_0 = 3$ 时, $y_0 = 9$, $y'(x_0) = 2 \times 3 - 1 = 5$,

$x_0 = -1$ 时, $y_0 = 5$, $y'(-1) = -3$.

于是得切线方程 $y = 9 + 5(x - 3)$, $y = 5 - 3(x + 1)$, 即 $y = 5x - 6$, $y = -3x + 2$.

评注　给定曲线 $\Gamma: y = y(x)$, 求过点 $M_0(x_0, y_0)$ 的切线时要区分两种情形:

(1) $M_0 \in \Gamma$, 直接计算 $y'(x_0)$, 得切线方程;

(2) $M_0 \overline{\in} \Gamma$, $\forall (x, y) \in \Gamma$, 写出过该点的切线方程

$$Y = y(x) + y'(x)(X - x),$$

(X, Y) 为切线上点的坐标. 令 $(X, Y) = (x_0, y_0)$, 解出点 (x, y), 然后再写出相应的切线方程.

【例 2.4.9】 设给定抛物线 $y = x^2 + 4x + 3$, 试求常数 b, 使得 $y = 2x + b$ 是抛物线的法线方程.

【分析与求解】 抛物线上 $\forall$ 点 (x_0, y_0) 处的法线方程是

$$y = x_0^2 + 4x_0 + 3 - \frac{1}{2x_0 + 4}(x - x_0) \quad (x_0 \neq -2)$$

$(x_0 = -2$ 不合题意$)$. 为使 $y = 2x + b$ 是抛物线的法线方程, 令

$$\begin{cases} -\dfrac{1}{2x_0 + 4} = 2, \\ b = x_0^2 + 4x_0 + 3 + \dfrac{x_0}{2x_0 + 4}, \end{cases} \quad 即 \quad x_0 = -\frac{9}{4}, \quad b = \frac{57}{16}.$$

【例 2.4.10】 求下列曲线 Γ 在指定点 M_0 处的切线或法线的直角坐标方程:

(1) 曲线 $\Gamma: y = y(x)$ 由方程 $\mathrm{e}^{2x+y} - \cos(xy) = \mathrm{e} - 1$ 所确定, 求 Γ 在 $M_0(0, 1)$ 点的法线方程;

(2) 曲线 Γ 的极坐标方程为 $r = 2\sin\theta$, 点 M_0 的极坐标为 $\left(1, \dfrac{\pi}{6}\right)$, 求 Γ 在点 M_0 处的切线方程.

【分析与求解】 (1) $(x, y) = (0, 1)$ 时, 满足方程 $\mathrm{e}^{2x+y} - \cos(xy) = \mathrm{e} - 1$, $M_0 \in \Gamma$. 先求 Γ 在 M_0 点处切线的斜率, 由隐函数求导数法得

$$\mathrm{e}^{2x+y}(2 + y') + \sin(xy)(y + xy') = 0.$$

令 $x = 0, y = 1$, 得 $\mathrm{e}[2 + y'(0)] = 0$, 即 $y'(0) = -2$.

于是法线的斜率为 $\dfrac{1}{2}$, 法线方程为 $y = 1 + \dfrac{1}{2}x$.

(2) 点 $M_0 \in \Gamma$, 直角坐标为 $(x_0, y_0) = r(\cos\theta, \sin\theta)\Big|_{\substack{r=1 \\ \theta = \frac{\pi}{6}}} = \left(\dfrac{\sqrt{3}}{2}, \dfrac{1}{2}\right)$. Γ 的参数方程为

$$\begin{cases} x = r(\theta)\cos\theta = 2\sin\theta\cos\theta = \sin 2\theta, \\ y = r(\theta)\sin\theta = 2\sin\theta\sin\theta = 1 - \cos 2\theta, \end{cases}$$

Γ 在 M_0 点的切线的斜率为

$$\frac{\mathrm{d}y}{\mathrm{d}x} = \frac{y'(\theta)}{x'(\theta)}\Big|_{\theta = \frac{\pi}{6}} = \frac{2\sin 2\theta}{2\cos 2\theta}\Big|_{\theta = \frac{\pi}{6}} = \tan\frac{\pi}{3} = \sqrt{3}.$$

因此，切线方程为 $y = \dfrac{1}{2} + \sqrt{3}\left(x - \dfrac{\sqrt{3}}{2}\right)$，即 $y = \sqrt{3}\,x - 1$.

评注 求曲线 Γ 上点的切线方程的关键是求切线的斜率. 若 Γ 由隐函数方程给出，则由隐函数求导法求得切线斜率. 若 Γ 由参数方程给出，则由参数求导法求得切线斜率. 若 Γ 由极坐标方程给出，则可先写出 Γ 的参数方程，再由参数求导法求得切线的斜率.

6. 求相关变化率问题

【例 2.4.11】 设有一个圆锥形蓄水池，高 $H = 10$ m，底半径 $R = 4$ m，水以 5 m³/min 的速率流进水池. 试求水深为 5 m 时，水面上升的速率，如图 2.4-2 所示.

【分析与求解】 令 t 时水面高度为 $h = h(t)$，相应的水池内水的体积为 $V = V(t)$. 已知 $\dfrac{\mathrm{d}V}{\mathrm{d}t} = 5$ m³/min，要求的是 $h = 5$ m 时，$\dfrac{\mathrm{d}h}{\mathrm{d}t} = ?$ 这是相关变化率问题，关键是先写出 h 与 V 满足的相关方程，然后再用复合函数求导法.

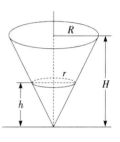

图 2.4-2

显然，$V(t) = \dfrac{1}{3}\pi r^2(t) h(t)$，其中 $r(t)$ 是 t 时刻相应于高为 $h(t)$ 的水面圆的半径. 将 $r(t)$ 用 $h(t)$ 表示就可得相关方程.

由 $\dfrac{r}{R} = \dfrac{h}{H} \Rightarrow r = \dfrac{R}{H}h$，代入 V 的表达式得 $V = \dfrac{1}{3}\pi \dfrac{R^2}{H^2}h^3(t)$. 这就是 V 与 h 的相关方程.

现将相关方程两端对 t 求导，由复合函数求导法则得

$$\frac{\mathrm{d}V}{\mathrm{d}t} = \frac{1}{3}\pi \frac{R^2}{H^2} 3h^2 \frac{\mathrm{d}h}{\mathrm{d}t} \Rightarrow \frac{\mathrm{d}h}{\mathrm{d}t} = \frac{H^2}{\pi R^2} \cdot \frac{1}{h^2} \frac{\mathrm{d}V}{\mathrm{d}t}.$$

当 $h = 5$ m 时，有

$$\left.\frac{\mathrm{d}h}{\mathrm{d}t}\right|_{h=5} = \frac{H^2}{\pi R^2} \cdot \frac{1}{25} \frac{\mathrm{d}V}{\mathrm{d}t}.$$

将 $H = 10$ m，$R = 4$ m，$\dfrac{\mathrm{d}V}{\mathrm{d}t} = 5$ m³/min 代入上式，得

$$\left.\frac{\mathrm{d}h}{\mathrm{d}t}\right|_{h=5} = \frac{100}{16\pi} \cdot \frac{1}{25} \cdot 5 \ \text{m/min} = \frac{5}{4\pi} \ \text{m/min}.$$

第五节 函数的微分

一、知识点归纳总结

1. 可微性与微分的定义

设 $f(x)$ 在 x_0 的邻域有定义，若存在与 Δx 无关的常数 $A(x_0)$，使得

$$\Delta y = f(x_0 + \Delta x) - f(x_0) = A(x_0)\Delta x + o(\Delta x) \quad (\Delta x \to 0),$$

则称 $f(x)$ 在 x_0 可微，而 Δx 的线性式 $A(x_0)\Delta x$ 称为 $f(x)$ 在 x_0 的微分，记作

$$\mathrm{d}y|_{x=x_0} = A(x_0)\Delta x \quad \text{或} \quad \mathrm{d}f(x)|_{x=x_0} = A(x_0)\Delta x.$$

若 $f(x)$ 在 (a,b) 内每一点均可微,则称 $f(x)$ 在 (a,b) 可微.

2. 微分与增量的关系

当 $\Delta x \to 0$ 时,dy,Δy,Δx 有如下关系:dy 是 Δx 的一次函数(线性函数),$dy - \Delta y = o(\Delta x)(\Delta x \to 0)$. 因此 dy 是 Δy 的线性主要部分.

3. 可微性与可导性的关系

函数 $y = f(x)$ 在 $x = x_0$ 可微 $\Leftrightarrow y = f(x)$ 在 $x = x_0$ 可导,这时

$$dy\big|_{x=x_0} = f'(x_0)\Delta x.$$

若 x 为自变量,定义 $dx = \Delta x$ 为 x 的微分,于是函数 $y = f(x)$ 在 x 处的微分表示为

$$dy = f'(x)dx.$$

也就有 $f'(x) = \dfrac{dy}{dx}$,即函数的微分与自变量微分之商.

4. 微分的几何意义

函数 $y = f(x)$ 在 x 处相应于 Δx 的函数增量 Δy 是曲线 $y = f(x)$ 的纵坐标的增量,而微分 $dy = f'(x)\Delta x$ 则是曲线 $y = f(x)$ 在点 $(x, f(x))$ 处切线相应于 Δx 的纵坐标的增量.

5. 基本初等函数的微分公式

微分的运算法则与导数的运算法则是相对应的. 我们把导数与微分的运算法则都称为微分法则.

相应于基本初等函数导数表,有如下微分表:

$dc = 0$ （c 为常数）; $dx^\alpha = \alpha x^{\alpha-1}dx$;

$d\sin x = \cos x\, dx$; $d\cos x = -\sin x\, dx$;

$d\tan x = \dfrac{1}{\cos^2 x}dx$; $d\cot x = -\dfrac{1}{\sin^2 x}dx$;

$d\ln x = \dfrac{1}{x}dx$; $d\log_a x = \dfrac{1}{x\ln a}dx$;

$de^x = e^x dx$; $da^x = a^x \ln a\, dx$;

$d\arcsin x = \dfrac{1}{\sqrt{1-x^2}}dx$; $d\arccos x = -\dfrac{1}{\sqrt{1-x^2}}dx$;

$d\arctan x = \dfrac{1}{1+x^2}dx$; $d\operatorname{arccot} x = -\dfrac{1}{1+x^2}dx$.

6. 微分的四则运算法则

设 $u(x)$,$v(x)$ 可微,则

$d(cu) = c\,du$ （c 为常数）; $d(u \pm v) = du \pm dv$;

$d(uv) = u\,dv + v\,du$; $d\left(\dfrac{u}{v}\right) = \dfrac{v\,du - u\,dv}{v^2}$ （$v(x) \neq 0$）.

7. 复合函数的微分法则与一阶微分形式的不变性

设 $y = f(u)$ 是 u 的可微函数,不论 u 是自变量还是中间变量(即是另一变量的可微

函数),都有

$$dy = f'(u)du,$$

则称这一性质为一阶微分形式的不变性.

8. 一阶微分形式不变性的若干应用

① 利用一阶微分形式不变性求复合函数的微分与导数.

② 导出由参数式给出的函数的微分法.

③ 已知 $df(x)$,求 $f(x)$.

9. 微分在近似计算中的应用

当 $|\Delta x|$ 很小时,$y=f(x)$ 的微分近似于函数增量 $\Delta y \approx dy$. 由此得到以下应用:

① 函数增量的近似计算:$f(x+\Delta x)-f(x) \approx f'(x)\Delta x$.

若 $f'(x)$ 易求得,按此公式可求得 x 附近的函数增量的近似值.

② 函数值的近似计算:$f(x+\Delta x) \approx f(x)+f'(x)\Delta x$.

若 $f(x)$,$f'(x)$ 易求得,按此公式可求得 x 附近的函数值的近似值.

常用的近似公式有:当 $|x|$ 很小时,

$$\sin x \approx x, \quad \tan x \approx x, \quad \ln(1+x) \approx x, \quad (1\pm x)^a \approx 1\pm ax.$$

③ 函数值误差的估计.某量的准确值为 A,近似值为 a,$|A-a|$ 称为 a 的绝对误差,$\left|\dfrac{A-a}{a}\right|$ 称为 a 的相对误差.

若 $|A-a| \leqslant \delta$,称 δ 为绝对误差界,$\dfrac{\delta}{|a|}$ 为相对误差界,分别简称为绝对误差与相对误差.

设有可微函数 $y=f(x)$,已知 x 的绝对误差 $|\Delta x| \leqslant \delta$,则对 $y=f(x)$ 有

绝对误差 $\quad |\Delta y| \approx |dy| = |f'(x)\Delta x| \leqslant |f'(x)|\delta$,

相对误差 $\quad \left|\dfrac{\Delta y}{y}\right| \approx \left|\dfrac{df(x)}{f(x)}\right| = \left|\dfrac{f'(x)\Delta x}{f(x)}\right| \leqslant \left|\dfrac{f'(x)}{f(x)}\right|\delta$.

二、典型题型归纳及解题方法与技巧

1. 进一步理解微分概念

【例 2.5.1】回答下列问题:

(1) $f(x)$ 在 x_0 的微分是不是一个函数?

(2) 设 $f(x)$ 在 (a,b) 可微,$f(x)$ 的微分随哪些量而变?

(3) du 与 Δu 是否相等?

(4) 函数 $y=f(x)$ 的微分 $dy=f'(x)\Delta x$ 中的 Δx 是否一定要绝对值很小?

【解】(1) $f(x)$ 在 x_0 的微分 $df(x)|_{x=x_0}=f'(x_0)\Delta x$ 是 Δx 的函数.

(2) 当 $x\in(a,b)$ 时,$df(x)=f'(x)\Delta x$,随 $x\in(a,b)$ 及 Δx 而变化.

(3) 当 u 为自变量时,$du=\Delta u$;当 u 为因变量时,一般说来 du 与 Δu 不一定相等. 如 $u=x^2$,$\Delta u=(x+\Delta x)^2-x^2=2x\Delta x+\Delta x^2$,$du=2x\Delta x$,显然,$\Delta u \neq du$($\Delta x \neq 0$ 时). 当 u 是一次函数 $u=kx+b$ 时,$du=k\Delta x=\Delta u$.

(4) 按照微分的定义,并不一定要求 $|\Delta x|$ 很小,如果函数 $y=f(x)$ 在点 x 处可微,那么函数 $f(x)$ 在该点处的微分 $\mathrm{d}y=f'(x)\Delta x$ 是 Δx 的函数,只要在函数的定义域内,不论 $|\Delta x|$ 多大,$\mathrm{d}y=f'(x)\Delta x$ 均成立.

但在某些问题中,例如利用微分进行近似计算,以 $\mathrm{d}y$ 近似代替 Δy,此时要求 $|\Delta x|$ 比较小,否则误差 $o(\Delta x)$ 就可能较大,近似程度就比较差.

【例 2.5.2】回答下列问题:

(1) 设 $f(x)$ 在 $x=x_0$ 可微,$f'(x_0)\neq 0$,则 $\Delta x\to 0$ 时 $f(x)$ 在 x_0 处的微分与 Δx 比较是(   )无穷小,$\Delta y=f(x_0+\Delta x)-f(x_0)$ 与 Δx 比较是(   )无穷小,$\Delta y-\mathrm{d}f(x)\big|_{x=x_0}$ 与 Δx 比较是(   )无穷小.

(A) 等价　　　　　(B) 同阶　　　　　(C) 低阶　　　　　(D) 高阶

(2) 设 $u=\varphi(x)$ 在 (a,b) 可微,则 $\varphi(x)=c_1 x+c_2(c_1,c_2$ 为 $\forall$ 常数)是 $\mathrm{d}u=\Delta u$ 的(   )条件.

(A) 充分而不必要　　　　　　　　(B) 必要而不充分

(C) 充要　　　　　　　　　　　　(D) 既不充分也不必要

【解】(1) $\mathrm{d}f(x)\big|_{x=x_0}=f'(x_0)\Delta x$,$\lim\limits_{\Delta x\to 0}\dfrac{f'(x_0)\Delta x}{\Delta x}=f'(x_0)\neq 0$,则 $\mathrm{d}f(x)\big|_{x=x_0}$ 与 Δx 是同阶无穷小($\Delta x\to 0$),故选(B).

按定义 $\lim\limits_{\Delta x\to 0}\dfrac{\Delta y}{\Delta x}=f'(x_0)\neq 0$,则 Δy 与 Δx 也是同阶无穷小($\Delta x\to 0$),故选(B).

按微分定义 $\Delta y-\mathrm{d}f(x)\big|_{x=x_0}=o(\Delta x)(\Delta x\to 0)$,则 $\Delta y-\mathrm{d}f(x)\big|_{x=x_0}$ 是比 Δx 高阶的无穷小,故选(D).

(2) 设 $u=\varphi(x)=c_1 x+c_2\Rightarrow \mathrm{d}u=\varphi'(x)\Delta x=c_1\Delta x$,$\Delta u=c_1\Delta x\Rightarrow \mathrm{d}u=\Delta u$. 反之,设 $\mathrm{d}u=\Delta u$,$\forall$ 取定 $x_0\in(a,b)$,按题意
$$\varphi(x)-\varphi(x_0)=\varphi'(x_0)(x-x_0),$$
$$\varphi(x)=\varphi'(x_0)x+\varphi(x_0)-\varphi'(x_0)x_0=c_1 x+c_2,$$
其中,c_1,c_2 为 $\forall$ 常数. 因此选(C).

【例 2.5.3】判断下列函数在指定点处的可微性. 若可微,$\forall \Delta x$ 及 $\Delta x=-0.1$,求出函数在该点的微分.

(1) $y=x\mathrm{e}^x$,$x=0$;　　　(2) $y=|x-1|$,$x=1$.

【分析与求解】判断可微性与可导性是等价的,求微分归结为求导数.

(1) 因 $y=x\mathrm{e}^x$ 在 $x=0$ 可导,所以可微. 于是
$$\mathrm{d}y\big|_{x=0}=y'(0)\Delta x=(x\mathrm{e}^x+\mathrm{e}^x)\big|_{x=0}\Delta x=\Delta x.$$
当 $\Delta x=-0.1$ 时,$\mathrm{d}y\big|_{x=0}=-0.1$.

(2) 因为 $y=|x-1|$ 在 $x=1$ 不可导:$y'_+(1)=1$,$y'_-(1)=-1$,所以它在 $x=1$ 不可微.

2. 求函数的微分

【例 2.5.4】设 $x(t),y(t)$ 可微,又设 $r=\sqrt{x^2+y^2}$,$\theta=\arctan\dfrac{y}{x}$,求证:
$$(\mathrm{d}x)^2+(\mathrm{d}y)^2=(r\mathrm{d}\theta)^2+(\mathrm{d}r)^2.$$

【证明】先求 $\mathrm{d}r$ 与 $\mathrm{d}\theta$：

$$\mathrm{d}r = \frac{1}{2}(x^2+y^2)^{-\frac{1}{2}}\mathrm{d}(x^2+y^2) = \frac{x\,\mathrm{d}x+y\,\mathrm{d}y}{\sqrt{x^2+y^2}},$$

$$\mathrm{d}\theta = \frac{1}{1+\left(\dfrac{y}{x}\right)^2}\mathrm{d}\left(\frac{y}{x}\right) = \frac{x^2}{x^2+y^2}\cdot\frac{x\,\mathrm{d}y-y\,\mathrm{d}x}{x^2},\quad r\,\mathrm{d}\theta = \frac{x\,\mathrm{d}y-y\,\mathrm{d}x}{\sqrt{x^2+y^2}}.$$

于是 $(\mathrm{d}r)^2+(r\,\mathrm{d}\theta)^2$

$$= \frac{x^2(\mathrm{d}x)^2+y^2(\mathrm{d}y)^2+2xy\,\mathrm{d}x\,\mathrm{d}y}{x^2+y^2} + \frac{x^2(\mathrm{d}y)^2+y^2(\mathrm{d}x)^2-2xy\,\mathrm{d}x\,\mathrm{d}y}{x^2+y^2}$$

$$= \frac{(x^2+y^2)(\mathrm{d}x)^2+(x^2+y^2)(\mathrm{d}y)^2}{x^2+y^2} = (\mathrm{d}x)^2+(\mathrm{d}y)^2.$$

【例 2.5.5】利用一阶微分形式的不变性求下列函数的微分与导数：

（1）$y=\ln(x+\sqrt{x^2+a^2})$；　　（2）$y=(1+x^2)^{\arctan x}$.

【解】（1）由一阶微分形式不变性及微分四则运算法则得

$$\mathrm{d}y = \frac{1}{x+\sqrt{x^2+a^2}}\,\mathrm{d}(x+\sqrt{x^2+a^2})$$

$$= \frac{1}{x+\sqrt{x^2+a^2}}\left[\mathrm{d}x+\frac{\mathrm{d}(x^2+a^2)}{2\sqrt{x^2+a^2}}\right]$$

$$= \frac{1}{x+\sqrt{x^2+a^2}}\left(1+\frac{x}{\sqrt{x^2+a^2}}\right)\mathrm{d}x = \frac{\mathrm{d}x}{\sqrt{x^2+a^2}},$$

$$\frac{\mathrm{d}y}{\mathrm{d}x} = \frac{1}{\sqrt{x^2+a^2}}.$$

（2）$y=\mathrm{e}^{\arctan x\ln(1+x^2)}$，则

$$\mathrm{d}y = \mathrm{e}^{\arctan x\ln(1+x^2)}\mathrm{d}[\arctan x\ln(1+x^2)]$$

$$= (1+x^2)^{\arctan x}[\ln(1+x^2)\mathrm{d}\arctan x + \arctan x\,\mathrm{d}\ln(1+x^2)]$$

$$= (1+x^2)^{\arctan x}\left[\frac{\ln(1+x^2)}{1+x^2}+\frac{\arctan x}{1+x^2}2x\right]\mathrm{d}x,$$

$$\frac{\mathrm{d}y}{\mathrm{d}x} = (1+x^2)^{\arctan x}\left[\frac{\ln(1+x^2)}{1+x^2}+\frac{2x\arctan x}{1+x^2}\right].$$

【例 2.5.6】设 $y=y(x)$ 由参数方程 $\begin{cases}x=\varphi(t),\\ y=\psi(t)\end{cases}$ 确定，试利用一阶微分形式不变性求 y'_x 及 y''_{xx}.

【解】不论 x 是自变量还是中间变量，都有 $\mathrm{d}y=y'_x\mathrm{d}x$，于是

$$y'_x = \frac{\mathrm{d}y}{\mathrm{d}x} = \frac{\mathrm{d}[\psi(t)]}{\mathrm{d}[\varphi(t)]} = \frac{\psi'(t)\mathrm{d}t}{\varphi'(t)\mathrm{d}t} = \frac{\psi'(t)}{\varphi'(t)}.$$

再利用一阶微分形式不变性得 $\mathrm{d}(y'_x)=(y'_x)'\mathrm{d}x=y''_{xx}\mathrm{d}x$. 于是

$$y''_{xx} = \frac{\mathrm{d}(y'_x)}{\mathrm{d}x} = \frac{\mathrm{d}\left[\dfrac{\psi'(t)}{\varphi'(t)}\right]}{\mathrm{d}[\varphi(t)]} = \frac{\left[\dfrac{\psi'(t)}{\varphi'(t)}\right]'\mathrm{d}t}{\varphi'(t)\mathrm{d}t} = \frac{\psi''(t)\varphi'(t)-\psi'(t)\varphi''(t)}{\varphi'^3(t)}.$$

3. 已知 dy, 求 y

【例 2.5.7】填空：

(1) $\dfrac{e^x}{1+e^x}\,dx = \dfrac{d(\quad)}{e^x+1} = d(\quad)$; $\quad$ (2) $\dfrac{x}{\sqrt{1-x^2}}\,dx = \dfrac{d(\quad)}{\sqrt{1-x^2}} = d(\quad)$;

(3) $\dfrac{\ln x}{x}e^{\ln^2 x}\,dx = \ln x\,e^{\ln^2 x}\,d(\quad) = e^{\ln^2 x}\,d(\quad) = d(\quad)$.

【分析】已知复合函数求微分公式 $dF[\varphi(x)] = f'[\varphi(x)]d\varphi(x)$. 现在则要反过来用它, 若能把 $f(x)dx$ 表成 $f(x)dx = f'[\varphi(x)]d\varphi(x)$, 则得

$$f(x)dx = dF[\varphi(x)].$$

(1) $\dfrac{e^x}{1+e^x}\,dx = \dfrac{d(e^x+1)}{e^x+1} = d[\ln(1+e^x)]$;

(2) $\dfrac{x}{\sqrt{1-x^2}}\,dx = \dfrac{-\dfrac{1}{2}d(1-x^2)}{\sqrt{1-x^2}} = d(-\sqrt{1-x^2})$;

(3) $\dfrac{\ln x}{x}e^{\ln^2 x}\,dx = \ln x\,e^{\ln^2 x}\,d\ln x = \dfrac{1}{2}e^{\ln^2 x}\,d\ln^2 x = d\left(\dfrac{1}{2}e^{\ln^2 x}\right)$.

4. 近似公式与函数值近似计算

【例 2.5.8】证明近似公式: $(1+bx)^{\alpha} \approx 1+\alpha bx$ ($|x| \ll 1$), 其中 α, b 为常数.

【证明】记 $f(x) = (1+bx)^{\alpha}$, 则 $f(0) = 1$,

$$f'(x) = \alpha b(1+bx)^{\alpha-1}, \quad f'(0) = \alpha b.$$

于是, 由 $f(x) \approx f(0) + f'(0)x$ ($|x| \ll 1$) 得

$$(1+bx)^{\alpha} \approx 1+\alpha bx \quad (|x| \ll 1). \tag{2.5-1}$$

【例 2.5.9】证明近似公式:

$$\arctan(1+x) \approx \frac{\pi}{4} + \frac{1}{2}x \quad (|x| \ll 1). \tag{2.5-2}$$

【证明】记 $f(x) = \arctan(1+x)$, 则 $f(0) = \arctan 1 = \dfrac{\pi}{4}$,

$$f'(x) = \frac{1}{1+(x+1)^2}, \quad f'(0) = \frac{1}{2}.$$

于是, 由 $f(x) \approx f(0) + f'(0)x$ ($|x| \ll 1$) 得

$$\arctan(1+x) \approx \frac{\pi}{4} + \frac{1}{2}x. \ (|x| \ll 1)$$

【例 2.5.10】近似计算下列值:

(1) $\sqrt[4]{80}$; $\qquad$ (2) $\sin 29°$.

【解】(1) 计算的值可写成 $\sqrt[n]{a^n+x} = a\left(1+\dfrac{x}{a^n}\right)^{\frac{1}{n}}$ ($a>0$). 由近似公式 (2.5-1) 得

$$\sqrt[n]{a^n+x} \approx a\left(1+\frac{x}{na^n}\right) \quad (|x| < a^n). \tag{2.5-3}$$

我们可利用这个近似计算公式求 $\sqrt[4]{80}$ 和 $\sin 29°$ 的值.

由(2.5-3)式得 $\sqrt[4]{80} = \sqrt[4]{3^4 - 1} \approx 3\left(1 - \dfrac{1}{4 \times 3^4}\right) = 2.9907$.

（2）利用近似计算公式 $f(x_0 + \Delta x) \approx f(x_0) + f'(x_0)\Delta x$，要确定取 $f(x) = ?$，$x_0 = ?$，$\Delta x = ?$ $f(x_0)$，$f'(x_0)$ 要易求.

取 $f(x) = \sin x$，$x_0 = 30° = \dfrac{\pi}{6}$，$\Delta x = -1° = -\dfrac{\pi}{180}$，则由 $\sin 30° = \dfrac{1}{2}$，$f'\left(\dfrac{\pi}{6}\right) =$

$\cos \dfrac{\pi}{6} = \dfrac{\sqrt{3}}{2}$ 可得

$$\sin 29° \approx \sin 30° + (\sin x)'\big|_{x = \frac{\pi}{6}}\left(-\dfrac{\pi}{180}\right) = \dfrac{1}{2} - \dfrac{\sqrt{3}}{2}\,\dfrac{\pi}{180} \approx 0.4849.$$

评注　计算 $\sin 29°$ 时易犯的错误是：取 $f(x) = \sin x$，$x_0 = 30°$，$\Delta x = -1°$，于是

$$\sin 29° = \sin(30° - 1) \approx \sin 30° + (\sin x)'\big|_{x = 30°}(-1) = \dfrac{1}{2} - \dfrac{\sqrt{3}}{2}. \text{（错误）}$$

错误在于：这里的 Δx 没取弧度为单位. 注意 $\sin(x_0 + \Delta x) \approx \sin x_0 + (\cos x_0)\Delta x$. 这里的 Δx 必须以弧度为单位，因为在证明 $(\sin x)' = \cos x$ 时用到重要的极限

$$\lim_{x \to 0} \dfrac{\sin x}{x} = 1,$$

这里 x 是以弧度为单位.

5. 函数改变量的近似计算

【例 2.5.11】半径为 10 cm 的金属圆片加热后，半径伸长了 0.05 cm，问面积增大了多少？

【解】设半径为 r 时圆的面积为 S，则 $S = \pi r^2$.

当 $r = 10$ cm，$\Delta r = 0.05$ cm 时，要计算圆片面积增量 $\Delta S = S(r + \Delta r) - S(r)$. 用微分近似增量得 $\Delta S \approx \mathrm{d}S(r) = S'(r)\Delta r = 2\pi r \Delta r$.

令 $r = 10$ cm，$\Delta r = 0.05$ cm 得 $\Delta S \approx 2\pi \times 10 \times 0.05 = \pi = 3.1416$ cm^2.

因此，圆片的面积增大了 3.1416 cm^2.

【例 2.5.12】设有一电阻负载 $R = 25$ Ω，现负载功率 p 从 400 W 变到 401 W，求负载两端电压 u 的改变量. 已知，p，u，R 的关系是 $p = \dfrac{u^2}{R}$.

【解】$u = \sqrt{pR}$，当 $p = 400$ W，$\Delta p = 1$ W 时，求 $\Delta u = u(p + \Delta p) - u(p)$. 用微分近似增量得

$$\Delta u \approx \mathrm{d}u = \dfrac{R\Delta p}{2\sqrt{pR}} = \dfrac{1}{2}\sqrt{\dfrac{R}{p}}\,\Delta p = \dfrac{1}{2}\sqrt{\dfrac{25}{400}}\ \text{V} = \dfrac{1}{8}\ \text{V} = 0.125\ \text{V}.$$

6. 绝对误差与相对误差的估计

【例 2.5.13】测量重力加速度 g 的较简单方法是用单摆. 单摆振动周期公式为

$$T = 2\pi\sqrt{\dfrac{l}{g}},$$

其中，l 为摆长，根据上式由 l，T 的值可计算重力加速度 g 的值.

现用一长为 $l = 100.44$ cm 的单摆,测得周期 $T = 2.0103$ s,并知 $|\Delta T| \leqslant 0.0005$ s. 由此计算重力加速度 g 的值,并估计其绝对误差与相对误差.

【解】$g = \dfrac{4\pi^2 l}{T^2} = \dfrac{4 \times (3.1416)^2 \times 100.44 \text{ cm}}{(2.0103 \text{ s})^2} = 981.18 \text{ cm/s}^2.$

下面估计误差.

方法一 先求绝对误差:

$$|\Delta g| \approx |\mathrm{d}g| = \left| -\frac{8\pi^2 l}{T^3} \Delta T \right|$$

$$\leqslant \frac{8 \times (3.1416)^2 \times 100.44 \text{ cm}}{(2.0103 \text{ s})^3} \times 0.0005 \text{ s} = 0.49 \text{ cm/s}^2.$$

再求相对误差: $\left| \dfrac{\Delta g}{g} \right| \approx \left| \dfrac{\mathrm{d}g}{g} \right| = \dfrac{2}{T} |\Delta T| \leqslant \dfrac{2}{2.0103 \text{ s}} \times 0.0005 \text{ s} = 0.05\%.$

方法二 上述计算较麻烦,对这样的问题先计算相对误差比较简单.因为计算相对误差时要计算 $\dfrac{\mathrm{d}g}{g}$,恰为 $\mathrm{d}\ln g$,所以可先求对数再微分,即

$$\ln g = \ln 4\pi^2 l - 2\ln T, \qquad \frac{\mathrm{d}g}{g} = \mathrm{d}\ln g = -\frac{2}{T} \Delta T,$$

$$\left| \frac{\Delta g}{g} \right| \approx \left| \frac{\mathrm{d}g}{g} \right| \approx \frac{2}{T} |\Delta T| = \frac{2}{2.0103 \text{ s}} \times 0.0005 \text{ s} = 0.05\%.$$

然后再求绝对误差: $|\Delta g| = \left| \dfrac{\Delta g}{g} \right| \cdot |g| \leqslant 0.05\% \times 981.18 \text{ s} = 0.49 \text{ cm/s}^2.$

评注 由此可看出,方法二比方法一的计算量小得多.

第三章　微分中值定理与导数的应用

第一节　微分中值定理

一、知识点归纳总结

1. 微分学中的中值定理

(1) 费马定理

定义　若 $\exists x_0$ 点的邻域 $U(x_0)$，使得
$$f(x) \leqslant f(x_0), \forall x \in U(x_0),$$
则称 x_0 是 $f(x)$ 的极大值点，$f(x_0)$ 为 $f(x)$ 的极大值；若
$$f(x) \geqslant f(x_0), \forall x \in U(x_0),$$
则称 x_0 为 $f(x)$ 的极小值点，$f(x_0)$ 为 $f(x)$ 的极小值.

极大值与极小值统称为极值；极大值点与极小值点统称为极值点.

评注　若上面不等式中当 $x \neq x_0$ 时有严格不等号成立，就称 $f(x_0)$ 为严格极值. 许多书上就把严格极值称为极值，但这不影响对许多问题的讨论.

费马定理　设 $f(x)$ 在 $x = x_0$ 取极值且 $f'(x_0)$ 存在，则 $f'(x_0) = 0$.

几何意义　若 $f(x)$ 在 $x = x_0$ 取极值，相应的曲线 $y = f(x)$ 在点 $(x_0, f(x_0))$ 处存在切线且不与 x 轴垂直，则切线是水平的（即平行于 x 轴），见图 3.1-1.

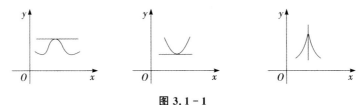

图 3.1-1

(2) 罗尔定理

定义　设 $f(x)$ 在 $[a,b]$ 连续，在 (a,b) 可导，又 $f(a) = f(b)$，则 $\exists \xi \in (a,b)$，使得 $f'(\xi) = 0$.

几何意义　若连续曲线 $y = f(x)$ 在 $A(a, f(a))$，$B(b, f(b))$ 两点间的每一点都有不垂直于 x 轴的切线，又 A, B 两点的纵坐标相等，则曲线在 A, B 间至少存在一点 $P(\xi, f(\xi))$，使得曲线在 P 点处的切线平行于 x 轴，见图 3.1-2.

(3) 拉格朗日中值定理

定义　设 $f(x)$ 在 $[a,b]$ 连续，在 (a,b) 可导，则 $\exists \xi \in (a,b)$，使得
$$\frac{f(b) - f(a)}{b - a} = f'(\xi). \tag{3.1-1}$$

几何意义　若连续曲线 $y=f(x)$ 在 $A(a,f(a))$，$B(b,f(b))$ 两点间的每一点都有不垂直于 x 轴的切线，则曲线在 A,B 间至少存在一点 $P(\xi,f(\xi))$，使得曲线在 P 点的切线与割线 $\overline{AB}$ 平行，见图 3.1-3.

若在 $x,x+\Delta x$ 为端点的区间上 $f(x)$ 满足拉格朗日中值定理的条件，则拉格朗日中值定理可写成

$$f(x+\Delta x)-f(x)=f'(x+\theta\Delta x)\Delta x \quad (0<\theta<1). \tag{3.1-2}$$

拉格朗日中值定理又称为微分中值定理.

式(3.1-1)和式(3.1-2)也称为拉格朗日中值公式.

当自变量增量 Δx 为有限时，式(3.1-2)就是函数 $y=f(x)$ 的增量 $\Delta y=f(x+\Delta x)-f(x)$ 的准确表达式，因此，式(3.1-2)又称为有限增量公式.

(4) 柯西中值定理

定义　设 $f(x),g(x)$ 在 $[a,b]$ 连续，在 (a,b) 可导且 $g'(x)\neq 0$，则 $\exists\xi\in(a,b)$，使得

$$\frac{f(b)-f(a)}{g(b)-g(a)}=\frac{f'(\xi)}{g'(\xi)}.$$

几何意义　若连续曲线 $\overset{\frown}{AB}$ 由参数方程 $\begin{cases}x=g(t),\\ y=f(t)\end{cases}$ $(t\in[a,b])$ 给出，除端点外处处有不垂直于 x 轴的切线，则 $\overset{\frown}{AB}$ 上存在一点 P 处的切线平行于割线 $\overline{AB}$，见图 3.1-4.

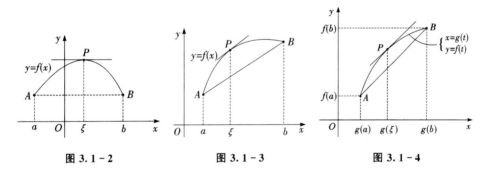

图 3.1-2　　　　　　　图 3.1-3　　　　　　　图 3.1-4

2. 中值定理间的关系及证明的主要思路

拉格朗日中值定理是柯西中值定理的特殊情形（$g(x)=x$），罗尔定理又是拉格朗日中值定理的特殊情形（$f(b)=f(a)$），它们的导出却是从特殊到一般，如图 3.1-5 所示.

$$\boxed{\text{导数定义}}\xrightarrow{\textcircled{1}}\boxed{\text{费马定理}}\xrightarrow{\textcircled{2}}\boxed{\text{罗尔定理}}\begin{matrix}\xrightarrow{\textcircled{3}}\boxed{\text{拉格朗日中值定理}}\\ \xrightarrow{\textcircled{4}}\boxed{\text{柯西中值定理}}\end{matrix}$$

图 3.1-5

证明的思路与方法：

① 由极值点处的导数得费马定理：

$$f'_+(x_0)=\lim_{\Delta x\to 0+}\frac{f(x_0+\Delta x)-f(x_0)}{\Delta x},\quad f'_-(x_0)=\lim_{\Delta x\to 0-}\frac{f(x_0+\Delta x)-f(x_0)}{\Delta x},$$

$$f'_+(x_0)=f'_-(x_0)=f'(x_0).$$

② 由证明 $f(x)$ 在 (a,b) 存在极值点得罗尔定理.

③ 割线 $\overline{AB}$ 的方程 $y = \dfrac{f(b)-f(a)}{b-a}(x-a)+f(a)$.

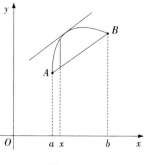

曲线 $y=f(x)$ 与割线 $\overline{AB}$ 沿 y 轴方向的距离是

$$F(x) = f(x) - \left[\frac{f(b)-f(a)}{b-a}(x-a)+f(a)\right],$$

见图 3.1－6.对 $F(x)$ 在 $[a,b]$ 用罗尔定理（即 $F(x)$ 在 (a,b) 存在极值点）即得拉格朗日中值定理.

图 3.1－6

④ 由曲线的参数方程 $\begin{cases} x=g(t), \\ y=f(t) \end{cases}$ $(t\in[a,b])$ 得割线 $\overline{AB}$ 的参数方程

$$\begin{cases} x=g(t), \\ y=\dfrac{f(b)-f(a)}{g(b)-g(a)}[g(t)-g(a)]+f(a). \end{cases}$$

曲线 $\overset{\frown}{AB}$ 上的点与割线 $\overline{AB}$ 沿 y 轴方向的距离是

$$F(t) = f(t) - \left[\frac{f(b)-f(a)}{g(b)-g(a)}(g(t)-g(a))+f(a)\right].$$

对 $F(t)$ 在 $[a,b]$ 上用罗尔定理即得柯西中值定理.

3. 微分中值定理的作用

微分中值定理建立了函数增量、自变量增量与导数之间的联系.函数的许多性质可用自变量增量与函数增量的关系来描述,因此可用微分中值定理来研究函数变化的性质.

4. 函数为常数的充要条件

① 设 $f(x)$ 在 $[a,b]$ 连续,则 $f(x)$ 在 $[a,b]$ 为常数 $\Leftrightarrow f'(x)=0$ $(\forall x\in(a,b))$.

② $f(x)$ 在 (a,b) 为常数 $\Leftrightarrow f'(x)=0$ $(\forall x\in(a,b))$.

5. 两个函数恒等的充要条件

① 设 $f(x),g(x)$ 在 (a,b) 可微,则

$f(x)=g(x)+c\,(x\in(a,b),c$ 为常数$)\Leftrightarrow f'(x)=g'(x)\,(x\in(a,b))$.

设 $f(x),g(x)$ 在 $[a,b]$ 连续,在 (a,b) 可导,则

$f(x)=g(x)+c\,(x\in[a,b],c$ 为常数$)\Leftrightarrow f'(x)=g'(x)\,(x\in(a,b))$.

② 设 $f(x),g(x)$ 在 $[a,b]$ 连续,在 (a,b) 可导,则

$f(x)=g(x)(x\in[a,b])\Leftrightarrow$ ① $f'(x)=g'(x),x\in(a,b)$;

② 存在 $x_0\in[a,b],f(x_0)=g(x_0)$.

③ 证明两个函数在某区间上恒等.

利用微分学的方法怎样证明两个函数 $f(x),g(x)$ 在 (a,b) 恒等？只需验证以下条件:

➤ $f(x),g(x)$ 在 (a,b) 可导,$f'(x)=g'(x)$ $(x\in(a,b))$;

➤ 找一点 $x_0\in(a,b)$,易计算 $f(x_0)=g(x_0)$.

若要证明 $f(x),g(x)$ 在 $[a,b]$ 恒等,除了验证上述条件外（其中 $x_0\in[a,b]$）,还需验

证 $f(x)$，$g(x)$ 在 $[a,b]$ 上连续.

二、典型题型归纳及解题方法与技巧

1. 验证定理的条件并求中值

【例 3.1.1】验证下列函数 $y=f(x)$ 在 $[0,1]$ 上是否满足罗尔定理的条件，若满足则在 $(0,1)$ 求出 c，使得 $f'(c)=0$.

(1) $f(x)=x^m(1-x)^n$（n,m 为自然数）；　　　(2) $f(x)=\sqrt[3]{\left(x-\dfrac{1}{2}\right)^2}$.

【解】(1) $f(x)$ 在 $[0,1]$ 可导，$f(0)=f(1)=0$，故满足罗尔定理的条件.

$$f'(x)=mx^{m-1}(1-x)^n-nx^m(1-x)^{n-1}=x^{m-1}(1-x)^{n-1}[m-(n+m)x].$$

解 $f'(x)=0$ 得 $x=\dfrac{m}{n+m}\in(0,1)$. 因此 $c=\dfrac{m}{n+m}$，$f'(c)=0$.

(2) $f(x)$ 在 $[0,1]$ 连续，$f(0)=f(1)$，但 $f(x)$ 在 $x=\dfrac{1}{2}$ 不可导，因

$$\lim_{\Delta x\to 0}\frac{f\left(\dfrac{1}{2}+\Delta x\right)-f\left(\dfrac{1}{2}\right)}{\Delta x}=\lim_{\Delta x\to 0}\frac{\sqrt[3]{(\Delta x)^2}}{\Delta x}=\infty,$$

因此，不满足罗尔定理的条件.

【例 3.1.2】验证函数 $f(x)=x^3$ 在区间 $[0,1]$ 上满足拉格朗日中值定理的条件，写出相应的拉格朗日中值公式，求出 $c=?$ 并作图说明.

【解】$f(x)$ 在 $[0,1]$ 可导，满足拉格朗日中值定理的条件，于是 $f(x)$ 在 $[0,1]$ 上的拉格朗日中值公式是 $f(1)-f(0)=f'(c)$，即

$$1=3c^2,\quad c=\frac{1}{\sqrt{3}}.$$

作函数 $y=x^3$ 在 $[0,1]$ 上的图形，连接 $(0,0)$ 与 $(1,1)$ 的线段沿 $[0,1]$ 区间平移时在点 $\left(\dfrac{1}{\sqrt{3}},\left(\dfrac{1}{\sqrt{3}}\right)^3\right)$ 与 $y=x^3$ 相切，见图 3.1-7.

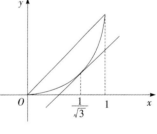

图 3.1-7

【例 3.1.3】回答下列问题并说明理由.

(1) 设 $f(x)$ 在 (a,b) 可导，$\forall x_1,x_2\in(a,b)$，$x_1<x_2$，是否 $\exists c\in(x_1,x_2)$，使得

$$f(x_2)-f(x_1)=f'(c)(x_2-x_1);$$

(2) 设 $f(x)$ 在 $[a,b]$ 有连续的一阶导数且 $f'(a)=f'(b)$，又 $f(x)$ 在 $[a,b]$ 二阶可导，是否 $\exists c\in(a,b)$，使得 $f''(c)=0$.

【解】(1) $\exists c\in(a,b)$，使得 $f(x_2)-f(x_1)=f'(c)(x_2-x_1)$.

因为 $[x_1,x_2]\subset(a,b)$，又因可导必连续，所以 $f(x)$ 在 $[x_1,x_2]$ 连续，在 (x_1,x_2) 可导，在 $[x_1,x_2]$ 上用拉格朗日中值定理得结论.

(2) $\exists c\in(a,b)$，使得 $f''(c)=0$.

这时函数 $F(x)=f'(x)$ 在 $[a,b]$ 上满足罗尔定理的条件，因而 $\exists c\in(a,b)$，使得

$$F'(c) = f''(c) = 0.$$

2. 已知 $f'(x)$，求 $f(x)$

【例 3.1.4】填空（用 c 表示任意常数）：

(1) 设 $f'(x) = \cos x, x \in (-\infty, +\infty)$，则 $f(x) = $ _____；

(2) 设 $f'(x) = \dfrac{1}{1+x^2}, x \in (-\infty, +\infty)$，则 $f(x) = $ _____．

【分析】(1) 由 $f'(x) = \cos x \Rightarrow [f(x) - \sin x]' = 0 \Rightarrow$
$$f(x) - \sin x = c \Rightarrow f(x) = \sin x + c.$$

(2) 由 $f'(x) = \dfrac{1}{1+x^2} \Rightarrow [f(x) - \arctan x]' = 0 \Rightarrow$
$$f(x) - \arctan x = c \Rightarrow f(x) = \arctan x + c.$$

3. 证明函数恒等式

【例 3.1.5】证明函数恒等式：$\arctan x = \dfrac{\pi}{2} - \dfrac{1}{2} \arcsin \dfrac{2x}{1+x^2}, x \geqslant 1$.

【证明】利用微分学证明函数恒等式的方法．

令 $f(x) = \arctan x, g(x) = \dfrac{\pi}{2} - \dfrac{1}{2} \arcsin \dfrac{2x}{1+x^2}$，则由初等函数的性质知，$f(x)$，$g(x)$ 在 $(1, +\infty)$ 可导，在 $[1, +\infty)$ 连续，并计算得 $x > 1$ 时，

$$f'(x) = \frac{1}{1+x^2},$$

$$g'(x) = -\frac{1}{2} \frac{1}{\sqrt{1 - \dfrac{4x^2}{(1+x^2)^2}}} \frac{2(1+x^2) - 4x^2}{(1+x^2)^2} = -\frac{1}{\sqrt{(1-x^2)^2}} \frac{1-x^2}{1+x^2} = \frac{1}{1+x^2},$$

即 $f'(x) = g'(x)\,(x > 1)$．又 $f(1) = \dfrac{\pi}{4} = g(1)$，因此，$f(x) = g(x)\,(x \geqslant 1)$，而原式成立．

评注　$g(x) = \dfrac{\pi}{2} - \dfrac{1}{2} \arcsin \dfrac{2x}{1+x^2}$ 在 $x = 1$ 处不可导，但在 $x \in (1, +\infty)$ 可导且在 $[1, +\infty)$ 连续，满足证明函数恒等式时所需条件．

【例 3.1.6】设 $f(x), g(x)$ 在 (a, b) 可微，$g(x) \neq 0$，且 $f(x)g'(x) - f'(x)g(x) = 0, \forall x \in (a, b)$，求证：存在常数 c，使得 $f(x) = cg(x), x \in (a, b)$.

【证明】即证明 $f(x)/g(x)$ 为常数．显然 $f(x)/g(x)$ 在 (a, b) 可导，又

$$\left[\frac{f(x)}{g(x)} \right]' = \frac{f'(x)g(x) - f(x)g'(x)}{g^2(x)} = 0, \forall x \in (a, b),$$

因此存在常数 c，使得 $\dfrac{f(x)}{g(x)} = c$，即 $f(x) = cg(x)\,(x \in (a, b))$.

4. 用拉格朗日中值定理或柯西中值定理证明不等式

【基本思路】　设 $f(x), g(x)$ 在 $[a, b]$ 连续，在 (a, b) 可导，又 $g'(x) \neq 0\,(\forall x \in$

$(a,b))$,则:(1) 存在 $c\in(a,b)$,使得 $\dfrac{f(b)-f(a)}{b-a}=f'(c)$;

(2) 存在 $\xi\in(a,b)$,使得 $\dfrac{f(b)-f(a)}{g(b)-g(a)}=\dfrac{f'(\xi)}{g'(\xi)}$.

若右端可得估计式,就可得关于 $\dfrac{f(b)-f(a)}{b-a}$ 或 $\dfrac{f(b)-f(a)}{g(b)-g(a)}$ 的有关不等式.

【例 3.1.7】设 $x>0$,求证:$\ln(1+x)>\dfrac{\arctan x}{1+x}$.

【分析】设 $x>0$,即证 $\dfrac{(1+x)\ln(1+x)}{\arctan x}>1$. 若令 $f(x)=(1+x)\ln(1+x)$,$g(x)=\arctan x$,注意 $f(0)=g(0)=0$,

$$\dfrac{(1+x)\ln(1+x)}{\arctan x}=\dfrac{f(x)-f(0)}{g(x)-g(0)},$$

可对 $\dfrac{f(x)-f(0)}{g(x)-g(0)}$ 用柯西中值定理.

【证明】令 $f(x)=(1+x)\ln(1+x)$,$g(x)=\arctan x$,则 $\forall x>0$,$\exists\xi\in(0,x)$,有

$$\dfrac{(1+x)\ln(1+x)}{\arctan x}=\dfrac{f(x)-f(0)}{g(x)-g(0)}=\dfrac{f'(\xi)}{g'(\xi)}=\dfrac{1+\ln(1+\xi)}{\dfrac{1}{1+\xi^2}}$$

$$=[1+\ln(1+\xi)](1+\xi^2)>1,$$

因此 $\ln(1+x)>\dfrac{\arctan x}{1+x}$.

【例 3.1.8】对 $a>1$,$n\geqslant1$,证明不等式 $\dfrac{a^{\frac{1}{n+1}}}{(n+1)^2}<\dfrac{a^{\frac{1}{n}}-a^{\frac{1}{n+1}}}{\ln a}<\dfrac{a^{\frac{1}{n}}}{n^2}$.

【分析】即证 $\dfrac{a^{\frac{1}{n+1}}\ln a}{(n+1)^2}<a^{\frac{1}{n}}-a^{\frac{1}{n+1}}<\dfrac{a^{\frac{1}{n}}\ln a}{n^2}$. 注意 $(a^x)'=a^x\ln a$,可对 $f(x)=a^x$ 用微分中值定理.

【证明】令 $f(x)=a^x$,则 $\exists\xi\in\left(\dfrac{1}{n+1},\dfrac{1}{n}\right)$,使得

$$\dfrac{f\left(\dfrac{1}{n}\right)-f\left(\dfrac{1}{n+1}\right)}{\dfrac{1}{n}-\dfrac{1}{n+1}}=\dfrac{a^{\frac{1}{n}}-a^{\frac{1}{n+1}}}{\dfrac{1}{n(n+1)}}=f'(\xi)=a^\xi\ln a.$$

即

$$\dfrac{a^{\frac{1}{n}}-a^{\frac{1}{n+1}}}{\ln a}=\dfrac{1}{n(n+1)}a^\xi.$$

由 $\dfrac{a^{\frac{1}{n+1}}}{(n+1)^2}<\dfrac{a^\xi}{n(n+1)}<\dfrac{a^{\frac{1}{n}}}{n^2}$,得 $\dfrac{a^{\frac{1}{n+1}}}{(n+1)^2}<\dfrac{a^{\frac{1}{n}}-a^{\frac{1}{n+1}}}{\ln a}<\dfrac{a^{\frac{1}{n}}}{n^2}$.

评注 在用微分中值定理或柯西中值定理证明不等式时,常要把所证不等式改写成适当的形式,以便于用中值定理.

5. 利用罗尔定理证明 $f'(x)$ 在 (a,b) 存在零点

【例 3.1.9】设 $f(x)=(x-1)(x-2)(x-3)(x-4)$，说明 $f'(x)$ 的实根个数，并指出这些根所在区间.

【解】$f(x)$ 是四次多项式，它可导，又 $f(1)=f(2)=0$，由罗尔定理知，$\exists x_1\in(1,2)$，使得 $f'(x_1)=0$. 同理，在 $(2,3),(3,4)$ 内均 $\exists f'(x)=0$ 的实根. 由此得 $f'(x)=0$ 至少有三个实根，但 $f'(x)=0$ 是一元三次方程，至多有三个实根，因此，$f'(x)=0$ 有且仅有三个实根，它们分别位于 $(1,2),(2,3),(3,4)$ 三个区间内.

6. 利用罗尔定理证明高阶导数存在零点或不存在零点

【例 3.1.10】设 $f(x)$ 在 $[0,1]$ 三阶可导且 $f(0)=f(1)=0$，求证：$F(x)=x^2f(x)$ 在 $(0,1)$ 内 $\exists c$，使得 $F^{(3)}(c)=0$.

【分析与证明】多次应用罗尔定理.

由于 $F(0)=F(1)=0$，$F(x)$ 在 $[0,1]$ 可导，由罗尔定理 $\Rightarrow \exists\xi_1\in(0,1)$，$F'(\xi_1)=0$，又

$$F'(x)=x^2f'(x)+2xf(x),$$

$F'(0)=F'(\xi_1)=0$，$F'(x)$ 在 $[0,1]$ 可导，对 $F'(x)$ 再用罗尔定理 $\Rightarrow \exists\xi_2\in(0,\xi_1)$，$F''(\xi_2)=0$.

又

$$F''(x)=x^2f''(x)+4xf'(x)+2f(x),$$

$F''(0)=F''(\xi_2)=0$，$F''(x)$ 在 $[0,1]$ 可导 $\Rightarrow \exists c\in(0,\xi_2)$，$F^{(3)}(c)=0$.

评注 一般地，设 $f(x)$ 在 $[a,b]$ 连续，在 (a,b) n 阶可导，若 $f(x)$ 在 $[a,b]$ 中有 $n+1$ 个不同的点取相同的函数值，则 $\exists\xi\in(a,b)$ 使得 $f^{(n)}(\xi)=0$.

【例 3.1.11】设 a,b,c 为实数，求证：$e^x=ax^2+bx+c$ 的根不超过三个.

【分析与证明】用反证法，设方程有四个不同的根，分别为 $x_1<x_2<x_3<x_4 \Rightarrow f(x)=e^x-ax^2-bx-c$ 有四个不同的零点 $x_1<x_2<x_3<x_4$. 多次应用罗尔定理 $\Rightarrow$

$f'(x)=e^x-2ax-b$ 至少有三个不同的零点.

$f''(x)=e^x-2a$ 至少有二个不同的零点.

$f^{(3)}(x)=e^x$ 至少有一个零点.

这不可能. 因此，方程至多有三个根.

评注 一般地，设 $f(x)$ 在 $[a,b]$ 连续，在 (a,b) n 阶可导，$f^{(n)}(x)$ 在 (a,b) 无零点，则 $f(x)$ 在 (a,b) 至多有 n 个零点.

7. 证明 $f(x)$ 在 (a,b) 存在零点，转化为证明 $F(x)$ 的导函数 $F'(x)$ 在 (a,b) 存在零点，其中 $F'(x)=f(x)$

【例 3.1.12】设 $f(x),g(x)$ 在 $[a,b]$ 连续，在 (a,b) 可导，且 $g(a)=0$，$f(b)=0$，$x\in(a,b)$ 时 $f(x)\neq0,g(x)\neq0$，求证：$\exists\xi\in(a,b)$，使得

$$\frac{f'(\xi)}{f(\xi)}=-\frac{g'(\xi)}{g(\xi)}.$$

【分析】即证 $\dfrac{f'(x)}{f(x)}+\dfrac{g'(x)}{g(x)}$ 在 (a,b) $\exists$ 零点

$\Leftrightarrow f'(x)g(x)+f(x)g'(x)$ 在 (a,b) $\exists$ 零点

$\Leftrightarrow [f(x)g(x)]'$在$(a,b)$∃零点.

【证明】令$F(x)=f(x)g(x)\Rightarrow F(x)$在$[a,b]$连续,在$(a,b)$可导,且$F(a)=F(b)=0\Rightarrow \exists\xi\in(a,b)$,使得$F'(\xi)=0$,即$\dfrac{f'(\xi)}{f(\xi)}=-\dfrac{g'(\xi)}{g(\xi)}$.

学习随笔

第二节　洛必达法则

一、知识点归纳总结

1.洛必达法则

洛必达法则是求$\dfrac{0}{0}$型或$\dfrac{\infty}{\infty}$型未定式极限的一种法则.

（1）自变量趋于有限值时,$\dfrac{0}{0}$型的洛必达法则

设$\lim\limits_{x\to a}f(x)=\lim\limits_{x\to a}g(x)=0$,$f(x),g(x)$在$U_0(a)$可导,$g'(x)\neq 0$,若$\lim\limits_{x\to a}\dfrac{f'(x)}{g'(x)}=A$（$A$为有限值或无穷）,则$\lim\limits_{x\to a}\dfrac{f(x)}{g(x)}=\lim\limits_{x\to a}\dfrac{f'(x)}{g'(x)}=A$.

注:$x\to a$改为$x\to a+0$或$x\to a-0$也有相应的结论.

（2）自变量趋于∞时,$\dfrac{0}{0}$型的洛必达法则

设$\lim\limits_{x\to+\infty}f(x)=\lim\limits_{x\to+\infty}g(x)=0$,$\exists c>0,x\in(c,+\infty)$时$f(x),g(x)$可导且$g'(x)\neq 0$,若$\lim\limits_{x\to+\infty}\dfrac{f'(x)}{g'(x)}=A$（$A$为有限值或无穷）,则$\lim\limits_{x\to+\infty}\dfrac{f(x)}{g(x)}=\lim\limits_{x\to+\infty}\dfrac{f'(x)}{g'(x)}=A$.

注:$x\to-\infty$或$x\to\infty$时有类似的结论.

（3）自变量趋于有限值时,$\dfrac{\infty}{\infty}$型的洛必达法则

设$\lim\limits_{x\to a}f(x)=\lim\limits_{x\to a}g(x)=\infty$,$f(x),g(x)$在$U_0(a)$可导且$g'(x)\neq 0$,若$\lim\limits_{x\to a}\dfrac{f'(x)}{g'(x)}=A$（$A$为有限值或无穷）,则$\lim\limits_{x\to a}\dfrac{f(x)}{g(x)}=\lim\limits_{x\to a}\dfrac{f'(x)}{g'(x)}=A$.

注:将$x\to a$改为$x\to a+0$或$x\to a-0$也有相应的结论.

（4）自变量趋于无穷时,$\dfrac{\infty}{\infty}$型的洛必达法则

设$\lim\limits_{x\to\infty}f(x)=\lim\limits_{x\to\infty}g(x)=\infty$,$\exists c>0,|x|>c$时$f(x),g(x)$可导且$g'(x)\neq 0$,若$\lim\limits_{x\to\infty}\dfrac{f'(x)}{g'(x)}=A$（$A$为有限值或无穷）,则$\lim\limits_{x\to\infty}\dfrac{f(x)}{g(x)}=\lim\limits_{x\to\infty}\dfrac{f'(x)}{g'(x)}=A$.

注:$x\to+\infty$或$x\to-\infty$时有类似的结论.

评注 （3）与（4）中的结论可以叙述成更一般的情形：

（3'）设 $\lim\limits_{x \to a} g(x) = \infty$，$f(x), g(x)$ 在 $U_0(a)$ 可导，且 $g'(x) \neq 0$，

$$\text{若} \lim\limits_{x \to a} \frac{f'(x)}{g'(x)} = A (A \text{ 为有限值或无穷})，\text{则} \lim\limits_{x \to a} \frac{f(x)}{g(x)} = A.$$

注：将 $x \to a$ 改为 $x \to a+0$ 或 $x \to a-0$ 时也有相应的结论.

（4'）设 $\lim\limits_{x \to \infty} g(x) = \infty$，$\exists c > 0$，当 $|x| > c$ 时 $f(x), g(x)$ 可导且 $g'(x) \neq 0$，

$$\text{若} \lim\limits_{x \to \infty} \frac{f'(x)}{g'(x)} = A (A \text{ 为有限值或无穷})，\text{则} \lim\limits_{x \to \infty} \frac{f(x)}{g(x)} = A.$$

注：将 $x \to \infty$ 改为 $x \to +\infty$ 或 $x \to -\infty$ 时也有相应的结论.

结论（3'）与（4'）用起来更方便，因为可以不必验证分子 $f(x)$ 是否为无穷大.

2. 怎样用洛必达法则求 $\dfrac{0}{0}$ 型或 $\dfrac{\infty}{\infty}$ 型极限

① 要注意验证条件.

② 若 $\lim\limits_{x \to a} \dfrac{f'(x)}{g'(x)}$ 不存在也不为 ∞，则法则失效.

③ 若 $\lim\limits_{x \to a} \dfrac{f'(x)}{g'(x)}$ 还是 $\dfrac{0}{0}$ 型或 $\dfrac{\infty}{\infty}$ 型极限，可连续用洛必达法则，只要符合条件一直用到求出极限为止.

④ 用洛必达法则时要注意某些技巧，如：等价无穷小因子替换，变量替换法，恒等变形，有确定极限的因子先求出极限等.

3. 其他类型的未定式极限转化为 $\dfrac{0}{0}$ 或 $\dfrac{\infty}{\infty}$ 型极限，再用洛必达法则

（1）$0 \cdot \infty$ 型极限 $\lim\limits_{x \to a} f(x)g(x)$ 转化为 $\dfrac{0}{0}$ 或 $\dfrac{\infty}{\infty}$ 型

$$\lim\limits_{x \to a} f(x)g(x) = \lim\limits_{x \to a} \frac{f(x)}{1/g(x)} = \lim\limits_{x \to a} \frac{g(x)}{1/f(x)}.$$

（2）$\infty - \infty$ 型极限的转化

$$\lim\limits_{x \to a} [f(x) - g(x)] = \lim\limits_{x \to a} f(x) \left[1 - \frac{g(x)}{f(x)} \right].$$

设 $\lim\limits_{x \to a} \dfrac{g(x)}{f(x)} = r$，若 $r = 1$，就转化为 $\infty \cdot 0$，进一步可转化为 $\dfrac{0}{0}$ 或 $\dfrac{\infty}{\infty}$；若 $r \neq 1$，则 $\lim\limits_{x \to a} [f(x) - g(x)] = \infty$，不是未定式.

（3）$1^{\infty}, 0^0, \infty^0$ 型极限的转化

由

$$\lim\limits_{x \to a} f(x)^{g(x)} = \lim\limits_{x \to a} e^{g(x)\ln f(x)},$$

转化为求 $\lim\limits_{x \to a} g(x)\ln f(x)$，这是 $0 \cdot \infty$ 型的，进一步可转化为 $\dfrac{0}{0}$ 或 $\dfrac{\infty}{\infty}$ 型.

4. 求数列极限转化为求函数极限

设 $\lim\limits_{x \to a} f(x) = A \Rightarrow \forall$ 数列 $\{x_n\}$，只要 $x_n \neq a(n=1,2,\cdots)$，$\lim\limits_{n \to +\infty} x_n = a$，就有 $\lim\limits_{n \to +\infty} f(x_n) = A$. 由此得到求数列极限 $\lim\limits_{n \to +\infty} y_n$ 的一种方法——转化为求函数极限. 若可找到一个函数 $y = f(x)$ 和一数列 $\{x_n\}$，使得 $y_n = f(x_n)$，$\lim\limits_{n \to +\infty} x_n = a$，只要 $\lim\limits_{x \to a} f(x) = A$，就有

$$\lim_{n \to +\infty} y_n = \lim_{n \to +\infty} f(x_n) = \lim_{x \to a} f(x) = A,$$

求 $\lim\limits_{n \to +\infty} y_n$ 转化为求 $\lim\limits_{x \to a} f(x)$. 若 $\lim\limits_{x \to a} f(x)$ 是未定式极限，常常可用洛必达法则.

其他极限过程也有类似结论. 如 $\lim\limits_{x \to +\infty} f(x) = A$，$y_n = f(n)$，则 $\lim\limits_{n \to +\infty} y_n = A$.

评注 不能直接用洛必达法则求数列的极限.

5. 利用洛必达法则比较与确定无穷小的阶

设 $x \to a$ 时，$f(x)$，$g(x)$ 均是无穷小，比较 $f(x)$ 与 $g(x)$ 的阶的关系即确定 $f(x)$ 是 $g(x)$ 的高阶还是低阶无穷小或是同阶（等价或不等价）的，就是求 $\dfrac{0}{0}$ 型极限 $\lim\limits_{x \to a} \dfrac{f(x)}{g(x)}$，求此极限的最有效方法之一就是洛必达法则.

(1) 无穷小阶的定义

当 $x \to a$ 时，以 $x \to a$ 为基本无穷小，若 $f(x)$ 与 $(x-a)^k$ 为同阶无穷小，其中 $k > 0$ 为某常数，则称 $x \to a$ 时 $f(x)$ 是 $(x-a)$ 的 k 阶无穷小. 若 k 不是自然数，当 $x-a < 0$，$(x-a)^k$ 无定义时，极限过程只能考虑 $x \to a+0$.

当 $x \to +\infty$ 时，若 $f(x)$ 与 $\dfrac{1}{x^k}$ 是同阶无穷小，则称 $x \to +\infty$ 时 $f(x)$ 是 $\dfrac{1}{x}$ 的 k 阶无穷小.

(2) 无穷小阶的运算法则

设 $x \to a$ 时 $f(x)$，$g(x)$ 分别是 $(x-a)$ 的 n 阶与 m 阶无穷小，又 $\lim\limits_{x \to a} h(x) = A \neq 0$，则

① $f(x)h(x)$ 是 $x-a$ 的 __n__ 阶无穷小.

② $f(x) \cdot g(x)$ 是 $x-a$ 的 __$n+m$__ 阶无穷小.

③ 当 $n > m$ 时，$f(x) + g(x)$ 是 $(x-a)$ 的 __m__ 阶无穷小.

④ 当 $n > m$ 时 $f(x)/g(x)$ 是 $x-a$ 的 __$n-m$__ 阶无穷小.

(3) 确定无穷小阶的方法

若 $\lim\limits_{x \to a} f(x) = 0$，可用如下方法确定 $f(x)$ 是 $x-a$ 的几阶无穷小：

① 若 $f(x) \sim l(x-a)^k (x \to a)$，$l \neq 0$，$k > 0$ 为某常数，则 $f(x)$ 是 $x-a$ 的 k 阶无穷小.

② 按定义直接计算

$$\lim_{x \to a} \frac{f(x)}{(x-a)^k} = l,$$

其中常数 k 待定，使得 l 为非零有限实数，则 $f(x)$ 是 $x-a$ 的 k 阶无穷小. 常用洛必达法

则求这个极限.

③ 利用无穷小阶的运算法则.

二、典型题型归纳及解题方法与技巧

1. 利用洛必达法则求 $\dfrac{0}{0}$ 型与 $\dfrac{\infty}{\infty}$ 型的极限

【例 3.2.1】下述论证是否正确？为什么？若不正确请改正.

（1）因为 $\lim\limits_{x\to\infty}\dfrac{x+\sin x}{x-\sin x}=\lim\limits_{x\to\infty}\dfrac{(x+\sin x)'}{(x-\sin x)'}=\lim\limits_{x\to\infty}\dfrac{1+\cos x}{1-\sin x}$，而右端极限不存在，所

以左端极限也不存在，即 $\lim\limits_{x\to\infty}\dfrac{x+\sin x}{x-\sin x}$ 不存在.

（2）$\lim\limits_{x\to0}\dfrac{x+\cos x}{\sin x}=\lim\limits_{x\to0}\dfrac{(x+\cos x)'}{(\sin x)'}=\lim\limits_{x\to0}\dfrac{1-\sin x}{\cos x}=1.$

【解】（1）论证是错误的. 因为洛必达法则指明：在适当条件下，

$$\lim_{x\to\infty}\frac{f'(x)}{g'(x)}=A\Rightarrow\lim_{x\to\infty}\frac{f(x)}{g(x)}=A.$$

这里 $\lim\limits_{x\to\infty}\dfrac{f'(x)}{g'(x)}$ 不存在，也不为 ∞（$f(x)=x+\sin x$，$g(x)=x-\sin x$），不满足用洛必达

法则的条件，也就是，$\lim\limits_{x\to\infty}\dfrac{f'(x)}{g'(x)}$ 不存在，也不是 ∞，不能断定 $\lim\limits_{x\to\infty}\dfrac{f(x)}{g(x)}$ 不存在.

正确的解法是：由极限的四则运算法则得

$$\lim_{x\to\infty}\frac{x+\sin x}{x-\sin x}=\lim_{x\to\infty}\frac{1+\dfrac{\sin x}{x}}{1-\dfrac{\sin x}{x}}=\frac{1}{1}=1.$$

（2）论证是错误的. 因为洛必达法则是求 $\dfrac{0}{0}$ 型或 $\dfrac{\infty}{\infty}$ 型极限的一种方法. 这个极限既

不是 $\dfrac{0}{0}$ 型的也不是 $\dfrac{\infty}{\infty}$ 型的，不能用洛必达法则.

正确的解法是：$\lim\limits_{x\to0}\dfrac{\sin x}{x+\cos x}=\dfrac{0}{1}=0\Rightarrow\lim\limits_{x\to0}\dfrac{x+\cos x}{\sin x}=\infty.$

【例 3.2.2】求下列极限：

（1）$I=\lim\limits_{x\to0}\dfrac{x-(1+x)\ln(1+x)}{x^2}$；   （2）$I=\lim\limits_{x\to\infty}\dfrac{\ln(3+x^2)}{x}$.

【解】（1）$I\xlongequal[\text{洛必达法则}]{\frac{0}{0}}\lim\limits_{x\to0}\dfrac{[x-(1+x)\ln(1+x)]'}{(x^2)'}=-\dfrac{1}{2}\lim\limits_{x\to0}\dfrac{\ln(1+x)}{x}=-\dfrac{1}{2}.$

（2）$I\xlongequal[\text{洛必达法则}]{\frac{\infty}{\infty}}\lim\limits_{x\to\infty}\dfrac{[\ln(3+x^2)]'}{x'}=\lim\limits_{x\to\infty}\dfrac{2x}{3+x^2}=0.$

评注 应用洛必达法则时应注意：

① 若 $\lim\limits_{x \to a} \dfrac{f'(x)}{g'(x)}$ 不存在，也不为 ∞，不能说明 $\lim\limits_{x \to a} \dfrac{f(x)}{g(x)}$ 不存在，此时洛必达法则失效.

② 应该验证应用洛必达法则的条件，例如，不是 $\dfrac{0}{0}$ 型或 $\dfrac{\infty}{\infty}$ 型的，法则不一定成立.

2. 连续应用洛必达法则求极限

【例 3.2.3】用洛必达法则求下列极限：

(1) $I = \lim\limits_{x \to 0} \dfrac{\sin^2 x - x^2}{x^4}$；

(2) $I = \lim\limits_{x \to 0} \dfrac{3^x + 3^{-x} - 2}{x^2}$.

【解】(1) $I \xlongequal[\text{洛必达法则}]{\frac{0}{0}} \lim\limits_{x \to 0} \dfrac{(\sin^2 x - x^2)'}{(x^4)'} = \lim\limits_{x \to 0} \dfrac{2\sin x \cos x - 2x}{4x^3}$

$= \lim\limits_{x \to 0} \dfrac{\sin 2x - 2x}{4x^3} \xlongequal[\text{洛必达法则}]{\frac{0}{0}} \lim\limits_{x \to 0} \dfrac{2\cos 2x - 2}{12x^2}$

$= \lim\limits_{x \to 0} \dfrac{\cos 2x - 1}{6x^2} \xlongequal[\text{洛必达法则}]{\frac{0}{0}} \lim\limits_{x \to 0} \dfrac{-2\sin 2x}{12x} = -\dfrac{1}{3}$.

评注 若先恒等变形，即

$$I = \lim\limits_{x \to 0} \dfrac{\sin x + x}{x} \cdot \dfrac{\sin x - x}{x^3} = 2\lim\limits_{x \to 0} \dfrac{\sin x - x}{x^3},$$

再用洛必达法则更简单，即

$$I = 2\lim\limits_{x \to 0} \dfrac{\cos x - 1}{3x^2} = 2\lim\limits_{x \to 0} \dfrac{-\sin x}{6x} = -\dfrac{1}{3}.$$

(2) $I \xlongequal[\text{洛必达法则}]{\frac{0}{0}} \lim\limits_{x \to 0} \dfrac{(3^x - 3^{-x})\ln 3}{2x} \xlongequal[\text{洛必达法则}]{\frac{0}{0}} \lim\limits_{x \to 0} \dfrac{(3^x + 3^{-x})\ln^2 3}{2} = \ln^2 3$.

评注 若用洛必达法则求 $\dfrac{0}{0}$ 型或 $\dfrac{\infty}{\infty}$ 型极限时得到的 $\lim\limits_{x \to a} \dfrac{f'(x)}{g'(x)}$ 还是 $\dfrac{0}{0}$ 型或 $\dfrac{\infty}{\infty}$ 型极限，可连续用洛必达法则，只要符合条件一直用到求出为止. 若用到某一步极限不存在（也不为 ∞），则法则失效.

【例 3.2.4】求下列极限：

(1) $I = \lim\limits_{x \to +\infty} \dfrac{x^3}{e^x}$，$J = \lim\limits_{x \to +\infty} \dfrac{x^k}{e^x}$ （$k > 0$ 为常数）；

(2) $I = \lim\limits_{x \to +\infty} \dfrac{\ln^3 x}{x^2}$，$J = \lim\limits_{x \to +\infty} \dfrac{\ln^\beta x}{x^\alpha}$ （α，β 均正的常数）.

【解】(1) $I \xlongequal[\text{洛必达法则}]{\frac{\infty}{\infty}} \lim\limits_{x \to +\infty} \dfrac{3x^2}{e^x} \xlongequal[\text{洛必达法则}]{\frac{\infty}{\infty}} \lim\limits_{x \to +\infty} \dfrac{6x}{e^x} \xlongequal[\text{洛必达法则}]{\frac{\infty}{\infty}} \lim\limits_{x \to +\infty} \dfrac{6}{e^x} = 0$.

$\forall$ 常数 $k > 0$，若连续使用洛必达法则求极限 J，则书写较麻烦. 为简化计算，先改写成

$$J = \lim_{x \to +\infty} \left(\frac{x}{a^x}\right)^k, \text{其中} a = \mathrm{e}^{\frac{1}{k}} > 1.$$

用洛必达法则得 $\lim\limits_{x \to +\infty} \dfrac{x}{a^x} = \lim\limits_{x \to +\infty} \dfrac{1}{a^x \ln a} = 0.$ 因此 $J = 0.$

(2) $I \xrightarrow[\text{洛必达法则}]{\frac{\infty}{\infty}} \lim\limits_{x \to +\infty} \dfrac{3\ln^2 x \cdot \dfrac{1}{x}}{2x} = \dfrac{3}{2} \lim\limits_{x \to +\infty} \dfrac{\ln^2 x}{x^2} = \dfrac{3}{2} \lim\limits_{x \to +\infty} \left(\dfrac{\ln x}{x}\right)^2.$

现只需用洛必达法则求 $\lim\limits_{x \to +\infty} \dfrac{\ln x}{x} = \lim\limits_{x \to +\infty} \dfrac{1}{x} = 0.$ 于是 $I = \dfrac{3}{2} \times 0 = 0.$

若作变量替换,该题可转化为题(1)的情形:

$$J = \lim_{x \to +\infty} \frac{\ln^\beta x}{x^\alpha} \xlongequal{t = \ln x} \lim_{t \to +\infty} \frac{t^\beta}{\mathrm{e}^{\alpha t}} \xlongequal{\alpha t = s} \lim_{s \to +\infty} \frac{\left(\dfrac{1}{\alpha}\right)^\beta s^\beta}{\mathrm{e}^s} = 0.$$

评注　本题解法的基本思路是连续使用洛必达法则直至求出极限为止.要注意简化计算的一些方法.题(1)还有如下简便的解法.

令 $y = \dfrac{x^k}{\mathrm{e}^x}$,取对数得 $\ln y = k \ln x - x.$ 于是 $\lim\limits_{x \to +\infty} \ln y = \lim\limits_{x \to +\infty} x \left(\dfrac{k \ln x}{x} - 1\right) = -\infty,$

其中 $\lim\limits_{x \to +\infty} x = +\infty$, $\lim\limits_{x \to +\infty} \left(\dfrac{k \ln x}{x} - 1\right) = -1.$ 这里容易用洛必达法则求得

$$\lim_{x \to +\infty} \frac{\ln x}{x} = \lim_{x \to +\infty} \frac{1}{x} = 0.$$

因此, $\lim\limits_{x \to +\infty} y = \lim\limits_{x \to +\infty} \mathrm{e}^{\ln y} = 0.$

3. 求 $0 \cdot \infty$ 型或 $\infty - \infty$ 型极限

【例 3.2.5】求下列极限:

(1) $I = \lim\limits_{x \to 0} \left(\dfrac{1}{x^2} - \dfrac{1}{\sin^2 x}\right);$　　　　(2) $I = \lim\limits_{x \to 0} \left[\dfrac{1}{\ln(x + \sqrt{1 + x^2})} - \dfrac{1}{\ln(1 + x)}\right].$

【解】这两题均是求 $\infty - \infty$ 型极限,先将它们通分化成 $\dfrac{0}{0}$ 型,然后用洛必达法则.在应用洛必达法则时应注意一些必要的技巧,如等价无穷小因子替换.

(1) $I = \lim\limits_{x \to 0} \dfrac{\sin^2 x - x^2}{x^2 \sin^2 x} = \lim\limits_{x \to 0} \dfrac{\sin^2 x - x^2}{x^4} = -\dfrac{1}{3}.$　　（见例 3.2.3 的题(1)）

这里对 $\dfrac{0}{0}$ 型极限连续用洛必达法则,其中还用了等价无穷小因子 $(\sin x \sim x, x \to 0)$ 替换.

(2) $I = \lim\limits_{x \to 0} \dfrac{\ln(1 + x) - \ln(x + \sqrt{1 + x^2})}{\ln(x + \sqrt{1 + x^2}) \ln(1 + x)}.$

如果直接用洛必达法则比较麻烦.若用洛必达法则需先求

$$\left[\ln(x + \sqrt{1 + x^2})\right]' = \frac{1}{x + \sqrt{1 + x^2}} \left(1 + \frac{x}{\sqrt{1 + x^2}}\right) = \frac{1}{\sqrt{1 + x^2}},$$

由此知,可用洛必达法则先求得

$$\lim_{x \to 0} \frac{\ln(x + \sqrt{1+x^2})}{x} = \lim_{x \to 0} \frac{1}{\sqrt{1+x^2}} = 1,$$

即
$$\ln(x + \sqrt{1+x^2}) \sim x \quad (x \to 0).$$

又
$$\ln(1+x) \sim x \quad (x \to 0),$$

因此,先作等价无穷小因子替换后再用洛必达法则得

$$I = \lim_{x \to 0} \frac{\ln(1+x) - \ln(x + \sqrt{1+x^2})}{x^2} = \lim_{x \to 0} \frac{\dfrac{1}{1+x} - \dfrac{1}{\sqrt{1+x^2}}}{2x}$$

$$= \lim_{x \to 0} \frac{1}{2(1+x)\sqrt{1+x^2}} \cdot \lim_{x \to 0} \frac{\sqrt{1+x^2} - (1+x)}{x}$$

$$= \frac{1}{2} \lim_{x \to 0} \left(\frac{x}{\sqrt{1+x^2}} - 1 \right) = -\frac{1}{2}.$$

【例 3.2.6】求下列极限:

(1) $I = \lim\limits_{x \to 1}(1-x)\tan\dfrac{\pi x}{2}$;　　　　(2) $I = \lim\limits_{x \to +\infty} x(a^{\frac{1}{x}} - b^{\frac{1}{x}})(a, b > 0)$.

【解】这两题均是 $0 \cdot \infty$ 型极限,先化成 $\dfrac{0}{0}$ 型或 $\dfrac{\infty}{\infty}$ 型极限,然后再用洛必达法则.

(1) $I = \lim\limits_{x \to 1} \dfrac{1-x}{\cot\dfrac{\pi x}{2}} \xlongequal{\frac{0}{0}} \lim\limits_{x \to 1} \dfrac{-1}{-\left(\sin^2\dfrac{\pi x}{2}\right)^{-1} \cdot \dfrac{\pi}{2}} = \dfrac{2}{\pi}.$

(2) $I = \lim\limits_{x \to +\infty} \dfrac{a^{\frac{1}{x}} - b^{\frac{1}{x}}}{\dfrac{1}{x}} \xlongequal{t = \frac{1}{x}} \lim\limits_{t \to 0+} \dfrac{a^t - b^t}{t} \xlongequal{\frac{0}{0}} \lim\limits_{t \to 0}(a^t \ln a - b^t \ln b) = \ln\dfrac{a}{b}.$

评注　$0 \cdot \infty$ 型极限总可以化为 $\dfrac{0}{0}$ 型或 $\dfrac{\infty}{\infty}$ 型极限. 化为哪一种,取决于计算的方便.
这两题均化为 $\dfrac{0}{0}$ 型是自然的. 若化为 $\dfrac{\infty}{\infty}$ 型,如

$$\lim_{x \to +\infty} x(a^{\frac{1}{x}} - b^{\frac{1}{x}}) = \lim_{x \to +\infty} \frac{x}{(a^{\frac{1}{x}} - b^{\frac{1}{x}})^{-1}},$$

再用洛必达法则就繁琐.

4. 求 $1^\infty, 0^0, \infty^0$ 型极限

【例 3.2.7】求下列极限:

(1) $I = \lim\limits_{x \to 0+}(\arcsin x)^{\tan x}$;(2) $I = \lim\limits_{x \to 0+}(\cot x)^{\frac{1}{\ln x}}$;(3) $I = \lim\limits_{x \to \infty}\left(\sin\dfrac{2}{x} + \cos\dfrac{1}{x}\right)^x$.

【解】这是指数型的未定式的极限,总是先用公式 $u^v = e^{v \ln u}$ 化为求 $0 \cdot \infty$ 型极限 $\lim(v \ln u)$,然后再化为求 $\dfrac{0}{0}$ 型或 $\dfrac{\infty}{\infty}$ 型的极限.

(1) 属 0^0 型.

$$\lim_{x \to 0+}(\tan x \ln\arcsin x) = \lim_{x \to 0+}(x \ln\arcsin x)$$

$$\xlongequal{t = \arcsin x} \lim_{t \to 0^+} \sin t \ln t = \lim_{t \to 0^+} t \ln t = \lim_{t \to 0^+} \frac{\ln t}{\dfrac{1}{t}} \xlongequal{\frac{\infty}{\infty}} \lim_{t \to 0^+}(-t) = 0,$$

因此，$I = \lim_{x \to 0+} e^{\tan x \ln\arcsin x} = e^0 = 1$.

（2）属 ∞^0 型.

$$\lim_{x \to 0+} \frac{1}{\ln x} \ln\cot x \xlongequal{\frac{\infty}{\infty}} \lim_{x \to 0+} \frac{\dfrac{1}{\cot x}\left(-\dfrac{1}{\sin^2 x}\right)}{\dfrac{1}{x}} = \lim_{x \to 0+}\left(-\frac{x}{\sin x} \cdot \frac{1}{\cos x}\right) = -1,$$

因此，$I = \lim_{x \to 0+} e^{\frac{1}{\ln x}\ln(\cot x)} = e^{-1}$.

（3）属 1^∞ 型.

$$\lim_{x \to \infty} x \ln\left(\sin\frac{2}{x} + \cos\frac{1}{x}\right) = \lim_{x \to \infty} \frac{\ln\left(\sin\dfrac{2}{x} + \cos\dfrac{1}{x}\right)}{\dfrac{1}{x}}$$

$$\xlongequal{t = \frac{1}{x}} \lim_{t \to 0} \frac{\ln(\sin 2t + \cos t)}{t} \xlongequal{\frac{0}{0}} \lim_{t \to 0} \frac{2\cos 2t - \sin t}{\sin 2t + \cos t} = \frac{2}{1} = 2,$$

因此，$I = \lim_{x \to \infty} e^{x\ln\left(\sin\frac{2}{x}+\cos\frac{1}{x}\right)} = e^2$.

评注　求解题（3）时常犯以下错误：

因为 $\sin\dfrac{2}{x} \sim \dfrac{2}{x}(x \to \infty)$，$\lim\limits_{x \to \infty}\cos\dfrac{1}{x} = 1$，所以

$$I \xlongequal{\times} \lim_{x \to \infty}\left(\frac{2}{x} + 1\right)^x = \lim_{x \to \infty}\left[\left(\frac{2}{x} + 1\right)^{\frac{x}{2}}\right]^2 = e^2.$$

这里答案虽正确，却是一种巧合，方法上是错误的，没有这种运算法则，这里犯了乱"替换"的错误. 按照这种错误的方法，可得如下荒谬的答案. 因为

$$\frac{k}{2}\sin\frac{2}{x} \sim \frac{k}{x}, \quad \lim_{x \to \infty}\left[\cos\frac{1}{x} + \left(1 - \frac{k}{2}\right)\sin\frac{2}{x}\right] = 1,$$

所以　　　　　$$I = \lim_{x \to \infty}\left[\frac{k}{2}\sin\frac{2}{x} + \cos\frac{1}{x} + \left(1 - \frac{k}{2}\right)\sin\frac{2}{x}\right]^x$$

$$\xlongequal{\times} \lim_{x \to \infty}\left[\left(\frac{k}{x} + 1\right)^{\frac{x}{k}}\right]^k = e^k,$$

其中，$k \neq 0$ 为 $\forall$ 常数.

5. 求数列极限转化为求函数极限

【例 3.2.8】求下列数列的极限：

（1）$I = \lim\limits_{n \to +\infty} \dfrac{n}{a^{\sqrt{n}}}$，其中 $a > 1$ 为常数；

（2）$I = \lim\limits_{n \to +\infty} n^2\left[2^{\frac{1}{n(n+1)}} - 3^{\frac{1}{n(n+1)}}\right]$；

（3）$I = \lim\limits_{n \to +\infty} \left(1 + \dfrac{t}{n} + \dfrac{t^2}{2n^2}\right)^{-n}$，其中 t 为常数.

【分析与求解】利用函数极限求这几个数列的极限.

（1）设 $a > 1$ 为常数，令 $f(x) = \dfrac{x^2}{a^x}$，则

$$\lim_{x \to +\infty} f(x) \xlongequal{\frac{\infty}{\infty}} \lim_{x \to +\infty} \frac{2x}{a^x \ln a} \xlongequal{\frac{\infty}{\infty}} \lim_{x \to +\infty} \frac{2}{a^x \ln^2 a} = 0.$$

于是，由 $\lim\limits_{n \to +\infty} \sqrt{n} = +\infty \Rightarrow \lim\limits_{n \to +\infty} \dfrac{n}{a^{\sqrt{n}}} = \lim\limits_{n \to +\infty} f(\sqrt{n}) = 0.$

（2）$I = \lim\limits_{n \to +\infty} \dfrac{n^2}{n(n+1)} \dfrac{2^{\frac{1}{n(n+1)}} - 3^{\frac{1}{n(n+1)}}}{\frac{1}{n(n+1)}} = \lim\limits_{n \to +\infty} \dfrac{2^{\frac{1}{n(n+1)}} - 3^{\frac{1}{n(n+1)}}}{\frac{1}{n(n+1)}}$

$$= \lim_{x \to 0} \frac{2^x - 3^x}{x} \xlongequal{\frac{0}{0}} \lim_{x \to 0} (2^x \ln 2 - 3^x \ln 3) = \ln \frac{2}{3}.$$

（3）已知 $\lim\limits_{x \to 0} (1+x)^{\frac{1}{x}} = \mathrm{e} \Rightarrow \forall x_n \neq 0, x_n \to 0 (n \to +\infty \text{时})$，有

$$\lim_{n \to +\infty} (1 + x_n)^{\frac{1}{x_n}} = \mathrm{e}.$$

于是 $t \neq 0$ 时，令 $x_n = \dfrac{t}{n} + \dfrac{t^2}{2n^2}$，则 $\lim\limits_{n \to +\infty} x_n = 0.$

$$I = \lim_{n \to +\infty} (1 + x_n)^{\frac{1}{x_n}(-nx_n)} = \mathrm{e}^{\lim\limits_{n \to +\infty}(-nx_n)}.$$

注意

$$\lim_{n \to +\infty} (-nx_n) = \lim_{n \to +\infty} \left(-t - \frac{t^2}{2n}\right) = -t,$$

因此，$I = \mathrm{e}^{-t}.$

6. 应用洛必达法则讨论若干极限问题

【例 3.2.9】设 $f(x)$ 在 $x = a$ 连续，在 $U_0(a)$ 可导且 $\lim\limits_{x \to a} f'(x) = A$，求证：$f'(a) = A.$

【分析与证明】求 $f'(a)$ 即求极限 $\lim\limits_{x \to a} \dfrac{f(x) - f(a)}{x - a}$. 在 $f(x)$ 于 $x = a$ 处连续的条件

下，这是 $\dfrac{0}{0}$ 型极限，可用洛必达法则，于是得

$$f'(a) = \lim_{x \to a} \frac{f(x) - f(a)}{x - a} = \lim_{x \to a} \frac{[f(x) - f(a)]'}{(x - a)'} = \lim_{x \to a} f'(x) = A.$$

评注　①上述结论表明：若不知道 $f(x)$ 在 $x = a$ 是否可导，但知道 $f(x)$ 在 $x = a$
连续，在 $x = a$ 附近（不含 a 点）可导且导函数 $f'(x)$ 在 $x = a$ 存在极限，即 $\lim\limits_{x \to a} f'(x) = A$，则可断定 $f(x)$ 在 $x = a$ 可导且 $f'(a) = A$，这时自然也就有 $f'(x)$ 在 $x = a$ 连续：
$\lim\limits_{x \to a} f'(x) = f'(a)\ (f'(a) = A).$

② 类似可证:设 $f(x)$ 在 $x=a$ 右(左)连续,在 $x=a$ 右邻域 $(a,a+\delta)$(左邻域 $(a-\delta,a)$)可导且 $\lim\limits_{x\to a+0} f'(x)=A$ ($\lim\limits_{x\to a-0} f'(x)=A$),则 $f'_+(a)=A$ ($f'_-(a)=A$).

③ 本评注②中的结论,给求分段函数在分界点处的导数提供了一种方法:在函数连续的条件下求导函数的极限.

设 $f(x)=\begin{cases} g(x), & x\neq a, \\ l, & x=a, \end{cases}$ 若 $\lim\limits_{x\to a} g(x)=l$(此时有 $\lim\limits_{x\to a} f(x)=\lim\limits_{x\to a} g(x)=l=$ $f(a)$,保证了 $f(x)$ 在 $x=a$ 连续),$g(x)$ 在 $U_0(a)$ 可导且 $\lim\limits_{x\to a} g'(x)=A$(即 $\lim\limits_{x\to a} f'(x)=A$),于是有 $f'(a)=A$.

④ 若 $f(x)$ 在 $x=a$ 连续,在 $U_0(a)$ 可导且 $\lim\limits_{x\to a} f'(x)$ 不存在,可否断定 $f'(a)$ 不存在呢? 不能. 要具体问题具体分析,可按定义考察 $\lim\limits_{x\to a} \dfrac{f(x)-f(a)}{x-a}$. 此时若 $f'(a)$ 存在,因 $\lim\limits_{x\to a} f'(x)$ 不存在,表明 $f'(x)$ 在 $x=a$ 不连续.

【例 3.2.10】 设 $f(x)$ 在 $(a,+\infty)$ 可导且 $\lim\limits_{x\to+\infty} f'(x)=A\neq 0$,求证:
$$\lim_{x\to+\infty} f(x)\begin{cases} =+\infty, & \text{若 } A>0 \text{ 为常数或 } A=+\infty, \\ =-\infty, & \text{若 } A<0 \text{ 为常数或 } A=-\infty. \end{cases}$$

【分析与证明】 利用一般情形的洛必达法则,$x\to+\infty$ 时不知 $f(x)$ 是否为无穷大,同样有
$$\lim_{x\to+\infty} \frac{f(x)}{x} = \lim_{x\to+\infty} \frac{f'(x)}{x'} = \lim_{x\to+\infty} f'(x)=A.$$

于是 $\lim\limits_{x\to+\infty} f(x) = \lim\limits_{x\to+\infty}\left[\dfrac{f(x)}{x}\cdot x\right] = \begin{cases} +\infty, & \text{若 } A>0 \text{ 或 } A=+\infty, \\ -\infty, & \text{若 } A<0 \text{ 或 } A=-\infty. \end{cases}$

评注 因为联系函数与其导数的是微分中值定理,因此也可用这个定理来证明例中的结论. 不妨设 $A>0$ 为有限数,由极限的不等式性质知,$\exists x_0>a$,当 $x>x_0$ 时 $f'(x)>$ $\dfrac{A}{2}$. 于是当 $x>x_0$ 时由微分中值定理知,$\exists \xi\in(x_0,x)$,使得
$$f(x)-f(x_0)=f'(\xi)(x-x_0)>\frac{A}{2}(x-x_0),$$
$$f(x)>f(x_0)+\frac{A}{2}(x-x_0).$$

显然,$\lim\limits_{x\to+\infty}\left[f(x_0)+\dfrac{A}{2}(x-x_0)\right]=+\infty$,于是 $\lim\limits_{x\to+\infty} f(x)=+\infty$.

【例 3.2.11】 设 $f(x)$ 在 $(a,+\infty)$ 可导且 $\lim\limits_{x\to+\infty}[2f(x)+f'(x)]=1$. 求证:

(1) $\lim\limits_{x\to+\infty} e^{2x} f(x)=+\infty$; (2) $\lim\limits_{x\to+\infty} f'(x)=0$.

【分析与证明】 (1) 先考察 $e^{2x} f(x)$ 的导数:
$$\left[e^{2x} f(x)\right]' = e^{2x}[2f(x)+f'(x)].$$
由题设知 $\lim\limits_{x\to+\infty}\left[e^{2x} f(x)\right]' = \lim\limits_{x\to+\infty} e^{2x}[2f(x)+f'(x)]=+\infty.$

由例 3.2.10 的结论 $\Rightarrow \lim\limits_{x\to+\infty}\left[e^{2x} f(x)\right]=+\infty.$

（2）由题设知 $\lim\limits_{x\to+\infty}f'(x)=0\Leftrightarrow\lim\limits_{x\to+\infty}f(x)=\dfrac{1}{2}$.

由题（1）的启示，可用洛必达法则求得

$$\lim_{x\to+\infty}f(x)=\lim_{x\to+\infty}\frac{\mathrm{e}^{2x}f(x)}{\mathrm{e}^{2x}}=\lim_{x\to+\infty}\frac{\left[\mathrm{e}^{2x}f(x)\right]'}{(\mathrm{e}^{2x})'}$$

$$=\lim_{x\to+\infty}\frac{\mathrm{e}^{2x}\left[2f(x)+f'(x)\right]}{2\mathrm{e}^{2x}}=\frac{1}{2}.$$

因此，$\lim\limits_{x\to+\infty}f'(x)=0$.

7. 比较无穷小的阶

【例 3.2.12】当 $x\to0$ 时比较下列无穷小 $f(x)$ 与 $g(x)$：

（1）$f(x)=x(\mathrm{e}^x+1)-2(\mathrm{e}^x-1)$，$g(x)=x^2$；

（2）$f(x)=x-\arcsin x$，$g(x)=\sin^3x$.

【分析与求解】均是求 $\dfrac{0}{0}$ 型极限 $\lim\limits_{x\to0}\dfrac{f(x)}{g(x)}$，可用洛必达法则.

（1）$\lim\limits_{x\to0}\dfrac{f(x)}{g(x)}\xlongequal{\frac{0}{0}}\lim\limits_{x\to0}\dfrac{\mathrm{e}^x+1+x\mathrm{e}^x-2\mathrm{e}^x}{2x}=\lim\limits_{x\to0}\dfrac{1-\mathrm{e}^x+x\mathrm{e}^x}{2x}$

$\xlongequal{\frac{0}{0}}\lim\limits_{x\to0}\dfrac{-\mathrm{e}^x+\mathrm{e}^x+x\mathrm{e}^x}{2}=0$，

因此，$f(x)=o(g(x))\ (x\to0)$.

（2）$\lim\limits_{x\to0}\dfrac{f(x)}{g(x)}=\lim\limits_{x\to0}\dfrac{x-\arcsin x}{x^3}\xlongequal{t=\arcsin x}\lim\limits_{t\to0}\dfrac{\sin t-t}{t^3}$　（等价无穷小因子替换）

$\xlongequal{\frac{0}{0}}\lim\limits_{x\to0}\dfrac{\cos t-1}{3t^2}\xlongequal{\frac{0}{0}}\lim\limits_{t\to0}\dfrac{-\sin t}{6t}=-\dfrac{1}{6}$，

因此，$x\to0$ 时，$f(x)$ 与 $g(x)$ 是同阶而不等价.

8. 确定无穷小的阶

【例 3.2.13】当 $x\to0$ 时确定下列各无穷小关于基本无穷小量 x 的阶数，并说明理由.

（1）x^3+10x^2 是 x 的_____阶无穷小；　（2）$\dfrac{x^3(x+1)}{1+x^2}$ 是 x 的_____阶无穷小；

（3）$\sqrt[3]{x^2}-\sqrt[3]{x}$ 是 x 的_____阶无穷小；　（4）$\sqrt[3]{\tan x}$ 是 x 的_____阶无穷小；

（5）$x+\sin x$ 是 x 的_____阶无穷小；　（6）$\sin x-\tan x$ 是 x 的_____阶无穷小.

【解】（1）有的初学者回答：$x\to0$ 时 x^3+10x^2 是 x 的 3 阶无穷小. 回答错误！初学者容易犯这个错误，阶数不同的无穷小相加时，和的阶数与小的相同，即 x^3+10x^2 是 x 的 2 阶无穷小，或直接计算得

$$\lim_{x\to0}\frac{x^3+10x^2}{x^2}=10\neq0.$$

因此，$x\to0$ 时，x^3+10x^2 是 x 的 2 阶无穷小.

（2）$x \to 0$ 时 x^3 是 x 的 3 阶无穷小，$\dfrac{(x+1)}{1+x^2} \to 1 \neq 0$，由无穷小阶的运算法则①知，

$\dfrac{x^3(x+1)}{1+x^2}$ 是 x 的 3 阶无穷小.

（3）$\sqrt[3]{x^2}$ 是 x 的 2/3 阶无穷小，$\sqrt[3]{x}$ 是 x 的 1/3 阶无穷小，由无穷小阶的运算法则③知，$x \to 0$ 时，$\sqrt[3]{x^2} - \sqrt[3]{x}$ 是 x 的 1/3 阶无穷小. 或直接计算知

$$\lim_{x \to 0} \frac{\sqrt[3]{x^2} - \sqrt[3]{x}}{\sqrt[3]{x}} = \lim_{x \to 0}(\sqrt[3]{x} - 1) = -1 \neq 0.$$

因此，$x \to 0$ 时 $\sqrt[3]{x^2} - \sqrt[3]{x}$ 是 x 的 1/3 阶无穷小.

（4）因为 $\lim\limits_{x \to 0} \dfrac{\tan x}{x} = \lim\limits_{x \to 0}\left(\dfrac{\sin x}{x} \cdot \dfrac{1}{\cos x}\right) = 1$，所以 $\lim\limits_{x \to 0} \dfrac{\tan^{\frac{1}{3}} x}{x^{\frac{1}{3}}} = 1.$

因此，$x \to 0$ 时 $\sqrt[3]{\tan x}$ 是 x 的 1/3 阶无穷小.

至于题（5）、（6），若回答：

"$x \to 0$ 时，x，$\sin x$，$\tan x$ 均是 x 的一阶无穷小，所以 $x + \sin x$，$\sin x - \tan x$ 均是 x 的一阶无穷小"，那就错了！

两个同阶（m 阶）无穷小相加减所得无穷小的阶数可能是 m 阶，也可能高于 m 阶，因此要具体分析.

因为 $\lim\limits_{x \to 0} \dfrac{\sin x + x}{x} = 2$，所以 $x \to 0$ 时，$x + \sin x$ 是 x 的一阶无穷小.

$\sin x - \tan x = \tan x(\cos x - 1)$，当 $x \to 0$ 时 $\tan x$ 是 x 的一阶无穷小，$\cos x - 1$ 是 x 的 2 阶无穷小，由无穷小阶的运算法则②知，$x \to 0$ 时 $\sin x - \tan x$ 是 x 的 3 阶无穷小.

评注 有如下结论：

命题 设 $x \to a$ 时 $f(x)$ 与 $g(x)$ 均为 $(x-a)$ 的 m 阶无穷小，则 $f(x) + g(x)$ 是 $x - a$ 的 m 阶或比 m 阶高阶的无穷小.

【证明】 已知 $\lim\limits_{x \to a} \dfrac{f(x)}{(x-a)^m} = A \neq 0$，$\lim\limits_{x \to a} \dfrac{g(x)}{(x-a)^m} = B \neq 0$，

$\Rightarrow \lim\limits_{x \to a} \dfrac{f(x) + g(x)}{(x-a)^m} = A + B.$

若 $A + B \neq 0 \Rightarrow f(x) + g(x)$ 是 $x - a$ 的 m 阶无穷小；若 $A + B = 0 \Rightarrow f(x) + g(x)$ 是比 $x - a$ 的 m 阶高阶的无穷小.

【例 3.2.14】 设 $x \to 0$ 时，$f(x) = 3x - 4\sin x + \sin x \cos x$ 是 x 的 n 阶无穷小，求 n.

【分析与求解】 $f(x) = 3x - 4\sin x + \dfrac{1}{2}\sin 2x$. 用洛必达法则确定 n，使得

$$\lim_{x \to 0} \frac{f(x)}{x^n} = l \neq 0.$$

$$\lim_{x \to 0} \frac{f(x)}{x^n} \xlongequal[n \geq 1]{\frac{0}{0}} \lim_{x \to 0} \frac{3 - 4\cos x + \cos 2x}{nx^{n-1}} \xlongequal[n \geq 2]{\frac{0}{0}} \lim_{x \to 0} \frac{4\sin x - 2\sin 2x}{n(n-1)x^{n-2}}$$

$$= \frac{4}{n(n-1)} \lim_{x \to 0} \frac{\sin x}{x} \cdot \frac{(1-\cos x)}{x^{n-3}} \xlongequal{n=5} \frac{4}{5 \cdot 4} \cdot \frac{1}{2} = \frac{1}{10},$$

其中，$\lim\limits_{x \to 0} \dfrac{1-\cos x}{x^2} = \dfrac{1}{2}$. 因此，$n=5$.

【例 3.2.15】设 $\lim\limits_{x \to 0} \dfrac{a\tan x + b(1-\cos x)}{c\ln(1-2x) + d(1-\mathrm{e}^{-x^2})} = 2$，其中 $a^2 + c^2 \neq 0$，则必有（   ）.

(A) $b = 4d$ (B) $b = -4d$ (C) $a = 4c$ (D) $a = -4c$

【分析】已知 $x \to 0$ 时，

$$\tan x \sim x, \quad 1-\cos x \sim \frac{1}{2}x^2, \quad \ln(1-2x) \sim -2x, \quad 1-\mathrm{e}^{-x^2} \sim -x^2.$$

于是，分子、分母同除 x 得

$$原式 = \lim_{x \to 0} \frac{a\dfrac{\tan x}{x} + b\dfrac{1-\cos x}{x}}{c\dfrac{\ln(1-2x)}{-2x}(-2) + d\dfrac{1-\mathrm{e}^{-x^2}}{x^2}x} = \frac{a+0}{-2c+0} = -\frac{a}{2c} = 2.$$

其中，$c \neq 0$，因此，$a = -4c$.

当 $c = 0$ 时，因 $a \neq 0$，同样方法得

$$原式 = \lim_{x \to 0} \frac{a\dfrac{\tan x}{x} + b\dfrac{1-\cos x}{x}}{\dfrac{d(1-\mathrm{e}^{-x^2})}{x}} = \infty.$$

因为分子极限为 $a \neq 0$，分母极限为零. 这不合题意. 因此选（D）.

评注 ① 这是 $\dfrac{0}{0}$ 型极限，为了用相消法，确定分子、分母中各项是 x 的几阶无穷小是重要的. 当 $a \neq 0, c \neq 0$ 时分子、分母均是 x 的一阶无穷小，因此用 x 同除分子与分母从而求得结果.

② 若该题不加条件"$a^2 + c^2 \neq 0$"，就要分情形讨论.

前面已讨论过，$c \neq 0$ 时 $a = -4c$；$c = 0, a \neq 0$ 时不合题意；$c = 0, a = 0$ 时，

$$原式 = \lim_{x \to 0} \frac{b(1-\cos x)}{d(1-\mathrm{e}^{-x^2})}.$$

这也是 $\dfrac{0}{0}$ 型极限，由于分子、分母均是 x 的二阶无穷小，故用 x^2 同除分子与分母得

$$原式 = \lim_{x \to 0} \frac{b(1-\cos x)/x^2}{d(1-\mathrm{e}^{-x^2})/x^2} = \frac{\dfrac{1}{2}b}{-d} = -\frac{1}{2}\frac{b}{d} = 2.$$

因此，得另一情形 $a = 0, c = 0, b = -4d \,(d \neq 0)$.

第三节　泰勒公式

一、知识点归纳总结

1. 带皮亚诺余项的泰勒公式

设 $f(x)$ 在 $x=x_0$ 处 n 阶可导,则有

$$f(x)=T_n(x)+R_n(x),\qquad\qquad(3.3-1)$$

其中

$$T_n(x)=f(x_0)+f'(x_0)(x-x_0)+\frac{f''(x_0)}{2!}(x-x_0)^2+\cdots+\frac{f^{(n)}(x_0)}{n!}(x-x_0)^n$$

$$(3.3-2)$$

称为 $f(x)$ 在 x_0 的 n 阶泰勒多项式.

$$R_n(x)=o((x-x_0)^n)\quad(x\to x_0),\quad\text{即}\ \lim_{x\to x_0}\frac{R_n(x)}{(x-x_0)^n}=0.$$

$R_n(x)$ 称为皮亚诺余项.式(3.3-1)称为 $f(x)$ 在 $x=x_0$ 邻域(简称在 $x=x_0$)带皮亚诺余项的 n 阶泰勒公式(泰勒展开式).

2. 泰勒公式的唯一性

设 $f(x)$ 在 $x=x_0$ 处 n 阶可导且

$$f(x)=a_0+a_1(x-x_0)+a_2(x-x_0)^2+\cdots+a_n(x-x_0)^n+o((x-x_0)^n)(x\to x_0),$$

则 $a_0=f(x_0),a_k=\dfrac{f^{(k)}(x_0)}{k!}(k=1,2,\cdots,n)$.

3. 带拉格朗日余项的泰勒公式

设 $f(x)$ 在含 x_0 的区间 (a,b) 有 $n+1$ 阶导数,在 $[a,b]$ 有连续的 n 阶导数,则 $\forall x\in[a,b]$,有

$$f(x)=T_n(x)+R_n(x),\qquad\qquad(3.3-3)$$

其中,$T_n(x)$ 是 $f(x)$ 在 $x=x_0$ 的 n 阶泰勒多项式,即式(3.3-2),而

$$R_n(x)=\frac{1}{(n+1)!}f^{(n+1)}(\xi)(x-x_0)^{n+1}.\qquad\qquad(3.3-4)$$

ξ 在 x 与 x_0 之间,也可表为 $\xi=x_0+\theta(x-x_0),0<\theta<1$.式(3.3-3)是 $f(x)$ 在 $[a,b]$ 区间带拉格朗日余项的 n 阶泰勒公式(泰勒展开式).式(3.3-4)是拉格朗日余项.

$x_0=0$ 时的泰勒公式又称为麦克劳林公式.

　　注意　当 x 固定时,等式 $\lim\limits_{n\to\infty}R_n(x)=0$ 不一定成立.例如 $f(x)=\dfrac{1}{1-x}$ 在 $(-\infty,1)$ 内有任意阶导数,且 $\dfrac{1}{1-x}=1+x+x^2+\cdots+x^n+R_n(x)$,取 $x=-2$,则

$$R_n(-2)=\frac{1}{3}-[1-2+2^2-\cdots+(-1)^n2^n]=(-1)^{n+1}\frac{2^{n+1}}{3},$$

显然，$\lim\limits_{n \to \infty} R_n(-2) \neq 0$.

4. 若干初等函数的泰勒公式

① $e^x = \sum\limits_{k=0}^{n} \dfrac{x^k}{k!} + R_n(x)$,

$R_n(x) = o(x^n)(x \to 0)$,

$R_n(x) = \dfrac{e^{\theta x}}{(n+1)!} x^{n+1}, 0 < \theta < 1, x \in (-\infty, +\infty)$.

② $\sin x = \sum\limits_{k=1}^{n} \dfrac{(-1)^{k-1} x^{2k-1}}{(2k-1)!} + R_{2n}(x)$,

$R_{2n}(x) = o(x^{2n})(x \to 0)$,

$R_{2n}(x) = \dfrac{(-1)^n \cos\theta x}{(2n+1)!} x^{2n+1}, 0 < \theta < 1, x \in (-\infty, +\infty)$.

③ $\cos x = \sum\limits_{k=0}^{n} \dfrac{(-1)^k x^{2k}}{(2k)!} + R_{2n+1}(x)$,

$R_{2n+1}(x) = o(x^{2n+1})(x \to 0)$,

$R_{2n+1}(x) = \dfrac{(-1)^{n+1} \cos\theta x}{(2n+2)!} x^{2n+2}, 0 < \theta < 1, x \in (-\infty, +\infty)$.

④ $(1+x)^\alpha = 1 + \sum\limits_{k=1}^{n} \dfrac{\alpha(\alpha-1)\cdots(\alpha-k+1)}{k!} x^k + R_n(x)$,

$R_n(x) = o(x^n)(x \to 0)$,

$R_n(x) = \dfrac{\alpha(\alpha-1)\cdots(\alpha-n)}{(n+1)!}(1+\theta x)^{\alpha-n-1} x^{n+1}, 0 < \theta < 1, x \in (-1,1)$.

⑤ $\ln(1+x) = \sum\limits_{k=1}^{n} \dfrac{(-1)^{k-1} x^k}{k} + R_n(x)$,

$R_n(x) = o(x^n)(x \to 0)$,

$R_n(x) = \dfrac{(-1)^n x^{n+1}}{(n+1)(1+\theta x)^{n+1}}, x \in (-1,1], 0 < \theta < 1$.

5. 带皮亚诺余项的泰勒公式的求法

(1) 直接求法

通过求 $f(x_0), f'(x_0), \cdots, f^{(n)}(x_0)$ 并验证条件而求得 $f(x)$ 的泰勒公式，如求 e^x，$\sin x$ 等的泰勒公式.

(2) 间接求法

利用已知的泰勒公式，通过适当的运算而求得 $f(x)$ 的泰勒公式. 常用的方法有：四则运算、变量替换等.

间接求法的基本根据是：泰勒公式的唯一性.

6. 带拉格朗日余项的泰勒公式的求法

求带拉格朗余项的 n 阶泰勒公式就是要求 $f(x_0), f'(x_0), \cdots, f^{(n)}(x_0)$ 及 $f^{(n+1)}(x)$.

因此归结为求导数 $f^{(m)}(x)$（参见第二章）.

7. 用泰勒公式求 $\dfrac{0}{0}$ 型极限与确定无穷小的阶

① 设 $\lim\limits_{x \to a} f(x) = \lim\limits_{x \to a} g(x) = 0$，并有泰勒公式

$$f(x) = A(x-a)^n + o((x-a)^n) \quad (x \to a),$$
$$g(x) = B(x-a)^m + o((x-a)^m) \quad (x \to a),$$

其中，$A, B \neq 0$ 为常数，则

$$\lim_{x \to a} \frac{f(x)}{g(x)} = \begin{cases} \dfrac{A}{B}, & n = m, \\ 0, & n > m, \\ \infty, & n < m. \end{cases}$$

② 若求得泰勒公式

$$f(x) = A(x-a)^n + o((x-a)^n) \quad (x \to a),$$

其中，$A \neq 0$ 为常数，则知 $x \to a$ 时 $f(x)$ 是 $x-a$ 的 n 阶无穷小.

8. 由泰勒公式的系数求 $f^{(n)}(x_0)$

若用间接法可求得泰勒公式

$$f(x) = A_0 + A_1(x-x_0) + A_2(x-x_0)^2 + \cdots + A_n(x-x_0)^n +$$
$$o((x-x_0)^n) \quad (x \to x_0),$$

由泰勒公式的唯一性可得 $f^{(n)}(x_0) = n! \, A_n$. 即可由泰勒公式的系数 A_n 求得 $f^{(n)}(x_0)$.

9. 用泰勒公式证明不等式

若能估计泰勒公式

$$f(x) = f(x_0) + f'(x_0)(x-x_0) + \cdots + \frac{f^{(n)}(x_0)}{n!}(x-x_0)^n + R_n(x), x \in (a, b)$$

$$(3.3-5)$$

中的余项

$$R_n(x) = \frac{1}{(n+1)!} f^{(n+1)}(x_0 + \theta(x-x_0))(x-x_0)^{n+1}, \theta \in (0, 1), \quad (3.3-6)$$

就可得相应的不等式.

10. 用泰勒公式作近似计算

设 $x_0 \in (a, b)$，$f(x)$ 在 (a, b) 内 $n+1$ 阶可导，则式（3.3-5）中略去误差项得近似公式

$$f(x) \approx f(x_0) + f'(x_0)(x-x_0) + \frac{f''(x_0)}{2!}(x-x_0)^2 + \cdots + \frac{f^{(n)}(x_0)}{n!}(x-x_0)^n,$$

误差 $R_n(x)$ 由式（3.3-6）给出.

若 $|f^{(n+1)}(x)| \leqslant M (\forall x \in (a, b))$，则有误差估计

$$|R_n(x)| \leqslant \frac{M}{(n+1)!} |x-x_0|^{n+1} \quad (\forall x \in (a, b)).$$

二、典型题型归纳及解题方法与技巧

1. 求带皮亚诺余项的泰勒公式

方法一　直接法

【例 3.3.1】将多项式 $P(x)=x^3-2x^2+3x+5$ 按 $x-2$ 的非负整数次幂展开.

【解】由直接计算导数的方法求展开式.

$$P'(x)=3x^2-4x+3,$$
$$P''(x)=6x-4,$$
$$P'''(x)=6,$$
$$P^{(n)}(x)=0 \quad (n\geqslant 4).$$

于是　　　$P(2)=11,\quad P'(2)=7,\quad P''(2)=8,\quad P'''(2)=6,\quad P^{(n)}(2)=0 \quad (n\geqslant 4).$

因此　　　$x^3-2x^2+3x+5=11+7(x-2)+\dfrac{8}{2!}(x-2)^2+\dfrac{6}{3!}(x-2)^3$

$$=11+7(x-2)+4(x-2)^2+(x-2)^3.$$

方法二　变量替换法

【例 3.3.2】求下列函数含皮亚诺余项的麦克劳林公式:

(1) $f(x)=\mathrm{e}^{-x^2}$;　　　　　　　　　　　　(2) $f(x)=\cos 2x$.

【解】(1) 令 $t=-x^2$,由 $\mathrm{e}^t=1+t+\dfrac{t^2}{2!}+\cdots+\dfrac{t^n}{n!}+o(t^n)(t\to 0)$,得

$$\mathrm{e}^{-x^2}=1-x^2+\dfrac{x^4}{2!}-\cdots+\dfrac{(-1)^n x^{2n}}{n!}+o(x^{2n})(x\to 0).$$

(2) 令 $t=2x$,由 $\cos t=1-\dfrac{1}{2!}t^2+\cdots+\dfrac{(-1)^n}{(2n)!}t^{2n}+o(t^{2n+1})(t\to 0)$,得

$$\cos 2x=1-\dfrac{2^2 x^2}{2!}+\cdots+\dfrac{(-1)^n 2^{2n} x^{2n}}{(2n)!}+o(x^{2n+1}) \quad (x\to 0). \tag{3.3-7}$$

评注　由 $f(x)$ 含皮亚诺余项的泰勒公式可得 $f(bx)$ 与 $f(x^m)$ 的含皮亚诺余项的泰勒公式,其中 b 为常数,m 为自然数,只需令 $t=bx$ 或 $t=x^m$.

方法三　分解法与四则运算

【例 3.3.3】求下列函数含皮亚诺余项的麦克劳林公式:

(1) $f(x)=\ln\dfrac{1+x}{1-x}$;　　　　　　　　　　(2) $\cos^2 x$.

【解】(1) 先将 $f(x)$ 分解成 $f(x)=\ln(1+x)-\ln(1-x)$,然后由已知 $\ln(1+x)$ 的泰勒公式得

$$\ln(1+x)=\sum_{k=1}^{n}\dfrac{(-1)^{k-1}x^k}{k}+o(x^n), \tag{3.3-8}$$

$$\ln(1-x)=\sum_{k=1}^{n}\dfrac{(-1)^{k-1}(-x)^k}{k}+o(x^n)=-\sum_{k=1}^{n}\dfrac{x^k}{k}+o(x^n). \tag{3.3-9}$$

将 n 换成 $2n$,注意式(3.3-8)中偶次项系数为负,奇次项系数为正分别与式(3.3-9)中的系数相同或相反,将式(3.3-8)与式(3.3-9)相减得

$$f(x) = 2\left(x + \frac{x^3}{3} + \frac{x^5}{5} + \cdots + \frac{x^{2n-1}}{2n-1}\right) + o(x^{2n}) \quad (x \to 0).$$

(2) 由三角函数恒等式,将 $f(x)$ 分解成 $f(x) = \frac{1}{2}(1 + \cos 2x)$. 由 $\cos x$ 的泰勒公式可得 $\cos 2x$ 的泰勒公式(3.3 - 7).因此

$$f(x) = \cos^2 x = \frac{1}{2}(1 + \cos 2x)$$

$$= 1 - x^2 + \frac{2^3 x^4}{4!} - \cdots + \frac{(-1)^n 2^{2n-1} x^{2n}}{(2n)!} + o(x^{2n+1}).$$

评注 按 $o(x^n)(x \to 0)$ 的定义,有 $o(x^n) - o(x^n) = o(x^n)(x \to 0)$.

【例 3.3.4】 求 $\sqrt{1+x}\,\cos x$ 的带皮亚诺余项的三阶麦克劳林公式.

【解】 $\sqrt{1+x} = 1 + \frac{1}{2}x - \frac{1}{8}x^2 + \frac{1}{16}x^3 + o(x^3)$, $\cos x = 1 - \frac{1}{2}x^2 + o(x^3)$,则

$$\sqrt{1+x}\,\cos x = 1 + \frac{1}{2}x - \frac{1}{8}x^2 + \frac{1}{16}x^3 - \frac{1}{2}x^2 - \frac{1}{4}x^3 + o(x^3)$$

$$= 1 + \frac{1}{2}x - \frac{5}{8}x^2 - \frac{3}{16}x^3 + o(x^3).$$

评注 ① 在利用已知的基本初等函数的泰勒公式求另外一些初等函数的泰勒公式时,要熟悉无穷小量阶的运算,常用以下阶的运算规律.设 n,m 为正数,则

> $o((x-a)^n) + o((x-a)^m) = o((x-a)^n)(n \leqslant m, x \to a)$;

> $o((x-a)^n) \cdot o((x-a)^m) = o((x-a)^{m+n})(x \to a)$;

> $(x-a)^n o((x-a)^m) = o((x-a)^{n+m})(x \to a)$;

> $f(x)o((x-a)^n) = o((x-a)^n), x \to a$,其中 $f(x)$ 在 $0 < |x-a| < \delta$ 有界.

上述各式均按定义容易得证.例如,因为

$$\lim_{x \to a} \frac{o((x-a)^n)o((x-a)^m)}{(x-a)^{n+m}} = \lim_{x \to a} \frac{o((x-a)^n)}{(x-a)^n} \cdot \lim_{x \to a} \frac{o((x-a)^m)}{(x-a)^m} = 0 \times 0 = 0,$$

所以 $o((x-a)^n) \cdot o((x-a)^m) = o((x-a)^{n+m})(x \to a)$.

② 例 3.3.3 中分别由对数与三角函数的性质,将 $f(x)$ 分解成 $f(x) = f_1(x) + f_2(x)$,其中 $f_1(x)$, $f_2(x)$ 的泰勒公式已知:

$$f_1(x) = A_0 + A_1 x + A_2 x^2 + \cdots + A_n x^n + o(x^n),$$

$$f_2(x) = B_0 + B_1 x + B_2 x^2 + \cdots + A_n x^n + o(x^n),$$

于是立即可求得 $f(x)$ 的泰勒公式

$$f(x) = f_1(x) + f_2(x)$$

$$= A_0 + B_0 + (A_1 + B_1)x + (A_2 + B_2)x^2 + \cdots + (A_n + B_n)x^n + o(x^n)(x \to 0).$$

而例 3.3.4 中 $f(x)$ 已表成 $f(x) = f_1(x)f_2(x)$ 的情形,其中 $f_1(x)$, $f_2(x)$ 的泰勒公式已知,通过乘法运算求得 $f(x)$ 的泰勒公式.这两种情形均为分解法.

方法四 待定系数法

【例 3.3.5】 用待定系数法求 $\tan x$ 的带皮亚诺余项的三阶麦克劳林公式.

【解】记 $\tan x = A_0 + A_1 x + A_2 x^2 + A_3 x^3 + o(x^3)$. 由于 $\tan x = \dfrac{\sin x}{\cos x}$, 即 $\sin x = \tan x \cos x$, 已知 $\sin x = x - \dfrac{1}{6}x^3 + o(x^3)$, $\cos x = 1 - \dfrac{1}{2}x^2 + o(x^3)$, 将它们代入上式 $\Rightarrow$

$$x - \frac{1}{6}x^3 + o(x^3) = \left[A_0 + A_1 x + A_2 x^2 + A_3 x^3 + o(x^3) \right] \left[1 - \frac{1}{2}x^2 + o(x^3) \right]$$

$$= A_0 + A_1 x + A_2 x^2 + A_3 x^3 - \frac{1}{2}A_0 x^2 - \frac{1}{2}A_1 x^3 + o(x^3) \quad (x \to 0).$$

比较系数得

$$A_0 = 0, \quad A_1 = 1, \quad A_2 - \frac{1}{2}A_0 = 0, \quad 即 A_2 = 0,$$

$$A_3 - \frac{1}{2}A_1 = \frac{-1}{6}, \quad 即 A_3 = \frac{-1}{6} + \frac{1}{2} = \frac{1}{3}.$$

因此, $\tan x = x + \dfrac{1}{3}x^3 + o(x^3)$.

评注 设 $f(x) = \dfrac{g(x)}{h(x)}$, 将其改写成

$$f(x)h(x) = g(x). \tag{3.3-10}$$

已知 $g(x)$ 与 $h(x)$ 的泰勒展开式, 又 $f(x)$ 可展成泰勒公式, 可设

$$f(x) = A_0 + A_1 x + A_2 x^2 + \cdots + A_n x^n,$$

将它们都代入式 (3.3-10) 整理后, 通过比较系数可求得 $A_0, A_1, A_2, \cdots, A_n$, 如例 3.3.5. 主要的依据之一是: 若 $B_0 + B_1 x + B_2 x^2 + \cdots + B_n x^n + o(x^n) = 0 \ (x \to 0)$, 则

$$B_k = 0 (k = 0, 1, 2, \cdots, n).$$

2. 求带拉格朗日余项的泰勒公式

【例 3.3.6】求下列函数 $f(x)$ 在 $x = 0$ 处带拉格朗日余项的 n 阶泰勒公式:

(1) $f(x) = \dfrac{1-x}{1+x}$;   (2) $f(x) = e^x \sin x$.

【分析】通过求 $f(0), f'(0), \cdots, f^{(n)}(0)$ 及 $f^{(n+1)}(x)$ 而得.

【解】(1) $f(x) = \dfrac{-1-x+2}{1+x} = -1 + \dfrac{2}{1+x}$, 则有

$$f(x) = f(0) + f'(0)x + \cdots + \frac{1}{n!}f^{(n)}(0) + \frac{1}{(n+1)!}f^{(n+1)}(\theta x)x^{n+1} \quad (0 < \theta < 1).$$

易求 $f^{(m)}(x) = 2(-1)^m m! \dfrac{1}{(1+x)^{m+1}}$, 则 $f^{(m)}(0) = 2(-1)^m m!$, 于是

$$f(x) = 1 - 2x + 2x^2 - \cdots + 2(-1)^n x^n + 2 \times (-1)^{n+1} \frac{x^{n+1}}{(1+\theta x)^{n+2}}.$$

(2) 用归纳法求解 $f^{(n)}(x)$.

$$f'(x) = e^x(\sin x + \cos x) = \sqrt{2}\, e^x \sin\left(x + \frac{\pi}{4}\right),$$

$$f''(x) = \sqrt{2}\, e^x \left[\sin\left(x + \frac{\pi}{4}\right) + \cos\left(x + \frac{\pi}{4}\right) \right] = (\sqrt{2})^2 e^x \sin\left(x + 2 \cdot \frac{\pi}{4}\right),$$

可归纳证明 $f^{(n)}(x) = (\sqrt{2})^n \mathrm{e}^x \sin\left(x + \dfrac{n\pi}{4}\right), n = 1, 2, \cdots,$ 因此

$$f(x) = \sum_{k=0}^{n} \frac{f^{(k)}(0)}{k!} x^k + \frac{f^{(n+1)}(\theta x)}{(n+1)!} x^{n+1}$$

$$= \sum_{k=1}^{n} \frac{(\sqrt{2})^k \sin\dfrac{k\pi}{4}}{k!} x^k + \frac{(\sqrt{2})^{n+1} \mathrm{e}^{\theta x} \sin\left(\theta x + \dfrac{n+1}{4}\pi\right)}{(n+1)!} \ (0 < \theta < 1).$$

评注 求带拉格朗日余项的 n 阶泰勒公式,实质上要求 n 阶导数表达式,这可用第二章中介绍过的方法来求解.

3. 利用泰勒公式确定无穷小的阶

【例 3.3.7】确定下列无穷小是 x 的几阶无穷小:

(1) $\mathrm{e}^x - 1 - x - \dfrac{1}{2} x\sin x \quad (x \to 0)$;

(2) $\cos x - \mathrm{e}^{-\frac{x^2}{2}} \quad (x \to 0)$.

【解】利用泰勒公式来解此题.

(1) 已知 $\mathrm{e}^x = 1 + x + \dfrac{1}{2}x^2 + \dfrac{1}{6}x^3 + o(x^3)$,

$$\frac{1}{2}x\sin x = \frac{1}{2}x\left[x - \frac{1}{6}x^3 + o(x^3)\right] = \frac{1}{2}x^2 + o(x^3),$$

$$\Rightarrow \mathrm{e}^x - 1 - x - \frac{1}{2}x\sin x = \frac{1}{6}x^3 + o(x^3) \quad (x \to 0).$$

因此,$x \to 0$ 时 $\mathrm{e}^x - 1 - x - \dfrac{1}{2}x\sin x$ 是 x 的 3 阶无穷小.

(2) 已知 $\cos x = 1 - \dfrac{1}{2!}x^2 + \dfrac{1}{4!}x^4 + o(x^4)$,

$$\mathrm{e}^{-\frac{x^2}{2}} = 1 - \frac{1}{2}x^2 + \frac{1}{2!}\left(-\frac{x^2}{2}\right)^2 + o(x^4),$$

$$\Rightarrow \cos x - \mathrm{e}^{-\frac{x^2}{2}} = \left(\frac{1}{4!} - \frac{1}{8}\right)x^4 + o(x^4) (x \to 0).$$

因此,$x \to 0$ 时,$\cos x - \mathrm{e}^{-\frac{x^2}{2}}$ 是 x 的 4 阶无穷小.

4. 利用泰勒公式求 $\dfrac{0}{0}$ 型极限

【例 3.3.8】用泰勒公式求下列极限:

(1) $\lim\limits_{x \to 0} \dfrac{\cos x - \mathrm{e}^{-\frac{x^2}{2}}}{x^4}$;

(2) $\lim\limits_{n \to +\infty}\left[n - n^2\ln\left(1 + \dfrac{1}{n}\right)\right]$.

【解】(1) $\cos x = 1 - \dfrac{1}{2}x^2 + \dfrac{1}{24}x^4 + o(x^4) \quad (x \to 0)$,

$$\mathrm{e}^{-\frac{x^2}{2}} = 1 + \left(-\frac{x^2}{2}\right) + \frac{1}{2}\left(-\frac{x^2}{2}\right)^2 + o(x^4) \quad (x \to 0).$$

相减得 $\qquad \cos x - \mathrm{e}^{-\frac{x^2}{2}} = \left(\dfrac{1}{24} - \dfrac{1}{8}\right)x^4 + o(x^4) = -\dfrac{1}{12}x^4 + o(x^4) \quad (x \to 0)$,

因此，$\lim\limits_{x\to 0}\dfrac{\cos x-\mathrm{e}^{-\frac{x^2}{2}}}{x^4}=\lim\limits_{x\to 0}\dfrac{-\dfrac{1}{12}x^4+o(x^4)}{x^4}=-\dfrac{1}{12}.$

(2) $\lim\limits_{n\to +\infty}\left[n-n^2\ln\left(1+\dfrac{1}{n}\right)\right]=\lim\limits_{n\to +\infty}\left[n-n^2\left(\dfrac{1}{n}-\dfrac{1}{2}\left(\dfrac{1}{n}\right)^2+o\left(\dfrac{1}{n^2}\right)\right)\right]$

$=\lim\limits_{n\to +\infty}\left[\dfrac{1}{2}+n^2 o\left(\dfrac{1}{n^2}\right)\right]=\dfrac{1}{2}.$

评注　由 $\ln(1+x)=x-\dfrac{1}{2}x^2+o(x^2)(x\to 0)$，令 $x=\dfrac{1}{n}$，即得

$$\ln\left(1+\dfrac{1}{n}\right)=\dfrac{1}{n}-\dfrac{1}{2}\left(\dfrac{1}{n}\right)^2+o\left(\dfrac{1}{n^2}\right)\quad(n\to +\infty).$$

【例 3.3.9】设 $f(x)$ 在 $x=0$ 处二阶可导且 $\lim\limits_{x\to 0}\dfrac{\cos x-1}{\mathrm{e}^{f(x)}-1}=1$，求 $f'(0)$，$f''(0)$.

【解】由题设易知 $\lim\limits_{x\to 0}\mathrm{e}^{f(x)}-1=0.$ $\exists \delta>0$，$0<|x|<\delta$ 时 $f(x)\neq 0$，进一步 $\Rightarrow$ $\lim\limits_{x\to 0}f(x)=0.$ 由连续性 $\Rightarrow f(0)=0.$ 由 $\mathrm{e}^{f(x)}-1\sim f(x)(x\to 0)$，用等价无穷小因子替换并由 $\cos x$ 与 $f(x)$ 在 $x=0$ 的二阶泰勒公式得

$$\lim_{x\to 0}\dfrac{\cos x-1}{f(x)}=\lim_{x\to 0}\dfrac{-\dfrac{1}{2}x^2+o(x^2)}{f'(0)x+\dfrac{1}{2}f''(0)x^2+o(x^2)}=1.$$

由此得 $f'(0)=0,f''(0)=-1.$

5. 由泰勒公式的系数求 $f^{(n)}(x_0)$

【例 3.3.10】求 $f^{(n)}(0)(n=1,2,3,\cdots)$：

(1) $f(x)=\mathrm{e}^{-x^2}$；　　　　　　　　　　(2) $f(x)=x^2\ln(1+x).$

【解】(1) 由例 3.3.2 中题(1)求得

$$f(x)=1-x^2+\dfrac{x^4}{2!}-\cdots+\dfrac{(-1)^n x^{2n}}{n!}+o(x^{2n})(x\to 0).$$

再由泰勒系数与 $f^{(n)}(0)$ 的关系 $\Rightarrow$

$$f^{(2n-1)}(0)=0\quad(n=1,2,3,\cdots),$$

$$f^{(2n)}(0)=(2n)!\ \dfrac{(-1)^n}{n!}\quad(n=1,2,3,\cdots).$$

(2) 由 $\ln(1+x)$ 的麦克劳林公式 $\Rightarrow x\to 0$ 时，

$$f(x)=x^2\left[x-\dfrac{1}{2}x^2+\cdots+\dfrac{(-1)^{n-3}}{n-2}x^{n-2}+o(x^{n-2})\right]$$

$$=x^3-\dfrac{1}{2}x^4+\cdots+\dfrac{(-1)^{n-3}}{n-2}x^n+o(x^n)\quad(n\geqslant 3).$$

用泰勒系数与 $f^{(n)}(0)$ 的关系 $\Rightarrow f^{(n)}(0)=\dfrac{(-1)^{n-3}}{n-2}n!\quad(n\geqslant 3).$

由 $f(x)=x^2[x+o(x)]=x^3+o(x^3)(x\to 0)\Rightarrow f'(0)=f''(0)=0.$

评注 求 $f^{(n)}(0)$ 的一个常用方法:用间接法求出 n 阶麦克劳林展开式,从展开式的 x^n 项系数求得 $f^{(n)}(0)$ 的值.

6. 近似公式与误差估计

【例 3.3.11】写出 e 的近似计算公式及误差估计.

【解】令 $f(x)=\mathrm{e}^x$,则由

$$f(x)=f(0)+f'(0)x+\frac{f''(0)}{2!}x^2+\cdots+\frac{f^{(n)}(0)}{n!}x^n+\frac{f^{(n+1)}(\theta x)}{(n+1)!}x^{n+1},$$

及 $f^{(k)}(0)=1\ (k=1,2,\cdots,n)$,$f^{(n+1)}(\theta x)=\mathrm{e}^{\theta x}$,$\theta\in(0,1)$,得

$$\mathrm{e}^x=1+x+\frac{1}{2!}x^2+\cdots+\frac{1}{n!}x^n+\frac{\mathrm{e}^{\theta x}}{(n+1)!}x^{n+1}.$$

令 $x=1$,得 $\mathrm{e}=2+\dfrac{1}{2!}+\cdots+\dfrac{1}{n!}+\dfrac{\mathrm{e}^\theta}{(n+1)!}.$

于是

$$\mathrm{e}\approx 2+\frac{1}{2!}+\cdots+\frac{1}{n!},$$

误差

$$|R_n|=\left|\frac{\mathrm{e}^\theta}{(n+1)!}\right|<\frac{3}{(n+1)!}.$$

【例 3.3.12】给出下列近似公式的误差估计:

(1) $\sin x\approx x-\dfrac{x^3}{6}$,$|x|\leqslant\dfrac{1}{2}$;　(2) $\sqrt{1+x}\approx 1+\dfrac{x}{2}-\dfrac{x^2}{8}$,$0\leqslant x\leqslant 1$.

【分析】分别写出三阶与二阶泰勒公式的拉格朗日余项并给出误差估计.

【解】(1) $\sin x=x-\dfrac{x^3}{6}+R_3$,$R_3=(-1)^2\dfrac{\cos\theta x}{5!}x^5$,$0<\theta<1$. 而

$$|R_3|\leqslant\frac{1}{5!}\cdot\frac{1}{2^5}=\frac{1}{3840},\ |x|\leqslant\frac{1}{2}.$$

因此,该近似公式的误差不超过 $\dfrac{1}{3840}$.

(2) $\sqrt{1+x}=1+\dfrac{x}{2}-\dfrac{x^2}{8}+R_2$,而

$$R_2=\frac{1}{3!}\frac{1}{2}\left(\frac{1}{2}-1\right)\left(\frac{1}{2}-2\right)(1+\theta x)^{\frac{1}{2}-3}x^3=\frac{1}{16}(1+\theta x)^{-\frac{5}{2}}x^3,\ 0<\theta<1,$$

故 $|R_2|\leqslant\dfrac{1}{16}$,$0\leqslant x\leqslant 1.$

7. 用泰勒公式证明不等式

【例 3.3.13】求证:$\dfrac{x^2}{3}<1-\cos x<\dfrac{x^2}{2}\left(0<x<\dfrac{\pi}{2}\right)$. 　　　　(3.3-11)

【证明】由 $\cos x$ 的泰勒公式

$$\cos x=1-\frac{1}{2}x^2+\frac{x^4}{4!}\cos\xi\quad\left(0<\xi<x<\frac{\pi}{2}\right),$$

$$\Rightarrow\frac{x^2}{2}>1-\cos x=x^2\left(\frac{1}{2}-\frac{x^2}{24}\cos\xi\right)>x^2\left[\frac{1}{2}-\frac{\left(\frac{\pi}{2}\right)^2}{24}\right]$$

$$=x^2\left(\frac{1}{2}-\frac{\pi^2}{96}\right)>x^2\left(\frac{1}{2}-\frac{1}{9}\right)>\frac{x^2}{3}.$$

评注　证明不等式$(3.3-11)$就是估计$\cos x$的泰勒公式的余项$\frac{x^4}{4!}\cos\xi$.

【例 3.3.14】设$f(x)$在$(a,+\infty)$二次可导,且
$$|f(x)|\leqslant M_0,\ |f''(x)|\leqslant M_2\quad(\forall x\in(a,+\infty)).$$
求证:$f'(x)$在$(a,+\infty)$有界.

【分析与证明】这里要用$|f(x)|$与$|f''(x)|$的界来估计$f'(x)$,联系$f(x)$,$f''(x)$与$f'(x)$的是泰勒公式.$\forall x>a$,给定$\forall h>0$,有

$$f(x+h)=f(x)+f'(x)h+\frac{1}{2}f''(\xi)h^2\quad(x<\xi<x+h).$$

$$\Rightarrow\forall x>a,|f'(x)|\leqslant\frac{2M_0}{h}+\frac{1}{2}M_2h.$$

因此,$f'(x)$在$(a,+\infty)$有界.

第四节　函数的单调性与曲线的凹凸性

一、知识点归纳总结

1. 函数单调性的充要判别法

设$f(x)$在$[a,b]$连续,在(a,b)可导,则

(1) $f(x)$在$[a,b]$单调不减(单调不增)$\Leftrightarrow f'(x)\geqslant0(\leqslant0)$,$\forall x\in(a,b)$.

(2) $f(x)$在$[a,b]$单调增大(减小)$\Leftrightarrow$

➤ $f'(x)\geqslant0(\leqslant0)$,$\forall x\in(a,b)$;

➤ 在(a,b)的$\forall$子区间上$f'(x)\not\equiv0$.

几何意义　$f(x)$在$[a,b]$单调增大(减小),即曲线$y=f(x)$的切线的倾角均为锐角(钝角),可在若干点上切线是水平的,如图$3.4-1$所示.

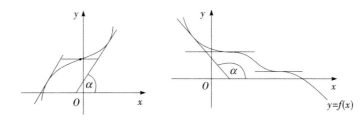

图 3.4 - 1

2. 极值点的判别法

(1) 极值点的必要条件

设$x=x_0$是$y=f(x)$的极值点,$f'(x_0)$存在,则$f'(x_0)=0$.

定义 使 $f'(x)$ 为零的点称为 $f(x)$ 的驻点.

可导函数的极值点一定是它的驻点.反过来,函数的驻点不一定是它的极值点.

(2) 极值点的充分判别法

极值第一充分判别法 设 $f(x)$ 在 $(x_0-\delta, x_0+\delta)$ 连续,在 $(x_0-\delta, x_0+\delta)\backslash\{x_0\}$ 可导,若 $x\in(x_0-\delta, x_0)$ 时 $f'(x)>0(<0)$,$x\in(x_0, x_0+\delta)$ 时 $f'(x)<0(>0)$,则 $f(x)$ 在 $x=x_0$ 取极大值(极小值).

几何意义 从左到右在 $x=x_0$ 两侧附近,若连续曲线由上升(下降)变到下降(上升),则 $x=x_0$ 是极大值(极小值)点.点 $x=x_0$ 可以是 $f(x)$ 的不可导点.

极值第二充分判别法 设 $f(x)$ 在 $x=x_0$ 二阶可导且 $f'(x_0)=0$,当 $f''(x_0)<0$ 时 $f(x_0)$ 为极大值;当 $f''(x_0)>0$ 时 $f(x_0)$ 为极小值.当 $f''(x_0)=0$ 时待定.

几何意义 当 $f'(x_0)=0$,$f''(x_0)<0(>0)$ 时,从左到右在 $x=x_0$ 两侧附近,$f'(x)$ 由正(负)变负(正)(归结为第一充分判别法的情形).

二、典型题型归纳及解题方法与技巧

1. 求函数单调性区间与极值

【例 3.4.1】求下列函数 $y=f(x)$ 的单调性区间与极值点(极大值点或极小值点):

(1) $f(x)=2x^3-15x^2+36x-270$;   (2) $f(x)=(x-1)\sqrt[3]{x^2}$;

(3) $f(x)=\mathrm{e}^x\sin x$.

【分析】求可导函数的单调性区间就是求导函数的正负号区间.求单调性区间的过程中可得到极值点,相邻的两个单调区间的分界点是极值点.

【解】(1) $f(x)$ 的定义域是 $(-\infty, +\infty)$.先求 $f'(x)$ 并写成易判断正负号的形式,即

$$f'(x)=6x^2-30x+36=6(x-2)(x-3).$$

解 $f'(x)=0$,得 $x=2, x=3$.

现用点(从左到右)$x=2, 3$ 将定义域分成三个区间,把上述计算结果列成表 3.4-1,并指明单调性与极值.

表 3.4-1

x	$(-\infty, 2)$	2	$(2, 3)$	3	$(3, +\infty)$
$f'(x)$	$+$	0	$-$	0	$+$
$f(x)$	↗	极大值	↘	极小值	↗

单调增区间为 $(-\infty, 2]$,$[3, +\infty)$,单调减区间为 $[2, 3]$;极大值点为 $x=2$,极小值点为 $x=3$.

(2) 定义域是 $(-\infty, +\infty)$.先求 $f'(x)$:

$$f'(x)=x^{\frac{2}{3}}+(x-1)\frac{2}{3}x^{-\frac{1}{3}}=\frac{1}{3}x^{-\frac{1}{3}}[3x+2(x-1)]=\frac{1}{3}x^{-\frac{1}{3}}(5x-2) \quad (x\neq 0),$$

解 $f'(x)=0$ 得 $x=\frac{2}{5}$;$x=0$ 时,$f'(x)$ 不存在,但 $f(x)$ 在 $x=0$ 处连续.

现用点(从左到右)$x=0,\dfrac{2}{5}$将定义域分成 3 个区间,如表 3.4 - 2 所列.

表 3.4 - 2

x	$(-\infty,0)$	0	$\left(0,\dfrac{2}{5}\right)$	$\dfrac{2}{5}$	$\left(\dfrac{2}{5},+\infty\right)$
$f'(x)$	$+$	不存在	$-$	0	$+$
$f(x)$	↗	极大值	↘	极小值	↗

单调增区间为$(-\infty,0]$,$\left[\dfrac{2}{5},+\infty\right)$,单调减区间为$\left[0,\dfrac{2}{5}\right]$;极大值点为 $x=0$,极小值点为 $x=\dfrac{2}{5}$.

(3) 定义域是$(-\infty,+\infty)$.先求 $f'(x)$:

$$f'(x)=\mathrm{e}^x(\cos x+\sin x)=\sqrt{2}\,\mathrm{e}^x\sin\left(x+\dfrac{\pi}{4}\right),$$

解 $f'(x)=0$ 得 $x+\dfrac{\pi}{4}=k\pi\ (k=0,\pm1,\pm2,\cdots)$,即 $x=k\pi-\dfrac{\pi}{4}\ (k=0,\pm1,\pm2,\cdots)$.

$f'(x)$ 的正负号由 $\sin\left(x+\dfrac{\pi}{4}\right)$ 的正负号决定.

当 $x+\dfrac{\pi}{4}\in(2m\pi,(2m+1)\pi)$,即 $x\in\left(2m\pi-\dfrac{\pi}{4},(2m+1)\pi-\dfrac{\pi}{4}\right)(m=0,\pm1,\pm2,\cdots)$时,$f'(x)>0$.

当 $x+\dfrac{\pi}{4}\in((2m-1)\pi,2m\pi)$,即 $x\in\left((2m-1)\pi-\dfrac{\pi}{4},2m\pi-\dfrac{\pi}{4}\right)(m=0,\pm1,\pm2,\cdots)$时,$f'(x)<0$.

现在用点 $x+\dfrac{\pi}{4}=k\pi\ (k=0,\pm1,\pm2,\cdots)$将定义域分成无穷个区间,如表 3.4 - 3 所列,表中 $m=0,\pm1,\pm2,\cdots$.

表 3.4 - 3

x	$\left(\begin{array}{c}(2m-1)\pi-\dfrac{\pi}{4},\\ 2m\pi-\dfrac{\pi}{4}\end{array}\right)$	$2m\pi-\dfrac{\pi}{4}$	$\left(\begin{array}{c}2m\pi-\dfrac{\pi}{4},\\ (2m+1)\pi-\dfrac{\pi}{4}\end{array}\right)$	$(2m+1)\pi-\dfrac{\pi}{4}$
$f'(x)$	$-$	0	$+$	0
$f(x)$	↘	极小值	↗	极大值

单调增区间为$\left[2m\pi-\dfrac{\pi}{4},(2m+1)\pi-\dfrac{\pi}{4}\right]$,单调减区间为$\left[(2m-1)\pi-\dfrac{\pi}{4},2m\pi-\dfrac{\pi}{4}\right]$;极大值点为 $x=(2m+1)\pi-\dfrac{\pi}{4}$,极小值点为 $x=2m\pi-\dfrac{\pi}{4}$.

【例 3.4.2】求下列函数的单调性区间与极值点(极大值点或极小值点):

(1) $f(x)=\sqrt{x^2+1}-\dfrac{1}{2}x$;　　(2) $f(x)=\mathrm{e}^x+\mathrm{e}^{-x}+2\cos x$.

【分析】求 $f(x)$ 的单调性区间就是求 $f'(x)$ 的正负号区间. 如果 $f'(x)$ 的正负号不易判断,则可以利用二阶导数 $f''(x)$ 来判断 $f'(x)$ 的正负号. 例如,若 $f'(c)=0$,又 $f''(x)>0$ $(x\in(-\infty,+\infty))\Rightarrow f'(x)$ 在 $(-\infty,+\infty)$ 单调上升 $\Rightarrow f'(x)\begin{cases}>0,&x>c,\\<0,&x<c.\end{cases}$

【解】(1) 定义域是 $(-\infty,+\infty)$. 先求 $f'(x)$:

$$f'(x)=\frac{x}{\sqrt{x^2+1}}-\frac{1}{2},解 f'(x)=0 即 2x=\sqrt{x^2+1},得 x=\frac{1}{\sqrt{3}}.$$

为判断 $f'(x)$ 的符号,再求 $f''(x)$:

$$f''(x)=\left(\frac{x}{\sqrt{x^2+1}}\right)'=\frac{\sqrt{x^2+1}-x\dfrac{x}{\sqrt{x^2+1}}}{x^2+1}=\frac{1}{(x^2+1)^{3/2}},$$

于是 $f''(x)>0(\forall x\in(-\infty,+\infty))$, $f'(x)$ 在 $(-\infty,+\infty)$ 单调上升且

$$f'(x)\begin{cases}>0,&x\in\left(\dfrac{1}{\sqrt{3}},+\infty\right),\\[2mm]<0,&x\in\left(-\infty,\dfrac{1}{\sqrt{3}}\right).\end{cases}$$

因此得表 3.4 - 4.

表 3.4 - 4

x	$\left(-\infty,\dfrac{1}{\sqrt{3}}\right)$	$\dfrac{1}{\sqrt{3}}$	$\left(\dfrac{1}{\sqrt{3}},+\infty\right)$
$f'(x)$	$-$	0	$+$
$f(x)$	↘	极小值	↗

单调增区间为 $\left[\dfrac{1}{\sqrt{3}},+\infty\right)$,单调减区间为 $\left(-\infty,\dfrac{1}{\sqrt{3}}\right]$;极小值点为 $x=\dfrac{1}{\sqrt{3}}$,无极大值点.

(2) 定义域是 $(-\infty,+\infty)$. 先求 $f'(x)$:$f'(x)=\mathrm{e}^x-\mathrm{e}^{-x}-2\sin x$.易观察到, $f'(x)=0$ 的一个根是 $x=0$.为判断 $f'(x)$ 正负号,再求 $f''(x)$:

$$f''(x)=\mathrm{e}^x+\mathrm{e}^{-x}-2\cos x.$$

因为　　　　　　　　$\mathrm{e}^x+\mathrm{e}^{-x}>2$　　$(x\neq0)$,

$\Rightarrow f''(x)>2(1-\cos x)\geqslant0(x\neq0)$

$\Rightarrow f'(x)$ 在 $(-\infty,+\infty)$ 单调上升 $\Rightarrow f'(x)\begin{cases}>0,&x>0,\\<0,&x<0.\end{cases}$ 因此得表 3.4 - 5.

表 3.4 - 5

x	$(-\infty,0)$	0	$(0,+\infty)$
$f'(x)$	$-$	0	$+$
$f(x)$	↘	极小值	↗

单调增区间为 $[0,+\infty)$，单调减区间为 $(-\infty,0]$；极小值点是 $x=0$，无极大值点.

评注　$\forall x>0,\ x+\dfrac{1}{x}=\left(\sqrt{x}-\dfrac{1}{\sqrt{x}}\right)^2+2>2\ (x>0,\ x\neq 1)$，因此 $\mathrm{e}^x+\mathrm{e}^{-x}>2$ $(x\neq 0)$.

【例 3.4.3】求下列函数 $y=f(x)$ 的极值（极大值或极小值）：

(1) $f(x)=\cos x+\dfrac{1}{2}\cos 2x$；　　(2) $f(x)=x^{\frac{1}{3}}(1-x)^{\frac{2}{3}}$.

【分析】怎样求连续函数在指定区间上的极大值与极小值？

① 对可导点先求一阶导数及一阶导数为零的点（即驻点）.

② 判断驻点两侧一阶导数是否变号（第一充分判别法）.

③ 若驻点两侧一阶导数的符号不易判断，可以再求二阶导数（第二充分判别法）.

④ 若有若干个不可导点，对不可导点可用极值的定义或第一充分判别法来判断.

【解】(1) 用第二充分判别法. 求 $f(x)$ 的一阶导数：
$$f'(x)=-\sin x-\sin 2x=-\sin x(1+2\cos x).$$

解 $f'(x)=0$ 得 $x=k\pi(k=0,\pm 1,\pm 2,\cdots),\ x=2k\pi\pm\dfrac{2}{3}\pi.$

再求 $f''(x)$：$f''(x)=-\cos x-2\cos 2x.$

由此得　　　　$f''(k\pi)=-\cos k\pi-2\cos 2k\pi=(-1)^{k+1}-2<0,$

$$f''\left(2k\pi\pm\dfrac{2}{3}\pi\right)=-\cos\left(\dfrac{2}{3}\pi\right)-2\cos\left(\dfrac{4}{3}\pi\right)>0.$$

因此得表 3.4－6：

表 3.4－6

x	$k\pi(k=0,\pm 1,\pm 2,\cdots)$	$2k\pi\pm\dfrac{2}{3}\pi(k=0,\pm 1,\pm 2,\cdots)$
$f'(x)$	0	0
$f''(x)$	$-$	$+$
$f(x)$	极大值 $(-1)^k+\dfrac{1}{2}$	极小值 $-\dfrac{3}{4}$

(2) 用第一充分判别法. 求 $f(x)$ 的一阶导数：

$$f'(x)=\dfrac{1}{3}x^{-\frac{2}{3}}(1-x)^{\frac{2}{3}}-\dfrac{2}{3}x^{\frac{1}{3}}(1-x)^{-\frac{1}{3}}$$

$$=\dfrac{1}{3}x^{-\frac{2}{3}}(1-x)^{-\frac{1}{3}}(1-3x)(x\neq 0,1).$$

$x=0,1$ 时，$f'(x)$ 不存在，但 $f(x)$ 连续.

解 $f'(x)=0$ 得 $x=\dfrac{1}{3}$. 可能的极值点是 $x=0,\dfrac{1}{3},1$.

将上述结果列成表 3.4－7，指明 $x=0,\dfrac{1}{3},1$ 两侧的导数的符号与极值.

表 3.4-7

x	0		$\dfrac{1}{3}$		1	
	左侧邻域	右侧邻域	左侧邻域	右侧邻域	左侧邻域	右侧邻域
$f'(x)$	$+$	$+$	$+$	$-$	$-$	$+$
$f(x)$	不是极值		极大值 $\dfrac{1}{3}\sqrt[3]{4}$		极小值 0	

评注 极值第一充分判别法适用于连续函数的不可导点,即若 $f(x)$ 在 x_0 邻域连续,在 x_0 的空心邻域可导($f'(x_0)$ 可以不存在),

若 $f'(x)$ $\begin{cases} >0, & x_0-\delta<x<x_0, \\ <0, & x_0<x<x_0+\delta \end{cases}$ $\Rightarrow f(x_0)$ 是极大值点.

若 $f'(x)$ $\begin{cases} <0, & x_0-\delta<x<x_0, \\ >0, & x_0<x<x_0+\delta \end{cases}$ $\Rightarrow f(x_0)$ 是极小值点.

$f'(x)$ 的极大值点与极小值点如图 3.4-2 所示.

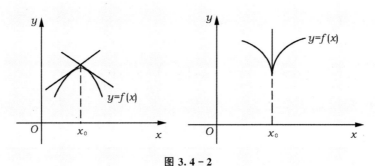

图 3.4-2

【例 3.4.4】设 $y=y(x)$ 是由方程 $2y^3-2y^2+2xy-x^2=1$ 确定的,求 $y=y(x)$ 的驻点,并判定驻点是否为极值点.

【分析与求解】这是隐函数求极值.

① 先用隐函数求导法求出 $y'(x)$.将方程两边对 x 求导得
$$6y^2y'-4yy'+2xy'+2y-2x=0. \tag{3.4-1}$$

解出 y' 得 $y'=\dfrac{x-y}{3y^2-2y+x}$.

② 由 $y'(x)=0$ 及原方程确定驻点.由 $y'(x)=0$ 得 $y=x$,代入原方程得
$$2x^3-2x^2+2x^2-x^2=1,$$
即
$$x^3-x^2+x^3-1=0,(x-1)(2x^2+x+1)=0.$$
方程仅有根 $x=1$.当 $y=x=1$ 时 $3y^2-2y+x\neq0$.因此求得驻点 $x=1$.

③ 判定驻点是否为极值点.为求 $y''(1)$,将式(3.4-1)化简为
$$(3y^2-2y+x)y'=x-y. \tag{3.4-2}$$

将式(3.4-2)两边对 x 在 $x=1$ 求导
$$\left[(3y^2-2y+x)'_x y'+(3y^2-2y+x)y''\right]\big|_{x=1}=1-y'(1).$$

注意，$y'(1)=0$，$y(1)=1$，得 $2y''(1)=1$，$y''(1)=\dfrac{1}{2}>0$．

因此，$x=1$ 是隐函数 $y(x)$ 的极小值点．

2. 证明函数的单调性

【例 3.4.5】证明 $f(x)=\begin{cases}(1+x)^{\frac{1}{x}}, & x>-1,x\neq 0,\\ \mathrm{e}, & x=0\end{cases}$ 在 $(-1,+\infty)$ 上单调下降．

【分析与证明】先求 $f'(x)$．$x>-1$，$x\neq 0$ 时，

$$f'(x)=\left[\mathrm{e}^{\frac{1}{x}\ln(1+x)}\right]'=(1+x)^{\frac{1}{x}}\left[\frac{1}{x}\ln(1+x)\right]'$$

$$=(1+x)^{\frac{1}{x}}\left[\frac{1}{x}\frac{1}{(x+1)}-\frac{\ln(1+x)}{x^2}\right]$$

$$=\frac{(1+x)^{\frac{1}{x}}}{x^2(x+1)}\left[x-(1+x)\ln(1+x)\right].$$

为判断 $f'(x)$ 的符号，只需判断

$$g(x)=x-(1+x)\ln(1+x)\quad(x>-1)$$

的符号，为此，求 $g'(x)$ 得

$$g'(x)=1-1-\ln(1+x)=-\ln(1+x)\begin{cases}<0, & x>0,\\ >0, & -1<x<0.\end{cases}$$

又 $g(0)=0\Rightarrow g(x)$ 在 $(-1,0]$ 上升，在 $[0,+\infty)$ 下降 $\Rightarrow g(x)<0$（$x>-1,x\neq 0$）$\Rightarrow$ $f'(x)<0$（$x>-1,x\neq 0$）．

注意，$\lim\limits_{x\to 0}f(x)=\lim\limits_{x\to 0}(1+x)^{\frac{1}{x}}=\mathrm{e}=f(0)$，$f(x)$ 在 $(-1,+\infty)$ 连续．因此，$f(x)$ 在整个定义域 $(-1,+\infty)$ 单调下降．

　　评注　解此题时用到了如下结论：设 $f(x)$ 在 (a,b) 连续，$c\in(a,b)$，$f(x)$ 在 $(a,b)\setminus\{c\}$ 可导且 $f'(x)<0(>0)$，则 $f(x)$ 在 (a,b) 单调下降（上升）．如何证明这个结论？只要分别在 $(a,c]$ 与 $[c,b)$ 上利用单调性判别法即可得结论．这里我们不必按定义去计算 $f'(0)$．

【例 3.4.6】证明 $f(x)=\left(\arctan\dfrac{x}{1-x}\right)^{-\frac{1}{2}}$ 在 $(0,1)$ 单调下降．

【分析与证明】不必求 $f'(x)$，只需把 $f(x)$ 看成是 $y=\dfrac{1}{\sqrt{u}}$，$u=\arctan v$ 及

$v=\dfrac{x}{1-x}$ 的复合函数．易知

$$v'=\left(-1+\frac{1}{1-x}\right)'=\frac{1}{(1-x)^2}>0\quad(x\in(0,1)).$$

即 $x\in(0,1)$ 时，v 单调上升，而 $u=\arctan v$ 对 $v\in(-\infty,+\infty)$ 单调上升 $\Rightarrow u=$ $\arctan\dfrac{x}{1-x}$ 对 $x\in(0,1)$ 单调上升且 $u>0$，又 $y=\dfrac{1}{\sqrt{u}}$ 对 $u>0$ 单调下降，因此复合函数

$$y = f(x) = \left(\arctan \frac{x}{1-x}\right)^{-\frac{1}{2}}$$

对 $x \in (0,1)$ 单调下降.

评注 证明中利用了单调函数的复合函数的单调性.

3. 证明函数在某点取极值

【例 3.4.7】设 $f(x)$ 在 $x=0$ 处连续且满足 $\lim\limits_{x \to 0} \dfrac{f(x)}{1-\cos x} = 2$，求证 $f(x)$ 在 $x=0$ 处取极小值.

【分析与证明】先证 $f(0)=0$. 由

$$\lim_{x \to 0} f(x) = \lim_{x \to 0}\left[\frac{f(x)}{1-\cos x}(1-\cos x)\right] = 2 \times 0 = 0 \text{ 及 } \lim_{x \to 0} f(x) = f(0)$$

$$\Rightarrow f(0) = 0.$$

现由 $\lim\limits_{x \to 0} \dfrac{f(x)-f(0)}{1-\cos x} = 2 > 0$ 及极限不等式性质 $\Rightarrow \exists \delta > 0$，当 $0 < |x| < \delta$ 时，

$\dfrac{f(x)-f(0)}{1-\cos x} > 0 \Rightarrow 0 < |x| < \delta$ 时，$f(x)-f(0) > 0 \Rightarrow f(x)$ 在 $x=0$ 取极小值.

【例 3.4.8】设 $f(x)$ 在 $x=0$ 邻域二阶可导，$f'(0)=0$，又 $\lim\limits_{x \to 0} \dfrac{f''(x)}{|x|} = 2$，求证：$f(x)$ 在 $x=0$ 取极小值.

【分析与证明】由 $\lim\limits_{x \to 0} \dfrac{f''(x)}{|x|} = 2 > 0$ 及极限不等式性质 $\Rightarrow \exists \delta > 0$，当 $0 < |x| < \delta$ 时 $\dfrac{f''(x)}{|x|} > 0 \Rightarrow$ 当 $0 < |x| < \delta$ 时 $f''(x) > 0 \Rightarrow f'(x)$ 在 $(-\delta, \delta)$ 单调上升. 当 $-\delta < x < 0$ 时，$f'(x) < f'(0) = 0$，于是 $f(x)$ 在 $(-\delta, 0]$ 单调下降；当 $0 < x < \delta$ 时，$f'(x) > f'(0) = 0$，于是 $f(x)$ 在 $[0, \delta)$ 单调上升. 因此，$x \in (-\delta, \delta) \backslash \{0\}$ 时 $f(x) > f(0)$. $f(x)$ 在 $x=0$ 取极小值.

评注 例 3.4.7 与例 3.4.8 均是由 $f(x)$ 满足某些条件来证明 $f(x)$ 在 $x=0$ 取极小值，其中共同的是均有 $f(x)$ 或它的导数满足某极限等式，极值是函数的局部性质，因而自然要用到极限的不等式性质. 由于所设条件的不同，例 3.4.7 是按定义来证明，而对例 3.4.8，是用极值的第一充分判别法.

4. 讨论函数单调性的充要条件

【例 3.4.9】设 $f(x)$ 在 $[a,b]$ 连续，在 (a,b) 可导，求证：$f(x)$ 在 $[a,b]$ 单调不减 $\Leftrightarrow f'(x) \geqslant 0 (\forall x \in (a,b))$.

【分析与证明】(1) 设 $f(x)$ 在 $[a,b]$ 单调不减，要证：$f'(x) \geqslant 0 (\forall x \in (a,b))$，注意由假设条件 $\Rightarrow \forall x \in (a,b), \forall \Delta x \neq 0, |\Delta x|$ 充分小，有

$$\frac{f(x+\Delta x)-f(x)}{\Delta x} \geqslant 0.$$

由导数的定义及极限的不等式性质 $\Rightarrow f'(x) = \lim\limits_{\Delta x \to 0} \dfrac{f(x+\Delta x)-f(x)}{\Delta x} \geqslant 0$ $(x \in$

$(a,b))$.

(2) 设 $f'(x) \geqslant 0(\forall x \in (a,b))$,要证 $f(x)$ 在 $[a,b]$ 单调不减,即 $\forall x_1, x_2 \in [a,b]$,$x_1 < x_2$,要证 $f(x_1) \leqslant f(x_2)(f(x_2) - f(x_1) \geqslant 0)$.联系 $f(x_2) - f(x_1)$ 与 $f'(x)$ 的是微分中值定理.在 $[x_1, x_2]$ 可利用微分中值定理得 $f(x_2) - f(x_1) = f'(c)(x_2 - x_1) \geqslant 0$,其中 $c \in (x_1, x_2) \subset (a,b)$.因此 $f(x)$ 在 $[a,b]$ 单调不减.

【例 3.4.10】设 $f(x)$ 在 $[a,b]$ 连续,在 (a,b) 可导,求证:$f(x)$ 在 $[a,b]$ 单调上升 $\Leftrightarrow$

(1) $f'(x) \geqslant 0 (x \in (a,b))$;

(2) 在 (a,b) 内的任意小区间上 $f'(x) \not\equiv 0$.

【分析与证明】(1) 设 $f(x)$ 在 $[a,b]$ 单调上升,由例 3.4.9 的结论,只须再证在 (a,b) 的 $\forall$ 小区间上 $f'(x) \not\equiv 0$.若不然,在 (a,b) 内有某小区间 (x_1, x_2),有

$$f'(x) = 0, x \in (x_1, x_2).$$

故 $f(x) =$ 常数 $(x \in (x_1, x_2))$ 与 $f(x)$ 在 $[a,b]$ 单调上升矛盾.因此,在 (a,b) 的 $\forall$ 小区间上 $f'(x) \not\equiv 0$.

(2) 现设题中条件成立,要证 $f(x)$ 在 $[a,b]$ 单调上升.已经证明 $f(x)$ 在 $[a,b]$ 单调不减,所以只须再证:$\forall x_1, x_2 \in [a,b]$,$x_1 < x_2$ 有 $f(x_1) \neq f(x_2)$.若 $\exists x_1, x_2 \in [a,b]$,$x_1 < x_2$ 有 $f(x_1) = f(x_2)$,则 $\forall x \in [x_1, x_2]$,$f(x) = f(x_1)$,于是 $f'(x) = 0$,$x \in (x_1, x_2)$.与假设条件矛盾.因此 $f(x)$ 在 $[a,b]$ 单调上升.

评注 ① 若要证明 $f(x)$ 单调不增或单调下降相应的结果,或用类似的方法来证,或考虑 $-f(x)$,转化为单调不减或单调上升的情形.

② 若 $f'(x) > 0 (x \in (a,b))$,则 $f(x)$ 在 (a,b) 单调上升,但反之则不真,例如,$y = f(x) = x^3$ 在 $(-\infty, +\infty)$ 单调上升,但 $f'(x) = 3x^2 > 0 (x \neq 0)$,$f'(0) = 0$.

5. 用泰勒公式讨论函数的极值

【例 3.4.11】设 $f(x)$ 在 $x = x_0$ 处 n 阶可导 $(n \geqslant 2)$,且有

$$f'(x_0) = \cdots = f^{(n-1)}(x_0) = 0, f^{(n)}(x_0) \neq 0.$$

求证:(1) 当 n 为偶数时,若 $f^{(n)}(x_0) > 0$,则 $f(x)$ 在 $x = x_0$ 取极小值;若 $f^{(n)}(x_0) < 0$,则 $f(x)$ 在 $x = x_0$ 取极大值;

(2) 当 n 为奇数时,$x = x_0$ 不是 $f(x)$ 的极值点.

【分析】为了讨论 $x = x_0$ 是否是 $f(x)$ 的极值点,需要考察 $f(x) - f(x_0)$,而联系 $f(x) - f(x_0)$ 与 $f'(x_0), \cdots, f^{(n)}(x_0)$ 是 $f(x)$ 的 n 阶泰勒公式.因此,我们可用带皮亚诺余项的 n 阶泰勒公式来讨论这个问题.利用极限的不等式性质讨论 $f(x) - f(x_0)$ 的符号即可.

【证明】由带皮亚诺余项的泰勒公式

$$f(x) - f(x_0) = f'(x_0)(x - x_0) + \frac{f''(x_0)}{2!}(x - x_0)^2 + \cdots +$$

$$\frac{f^{(n-1)}(x_0)}{(n-1)!}(x - x_0)^{n-1} + \frac{f^{(n)}(x_0)}{n!}(x - x_0)^n + o((x - x_0)^n),$$

因 $f'(x_0) = \cdots = f^{(n-1)}(x_0) = 0$,则

$$f(x) - f(x_0) = \frac{f^{(n)}(x_0)}{n!}(x - x_0)^n + o((x - x_0)^n)$$

$$= (x - x_0)^n \left[\frac{f^{(n)}(x_0)}{n!} + o(1) \right],$$

其中,$o(1)$ 为无穷小. 当 $x \to x_0$ 时,若 $f^{(n)}(x_0) > 0$,因

$$\lim_{x \to x_0} \left[\frac{f^{(n)}(x_0)}{n!} + o(1) \right] = \frac{f^{(n)}(x_0)}{n!} > 0,$$

由极限的不等式性质 $\Rightarrow \exists \delta > 0$,当 $0 < |x - x_0| < \delta$ 时,有

$$\left[\frac{f^{(n)}(x_0)}{n!} + o(1) \right] > 0.$$

n 为偶数时,

$$f(x) - f(x_0) = (x - x_0)^n \left[\frac{f^{(n)}(x_0)}{n!} + o(1) \right] > 0 \quad (0 < |x - x_0| < \delta \text{ 时})$$

$\Rightarrow f(x)$ 在 $x = x_0$ 取极小.

n 为奇数时,

$$f(x) - f(x_0) = (x - x_0)^n \left[\frac{f^{(n)}(x_0)}{n!} + o(1) \right] \begin{cases} > 0, & x_0 < x < x_0 + \delta, \\ < 0, & x_0 - \delta < x < x_0 \end{cases}$$

$\Rightarrow x = x_0$ 不是 $f(x)$ 的极值点.

$f^{(n)}(x_0) < 0$ 时类似可证.

6. 利用函数的单调性证明不等式

解题思路一 证明函数不等式总可以归结为证明某函数 $f(x)$ 在某区间 I 上恒正或非负.

若 $f(x)$ 在 $[a,b]$ 单调上升,又 $f(a) \geqslant 0$,则 $f(x) > f(a) \geqslant 0 (x \in (a,b])$. $f(x)$ 的单调性又可通过一阶导数来判断. 即有:

若 $f(x)$ 在 $[a,b]$ 连续,在 (a,b) 可导,$f'(x) \geqslant 0 (\forall x \in (a,b))$,在 (a,b) 的 $\forall$ 子区间上 $f'(x) \not\equiv 0$,又 $f(a) \geqslant 0 \Rightarrow f(x)$ 在 $[a,b]$ 单调上升 $\Rightarrow f(x) > 0 (\forall x \in (a,b])$.

按这种想法,可利用求一阶导数判断函数单调性的方法来证明某些不等式.

【例 3. 4. 12】求证:$x > 1$ 时,$\dfrac{\ln(1+x)}{\ln x} > \dfrac{x}{1+x}$.

【分析与证明】即证 $x > 1$ 时,$(1+x)\ln(1+x) - x\ln x > 0$.

令 $f(x) = (1+x)\ln(1+x) - x\ln x$,则 $f(x)$ 在 $[1, +\infty)$ 可导且

$$f'(x) = \ln(1+x) - \ln x > 0.$$

又 $f(1) = 2\ln 2 > 0 \Rightarrow f(x)$ 在 $[1, +\infty)$ 单调上升 $\Rightarrow f(x) > f(1) > 0, x \in (1, +\infty)$,即

$$(1+x)\ln(1+x) > x\ln x \quad (x > 1).$$

因此

$$\frac{\ln(1+x)}{\ln x} > \frac{x}{1+x} \quad (x > 1).$$

评注 也可考察 $\varphi(x) = x\ln x$,易知当 $x > 1$ 时 $\varphi(x)$ 单调增大,从而证得

$$\varphi(x+1) > \varphi(x) \quad (\forall x > 1).$$

【例 3. 4. 13】设 $a > e$,求证:$(a+x)^a < a^{a+x} (x > 0)$.

【分析与证明】要证的不等式即 $a\ln(a+x) < (a+x)\ln a$.

令 $f(x)=(a+x)\ln a-a\ln(a+x)$,则 $f(x)$ 在 $[0,+\infty)$ 可导且

$$f'(x)=\ln a-\frac{a}{a+x}>\ln a-1>0,$$

其中,$a>e$. 又 $f(0)=0\Rightarrow f(x)$ 在 $[0,+\infty)$ 单调上升 $\Rightarrow f(x)>f(0)=0(x>0)$. 即

$$(a+x)\ln a>a\ln(a+x)\quad(x>0).$$

亦即
$$a^{a+x}>(a+x)^a\quad(x>0).$$

评注 利用求一阶导数证明函数单调性的方法来证明不等式时,常要把所证不等式改写成适当的形式,便于构造辅助函数,容易求导并容易判断导数的符号. 如例 3.4.12 中把商的形式改写成乘积的形式,后者易求导,又如例 3.4.13 中,把指数函数与幂函数形式改写成对数函数形式,后者也易求导.

【例 3.4.14】求证:当 $x>0$ 时,$\arctan x+\dfrac{1}{x}>\dfrac{\pi}{2}$.

【分析与证明】令 $f(x)=\arctan x+\dfrac{1}{x}-\dfrac{\pi}{2}$,则 $f(x)$ 在 $(0,+\infty)$ 可导且

$$f'(x)=\frac{1}{1+x^2}-\frac{1}{x^2}=\frac{-1}{x^2(1+x^2)}<0.$$

$\Rightarrow f(x)$ 在 $(0,+\infty)$ 单调下降. 此时为证 $f(x)>0\ (x>0)$,要考察 $\lim\limits_{x\to+\infty}f(x)$. 因

$$\lim_{x\to+\infty}f(x)=\lim_{x\to+\infty}\left(\arctan x+\frac{1}{x}-\frac{\pi}{2}\right)=\frac{\pi}{2}+0-\frac{\pi}{2}=0,$$

从而 $f(x)>0(x>0)$,即 $\arctan x+\dfrac{1}{x}>\dfrac{\pi}{2}(x>0)$.

评注 该例论证的最后一步是具有一般性的,其根据是:

① 设 $f(x)$ 在 (a,b) 单调下降,

若 $\lim\limits_{x\to b-0}f(x)=B$,则 $f(x)>B\ (x\in(a,b))$;

若 $\lim\limits_{x\to a+0}f(x)=A$,则 $f(x)<A\ (x\in(a,b))$.

② 设 $f(x)$ 在 (a,b) 单调上升,

若 $\lim\limits_{x\to b-0}f(x)=B$,则 $f(x)<B\ (x\in(a,b))$;

若 $\lim\limits_{x\to a+0}f(x)=A$,则 $f(x)>A\ (x\in(a,b))$.

解题思路二 设 $f(x)$ 在 (a,b) 连续. 当 $x\in(a,b)$ 从左到右时,$f(x)$ 由单调上升(下降)经过 $x=x_0$ 变成单调下降(上升),则可相应地得到不等式:当 $x\in(a,b)$,$x\neq x_0$ 时,$f(x)<f(x_0)(f(x)>f(x_0))$,见图 3.4-3(图 3.4-4).

用导数来判断单调性即得如下方法:

设 $f(x)$ 在 (a,b) 可导,可求得 $x_0\in(a,b)$,使 $f'(x)\begin{cases}>0\quad(<0),\quad a<x<x_0,\\=0,\qquad\qquad\quad x=x_0,\\<0\quad(>0),\quad x_0<x<b,\end{cases}$ 则

$$f(x)<(>)f(x_0),(x\in(a,b),x\neq x_0).$$

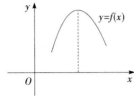 

图 3.4－3   图 3.4－4

【例 3.4.15】 设 $0 < x < 1$，求证：$x^n(1-x) < \dfrac{1}{ne}$，其中 n 为正整数.

【证明】 令 $f(x) = nx^n(1-x)$，考察 $f(x)$ 的单调性.

$$f'(x) = n[nx^{n-1}(1-x) - x^n] = nx^{n-1}[n-(n+1)x],$$

令 $x_n = \dfrac{n}{n+1}$，则 $f'(x) \begin{cases} >0, & 0 < x < x_n, \\ =0, & x = x_n, \\ <0, & x_n < x < 1. \end{cases}$

于是

$$f(x) \leqslant f(x_n) = n\left(\frac{n}{n+1}\right)^n\left(1-\frac{n}{n+1}\right) = \left(\frac{n}{n+1}\right)^{n+1}$$

$$= \frac{1}{\left(1+\dfrac{1}{n}\right)^{n+1}} \quad (x \geqslant 0).$$

注意，$\left(1+\dfrac{1}{n}\right)^{n+1}$ 单调下降并趋于 $e(n \to +\infty) \Rightarrow \dfrac{1}{\left(1+\dfrac{1}{n}\right)^{n+1}}$ 单调上升并趋于

$\dfrac{1}{e} \Rightarrow f(x) \leqslant \dfrac{1}{\left(1+\dfrac{1}{n}\right)^{n+1}} < \dfrac{1}{e} \quad (x > 0).$

因此原不等式成立.

评注 以上两种思路均是通过计算 $f'(x)$，考察它的符号(定号或变号一次)来证明不等式.

解题思路三 在应用上述方法时，若 $f'(x)$ 的符号不好判断，可再求 $f''(x)$. 如，设 $f(x)$ 在 $[a,b]$ 有连续的一阶导数，在 (a,b) 二阶可导，$f''(x) > 0(x \in (a,b)) \Rightarrow f'(x)$ 在 $[a,b]$ 单调上升. 若又有 $f'(a) \geqslant 0 \Rightarrow f'(x) > 0 (x \in (a,b) \Rightarrow f(x)$ 在 $[a,b]$ 单调上升. 若又有 $f(a) \geqslant 0 \Rightarrow f(x) > 0 (x \in (a,b])$.

如果 $f'(x)$ 的符号还判断不了可继续再求 $f^{(3)}(x)$ 等等. 总之，通过计算高阶导数来判断函数的单调性从而证明不等式.

【例 3.4.16】 求证：$x > 0, x \neq 1$ 时，$(x^2-1)\ln x > (x-1)^2$.

【证明】 即证：$(x+1)\ln x > x-1(x > 1)$，$(x+1)\ln x < x-1(0 < x < 1)$.

令 $f(x) = (x+1)\ln x - (x-1)$，则有

$$f(1) = 0, \quad f'(x) = \ln x + \frac{x+1}{x} - 1 = \ln x + \frac{1}{x}$$

$\Rightarrow$ $\qquad f'(1)=1, \quad f''(x)=\dfrac{1}{x}-\dfrac{1}{x^2}=\dfrac{x-1}{x^2}$

$\Rightarrow$ $\qquad 0<x<1$ 时，$f''(x)<0$；　$x>1$ 时，$f''(x)>0$

$\Rightarrow$ $\qquad 0<x<1$ 时，$f'(x)$ 单调下降；$x>1$ 时，$f'(x)$ 单调上升，得

$f'(x) \geqslant f'(1)=1>0(x>0)$，故 $f(x)$ 单调上升

$\Rightarrow$ $\qquad f(x)<f(1)=0 \quad (0<x<1), \quad f(x)>f(1)=0 \quad (x>1)$，

即 $\qquad (x^2-1)\ln x>(x-1)^2 \quad (x>0, x \neq 1)$.

解题思路四　$\varphi(x)>0, x \in [a,b] \Leftrightarrow h(x)\varphi(x)>0, x \in [a,b]$，其中 $h(x)>0$，$x \in [a,b]$.

有时无法证明 $\varphi'(x)>0$，但可证对某 $h(x)>0$，$[h(x)\varphi(x)]'>0$，问题就解决了.

【例 3.4.17】 设 $f(x)$ 在 $[a,+\infty)$ 可导且 $f(0)=0$. 若 $f'(x)>-f(x) \; (\forall x \in (0,+\infty))$，求证：$f(x)>0, x \in (0,+\infty)$.

【分析与证明】 要证 $f(x)>0, x \in (0,+\infty) \Leftrightarrow e^x f(x)>0, x \in (0,+\infty)$.

由 $[e^x f(x)]'=e^x[f'(x)+f(x)]>0(x>0)$，得 $e^x f(x)$ 在 $[0,+\infty)$ 单调上升，则有

$$e^x f(x)>e^x f(x)\big|_{x=0}=0 \quad (x>0)$$

故 $\qquad\qquad\qquad f(x)>0 \quad (x>0)$.

7. 引进辅助函数把证明常值不等式转化为证明函数不等式

【例 3.4.18】 设 $f(0)=0$，$f(x)$ 在 $[0,+\infty)$ 连续，在 $(0,+\infty)$ 二阶可导且 $f''(x)<0$，求证：$\forall x_1, x_2>0, f(x_1+x_2)<f(x_1)+f(x_2)$.

【分析与证明】 即证：$f(x_2)+f(x_1)-f(x_1+x_2)>0(\forall x_1>0, \forall x_2>0)$.

考察辅助函数 $F(x)=f(x)+f(x_1)-f(x_1+x)$，即转化为证明 $F(x)>0 \; (\forall x>0)$.

因为 $f''(x)<0(x>0) \Rightarrow f'(x)$ 在 $(0,+\infty)$ 单调下降，则有

$$F'(x)=f'(x)-f'(x+x_1)>0 \quad (\forall x>0)$$

$\Rightarrow \qquad F(x)$ 在 $[0,+\infty)$ 单调上升

$\Rightarrow \qquad F(x)>F(0)=f(0)=0 \quad (\forall x>0)$.

因此，$\forall x_1, x_2>0, F(x_2)=f(x_2)+f(x_1)-f(x_1+x_2)>0$.

评注　也可用微分中值定理来证明：不妨设 $x_2 \geqslant x_1$，由微分中值定理

$$f(x_2+x_1)-f(x_2)=f'(\xi)x_1 \quad (x_2<\xi<x_1+x_2)$$
$$f(x_1)=f(x_1)-f(0)=f'(\eta)x_1 \quad (0<\eta<x_1)$$

注意到，$f'(\xi)<f'(\eta) \Rightarrow f'(\xi)x_1<f'(\eta)x_1 \Rightarrow f(x_2+x_1)-f(x_2)<f(x_1)$.

【例 3.4.19】 设 $a,b>0, \beta>\alpha>0$，求证：$(a^\alpha+b^\alpha)^{\frac{1}{\alpha}}>(a^\beta+b^\beta)^{\frac{1}{\beta}}$.

【分析与证明】 即证

$$a\left[1+\left(\frac{b}{a}\right)^\alpha\right]^{\frac{1}{\alpha}}>a\left[1+\left(\frac{b}{a}\right)^\beta\right]^{\frac{1}{\beta}} \Leftrightarrow \frac{1}{\alpha}\ln\left[1+\left(\frac{b}{a}\right)^\alpha\right]>\frac{1}{\beta}\ln\left[1+\left(\frac{b}{a}\right)^\beta\right].$$

记 $\dfrac{b}{a}=m$，引进辅助函数 $g(x)=\dfrac{1}{x}\ln(1+m^x)$，只须证 $g(x)$ 在 $(0,+\infty)$ 单调下降.

现计算 $g'(x)=\dfrac{x\dfrac{m^x\ln m}{1+m^x}-\ln(1+m^x)}{x^2}=\dfrac{m^x\ln m^x-(1+m^x)\ln(1+m^x)}{x^2(1+m^x)}$.

令 $s=m^x$,则 $s>0$,只须证 $h(s)=s\ln s-(1+s)\ln(1+s)<0(s>0)$.

注意 $h'(s)=\ln s-\ln(1+s)<0(s>0)$,故 $h(s)$ 在 $(0,+\infty)$ 单调下降,则有

$$\lim_{s\to 0+}h(s)=0 \Rightarrow h(s)<0 \quad (\forall s>0).$$

因此 $g'(x)<0(\forall x>0)$,故 $g(x)$ 在 $(0,+\infty)$ 单调下降.

即原不等式成立.

> **8. 分析函数 $f(x)$ 在区间 I 上的单调性区间,极值点及 I 的边界处函数值或极限的符号,确定 $f(x)$ 在区间 I 上零点的个数**

【例 3.4.20】讨论方程 $\ln x=ax(a>0)$ 有几个实根.

【分析与求解】令 $f(x)=\ln x-ax$,即讨论 $f(x)$ 在 $(0,+\infty)$ 有几个零点.先分析单调性:

$$f'(x)=\left(\frac{1}{x}-a\right)\begin{cases} >0, & 0<x<\dfrac{1}{a}, \\[2mm] =0, & x=\dfrac{1}{a}, \\[2mm] <0, & x>\dfrac{1}{a}, \end{cases}$$

因此,$f(x)$ 在 $x=\dfrac{1}{a}$ 取最大值 $f\left(\dfrac{1}{a}\right)=\ln\dfrac{1}{a}-1$,在 $\left(0,\dfrac{1}{a}\right)$ 内 $f(x)$ 单调上升,在 $\left(\dfrac{1}{a},+\infty\right)$ 内 $f(x)$ 单调下降.

$f(x)$ 在 $(0,+\infty)$ 有几个零点,取决于 $f\left(\dfrac{1}{a}\right)$ 的符号.

(1) $f\left(\dfrac{1}{a}\right)=\ln\dfrac{1}{a}-1<0$,即 $a>\dfrac{1}{e}$ 时,

$f(x)<0(\forall x\in(0,+\infty)) \Rightarrow f(x)=0$ 没有根.

(2) $f\left(\dfrac{1}{a}\right)=\ln\dfrac{1}{a}-1=0$,即 $a=\dfrac{1}{e}$ 时,

$f(x)<0(\forall x\in(0,+\infty),x\neq e) \Rightarrow f(x)=0$ 只有一个根,即 $x=e$.

(3) $f\left(\dfrac{1}{a}\right)=\ln\dfrac{1}{a}-1>0$,即 $0<a<\dfrac{1}{e}$ 时,因为

$$\lim_{x\to 0+}f(x)=\lim_{x\to 0+}(\ln x-ax)=-\infty, \quad \lim_{x\to +\infty}f(x)=\lim_{x\to +\infty}x\left(\frac{\ln x}{x}-a\right)=-\infty,$$

由推广的连续函数的零点存在性定理及 $f(x)$ 分别在 $\left(0,\dfrac{1}{a}\right)$ 与 $\left(\dfrac{1}{a},+\infty\right)$ 上的单调性推得,$f(x)$ 分别在 $\left(0,\dfrac{1}{a}\right)$ 与 $\left(\dfrac{1}{a},+\infty\right)$ 各只有一个零点.因此 $f(x)=0$ 在 $(0,+\infty)$ 恰有两个根.

第五节　函数的极值与最大值、最小值

一、知识点归纳总结

1. 最大值点、最小值点与极值点的关系

若最大值点或最小值点位于区间内部,则必定是极值点,若是区间的端点,则不一定是极值点.反之,极值点不一定是最大值点或最小值点.

2. 最大值点与最小值点的导数性质

若 $x = x_0$ 是 $y = f(x)$ 在区间 I 上的最大值点或最小值点,又 x_0 在区间 I 内部,$f'(x_0)$ 存在,则 $f'(x_0) = 0$.

若 $x = a$ 是 $y = f(x)$ 在 $[a, b]$ 上的最大(小)值点,又 $f'_+(a)$ 存在,则 $f'_+(a) \leqslant 0$ $(\geqslant 0)$,见图 3.5 - 1(图 3.5 - 2).

若 $x = b$ 是 $y = f(x)$ 在 $[a, b]$ 上的最大(小)值点,又 $f'_-(b)$ 存在,则 $f'_-(b) \geqslant 0$ $(\leqslant 0)$,见图 3.5 - 2(图 3.5 - 1).

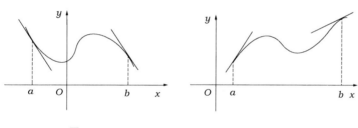

图 3.5 - 1　　　　　　　图 3.5 - 2

3. 函数最值问题中常见的情形

① 设 $f(x)$ 在 $[a, b]$ 连续,则 $f(x)$ 在 $[a, b]$ 存在最大值 M 与最小值 m,又设 $f(x)$ 在 (a, b) 可导或只有若干个点不可导,则求 M 与 m 的方法是:

➤ 求驻点,即在 (a, b) 内求 $f'(x) = 0$ 的点.

➤ 算出驻点、不可导点及 a, b 点的函数值并比较它们,最大者为 M,最小者为 m.

② 设 $f(x)$ 在区间 I 可导. 若 $\exists x_0 \in I$,使得

$$f'(x) \begin{cases} > 0, & x < x_0, x \in I, \\ = 0, & x = x_0, \\ < 0, & x > x_0, x \in I, \end{cases} \quad 则 f(x_0) = \max_I f(x),见图 3.5 - 3.$$

若 $\exists x_0 \in I$,使得

$$f'(x) \begin{cases} < 0, & x < x_0, x \in I, \\ = 0, & x = x_0, \\ > 0, & x > x_0, x \in I, \end{cases} \quad 则 f(x_0) = \min_I f(x),见图 3.5 - 4.$$

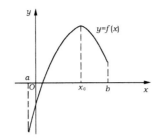

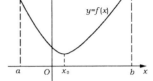

图 3.5 - 3　　　　　　　　　图 3.5 - 4

③ 设 $f(x)$ 在 (a,b) 连续，$\lim\limits_{x\to a+0} f(x) = \lim\limits_{x\to b-0} f(x) = +\infty(-\infty)$，则 $f(x)$ 在 (a,b) 存在最小值（最大值）、无最大值（最小值）. 若又有 $f(x)$ 在 (a,b) 可导，则只需求 $f(x)$ 在 (a,b) 的驻点（即 $f'(x) = 0$ 的点），并比较驻点的函数值便可求得这个最小值（最大值）.

二、典型题型归纳及解题方法与技巧

1. 对给定的函数在指定区间上求最值

【例 3.5.1】求 $f(x) = x + 2\cos x$ 在 $\left[0, \dfrac{\pi}{2}\right]$ 上的最大值.

【分析与求解】先求驻点. 解 $f'(x) = 1 - 2\sin x = 0$ 得 $x = \dfrac{\pi}{6}$.

方法一　比较函数值.

$$f(0) = 2, \quad f\left(\frac{\pi}{2}\right) = \frac{\pi}{2}, \quad f\left(\frac{\pi}{6}\right) = \frac{\pi}{6} + \sqrt{3} > 2, \frac{\pi}{2}.$$

因此，$f\left(\dfrac{\pi}{6}\right) = \dfrac{\pi}{6} + \sqrt{3}$ 为 $f(x)$ 在 $\left[0, \dfrac{\pi}{2}\right]$ 上的最大值.

方法二　再考察

$$f'(x)\begin{cases} > 0, & 0 < x < \dfrac{\pi}{6}, \\[2mm] = 0, & x = \dfrac{\pi}{6}, \\[2mm] < 0, & \dfrac{\pi}{6} < x < \dfrac{\pi}{2} \end{cases}$$

因此，$f\left(\dfrac{\pi}{6}\right) = \dfrac{\pi}{6} + \sqrt{3}$ 是 $f(x)$ 在 $\left[0, \dfrac{\pi}{2}\right]$ 的最大值.

方法三　$f(x)$ 在 $\left(0, \dfrac{\pi}{2}\right)$ 上的驻点唯一，即 $x = \dfrac{\pi}{6}$，且

$$f''(x) = -2\cos x, \quad f''\left(\frac{\pi}{6}\right) < 0.$$

该唯一驻点是极大值点，因此 $x = \dfrac{\pi}{6}$ 是 $f(x)$ 在 $\left[0, \dfrac{\pi}{2}\right]$ 的最大值点，$f\left(\dfrac{\pi}{6}\right) = \dfrac{\pi}{6} + \sqrt{3}$ 为 $f(x)$ 在 $\left[0, \dfrac{\pi}{2}\right]$ 的最大值.

评注　① 该题虽简单,但这三种解法代表了求解最值问题的一般方法,其共同点都要先求驻点. 方法一通过比较驻点与区间端点的函数值求得最值. 特别是对于多驻点的情形及区间含端点且同时求最大值与最小值的情形常用此法. 方法二通过考察驻点两侧函数的单调性求得最值. 该方法适用于驻点唯一且易判断导数符号的情形. 方法三利用了一个一般结论:若连续函数 $f(x)$ 在区间 I 有唯一极值点 $x=x_0$,且 $x=x_0$ 是极大(小)值点,则 $f(x_0)$ 是 $f(x)$ 在区间 I 上的最大(小)值. 该方法适用于驻点唯一且驻点两侧导数符号不易判断而驻点处的二阶导数符号易判断的情形.

② 若该例既求 $f(x)$ 在 $\left[0,\dfrac{\pi}{2}\right]$ 上的最大值与最小值,则用方法一较好. 若用方法二或方法三,还需比较 $f(0)$ 与 $f\left(\dfrac{\pi}{2}\right)$,求得最小值 $f\left(\dfrac{\pi}{2}\right)=\dfrac{\pi}{2}$.

【例 3.5.2】设 $a>0$,求 $f(x)=\dfrac{1}{1+|x|}+\dfrac{1}{1+|x-a|}$ 的最大值.

【分析与求解】这是分段函数,定义域是 $(-\infty,+\infty)$,将 $f(x)$ 表示成

$$f(x)=\begin{cases}\dfrac{1}{1-x}+\dfrac{1}{1+a-x}, & x\leqslant 0,\\[2mm]\dfrac{1}{1+x}+\dfrac{1}{1+a-x}, & 0\leqslant x\leqslant a,\\[2mm]\dfrac{1}{1+x}+\dfrac{1}{1+x-a}, & x\geqslant a,\end{cases}$$

$f(x)$ 在 $(-\infty,+\infty)$ 上连续. 除 $x=0,a$ 点外易求导得

$$f'(x)=\begin{cases}\dfrac{1}{(1-x)^2}+\dfrac{1}{(1+a-x)^2}, & x<0,\\[2mm]-\dfrac{1}{(1+x)^2}+\dfrac{1}{(1+a-x)^2}, & 0<x<a,\\[2mm]-\dfrac{1}{(1+x)^2}-\dfrac{1}{(1+x-a)^2}, & x>a.\end{cases}$$

由此得 $x\in(-\infty,0)$ 时 $f'(x)>0$,$f(x)$ 在 $(-\infty,0]$ 单调增大;$x\in(a,+\infty)$ 时 $f'(x)<0$,$f(x)$ 在 $[a,+\infty)$ 单调减小. 故 $f(x)$ 在 $[0,a]$ 的最大值就是 $f(x)$ 在 $(-\infty,+\infty)$ 上的最大值.

在 $(0,a)$ 上解 $f'(x)=0$,即解 $(1+a-x)^2-(1+x)^2=0$,得 $x=\dfrac{a}{2}$. 又

$$f\left(\dfrac{a}{2}\right)=\dfrac{4}{2+a}<\dfrac{2+a}{1+a}=f(0)=f(a),$$

因此,$f(x)$ 在 $(-\infty,+\infty)$ 上的最大值是 $\dfrac{2+a}{1+a}$.

评注　① 这里 $f(x)$ 在 $x=0,a$ 是不可导的(左、右导数不相等),但它在 $x=0,a$ 是连续的,这就不影响讨论.

② $\lim\limits_{x\to\pm\infty}f(x)=0<f\left(\dfrac{a}{2}\right)=\dfrac{4}{2+a}$,$f(x)$ 在 $(-\infty,+\infty)$ 无最小值.

2. 求数列的最大项或最小项

【例 3.5.3】求数列 $\left\{n^2\left(\dfrac{2}{3}\right)^n\right\}$ 的最大项,$n=1,2,3,\cdots$(已知 $\ln 1.5\approx 0.41$).

【分析与求解】转化为求函数的最值问题.

考察函数 $f(x)=x^2\left(\dfrac{2}{3}\right)^x$($1\leqslant x<+\infty$),转化为求 $f(x)$ 的最大值点并分析单调性.

为简化计算,取对数,令 $y=\ln f(x)=2\ln x+x\ln\dfrac{2}{3}$,解

$$y'=\frac{2}{x}+\ln\frac{2}{3}=\frac{\ln\dfrac{2}{3}\left(\dfrac{2}{\ln\dfrac{2}{3}}+x\right)}{x}=0,$$

得 $x=\dfrac{2}{\ln 1.5}$,且 $y'\begin{cases}>0,&1<x<\dfrac{2}{\ln 1.5},\\[2mm]<0,&\dfrac{2}{\ln 1.5}<x.\end{cases}$ 故在 $[1,+\infty)$ 上

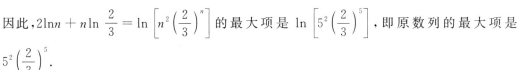

$x=\dfrac{2}{\ln 1.5}$ 时 y 取最大值.

由于 $4<\dfrac{2}{\ln 1.5}<5$ 及单调性分析(见图 3.5-5),只需比

图 3.5-5

较 $y(5)=2\ln 5+5\ln\dfrac{2}{3}$ 与 $y(4)=2\ln 4+4\ln\dfrac{2}{3}$. 而

$$y(5)-y(4)=\ln\frac{25}{16}+\ln\frac{2}{3}=\ln\frac{50}{48}>0.$$

因此,$2\ln n+n\ln\dfrac{2}{3}=\ln\left[n^2\left(\dfrac{2}{3}\right)^n\right]$ 的最大项是 $\ln\left[5^2\left(\dfrac{2}{3}\right)^5\right]$,即原数列的最大项是

$5^2\left(\dfrac{2}{3}\right)^5$.

评注 求数列 $\{x_n\}$ 的最大项或最小项的方法常是转化为求相应的函数 $f(x)$ 在 $[1,+\infty)$ 上的最大值或最小值,其中 $f(x)$ 满足 $x_n=f(n)$,可用求函数最值的方法求得 $x=c$ 是 $f(x)$ 在 $[1,+\infty)$ 的最大值点或最小值点. 若 $c=m$ 为自然数,则 x_n 的最大项或最小项就是 x_m. 若 c 不是自然数,可设 $m<c<m+1$(m 为某自然数),当 $f(x)$ 在 $x=c$ 两侧分别单调时,则可通过比较 $f(m)$ 与 $f(m+1)$ 的大小来确定 x_n 的最大项(或最小项).

3. 最值问题的应用题

【例 3.5.4】某公园有一高为 a 的雕塑,其基座高为 b,试问观赏者离基座底部多远时,其视线对塑像张成的角最大?

【分析与求解】设观赏者高为 h,在离基座底部为 x 处其视线对塑像张成的角为 $\alpha=\alpha(x)$.

① 导出 $\alpha(x)$($\tan\alpha(x)$)的表达式:

见图 3.5-6,设下视线与水平线的夹角为 β,上视线与水平线的夹角为 γ,则

$$\tan\beta = \frac{b-h}{x}, \quad \tan\gamma = \frac{a+b-h}{x}.$$

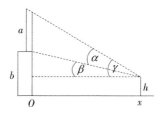

图 3.5-6

于是
$$\tan\alpha = \tan(\gamma-\beta) = \frac{\tan\gamma - \tan\beta}{1+\tan\gamma\tan\beta}$$

$$= \frac{\dfrac{a}{x}}{1+\dfrac{(b-h)(a+b-h)}{x^2}}$$

$$= \frac{ax}{x^2+c}, \quad x\in(0,+\infty),$$

其中,$c=(b-h)(a+b-h)$.

② 化为最值问题:求 $\alpha(x)$ 在 $(0,+\infty)$ 的最大值点,等价于求 $\tan\alpha(x)$ 在 $(0,+\infty)$ 的最大值点,也等价于求 $f(x)=\dfrac{x^2+c}{x}=x+\dfrac{c}{x}$ 在 $(0,+\infty)$ 的最小值点.

③ 求解最值问题:由于

$$f'(x) = 1-\frac{c}{x^2} = \frac{x^2-c}{x^2}\begin{cases} <0, & 0<x<x_0, \\ =0, & x=x_0=\sqrt{c}, \\ >0, & x>x_0, \end{cases}$$

因此,$x=x_0=\sqrt{c}$ 时,$f(x)$ 取 $(0,+\infty)$ 上的最小值,也就是观赏者离基座底部为 $\sqrt{(b-h)(a+b-h)}$ 时视线张角最大.这里自然假设 $b>h$.

评注 求解最值应用题的基本步骤是:

① 先把实际问题提成最值问题,确定目标函数 $f(x)$ 及其定义域 I,求 $f(x)$ 在区间 I 上的最值.

② 必要时,为简化计算考察它的等价问题.

③ 求导数解最值问题.

4. 讨论函数存在最大值或最小值的条件

【例 3.5.5】设 $f(x)$ 在区间 (a,b) 二阶可导,且 $f''(x)>0(<0)$,又 $x_0\in(a,b)$,使得 $f'(x_0)=0$,求证:$f(x_0)$ 是 $f(x)$ 在 (a,b) 上的最小(大)值.

【分析与证明】由 $f''(x)>0(x\in(a,b))$ 及 $f'(x_0)=0$ 可判断 $f'(x)$ 在 x_0 两侧的符号,从而可得 $f(x)$ 在 $x=x_0$ 两侧的升降性.

由 $f''(x)>0$ $(x\in(a,b))$ $\Rightarrow$ $f'(x)$ 在 (a,b) 单调上升 $\Rightarrow$ $a<x<x_0$ 时,$f'(x)<f'(x_0)=0$;$x_0<x<b$ 时,$0=f'(x_0)<f'(x)$ $\Rightarrow$ $x\in(a,x_0]$ 时 $f(x)$ 单调下降,$x\in[x_0,b)$ 时 $f(x)$ 单调上升 $\Rightarrow$ $f(x)>f(x_0)$ $(x\in(a,b),x\neq x_0)$ $\Rightarrow$ $f(x_0)$ 是 $f(x)$ 在 (a,b) 的最小值.

$f''(x)<0$,$f'(x_0)=0$ 时类似可证 $f(x_0)$ 是 $f(x)$ 在 (a,b) 的最大值.

【例 3.5.6】设 $f(x)$ 在 (a,b) 上连续,且

$$\lim_{x\to a+0}f(x) = \lim_{x\to b-0}f(x) = +\infty(-\infty),$$

求证：$f(x)$ 在 (a,b) 存在最小值（最大值）.

【分析与证明】利用极限的不等式性质，把开区间情形转化为有限闭区间的情形.

$\forall$ 取 $x_0 \in (a,b)$，由 $\lim\limits_{x \to a+0} f(x) = +\infty \Rightarrow \exists x_1 \in (a,x_0)$，当 $x \in (a,x_1)$ 时，$f(x) > f(x_0)$，类似由 $\lim\limits_{x \to b-0} f(x) = +\infty \Rightarrow \exists x_2 \in (x_0,b)$，当 $x \in (x_2,b)$ 时 $f(x) > f(x_0)$. 现由 $f(x)$ 在 $[x_1,x_2]$ 连续 $\Rightarrow \exists c \in [x_1,x_2]$，使得 $f(c) = \min\limits_{[x_1,x_2]} f(x)$，因 $x_0 \in (x_1,x_2) \Rightarrow f(c) \leqslant f(x_0) \Rightarrow f(c) \leqslant f(x)$ $(x \in (a,x_1)$ 或 $x \in (x_2,b))$. 因此 $f(c) = \min\limits_{(a,b)} f(x)$.

当 $\lim\limits_{x \to a+0} f(x) = \lim\limits_{x \to b-0} f(x) = -\infty$ 时，类似可证.

【例 3.5.7】* 设 $f(x)$ 在 (a,b) 连续，又 $f(x)$ 在 (a,b) 有唯一的极值点 $x = x_0$，若 $x = x_0$ 是极小值（极大值）点，求证：$f(x_0)$ 是 $f(x)$ 在 (a,b) 的最小值（最大值）.

【分析与证明】设 $x = x_0$ 是极小值点，若它不是最小值点，直观上看，还应存在一个极大值点，见图 3.5-7. 现证明之.

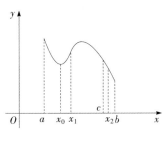

图 3.5-7

若 $f(x_0)$ 不是 $f(x)$ 在 (a,b) 的最小值，则 $\exists x_2 \in (a,b)$，$f(x_2) < f(x_0)$，不妨设 $x_2 > x_0$. 由 $x = x_0$ 是极小值点 $\Rightarrow \exists x_1 \in (x_0,x_2)$，使得 $f(x_1) > f(x_0)$. 再由连续函数中间值定理，$\exists c \in (x_1,x_2)$ 使得 $f(c) = f(x_0)$. 现考察 $f(x)$ 在区间 $[x_0,c]$ 的值 $\Rightarrow \exists x^* \in (x_0,c)$，使得 $f(x^*) = \max\limits_{[x_0,c]} f(x) \Rightarrow x^*$ 是 $f(x)$ 的极大值点，与 $f(x)$ 在 (a,b) 有唯一极值点矛盾. 因此证得 $f(x_0)$ 是 $f(x)$ 在 (a,b) 的最小值.

5. 最大（小）值点的导数性质与导函数中间值性质

【例 3.5.8】设 $x = a$ 是 $y = f(x)$ 在 $[a,b]$ 上的最大（小）值点，又 $f'_+(a)$ 存在，求证：$f'_+(a) \leqslant 0 (\geqslant 0)$.

【分析与证明】按 $f'_+(a)$ 的定义，最大值（最小值）的定义及极限的不等式性质可得证.

注意，$f(a)$ 是 $f(x)$ 在 $[a,b]$ 的最大（小）值 $\Rightarrow$

$$\frac{f(x) - f(a)}{x - a} \leqslant 0 (\geqslant 0), x \in (a,b).$$

于是由 $f'_+(a)$ 的定义及极限的不等式性质 $\Rightarrow$

$$f'_+(a) = \lim\limits_{x \to a+0} \frac{f(x) - f(a)}{x - a} \leqslant 0 (\geqslant 0).$$

评注 类似可证"设 $x = b$ 是 $y = f(x)$ 在 $[a,b]$ 上的最大（小）值点，又 $f'_-(b)$ 存在，则 $f'_-(b) \geqslant 0 (\leqslant 0)$".

【例 3.5.9】* 设 $f(x)$ 在 $[a,b]$ 可导，求证：

(1) 若 $f'_+(a) \cdot f'_-(b) < 0$，则 $\exists c \in (a,b)$，使得 $f'(c) = 0$；

(2)（达布定理）若 $f'_+(a) \neq f'_-(b)$，则对介于 $f'_+(a)$ 与 $f'_-(b)$ 间的 $\forall$ 值 μ，$\exists c \in (a,b)$，使得 $f'(c) = \mu$.

【分析与证明】(1) 在所设条件下，只需证明 $f(x)$ 在 $[a,b]$ 的最大值或最小值不能在

$x=a$ 或 $x=b$ 处达到. 这就要用到例 3.5.8 及其评注的结论.

不妨设 $f'_+(a)>0$，$f'_-(b)<0$. 由例 3.5.8 及其评注的结论知，$f(x)$ 在 $[a,b]$ 的最大值 M 不能在 $x=a$ 或 $x=b$ 达到，于是 $\exists c\in(a,b)$，使得

$$f(c)=M=\max_{[a,b]}f(x).$$

$x=c$ 是 $f(x)$ 的极值点 $\Rightarrow f'(c)=0$.

（2）引进辅助函数转化为题（1）的情形.

求证 $\exists c\in(a,b)$，使得 $f'(c)=\mu$，即证 $[f(x)-\mu x]'\big|_{x=c}=0$.

令 $F(x)=f(x)-\mu x$，则 $F(x)$ 在 $[a,b]$ 可导，又

$$F'_+(a)=f'_+(a)-\mu,\quad F'_-(b)=f'_-(b)-\mu,\quad F'_+(a)\cdot F'_-(b)<0$$

$\Rightarrow \exists c\in(a,b)$，使得 $F(c)=0$，即 $f'(c)-\mu=0$，$f'(c)=\mu$.

评注　这里没有假定导函数 $f'(x)$ 连续，因而不属于连续函数中间值定理的情形. 该例证明：对可导函数而言，不论导函数是否连续，导函数总是取中间值.

6. 在一定条件下证明函数 $f(x)$ 在 $[a,b]$ 的最大值或最小值在 (a,b) 内取到，从而证明 $f'(x)$ 在 (a,b) 存在零点

【例 3.5.10】设 $f(x)$ 在 $[a,b]$ 可导，$f'_+(a)>0$，$f'_-(b)>0$，$f(a)\geqslant f(b)$，求证：$f'(x)$ 在 (a,b) 至少有两个零点.

【分析与证明】$f(x)$ 在 $[a,b]$ 连续 $\Rightarrow f(x)$ 在 $[a,b]$ 达到最大值与最小值. 由 $f(a)\geqslant f(b)$ 可知，若 $f(x)$ 的最大值在区间端点达到，则必在 $x=a$ 达到，由 $f(x)$ 的可导性，必有 $f'_+(a)\leqslant 0$. 条件 $f'_+(a)>0$ 表明 $f(x)$ 的最大值不能在端点达到，同理可证 $f(x)$ 的最小值也不能在端点 $x=a$ 或 $x=b$ 达到，因此，$f(x)$ 在 $[a,b]$ 的最大值与最小值必在开区间 (a,b) 达到，又 $f(x)$ 在 $[a,b]$ 可导，在最大值点与最小值点处 $f'(x)=0$，所以 $f'(x)$ 在 (a,b) 至少存在两个零点.

第六节　函数图形的描绘

一、知识点归纳总结

由函数 $y=f(x)$ 的一阶、二阶导数可讨论其单调性与极值点、凹凸性与拐点，再求出渐近线及几个关键点就可把函数 $y=f(x)$ 的图形较准确地画出来.

1. 求 $y=f(x)$ 的渐近线的方法

（1）垂直渐近线

$x=a$ 是 $y=f(x)$ 的垂直渐近线 $\Leftrightarrow \lim\limits_{x\to a+0}f(x)=\infty$ 或 $\lim\limits_{x\to a-0}f(x)=\infty$.

（2）水平渐近线

$x\to+\infty(-\infty)$ 时 $y=b$ 是 $y=f(x)$ 的水平渐近线 $\Leftrightarrow \lim\limits_{x\to+\infty}f(x)=b$（$\lim\limits_{x\to-\infty}f(x)=b$）.

（3）斜渐近线

$x\to+\infty(-\infty)$ 时 $y=kx+b$（$k\neq0$）是 $y=f(x)$ 的斜渐近线 $\Leftrightarrow$

$$\lim_{x\to+\infty}\frac{f(x)}{x}=k\neq0,\qquad \lim_{x\to+\infty}[f(x)-kx]=b.$$

$$\left(\lim_{x\to-\infty}\frac{f(x)}{x}=k\neq0,\qquad \lim_{x\to-\infty}[f(x)-kx]=b\right)$$

2. 利用导数作函数 $y=f(x)$ 的图形的具体步骤

① 求 $y=f(x)$ 的定义域,考察有无奇偶性、周期性与间断点.

② 求 y',y'' 并求出 $y'=0$,$y''=0$ 和 y',y'' 不存在的点,用这些点把定义域分成若干个区间,列成表,表中标明 y',y'' 在各区间的符号,随之也就确定了单调性、凹凸性、极值点与拐点.

③ 求出渐近线.

④ 作图.

二、典型题型归纳及解题方法与技巧

1. 求曲线的渐近线

【例 3.6.1】求出下列曲线的渐近线：

(1) $y=1-x+\sqrt{\dfrac{x^3}{3+x}}$；

(2) $y=\sqrt{4x^2+x}\ln\left(2+\dfrac{1}{x}\right)$.

【解】(1) y 的不连续点只有 $x=-3$,又 $\lim\limits_{x\to-3-0}y=+\infty$,因此有垂直渐近线 $x=-3$.再求

$$\lim_{x\to+\infty}y=1-\lim_{x\to+\infty}x\left(1-\sqrt{\frac{x}{x+3}}\right)=1-\lim_{x\to+\infty}\left(x\,\frac{1-\frac{x}{x+3}}{1+\sqrt{\frac{x}{x+3}}}\right)$$

$$=1-\lim_{x\to+\infty}\frac{3x}{(x+3)\left(1+\sqrt{\frac{x}{x+3}}\right)}=1-\frac{3}{2}=-\frac{1}{2}.$$

所以 $x\to+\infty$ 时,$y=-\dfrac{1}{2}$ 是水平渐近线.因 $\lim\limits_{x\to-\infty}y=+\infty$,所以 $x\to-\infty$ 时无水平渐近线.但

$$\lim_{x\to-\infty}\frac{y}{x}=\lim_{x\to-\infty}\left(\frac{1}{x}-1-\sqrt{\frac{x}{x+3}}\right)=-2.$$

又
$$\lim_{x\to-\infty}(y+2x)=\lim_{x\to-\infty}\left(1+x+\sqrt{\frac{x^3}{3+x}}\right)=1+\lim_{x\to-\infty}x\left(1-\sqrt{\frac{x}{3+x}}\right)$$

$$=1+\lim_{x\to-\infty}\frac{3x}{(3+x)\left(1+\sqrt{\frac{x}{3+x}}\right)}=1+\frac{3}{2}=\frac{5}{2},$$

因此,$x\to-\infty$ 时有斜渐近线 $y=-2x+\dfrac{5}{2}$.

(2) 函数只有间断点 $x=0$,$x=-\dfrac{1}{2}$.考察

$$\lim_{x\to-\frac{1}{2}-0}y=-\infty,$$

$$\lim_{x\to0+}y=\lim_{x\to0+}\left[\sqrt{4x^2+x}\ln(2x+1)\right]-\lim_{x\to0+}(\sqrt{4x+1}\cdot\sqrt{x}\ln x)=0.$$

于是垂直渐近线只有 $x=-\dfrac{1}{2}$. 再求

$$\lim_{x\to\pm\infty}\frac{y}{x}=\lim_{x\to\pm\infty}\frac{|x|}{x}\sqrt{4+\frac{1}{x}}\ln\left(2+\frac{1}{x}\right)=\pm2\ln2.$$

又 $$\lim_{x\to+\infty}\left[y-(2\ln2)x\right]=\lim_{x\to+\infty}\left[\sqrt{4x^2+x}\ln\left(2+\frac{1}{x}\right)-(2\ln2)x\right]$$

$$=\lim_{x\to+\infty}\left[(\sqrt{4x^2+x}-2x)\ln\left(2+\frac{1}{x}\right)\right]+\lim_{x\to+\infty}\left[2x\left(\ln\left(2+\frac{1}{x}\right)-\ln2\right)\right]$$

$$=\lim_{x\to+\infty}\left[\frac{x}{\sqrt{4x^2+x}+2x}\ln\left(2+\frac{1}{x}\right)\right]+\lim_{x\to+\infty}2x\ln\left(1+\frac{1}{2x}\right)=\frac{1}{4}\ln2+1,$$

同理 $$\lim_{x\to-\infty}\left[y+(2\ln2)x\right]$$

$$=\lim_{x\to-\infty}\left[(\sqrt{4x^2+x}+2x)\ln\left(2+\frac{1}{x}\right)\right]-\lim_{x\to-\infty}\left[2x\left(\ln\left(2+\frac{1}{x}\right)-\ln2\right)\right]=-\frac{1}{4}\ln2-1.$$

因此,$x\to\pm\infty$时分别有渐近线

$$y=(2\ln2)x+\frac{1}{4}\ln2+1,\quad y=-(2\ln2)x-\frac{1}{4}\ln2-1.$$

评注 为求出 $y=f(x)$ 的垂直渐近线,需要考察 $y=f(x)$ 的全体间断点,仅当 $x=a$ 是 $f(x)$ 的 ∞ 型第二类间断点时,$x=a$ 才是 $y=f(x)$ 的垂直渐近线.

为求 $y=f(x)$ 的水平或斜渐近线,需要分别考察

$$\lim_{x\to+\infty}f(x),\ \lim_{x\to-\infty}f(x)\ \text{或}\ \lim_{x\to+\infty}\frac{f(x)}{x},\ \lim_{x\to-\infty}\frac{f(x)}{x}.$$

若 $\lim\limits_{x\to+\infty}f(x),\ \lim\limits_{x\to+\infty}\dfrac{f(x)}{x}$ 之一存在,就不必再考察另一极限.$x\to-\infty$时也是如此.

2. 作函数 $y=f(x)$ 的图形

【例 3.6.2】作下列函数 $y=f(x)$ 的图形:

(1) $f(x)=\dfrac{2x-1}{(x-1)^2}$;   (2) $f(x)=\sqrt{\dfrac{x^3}{x-1}}$.

【解】(1) 第一步,$f(x)$ 的定义域是 $(-\infty,1),(1,+\infty)$. 只有间断点 $x=1$.
第二步,求 $f'(x),f''(x)$.

$$f'(x)=\left[\frac{2(x-1)+1}{(x-1)^2}\right]'=\left[\frac{2}{x-1}+\frac{1}{(x-1)^2}\right]'$$

$$=-\frac{2}{(x-1)^2}-\frac{2}{(x-1)^3}=\frac{-2x}{(x-1)^3},$$

$$f''(x)=\left[-\frac{2}{(x-1)^2}-\frac{2}{(x-1)^3}\right]'=\frac{4}{(x-1)^3}+\frac{6}{(x-1)^4}=\frac{2(2x+1)}{(x-1)^4},$$

由 $f'(x)=0$ 得 $x=0$,由 $f''(x)=0$ 得 $x=-\dfrac{1}{2}$.

现用点(从左到右)$x=-\dfrac{1}{2},0,1$ 将定义域分成 4 个区间,将上述计算结果列成表 3.6-1,指明单调性与极值点,凹凸性与拐点.

表 3.6-1

x	$\left(-\infty,-\dfrac{1}{2}\right)$	$-\dfrac{1}{2}$	$\left(-\dfrac{1}{2},0\right)$	0	$(0,1)$	1	$(1,+\infty)$
$f'(x)$	$-$	$-$	$-$	0	$+$		$-$
$f''(x)$	$-$	0	$+$	$+$	$+$		$+$
$f(x)$	↘	$-8/9$ 拐点	↘	-1 极小	↗	间断点	↘

第三步,求渐近线.只有间断点 $x=1$,又

$$\lim_{x\to 1}f(x)=\lim_{x\to 1}\frac{2x-1}{(x-1)^2}=+\infty,$$

$x=1$ 为垂直渐近线.因为

$$\lim_{x\to\pm\infty}f(x)=\lim_{x\to\pm\infty}\frac{2x-1}{(x-1)^2}=0,$$

所以 $x\to\pm\infty$ 时 $y=0$ 为水平渐近线.无斜渐近线.

第四步,作图(见图 3.6-1).

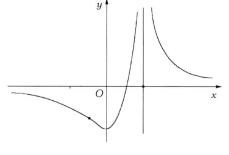

图 3.6-1

(2) 第一步,$f(x)$ 的定义域是 $(-\infty,0]$,$(1,+\infty)$,只有间断点 $x=1$.$f(0)=0$,$x=0$ 是连续点(单侧连续点).$f(x)>0$ $(x\in$ 定义域,$x\neq 0)$.

第二步,求 $f'(x)$,$f''(x)$.

由 $y=f(x)=\sqrt{\dfrac{x^3}{x-1}}>0$,取对数得

$$\ln y=\frac{3}{2}\ln|x|-\frac{1}{2}\ln|x-1|.$$

求导得

$$\frac{1}{y}y'=\frac{3}{2}\cdot\frac{1}{x}-\frac{1}{2}\cdot\frac{1}{x-1}=\frac{2x-3}{2x(x-1)}\quad(x\in\text{定义域},x\neq 0).$$

$$y'_{-}(0)=\lim_{x\to 0^-}\frac{\sqrt{\dfrac{x^3}{x-1}}-0}{x}=-\lim_{x\to 0^-}\sqrt{\frac{x}{x-1}}=-\lim_{x\to 0^-}\sqrt{\frac{-x}{1-x}}=0.$$

为求 y'',先求

$$\left(\frac{y'}{y}\right)'=\left[\frac{3}{2x}-\frac{1}{2(x-1)}\right]'=-\frac{3}{2x^2}+\frac{1}{2(x-1)^2}=\frac{-2x^2+6x-3}{2x^2(x-1)^2},$$

又 $\left(\dfrac{y'}{y}\right)' = \dfrac{y''}{y} - \dfrac{y'^2}{y^2}$,则有

$$\frac{y''}{y} = \left(\frac{y'}{y}\right)' + \frac{y'^2}{y^2} = \frac{-2x^2+6x-3}{2x^2(x-1)^2} + \frac{(2x-3)^2}{4x^2(x-1)^2} = \frac{3}{4x^2(x-1)^2}.$$

由 $y'=f'(x)=0$ 得 $x=0,\dfrac{3}{2}.\ y''\neq0.$

现用点 $x=0,1,\dfrac{3}{2}$ 将定义域分成 3 个区间,将上述计算结果列成表 3.6 - 2.

表 3.6 - 2

x	$(-\infty,0)$	0	$\left(1,\dfrac{3}{2}\right)$	$\dfrac{3}{2}$	$\left(\dfrac{3}{2},+\infty\right)$
$f'(x)$	$-$	0	$-$	0	$+$
$f''(x)$	$+$	不存在	$+$	$+$	$+$
$f(x)$	↘	0	↘	$\dfrac{3}{2}\sqrt{3}$ 极小	↗

第三步,求渐近线.

只有间断点 $x=1$, $\displaystyle\lim_{x\to1+0}f(x) = \lim_{x\to1+0}\sqrt{\dfrac{x^3}{x-1}} = +\infty$, $x=1$ 是垂直渐近线.

$$\lim_{x\to+\infty}\frac{y}{x} = \lim_{x\to+\infty}\sqrt{\frac{x}{x-1}} = 1,$$

$$\lim_{x\to+\infty}(y-x) = \lim_{x\to+\infty}x\left(\sqrt{\frac{x}{x-1}}-1\right) = \lim_{x\to+\infty}\frac{x\left(\dfrac{x}{x-1}-1\right)}{\sqrt{\dfrac{x}{x-1}}+1} = \lim_{x\to+\infty}\frac{\dfrac{x}{x-1}}{\sqrt{\dfrac{x}{x-1}}+1} = \frac{1}{2}$$

因此, $x\to+\infty$ 时有渐近线 $y=x+\dfrac{1}{2}.$ 又

$$\lim_{x\to-\infty}\frac{y}{x} = \lim_{x\to-\infty}\left(-\sqrt{\frac{x}{x-1}}\right) = -1,$$

$$\lim_{x\to-\infty}(y+x) = \lim_{x\to-\infty}x\left(-\sqrt{\frac{x}{x-1}}+1\right) = \lim_{x\to-\infty}\frac{\dfrac{-x}{x-1}}{1+\sqrt{\dfrac{x}{x-1}}} = -\frac{1}{2}$$

得 $x\to-\infty$ 时有渐近线 $y=-x-\dfrac{1}{2}.$

第四步,作图(见图 3.6 - 2).

3. 作函数的图形——函数由参数方程或极坐标方程给出的情形

【例 3.6.3】设曲线由参数方程 $x=\cos^3t,y=\sin^3t$ 给出,作它的图形.

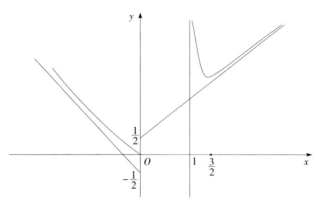

图 3.6 - 2

【分析与求解】t 的几何意义是极角. 由于 $x(t), y(t)$ 均以 2π 为周期, 该曲线是闭曲线. 再看对称性. 因为

$$(x(-t), y(-t)) = (x(t), -y(t)),$$
$$(x(\pi-t), y(\pi-t)) = (-x(t), y(t)),$$

所以曲线关于 x 轴与 y 轴均对称. 只须考察 $t \in \left[0, \dfrac{\pi}{2}\right]$ 即第一象限中的情形, 曲线可表成 $y = y(x)$. 利用参数求导法导出 $\dfrac{\mathrm{d}y}{\mathrm{d}x}, \dfrac{\mathrm{d}^2 y}{\mathrm{d}x^2}$.

$t \in \left(0, \dfrac{\pi}{2}\right)$ 时,

$$\frac{\mathrm{d}y}{\mathrm{d}x} = \frac{y'(t)}{x'(t)} = \frac{3\sin^2 t \cos t}{3\cos^2 t(-\sin t)} = -\tan t < 0,$$

$$\frac{\mathrm{d}^2 y}{\mathrm{d}x^2} = (-\tan t)' \frac{\mathrm{d}t}{\mathrm{d}x} = -\frac{1}{\cos^2 t} \cdot \frac{1}{x'(t)} = \frac{1}{3\cos^4 t \sin t} > 0,$$

即曲线是下降的且是凹的.

$t = 0$ 时, $x = 1, y = 0$; $t = \dfrac{\pi}{2}$ 时, $x = 0, y = 1$. 曲线过 $(1,0)$ 与 $(0,1)$ 点. 由

$$\lim_{t \to 0+} \frac{\mathrm{d}y}{\mathrm{d}x} = \lim_{t \to 0}(-\tan t) = 0, \quad \lim_{t \to \frac{\pi}{2}-0} \frac{\mathrm{d}y}{\mathrm{d}x} = \infty,$$

知曲线在 $(1,0)$ 点与 x 轴相切, 在 $(0,1)$ 与 y 轴相切. 因此该曲线在第一象限的图形如图 3.6 - 3 所示, 由对称性得, 整条曲线的图形如图 3.6 - 4 所示.

评注　曲线方程也可表示为 $x^{\frac{2}{3}} + y^{\frac{2}{3}} = 1$, 即 $y = \pm(1 - x^{\frac{2}{3}})^{\frac{3}{2}}$.

【例 3.6.4】设曲线由极坐标方程给出: $r = a(1+\cos\theta)\,(a > 0)$, 作曲线的图形.

【分析】由于 $r(\theta) = a(1+\cos\theta)$ 对 $\theta \in [-\pi, \pi]$ 定义且以 2π 为周期, 因此 $r(\theta)$ 是闭曲线. 又 $r(-\theta) = r(\theta)$, 所以该曲线关于极轴对称, 只须考虑 $\theta \in [0, \pi]$. 由极坐标方程可得曲线的参数方程, 再由参数求导法可得 $\dfrac{\mathrm{d}y}{\mathrm{d}x}$ 与 $\dfrac{\mathrm{d}^2 y}{\mathrm{d}x^2}$, 由此可判断曲线的单调性与凹凸性.

【解】对 $\theta \in [0, \pi]$, 由

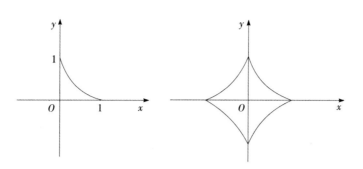

图 3.6 - 3　　　　　　　图 3.6 - 4

$$x = r(\theta)\cos\theta = a(1+\cos\theta)\cos\theta, \quad y = r(\theta)\sin\theta = a(1+\cos\theta)\sin\theta,$$

得
$$\frac{dy}{dx} = \frac{y'_\theta}{x'_\theta} = \frac{a(\cos\theta + \cos 2\theta)}{a(-\sin\theta - \sin 2\theta)} = \frac{-\cos\frac{3}{2}\theta\cos\frac{\theta}{2}}{\sin\frac{3}{2}\theta\cos\frac{\theta}{2}} = -\cot\frac{3}{2}\theta,$$

$$\frac{d^2 y}{dx^2} = \left(-\cot\frac{3}{2}\theta\right)'_\theta \frac{d\theta}{dx} = \frac{1}{\sin^2\frac{3}{2}\theta} \cdot \frac{3}{2} \cdot \frac{1}{x'_\theta}$$

$$= \frac{3}{2} \cdot \frac{1}{\sin^2\frac{3}{2}\theta} \cdot \frac{-1}{2a\sin\frac{3}{2}\theta\cos\frac{\theta}{2}}$$

$$= -\frac{3}{4} \cdot \frac{1}{a\sin^3\frac{3}{2}\theta\cos\frac{\theta}{2}}.$$

当 $\theta\in[0,\pi]$ 时，$\dfrac{dy}{dx}=0$ 或不存在的点是 $\theta = 0, \dfrac{\pi}{3}, \dfrac{2}{3}\pi, \pi$；$\dfrac{d^2 y}{dx^2}$ 不存在的点是 $\theta = 0,$ $\dfrac{2}{3}\pi, \pi$. 于是可得表 3.6 - 3.

表 3.6 - 3

θ	0	$\left(0, \dfrac{\pi}{3}\right)$	$\dfrac{\pi}{3}$	$\left(\dfrac{\pi}{3}, \dfrac{2}{3}\pi\right)$	$\dfrac{2}{3}\pi$	$\left(\dfrac{2}{3}\pi, \pi\right)$	π
x	$2a$	$\left(2a, \dfrac{3}{4}a\right)$	$\dfrac{3}{4}a$	$\left(\dfrac{3}{4}a, -\dfrac{1}{4}a\right)$	$-\dfrac{1}{4}a$	$\left(-\dfrac{1}{4}a, 0\right)$	0
$\dfrac{dy}{dx}$	∞	$-$	0	$+$	∞	$-$	0
$\dfrac{d^2 y}{dx^2}$		$-$		$-$		$+$	
y	0	⤵	$\dfrac{3\sqrt{3}}{4}a$	⤴	$\dfrac{\sqrt{3}}{4}a$	⤵	0

按此表可作该曲线的图形，如图 3.6 - 5 所示.

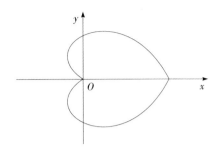

图 3.6 - 5

第七节 曲 率

一、知识点归纳总结

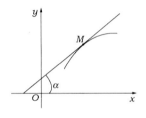

1. 曲率与曲率半径的定义

设 C 是光滑曲线（每一点都有切线且随切点的移动而连续转动）. 选定一端点作为度量弧 s 的基点. 曲线上每一点 M 对应弧长为 s, 点 M 切线的倾角（见图 3.7 - 1）为 $\alpha = \alpha(s)$, 称

$$K = \left| \frac{\mathrm{d}\alpha}{\mathrm{d}s} \right|$$

图 3.7 - 1

为平面曲线 C 在点 M 的曲率, $R = \dfrac{1}{K}$ 为 C 在点 M 的曲率半径.

2. 曲率与曲率半径的计算公式

设曲线 C 的参数方程为 $x = x(t), y = y(t)(t \in [\alpha, \beta])$, 则

$$K = \left| \frac{\mathrm{d}\alpha}{\mathrm{d}s} \right| = \frac{|x'(t)y''(t) - x''(t)y'(t)|}{[x'^2(t) + y'^2(t)]^{3/2}},$$

其中, $x(t), y(t)$ 在 $[\alpha, \beta]$ 有连续的二阶导数.

设曲线 C 的直角坐标方程为 $y = y(x)$, 则

$$K = \left| \frac{\mathrm{d}\alpha}{\mathrm{d}s} \right| = \frac{|y''|}{(1 + y'^2)^{3/2}}.$$

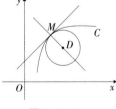

3. 曲率圆与曲率中心的定义

在点 M 处曲线 C 的法线上, 在凹的一侧取一点 D, 使 $|\overline{DM}| =$ 曲率半径 R, 以 D 为圆心, R 为半径作圆（见图 3.7 - 2）, 这个圆叫作曲线 C 在点 M 处的曲率圆, 圆心 D 叫作曲线 C 在点 M 的曲率中心.

图 3.7 - 2

*4. 曲率中心的计算公式

设 $y = y(x)$ 二阶可导且 $y''(x) \neq 0$, 则曲线 $C: y = y(x)$ 在点 $M(x, y)$ 的曲率中心 $D(\alpha, \beta)$ 为

$$\begin{cases} \alpha = x - \dfrac{y'(x)(1+y'^2(x))}{y''(x)}, \\ \beta = y(x) + \dfrac{1+y'^2(x)}{y''(x)}. \end{cases}$$

*5. 渐屈线与渐伸线

当点 $M(x,y(x))$ 沿曲线 $C:y=y(x)$ 移动时,相应的曲率中心 D 的轨迹曲线 G 称为曲线 C 的渐屈线,而曲线 C 称为曲线 G 的渐伸线.

设 $y=y(x)$ 二阶可导且 $y''(x) \neq 0$,则曲线 $C:y=y(x)$ 的渐屈线参数方程是

$$\begin{cases} \alpha = x - \dfrac{y'(x)(1+y'^2(x))}{y''(x)}, \\ \beta = y(x) + \dfrac{1+y'^2(x)}{y''(x)}. \end{cases}$$

其中,x 为参数,直角坐标系 $\alpha O \beta$ 与 xOy 重合.

二、典型题型归纳及解题方法与技巧

1. 求平面曲线的曲率或曲率半径

【例 3.7.1】求下列曲线的曲率:

(1) $y = \ln x$;　　　　　　　　　　　　(2) $r = a(1+\cos\theta)$.

【解】(1) 先求 $\dfrac{\mathrm{d}y}{\mathrm{d}x}, \dfrac{\mathrm{d}^2 y}{\mathrm{d}x^2}$,然后代入公式 $y' = \dfrac{1}{x}, y'' = -\dfrac{1}{x^2}$. 于是,在任意点 $x>0$ 处曲率为

$$K = \frac{|y''|}{(1+y'^2)^{3/2}} = \frac{\dfrac{1}{x^2}}{\left[1+\left(\dfrac{1}{x}\right)^2\right]^{3/2}} = \frac{x}{(1+x^2)^{3/2}}.$$

(2) 先求曲线的参数方程,然后套用公式.

曲线的参数方程为

$x = r\cos\theta = a(1+\cos\theta)\cos\theta, \quad y = r\sin\theta = a(1+\cos\theta)\sin\theta,$

$x' = -a(\sin\theta + \sin2\theta), \quad y' = a(\cos\theta + \cos2\theta),$

$x'^2 + y'^2 = a^2 2(1+\cos\theta) = 2ar, \quad x'' = -a(\cos\theta + 2\cos2\theta),$

$y'' = -a(\sin\theta + 2\sin2\theta),$

$x'y'' - x''y' = a^2[(\sin\theta + \sin2\theta)(\sin\theta + 2\sin2\theta) + (\cos\theta + \cos2\theta)(\cos\theta + 2\cos2\theta)]$
$\qquad\qquad = 3a^2(1+\cos\theta) = 3ar.$

因此,曲率 $K = \dfrac{|x'y'' - x''y'|}{(x'^2 + y'^2)^{\frac{3}{2}}} = \dfrac{3ar}{(2ar)^{\frac{3}{2}}} = \dfrac{3}{2\sqrt{2ar}}.$

评注　求显式表示的曲线 $y=f(x)$ 或参数方程表示的曲线 $x=x(t), y=y(t)$ 的曲率(或曲率半径),就是分别求一阶和二阶导数,然后套用现成的曲率计算公式.若求由极坐标方程表示的曲线 $r=r(\theta)$ 的曲率,则要先求出该曲线的参数方程 $x=r(\theta)\cos\theta$, $y=r(\theta)\sin\theta$,然后再求它们的一、二阶导数,最后套用已知的公式.

*2. 导出曲率中心的公式

【例 3.7.2】设曲线 $C: y = y(x)$ 二阶可导，求 C 在点 $M(x, y(x))$ 的曲率中心 (α, β).

【解】点 M 处曲线 C 的法线方程是

$$Y - y(x) = -\frac{1}{y'(x)}(X - x),$$

其中，(X, Y) 是法线上点的坐标. 曲率半径是

$$R = \frac{(1 + y'^2(x))^{3/2}}{|y''(x)|},$$

于是

$$\beta - y(x) = -\frac{1}{y'(x)}(\alpha - x), \qquad (3.7-1)$$

$$(\beta - y(x))^2 + (\alpha - x)^2 = \frac{(1 + y'^2(x))^3}{(y''(x))^2}. \qquad (3.7-2)$$

由式 $(3.7-1)$ 得 $\alpha - x = -(\beta - y(x))y'(x)$，代入式 $(3.7-2)$ 得

$$(\beta - y(x))^2 (1 + y'^2(x)) = \frac{(1 + y'^2(x))^3}{(y''(x))^2},$$

解得

$$\beta - y(x) = \pm \frac{1 + y'^2(x)}{|y''(x)|}.$$

当 $y''(x) < 0$ 时 $\beta < y(x)$；当 $y''(x) > 0$ 时 $\beta > y(x)$，因此

$$\beta - y(x) = \frac{1 + y'^2(x)}{y''(x)},$$

代入式 $(3.7-1)$ 得 $\alpha - x = -\dfrac{1 + y'^2(x)}{y''(x)} y'(x)$.

最后得

$$\begin{cases} \alpha = x - \dfrac{y'(x)(1 + y'^2(x))}{y''(x)}, \\[3mm] \beta = y(x) + \dfrac{1 + y'^2(x)}{y''(x)}. \end{cases}$$

示意图如图 3.7-3 所示.

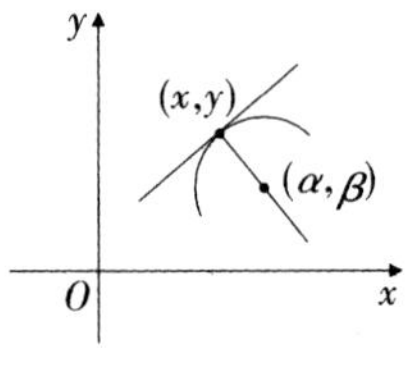

图 3.7-3

*3. 求曲线的渐屈线方程

【例 3.7.3】求椭圆 $\dfrac{x^2}{a^2} + \dfrac{y^2}{b^2} = 1 (a > b)$ 的渐屈线方程.

【解】椭圆的参数方程为

$$x = a\cos t, \quad y = b\sin t,$$

求出 $\dfrac{\mathrm{d}y}{\mathrm{d}x} = \dfrac{y'_t}{x'_t} = -\dfrac{b\cos t}{a\sin t}$,

$$\frac{\mathrm{d}^2 y}{\mathrm{d}x^2} = \left(-\frac{b\cos t}{a\sin t} \right)'_t \cdot \frac{\mathrm{d}t}{\mathrm{d}x} = -\frac{b}{a} \cdot \frac{-\sin^2 t - \cos^2 t}{\sin^2 t} \cdot \frac{1}{-a\sin t} = \frac{-b}{a^2 \sin^3 t}.$$

代入公式得

$$\alpha = a\cos t - \frac{a^2\sin^2 + b^2\cos^2 t}{a^2\sin^2 t}\left(-\frac{b\cos t}{a\sin t}\right)\frac{a^2\sin^3 t}{-b}$$

$$= a\cos t - \frac{(a^2\sin^2 t + b^2\cos^2 t)\cos t}{a} = \frac{(a^2-b^2)\cos^3 t}{a},$$

$$\beta = b\sin t + \frac{a^2\sin^2 t + b^2\cos^2 t}{a^2\sin^2 t}\cdot\frac{a^2\sin^3 t}{-b} = -\frac{a^2-b^2}{b}\sin^3 t.$$

因此,得该椭圆的渐屈线的参数为

$$\alpha = \frac{(a^2-b^2)\cos^3 t}{a}, \beta = -\frac{(a^2-b^2)\sin^3 t}{b}.$$

消去参数 t 得隐式方程

$$(a\alpha)^{\frac{2}{3}} + (b\beta)^{\frac{2}{3}} = (a^2-b^2)^{\frac{2}{3}}.$$

第八节　方程的近似解

一、知识点归纳总结

设 $f(x)$ 在 $[a,b]$ 连续, $f(a)\cdot f(b)<0$,则方程 $f(x)=0$ 在 (a,b) 内至少有一解. 如何求方程的近似解?

基本方法是逐次逼近法(迭代法). 先取 $x_0\in(a,b)$ 为初始近似值,按给定的方法得第 1 次近似值,如此逐次进行可得第 n 次近似值 x_n,并且 $\lim\limits_{n\to+\infty}x_n=c$, $x=c$ 是方程 $f(x)=0$ 的解. $x=x_n$ 是 $f(x)=0$ 的近似解.

常用的逐次逼近法有:

1.二分法

不妨设 $f(a)<0$, $f(b)>0$.

① 将 $[a,b]$ 二等分,中点为 $\dfrac{a+b}{2}$,这两部分区间中必有一区间,它的两端点函数值异号(否则 $f\left(\dfrac{a+b}{a}\right)=0$,解已求出),记为 $[a_1,b_1]$, $f(a_1)<0$, $f(b_1)>0$, $[a_1,b_1]\subset[a,b]$, $b_1-a_1=\dfrac{b-a}{2}$.

② 再将 $[a_1,b_1]$ 二等分,中点为 $\dfrac{a_1+b_1}{a}$,这两区间中也必有一区间,它的两端点函数值异号(否则 $f\left(\dfrac{a_1+b_1}{2}\right)=0$,解已求出),记为 $[a_2,b_2]$, $f(a_2)<0$, $f(b_2)>0$, $[a_2,b_2]\subset[a,b]$, $b_2-a_2=\dfrac{b_1-a_1}{2}=\dfrac{b-a}{2^2}$.

③ 按上述方法反复进行下去,或经过有限次划分后得 $f(x)=0$ 在 (a,b) 内的某个解,或得一串区间 $[a_n,b_n](n=1,2,3,\cdots)$,满足

$$f(a_n)<0<f(b_n), [a_{n+1},b_{n+1}]\subset[a_n,b_n] \text{且} b_n-a_n=\frac{b-a}{2^n}.$$

取 $c \in [a_n, b_n]$ 为 $f(x) = 0$ 在 (a, b) 中一个解的第 n 次近似值.

2. 切线法

设 $f(x)$ 在 $[a, b]$ 有二阶导数,$f(a) \cdot f(b) < 0$,且 $f'(x)$,$f''(x)$ 在 $[a, b]$ 保持定号,方程 $f(x) = 0$ 在 (a, b) 有唯一解.

用切线法求近似解的基本思路是用切线近似曲线,用切线与 x 轴的交点近似曲线 $y = f(x)$ 与 x 轴的交点.

① 取 $x_1 \in [a, b]$ 为方程解的第一次近似值,$y = f(x)$ 过 $(x_1, f(x_1))$ 的切线方程是

$$y = f(x_1) + f'(x_1)(x - x_1)$$

它与 x 轴交点 $(x_2, 0)$,x_2 作为方程解的第二次近似值.令 $y = 0$ 得

$$x_2 = x_1 - \frac{f(x_1)}{f(x_1)}.$$

② 按上述方法反复进行,得解的第 $n + 1$ 次近似值为

$$x_{n+1} = x_n - \frac{f(x_n)}{f'(x_n)}.$$

3. 割线法

用割线法求近似解的基本思路是用割线近似曲线,用割线与 x 轴交点近似曲线 $y = f(x)$ 与 x 轴的交点.按此法得迭代公式为

$$x_{n+1} = x_n - \frac{x_n - x_{n-1}}{f(x_n) - f(x_{n-1})} f(x_n).$$

其中,$x_0, x_1 \in (a, b)$ 为初始值;x_{n+1} 为 $f(x) = 0$ 的近似解.这里 $(x_{n+1}, 0)$ 是 $y = f(x)$ 过点 $(x_{n-1}, f(x_{n-1}))$ 和点 $(x_n, f(x_n))$ 的割线与 x 轴的交点.

二、典型题型归纳及解题方法与技巧

证明近似解数列 $\{x_n\}$ 收敛到 $f(x) = 0$ 的解.

【例 3.8.1】用二分法得到数列 $\{a_n\}$,$\{b_n\}$.证明:

(1) $\lim\limits_{n \to +\infty} a_n = \lim\limits_{n \to +\infty} b_n \xlongequal{\text{记}} c \in (a, b)$,$f(c) = 0$;

(2) 近似解 $x_n \in [a_n, b_n]$,$|x_n - c| \leqslant \dfrac{b - a}{2^n}$.

【证明】(1) 因为

$$a \leqslant a_1 \leqslant a_2 \leqslant \cdots \leqslant a_n \leqslant \cdots \leqslant b_n \leqslant b_{n-1} \leqslant \cdots \leqslant b_1 \leqslant b,$$

$\Rightarrow a_n \nearrow$ 有上界,$b_n \searrow$ 有下界,$\Rightarrow \exists \lim\limits_{n \to +\infty} a_n$,$\lim\limits_{n \to +\infty} b_n$,又 $b_n - a_n = \dfrac{b - a}{2^n} \Rightarrow \lim\limits_{n \to +\infty} a_n = $

$\lim\limits_{n \to +\infty} b_n \xlongequal{\text{记}} c \in [a, b]$.

再由 $f(a_n) < 0$,$f(b_n) > 0$,令 $n \to +\infty$ 得

$$f(c) \leqslant 0, \ f(c) \geqslant 0 \Rightarrow f(c) = 0, c \in (a, b).$$

(2) 因 $c \in [a_n, b_n]$,$x_n \in [a_n, b_n] \Rightarrow$

$$|x_n - c| \leqslant b_n - a_n = \frac{b - a}{2^n}.$$

【例 3.8.2】 设 $f(x)$ 在 $[a,b]$ 连续，$f(a)<0$，$f(b)>0$，又

$$f'(x)>0, \quad f''(x)>0 \ (x \in (a,b)).$$

取 $x_1 \in (a,b)$ 使 $f(x_1)>0$，由切线法得

$$x_{n+1}=x_n-\frac{f(x_n)}{f'(x_n)} \quad (n=1,2,3,\cdots). \tag{3.8-1}$$

求证：

(1) $f(x)=0$ 在 (a,b) 有唯一解，记为 $x=c$；

(2) $\{x_n\}$ 单调下降有下界；

(3) $\lim\limits_{n \to +\infty} x_n=c$.

【证明】 (1) 由连续函数的介值定理易知，$f(x)$ 在 (a,b) 存在零点。又 $f'(x)>0 (x \in (a,b)) \Rightarrow f(x)$ 在 (a,b) 单调上升 $\Rightarrow f(x)$ 在 (a,b) 有唯一零点，即 $f(x)=0$ 在 (a,b) 有唯一解，记为 $x=c$，即 $f(c)=0$.

(2) x_1,x_2,x_3 如图 3.8-1 所示。因 $f(x_1)>0$，$f'(x_1)>0$，得

$$x_2=x_1-\frac{f(x_1)}{f'(x_1)}<x_1.$$

又 $f(x)$ 在 (a,b) 是凹函数，得

$$0=f(c)>f(x_1)+f'(x_1)(c-x_1),$$

$$0>\frac{f(x_1)}{f'(x_1)}+c-x_1,$$

即

$$x_2=x_1-\frac{f(x_1)}{f'(x_1)}>c.$$

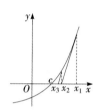

图 3.8-1

又由 $f(x)$ 单调上升得 $f(x_2)>f(c)=0$. 同理

$$x_3=x_2-\frac{f(x_2)}{f'(x_2)}<x_2,$$

$$0=f(c)>f(x_2)+f'(x_2)(c-x_2).$$

即

$$x_3=x_2-\frac{f(x_2)}{f'(x_2)}>c,$$

$$f(x_3)>f(c)=0.$$

现假设 $c<x_k<x_{k-1}$，$f(x_k)>0$，要证

$$c<x_{k+1}<x_k, \quad f(x_{k+1})>0.$$

易知

$$x_{k+1}=x_k-\frac{f(x_k)}{f'(x_k)}<x_k.$$

由 $f(x)$ 的凹性，得

$$0=f(c)>f(x_k)+f'(x_k)(c-x_k).$$

即

$$x_{k+1}=x_k-\frac{f(x_k)}{f'(x_k)}>c.$$

由 $f(x)$ 单调上升得 $f(x_{k+1})>f(c)=0$.

由数学归纳法知，$\{x_n\}$ 单调下降，并有下界 c.

(3) 因 $\{x_n\}$ 单调下降有下界 $c \Rightarrow x_n$ 收敛即 $\exists$ 极限 $\lim\limits_{n \to +\infty} x_n \xrightarrow{\text{记}} c^*$，且 $c^* \in (a,b)$. 由于 $f(x)$ 及 $f'(x)$ 的连续性，对式(3.8-1)取极限得

$$c^* = c^* - \frac{f(c^*)}{f'(c^*)}.$$

所以 $f(c^*)=0$. 因 $f(x)=0$ 在 (a,b) 有唯一解 $x=c \Rightarrow c=c^*$，即

$$\lim_{n \to +\infty} x_n = c.$$

第四章 不定积分

第一节 不定积分的概念与性质

一、知识点归纳总结

1. 原函数与不定积分的定义

设 $f(x),F(x)$ 定义在区间 X 上,若 $\forall x \in X$,有

$$F'(x) = f(x) \text{ 或 } \mathrm{d}F(x) = f(x)\mathrm{d}x,$$

则称 $F(x)$ 为 $f(x)$ 在区间 X 上的一个**原函数**.

$f(x)$ 在区间 X 上的全体原函数称为 $f(x)$ 在 X 上的**不定积分**,记为 $\int f(x)\mathrm{d}x$. $f(x)$ 称为被积函数,$f(x)\mathrm{d}x$ 称为被积表达式.

2. 原函数与不定积分的关系

设 $F(x)$ 是 $f(x)$ 在区间 X 上的一个原函数,则在区间 X 上有

$$\int f(x)\mathrm{d}x = F(x) + C,$$

其中,C 为任意常数,称为积分常数.

3. 原函数与不定积分的几何意义与力学意义

$f(x)$ 的一个原函数 $F(x)$ 的图形称为 $f(x)$ 的一条积分曲线. 积分曲线 $y = F(x)$ 在点 $(x, F(x))$ 处的斜率为 $f(x)$. $f(x)$ 的不定积分在几何上是一条积分曲线 $y = F(x)$ 沿 y 轴平移所得到的积分曲线族.

若 x 表示时间变量,$f(x)$ 为作直线运动的质点的速度函数,则 $f(x)$ 的原函数 $F(x)$ 是质点的路程函数.

4. 不定积分与微分之间的关系

求不定积分与求微分互为逆运算.

① $\mathrm{d}F(x) = f(x)\mathrm{d}x \Leftrightarrow \int f(x)\mathrm{d}x = F(x) + C$.

若已知 $F(x)$,求 $\mathrm{d}F(x) = f(x)\mathrm{d}x$,这是微分运算.

若已知 $f(x)\mathrm{d}x$,求 $F(x)$ 使得 $\mathrm{d}F(x) = f(x)\mathrm{d}x$,这是积分运算.

② 微分运算与积分运算有如下两个关系式.

➤ $\mathrm{d}\left[\int f(x)\mathrm{d}x\right] = f(x)\mathrm{d}x$ 或 $\left[\int f(x)\mathrm{d}x\right]' = f(x)$;

➤ $\int F'(x)\mathrm{d}x = \int \mathrm{d}F(x) = F(x) + C$.

5. 原函数的存在性

若 $f(x)$ 在区间 X 上连续，则 $f(x)$ 在区间 X 上存在原函数（待证）.

因为初等函数在定义域区间上连续，因而初等函数在定义域区间上存在原函数. 但初等函数的原函数不一定是初等函数.

如果原函数是初等函数，我们就说积分可以积出来，否则就说积分积不出来. 以下积分

$$\int e^{-x^2}\,dx,\quad \int \frac{\sin x}{x}\,dx,\quad \int \frac{\cos x}{x}\,dx,\quad \int \sin(x^2)\,dx,$$

$$\int \cos(x^2)\,dx,\quad \int \frac{dx}{\ln x},\quad \int \frac{\ln x}{1+x}\,dx$$

等均积不出来，即它们的原函数均不是初等函数.

6. 基本积分表

从基本微分表就得到一个基本积分表，其中，微分公式与不定积分公式对照表见表 4.1 - 1.

表 4.1 - 1

微分公式	不定积分公式
$dC = 0,$	$\int 0\,dx = C,$
$dx^a = ax^{a-1}\,dx,$	$\int x^a\,dx = \dfrac{1}{a+1}x^{a+1} + C\,(a \neq -1),$
$d\ln|x| = \dfrac{1}{x}\,dx,$	$\int \dfrac{1}{x}\,dx = \ln|x| + C,$
$d\sin x = \cos x\,dx,$	$\int \cos x\,dx = \sin x + C,$
$d\cos x = -\sin x\,dx,$	$\int \sin x\,dx = -\cos x + C,$
$d\tan x = \dfrac{1}{\cos^2 x}\,dx,$	$\int \dfrac{1}{\cos^2 x}\,dx = \tan x + C,$
$d\cot x = -\dfrac{1}{\sin^2 x}\,dx,$	$\int \dfrac{1}{\sin^2 x}\,dx = -\cot x + C,$
$de^x = e^x\,dx,$	$\int e^x\,dx = e^x + C,$
$da^x = a^x \ln a\,dx\,(a > 0),$	$\int a^x\,dx = \dfrac{1}{\ln a}a^x + C,$
$d\arcsin x = \dfrac{1}{\sqrt{1-x^2}}\,dx,$	$\int \dfrac{dx}{\sqrt{1-x^2}} = \arcsin x + C,$
$d\arctan x = \dfrac{1}{1+x^2}\,dx.$	$\int \dfrac{dx}{1+x^2} = \arctan x + C.$

基本积分表是不定积分计算的基础.

7. 不定积分的简单运算法则(或性质)与分项积分法

（1）不定积分有两个简单的运算法则(或性质)

① $k \neq 0$ 为常数，则 $\int k f(x) \mathrm{d}x = k \int f(x) \mathrm{d}x$.

② $\int \left[f(x) \pm g(x) \right] \mathrm{d}x = \int f(x) \mathrm{d}x \pm \int g(x) \mathrm{d}x$.

其中，假设 $\int f(x) \mathrm{d}x, \int g(x) \mathrm{d}x$ 均存在.

（2）分项积分法

我们常把一个函数分解成若干简单函数之和：$f(x) = k_1 f_1(x) + k_2 f_2(x)$，$k_1, k_2$ 为常数，$\int f_1(x) \mathrm{d}x$ 与 $\int f_2(x) \mathrm{d}x$ 易求，然后利用上述法则就可求出

$$\int f(x) \mathrm{d}x = k_1 \int f_1(x) \mathrm{d}x + k_2 \int f_2(x) \mathrm{d}x,$$

这就是分项积分法.

二、典型题型归纳及解题方法与技巧

1. 关于原函数与不定积分概念的理解

【例 4.1.1】在下列等式中正确的结果是

(A) $\int f'(x) \mathrm{d}x = f(x)$.　　　　　　(B) $\int \mathrm{d}f(x) = f(x)$.

(C) $\dfrac{\mathrm{d}}{\mathrm{d}x} \int f(x) \mathrm{d}x = f(x)$.　　　　(D) $\mathrm{d} \int f(x) \mathrm{d}x = f(x)$.

【分析】答案为(C). 这是由于前两个左侧为不定积分，所以右侧均应有积分常数，但它们均没有；(D)为微分，所以右侧应有 $\mathrm{d}x$.

改正(A)、(B)、(D)，它们相应的正确写法是：

$$\int f'(x) \mathrm{d}x = f(x) + C; \quad \int \mathrm{d}f(x) = f(x) + C; \quad \mathrm{d} \int f(x) \mathrm{d}x = f(x) \mathrm{d}x.$$

其中，C 为 $\forall$ 常数.

【例 4.1.2】下列函数分别是哪一个函数的一个原函数？

(1) $\ln(x + \sqrt{1 + x^2})$;　　　　　　　　(2) $\operatorname{arctancos} x$.

【分析】这是求导问题.

(1) $\left[\ln(x + \sqrt{1 + x^2}) \right]' = \dfrac{1}{x + \sqrt{1 + x^2}} \left(1 + \dfrac{x}{\sqrt{1 + x^2}} \right) = \dfrac{1}{\sqrt{1 + x^2}}$,

因此，$\ln(x + \sqrt{1 + x^2})$ 是 $\dfrac{1}{\sqrt{1 + x^2}}$ 的一个原函数.

(2) $(\operatorname{arctancos} x)' = \dfrac{-\sin x}{1 + \cos^2 x}$，因此，$\operatorname{arctancos} x$ 是 $-\dfrac{\sin x}{1 + \cos^2 x}$ 的一个原函数.

【例 4.1.3】若 $f(x)$ 的导数是 $\sin x$，则 $f(x)$ 的原函数是_____.

【分析】这是求两次积分问题. 设 $f(x)$ 的原函数为 $F(x)$，则

$$F'(x) = f(x), \quad F''(x) = f'(x) = \sin x.$$

于是

$$F'(x) = \int \sin x \, dx = -\cos x + C_1,$$

$$F(x) = \int (-\cos x + C_1) \, dx = -\sin x + C_1 x + C_2,$$

其中，C_1, C_2 为 $\forall$ 常数.

【例 4.1.4】下列等式是否正确？为什么？

(1) $\int 0 \, dx = 0$；　　(2) $\int \dfrac{dx}{x} = \ln x + C$；　　(3) $\int x^\alpha \, dx = \dfrac{1}{\alpha + 1} x^{\alpha + 1} + C$；

(4) 设 $\int f(x) \, dx = F(x) + C, x \in (-\infty, +\infty)$，常数 $a \neq 0$，则

$$\int f(ax) \, dx = F(ax) + C；$$

(5) 设 $\int f(x) \, dx = F(x) + C, x \in (-\infty, +\infty)$，则

$$\int f(\tan x) \frac{1}{\cos^2 x} \, dx = F(\tan x) + C, x \in \left(-\frac{\pi}{2}, \frac{\pi}{2}\right).$$

【分析】这是一些函数恒等式. 左端均为不定积分，所以右端必须含一项任意常数项 C，否则就不成立. 余下就看右端的非常数项函数与左端的被积函数是否有相同的定义域以及右端函数的导数是否为左端的被积函数.

(1) 不正确. 因为 0 只是 0 的一个原函数，并不是 0 的全体原函数. 事实上，应该是 $\int 0 \, dx = C.$

(2) 不正确. 因为等式右端仅当 $x > 0$ 时才有意义，而左端对 $x < 0$ 时也有意义，所以 $x < 0$ 时此等式不成立. 事实上应该有 $\int \dfrac{dx}{x} = \ln|x| + C.$

(3) 不正确. 因为 $\alpha = -1$ 时此等式不成立，仅当 $\alpha \neq -1$ 时此等式才成立.

(4) 不正确. 因为 $F'(x) = f(x)$，所以

$$[F(ax)]' = F'(ax) \cdot a = af(ax).$$

即

$$a \int f(ax) \, dx = F(ax) + C, \quad \int f(ax) \, dx = \frac{1}{a} F(ax) + C.$$

因此，$a \neq 1$ 时等式不成立.

(5) 正确. 因为 $F'(x) = f(x)$，所以

$$[F(\tan x)]' = F'(\tan x)(\tan x)' = f(\tan x) \frac{1}{\cos^2 x}.$$

因此

$$\int f(\tan x) \frac{1}{\cos^2 x} \, dx = F(\tan x) + C.$$

2. 关于不定积分的几何意义与力学意义

【例 4.1.5】求通过点 $(\sqrt{3}, 5\sqrt{3})$ 的曲线 $y = f(x)$，它在每点 $(x, f(x))$ 处的切线的斜率为 $5x^2$.

【解】由条件知 $f'(x)=5x^2$，$f(\sqrt{3})=5\sqrt{3}$. 于是

$$f(x)=\int 5x^2 \mathrm{d}x=\frac{5}{3}x^3+C.$$

由 $f(\sqrt{3})=\frac{5}{3}(\sqrt{3})^3+C=5\sqrt{3}+C=5\sqrt{3}$，得 $C=0$. 因此

$$f(x)=\frac{5}{3}x^3.$$

【例 4.1.6】设质点沿 x 轴作直线运动，任意时刻 t 的加速度 $a(t)=12t^2-3\sin t$. 已知初速度 $v(0)=5$，初始位移 $s(0)=-3$，求质点的速度 $v(t)$ 及位移 $s(t)$.

【解】因为 $\int(12t^2-3\sin t)\mathrm{d}t=4t^3+3\cos t+C$，所以加速度 $a(t)=12t^2-3\sin t$ 的质点其速度为

$$v(t)=4t^3+3\cos t+C.$$

因为初速度 $v(0)=5$，应有 $C=2$，即 $v(t)=4t^3+3\cos t+2$. 由

$$s(t)=\int v(t)\mathrm{d}t=\int(4t^3+3\cos t+2)\mathrm{d}t=t^4+3\sin t+2t+C,$$

$$s(0)=C=-3,$$

得

$$s(t)=t^4+3\sin t+2t-3.$$

3. 关于原函数的不存在问题

连续函数一定存在原函数，不连续函数是否存在原函数呢？

【例 4.1.7】在指定区间上作出函数

$$f(x)=\begin{cases} x+1, & x\geqslant 0, \\ x-1, & x<0, \end{cases} \quad x\in(-\infty,+\infty)$$

的图形，并回答它是否存在原函数. 为什么？

【分析】若在开区间 (a,b) $f(x)=g(x)$，显然在 (a,b) 上它们有相同的原函数. 因而对该函数容易分别在 $x>0$ 与 $x<0$ 求出它的原函数. 余下只需考察 $x=0$ 的情形.

【解法一】$y=f(x)$ 的图形见图 4.1-1. 设 $f(x)$ 在 $(-\infty,+\infty)$ 存在原函数 $F(x)$，易知

$$F(x)=\begin{cases} \dfrac{1}{2}(x+1)^2+c_1, & x>0, \\[2mm] \dfrac{1}{2}(x-1)^2+c_2, & x<0, \end{cases}$$

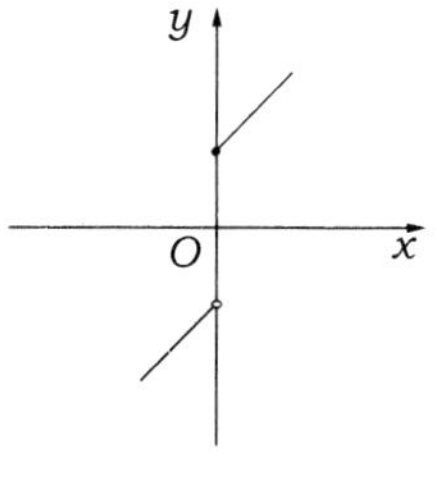

图 4.1-1

其中，c_1，c_2 为任意常数. 由可导必连续得

$$\lim_{x\to 0^+}F(x)=\lim_{x\to 0^-}F(x)=F(0).$$

于是

$$\frac{1}{2}+c_1=\frac{1}{2}+c_2=F(0).$$

即

$$c_1=c_2\xlongequal{\text{记}}C,\quad F(0)=\frac{1}{2}+C.$$

由此得
$$F(x) = \begin{cases} \dfrac{1}{2}(x+1)^2 + C, & x \geqslant 0, \\ \dfrac{1}{2}(x-1)^2 + C, & x \leqslant 0. \end{cases}$$

但 $F(x)$ 在 $x=0$ 处不可导，因为

$$F'_+(0) = \frac{1}{2} \cdot 2(x+1) \big|_{x=0} = 1, \quad F'_-(0) = \frac{1}{2} \cdot 2(x-1) \big|_{x=0} = -1,$$

$$F'_+(0) \neq F'_-(0),$$

这是矛盾的．因此 $f(x)$ 在 $(-\infty, +\infty)$ 不存在原函数．

【解法二】设 $f(x)$ 在 $(-\infty, +\infty)$ 存在原函数 $F(x)$，则

$$F'_+(0) = \lim_{x \to 0+} \frac{F(x) - F(0)}{x} = \lim_{x \to 0+} F'(x) = \lim_{x \to 0+}(x+1) = 1,$$

$$F'_-(0) = \lim_{x \to 0-} \frac{F(x) - F(0)}{x} = \lim_{x \to 0-} F'(x) = \lim_{x \to 0-}(x-1) = -1.$$

这与 $F'(0)$ 存在矛盾．因此 $f(x)$ 在 $(-\infty, +\infty)$ 不存在原函数．

评注 ① 求解该题常犯的错误是：

当 $x \geqslant 0$ 时，$\displaystyle\int f(x)\mathrm{d}x = \int(x+1)\mathrm{d}x = \frac{1}{2}(x+1)^2 + C$；

当 $x < 0$ 时，$\displaystyle\int f(x)\mathrm{d}x = \int(x-1)\mathrm{d}x = \frac{1}{2}(x-1)^2 + C$.

于是在 $(-\infty, +\infty)$ 存在原函数．即 $\displaystyle\int f(x)\mathrm{d}x = \begin{cases} \dfrac{1}{2}(x+1)^2 + C, & x \geqslant 0, \\ \dfrac{1}{2}(x-1)^2 + C, & x < 0. \end{cases}$

仅从最后的结果来看，这个解法是错误的．因为 $|x|$ 在 $x=0$ 不可导．这里除了忽视这一点外，解法的错误在于由

当 $x \geqslant 0$ 时，$\displaystyle\int f(x)\mathrm{d}x = \int(x+1)\mathrm{d}x = \frac{1}{2}(x+1)^2 + C,$

得到的原函数 $F(x)$ 只保证在 $x=0$ 存在右导数，即 $F'_+(0)=1$，因而在整个求解过程中没有保证 $F'(0)$ 存在．事实上它是不存在的．

② 求解该题常犯的另一错误是：分别在 $x>0$ 与 $x<0$ 求出 $f(x)$ 的原函数，然后在 $x=0$ 处连续地接起来得

$$F(x) = \begin{cases} \dfrac{1}{2}(x+1)^2 + C, & x \geqslant 0, \\ \dfrac{1}{2}(x-1)^2 + C, & x \leqslant 0. \end{cases}$$

误认为这就是 $f(x)$ 在 $(-\infty, +\infty)$ 的原函数．$F(x)$ 若在 $x=0$ 可导则必连续，但若 $F(x)$ 在 $x=0$ 连续，则 $F(x)$ 在 $x=0$ 不一定可导．事实上，这个 $F(x)$ 在 $x=0$ 是不可导的．

③ 题中的函数在给定的区间上有一个不连续点且是第一类间断点（跳跃的），它不存在原函数．这是否为一般结论呢？是！

④ 函数连续是函数存在原函数的充分条件，但不是必要条件．

【例 4.1.8】设 $a<c<b$，$f(x)$ 定义在 (a,b) 上，若 $x=c$ 是 $f(x)$ 的第一类间断点，求证：$f(x)$ 在 (a,b) 不存在原函数.

【分析】假设 $f(x)$ 在 (a,b) 存在原函数 $F(x)$，同例 4.1.7，将导出矛盾：$F'(c)$ 不存在或 $F'(c)\neq f(c)$.

【证明】设 $f(x)$ 在 (a,b) 存在原函数，记为 $F(x)$，则它在 (a,b) 可导、连续，另一方面，

$$\lim_{x\to c}\frac{F(x)-F(c)}{x-c}=\lim_{x\to c}F'(x)=\lim_{x\to c}f(x).$$

得

$$F'_+(c)=\lim_{x\to c+0}\frac{F(x)-F(c)}{x-c}=\lim_{x\to c+0}f(x),$$

$$F'_-(c)=\lim_{x\to c-0}\frac{F(x)-F(c)}{x-c}=\lim_{x\to c-0}f(x).$$

若 $x=c$ 是 $f(x)$ 的跳跃间断点，则极限存在且 $\lim_{x\to c+0}f(x)\neq\lim_{x\to c-0}f(x)$. 即 $F'_+(c)\neq F'_-(c)$，这与 $F(x)$ 在 $x=c$ 可导矛盾. 若 $x=c$ 是 $f(x)$ 的可去间断点，则 $F'(c)=\lim_{x\to c}f(x)\neq f(c)$，也与 $F(x)$ 是 $f(x)$ 在 (a,b) 的原函数矛盾. 因此，$f(x)$ 在 (a,b) 不存在原函数.

4. 直接用或化简被积函数后用分项积分法

【例 4.1.9】求下列不定积分：

(1) $I=\int\dfrac{(5x^2-\sqrt[3]{x})(x-1)}{\sqrt{x}}\mathrm{d}x$； (2) $I=\int(2^x+2\cdot3^x)^2\mathrm{d}x$.

【解】(1) 先化简被积函数（即分子乘开后约去 $\sqrt{x}$），然后再用分项积分法.

$$I=\int(5x^3-5x^2-x^{4/3}+x^{1/3})x^{-\frac{1}{2}}\mathrm{d}x=\int(5x^{5/2}-5x^{3/2}-x^{5/6}+x^{-1/6})\mathrm{d}x$$

$$=5\int x^{5/2}\mathrm{d}x-5\int x^{3/2}\mathrm{d}x-\int x^{5/6}\mathrm{d}x+\int x^{-1/6}\mathrm{d}x$$

$$=\frac{5}{\frac{5}{2}+1}x^{\frac{5}{2}+1}-\frac{5}{\frac{3}{2}+1}x^{\frac{3}{2}+1}-\frac{1}{\frac{5}{6}+1}x^{\frac{5}{6}+1}+\frac{1}{-\frac{1}{6}+1}x^{-\frac{1}{6}+1}+C$$

$$=\frac{10}{7}x^{\frac{7}{2}}-2x^{\frac{5}{2}}-\frac{6}{11}x^{\frac{11}{6}}+\frac{6}{5}x^{\frac{5}{6}}+C.$$

(2) 先把被积函数展开，然后再用分项积分法.

$$I=\int(2^{2x}+4\cdot2^x\cdot3^x+4\cdot3^{2x})\mathrm{d}x=\int(4^x+4\cdot6^x+4\cdot9^x)\mathrm{d}x$$

$$=\int4^x\mathrm{d}x+4\int6^x\mathrm{d}x+4\int9^x\mathrm{d}x=\frac{4^x}{\ln4}+\frac{4\cdot6^x}{\ln6}+\frac{4\cdot9^x}{\ln9}+C.$$

5. 将一项拆成两项或多项，然后用分项积分法

【例 4.1.10】求下列不定积分：

(1) $I=\int\dfrac{\mathrm{d}x}{x^4+x^6}$； (2) $I=\int\dfrac{\mathrm{d}x}{x^2(x+2)^2}$.

【解】

(1) $I = \int \dfrac{(1+x^2)-x^2}{x^4(1+x^2)}\mathrm{d}x = \int \dfrac{\mathrm{d}x}{x^4} - \int \dfrac{\mathrm{d}x}{x^2(1+x^2)}$

$= -\dfrac{1}{3x^3} - \int \dfrac{(1+x^2)-x^2}{x^2(1+x^2)}\mathrm{d}x = -\dfrac{1}{3x^3} - \int \dfrac{\mathrm{d}x}{x^2} + \int \dfrac{\mathrm{d}x}{1+x^2}$

$= -\dfrac{1}{3x^3} + \dfrac{1}{x} + \arctan x + C.$

(2) 先将 $\dfrac{1}{x(x+2)}$ 分项，即

$$\dfrac{1}{x(x+2)} = \dfrac{(x+2)-x}{2x(x+2)} = \dfrac{1}{2}\left(\dfrac{1}{x} - \dfrac{1}{x+2}\right),$$

于是
$$\dfrac{1}{x^2(x+2)^2} = \dfrac{1}{4}\left(\dfrac{1}{x} - \dfrac{1}{x+2}\right)^2 = \dfrac{1}{4}\left[\dfrac{1}{x^2} - \dfrac{2}{x(x+2)} + \dfrac{1}{(x+2)^2}\right]$$

$$= \dfrac{1}{4}\dfrac{1}{x^2} - \dfrac{1}{2}\cdot\dfrac{1}{2}\left(\dfrac{1}{x} - \dfrac{1}{x+2}\right) + \dfrac{1}{4}\dfrac{1}{(x+2)^2}$$

$$= \dfrac{1}{4x^2} - \dfrac{1}{4x} + \dfrac{1}{4(x+2)^2} + \dfrac{1}{4(x+2)}.$$

因此
$$I = \dfrac{1}{4}\int \dfrac{\mathrm{d}x}{x^2} - \dfrac{1}{4}\int \dfrac{\mathrm{d}x}{x} + \dfrac{1}{4}\int \dfrac{\mathrm{d}x}{(x+2)^2} + \dfrac{1}{4}\int \dfrac{\mathrm{d}x}{x+2}$$

$$= -\dfrac{1}{4}\left(\dfrac{1}{x} + \ln|x|\right) + \dfrac{1}{4}\left(\ln|x+2| - \dfrac{1}{x+2}\right) + C.$$

【例 4.1.11】求下列不定积分：

(1) $I = \int \dfrac{\mathrm{e}^{3x}+1}{\mathrm{e}^x+1}\mathrm{d}x$；　　　　　　　(2) $I = \int \dfrac{x}{\sqrt{x}-\sqrt{x-1}}\mathrm{d}x.$

【解】(1) 先将被积函数的分子因式分解，然后用分项积分法得

$$I = \int \dfrac{(\mathrm{e}^x)^3+1}{\mathrm{e}^x+1}\mathrm{d}x = \int \dfrac{(\mathrm{e}^x+1)(\mathrm{e}^{2x}-\mathrm{e}^x+1)}{\mathrm{e}^x+1}\mathrm{d}x$$

$$= \int \mathrm{e}^{2x}\mathrm{d}x - \int \mathrm{e}^x\mathrm{d}x + \int \mathrm{d}x = \dfrac{1}{2}\mathrm{e}^{2x} - \mathrm{e}^x + x + C.$$

(2) 将被积函数的分母有理化后得

$$I = \int \dfrac{x(\sqrt{x}+\sqrt{x-1})}{(\sqrt{x})^2-(\sqrt{x-1})^2}\mathrm{d}x = \int x^{\frac{3}{2}}\mathrm{d}x + \int x\sqrt{x-1}\,\mathrm{d}x,$$

再将第二项拆项得

$$I = \int x^{\frac{3}{2}}\mathrm{d}x + \int [(x-1)+1]\sqrt{x-1}\,\mathrm{d}x$$

$$= \int x^{\frac{3}{2}}\mathrm{d}x + \int (x-1)^{\frac{3}{2}}\mathrm{d}x + \int (x-1)^{\frac{1}{2}}\mathrm{d}x$$

$$= \dfrac{2}{5}x^{\frac{5}{2}} + \dfrac{2}{5}(x-1)^{\frac{5}{2}} + \dfrac{2}{3}(x-1)^{\frac{3}{2}} + C.$$

6. 被积函数含三角函数时常用三角函数恒等式进行分项

【解题思路】如利用公式 $1 = \sin^2 x + \cos^2 x$，三角函数积化和差或和差化积公式等进行分项.

【例 4.1.12】求下列不定积分:

(1) $I = \displaystyle\int \frac{\mathrm{d}x}{\cos^2 x \sin^2 x}$; (2) $I = \displaystyle\int \frac{1 + \cos^2 x}{1 + \cos 2x} \mathrm{d}x$.

【解】(1) $\displaystyle\int \frac{\mathrm{d}x}{\cos^2 x}$, $\displaystyle\int \frac{\mathrm{d}x}{\sin^2 x}$ 是积分表中的情形. 于是将 1 分解成 $1 = \sin^2 x + \cos^2 x$,
用分项积分法得

$$I = \int \frac{\sin^2 x}{\cos^2 x \sin^2 x} \mathrm{d}x + \int \frac{\cos^2 x}{\cos^2 x \sin^2 x} \mathrm{d}x$$

$$= \int \frac{\mathrm{d}x}{\cos^2 x} + \int \frac{\mathrm{d}x}{\sin^2 x} = \tan x - \cot x + C.$$

(2) 利用倍角公式 $1 + \cos 2x = 2\cos^2 x$ 进行分项得

$$I = \int \frac{1 + \cos^2 x}{2\cos^2 x} \mathrm{d}x = \frac{1}{2} \int \frac{\mathrm{d}x}{\cos^2 x} + \frac{1}{2} \int \mathrm{d}x = \frac{1}{2} \tan x + \frac{1}{2} x + C.$$

【例 4.1.13】求下列不定积分:

(1) $I = \displaystyle\int \sin 5x \cos x \, \mathrm{d}x$; (2) $I = \displaystyle\int \cos x \cos 2x \cos 3x \, \mathrm{d}x$.

【解】(1) 利用三角函数积化和差公式得

$$\sin 5x \cos x = \frac{1}{2}(\sin 6x + \sin 4x).$$

再用分项积分法得

$$I = \frac{1}{2} \int \sin 6x \, \mathrm{d}x + \frac{1}{2} \int \sin 4x \, \mathrm{d}x = -\frac{1}{12} \cos 6x - \frac{1}{8} \cos 4x + C.$$

(2) 两次利用三角函数积化和差公式得

$$\cos x \cos 2x \cos 3x = \frac{1}{2}(\cos 3x + \cos x)\cos 3x = \frac{1}{4}(1 + \cos 6x + \cos 4x + \cos 2x).$$

再用分项积分法得

$$I = \frac{1}{4} \int \mathrm{d}x + \frac{1}{4} \int \cos 6x \, \mathrm{d}x + \frac{1}{4} \int \cos 4x \, \mathrm{d}x + \frac{1}{4} \int \cos 2x \, \mathrm{d}x$$

$$= \frac{1}{4} x + \frac{1}{24} \sin 6x + \frac{1}{16} \sin 4x + \frac{1}{8} \sin 2x + C.$$

评注 ① 利用三角函数积化和差公式及分项积分法可求如下不定积分:

$$\int \sin mx \sin nx \, \mathrm{d}x, \int \sin mx \cos nx \, \mathrm{d}x, \int \cos mx \cos nx \, \mathrm{d}x,$$

其中 m, n 为常数.

② 设 $m \neq 0$ 为常数,则

$$\int \sin mx \, \mathrm{d}x = -\frac{1}{m} \cos mx + C, \quad \int \cos mx \, \mathrm{d}x = \frac{1}{m} \sin mx + C.$$

注意:不要漏掉系数 $\dfrac{1}{m}$.

7. 积分 $I = \int \dfrac{x^m}{(x+a)^n} \mathrm{d}x$ 的分项积分法(m 为自然数)

【解题思路】可将 x^m 分解成:

$$x^m = [(x+a) - a]^m$$
$$= (x+a)^m + A_1(x+a)^{m-1} + \cdots + A_{m-1}(x+a) + A_m,$$

于是,易由分项积分法求出积分 $I = \int \dfrac{x^m}{(x+a)^n} \mathrm{d}x$.

【例 4.1.14】求 $I = \int \dfrac{x^4}{(x-1)^{50}} \mathrm{d}x$.

【解】由二项式定理可知

$$x^4 = [(x-1)+1]^4$$
$$= (x-1)^4 + C_4^1(x-1)^3 + C_4^2(x-1)^2 + C_4^3(x-1) + 1$$
$$= (x-1)^4 + 4(x-1)^3 + 6(x-1)^2 + 4(x-1) + 1.$$

于是

$$I = \int \frac{(x-1)^4}{(x-1)^{50}} \mathrm{d}x + 4 \int \frac{(x-1)^3}{(x-1)^{50}} \mathrm{d}x + 6 \int \frac{(x-1)^2}{(x-1)^{50}} \mathrm{d}x +$$

$$4 \int \frac{x-1}{(x-1)^{50}} \mathrm{d}x + \int \frac{\mathrm{d}x}{(x-1)^{50}}$$

$$= \int (x-1)^{-46} \mathrm{d}x + 4 \int (x-1)^{-47} \mathrm{d}x + 6 \int (x-1)^{-48} \mathrm{d}x +$$

$$4 \int (x-1)^{-49} \mathrm{d}x + \int (x-1)^{-50} \mathrm{d}x$$

$$= -\frac{1}{45} \frac{1}{(x-1)^{45}} - \frac{2}{23} \frac{1}{(x-1)^{46}} - \frac{6}{47} \frac{1}{(x-1)^{47}} -$$

$$\frac{1}{12} \frac{1}{(x-1)^{48}} - \frac{1}{49} \cdot \frac{1}{(x-1)^{49}} + C.$$

8. 积分 $I = \int \dfrac{a_1\cos x + b_1\sin x}{a_2\cos x + b_2\sin x} \mathrm{d}x$ 的分项积分法

【解题思路】$(a_2\cos x + b_2\sin x)' = b_2\cos x - a_2\sin x$,故将被积函数的分子作如下分解:

$$a_1\cos x + b_1\sin x = A(a_2\cos x + b_2\sin x) + B(a_2\cos x + b_2\sin x)'$$
$$= A(a_2\cos x + b_2\sin x) + B(b_2\cos x - a_2\sin x)$$
$$= (a_2A + b_2B)\cos x + (b_2A - a_2B)\sin x.$$

其中,A, B 满足 $\begin{cases} a_2A + b_2B = a_1, \\ b_2A - a_2B = b_1. \end{cases}$ 按上述分解可得

$$I = \int \frac{A(a_2\cos x + b_2\sin x)}{a_2\cos x + b_2\sin x} \mathrm{d}x + \int \frac{B(a_2\cos x + b_2\sin x)'}{a_2\cos x + b_2\sin x} \mathrm{d}x$$

$$= Ax + B\ln|a_2\cos x + b_2\sin x| + C.$$

【例 4.1.15】求 $I = \int \dfrac{4\sin x + 3\cos x}{\sin x + 2\cos x} \mathrm{d}x$.

【解】令 $4\sin x + 3\cos x = A(\sin x + 2\cos x) + B(\sin x + 2\cos x)'$

$\qquad\qquad\qquad\quad = A(\sin x + 2\cos x) + B(-2\sin x + \cos x)$

$\qquad\qquad\qquad\quad = (A - 2B)\sin x + (2A + B)\cos x.$

取 A,B 满足 $\begin{cases} A - 2B = 4, \\ 2A + B = 3, \end{cases}$ 解得 $A = 2, B = -1.$ 因此

$$I = \int 2\mathrm{d}x - \int \frac{(\sin x + 2\cos x)'}{\sin x + 2\cos x}\mathrm{d}x = 2x - \ln|\sin x + 2\cos x| + C.$$

第二节　换元积分法

一、知识点归纳总结

与复合函数微分法相应的换元积分法,对等式

$$\int f[\varphi(x)]\varphi'(x)\mathrm{d}x \xrightarrow{u\,=\,\varphi(x)} \int f(u)\mathrm{d}u \qquad\qquad (4.2-1)$$

若已知等式(4.2-1)右端求左端,这是第一换元法;

　　第一换元法　设 $\varphi(x)$ 可微,又 $\int f(u)\mathrm{d}u = F(u) + C$,则

$$\int f[\varphi(x)]\varphi'(x)\mathrm{d}x = F[\varphi(x)] + C.$$

若已知等式(4.2-1)左端求右端,这是第二换元法.

　　第二换元法　设 $\varphi(x)$ 可微,且 $\varphi'(x)$ 恒正或恒负,又

$$\int f[\varphi(x)]\varphi'(x)\mathrm{d}x = G(x) + C,$$

则

$$\int f(u)\mathrm{d}u = G[\overline{\varphi}(u)] + C,$$

其中,$\overline{\varphi}(u)$ 是 $u = \varphi(x)$ 的反函数.

　　利用第一换元法求不定积分 $\int \Phi(x)\mathrm{d}x$ 的关键是:根据被积函数 $\Phi(x)$ 的特点,从中分出一部分与 $\mathrm{d}x$ 凑成中间变量 $u = \varphi(x)$ 的微分式 $\mathrm{d}\varphi(x)$,余下的是 $\varphi(x)$ 的函数,即将 $\Phi(x)\mathrm{d}x$ 表示成

$$\Phi(x)\mathrm{d}x = f[\varphi(x)]\mathrm{d}\varphi(x).$$

从而将积分 $\int \Phi(x)\mathrm{d}x$ 化成 $\int f(u)\mathrm{d}u$,若它是积分表中的情形或可进一步求出,则也就求出了积分 $\int \Phi(x)\mathrm{d}x$. 第一换元法又称凑微分法.

　　利用第二换元法求不定积分 $\int f(x)\mathrm{d}x$ 的步骤是:选择变量代换 $x = \varphi(t)$;求 $\int f[\varphi(t)]\varphi'(t)\mathrm{d}t = G(t) + C$;求 $x = \varphi(t)$ 的反函数 $t = \overline{\varphi}(x)$,代入得

$$\int f(x)\mathrm{d}x = G[\overline{\varphi}(x)] + C.$$

关键步骤是选择变量代换,常用以下方式代换:

① 三角函数代换；

② 幂函数代换；

③ 指数函数代换；

④ 倒数代换.

二、典型题型归纳及解题方法与技巧

1. 如何凑微分使用第一换元积分法

应用第一换元法必须熟悉怎样将某些函数移进微分号内，这是微分运算的相反过程，即凑微分.

常用的凑微分法是：

(1) 若 $\int f(u)\mathrm{d}u = F(u)+C$ 已知，则用下述凑微分法求出下列不定积分

① $\mathrm{d}x = \dfrac{1}{a}\mathrm{d}(ax+b)$ $(a\neq 0, b$ 为常数$)$，

$$\int f(ax+b)\mathrm{d}x = \frac{1}{a}\int f(ax+b)\mathrm{d}(ax+b) \xrightarrow{u=ax+b} \frac{1}{a}F(ax+b)+C.$$

② $x^{\alpha-1}\mathrm{d}x = \dfrac{1}{\alpha}\mathrm{d}x^{\alpha}$ $(\alpha\neq 0)$，$\int f(x^{\alpha})x^{\alpha-1}\mathrm{d}x = \dfrac{1}{a}\int f(x^{\alpha})\mathrm{d}x^{\alpha} \xrightarrow{u=x^{\alpha}} \dfrac{1}{\alpha}F(x^{\alpha})+C.$

③ $\dfrac{1}{x}\mathrm{d}x = \mathrm{d}\ln|x|$，$\int f(\ln x)\dfrac{1}{x}\mathrm{d}x = \int f(\ln x)\mathrm{d}\ln x \xrightarrow{u=\ln x} F(\ln x)+C.$

④ $\cos x\,\mathrm{d}x = \mathrm{d}\sin x$，$\sin x\,\mathrm{d}x = -\mathrm{d}\cos x$，$\dfrac{1}{\cos^2 x}\mathrm{d}x = \mathrm{d}\tan x$，

$$\int f(\sin x)\cos x\,\mathrm{d}x = \int f(\sin x)\mathrm{d}\sin x \xrightarrow{u=\sin x} F(\sin x)+C,$$

$$\int f(\cos x)\sin x\,\mathrm{d}x = -\int f(\cos x)\mathrm{d}\cos x \xrightarrow{u=\cos x} -F(\cos x)+C,$$

$$\int f(\tan x)\frac{1}{\cos^2 x}\mathrm{d}x = \int f(\tan x)\mathrm{d}\tan x \xrightarrow{u=\tan x} F(\tan x)+C.$$

⑤ $\dfrac{1}{1+x^2}\mathrm{d}x = \mathrm{d}\arctan x$，$\dfrac{1}{\sqrt{1-x^2}}\mathrm{d}x = \mathrm{d}\arcsin x$，

$$\int f(\arctan x)\frac{1}{1+x^2}\mathrm{d}x = \int f(\arctan x)\mathrm{d}\arctan x \xrightarrow{u=\arctan x} F(\arctan x)+C,$$

$$\int f(\arcsin x)\frac{1}{\sqrt{1-x^2}}\mathrm{d}x = \int f(\arcsin x)\mathrm{d}\arcsin x \xrightarrow{u=\arcsin x} F(\arcsin x)+C.$$

例如，$\displaystyle\int \sqrt{1+2x}\,\mathrm{d}x = \frac{1}{2}\int (1+2x)^{\frac{1}{2}}\mathrm{d}(2x+1)$

$$\xrightarrow{u=2x+1} \frac{1}{2}\cdot\int u^{\frac{1}{2}}\mathrm{d}u = \frac{1}{2}\cdot\frac{2}{3}u^{\frac{3}{2}}+C$$

$$= \frac{1}{2}\cdot\frac{2}{3}(1+2x)^{\frac{3}{2}}+C = \frac{1}{3}(\sqrt{2x+1})^3+C.$$

$$\int \frac{\sin x}{1+\cos^2 x}\mathrm{d}x = -\int \frac{\mathrm{d}\cos x}{1+\cos^2 x} \xlongequal{u=\cos x} -\int \frac{\mathrm{d}u}{1+u^2}$$
$$= -\arctan u + C = -\arctan\cos x + C.$$

熟练后上述中间步骤可省略.

（2）由基本积分表可得推广的基本积分表

① $\displaystyle\int \varphi^{a}(x)\mathrm{d}\varphi(x) = \frac{1}{\alpha+1}\varphi^{\alpha+1}(x)+C \ (\alpha \neq -1).$

② $\displaystyle\int \frac{1}{\varphi(x)}\mathrm{d}\varphi(x) = \ln|\varphi(x)|+C.$

③ $\displaystyle\int \cos\varphi(x)\mathrm{d}\varphi(x) = \sin\varphi(x)+C.$

④ $\displaystyle\int \sin\varphi(x)\mathrm{d}\varphi(x) = -\cos\varphi(x)+C.$

⑤ $\displaystyle\int \frac{1}{\cos^2\varphi(x)}\mathrm{d}\varphi(x) = \tan\varphi(x)+C.$

⑥ $\displaystyle\int \frac{1}{\sin^2\varphi(x)}\mathrm{d}\varphi(x) = -\cot\varphi(x)+C.$

⑦ $\displaystyle\int e^{\varphi(x)}\mathrm{d}\varphi(x) = e^{\varphi(x)}+C.$

⑧ $\displaystyle\int a^{\varphi(x)}\mathrm{d}\varphi(x) = \frac{1}{\ln a}a^{\varphi(x)}+C.$

⑨ $\displaystyle\int \frac{\mathrm{d}\varphi(x)}{\sqrt{1-\varphi^2(x)}} = \arcsin\varphi(x)+C.$

⑩ $\displaystyle\int \frac{\mathrm{d}\varphi(x)}{1+\varphi^2(x)} = \arctan\varphi(x)+C.$

若能将所求不定积分往该推广的积分表转化,就可求出该不定积分.

【例 4.2.1】直接填写下列积分:

（1）$\displaystyle\int \frac{1}{\varphi(x)}\mathrm{d}\varphi(x) = $＿＿＿＿; （2）$\displaystyle\int \varphi^{n}(x)\mathrm{d}\varphi(x) = $＿＿＿＿$(n \neq -1)$;

（3）$\displaystyle\int \frac{\varphi'(x)}{1+\varphi^2(x)}\mathrm{d}x$＿＿＿＿; （4）$\displaystyle\int e^{\varphi(x)}\varphi'(x)\mathrm{d}x$＿＿＿＿.

【解】直接由换元法写出答案:

（1）$\ln|\varphi(x)|+C$; （2）$\dfrac{1}{n+1}\varphi^{n+1}(x)+C$;

（3）$\arctan\varphi(x)+C$; （4）$e^{\varphi(x)}+C$.

评注 换元积分法的作用之一就是将所求积分转化为上述类型即推广的积分表中的积分.

【例 4.2.2】求下列不定积分:

（1）$I = \displaystyle\int (x-1)e^{x^2-2x+2}\mathrm{d}x$; （2）$I = \displaystyle\int \frac{\cos x - \sin x}{\sin x + \cos x}\mathrm{d}x$;

（3）$I = \displaystyle\int \frac{\mathrm{d}x}{\sqrt{(x-a)(b-x)}}$,其中 $a < b$ 为常数.

【解】用凑微分法.

(1) $I = \dfrac{1}{2}\int e^{x^2-2x+2}\,\mathrm{d}(x^2-2x+2) = \dfrac{1}{2}e^{x^2-2x+2}+C.$

(2) $I = \displaystyle\int \dfrac{\mathrm{d}(\sin x+\cos x)}{\sin x+\cos x} = \ln|\sin x+\cos x|+C.$

(3) $I = 2\displaystyle\int \dfrac{\mathrm{d}\sqrt{x-a}}{\sqrt{b-a-(\sqrt{x-a})^2}} = 2\displaystyle\int \dfrac{1}{\sqrt{b-a}}\dfrac{\mathrm{d}\sqrt{x-a}}{\sqrt{1-\left(\sqrt{\dfrac{x-a}{b-a}}\right)^2}}$

$\qquad = 2\displaystyle\int \dfrac{\mathrm{d}\sqrt{\dfrac{x-a}{b-a}}}{\sqrt{1-\left(\sqrt{\dfrac{x-a}{b-a}}\right)^2}} = 2\arcsin\sqrt{\dfrac{x-a}{b-a}}+C.$

【例 4.2.3】求下列不定积分：

(1) $I = \displaystyle\int \dfrac{Mx+N}{x^2+px+q}\,\mathrm{d}x$，其中 p,q,M,N 为常数且 $p^2-4q<0$；

(2) $I = \displaystyle\int \dfrac{\mathrm{d}x}{\sin 2x+2\sin x}.$

【解】(1) 先配方后用凑微分法.

$$I = \int \dfrac{M\left(x+\dfrac{p}{2}\right)+N-\dfrac{Mp}{2}}{\left(x+\dfrac{p}{2}\right)^2+q-\dfrac{p^2}{4}}\,\mathrm{d}x$$

$$\xlongequal[b=N-\frac{p}{2}M]{a^2=q-\frac{p^2}{4}} \dfrac{M}{2}\int \dfrac{\mathrm{d}\left[\left(x+\dfrac{p}{2}\right)^2+a^2\right]}{\left(x+\dfrac{p}{2}\right)^2+a^2} + \dfrac{b}{a}\int \dfrac{\mathrm{d}\left(\dfrac{x+\dfrac{p}{2}}{a}\right)}{1+\left(\dfrac{x+\dfrac{p}{2}}{a}\right)^2}$$

$$= \dfrac{M}{2}\ln\left[\left(x+\dfrac{p}{2}\right)^2+a^2\right] + \dfrac{b}{a}\arctan\dfrac{x+\dfrac{p}{2}}{a}+C$$

$$= \dfrac{M}{2}\ln(x^2+px+q) + \dfrac{b}{a}\arctan\dfrac{2x+p}{2a}+C.$$

(2) 利用三角函数恒等式将被积函数作恒等变形，然后凑微分得

$$I = \int \dfrac{\mathrm{d}x}{2\sin x(1+\cos x)} = \int \dfrac{\mathrm{d}x}{4\sin\dfrac{x}{2}\cos\dfrac{x}{2}\cdot 2\cos^2\dfrac{x}{2}} = \dfrac{1}{4}\int \dfrac{\mathrm{d}\tan\dfrac{x}{2}}{\tan\dfrac{x}{2}\cos^2\dfrac{x}{2}}$$

$$= \dfrac{1}{4}\int \dfrac{1+\tan^2\dfrac{x}{2}}{\tan\dfrac{x}{2}}\,\mathrm{d}\tan\dfrac{x}{2} = \dfrac{1}{4}\ln\left|\tan\dfrac{x}{2}\right| + \dfrac{1}{8}\tan^2\dfrac{x}{2}+C.$$

评注 凑微分法就是把被积表达式中的一部分逐次地放入微分号"d"内,使之转化为推广的积分表中的情形,有的还需将被积函数先作恒等变形,然后再凑微分,变形的目的就是为了凑微分.

【例 4.2.4】求下列不定积分:

(1) $I = \int \dfrac{1+x^2}{1+x^4} \mathrm{d}x$; 　　　　　　　　(2) $I = \int \dfrac{x^2-1}{1+x^4} \mathrm{d}x$.

【解】(1) 分子、分母同除以 x^2 得 $I = \int \dfrac{\left(1+\dfrac{1}{x^2}\right)\mathrm{d}x}{x^2+\dfrac{1}{x^2}}$. 注意:

$$\left(1+\frac{1}{x^2}\right)\mathrm{d}x = \mathrm{d}\left(x-\frac{1}{x}\right), \quad x^2+\frac{1}{x^2} = \left(x-\frac{1}{x}\right)^2+2,$$

于是 　　　　$I = \int \dfrac{\mathrm{d}\left(x-\dfrac{1}{x}\right)}{\left(x-\dfrac{1}{x}\right)^2+2} = \dfrac{1}{\sqrt{2}} \int \dfrac{\mathrm{d}\left[\dfrac{1}{\sqrt{2}}\left(x-\dfrac{1}{x}\right)\right]}{1+\left[\dfrac{1}{\sqrt{2}}\left(x-\dfrac{1}{x}\right)\right]^2}$

$$= \frac{1}{\sqrt{2}}\arctan\frac{1}{\sqrt{2}}\left(x-\frac{1}{x}\right)+C.$$

(2) 与题(1)类似,只需注意:

$$\left(1-\frac{1}{x^2}\right)\mathrm{d}x = \mathrm{d}\left(x+\frac{1}{x}\right), \quad x^2+\frac{1}{x^2} = \left(x+\frac{1}{x}\right)^2-2,$$

于是　　　$I = \int \dfrac{\mathrm{d}\left(x+\dfrac{1}{x}\right)}{\left(x+\dfrac{1}{x}\right)^2-(\sqrt{2})^2} \xlongequal{u=x+\frac{1}{x}} \dfrac{1}{2\sqrt{2}}\int\left(\dfrac{1}{u-\sqrt{2}}-\dfrac{1}{u+\sqrt{2}}\right)\mathrm{d}u$

$$= \frac{1}{2\sqrt{2}}\ln \frac{x+\dfrac{1}{x}-\sqrt{2}}{x+\dfrac{1}{x}+\sqrt{2}}+C = \frac{1}{2\sqrt{2}}\ln \frac{x^2-\sqrt{2}\,x+1}{x^2+\sqrt{2}\,x+1}+C.$$

评注 ① 类似于例 4.2.4 的方法可用于求积分

$$\int \frac{x^2\pm 1}{x^4+x^2+1}\mathrm{d}x, \quad \int \frac{x^2\pm 1}{x^4-x^2+1}\mathrm{d}x, \cdots,$$

② 设 $\int f(u^2+2)\mathrm{d}u = \Phi(u)+C$, $\int f(u^2-2)\mathrm{d}u = \Psi(u)+C$,类似的方法可求

$$F(x) = \int f\left(x^2+\frac{1}{x^2}\right)\mathrm{d}x \text{ 与 } G(x) = \int f\left(x^2+\frac{1}{x^2}\right)\frac{1}{x^2}\mathrm{d}x.$$

因为　　　　$F(x)+G(x) = \int f\left(x^2+\dfrac{1}{x^2}\right)\mathrm{d}\left(x-\dfrac{1}{x}\right)$

$$= \int f\left[\left(x-\frac{1}{x}\right)^2+2\right]\mathrm{d}\left(x-\frac{1}{x}\right) = \Phi\left(x-\frac{1}{x}\right)+C,$$

$$F(x) - G(x) = \int f\left(x^2 + \frac{1}{x^2}\right) \mathrm{d}\left(x + \frac{1}{x}\right)$$

$$= \int f\left[\left(x + \frac{1}{x}\right)^2 - 2\right] \mathrm{d}\left(x + \frac{1}{x}\right) = \Psi\left(x + \frac{1}{x}\right) + C,$$

得
$$F(x) = \frac{1}{2}\left[\Phi\left(x - \frac{1}{x}\right) + \Psi\left(x + \frac{1}{x}\right)\right] + C,$$

$$G(x) = \frac{1}{2}\left[\Phi\left(x - \frac{1}{x}\right) - \Psi\left(x + \frac{1}{x}\right)\right] + C.$$

③ 求 $\displaystyle\int \frac{\mathrm{d}x}{1+x^4}$ 可转化为求 $\displaystyle\int \frac{1+x^2}{1+x^4}\mathrm{d}x$ 与 $\displaystyle\int \frac{x^2-1}{1+x^4}\mathrm{d}x$.

2. 选择变量代换利用第二换元法求不定积分

利用第二换元法求不定积分 $\displaystyle\int f(x)\mathrm{d}x$ 的步骤是：

➤ 选择变量代换 $x = \varphi(t)$；

➤ 求 $\displaystyle\int f[\varphi(t)]\varphi'(t)\mathrm{d}t = G(t) + C$；

➤ 求 $x = \varphi(t)$ 的反函数 $t = \varphi^{-1}(x)$，代入得
$$\int f(x)\mathrm{d}x = G[\varphi^{-1}(x)] + C.$$

关键步骤是选择变量代换.

常见的变量代换有以下情形：

情形一　三角函数代换去根号

对于含根式的积分，选择变量代换化为不含根式的积分，特别是对于表 4.2 - 1 所列三种类型的根式，三角函数代换常常是有效的.

表 4.2 - 1

根式的形式	选择的三角函数代换	三角形示意图
$\sqrt{a^2-x^2}$	$x = a\sin t,\ -\dfrac{\pi}{2} \leqslant t \leqslant \dfrac{\pi}{2}$	
$\sqrt{a^2+x^2}$	$x = a\tan t,\ -\dfrac{\pi}{2} < t < \dfrac{\pi}{2}$	
$\sqrt{x^2-a^2}$	$x = a\sec t,\ 0 \leqslant t \leqslant \pi,$ $t \neq \dfrac{\pi}{2}$	

由于 t 是引入的新变量，在最后的计算结果中必须还原为原来的变量，表中的三角形示意图对变量还原是十分方便的.

当被积函数含根式 $\sqrt{ax^2+bx+c}$ 时，可通过配方法化为表 4.2 - 1 中的情形.

当 $a>0$ 时，

$$\sqrt{ax^2+bx+c} \xlongequal{\text{(配方)}} \sqrt{\left(\sqrt{a}\,x+\frac{b}{2\sqrt{a}}\right)^2+\frac{4ac-b^2}{4a}} \xlongequal{u=\sqrt{a}\,x+\frac{b}{2\sqrt{a}}} \sqrt{u^2\pm l^2},$$

其中，$l=\sqrt{\dfrac{4ac-b^2}{4a}}\,(4ac-b^2>0)$，$l=\sqrt{\dfrac{b^2-4ac}{4a}}\,(4ac-b^2<0)$，分别属于表 4.2-1 中的第二种类型与第三种类型.

当 $a<0$ 时，

$$\sqrt{ax^2+bx+c} \xlongequal{\text{(配方)}} \sqrt{\frac{4ac-b^2}{4a}-\left(\sqrt{-a}\,x-\frac{b}{2\sqrt{-a}}\right)^2}$$

$$\xlongequal{u=\sqrt{-a}\,x-\frac{b}{2\sqrt{-a}}} \sqrt{l^2-u^2},$$

其中，$l=\sqrt{\dfrac{4ac-b^2}{4a}}\,(4ac-b^2<0)$，属于表 4.2-1 中的第一种类型.

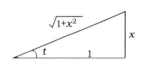

图 4.2-1

【例 4.2.5】求 $I=\displaystyle\int \frac{\mathrm{d}x}{x^2\sqrt{1+x^2}}$.

【解】由于被积函数含有 $\sqrt{1+x^2}$ 的方幂，为了去除根号，可作类型 $x=\tan t\left(-\dfrac{\pi}{2}<t<\dfrac{\pi}{2}\right)$ 的代换，因 $\sqrt{1+x^2}=\sqrt{1+\tan^2 t}=\dfrac{1}{\cos t}$，$\mathrm{d}x=\dfrac{1}{\cos^2 t}\mathrm{d}t$，所以

$$I=\int \frac{\dfrac{1}{\cos^2 t}\mathrm{d}t}{\dfrac{\sin^2 t}{\cos^2 t}\cdot\dfrac{1}{\cos t}}=\int \frac{\cos t}{\sin^2 t}\mathrm{d}t$$

$$=\int \frac{\mathrm{d}\sin t}{\sin^2 t}=-\frac{1}{\sin t}+C.$$

由图 4.2-1，把 $\sin t$ 表成 x 的函数，即 $\sin t=\dfrac{x}{\sqrt{1+x^2}}\left(-\dfrac{\pi}{2}<t<\dfrac{\pi}{2}\right)$. 因此：

$$I=-\frac{\sqrt{1+x^2}}{x}+C.$$

【例 4.2.6】求 $I=\displaystyle\int \frac{\mathrm{d}x}{(x^2-a^2)^{3/2}}\,(a>0)$.

【解】由于被积函数含有 $\sqrt{x^2-a^2}$ 的方幂，为去根号，可选作类型 $x=\dfrac{a}{\cos t}$ $\left(0<t<\pi,t\neq\dfrac{\pi}{2}\right)$ 的代换，因 $\sqrt{x^2-a^2}=a\sqrt{\dfrac{1}{\cos^2 t}-1}=a\sqrt{\dfrac{\sin^2 t}{\cos^2 t}}=a\,\dfrac{\sin t}{\cos t}\mathrm{sgn}\,x=a\tan t\,\mathrm{sgn}\,x$，其中

$$\sqrt{\sin^2 t}=\sin t\ (0<t<\pi),$$

$$\sqrt{\cos^2 t} = |\cos t| = \begin{cases} \cos t, & 0 < t < \dfrac{\pi}{2}, \\ -\cos t, & \dfrac{\pi}{2} < t < \pi \end{cases} = \cos t \, \mathrm{sgn} x, \quad \mathrm{d}x = \dfrac{a \sin t}{\cos^2 t} \mathrm{d}t.$$

于是

$$I = \int \frac{1}{a^3 \tan^3 t} \frac{a \sin t}{\cos^2 t} \mathrm{d}t \cdot \mathrm{sgn} x = \frac{1}{a^2} \int \frac{\mathrm{d} \sin t}{\sin^2 t} \mathrm{sgn} x = -\frac{1}{a^2} \frac{1}{\sin t} \mathrm{sgn} x + C$$

$$\xlongequal{\text{图} 4.2-2} -\frac{1}{a^2} \frac{x}{\sqrt{x^2 - a^2}} + C.$$

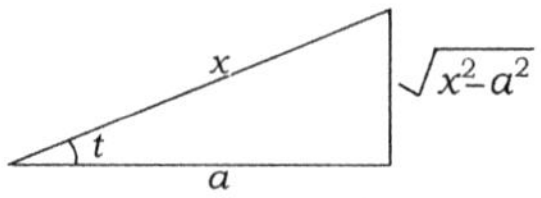

图 4.2-2

其中, $\sin t = \begin{cases} \dfrac{\sqrt{x^2 - a^2}}{x}, & x > a, \\ \dfrac{\sqrt{x^2 - a^2}}{-x}, & x < -a \end{cases} = \dfrac{\sqrt{x^2 - a^2}}{x} \mathrm{sgn} x.$

评注 ① 作代换 $x = \dfrac{a}{\cos t}$ 求该积分时常犯的错误是:

不指明 t 的变化区间或只考虑 $0 < t < \dfrac{\pi}{2}$ 即只考虑 $x > a$ 的情形,漏掉了 $x < -a$ 的

情形. 作代换 $x = \dfrac{a}{\cos t}$ 后得

$$I = \int \frac{1}{a^3 (\sqrt{\tan^2 t})^3} \frac{a \sin t}{\cos^2 t} \mathrm{d}t \xlongequal{(*)} \frac{1}{a^2} \int \frac{1}{\tan^3 t} \frac{\sin t}{\cos^2 t} \mathrm{d}t$$

$$= \frac{1}{a^2} \int \frac{\mathrm{d} \sin t}{\sin^2 t} = -\frac{1}{a^2} \frac{1}{\sin t} + C$$

$$\xlongequal{(**)} -\frac{1}{a^2} \frac{x}{\sqrt{x^2 - a^2}} + C.$$

这里答案虽然正确,但上述计算过程或事实上只考虑了 $x > a$ 的情形,或等号(*),(**)
处均有错. 因为

$$(\sqrt{\tan^2 t})^3 = \begin{cases} \tan^3 t, & \tan t \geqslant 0, \\ -\tan^3 t, & \tan t < 0, \end{cases} \qquad \sin t = \begin{cases} \dfrac{\sqrt{x^2 - a^2}}{x}, & x > a, \\ \dfrac{\sqrt{x^2 - a^2}}{-x}, & x < -a. \end{cases}$$

② 我们也可对 $x > a$ 与 $x < -a$ 分别作代换 $x = \pm \dfrac{a}{\cos t} \left(0 < t < \dfrac{\pi}{2}\right)$,或作代换

$x = \dfrac{a}{\sin t} \left(-\dfrac{\pi}{2} < t < \dfrac{\pi}{2}, t \neq 0\right)$,或作代换 $x = \pm \dfrac{a}{\sin t} \left(0 < t < \dfrac{\pi}{2}\right)$.

【例 4.2.7】 求 $I = \displaystyle\int \sqrt{3 - 2x - x^2} \, \mathrm{d}x$.

【解】 被积函数含 $\sqrt{ax^2 + bx + c}$,常先作配方,然后选择三角函数代换. 先配方得

$$\sqrt{3 - 2x - x^2} = \sqrt{4 - (x+1)^2}.$$

于是选作代换 $x + 1 = 2 \sin t \left(-\dfrac{\pi}{2} \leqslant t \leqslant \dfrac{\pi}{2}\right)$,见图 4.2-3,得

$$I = \int \sqrt{4 - (x+1)^2}\, dx = \int \sqrt{4 - 4\sin^2 t} \cdot 2\cos t\, dt$$

$$= 4\int \cos^2 t\, dt = 2\int (1 + \cos 2t)\, dt$$

$$= 2t + \sin 2t + C = 2t + 2\sin t \cos t + C$$

$$= 2\arcsin \frac{x+1}{2} + \frac{x+1}{2}\sqrt{3 - 2x - x^2} + C.$$

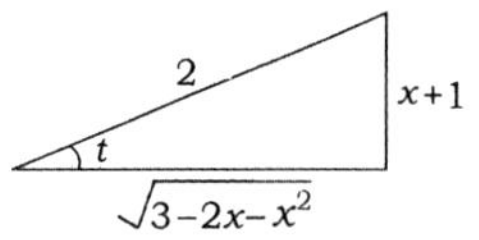

图 4.2 - 3

情形二 幂函数代换去根号

当被积函数是 x 与 $\sqrt[n]{ax+b}$ 的有理式(即 x 与 $u = \sqrt[n]{ax+b}$ 经过有限次四则运算所得的式子)时,常可选用幂函数代换 $t = \sqrt[n]{ax+b}$. 此时

$$x = \frac{t^n - b}{a}, \quad dx = \frac{nt^{n-1}}{a}\, dt,$$

因而可以去根号.

【例 4.2.8】求 $I = \displaystyle\int \frac{dx}{\sqrt{x}\,(1 + \sqrt[3]{x})}$.

【解】为了去根号,作幂函数代换,令 $x = t^6$,则

$$I = \int \frac{6t^5\, dt}{t^3(1+t^2)} = 6\int \frac{t^2}{1+t^2}\, dt \xrightarrow{(\text{分项})} 6\int \frac{t^2 + 1 - 1}{1 + t^2}\, dt$$

$$= 6\int \left(1 - \frac{1}{1+t^2}\right) dt = 6(t - \arctan t) + C = 6(\sqrt[6]{x} - \arctan \sqrt[6]{x}) + C.$$

【例 4.2.9】求 $I = \displaystyle\int x\sqrt[3]{(2+x)^2}\, dx$.

【解】为了去根号,作幂函数代换,令 $t = \sqrt[3]{2+x}$,则 $x = t^3 - 2$, $dx = 3t^2\, dt$. 于是

$$I = \int (t^3 - 2)t^2 \cdot 3t^2\, dt = 3\int (t^7 - 2t^4)\, dt$$

$$= \frac{3}{8}t^8 - 6 \cdot \frac{1}{5}t^5 + C = \frac{3}{8}(x+2)^{8/3} - \frac{6}{5}(x+2)^{5/3} + C.$$

评注 这里通过幂函数代换把所求积分化成 t 的多项式或 t 的有理函数(分子、分母均为多项式的函数)的积分,然后用分项积分法与凑微分法化为积分表中的情形.

情形三 指数函数代换

若被积函数是由 a^x 构成的代数式,常常考虑作指数函数代换.

【例 4.2.10】求 $I = \displaystyle\int \sqrt{\frac{e^x - 1}{e^x + 1}}\, dx$.

【解】将指数函数代换与幂函数代换相结合,令 $\sqrt{\dfrac{e^x - 1}{e^x + 1}} = t$,则

$$e^x = \frac{1 + t^2}{1 - t^2}, \quad x = \ln(1+t^2) - \ln(1-t^2), \quad dx = \left(\frac{2t}{1+t^2} + \frac{2t}{1-t^2}\right) dt.$$

于是 $\quad I = \displaystyle\int t\left(\frac{2t}{1+t^2} + \frac{2t}{1-t^2}\right) dt = 2\int \left(-\frac{1}{1+t^2} + \frac{1}{1-t^2}\right) dt$

$$= -2\arctan t + \int \left(\frac{1}{1+t} + \frac{1}{1-t}\right) dt = -2\arctan t + \ln\frac{1+t}{1-t} + C.$$

以 $t = \sqrt{\dfrac{e^x - 1}{e^x + 1}}$ 代入得

$$I = -2\arctan\sqrt{\frac{e^x - 1}{e^x + 1}} + \ln\frac{\sqrt{\dfrac{e^x - 1}{e^x + 1}} + 1}{-\sqrt{\dfrac{e^x - 1}{e^x + 1}} + 1} + C$$

$$= -2\arctan\sqrt{\frac{e^x - 1}{e^x + 1}} + \ln(e^x + \sqrt{e^{2x} - 1}) + C.$$

评注 例 4.2.10 若只作指数代换 $u = \dfrac{e^x - 1}{e^x + 1}$，则化成

$$I = \int\frac{\sqrt{u}}{1 + u}du + \int\frac{\sqrt{u}}{1 - u}du.$$

这是含无理式的积分，还须作幂函数代换 $t = \sqrt{u}$，则化成

$$I = \int 2\left(\frac{2t}{1 + t^2} + \frac{2t}{1 - t^2}\right)dt.$$

因此在例 4.2.10 中，将指数函数代换与幂函数代换相结合，把积分转化成简单的有理式的积分.

情形四　倒数代换

变换 $x = \dfrac{1}{t^m}$ $\left(\text{即 } t = \dfrac{1}{x^{\frac{1}{m}}}\right)$ 称之为倒数代换，有时通过倒数代换可将被积表达式化为我们所熟悉的情形.

【例 4.2.11】求 $I = \displaystyle\int\frac{\mathrm{d}x}{(x^2 + a^2)^{3/2}}$ $(a > 0)$.

【解】将 x^2 提出根号外，得

$$I = \int\frac{\mathrm{d}x}{x^3\left(1 + \dfrac{a^2}{x^2}\right)^{3/2}}\mathrm{sgn}x = -\frac{1}{2a^2}\int\frac{\mathrm{d}\left(\dfrac{a^2}{x^2} + 1\right)}{\left(1 + \dfrac{a^2}{x^2}\right)^{3/2}}\mathrm{sgn}x$$

$$= \frac{1}{a^2}\left(1 + \frac{a^2}{x^2}\right)^{-\frac{1}{2}}\mathrm{sgn}x + C = \frac{1}{a^2}\frac{x}{\sqrt{x^2 + a^2}} + C.$$

评注 例 4.2.11 中，用凑微分法省去变量替换 $t = \dfrac{a^2}{x^2}$ 的过程，也可令 $x = \dfrac{a}{\sqrt{t}}$ 直接得

$$I = -\frac{1}{2a^2}\int\frac{\mathrm{d}t}{(1 + t)^{3/2}}.$$

第三节 分部积分法

一、知识点归纳总结

与乘积微分法则相应的积分法则是分部积分法.

设 $u(x), v(x)$ 可微, $\int u'v\,dx$ 存在, 则

$$\int uv'\,dx = uv - \int u'v\,dx, \quad \text{即} \quad \int u\,dv = uv - \int v\,du.$$

分部积分法的作用是: 把求 $\int u\,dv$ 转化为求 $\int v\,du$. 因此, 利用分部积分法求 $\int f(x)\,dx$ 的关键步骤是: 将 $f(x)\,dx$ 改写成 $u(x)\,dv(x)$ 的形式.

使用分部积分法时常有以下情形:

① 连续多次使用分部积分法.

② 用分部积分法求 $\int f(x)\,dx$ 时得 $\int f(x)\,dx$ 满足的方程, 再由该方程解出结果.

③ 利用分部积分法得所求积分的递推公式, 再由递推公式得结果.

二、典型题型归纳及解题方法与技巧

1. 将 $f(x)\,dx$ 表成 $u(x)\,dv(x)$ 后用分部积分公式

利用分部积分法求 $\int f(x)\,dx$ 的关键步骤是: 将 $f(x)\,dx$ 改写成 $u(x)\,dv(x)$ 形式, 即把被积函数的一部分与 dx 凑成 $dv(x)$. 就是说, 要应用分部积分法, 首先要选择合适的"d"内外函数 $u(x)$ 与 $v(x)$. 余下就是用公式.

【例 4.3.1】 求 $I = \int x^3 \ln x\,dx$.

【解】 若令 $u = x^3, v' = \ln x$, 凑微分 $v'\,dx = \ln x\,dx$, 要找 $\ln x$ 的原函数, 不能明显求出. 故改令 $u = \ln x, v' = x^3$, 凑微分 $v'\,dx = x^3\,dx = d\left(\frac{1}{4}x^4\right)$ 得 $v = \frac{1}{4}x^4$, 代入公式得

$$I = \int x^3 \ln x\,dx = \int \ln x\,d\left(\frac{1}{4}x^4\right) \xlongequal{\text{公式}} \frac{x^4}{4}\ln x - \int \frac{1}{4}x^4\,d\ln x$$

$$= \frac{1}{4}x^4 \ln x - \int \frac{1}{4}x^4 \cdot \frac{1}{x}\,dx = \frac{1}{4}x^4 \ln x - \frac{1}{16}x^4 + C.$$

评注 ① 利用分部积分公式求 $\int f(x)\,dx$ 的基本步骤为:

第一步, 把 $f(x)$ 分为两个函数的乘积形式 $u(x)v'(x)$;

第二步, 把 $v'(x)\,dx$ 凑成微分 $dv(x)$, 得到 $v(x)$;

第三步, 代入分部积分公式, 把求 $\int u(x)v'(x)\,dx$ 转化为求 $\int u'(x)v(x)\,dx$;

第四步, 求不定积分 $\int u'(x)v(x)\,dx$.

② 选择 u, v 使用分部积分法常见情形如表 4.3-1 所列.

表 4.3 - 1

被积函数的形式	$u(x)$ 与 $v'(x)$ 的选择
$P_n(x)e^{ax}$，$P_n(x)\sin\alpha x$，$P_n(x)\cos\alpha x$，其中 $P_n(x)$ 为 n 次多项式，$\alpha \neq 0$ 为常数	取多项式 $P_n(x)$ 为 $u(x)$，取 e^{ax}，$\sin\alpha x$，$\cos\alpha x$ 为 $v'(x)$
$P_n(x)\ln x$，$P_n(x)\arctan x$，$P_n(x)\arcsin x$	取 $\ln x$，$\arctan x$，$\arcsin x$ 等为 $u(x)$，取 $P_n(x)$ 为 $v'(x)$
$e^{ax}\cos\beta x$，$e^{ax}\sin\beta x$，其中 α，$\beta \neq 0$ 为常数	取 $u(x)=e^{ax}$（或 $v'(x)=e^{ax}$），$v'(x)=\cos\beta x$，$\sin\beta x$（或 $u(x)=\cos\beta x$，$\sin\beta x$）

【例 4.3.2】求 $I=\displaystyle\int \frac{x^2}{(a^2+x^2)^2}\mathrm{d}x$，$a>0$.

【解】若取 $I=\displaystyle\int x^2\frac{1}{(a^2+x^2)^2}\mathrm{d}x$，则 $I=\displaystyle\int \frac{1}{(a^2+x^2)^2}\mathrm{d}\left(\frac{1}{3}x^3\right)$. 用分部积分后变得更复杂，不可行！改用

$$\frac{x^2}{(a^2+x^2)^2}\mathrm{d}x \xlongequal{(凑微分)} \frac{x}{2(a^2+x^2)^2}\mathrm{d}(a^2+x^2)=-\frac{x}{2}\mathrm{d}\left(\frac{1}{a^2+x^2}\right),$$

则可行.

$$I \xlongequal{(凑微分)} \int -\frac{x}{2}\mathrm{d}\left(\frac{1}{a^2+x^2}\right) \xlongequal{(公式)} -\frac{x}{2}\cdot\frac{1}{a^2+x^2}+\frac{1}{2}\int\frac{\mathrm{d}x}{a^2+x^2}$$

$$=-\frac{x}{2(a^2+x^2)}+\frac{1}{2a}\int\frac{\mathrm{d}\frac{x}{a}}{1+\frac{x^2}{a^2}}=-\frac{x}{2(a^2+x^2)}+\frac{1}{2a}\arctan\frac{x}{a}+C.$$

【例 4.3.3】求 $I=\displaystyle\int\frac{x\cos^4\frac{x}{2}}{\sin^3 x}\mathrm{d}x$.

【分析】分项与换元积分法对此题均不好用，试用分部积分法，把被积表达式表示成

$$x\frac{\cos^4\frac{x}{2}}{\sin^3 x}\mathrm{d}x=x\,\mathrm{d}v(x).$$

$v(x)=?$ 不是一下子就可看出，于是先求 $\displaystyle\int\frac{\cos^4\frac{x}{2}}{\sin^3 x}\mathrm{d}x$.

【解】$\displaystyle\int\frac{\cos^4\frac{x}{2}}{\sin^3 x}\mathrm{d}x=\frac{1}{8}\int\frac{\cos\frac{x}{2}}{\sin^3\frac{x}{2}}\mathrm{d}x=\frac{1}{4}\int\frac{\mathrm{d}\sin\frac{x}{2}}{\sin^3\frac{x}{2}}=-\frac{1}{8}\frac{1}{\sin^2\frac{x}{2}}+C.$

于是 $\quad I=\displaystyle\int x\,\mathrm{d}\left(-\frac{1}{8}\frac{1}{\sin^2\frac{x}{2}}\right)\xlongequal{分部积分}-\frac{x}{8\sin^2\frac{x}{2}}+\frac{1}{4}\int\frac{\mathrm{d}\frac{x}{2}}{\sin^2\frac{x}{2}}$

$$= -\frac{x}{8\sin^2\frac{x}{2}} - \frac{1}{4}\cot\frac{x}{2} + C.$$

2. 连续使用分部积分法

利用分部积分公式得到新的不定积分,仍不易直接求出,常常接着对新的不定积分再用分部积分公式,经过逐次分部积分才能得到易求的不定积分.

【例 4.3.4】求 $I = \int x^5 \ln^3 x \, dx$.

【解】由于 $\ln^3 x$ 的原函数不好求,且 $d\ln^3 x$ 化简了,所以选择 $x^5 - v', \ln^3 x - u$.

于是

$$I = \int x^5 \ln^3 x \, dx \xlongequal{(凑微分)} \int \ln^3 x \, d\left(\frac{1}{6}x^6\right)$$

$$\xlongequal{(公式)} \frac{x^6}{6}\ln^3 x - \int \frac{1}{6}x^6 \cdot 3\ln^2 x \cdot \frac{1}{x} dx = \frac{x^6}{6}\ln^3 x - \frac{1}{2}\int x^5 \ln^2 x \, dx$$

$$\xlongequal{(凑微分)} \frac{x^6}{6}\ln^3 x - \frac{1}{2}\int \ln^2 x \, d\left(\frac{1}{6}x^6\right)$$

$$\xlongequal{(公式)} \frac{x^6}{6}\ln^3 x - \frac{x^6}{12}\ln^2 x + \frac{1}{12}\int x^6 \cdot 2\ln x \cdot \frac{1}{x} dx$$

$$= \frac{x^6}{6}\ln^3 x - \frac{x^6}{12}\ln^2 x + \frac{1}{6}\int x^5 \ln x \, dx$$

$$\xlongequal{凑微分} \frac{x^6}{6}\ln^3 x - \frac{x^6}{12}\ln^2 x + \frac{1}{6}\int \ln x \, d\left(\frac{1}{6}x^6\right)$$

$$\xlongequal{(公式)} \frac{x^6}{6}\ln^3 x - \frac{x^6}{12}\ln^2 x + \frac{x^6}{36}\ln x - \frac{1}{36}\int x^6 \cdot \frac{1}{x} dx$$

$$= \frac{x^6}{6}\ln^3 x - \frac{x^6}{12}\ln^2 x + \frac{x^6}{36}\ln x - \frac{x^6}{216} + C.$$

评注 该例基本上属于表 4.3-1 中列举的情形,更一般地,连续使用分部积分法可求出以下几种类型的不定积分:

① $\int P_n(x)\sin x \, dx$, $\int P_n(x)\cos x \, dx$.

② $\int P_n(x)e^{\alpha x} \, dx$.

③ $\int x^\alpha \ln^m x \, dx$.

其中,$P_n(x)$ 表示 x 的 n 次多项式,m 为正整数,α 为实数.

对于①,②,我们选择 $u(x)=P_n(x)$,$v'(x)=\sin x$,$\cos x$,$e^{\alpha x}$,表示成 $\int u(x)dv(x)$,然后分别用分部积分公式,得到新的不定积分的被积函数分别为 $P_{n-1}(x)\cos x$,$P_{n-1}(x)\sin x$,$P_{n-1}(x)e^{\alpha x}$,如此连续使用分部积分公式 n 次就得到简单的初等函数 $\sin x$,$\cos x$ 或 $e^{\alpha x}$ 的不定积分.

对于③,应选择 $u(x)=\ln^m x$,$v'(x)=x^\alpha$,连续使用分部积分公式 m 次,便得到幂函数的不定积分.

3. 用分部积分法得到一个方程,再由此方程确定所求积分

用分部积分公式求 $\int f(x)\mathrm{d}x$,有时会导出如下方程:

$$\int f(x)\mathrm{d}x = g(x) + k\int f(x)\mathrm{d}x,$$

其中,$g(x)$ 为已知函数,k 为已知常数,只要 $k\neq 1$,就可解出 $\int f(x)\mathrm{d}x$.

【例 4.3.5】求 $I = \int \mathrm{e}^{ax}\cos bx\,\mathrm{d}x$,其中 a,b 均为非零实数.

【解】$I = \int \mathrm{e}^{ax}\cos bx\,\mathrm{d}x \xlongequal{\text{(凑微分)}} \frac{1}{a}\int \cos bx\,\mathrm{d}\mathrm{e}^{ax}$

$\xlongequal{\text{(公式)}} \frac{1}{a}\mathrm{e}^{ax}\cos bx + \frac{b}{a}\int \mathrm{e}^{ax}\sin bx\,\mathrm{d}x \xlongequal{\text{(凑微分)}} \frac{1}{a}\mathrm{e}^{ax}\cos bx + \frac{b}{a^2}\int \sin bx\,\mathrm{d}\mathrm{e}^{ax}$

$\xlongequal{\text{(公式)}} \frac{1}{a}\mathrm{e}^{ax}\cos bx + \frac{b}{a^2}\mathrm{e}^{ax}\sin bx - \frac{b^2}{a^2}\int \mathrm{e}^{ax}\cos bx\,\mathrm{d}x.$

这里导出了 $\int \mathrm{e}^{ax}\cos bx\,\mathrm{d}x$ 满足的方程,移项得

$$\left(1+\frac{b^2}{a^2}\right)I = \frac{1}{a}\mathrm{e}^{ax}\cos bx + \frac{b}{a^2}\mathrm{e}^{ax}\sin bx + C_1.$$

解出 I,即得 $I = \frac{a}{a^2+b^2}\mathrm{e}^{ax}\cos bx + \frac{b}{a^2+b^2}\mathrm{e}^{ax}\sin bx + C.$

评注 ① 用类似方法也可求 $\int \mathrm{e}^{ax}\sin bx\,\mathrm{d}x$. 用分部积分法求

$$\int \mathrm{e}^{ax}\cos bx\,\mathrm{d}x, \quad \int \mathrm{e}^{ax}\sin bx\,\mathrm{d}x$$

时,可以取 $u(x)=\cos bx$ 或 $\sin bx$,$\mathrm{e}^{ax}\mathrm{d}x=\mathrm{d}v$;也可取 $u(x)=\mathrm{e}^{ax}$,$\cos bx\,\mathrm{d}x$ 或 $\sin bx\,\mathrm{d}x=\mathrm{d}v$. 因要连续用两次分部积分公式,当确定某种选择后,第二次使用分部积分公式时也必须取相同的选择,否则将是徒劳的.

② 用分部积分法导出方程

$$\int f(x)\mathrm{d}x = g(x) + k\int f(x)\mathrm{d}x \ (k\neq 1),$$

并解出 $\int f(x)\mathrm{d}x$ 时,右端必须加上任意常数 C. 即

$$\int f(x)\mathrm{d}x = \frac{1}{1-k}g(x) + C,$$

不能只写成 $(1-k)\int f(x)\mathrm{d}x = g(x)$,$\int f(x)\mathrm{d}x = \frac{g(x)}{1-k}$.

事实上 $\int f(x)\mathrm{d}x - \int f(x)\mathrm{d}x = C$($C$ 为 $\forall$ 常数).

【例 4.3.6】求 $I = \int \frac{\mathrm{d}x}{\sin^3 x}$.

【解】$I = \int \frac{\mathrm{d}x}{\sin^3 x} = \int \frac{1}{\sin x}\cdot\frac{1}{\sin^2 x}\mathrm{d}x$

$$= -\int \frac{1}{\sin x}\mathrm{d}\cot x = -\frac{\cot x}{\sin x} + \int \frac{\cos x}{\sin x}\mathrm{d}\left(\frac{1}{\sin x}\right)$$

$$= -\frac{\cot x}{\sin x} - \int \frac{\cos x}{\sin x} \cdot \frac{\cos x}{\sin^2 x}\mathrm{d}x = -\frac{\cot x}{\sin x} - \int \frac{\mathrm{d}x}{\sin^3 x} + \int \frac{\mathrm{d}x}{\sin x}.$$

这里也导出了 $I = \int \dfrac{\mathrm{d}x}{\sin^3 x}$ 的方程,移项并解出 I 得

$$I = -\frac{1}{2}\frac{\cot x}{\sin x} + \frac{1}{2}\int \frac{\mathrm{d}x}{\sin x}.$$

由于 $\int \dfrac{\mathrm{d}x}{\sin x} = \ln\left|\tan \dfrac{x}{2}\right| + C$,故 $I = -\dfrac{1}{2}\dfrac{\cot x}{\sin x} + \dfrac{1}{2}\ln\left|\tan \dfrac{x}{2}\right| + C$.

4. 用分部积分法导出积分的递推公式并求积分

【例 4.3.7】求 $I_6 = \int \dfrac{\mathrm{d}x}{\sin^6 x}$ 及 $I_n = \int \dfrac{\mathrm{d}x}{\sin^n x}$ 的递推公式,n 为任意自然数.

【解】前面计算可知,求 $\int \dfrac{\mathrm{d}x}{\sin^3 x}$ 转化为求 $\int \dfrac{\mathrm{d}x}{\sin x}$.同样地,用分部积分求 $\int \dfrac{\mathrm{d}x}{\sin^6 x}$ 可

化为求 $\int \dfrac{\mathrm{d}x}{\sin^4 x}$,再化为求 $\int \dfrac{\mathrm{d}x}{\sin^2 x}$.

为计算方便,我们先推导 I_n 的递推公式.

$$I = \int \frac{\mathrm{d}x}{\sin^n x} = \int \frac{1}{\sin^{n-2}x}\frac{1}{\sin^2 x}\mathrm{d}x = -\int \frac{1}{\sin^{n-2}x}\mathrm{d}\cot x$$

$$= -\frac{\cot x}{\sin^{n-2}x} + \int \cot x\,\mathrm{d}\left(\frac{1}{\sin^{n-2}x}\right) = -\frac{\cot x}{\sin^{n-2}x} - (n-2)\int \cot x\,\frac{\cos x}{\sin^{n-1}x}\mathrm{d}x$$

$$= -\frac{\cot x}{\sin^{n-2}x} - (n-2)\int \frac{1-\sin^2 x}{\sin^n x}\mathrm{d}x = -\frac{\cos x}{\sin^{n-1}x} - (n-2)I_n + (n-2)I_{n-2}.$$

解出 $I_n = -\dfrac{1}{n-1}\cdot\dfrac{\cos x}{\sin^{n-1}x} + \dfrac{n-2}{n-1}I_{n-2}$.

这就是 I_n 的递推公式,由此可求出

$$I_6 = \int \frac{\mathrm{d}x}{\sin^6 x} = -\frac{1}{5}\frac{\cos x}{\sin^5 x} + \frac{4}{5}I_4 = -\frac{1}{5}\frac{\cos x}{\sin^5 x} + \frac{4}{5}\left(-\frac{1}{3}\frac{\cos x}{\sin^3 x} + \frac{2}{3}I_2\right)$$

$$= -\frac{1}{5}\frac{\cos x}{\sin^5 x} - \frac{4}{15}\frac{\cos x}{\sin^3 x} - \frac{8}{15}\cot x + C,$$

其中,$I_2 = \int \dfrac{\mathrm{d}x}{\sin^2 x} = -\cot x + C$.

【例 4.3.8】设 $J_n = \int (\arcsin x)^n \mathrm{d}x$,$n$ 为任意自然数,求 J_n 的递推公式.

【解】直接分部积分得

$$J_n = \int (\arcsin x)^n \mathrm{d}x = x(\arcsin x)^n - \int x\,\mathrm{d}(\arcsin x)^n$$

$$= x(\arcsin x)^n - n\int (\arcsin x)^{n-1}\frac{x}{\sqrt{1-x^2}}\mathrm{d}x.$$

注意，$\dfrac{x}{\sqrt{1-x^2}}\mathrm{d}x = \dfrac{-\mathrm{d}(1-x^2)}{2\sqrt{1-x^2}} = -\mathrm{d}(\sqrt{1-x^2})$，继续分部积分得

$$J_n = x(\arcsin x)^n + n\int(\arcsin x)^{n-1}\mathrm{d}(\sqrt{1-x^2})$$

$$= x(\arcsin x)^n + n(\arcsin x)^{n-1}\sqrt{1-x^2} - n(n-1)\int(\arcsin x)^{n-2}\mathrm{d}x,$$

即 $$J_n = x(\arcsin x)^n + n(\arcsin x)^{n-1}\sqrt{1-x^2} - n(n-1)J_{n-2}.$$

这就是 J_n 的递推公式.

5. 分部积分时其中一部分自身相消的情形

【例 4.3.9】求 $I = \displaystyle\int \dfrac{\mathrm{e}^{\sin x}(x\cos^3 x - \sin x)}{\cos^2 x}\mathrm{d}x.$

【解】$I = \displaystyle\int\left(x\,\mathrm{e}^{\sin x}\cos x - \mathrm{e}^{\sin x}\,\dfrac{\sin x}{\cos^2 x}\right)\mathrm{d}x$

$$\xrightarrow{\text{分部积分}} \int x\,\mathrm{d}\mathrm{e}^{\sin x} - \int\mathrm{e}^{\sin x}\mathrm{d}\,\dfrac{1}{\cos x}$$

$$= x\,\mathrm{e}^{\sin x} - \int\mathrm{e}^{\sin x}\mathrm{d}x - \dfrac{\mathrm{e}^{\sin x}}{\cos x} + \int\dfrac{1}{\cos x}\mathrm{d}\mathrm{e}^{\sin x}$$

$$= x\,\mathrm{e}^{\sin x} - \dfrac{\mathrm{e}^{\sin x}}{\cos x} - \int\mathrm{e}^{\sin x}\mathrm{d}x + \int\mathrm{e}^{\sin x}\mathrm{d}x$$

$$= \mathrm{e}^{\sin x}\left(x - \dfrac{1}{\cos x}\right) + C.$$

【例 4.3.10】求 $I = \displaystyle\int \dfrac{1+\sin x}{1+\cos x}\mathrm{e}^x\mathrm{d}x.$

【解】直接分部积分.

$$I = \int\dfrac{1+\sin x}{1+\cos x}\mathrm{d}\mathrm{e}^x$$

$$= \dfrac{1+\sin x}{1+\cos x}\mathrm{e}^x - \int\mathrm{e}^x\,\dfrac{\cos x(1+\cos x) + (1+\sin x)\sin x}{(1+\cos x)^2}\mathrm{d}x$$

$$= \dfrac{1+\sin x}{1+\cos x}\mathrm{e}^x - \int\mathrm{e}^x\,\dfrac{1+\cos x+\sin x}{(1+\cos x)^2}\mathrm{d}x$$

$$= \dfrac{1+\sin x}{1+\cos x}\mathrm{e}^x - \int\dfrac{1}{1+\cos x}\mathrm{d}\mathrm{e}^x - \int\dfrac{\mathrm{e}^x\sin x}{(1+\cos x)^2}\mathrm{d}x$$

$$= \dfrac{1+\sin x}{1+\cos x}\mathrm{e}^x - \dfrac{\mathrm{e}^x}{1+\cos x} + \int\mathrm{e}^x\,\dfrac{\sin x}{(1+\cos x)^2}\mathrm{d}x - \int\dfrac{\mathrm{e}^x\sin x}{(1+\cos x)^2}\mathrm{d}x$$

$$= \dfrac{\sin x}{1+\cos x}\mathrm{e}^x + C.$$

评注 分部积分时有时出现部分项自身相消的情形，从而求得结果，如

$$\int\varPhi(x)\mathrm{d}x = \int f(x)\mathrm{d}g(x) - \int\varphi(x)\mathrm{d}\psi(x),$$

其中 $$\int f(x)\mathrm{d}g(x) = g(x)f(x) - \int g(x)f'(x)\mathrm{d}x.$$

而 $\int g(x) f'(x) \mathrm{d}x$ 积不出来，但

$$\int \varphi(x) \mathrm{d}\psi(x) = \varphi(x)\psi(x) - \int \psi(x) \varphi'(x) \mathrm{d}x$$

有时满足 $\int g(x) f'(x) \mathrm{d}x = \int \psi(x) \varphi'(x) \mathrm{d}x$，则求得结果为

$$\int \Phi(x) \mathrm{d}x = g(x) f(x) - \varphi(x)\psi(x) + C.$$

第四节　几种类型函数的积分

一、知识点归纳总结

对于有理函数、三角函数有理式和某些特殊的无理式，原则上总可以通过选择适当的变量替换、分部积分法和分项积分法求出它的不定积分.

1. 有理函数的积分法

形如

$$R(x) = \frac{P_n(x)}{Q_m(x)} = \frac{a_0 x^n + a_1 x^{n-1} + \cdots + a_{n-1}x + a_n}{b_0 x^m + b_1 x^{m-1} + \cdots + b_{m-1}x + b_m}$$

的函数称为有理函数，其中 $P_n(x)$ 与 $Q_m(x)$ 无公因子. 若 $n < m$，称该函数为真分式.

① 求有理函数 $R(x)$ 的积分的基本步骤是：

第一，用多项式除法将 $R(x)$ 分解成多项式 $P(x)$ 与真分式 $R_1(x)$ 之和.

第二，将真分式分解成部分分式之和. 形如

$$\frac{A}{x-a}, \quad \frac{A}{(x-a)^k}, \quad \frac{Ax+B}{x^2+px+q}, \quad \frac{Ax+B}{(x^2+px+q)^k}$$

的分式称为部分分式，其中 $x^2 + px + q$ 无实根.

第三，求部分分式的积分.

第四，用分项积分法得到 $\int R(x) \mathrm{d}x = \int P(x) \mathrm{d}x + \int R_1(x) \mathrm{d}x$.

② 求有理函数积分的关键步骤之一——怎样将真分式分解成部分分式之和？

基本方法是待定系数法. 在具体分解真分式时，首先将分母因式分解，然后把真分式分解成若干部分分式之和，最后再确定分式中的待定常数.

③ 求有理函数积分的关键步骤之二——怎样求部分分式的积分？

先用配方法：$x^2 + px + q = \left(x + \dfrac{p}{2}\right)^2 + q - \dfrac{p^2}{4}$. 然后作变量代换 $t = x + \dfrac{p}{2}$ 并用分项积分法得

$$\int \frac{Ax+B}{(x^2+px+q)^k} \mathrm{d}x = \int \frac{At+b}{(t^2+a^2)^k} \mathrm{d}t = \int \frac{At}{(t^2+a^2)^k} \mathrm{d}t + \int \frac{b}{(t^2+a^2)^k} \mathrm{d}t,$$

其中，$a = \sqrt{4q - p^2}/2, b = B - Ap/2$.

当 $k = 1$ 时，

$$\int \frac{Ax+B}{x^2+px+q}dx = \int \frac{At}{t^2+a^2}dt + \int \frac{b}{t^2+a^2}dt$$

$$= \frac{A}{2}\ln(x^2+px+q) + \frac{b}{a}\arctan\frac{2x+p}{\sqrt{4q-p^2}} + C.$$

当 $k=2,3,\cdots$ 时,

$$\int \frac{Ax+B}{(x^2+px+q)^k}dx = \int \frac{At+b}{(t^2+a^2)^k}dt$$

$$= \frac{A}{2(1-k)}\frac{1}{(t^2+a^2)^{k-1}} + b\int \frac{dt}{(t^2+b^2)^k},$$

其中,$t=x+\dfrac{p}{2}$.再用分部公式求出

$$J_n = \int \frac{dt}{(t^2+a^2)^n}$$

的递推公式 $J_{n+1} = \dfrac{1}{2na^2}\dfrac{x}{(x^2+a^2)^n} + \dfrac{2n-1}{2na^2}J_n.$

2. 三角函数有理式的积分法

由变量 u,v 与实数经过有限次四则运算所得到的式子记为 $R(u,v)$,称为 u,v 的有理式. $R(\sin x,\cos x)$ 称为三角函数有理式. 求 $\int R(\sin x,\cos x)dx$ 的基本方法是通过三角函数替换化成有理函数的积分. 如何选择三角函数替换? 有以下情形:

情形一　一般情形与万能替换 $t=\tan\dfrac{x}{2}$

令 $t=\tan\dfrac{x}{2}$,则三角函数有理式的积分总可化为有理函数的积分,即

$$\int R(\sin x,\cos x)dx \xrightarrow{t=\tan\frac{x}{2}} \int R\left(\frac{2t}{1+t^2},\frac{1-t^2}{1+t^2}\right)\frac{2}{1+t^2}dt.$$

情形二　一些特殊情形与三角函数替换

万能替换对三角函数有理式原则上都是可行的,但有时显得很复杂.对某些特殊情形作别的三角函数替换更为简便.常见的有:

① 令 $t=\cos x$,$\int R_1(\sin^2 x,\cos x)\sin x\,dx \xrightarrow{t=\cos x} -\int R_1(1-t^2,t)dt$,其中 $R_1(u,v)$ 是 u,v 的有理式.

若 $R(-\sin x,\cos x)=-R(\sin x,\cos x)$,即 $R(\sin x,\cos x)$ 对 $\sin x$ 为奇函数,则可化为这种情形.

② 令 $t=\sin x$,$\int R_1(\sin x,\cos^2 x)\cos x\,dx \xrightarrow{t=\sin x} \int R_1(t,1-t^2)dt.$

若 $R(\sin x,-\cos x)=-R(\sin x,\cos x)$,即 $R(\sin x,\cos x)$ 对 $\cos x$ 为奇函数,则可化为这种情形.

③ 令 $t=\tan x$,$\int R_1(\tan x)dx \xrightarrow{t=\tan x} \int R_1(t)\frac{1}{1+t^2}dt$,其中 $R_1(u)$ 为有理式.

若 $R(-\sin x, -\cos x) = R(\sin x, \cos x)$，则 $R(\sin x, \cos x)$ 可化为 $\tan x$ 的有理函数.

3. 几种简单无理式的积分法

设 $R(u, v)$ 是 u, v 的有理式.

① 形如 $\int R\left(x, \sqrt[n]{\dfrac{ax+b}{cx+h}}\right) \mathrm{d}x$ 的积分可用变量替换 $t = \sqrt[n]{\dfrac{ax+b}{cx+h}}$ 化为有理函数的积分.

② 形如

$$\int \sqrt{ax^2 + bx + c}\, \mathrm{d}x, \quad \int \frac{\mathrm{d}x}{\sqrt{ax^2 + bx + c}}$$

的积分,可用配方法将 $\sqrt{ax^2+bx+c}$ 化成 $\sqrt{a^2-t^2}$ 或 $\sqrt{t^2+a^2}$,然后利用下列已知公式求出积分:

$$\left.\begin{aligned}
&\int \frac{\mathrm{d}t}{\sqrt{t^2 \pm a^2}} = \ln|t + \sqrt{t^2 \pm a^2}| + C, \\
&\int \frac{\mathrm{d}t}{\sqrt{a^2 - t^2}} = \arcsin \frac{t}{a} + C, \\
&\int \sqrt{t^2 \pm a^2}\, \mathrm{d}t = \frac{t}{2}\sqrt{t^2 \pm a^2} \pm \frac{1}{2}a^2 \ln|t + \sqrt{t^2 \pm a^2}| + C, \\
&\int \sqrt{a^2 - t^2}\, \mathrm{d}t = \frac{t}{2}\sqrt{a^2 - t^2} + \frac{a^2}{2}\arcsin \frac{t}{a} + C. \quad (a > 0)
\end{aligned}\right\} \qquad (4.4-1)$$

4. 分段函数的积分

设 $f(x)$ 在 (a, b) 连续,$x_0 \in (a, b)$,且 $f(x) = \begin{cases} g(x), & a < x \leqslant x_0, \\ h(x), & x_0 \leqslant x < b, \end{cases}$ 其中 $g(x)$ 在 $(a, x_0]$ 连续,$h(x)$ 在 $[x_0, b)$ 连续,$g(x_0) = h(x_0)$,则 $f(x)$ 在 (a, b) 一定存在原函数. 求分段函数的原函数的方法之一是拼接法:

设求得 $G(x)$ 在 $(a, x_0]$ 连续,是 $f(x)$(即 $g(x)$)在 (a, x_0) 的一个原函数,$H(x)$ 在 $[x_0, b)$ 连续,是 $f(x)$(即 $h(x)$)在 (x_0, b) 的一个原函数,只要将它们连续地拼接起来,即令

$$F(x) = \begin{cases} G(x), & a < x < x_0, \\ H(x) + C_0, & x_0 \leqslant x < b, \end{cases}$$

其中,C_0 使得 $G(x_0) = H(x_0) + C_0$ 即 $F(x)$ 在 $x = x_0$ 连续,则 $F(x)$ 是 $f(x)$ 在 (a, b) 的原函数,于是 $\int f(x) \mathrm{d}x = F(x) + C$.

对于多分界点的连续的分段函数,可用类似的方法求它的原函数.

二、典型题型归纳及解题方法与技巧

1. 求有理函数的积分

【例 4.4.1】求下列函数的不定积分:

(1) $\displaystyle\int \frac{x^5 + x^4 - 8}{x^3 - 4x}\mathrm{d}x$; (2) $\displaystyle\int \frac{2x^2 + 2x + 13}{(x-2)(x^2+1)^2}\mathrm{d}x$; (3) $\displaystyle\int \frac{x\,\mathrm{d}x}{x^8 - 1}$.

【解】(1) 先作多项式除法运算,得

$$\frac{x^5 + x^4 - 8}{x^3 - 4x} = x^2 + x + 4 + \frac{4(x^2 + 4x - 2)}{x^3 - 4x}.$$

将其分式的分母作因式分解 $x^3 - 4x = x(x-2)(x+2)$. 将其分式分解成部分分式之和,即

$$\frac{x^2 + 4x - 2}{x^3 - 4x} = \frac{A}{x} + \frac{B}{x-2} + \frac{C}{x+2}.$$

将右端通分得等式 $x^2 + 4x - 2 = A(x-2)(x+2) + Bx(x+2) + Cx(x-2)$.

分别令 $x = 0, +2, -2$ 得 $A = \dfrac{1}{2}, B = \dfrac{5}{4}, C = -\dfrac{3}{4}$. 因此:

$$\int \frac{x^5 + x^4 - 8}{x^3 - 4x}\mathrm{d}x = \int(x^2 + x + 4)\mathrm{d}x + 2\int \frac{1}{x}\mathrm{d}x + 5\int \frac{1}{x-2}\mathrm{d}x - 3\int \frac{1}{x+2}\mathrm{d}x$$

$$= \frac{1}{3}x^3 + \frac{1}{2}x^2 + 4x + 2\ln|x| + 5\ln|x-2| - 3\ln|x+2| + C.$$

(2) $\dfrac{2x^2 + 2x + 13}{(x-2)(x^2+1)^2} = \dfrac{1}{x-2} - \dfrac{x+2}{x^2+1} - \dfrac{3x+4}{(x^2+1)^2}$, 于是

$$I \triangleq \int \frac{2x^2 + 2x + 13}{(x-2)(x^2+1)^2}\mathrm{d}x = \int \frac{1}{x-2}\mathrm{d}x - \int \frac{x+2}{x^2+1}\mathrm{d}x - \int \frac{3x+4}{(x^2+1)^2}\mathrm{d}x.$$

因为 $\displaystyle\int \frac{x+2}{x^2+1}\mathrm{d}x = \frac{1}{2}\int \frac{\mathrm{d}(x^2+1)}{x^2+1} + 2\int \frac{\mathrm{d}x}{x^2+1} = \frac{1}{2}\ln(x^2+1) + 2\arctan x + C$,

$$\int \frac{3x+4}{(x^2+1)^2}\mathrm{d}x = \frac{3}{2}\int \frac{\mathrm{d}(x^2+1)}{(x^2+1)^2} + 4\int \frac{1+x^2}{(x^2+1)^2}\mathrm{d}x - 4\int \frac{x^2}{(1+x^2)^2}\mathrm{d}x$$

$$= -\frac{3}{2}\frac{1}{x^2+1} + 4\arctan x + 2\int x\,\mathrm{d}\left(\frac{1}{x^2+1}\right)$$

$$= -\frac{3}{2}\frac{1}{x^2+1} + 4\arctan x + \frac{2x}{x^2+1} - 2\int \frac{1}{x^2+1}\mathrm{d}x$$

$$= -\frac{3}{2}\frac{1}{x^2+1} + \frac{2x}{x^2+1} + 2\arctan x + C,$$

所以 $I = \ln|x-2| - \dfrac{1}{2}\ln(x^2+1) - 4\arctan x + \dfrac{3-4x}{2(x^2+1)} + C$.

(3) 若按常规方法将 $\dfrac{x}{x^8-1}$ 分解成部分分式之和,则计算复杂. 可先作变量替换将被积函数化简: $\displaystyle\int \frac{x\,\mathrm{d}x}{x^8-1} = \frac{1}{2}\int \frac{\mathrm{d}x^2}{(x^2)^4-1} \xlongequal{t=x^2} \frac{1}{2}\int \frac{\mathrm{d}t}{t^4-1}$. 而

$$\int \frac{\mathrm{d}t}{t^4-1} = \frac{1}{4}\int\left(\frac{1}{t-1} - \frac{1}{t+1}\right)\mathrm{d}t - \frac{1}{2}\int \frac{\mathrm{d}t}{t^2+1} = \frac{1}{4}\ln\left|\frac{t-1}{t+1}\right| - \frac{1}{2}\arctan t + C,$$

于是 $\displaystyle\int \frac{x\,\mathrm{d}x}{x^8-1} = \frac{1}{8}\ln\left|\frac{t-1}{t+1}\right| - \frac{1}{4}\arctan t + C = \frac{1}{8}\ln\left|\frac{x^2-1}{x^2+1}\right| - \frac{1}{4}\arctan x^2 + C.$

评注　① 既然有理函数总可分解为多项式与部分分式之和,而多项式与部分分式都可以积分出来,那么任何有理函数的原函数都是初等函数.

② 求真分式积分的关键是将真分式分解为部分分式之和,除了利用待定系数法之外,还需注意某些技巧的运用,如对某些特殊情形,可用"凑"的方法,或先作变量替换而后再作分解等.

2. 求三角函数有理式的积分

【例 4.4.2】求下列函数的不定积分:

(1) $I = \displaystyle\int \frac{\sin x \cos x}{1 + \sin^4 x} \mathrm{d}x$;
  (2) $I = \displaystyle\int \frac{1 + \tan x}{\sin 2x} \mathrm{d}x$.

【解】(1) 被积函数对 $\sin x$,$\cos x$ 均为奇函数,是属于可作替换 $t = \cos x$ 或 $t = \sin x$ 的类型,将被积函数中 $\sin x$,$\cos x$ 分别换成 $-\sin x$ 与 $-\cos x$ 后不变,也属于可作替换 $t = \tan x$ 的类型.万能替换总是可以用的,选择方便的方法有:

方法一　最自然的是令 $t = \sin x$,则

$$I = \int \frac{\sin x \, \mathrm{d}\sin x}{1 + \sin^4 x} = \frac{1}{2} \int \frac{\mathrm{d}\sin^2 x}{1 + (\sin^2 x)^2} = \frac{1}{2} \arctan(\sin^2 x) + C.$$

这里用了凑微分法,省略了变量替换的过程.

方法二　令 $t = \cos x$,则

$$I = -\int \frac{\cos x \, \mathrm{d}\cos x}{1 + (1 - \cos^2 x)^2} = -\frac{1}{2} \int \frac{\mathrm{d}\cos^2 x}{1 + (1 - \cos^2 x)^2}$$

$$= \frac{1}{2} \int \frac{\mathrm{d}(1 - \cos^2 x)}{1 + (1 - \cos^2 x)^2} = \frac{1}{2} \arctan(1 - \cos^2 x) + C.$$

方法三　令 $t = \tan x$,分子、分母同乘 $\dfrac{1}{\cos^4 x}$ 得

$$I = \int \frac{\tan x \, \mathrm{d}\tan x}{(1 + \tan^2 x)^2 + \tan^4 x} = \frac{1}{2} \int \frac{\mathrm{d}\tan^2 x}{2\left(\tan^2 x + \dfrac{1}{2}\right)^2 + \dfrac{1}{2}}$$

$$= \frac{1}{2} \int \frac{\mathrm{d}(2\tan^2 x + 1)}{(2\tan^2 x + 1)^2 + 1} = \frac{1}{2} \arctan(2\tan^2 x + 1) + C.$$

(2) 被积函数 $\dfrac{1 + \dfrac{\sin x}{\cos x}}{2\sin x \cos x}$,将 $\sin x$,$\cos x$ 分别换成 $-\sin x$,$-\cos x$ 时不变,属于作变换 $t = \tan x$ 的类型.用凑微分法有

$$I = \int \frac{1 + \tan x}{2\sin x \cos x} \mathrm{d}x = \frac{1}{2} \int \frac{1 + \tan x}{\tan x \cos^2 x} \mathrm{d}x = \frac{1}{2} \int \frac{1 + \tan x}{\tan x} \mathrm{d}\tan x$$

$$= \frac{1}{2} \int \frac{1}{\tan x} \mathrm{d}\tan x + \frac{1}{2} \int \mathrm{d}\tan x = \frac{1}{2} \ln|\tan x| + \frac{1}{2} \tan x + C.$$

评注　① 求三角有理函数的积分总可通过三角函数替换化为求有理函数的积分.

② 求三角函数有理式的积分时,先确定是哪种类型的,以便确定选择哪种三角函数替换($t = \sin x$,$t = \cos x$,$t = \tan x$,$t = \tan \dfrac{x}{2}$ 中的某种),使得计算简便些.虽然万能替换

总是可行的,由于它适用性强,常常在计算上会复杂些.

如题(1),若令 $t = \tan \dfrac{x}{2}(-\pi < x < \pi)$,则

$$I = \int \frac{\dfrac{2t}{1+t^2} \cdot \dfrac{1-t^2}{1+t^2}}{1+\left(\dfrac{2t}{1+t^2}\right)^4} \frac{2}{1+t^2} dt = 4 \int \frac{t(1-t^2)(1+t^2)}{(1+t^2)^4 + (2t)^4} dt.$$

再往下算就很复杂(略).

③ 题(1)与题(2)中均用的是凑微分法,省略了变量替换的过程,使得算式的表达更简洁. 确定类型,对于如何作恒等变形,进行凑微分也是提示.

3. 求无理式的积分——$\int R(x, \sqrt[n]{ax+b})dx$

【例 4.4.3】求下列无理函数的不定积分:

(1) $I = \int \dfrac{\sqrt{x}}{1+\sqrt[4]{x^3}} dx$; (2) $I = \int \dfrac{\sqrt{2x-1}}{1+\sqrt[3]{2x-1}} dx$.

【解】(1) 因被积函数是 $x^{\frac{1}{4}}$ 的有理函数,所以作变量代换 $t = x^{\frac{1}{4}}$ 即 $x = t^4$,于是 $dx = 4t^3 dt$,则

$$I = \int \frac{t^2}{1+t^3} 4t^3 dt = \frac{4}{3} \int \frac{t^3+1-1}{1+t^3} dt^3$$

$$= \frac{4}{3} t^3 - \frac{4}{3} \ln(1+t^3) + C$$

$$= \frac{4}{3} x^{\frac{3}{4}} - \frac{4}{3} \ln(1+x^{\frac{3}{4}}) + C.$$

(2) 被积函数不是 $\sqrt{2x-1}$ 或 $\sqrt[3]{2x-1}$ 的有理函数,因 3 与 2 的最小公倍数是 6,所以被积函数是 $\sqrt[6]{2x-1}$ 的有理函数. 作变量代换 $t = \sqrt[6]{2x-1}$,即 $x = \dfrac{1}{2}(t^6+1)$,于是 $dx = 3t^5 dt$,则

$$I = \int \frac{t^3}{1+t^2} 3t^5 dt = 3 \int \frac{(t^8+t^6) - (t^6+t^4) + (t^4+t^2) - (t^2+1) + 1}{1+t^2} dt$$

$$= 3 \int \left(t^6 - t^4 + t^2 - 1 + \frac{1}{1+t^2}\right) dt = \frac{3}{7} t^7 - \frac{3}{5} t^5 + t^3 - 3t + 3\arctan t + C$$

$$= \frac{3}{7}(2x-1)^{7/6} - \frac{3}{5}(2x-1)^{5/6} + (2x-1)^{1/2} - 3(2x-1)^{1/6} +$$

$$3\arctan(2x-1)^{1/6} + C.$$

评注 题(1)、(2)均是求形如 $\int R(x, \sqrt[n]{ax+b})dx$ 的积分,作变换 $t = \sqrt[n]{ax+b}$,于是

$$t^n = ax+b, x = \frac{1}{a}(t^n - b), dx = \frac{n}{a} t^{n-1} dt,$$

$$\int R(x, \sqrt[n]{ax+b})dx = \int R\left(\frac{1}{a}(t^n - b), t\right) \frac{n}{a} t^{n-1} dt,$$

化成了有理函数的积分,它是形如 $\int R\left(x,\sqrt[n]{\dfrac{a_1x+b_1}{a_2x+b_2}}\right)\mathrm{d}x$ 的积分的特例.

4. 求无理式的积分——$\int R\left(x,\sqrt[n]{\dfrac{a_1x+b_1}{a_2x+b_2}}\right)\mathrm{d}x$

【例 4.4.4】求下列无理函数的积分:

(1) $I=\displaystyle\int\dfrac{1}{x}\sqrt{\dfrac{1+x}{x}}\,\mathrm{d}x$;

(2) $I=\displaystyle\int\dfrac{\mathrm{d}x}{\sqrt[3]{(x+1)^2(x-1)^4}}$.

【解】(1) 所求积分属于类型 $\int R\left(x,\sqrt[n]{\dfrac{a_1x+b_1}{a_2x+b_2}}\right)\mathrm{d}x$. 作变换 $t=\sqrt{\dfrac{1+x}{x}}$,解出

x,得 $x=\dfrac{1}{t^2-1}$,于是 $\mathrm{d}x=\dfrac{-2t}{(t^2-1)^2}\mathrm{d}t$,则

$$I=\int(t^2-1)\cdot t\,\frac{-2t}{(t^2-1)^2}\mathrm{d}t=-2\int\frac{t^2-1+1}{t^2-1}\mathrm{d}t$$

$$=-2t-\int\left(\frac{1}{t-1}-\frac{1}{t+1}\right)\mathrm{d}t=-2t-\ln\left|\frac{t-1}{t+1}\right|+C$$

$$=-2\sqrt{\frac{1+x}{x}}-\ln\frac{\sqrt{\dfrac{1+x}{x}}-1}{\sqrt{\dfrac{1+x}{x}}+1}+C$$

$$=-2\sqrt{\frac{1+x}{x}}-\ln\left[x\left(\sqrt{\frac{1+x}{x}}-1\right)^2\right]+C.$$

(2) 作恒等变形,转化为求 $\int R\left(x,\sqrt[n]{\dfrac{a_1x+b_1}{a_2x+b_2}}\right)\mathrm{d}x$ 类型的积分.

$$I=\int\frac{\mathrm{d}x}{\sqrt[3]{(x+1)^3(x-1)^3\,\dfrac{x-1}{x+1}}}=\int\frac{1}{x^2-1}\sqrt[3]{\frac{x+1}{x-1}}\,\mathrm{d}x,$$

被积函数是 $x,\sqrt[3]{\dfrac{x+1}{x-1}}$ 的有理函数,作变换 $t=\sqrt[3]{\dfrac{x+1}{x-1}}$,解出 x,得 $x=\dfrac{t^3+1}{t^3-1}=$

$1+\dfrac{2}{t^3-1}$. 于是 $x^2-1=\dfrac{4t^3}{(t^3-1)^2}$,$\mathrm{d}x=-\dfrac{6t^2}{(t^3-1)^2}\mathrm{d}t$,则

$$I=\int\frac{(t^3-1)^2}{4t^3}t\left[-\frac{6t^2}{(t^3-1)^2}\right]\mathrm{d}t=-\int\frac{3}{2}\mathrm{d}t=-\frac{3}{2}\sqrt[3]{\frac{x+1}{x-1}}+C.$$

5. 求形如 $\int(px+q)\sqrt{ax^2+bx+c}\,\mathrm{d}x$ 及 $\int\dfrac{Mx+N}{\sqrt{ax^2+bx+c}}\mathrm{d}x$ 等的积分

【例 4.4.5】求下列不定积分:

学习随笔

(1) $I = \int \dfrac{2+x}{\sqrt{4x^2-4x+5}}\,\mathrm{d}x$;　　　　(2) $I = \int x\sqrt{1+2x-x^2}\,\mathrm{d}x$.

【解】(1) 作恒等变形并用配方法得

$$I = \int \frac{(2x-1)+5}{4\sqrt{(2x-1)^2+2^2}}\,\mathrm{d}(2x-1) \xlongequal{t=2x-1} \frac{1}{4}\int \frac{t+5}{\sqrt{t^2+2^2}}\,\mathrm{d}t$$

$$= \frac{1}{8}\int \frac{\mathrm{d}(t^2+2^2)}{\sqrt{t^2+2^2}} + \frac{5}{4}\int \frac{\mathrm{d}t}{\sqrt{t^2+2^2}} = \frac{1}{4}\sqrt{t^2+4} + \frac{5}{4}\int \frac{\mathrm{d}t}{\sqrt{t^2+2^2}}.$$

再利用积分公式 $\int \dfrac{\mathrm{d}t}{\sqrt{t^2+a^2}} = \ln|t+\sqrt{t^2+a^2}| + C$，并代回 $t=2x-1$ 得

$$I = \frac{1}{4}\sqrt{t^2+4} + \frac{5}{4}\ln|t+\sqrt{t^2+4}| + C$$

$$= \frac{1}{4}\sqrt{4x^2-4x+5} + \frac{5}{4}\ln|2x-1+\sqrt{4x^2-4x+5}| + C.$$

(2) $I = \int x\sqrt{(\sqrt{2})^2-(x-1)^2}\,\mathrm{d}x = \int (x-1+1)\sqrt{(\sqrt{2})^2-(x-1)^2}\,\mathrm{d}x$

$$= -\frac{1}{2}\int \sqrt{2-(x-1)^2}\,\mathrm{d}[2-(x-1)^2] + \int \sqrt{(\sqrt{2})^2-(x-1)^2}\,\mathrm{d}x$$

$$= -\frac{1}{3}(1+2x-x^2)^{\frac{3}{2}} + \frac{x-1}{2}\sqrt{1+2x-x^2} + \arcsin\frac{x-1}{\sqrt{2}} + C.$$

其中用了积分公式

$$\int \sqrt{a^2-t^2}\,\mathrm{d}t = \frac{t}{2}\sqrt{a^2-t^2} + \frac{a^2}{2}\arcsin\frac{t}{a} + C.$$

评注　通过配方法与变量替换法，求积分

$$\int (px+q)\sqrt{ax^2+bx+c}\,\mathrm{d}x, \quad \int \frac{Mx+N}{\sqrt{ax^2+bx+c}}\,\mathrm{d}x$$

转化为求幂函数的积分与式(4.4-1)中的情形.

6. 求分段函数的积分,原函数是分段表示的情形

【例 4.4.6】设 $f'(\ln x) = \begin{cases} 1, & 0 < x \leqslant 1, \\ \sqrt{x}, & x > 1, \end{cases}$ 求 $f(x)$.

【分析与求解】令 $t = \ln x$，即 $x = \mathrm{e}^t$，先求出

$$f'(t) = \begin{cases} 1, & -\infty < t \leqslant 0, \\ \mathrm{e}^{\frac{1}{2}t}, & t > 0. \end{cases}$$

求 $f(t)$ 就是求分段函数 $f'(t)$ 的原函数，$f'(t)$ 在 $t=0$ 处连续. 显然，

$$\int 1\,\mathrm{d}t = t + C \quad (t<0), \quad \int \mathrm{e}^{\frac{1}{2}t}\,\mathrm{d}t = 2\mathrm{e}^{\frac{1}{2}t} + C.$$

当 $t=0$ 时，由 $t = 2\mathrm{e}^{\frac{1}{2}t} + C_0$ 得 $C_0 = -2$. 于是将它们在 $t=0$ 连续地拼接起来，得 $f'(t)$ 的一个原函数，即

$$F(t) = \begin{cases} t, & t \leqslant 0, \\ 2\mathrm{e}^{\frac{1}{2}t} - 2, & t \geqslant 0. \end{cases} \quad 即\ f(x) = \begin{cases} x, & x \leqslant 0 \\ 2\mathrm{e}^{\frac{1}{2}x} - 2, & x \geqslant 0 \end{cases} + C.$$

【例 4.4.7】设 $f(x) = \min\{x^4, x^2, 1\}$，求 $\int f(x)dx$.

【解】当 $|x| \geqslant 1$ 时，$x^2 \geqslant 1, x^4 \geqslant 1$，得 $\min\{x^4, x^2, 1\} = 1$.

当 $|x| \leqslant 1$ 时，$x^4 \leqslant x^2 \leqslant 1$，得 $\min\{x^4, x^2, 1\} = x^4$. 因此

$$f(x) = \begin{cases} 1, & x < -1, \\ x^4, & -1 \leqslant x \leqslant 1, \\ 1, & x > 1. \end{cases}$$

这是分段函数，分界点 $x = -1, 1$.

当 $x < -1$ 时，$\int f(x)dx = \int 1dx = x + C$；

当 $x \in (-1, 1)$ 时，$\int f(x)dx = \int x^4 dx = \dfrac{1}{5}x^5 + C$；

当 $x > 1$ 时，$f(x)dx = \int 1dx = x + C$.

将它们连续地拼接起来得 $f(x)$ 的一个原函数

$$F(x) = \begin{cases} x + \dfrac{4}{5}, & x < -1, \\ \dfrac{1}{5}x^5, & -1 \leqslant x \leqslant 1, 得 \int f(x)dx = F(x) + C. \\ x - \dfrac{4}{5}, & x > 1, \end{cases}$$

【例 4.4.8】* 设 $f(x) = \dfrac{1}{2\sin^2 x + \cos^2 x}$，求 $f(x)$ 在 $(0, \pi)$ 上的原函数.

【分析与求解】$\int f(x)dx = \int \dfrac{dx}{2\sin^2 x + \cos^2 x} = \int \dfrac{d\tan x}{1 + 2\tan^2 x}$

$$= \dfrac{1}{\sqrt{2}} \int \dfrac{d(\sqrt{2}\tan x)}{1 + (\sqrt{2}\tan x)^2} = \dfrac{1}{\sqrt{2}} \arctan(\sqrt{2}\tan x) + C,$$

其中，$x \in (0, \pi), x \neq \dfrac{\pi}{2}$. 注意：

$$\lim_{x \to \frac{\pi}{2} - 0} \dfrac{1}{\sqrt{2}} \arctan(\sqrt{2}\tan x) = \dfrac{\pi}{2\sqrt{2}}, \quad \lim_{x \to \frac{\pi}{2} + 0} \dfrac{1}{\sqrt{2}} \arctan(\sqrt{2}\tan x) = -\dfrac{\pi}{2\sqrt{2}}.$$

于是，令

$$F(x) = \begin{cases} \dfrac{1}{\sqrt{2}}\arctan(\sqrt{2}\tan x) - \dfrac{\pi}{2\sqrt{2}}, & 0 < x < \dfrac{\pi}{2}, \\ 0, & x = \dfrac{\pi}{2}, \\ \dfrac{1}{\sqrt{2}}\arctan(\sqrt{2}\tan x) + \dfrac{\pi}{2\sqrt{2}}, & \dfrac{\pi}{2} < x < \pi, \end{cases} \quad (4.4-2)$$

则 $F(x)$ 在 $x = \dfrac{\pi}{2}$ 连续，必有 $F'(x) = f(x), x \in (0, \pi)$. 因此，$f(x)$ 在 $(0, \pi)$ 上的原函数为 $F(x) + C$.

评注 ① 求不定积分 $\displaystyle\int \frac{\mathrm{d}x}{2\sin^2 x + \cos^2 x}$ 时,用积分法则求得

$$\int \frac{\mathrm{d}x}{2\sin^2 x + \cos^2 x} = \frac{1}{\sqrt{2}}\arctan(\sqrt{2}\tan x) + C. \qquad (4.4-3)$$

上式右端在 $x = n\pi + \dfrac{\pi}{2}(n=0,\pm 1,\pm 2,\cdots)$ 没有定义,而 $f(x) = \dfrac{1}{2\sin^2 x + \cos^2 x}$ 在 $(-\infty,+\infty)$ 连续,它存在原函数.

该答案并不完整,这是方法的局限性.通常我们认为求得上述结果就可以了.

② 例 4.4.8 明确指出求 $f(x) = \dfrac{1}{2\sin^2 x + \cos^2 x}$ 在 $(0,\pi)$ 上的原函数,结论式 $(4.4-3)$ 就不完全符合要求.事实上 $f(x)$ 的原函数是分段表示的,将 $f(x)$ 在 $\left(0,\dfrac{\pi}{2}\right)$ 与 $\left(\dfrac{\pi}{2},\pi\right)$ 上的原函数在 $x = \dfrac{\pi}{2}$ 处连续地拼接起来得到式 $(4.4-2)$ 给出的 $F(x)$,它就是 $f(x)$ 在 $(0,\pi)$ 上的原函数.

第五章　定积分

第一节　定积分的概念与性质

一、知识点归纳总结

1. 定积分的定义

设 $f(x)$ 在区间 $[a,b]$ 上有定义. 用分点

$$a = x_0 < x_1 < x_2 < \cdots < x_{n-1} < x_n = b$$

将 $[a,b]$ 分成 n 个小区间. 令 $\Delta x_i = x_i - x_{i-1}(i=1,2,\cdots,n)$，在每一个小区间 $[x_{i-1},x_i]$ 上任取一点 ξ_i，作和数 $\sigma = \sum_{i=1}^{n} f(\xi_i)\Delta x_i$，称它为 $f(x)$ 在 $[a,b]$ 上的一个积分和.

令 $\lambda = \max_{1\leqslant i\leqslant n}\Delta x_i$，如果当 $\lambda \to 0$ 时对于区间 $[a,b]$ 的任意分割，以及中间点 ξ_i 的任意取法，积分和 σ 总有共同的极限 I，即 $\lim_{\lambda \to 0}\sigma = \lim_{\lambda \to 0}\sum_{i=1}^{n} f(\xi_i)\Delta_i = I$，则称 I 为 $f(x)$ 在 $[a,b]$ 的定积分，记作 $I = \int_a^b f(x)\mathrm{d}x$. 又称 $f(x)$ 在 $[a,b]$（黎曼）可积，其中 a 与 b 分别称为定积分的下限与上限，$f(x)$ 称为被积函数，$f(x)\mathrm{d}x$ 称为被积表达式，x 称为积分变量.

2. 定积分的几何意义与力学意义

① 设 $f(x)$ 在 $[a,b]$ 可积，在几何上，定积分 $\int_a^b f(x)\mathrm{d}x$ 表示曲边梯形 $aABb$ 的面积的代数和，其中位于 Ox 轴上方的面积取正号，位于 Ox 轴下方的面积取负号，见图 5.1－1.

② 设 $f(x)$ 在 $[a,b]$ 可积，x 表示时间变量，$f(x)$ 表示质点作直线运动的速度，则 $\int_a^b f(x)\mathrm{d}x$ 表示质点从 a 时刻到 b 时刻之间所走过的路程.

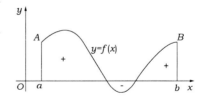

图 5.1－1

3. 函数的可积性

(1) 必要条件

设 $f(x)$ 在 $[a,b]$ 可积，则 $f(x)$ 在 $[a,b]$ 有界.

因此，若 $f(x)$ 在 $[a,b]$ 无界，则 $f(x)$ 在 $[a,b]$ 不可积.

(2) 充分条件

至少以下三类函数在区间 $[a,b]$ 上可积：

① 在 $[a,b]$ 上的连续函数.

② 在$[a,b]$上只有有限个间断点的有界函数.

③ 在$[a,b]$上的单调函数.

4. 定积分的性质

(1) 用等式表示的性质

① $\int_a^a f(x)\mathrm{d}x = 0$, $\int_a^b f(x)\mathrm{d}x = -\int_b^a f(x)\mathrm{d}x$.

② 线性性质.定积分对被积函数有线性性质,即

➤ 设 $f(x)$ 在$[a,b]$可积,k 是常数,则 $kf(x)$ 在$[a,b]$可积且

$$\int_a^b kf(x)\mathrm{d}x = k\int_a^b f(x)\mathrm{d}x.$$

➤ 设 $f(x)$,$g(x)$在$[a,b]$可积,则 $f(x)\pm g(x)$在$[a,b]$可积且

$$\int_a^b [f(x)\pm g(x)]\mathrm{d}x = \int_a^b f(x)\mathrm{d}x \pm \int_a^b g(x)\mathrm{d}x.$$

③ 定积分对积分区间的可加性.$f(x)$在$[a,b]$可积的充要条件是:$f(x)$在$[a,b]$的任意部分区间上可积.设 a,b,c 为任意三个实数,以其中最小数为左端点,最大数为右端点的闭区间记为 I,$f(x)$在 I 可积,则

$$\int_a^b f(x)\mathrm{d}x = \int_a^c f(x)\mathrm{d}x + \int_c^b f(x)\mathrm{d}x.$$

④ 设 $f(x)$在$[a,b]$可积,除了有限个点外,$g(x)$与 $f(x)$在$[a,b]$恒等,则 $g(x)$在$[a,b]$可积,且$\int_a^b g(x)\mathrm{d}x = \int_a^b f(x)\mathrm{d}x$,即改变有限个点的函数值不改变函数的可积性与积分值.

(2) 用不等式表示的性质

定积分的保号性.

设 $f(x)$,$g(x)$在$[a,b]$可积,且 $f(x)\leqslant g(x)(x\in[a,b],a\leqslant b)$,则

$$\int_a^b f(x)\mathrm{d}x \leqslant \int_a^b g(x)\mathrm{d}x.$$

若又有 $f(x)$,$g(x)$在$[a,b]$连续,且 $f(x)\not\equiv g(x)$,则 $\int_a^b f(x)\mathrm{d}x < \int_a^b g(x)\mathrm{d}x$.

特别有,设 $f(x)$ 在$[a,b]$可积,$a\leqslant b$,则 $|f(x)|$在$[a,b]$可积,且 $\left|\int_a^b f(x)\mathrm{d}x\right| \leqslant \int_a^b |f(x)|\mathrm{d}x$.

(3) 积分中值定理

设 $f(x)$在$[a,b]$连续,则存在 $\xi\in[a,b]$,使得

$$\int_a^b f(x)\mathrm{d}x = f(\xi)(b-a). \tag{5.1-1}$$

5. 定积分的近似计算

定积分$\int_a^b f(x)\mathrm{d}x$ 的几何意义是曲边梯形的面积,因而曲边梯形面积的近似计算提

供了定积分近似计算的方法:将整个曲边梯形分成 n 个小区间,每个小曲边梯形可用矩形或梯形或抛物线下的曲边梯形来近似,分别给出定积分近似计算的矩形法、梯形法与抛物线法.

设 $f(x)$ 在 $[a,b]$ 连续(可积),将 $[a,b]n$ 等分成 $[x_i,x_{i+1}](i=0,1,2,\cdots,n-1)$, $x_0=a$, $x_n=b$,记 $\Delta x_i=x_{i+1}-x_i=\dfrac{b-a}{n}$, $y_i=f(x_i)$.

(1) 矩形法及其误差估计

$$\int_{x_i}^{x_{i+1}} f(x)\,dx \approx \begin{cases} y_i \Delta x_i, & \text{矩形近似,} \\ y_{i+1}\Delta x_i, & \text{矩形近似;} \end{cases} \quad \int_a^b f(x)\,dx = \begin{cases} \dfrac{b-a}{a}\sum\limits_{i=0}^{n-1} y_i, \\[2mm] \dfrac{b-a}{n}\sum\limits_{i=0}^{n-1} y_{i+1} \end{cases} + R_n.$$

设 $f(x)$ 在 $[a,b]$ 有连续的一阶导数,则 $|R_n| \leqslant \dfrac{(b-a)^2}{2n}M_1$, $M_1=\max\limits_{[a,b]}|f'(x)|$.

(2) 梯形法及其误差估计

$$\int_{x_i}^{x_{i+1}} f(x)\,dx \approx \frac{1}{2}(y_i+y_{i+1})\Delta x_i;$$

$$\int_a^b f(x)\,dx = \frac{1}{2}\frac{b-a}{n}\sum_{i=1}^{n-1}(y_i+y_{i+1})+R_n = \frac{b-a}{n}\left[\frac{1}{2}(y_0+y_n)+\sum_{i=1}^{n-1}y_i\right]+R_n.$$

设 $f(x)$ 在 $[a,b]$ 有连续的二阶导数,则

$$|R_n| \leqslant \frac{(b-a)^3}{12n^3}M_2, \quad M_2=\max_{[a,b]}|f''(x)|.$$

(3) 抛物线法及其误差估计

将 $[a,b]2n$ 等分,分点为 $x_i(i=0,1,2,\cdots,2n)$. 过点 (x_{2i},y_{2i}), (x_{2i+1},y_{2i+1}), (x_{2i+2},y_{2i+2}) 作抛物线 $y=A_ix^2+B_ix+C_i$,则

$$\int_{x_{2i}}^{x_{2i+2}} f(x)\,dx \approx \int_{x_{2i}}^{x_{2i+2}}(A_ix^2+B_ix+C_i)\,dx$$

$$= \frac{b-a}{6n}(y_{2i}+4y_{2i+1}+y_{2i+2}).$$

$$\int_a^b f(x)\,dx = \frac{b-a}{6n}\sum_{i=0}^{n-1}(y_{2i}+4y_{2i+1}+y_{2i+2})+R_n$$

$$= \frac{b-a}{6n}\left(y_0+y_{2n}+2\sum_{i=1}^{n-1}y_{2i}+4\sum_{i=0}^{n-1}y_{2i+1}\right)+R_n.$$

设 $f(x)$ 在 $[a,b]$ 有连续的 4 阶导数,则 $|R_n| \leqslant \dfrac{(b-a)^5}{180(2n)^4}M_4$, $M_4=\max\limits_{[a,b]}|f^{(4)}(x)|$.

二、典型题型归纳及解题方法与技巧

1. 由定积分的几何意义求定积分的值或比较定积分值的大小

【例 5.1.1】 根据定积分的几何意义求下列定积分:

(1) $I = \int_a^b x \, \mathrm{d}x \quad (a < b)$; (2) $I = \int_a^b \sqrt{(x-a)(b-x)} \, \mathrm{d}x \quad (a < b)$.

【解】(1) 设 $0 \leqslant a < b$，则 $I = \int_a^b x \, \mathrm{d}x$ 表示图 5.1-2 中梯形 $ABCD$（当 $a = 0$ 时 A、D 重合为三角形）的面积，梯形的高为 $b - a$，两个底边长分别为 a 与 b，于是

$$I = \frac{1}{2}(b+a)(b-a) = \frac{1}{2}(b^2 - a^2).$$

设 $a < 0 < b$，则 I 表示图 5.1-3 中三角形 OBC 面积减去三角形 OAD 面积，于是

$$I = \frac{1}{2}b \cdot b - \frac{1}{2}a \cdot a = \frac{1}{2}(b^2 - a^2).$$

当 $a < b \leqslant 0$ 时类似.

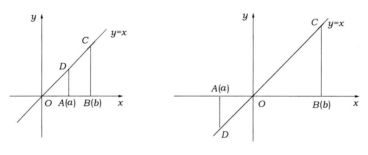

图 5.1-2   图 5.1-3

(2) 将 $(x-a)(b-x)$ 配方得

$$y = \sqrt{(x-a)(b-x)} = \sqrt{\left(\frac{b-a}{2}\right)^2 - \left(x - \frac{a+b}{2}\right)^2},$$

即

$$\left(x - \frac{a+b}{2}\right)^2 + y^2 = \left(\frac{b-a}{2}\right)^2 \quad (y \geqslant 0).$$

被积函数是圆心为 $\left(\frac{a+b}{2}, 0\right)$，半径为 $\frac{b-a}{2}$ 的上半圆周，见图 5.1-4.

$I = \int_a^b \sqrt{(x-a)(b-x)} \, \mathrm{d}x$ 表示此半圆的面积，于是

$$I = \frac{1}{2} \cdot \pi \left(\frac{b-a}{2}\right)^2 = \frac{\pi}{8}(b-a)^2.$$

【例 5.1.2】设 $f(x)$ 在 $[a, b]$ 恒正，$f'(x) > 0$，$f''(x) < 0$，将下列积分值按大小排序.

$$\int_a^b \left[f(a) + \frac{f(b) - f(a)}{b - a}(x - a) \right] \mathrm{d}x, \quad \int_a^b f(x) \, \mathrm{d}x, \quad \int_a^b f(a) \, \mathrm{d}x.$$

【分析与求解】按题意曲线 $y = f(x) (x \in [a, b])$ 在 x 轴上方单调上升且是凸的，见图 5.1-5. 由定积分的几何意义知

$\int_a^b f(x) \, \mathrm{d}x$ 是曲边梯形 $ABEFD$ 的面积，$\int_a^b f(a) \, \mathrm{d}x$ 是矩形 $ABCD$ 的面积.

注意，$y = f(a) + \dfrac{f(b) - f(a)}{b - a}(x - a) (x \in [a, b])$ 是线段 DE 的方程，于是

$$\int_a^b \left[f(a) + \frac{f(b) - f(a)}{b - a}(x - a) \right] \mathrm{d}x$$

是梯形 $ABED$ 的面积.

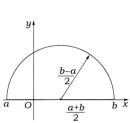

图 5.1-4

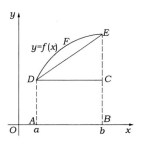

图 5.1-5

比较这几块面积就知

$$\int_a^b f(a)\mathrm{d}x < \int_a^b \left[f(a) + \frac{f(b) - f(a)}{b - a}(x - a) \right] \mathrm{d}x < \int_a^b f(x)\mathrm{d}x.$$

2. 通过计算积分和的极限求定积分

【例 5.1.3】利用等分区间计算积分和的极限求下列定积分：

(1) $\displaystyle\int_a^b x\,\mathrm{d}x$ $(a < b)$；　　　　(2) $\displaystyle\int_0^1 a^x\,\mathrm{d}x$ $(a \neq 1)$.

【解】(1) 将 $[a,b]$ n 等分，分点是

$$a = x_0 < x_1 < \cdots < x_n = b, \quad x_i = a + \frac{b - a}{n}i \quad (i = 0, 1, \cdots, n).$$

作 $f(x) = x$ 的积分和

$$\sigma_n = \sum_{i=1}^n \xi_i \Delta x_i = \sum_{i=1}^n \xi_i(x_i - x_{i-1}) = \frac{b - a}{n}\sum_{i=1}^n \xi_i,$$

其中，$\xi_i \in [x_{i-1}, x_i]$. 取 $\xi_i = x_i$，得

$$\sigma_n = \frac{b - a}{n}\sum_{i=1}^n \left(a + \frac{b - a}{n}i \right) = \frac{b - a}{n}\left(na + \frac{b - a}{n}\sum_{i=1}^n i \right)$$

$$= (b - a)a + \frac{(b - a)^2}{n^2}\frac{(1 + n)n}{2}$$

$$= (b - a)a + \frac{(b - a)^2(n + 1)}{2n},$$

$$\lim_{n \to +\infty} \sigma_n = (b - a)a + \frac{(b - a)^2}{2} = \frac{1}{2}(b^2 - a^2).$$

因为 x 在 $[a,b]$ 可积，所以 $\displaystyle\int_a^b x\,\mathrm{d}x = \frac{1}{2}(b^2 - a^2)$. 若取 $\xi_i = \dfrac{x_i + x_{i-1}}{2}$ 即区间 $[x_{i-1}, x_i]$ 的中点，则也可方便地求得

$$\sigma_n = \sum_{i=1}^n \frac{1}{2}(x_i + x_{i-1})(x_i - x_{i-1}) = \frac{1}{2}\left(\sum_{i=1}^n x_i^2 - \sum_{i=1}^n x_{i-1}^2 \right) = \frac{1}{2}(b^2 - a^2).$$

同样可得 $\displaystyle\int_a^b x\,\mathrm{d}x = \lim_{n \to +\infty} \sigma_n = \frac{1}{2}(b^2 - a^2)$.

（2）将 $[0,1]$ n 等分，分点是

$$0=x_0<x_1<\cdots<x_n=1,x_i=\frac{i}{n}(i=0,1,\cdots,n),$$

作 $f(x)=a^x$ 的积分和 $\sigma_n=\sum_{i=1}^{n}a^{\xi_i}\Delta x_i=\frac{1}{n}\sum_{i=1}^{n}a^{\xi_i}$，其中 $\xi_i\in[x_{i-1},x_i]$. 若取 $\xi_i=x_{i-1}$，得

$$\sigma_n=\frac{1}{n}\sum_{x=1}^{n}a^{\frac{i-1}{n}}=\frac{1}{n}\sum_{i=0}^{n-1}a^{\frac{i}{n}}.$$

再由等比数列求和公式得 $\sigma_n=\dfrac{1-a}{n\left(1-a^{\frac{1}{n}}\right)}$.

因为

$$\lim_{z\to0}\frac{1-a^x}{x}=\lim_{x\to0}\frac{-(a^x-a^0)}{x}=-(a^x)'\Big|_{x=0}=-\ln a,$$

所以

$$\lim_{n\to+\infty}n\left(1-a^{\frac{1}{n}}\right)=\lim_{n\to+\infty}\frac{1-a^{\frac{1}{n}}}{\frac{1}{n}}=-\ln a.$$

由于 a^x 在 $[0,1]$ 可积，所以 $\int_0^1 a^x\mathrm{d}x=\lim_{n\to+\infty}\sigma_n=\lim_{n\to+\infty}\dfrac{1-a}{n\left(1-a^{\frac{1}{n}}\right)}=\dfrac{a-1}{\ln a}$.

评注 例中的被积函数 $f(x)=x$，$f(x)=a^x$ 都很简单，但求积分和的极限却较复杂，由此看来需要寻找简便的方法来求定积分. 这两道题只是为帮助我们理解定积分概念，计算定积分的主要方法不是求积分和的极限. 因此，我们不必更多地去考察这类题目.

3. 判断函数在指定区间上的可积性

【例 5.1.4】判断下列函数是否可积？为什么？

（1）$f(x)=x^a$，$x\in[0,1]$，$a>0$；　　（2）$f(x)=\begin{cases}\ln x, & x>0 \\ 0, & x=0\end{cases}$，$x\in[0,2]$；

（3）$f(x)=\begin{cases}\sin\dfrac{1}{x}, & x\neq0 \\ 1, & x=0\end{cases}$，$x\in[-1,1]$；

（4）$f(x)=\begin{cases}\dfrac{1}{2^n}, & \dfrac{1}{2^n}<x\leqslant\dfrac{1}{2^{n-1}}(n=1,2,\cdots), \\ 0, & x=0\end{cases}$，$x\in[0,1]$.

【解】（1）可积. 因为 $x^a(a>0)$ 在 $[0,1]$ 连续，所以可积.

（2）不可积. 因为 $\ln x$ 在 $(0,2]$ 无界，所以不可积.

（3）可积. 因为 $|f(x)|\leqslant1$，在 $[-1,1]$ 有界，除 $x=0$ 外连续，所以可积.

（4）可积. 因为 $f(x)$ 在 $[0,1]$ 单调上升，所以可积.

评注　若函数在区间上有原函数,这函数不一定在该区间上可积.例如函数 $F(x)=$
$$\begin{cases} x^2\sin\dfrac{1}{x^2}, & x\neq 0,\\ 0, & x=0,\end{cases}$$ 容易知道 $F(x)$ 在 $(-\infty,+\infty)$ 上可导,且 $f(x)=F'(x)=$
$$\begin{cases} 2x\sin\dfrac{1}{x^2}-\dfrac{2}{x}\cos\dfrac{1}{x^2}, & x\neq 0,\\ 0, & x=0,\end{cases}$$ 即函数 $f(x)$ 在 $(-\infty,+\infty)$ 上有原函数 $F(x)$,但由
于函数 $f(x)$ 在 $x=0$ 的任一邻域内无界,故函数 $f(x)$ 在包含 $x=0$ 的区间上不可积.

4. 利用定积分的性质比较定积分值的大小

【例 5.1.5】判断下列各题中定积分值的大小:

(1) $\displaystyle\int_0^{\frac{\pi}{2}}\sin^3 x\,\mathrm{d}x$ 与 $\displaystyle\int_0^{\frac{\pi}{2}}\sin^6 x\,\mathrm{d}x$; 　　　(2) $\displaystyle\int_0^{\frac{\pi}{2}}\sin^2 x\,\mathrm{d}x$ 与 $\displaystyle\int_0^{\frac{\pi}{2}}x^2\,\mathrm{d}x$.

【分析】积分区间相同,只需比较被积函数在积分区间上的大小.

【解】　(1) $0\leqslant\sin x\leqslant 1$,则 $\sin^6 x\underset{\neq}{\leqslant}\sin^3 x$,$x\in\left[0,\dfrac{\pi}{2}\right]$,且它们连续,则
$$\int_0^{\frac{\pi}{2}}\sin^6 x\,\mathrm{d}x<\int_0^{\frac{\pi}{2}}\sin^3 x\,\mathrm{d}x.$$

(2) 当 $0\leqslant x\leqslant\dfrac{\pi}{2}$ 时 $0\leqslant\sin x\leqslant x(\neq)$,故 $\sin^2 x\leqslant x^2(\neq)$,它们连续,则
$$\int_0^{\frac{\pi}{2}}\sin^2 x\,\mathrm{d}x<\int_0^{\frac{\pi}{2}}x^2\,\mathrm{d}x.$$

评注　比较积分区间相同的两个定积分值的大小常用定积分的不等式性质:比较被积函数的大小.

5. 估计定积分值

估计连续函数积分值 $\displaystyle\int_a^b f(x)\,\mathrm{d}x$ 的一个方法是:求 $f(x)$ 在 $[a,b]$ 的最大值与最小值,$M=\max\limits_{[a,b]}f(x)$,$m=\min\limits_{[a,b]}f(x)$.设 $M\neq m$(即 $f(x)$ 不恒为常数),则
$$m(b-a)<\int_a^b f(x)\,\mathrm{d}x<M(b-a).$$

【例 5.1.6】证明下列不等式:

(1) $\dfrac{2}{3}<\displaystyle\int_0^1\dfrac{\mathrm{d}x}{\sqrt{2+x-x^2}}<\dfrac{1}{\sqrt{2}}$; 　(2) $1<\displaystyle\int_0^{\frac{\pi}{2}}\dfrac{\sin x}{x}\,\mathrm{d}x<\dfrac{\pi}{2}$.

【分析与证明】(1) 用微分学方法或配方法 $\left[2+x-x^2=\dfrac{9}{4}-\left(x-\dfrac{1}{2}\right)^2\right]$.

易求得 $\sqrt{2}\leqslant\sqrt{2+x-x^2}\leqslant\dfrac{3}{2}$,$x\in[0,1]$.

于是 $\dfrac{2}{3}<\displaystyle\int_0^1\dfrac{\mathrm{d}x}{\sqrt{2+x-x^2}}<\dfrac{1}{\sqrt{2}}$.

(2) 用微分学方法求 $f(x)=\dfrac{\sin x}{x}$ 在 $\left[0,\dfrac{\pi}{2}\right]$ 上的最大值与最小值,这里可认为

$$f(0) = \lim_{x \to 0} \frac{\sin x}{x} = 1.$$

通过求导可以证明 $f'(x) < 0, x \in \left(0, \frac{\pi}{2}\right]$. 又因 $f(x)$ 在 $\left[0, \frac{\pi}{2}\right]$ 连续, 故 $f(x)$ 在 $\left[0, \frac{\pi}{2}\right]$ 单调下降, 则有

$$\frac{2}{\pi} = f\left(\frac{\pi}{2}\right) < f(x) < f(0) = 1, \quad x \in \left(0, \frac{\pi}{2}\right).$$

因此
$$1 = \int_0^{\frac{\pi}{2}} \frac{2}{\pi} \mathrm{d}x < \int_0^{\frac{\pi}{2}} \frac{\sin x}{x} \mathrm{d}x < \int_0^{\frac{\pi}{2}} \mathrm{d}x = \frac{\pi}{2}.$$

6. 积分中值定理的推广

【例 5.1.7】设 $f(x)$ 在 $[a,b]$ 连续, $g(x)$ 在 $[a,b]$ 非负可积, 则 $\exists c \in [a,b]$, 使得

$$\int_a^b f(x)g(x)\mathrm{d}x = f(c)\int_a^b g(x)\mathrm{d}x. \tag{5.1-2}$$

【分析与证明】类似于积分中值定理的证明. 若 $\int_a^b g(x)\mathrm{d}x = 0$, 只需证明 $\int_a^b f(x)g(x)\mathrm{d}x = 0$, 若 $\int_a^b g(x)\mathrm{d}x \neq 0$, 则要证明的是: $\exists c \in [a,b]$, $\mu \xlongequal{\text{（记）}}$

$$\frac{\int_a^b f(x)g(x)\mathrm{d}x}{\int_a^b g(x)\mathrm{d}x} = f(c)$$, 这只需证明 μ 是 $f(x)$ 在 $[a,b]$ 的中间值.

因 $f(x)$ 在 $[a,b]$ 连续, 则 $\exists x_1, x_2 \in [a,b]$,
$$M = \max_{[a,b]} f(x) = f(x_2), m = \min_{[a,b]} f(x) = f(x_1).$$
$\Rightarrow \qquad m \leqslant f(x) \leqslant M, x \in [a,b].$

由于 $g(x) \geqslant 0$, 所以 $mg(x) \leqslant f(x)g(x) \leqslant Mg(x)$, 得

$$m\int_a^b g(x)\mathrm{d}x \leqslant \int_a^b f(x)g(x)\mathrm{d}x \leqslant M\int_a^b g(x)\mathrm{d}x. \tag{5.1-3}$$

若 $\int_a^b g(x)\mathrm{d}x \neq 0$ 中, 则 $\int_a^b g(x)\mathrm{d}x > 0$, 得

$$f(x_1) = m \leqslant \mu = \int_a^b f(x)g(x)\mathrm{d}x \Big/ \int_a^b g(x)\mathrm{d}x \leqslant M = f(x_2).$$

由连续函数中间值定理: $\exists c \in [x_1, x_2]$（或 $[x_2, x_1]$）, 使得 $f(c) = \mu$.

若 $\int_a^b g(x)\mathrm{d}x = 0$, 由式 (5.1-3) 得 $\int_a^b f(x)g(x)\mathrm{d}x = 0 \Rightarrow \forall c \in (a,b)$, 式 (5.1-2) 成立, 因此结论得证.

7. 进一步讨论定积分的性质

【例 5.1.8】下列结论是否正确? 为什么?

(1) 设 $f(x)$ 在 $[a,b]$ 可积, $g(x)$ 在 $[a,b]$ 不可积, 则 $f(x) + g(x)$ 在 $[a,b]$ 不可积.

(2) 设 $f(x), g(x)$ 在 $[a,b]$ 均不可积, 则 $f(x) + g(x)$ 在 $[a,b]$ 不可积.

(3) 设 $|f(x)|$ 在 $[a,b]$ 可积, 则 $f(x)$ 在 $[a,b]$ 可积.

【分析与证明】若结论正确,给出证明;若结论不正确,要举出反例.

(1) 结论正确.用反证法证明.若 $f(x)+g(x)$ 在 $[a,b]$ 可积,由定积分的性质得 $g(x)=[f(x)+g(x)]-f(x)$ 在 $[a,b]$ 可积,与假设条件矛盾.因此, $f(x)+g(x)$ 在 $[a,b]$ 不可积.

(2) 结论不正确. $f(x)+g(x)$ 可能可积也可能不可积.令

$$\varphi(x)=\begin{cases} \dfrac{1}{x-a}, & x \in (a,b), \\ 0, & x=a, \end{cases}$$

给出如下例子:

设 $f(x)=\varphi(x), g(x)=-\varphi(x)$ 在 $[a,b]$ 均不可积,但 $f(x)+g(x)=0$ 在 $[a,b]$ 可积.

设 $f(x)=2\varphi(x), g(x)=\varphi(x)$ 在 $[a,b]$ 均不可积,而 $f(x)+g(x)=3\varphi(x)$ 在 $[a,b]$ 不可积.

(3) 结论不正确.若 $f(x)=\begin{cases} 1, & x \text{ 为有理函数}, \\ -1, & x \text{ 为无理函数}, \end{cases}$ 则 $f(x)$ 在 $[a,b]$ 不可积,但 $|f(x)|=1$ 在 $[a,b]$ 可积.

评注 例中给出了一个有界而不可积的函数.这也表明有如下函数类的包含关系: $[a,b]$ 上的连续函数类 $\subset [a,b]$ 上的可积函数类 $\subset [a,b]$ 上的有界函数类.

【例5.1.9】设 $f(x)$ 在 $[a,b]$ 连续,若 $f(x)$ 在 $[a,b]$ 的任意子区间 $[\alpha,\beta]$ 上有 $\displaystyle\int_{\alpha}^{\beta} f(x)\mathrm{d}x =0$,求证: $f(x) \equiv 0 (\forall x \in [a,b])$.

【分析与证明】用反证法.若 $f(x) \not\equiv 0 (x \in [a,b])$,则 $\exists x_0 \in (a,b)$, $f(x_0) \neq 0$,不妨设 $f(x_0) > 0$,由连续性得 $\exists \delta > 0$, $[x_0-\delta, x_0+\delta] \subset (a,b)$, $f(x) > 0 (x \in [x_0-\delta, x_0+\delta])$.

取 $[\alpha,\beta]=[x_0-\delta, x_0+\delta]$,则 $\displaystyle\int_{\alpha}^{\beta} f(x)\mathrm{d}x > 0$,与已知矛盾.因此, $f(x) \equiv 0 (x \in [a,b])$.

8. 关于定积分的近似计算

【例5.1.10】将区间 $[0,1]$ 等分,分别用梯形法与抛物线法近似计算 $\displaystyle\int_0^1 \mathrm{e}^{-x^2}\mathrm{d}x$,要求公式误差不超过 $\dfrac{1}{2} \times 10^{-4}$.问要将区间几等分?

【分析与求解】这实际上是个误差估计问题.首先要计算 $f(x)=\mathrm{e}^{-x^2}$ 的各阶导数.

$$f'(x)=-2x\mathrm{e}^{-x^2}, \quad f''(x)=\mathrm{e}^{-x^2}(4x^2-2),$$
$$f^{(3)}(x)=\mathrm{e}^{-x^2}(-8x^3+12x)=4x\mathrm{e}^{-x^2}(-2x^2+3),$$
$$f^{(4)}(x)=\mathrm{e}^{-x^2}(16x^4-48x^2+12).$$

为了估计梯形法与抛物线法的误差,要分别估计 $\max\limits_{[0,1]}|f''(x)|$ 与 $\max\limits_{[0,1]}|f^{(4)}(x)|$.

当 $x \in (0,1)$ 时, $f^{(3)}(x) > 0$,则 $f''(x)$ 在 $[0,1]$ 单调上升,因此

$$M_2 = \max\limits_{[0,1]}|f''(x)| = \max\{|f''(0)|, |f''(1)|\} = \max\left\{2, \dfrac{2}{\mathrm{e}}\right\} = 2.$$

于是 $\qquad |f^{(4)}(x)| \leqslant |16x^4 - 48x^2 + 12| = 4|4x^4 - 12x^2 + 3|.$

令 $y = 4x^4 - 12x^2 + 3$,则 $y' = 16x^3 - 24x = 8x(2x^3 - 3) < 0(x \in (0,1))$,因此 $x \in [0,1]$ 时,$y(x)$ 单调下降,得

$$\max_{[0,1]} |y(x)| = \max\{|y(0)|, |y(1)|\} = \max\{3,5\} = 5.$$

于是 $\qquad |f^{(4)}(x)| \leqslant 4|y(x)| \leqslant 20, x \in [0,1].$

现在利用误差估计公式.

对于梯形法:$|R_n| \leqslant \dfrac{1}{12n^3} M_2 \leqslant \dfrac{1}{6n^3} \leqslant \dfrac{1}{2} 10^{-4}$,得

$$n^3 \geqslant \frac{1}{3} \times 10^4, n \geqslant \frac{1}{3\sqrt{3}} \cdot 10^{\frac{4}{3}}.$$

因此,可取 $n = 15$.

对于抛物线法:$|R_n| \leqslant \dfrac{1}{180(2n)^4} M_4 \leqslant \dfrac{20}{180 \cdot (2n)^4} \leqslant \dfrac{1}{2} \times 10^{-4}$,得

$$(2n)^4 \geqslant \frac{2}{9} \times 10^4, 2n \geqslant \sqrt[4]{\frac{2}{9}} \times 10.$$

因此,可取 $2n = 10$.

第二节 微积分基本公式

一、知识点归纳总结

1. 变限积分的定义

设 $x_0 \in [a,b]$ 为任一定点,$f(x)$ 在 $[a,b]$ 可积,则 $\forall x \in [a,b]$,$\int_{x_0}^{x} f(t)\mathrm{d}t$ 与 $\int_{x}^{x_0} f(t)\mathrm{d}t$ 均为 $[a,b]$ 上的一个函数,分别称为变上限和变下限的定积分,统称为变限的积分.

2. 变限积分的性质

(1) 定理

① 设 $f(x)$ 在 $[a,b]$ 可积,则 $\int_{x_0}^{x} f(t)\mathrm{d}t$ 在 $[a,b]$ 连续.

② 设 $f(x)$ 在 $[a,b]$ 连续,则 $\int_{x_0}^{x} f(t)\mathrm{d}t$ 在 $[a,b]$ 可导,且

$$\left[\int_{x_0}^{x} f(t)\mathrm{d}t\right]' = f(x), \forall x \in [a,b].$$

(2) 上述定理的重要作用

① 指出了连续函数一定存在原函数:设 $f(x)$ 在区间 I 上连续,则 $f(x)$ 在 I 上一定存在原函数,$\int_{x_0}^{x} f(t)\mathrm{d}t$ 就是它的一个原函数,其中 $x_0 \in I$ 为某定点.

② 指出了不定积分与定积分的关系:设 $f(x)$ 在区间 I 上连续,则

$$\int f(x)\mathrm{d}x = \int_{x_0}^{x} f(t)\mathrm{d}t + C,$$

其中 $x_0 \in I$ 为某定点.

3. 牛顿-莱布尼兹公式

定理 设 $f(x)$ 在 $[a,b]$ 连续(或可积),$F(x)$ 在 $[a,b]$ 连续,在 (a,b) 可导且 $F'(x) = f(x)$,则

$$\int_a^b f(x)\mathrm{d}x = [F(x)]_a^b = F(b) - F(a). \tag{5.2-1}$$

称式(5.2-1)为牛顿-莱布尼兹公式.此公式的作用在于:

① 建立了定积分与原函数的联系.

② 把求积分和的极限转化为求原函数的改变量.

4. 推广的牛顿-莱布尼兹公式

设 $f(x)$ 在 $[a,b]$ 连续(或可积),$F(x)$ 在 (a,b) 可导且 $F'(x) = f(x)$,又 $F(a+0) = \lim\limits_{x \to a+0} F(x)$ 及 $F(b-0) = \lim\limits_{x \to b-0} F(x)$ 均存在,则

$$\int_a^b f(x)\mathrm{d}x = [F(x)]_{a+0}^{b-0} = F(b-0) - F(a+0).$$

5. 微分式与积分式的等价性

设 $f(x)$ 在 $[a,b]$ 连续,则

$$\mathrm{d}F(x) = f(x)\mathrm{d}x \ (x \in [a,b]) \xrightarrow[\text{变限积分的可导性}]{\text{牛顿-莱布尼兹公式}} F(x) - F(a) = \int_a^x f(t)\mathrm{d}t.$$

6. 利用定积分求某些和式的极限

设 $f(x)$ 在 $[a,b]$ 可积,则 $f(x)$ 在 $[a,b]$ 上的任意积分和均以 $\int_a^b f(x)\mathrm{d}x$ 为极限,可以利用这个结论求某些和式的极限.但是,直接给出的问题是求某和式的极限,如求

$$\lim_{n \to +\infty} \frac{1^p + 2^p + \cdots + n^p}{n^{p+1}},$$

并没有指出它是哪个函数的积分和,而我们就要通过对和式结构的分析,指出该和数是哪个函数的积分和 $\sum\limits_{i=1}^{n} f(\xi_i)\Delta x_i$(包括:被积函数、积分区间、区间的分法及 ξ_i 点的取法等).

常见的情形有:设 $f(x)$ 在 $[a,b]$ 可积,则

① $\int_a^b f(x)\mathrm{d}x = \lim\limits_{n \to +\infty} \sum\limits_{i=1}^{n} f\left[a + \dfrac{i(b-a)}{n}\right] \dfrac{b-a}{n}.$

② $\int_a^b f(x)\mathrm{d}x = \lim\limits_{n \to +\infty} \sum\limits_{i=1}^{n} f\left[a + \dfrac{(i-1)(b-a)}{n}\right] \dfrac{b-a}{n}.$

这里将 $[a,b]$ n 等分,每个 ξ_i 在①中取为小区间的右端点,②中取为小区间的左端点.

这样,把某些和式的极限化为定积分后,可由牛顿-莱布尼兹公式求出定积分值,也

就求出了极限值.

二、典型题型归纳及解题方法与技巧

1. 变限积分的求导法

设 $f(x)$ 在 $[a,b]$ 连续,又设 $\varphi(x)$ 在 $[\alpha,\beta]$ 可导,$a\leqslant\varphi(x)\leqslant b\,(x\in[\alpha,\beta])$,则 $G(x)=\int_a^{\varphi(x)}f(t)\mathrm{d}t$ 定义在 $[\alpha,\beta]$ 上,它是

$$F(u)=\int_a^u f(t)\mathrm{d}t \text{ 与 } u=\varphi(x)$$

的复合函数 $G(x)=F[\varphi(x)]$. 由复合函数微分法,则得 $G(x)$ 在 $[\alpha,\beta]$ 可导,且

$$G'(x)=\frac{\mathrm{d}}{\mathrm{d}x}F[\varphi(x)]=F'(u)\big|_{u=\varphi(x)}\varphi'(x)=f[\varphi(x)]\varphi'(x).$$

若又有 $\psi(x)$ 在 $[\alpha,\beta]$ 可导,$a\leqslant\psi(x)\leqslant b$,则

$$\Phi(x)=\int_{\psi(x)}^{\varphi(x)}f(t)\mathrm{d}t$$

在 $[\alpha,\beta]$ 可导,且

$$\Phi'(x)=\left[\int_{\psi(x)}^{\varphi(x)}f(t)\mathrm{d}t\right]'=\left[\int_a^{\varphi(x)}f(t)\mathrm{d}t-\int_a^{\psi(x)}f(t)\mathrm{d}t\right]'$$
$$=f[\varphi(x)]\varphi'(x)-f[\psi(x)]\psi'(x).$$

【例 5.2.1】求下列导数:

(1) $\dfrac{\mathrm{d}}{\mathrm{d}x}\displaystyle\int_{a^2}^{b^2}\sin x^2\mathrm{d}x$，$\dfrac{\mathrm{d}}{\mathrm{d}b}\displaystyle\int_{a^2}^{b^2}\sin x^2\mathrm{d}x$，$\dfrac{\mathrm{d}}{\mathrm{d}a}\displaystyle\int_{a^2}^{b^2}\sin x^2\mathrm{d}x$；(2) $\dfrac{\mathrm{d}}{\mathrm{d}x}\displaystyle\int_{\cos^2 x}^{2x^2}\dfrac{1}{\sqrt{1+t^2}}\mathrm{d}t$.

【解】利用变限积分的求导公式来解这些问题.

(1) 以 x 为变量,$\displaystyle\int_{a^2}^{b^2}\sin x^2\mathrm{d}x$ 为常数,故 $\dfrac{\mathrm{d}}{\mathrm{d}x}\displaystyle\int_{a^2}^{b^2}\sin x^2\mathrm{d}x=0$.

以 b 为变量,这是变上限的积分的求导,即

$$\frac{\mathrm{d}}{\mathrm{d}b}\int_{a^2}^{b^2}\sin x^2\mathrm{d}x=\sin x^2\Big|_{x=b^2}(b^2)'=2b\sin b^4.$$

以 a 为变量,这是变下限的积分的求导,即

$$\frac{\mathrm{d}}{\mathrm{d}a}\int_{a^2}^{b^2}\sin x^2\mathrm{d}x=-\sin x^2\Big|_{x=a^2}(a^2)'=-2a\sin a^4.$$

(2) $\dfrac{\mathrm{d}}{\mathrm{d}x}\displaystyle\int_{\cos^2 x}^{2x^2}\dfrac{\mathrm{d}t}{\sqrt{1+t^2}}=\dfrac{\mathrm{d}}{\mathrm{d}x}\left(\displaystyle\int_0^{2x^2}\dfrac{\mathrm{d}t}{\sqrt{1+t^2}}\right)+\dfrac{\mathrm{d}}{\mathrm{d}x}\left(-\displaystyle\int_0^{\cos^2 x}\dfrac{\mathrm{d}t}{\sqrt{1+t^2}}\right)$

$$=\frac{1}{\sqrt{1+4x^4}}(2x^2)'-\frac{1}{\sqrt{1+\cos^4 x}}(\cos^2 x)'$$

$$=\frac{4x}{\sqrt{1+4x^4}}+\frac{\sin 2x}{\sqrt{1+\cos^4 x}}.$$

评注 ① 在变限积分求导中常犯的错误是漏项,如

$$\frac{\mathrm{d}}{\mathrm{d}x}\left(\int_0^{2x^2}\frac{\mathrm{d}t}{\sqrt{1+t^2}}\right)\underset{(\text{漏项})}{\overset{\times}{=\!=\!=}}\frac{1}{\sqrt{1+(2x^2)^2}},$$

漏掉了 $(2x^2)'=4x$.

② 对变限积分函数求导时,首先要弄清是对哪个变量求导,把变限积分函数的自变量与积分变量区分开来.积分上限(下限)的函数的自变量是上限(下限)变量,因此对积分上限(下限)的函数求导,就是对上限(下限)变量求导,与积分变量没有关系.

【例 5.2.2】设 $F(x) = \int_0^x \left(\int_0^{y^2} \dfrac{\sin t}{1+t^2} dt \right) dy$,求 $F''(x)$.

【分析与求解】这是用两次变限积分表示的函数,即

$$F(y) = \int_0^x f(y) dy,$$

其中,$f(y)$ 又是变限积分,$f(y) = \int_0^{y^2} \dfrac{\sin t}{1+t^2} dt$. 因此要连续用两次变限积分求导公式:

$$F'(x) = \left[\int_0^x f(y) dy \right]' = f(x) = \int_0^{x^2} \frac{\sin t}{1+t^2} dt,$$

$$F''(x) = \left(\int_0^{x^2} \frac{\sin t}{1+t^2} dt \right)' = \frac{\sin x^2}{1+x^4} \cdot 2x.$$

评注 设 $F(x) = \int_a^x \left[\int_b^{\varphi(y)} g(t) dt \right] dy$,其中 $g(t)$ 连续,$\varphi(y)$ 可导,则

$$F(x) = \int_a^x f(y) dy, \quad f(y) = \int_b^{\varphi(y)} g(t) dt.$$

于是

$$F'(x) = f(x) = \int_b^{\varphi(x)} g(t) dt, \quad F''(x) = g[\varphi(x)] \varphi'(x).$$

2. 被积函数含参变量时变限积分的求导

【例 5.2.3】设 $f(x)$ 连续,求 $\dfrac{d}{dx} \int_0^x t f(x^2 - t^2) dt$.

【分析与求解】这里 t 是积分变量,被积函数还含参变量 x,它在积分过程中是常量.我们的方法是:通过变量替换把参变量 x 变到积分限去.

$$\int_0^x t f(x^2 - t^2) dt = \frac{1}{2} \int_0^x f(x^2 - t^2) dt^2$$

$$= -\frac{1}{2} \int_0^x f(x^2 - t^2) d(x^2 - t^2) \quad \text{(积分过程中 } x \text{ 为常量)}$$

$$\xrightarrow{s = x^2 - t^2} -\frac{1}{2} \int_{x^2}^0 f(s) ds = \frac{1}{2} \int_0^{x^2} f(s) ds.$$

现在由变限积分求导法得

$$\frac{d}{dx} \int_0^x t f(x^2 - t^2) dt = \frac{d}{dx} \left[\frac{1}{2} \int_0^{x^2} f(s) ds \right] = \frac{1}{2} f(x^2)(x^2)' = x f(x^2).$$

【例 5.2.4】设 $f(x)$ 在 $(-\infty, +\infty)$ 连续,又 $\Phi(x) = \dfrac{1}{2} \int_0^x (x-t)^2 f(t) dt$,求 $\Phi'(x)$,$\Phi''(x)$.

【分析与求解】如同例 5.2.3,这里 t 是积分变量,x 是参变量,在积分过程中 x 是常量.作变量替换行不通.但 $(x-t)^2$ 展开后,因 x 为常量,则可以提出到积分号外,得

$$\Phi(x) = \frac{1}{2} \int_0^x (x^2 - 2xt + t^2) f(t) dt$$

$$= \frac{1}{2} x^2 \int_0^x f(t) \mathrm{d}t - x \int_0^x t f(t) \mathrm{d}t + \frac{1}{2} \int_0^x t^2 f(t) \mathrm{d}t.$$

则

$$\Phi'(x) = x \int_0^x f(t) \mathrm{d}t + \frac{1}{2} x^2 f(x) - \int_0^x t f(t) \mathrm{d}t - x^2 f(x) + \frac{1}{2} x^2 f(x)$$

$$= x \int_0^x f(t) \mathrm{d}t - \int_0^x t f(t) \mathrm{d}t,$$

$$\Phi''(x) = \int_0^x f(t) \mathrm{d}t + x f(x) - x f(x) = \int_0^x f(t) \mathrm{d}t.$$

评注 当积分限变量也含在被积函数中变限积分函数称之为被积函数含有参变量的变限积分.例 5.2.3 与例 5.2.4 是被积函数含参变量时变限积分求导的两种常见情形:一种是通过变量替换把参变量变到积分限上去;另一种是含参变量函数可以提出到积分号外,最后都归结为变限积分的求导.

3. 奇偶函数的变限积分

【例 5.2.5】设 $f(x)$ 在 $[-a, a]$ 连续,令

$$F(x) = \int_0^x f(t) \mathrm{d}t,$$

则 $F(x)$ 在 $[-a, a]$ 为 $\begin{cases} \text{奇函数,} & \text{若 } f(x) \text{ 在} [-a, a] \text{为偶函数,} \\ \text{偶函数,} & \text{若 } f(x) \text{ 在} [-a, a] \text{为奇函数.} \end{cases}$

【证法一】设 $f(x)$ 在 $[-a, a]$ 为奇函数,即 $f(-x) = -f(x) (\forall x \in [-a, a])$,要证:$F(x) = F(-x) (\forall x \in [-a, a])$.

$$F(-x) = \int_0^{-x} f(t) \mathrm{d}t \xrightarrow[\text{(变量替换)}]{\text{令 } t = -s} - \int_0^x f(-s) \mathrm{d}s = \int_0^x f(s) \mathrm{d}s = F(x).$$

另一结论类似可证.

【证法二】也可用微分学的方法证明上述结论.

设 $f(x)$ 在 $[-a, a]$ 为奇函数,要证 $\Phi(x) = F(x) - F(-x) = 0 (\forall x \in [-a, a])$,求导得

$$\Phi'(x) = \frac{\mathrm{d}}{\mathrm{d}x} [F(x) - F(-x)] = f(x) - f(-x)(-x)'$$

$$= f(x) + f(-x) = 0.$$

则 $\Phi(x) =$ 常数 $(\forall x \in [-a, a])$.因 $\Phi(0) = F(0) - F(0) = 0$,所以 $\Phi(x) = 0 (\forall x \in [-a, a])$.

【例 5.2.6】设 $f(x)$ 在 $[-a, a]$ 连续,求证:

(1) 若 $f(x)$ 为奇函数,则 $f(x)$ 的所有原函数均为偶函数;

(2) 若 $f(x)$ 为偶函数,则 $f(x)$ 只有唯一一个原函数为奇函数,即 $\int_0^x f(t) \mathrm{d}t$.

【证明】只需注意不定积分与变限积分的关系:$\int f(x) \mathrm{d}x = \int_0^x f(t) \mathrm{d}t + C$.

当 $f(x)$ 为奇函数时,因 $\int_0^x f(t) \mathrm{d}t$ 为偶函数,所以 $\forall$ 常数 C,$\int_0^x f(t) \mathrm{d}t + C$ 均为偶函数,因此 $f(x)$ 的所有原函数均为偶函数.

当 $f(x)$ 为偶函数时,因 $\int_0^x f(t) \mathrm{d}t$ 为奇函数,所以 $\forall$ 常数 C,仅当 $C = 0$ 时

$$\int_0^x f(t)\mathrm{d}t + C = \int_0^x f(t)\mathrm{d}t \text{ 才是奇函数.}$$

4. 周期函数的变限积分

【例 5.2.7】设 $f(x)$ 在 $(-\infty,+\infty)$ 连续且是以 T 为周期的周期函数，令 $F(x)=\int_0^x f(t)\mathrm{d}t$，则 $F(x)$ 定义在 $(-\infty,+\infty)$ 上，且 $F(x)$ 以 T 为周期 $\Leftrightarrow \int_0^T f(t)\mathrm{d}t=0.$

【分析与证明一】$F(x)$ 以 T 为周期 $\Leftrightarrow F(x)=F(x+T)$（$\forall x \in(-\infty,+\infty)$）

$$\Leftrightarrow \int_0^x f(t)\mathrm{d}t = \int_0^{x+T} f(t)\mathrm{d}t$$

$$\Leftrightarrow \int_0^x f(t)\mathrm{d}t = \int_0^x f(t)\mathrm{d}t + \int_x^{x+T} f(t)\mathrm{d}t$$

$$\Leftrightarrow \int_x^{x+T} f(t)\mathrm{d}t = 0 \quad (\forall x \in(-\infty,+\infty)).$$

由于

$$\int_x^{x+T} f(t)\mathrm{d}t = \int_x^0 f(t)\mathrm{d}t + \int_0^T f(t)\mathrm{d}t + \int_T^{x+T} f(t)\mathrm{d}t$$

$$= -\int_0^x f(t)\mathrm{d}t + \int_0^x f(t+T)\mathrm{d}t + \int_0^T f(t)\mathrm{d}t$$

$$= -\int_0^x f(t)\mathrm{d}t + \int_0^x f(t)\mathrm{d}t + \int_0^T f(t)\mathrm{d}t$$

$$= \int_0^T f(t)\mathrm{d}t \quad (\forall x \in(-\infty,+\infty)),$$

因此，$F(x)$ 以 T 为周期 $\Leftrightarrow \int_x^{x+T} f(t)\mathrm{d}t=0 \Leftrightarrow \int_0^T f(t)\mathrm{d}t=0.$

【分析与证明二】也可用微分学方法证明上述结论.

注意，令 $\Phi(x)=\int_0^{x+T} f(t)\mathrm{d}t - \int_0^x f(t)\mathrm{d}t$，则有

$$\Phi'(x)=f(x+T)-f(x)=0 \quad (\forall x \in(-\infty,+\infty)).$$

于是

$$\Phi(x)=\Phi(0)=\int_0^T f(t)\mathrm{d}t.$$

因此，$F(x)$ 以 T 为周期 $\Leftrightarrow \Phi(x)=0 \Leftrightarrow \int_0^T f(t)\mathrm{d}t=0.$

评注　当 $f(x)$ 在 $(-\infty,+\infty)$ 连续且以 T 为周期时，$\int_0^x f(t)\mathrm{d}t$ 不一定是以 T 为周期的周期函数，仅当 $\int_0^T f(t)\mathrm{d}t=0$ 时 $\int_0^x f(t)\mathrm{d}t$ 才以 T 为周期. 一个简单的例子是：$f(x)=\cos x+1$ 以 2π 为周期，但 $\int_0^x f(t)\mathrm{d}t=\int_0^x(\cos t+1)\mathrm{d}t=\sin x+x$ 不是周期函数. 这里 $\int_0^{2\pi} f(x)\mathrm{d}x=\int_0^{2\pi}(\cos x+1)\mathrm{d}x=2\pi\neq 0.$

【例 5.2.8】函数 $F(x)=\int_x^{x+2\pi} \mathrm{e}^{\sin t}\sin t\,\mathrm{d}t$

（A）为正数.　　　　　　　　　　　（B）为负数.

（C）恒为零.　　　　　　　　　　　（D）不是常数.

【分析】先分析 $F(x)$ 是常数还是变数. 由于积分区间长度为 2π，又被积函数以 2π 为

周期,由周期函数的积分性质知

$$F(x) = \int_0^{2\pi} e^{\sin t} \sin t \, dt ,为常数.$$

进一步判断此常数的符号.

方法一 $e^{\sin t} \sin t \begin{cases} > 0, & t \in (0, \pi), \\ < 0, & t \in (\pi, 2\pi), \end{cases}$ 则

$$\int_0^{2\pi} e^{\sin t} \sin t \, dt = \int_0^{\pi} e^{\sin t} \sin t \, dt + \int_{\pi}^{2\pi} e^{\sin t} \sin t \, dt ,$$

$$\int_{\pi}^{2\pi} e^{\sin t} \sin t \, dt \xrightarrow{s = t - \pi} \int_0^{\pi} e^{\sin(s+\pi)} \sin(s+\pi) \, ds = -\int_0^{\pi} e^{-\sin s} \sin s \, ds = -\int_0^{\pi} e^{-\sin t} \sin t \, dt ,$$

因此,$\int_0^{2\pi} e^{\sin t} \sin t \, dt = \int_0^{\pi} (e^{\sin t} - e^{-\sin t}) \sin t \, dt > 0$. 故选(A).

方法二 将积分作恒等变形,可选用的是分部积分法.

$$\int_0^{2\pi} e^{\sin t} \sin t \, dt = -\int_0^{2\pi} e^{\sin t} \, d\cos t$$

$$= \left[-\cos t \, e^{\sin t} \right]_0^{2\pi} + \int_0^{2\pi} \cos t \, de^{\sin t} = \int_0^{2\pi} e^{\sin t} \cos^2 t \, dt > 0.$$

因此选(A).

5. 利用变限积分求原函数

【例 5.2.9】设 $f(x) = \begin{cases} \sin 2x , & x \leqslant 0, \\ \ln(2x+1), & x > 0, \end{cases}$ 求 $\int f(x) \, dx$.

【分析与求解】$f(x)$ 在 $(-\infty, +\infty)$ 连续,于是存在原函数.$F(x) = \int_0^x f(t) \, dt$ 是一个原函数,现求 $F(x)$.

当 $x \leqslant 0$ 时,

$$F(x) = \int_0^x f(t) \, dt = \int_0^x \sin 2t \, dt = -\frac{1}{2} \left[\cos 2t \right]_0^x = -\frac{1}{2} \cos 2x + \frac{1}{2};$$

当 $x \geqslant 0$ 时,

$$F(x) = \int_0^x f(t) \, dt = \int_0^x \ln(2t+1) \, dt = \left[t \ln(2t+1) \right]_0^x - \int_0^x \frac{2t+1-1}{2t+1} \, dt$$

$$= x \ln(2x+1) - x + \frac{1}{2} \ln(2x+1).$$

因此
$$F(x) = \begin{cases} -\frac{1}{2} \cos 2x + \frac{1}{2}, & x \leqslant 0, \\ x \ln(2x+1) - x + \frac{1}{2} \ln(2x+1), & x \geqslant 0. \end{cases}$$

于是
$$\int f(x) \, dx = F(x) + C.$$

评注 第四章中给出了求连续分段函数的原函数的一种方法——拼接法.现在还可用求变限积分的方法求原函数,变限积分的下限取为一个分界点.

6. 求变限积分函数的积分

【例 5.2.10】求下列积分:

(1) $I = \int_0^1 f(x)\mathrm{d}x$,其中 $f(x) = \int_x^{\sqrt{x}} \dfrac{\sin t}{t}\mathrm{d}t$;

(2) $I = \int_0^1 \left[\int_x^1 f(x)f(t)\mathrm{d}t \right] \mathrm{d}x$,其中 $f(x)$ 在 $[0,1]$ 连续且 $\int_0^1 f(x)\mathrm{d}x = A$.

【分析与求解】这是含变限积分函数的求积分问题. 通过某种运算可把被积函数化简——分部积分法.

(1) 先求积分 $\int_x^{\sqrt{x}} \dfrac{\sin t}{t}\mathrm{d}t$ 是行不通的,作分部积分得

$$I = \int_0^1 \left(\int_x^{\sqrt{x}} \frac{\sin t}{t}\mathrm{d}t \right)\mathrm{d}x = \int_0^1 f(x)\mathrm{d}x = \left[xf(x) \right]_0^1 - \int_0^1 xf'(x)\mathrm{d}x$$

$$= -\int_0^1 x\left(\frac{\sin\sqrt{x}}{\sqrt{x}} \cdot \frac{1}{2\sqrt{x}} - \frac{\sin x}{x} \right)\mathrm{d}x = \int_0^1 \sin x\,\mathrm{d}x - \frac{1}{2}\int_0^1 \sin\sqrt{x}\,\mathrm{d}x$$

$$= \left[-\cos x \right]_0^1 - \int_0^1 u\sin u\,\mathrm{d}u = 1 - \cos 1 + \left[u\cos u \right]_0^1 - \int_0^1 \cos u\,\mathrm{d}u = 1 - \sin 1.$$

(2) $f(x)$ 与积分变量 t 无关,则

$$I = \int_0^1 \left[\int_x^1 f(x)f(t)\mathrm{d}t \right]\mathrm{d}x = \int_0^1 \left[f(x)\int_x^1 f(t)\mathrm{d}t \right]\mathrm{d}x.$$

$f(x)$ 与 $\int_x^1 f(t)\mathrm{d}t$ 的关系是 $\mathrm{d}\left[\int_x^1 f(t)\mathrm{d}t \right] = -f(x)\mathrm{d}x$. 于是,记 $F(x) = \int_x^1 f(t)\mathrm{d}t$ 得

$$I = -\int_0^1 F(x)\mathrm{d}F(x) = -\frac{1}{2}\left[F^2(x) \right]_0^1 = \frac{1}{2}F^2(0) = \frac{A^2}{2}.$$

评注 该例是求某些特殊的形如 $\int_a^b h(x)f(x)\mathrm{d}x$ 的积分,其中 $f(x) = \int_{\psi(x)}^{\varphi(x)} g(t)\mathrm{d}t$ 是变限积分函数. 若 $h(x)$ 的原函数易求得: $H'(x) = h(x)$,则可通过分部积分得

$$\int_a^b h(x)f(x)\mathrm{d}x = \int_a^b f(x)\mathrm{d}H(x)$$

$$= \left[f(x)H(x) \right]_a^b - \int_a^b H(x)\left[g(\varphi(x))\varphi'(x) - g(\psi(x))\psi'(x) \right]\mathrm{d}x.$$

若右端积分易求,则可求得左端的值.

7. 与变限积分有关的极限问题

【例 5.2.11】设 $f(x)$ 在 $[a, +\infty)$ 连续,又 $\lim\limits_{x\to+\infty} f(x) = A > 0(<0)$ 或 $\lim\limits_{x\to+\infty} f(x) = +\infty(-\infty)$,求证: $\lim\limits_{x\to+\infty} \int_a^x f(t)\mathrm{d}t = +\infty(-\infty)$.

【分析与证明】设 $\lim\limits_{x\to+\infty} f(x) = A > 0$ 或 $+\infty$. 取实数 $B,A > B > 0$,由极限的不等式性质得 $\exists X > a$,当 $x > X$ 时, $f(x) > B$. 再由积分的不等式性质得

$$\int_X^x f(t)\mathrm{d}t > \int_X^x B\,\mathrm{d}t = B(x - X).$$

由 $\lim\limits_{x\to+\infty} B(x-X) = +\infty$,得 $\lim\limits_{x\to+\infty} \int_a^x f(t)\mathrm{d}t = +\infty$. 因为 $\int_a^X f(t)\mathrm{d}t$ 为定值,因而有限.

类似可证另一情形.

【例 5.2.12】求下列极限:

(1) $I = \lim\limits_{x \to 0} \dfrac{\displaystyle\int_0^x (e^t - e^{-t}) dt}{1 - \cos x}$;

(2) $I = \lim\limits_{h \to 0} \dfrac{\displaystyle\int_0^h \left(\dfrac{1}{\theta} - \cot\theta\right) d\theta}{h^2}$;

(3) $I = \lim\limits_{x \to +\infty} \dfrac{\displaystyle\int_0^x (\arctan t)^2 dt}{\sqrt{x^2 + 1}}$.

【分析与求解】这些是求 $\dfrac{0}{0}$ 型或 $\dfrac{\infty}{\infty}$ 型的极限. 由于其又含变限积分, 因此可用洛必达法则及变限积分求导法来求解.

(1) $I \overset{\frac{0}{0}}{=\!=\!=} \lim\limits_{x \to 0} \dfrac{e^x - e^{-x}}{\sin x} \overset{\frac{0}{0}}{=\!=\!=} \lim\limits_{x \to 0} \dfrac{e^x + e^{-x}}{\cos x} = 2.$

(2) $I \overset{\frac{0}{0}}{=\!=\!=} \lim\limits_{h \to 0} \dfrac{\dfrac{1}{h} - \coth}{2h} = \lim\limits_{h \to 0} \dfrac{\sinh - h\cosh}{2h^2 \sinh} \overset{\substack{(\text{等价无穷小})\\ \text{因子替换}}}{=\!=\!=\!=\!=} \lim\limits_{h \to 0} \dfrac{\sinh - h\cosh}{2h^3}$

$\overset{\frac{0}{0}}{=\!=\!=} \lim\limits_{h \to 0} \dfrac{\cosh - \cosh + h\sinh}{6h^2} = \lim\limits_{h \to 0} \dfrac{h\sinh}{6h^2} = \dfrac{1}{6}.$

评注 $\displaystyle\int_0^h \left(\dfrac{1}{\theta} - \cot\theta\right) d\theta$ 的被积函数 $\dfrac{1}{\theta} - \cot\theta$ 在 $\theta = 0$ 无定义, 但前面计算表明

$$\lim\limits_{\theta \to 0} \dfrac{\dfrac{1}{\theta} - \cot\theta}{2\theta} = \dfrac{1}{6} \Rightarrow \lim\limits_{\theta \to 0} \dfrac{1}{\theta} - \cot\theta = 0,$$

因此, 可认为被积函数处处连续(补充定义 $\theta = 0$ 时函数值为 0), 于是

$$\left[\int_0^h \left(\dfrac{1}{\theta} - \cot\theta\right) dt\right]' = \dfrac{1}{h} - \coth.$$

(3) $I \overset{\frac{\infty}{\infty}}{=\!=\!=} \lim\limits_{x \to +\infty} \dfrac{(\arctan x)^2}{\dfrac{x}{\sqrt{x^2 + 1}}} = \dfrac{\left(\dfrac{\pi}{2}\right)^2}{1} = \dfrac{\pi^2}{4}.$

评注 题(3)中验证所求极限是 $\dfrac{\infty}{\infty}$ 型时用到如下结论:

设 $f(x)$ 在 $[a, +\infty)$ 连续, $\lim\limits_{x \to +\infty} f(x) = A > 0 (< 0)$ 或 $\lim\limits_{x \to +\infty} f(x) = +\infty(-\infty)$, 则 $\lim\limits_{x \to +\infty} \displaystyle\int_a^x f(t) dt = +\infty(-\infty)$, 见例 5.2.11.

【例 5.2.13】设函数 $f(x) = \displaystyle\int_0^{1 - \cos x} \sin t^2 dt$, $g(x) = \dfrac{x^5}{5} + \dfrac{x^6}{6}$, 则当 $x \to 0$ 时, $f(x)$ 是 $g(x)$ 的

（A）低阶无穷小.   （B）高阶无穷小.

（C）等价无穷小.   （D）同阶但不等价无穷小.

【分析】这实质上是求极限 $\lim\limits_{x \to 0} \dfrac{f(x)}{g(x)} \left(\dfrac{0}{0} \text{型}\right)$. 由洛必达法则、变限积分求导法及等价无穷小因子替换得

$$\lim_{x \to 0} \frac{f(x)}{g(x)} \xlongequal[\text{等价无穷小因子替换}]{} \lim_{x \to 0} \frac{\int_0^{1-\cos x} \sin t^2 \, dt}{x^5/5} \xlongequal[\text{(洛必达)}]{\frac{0}{0}} \lim_{x \to 0} \frac{\left(\int_0^{1-\cos x} \sin t^2 \, dt\right)'}{(x^5/5)'}$$

$$= \lim_{x \to 0} \frac{\sin(1-\cos x)^2 \cdot \sin x}{x^4} = \lim_{x \to 0} \frac{(1-\cos x)^2}{x^4} \sin x = 0.$$

这里用了等价无穷小因子替换：$x \to 0$ 时,有

$$\frac{x^5}{5} \sim \frac{x^5}{5} + \frac{x^6}{6}, \quad \sin(1-\cos x)^2 \sim (1-\cos x)^2, \quad 1-\cos x \sim \frac{1}{2}x^2.$$

因此选(B).

【例 5.2.14】确定常数 a, b, c 的值,使 $J = \lim\limits_{x \to 0} \dfrac{ax - \sin x}{\displaystyle\int_b^x \dfrac{\ln(1+t^3)}{t} \, dt} = c \, (c \neq 0).$

【解】当 $b \neq 0$ 时,$\lim\limits_{x \to 0} \displaystyle\int_b^x \dfrac{\ln(1+t^3)}{t} \, dt = \int_b^0 \dfrac{\ln(1+t^3)}{t} \, dt \neq 0$,则 $J = 0$,不合题意,因此 $b = 0$. 则

$$J = \lim_{x \to 0} \frac{ax - \sin x}{\displaystyle\int_0^x \dfrac{\ln(1+t^3)}{t} \, dt} \xlongequal[\text{(洛必达)}]{\frac{0}{0}} \lim_{x \to 0} \frac{a - \cos x}{\dfrac{\ln(1+x^3)}{x}}$$

$$= \lim_{x \to 0} \frac{a - \cos x}{x^2} \quad \left(x \to 0 \text{ 时}, \frac{\ln(1+x^3)}{x} \sim \frac{x^3}{x} = x^2\right).$$

若 $a \neq 1$,则 $J = \infty$,不合题意,因此 $a = 1$. 则

$$J = \lim_{x \to 0} \frac{1-\cos x}{x^2} = \frac{1}{2}.$$

因此 $\qquad\qquad\qquad a = 1, b = 0, c = \dfrac{1}{2}.$

【例 5.2.15】设 $f(x)$ 在 $[A, B]$ 连续,$A < a < b < B$. 求证

$$\lim_{h \to 0} \int_a^b \frac{f(x+h) - f(x)}{h} \, dx = f(b) - f(a).$$

【分析与证明】原式 $= \lim\limits_{h \to 0} \dfrac{\displaystyle\int_a^b f(x+h) \, dx - \int_a^b f(x) \, dx}{h}$. $\displaystyle\int_a^b f(x+h) \, dx$ 中被积函数

含参变量 h,通过变量替换将 h 化到积分限上去,即

$$\int_a^b f(x+h) \, dx \xlongequal{t = x+h} \int_{a+h}^{b+h} f(t) \, dt = \int_{a+h}^{b+h} f(x) \, dx.$$

于是 $\qquad$ 原式 $= \lim\limits_{h \to 0} \dfrac{\displaystyle\int_{a+h}^{b+h} f(x) \, dx - \int_a^b f(x) \, dx}{h}$

$$\xlongequal[\text{洛必达法则}]{\frac{0}{0}} \lim_{h \to 0} \frac{\left[\displaystyle\int_{a+h}^{b+h} f(x) \, dx - \int_a^b f(x) \, dx\right]'_h}{h'}$$

$$\xlongequal[\text{求导}]{\text{变限积分}} \lim_{h \to 0} [f(b+h) - f(a+h)] \xlongequal{\text{连续性}} f(b) - f(a).$$

*8. 综合问题——讨论变限积分函数的性质

【例 5.2.16】设 $f(x)$ 连续，$\varphi(x) = \int_0^1 f(xt)\mathrm{d}t$ 且 $\lim\limits_{x \to 0} \dfrac{f(x)}{x} = A$（常数），求 $\varphi'(x)$ 并讨论 $\varphi'(x)$ 的连续性.

【分析与求解】$\varphi(x) = \int_0^1 f(xt)\mathrm{d}t$ 中的被积函数含有参变量 x，通过变量替换化为变限积分.

$$\varphi(x) = \frac{1}{x}\int_0^1 f(xt)\mathrm{d}(xt) \xrightarrow{\text{令} \, xt = s} \frac{1}{x}\int_0^x f(s)\mathrm{d}s \quad (x \neq 0).$$

则　　$$\varphi'(x) = \frac{x\left[\int_0^x f(s)\mathrm{d}s\right]' - \int_0^x f(s)\mathrm{d}s \cdot (x)'}{x^2} = \frac{xf(x) - \int_0^x f(s)\mathrm{d}s}{x^2} (x \neq 0).$$

由连续性的运算法则知，$x \neq 0$ 时 $\varphi'(x)$ 连续. 再按定义求 $\varphi'(0)$.

$$\varphi'(0) = \lim_{x \to 0} \frac{\varphi(x) - \varphi(0)}{x}.$$

注意，由 $\lim\limits_{x \to 0} \dfrac{f(x)}{x} = A$ 及 $f(x)$ 连续，得

$$f(0) = \lim_{x \to 0} f(x) = \lim_{x \to 0} \frac{f(x)}{x} \cdot x = A \times 0 = 0,$$

则　　$$\varphi(0) = \int_0^1 f(0)\mathrm{d}t = 0,$$

$$\varphi'(0) = \lim_{x \to 0} \frac{\varphi(x)}{x} = \lim_{x \to 0} \frac{\int_0^x f(t)\mathrm{d}t}{x^2} \xrightarrow[\text{（洛必达）}]{\left(\frac{0}{0}\right)} \lim_{x \to 0} \frac{f(x)}{2x} = \frac{A}{2}.$$

又　　$$\lim_{x \to 0} \varphi'(x) = \lim_{x \to 0} \frac{xf(x) - \int_0^x f(s)\mathrm{d}s}{x^2} = \lim_{x \to 0} \frac{f(x)}{x} - \lim_{x \to 0} \frac{\int_0^x f(t)\mathrm{d}t}{x^2}$$
$$= A - \frac{A}{2} = \frac{A}{2} = \varphi'(0),$$

即 $\varphi'(x)$ 在 $x = 0$ 也连续，因此 $\varphi'(x) = \begin{cases} \dfrac{1}{x^2}\left[xf(x) - \int_0^x f(t)\mathrm{d}t\right], & x \neq 0, \\[2mm] \dfrac{A}{2}, & x = 0 \end{cases}$ 处处连续.

*9. 综合问题——由 $f(x)$ 的变限积分满足的方程确定 $f(x)$

【例 5.2.17】设 $f(x)$ 在 $[0, +\infty)$ 连续且 $f(x) > 0 (\forall x > 0)$，又满足

$$f(x) = \sqrt[3]{\int_0^x f^2(t)\mathrm{d}t} \quad (x \geqslant 0), \tag{5.2-2}$$

求 $f(x)$.

【分析与求解】由于 $x > 0$ 时 $f^2(x)$ 连续，恒正则 $x > 0$ 时，$\int_0^x f^2(t)\mathrm{d}t$ 可导，恒正即 $x > 0$ 时，$\sqrt[3]{\int_0^x f^2(t)\mathrm{d}t}$ 可导，由式（5.2-2）得当 $x > 0$ 时，$f(x)$ 可导.

将式(5.2-2)两边立方后即得

$$f^3(x) = \int_0^x f^2(t)\,dt \xrightarrow[\text{两边积分(令 } x=0)]{\text{两边求导}} \begin{cases} 3f^2(x)f'(x) = f^2(x), \\ f(0) = 0, \end{cases} \quad 即 \begin{cases} f'(x) = \dfrac{1}{3}, \\ f(0) = 0. \end{cases}$$

积分后并定出常数得 $f(x) = \dfrac{1}{3}x$.

评注 解此题常犯的错误是:(1)没说明 $f(x)$ 可导.(2)仅由

$$f^3(x) = \int_0^x f^2(t)\,dt \tag{5.2-3}$$

求导得
$$3f^2(x)f'(x) = f^2(x), \quad 即 f'(x) = \frac{1}{3}. \tag{5.2-4}$$

于是得
$$f(x) = \frac{1}{3}x + C, \tag{5.2-5}$$

其中 C 为 $\forall$ 常数,这里满足式(5.2-3)一定满足式(5.2-4),但反之不一定,这里式(5.2-3)隐含着 $f(0) = 0$,所以求得式(5.2-5)式后还须由 $f(0) = 0$ 定出 $C = 0$.

10. 直接用牛顿-莱布尼兹公式求定积分

【例 5.2.18】 用牛顿-莱布尼兹公式计算下列定积分:

(1) $I = \displaystyle\int_a^b x^\mu\,dx$(常数 $\mu \neq -1$);

(2) $I = \displaystyle\int_0^1 \frac{x^2}{1+x^2}\,dx$;

(3) $I = \displaystyle\int_0^1 \frac{dx}{x^2 + 4x + 5}$;

(4) $I = \displaystyle\int_0^{\frac{\pi}{2}} \sin\varphi \cos^3\varphi\,d\varphi$.

【解】 直接用牛顿-莱布尼兹公式求定积分就是先求被积函数的原函数,然后求相应原函数的改变量.

(1) $I = \displaystyle\int_a^b x^\mu\,dx = \frac{1}{\mu+1}\left[x^{\mu+1}\right]_a^b = \frac{b^{\mu+1} - a^{\mu+1}}{\mu+1}$.

(2) $I = \displaystyle\int_0^1 \frac{x^2 + 1 - 1}{1+x^2}\,dx = \int_0^1 \left(1 - \frac{1}{1+x^2}\right)dx = \left[x - \arctan x\right]_0^1 = 1 - \frac{\pi}{4}$.

(3) $I = \displaystyle\int_0^1 \frac{d(x+2)}{(x+2)^2 + 1} = \left[\arctan(x+2)\right]_0^1 = \arctan 3 - \arctan 2$.

(4) $I = -\displaystyle\int_0^{\frac{\pi}{2}} \cos^3\varphi\,d\cos\varphi = -\frac{1}{4}\left[\cos^4\varphi\right]_0^{\frac{\pi}{2}} = \frac{1}{4}$.

11. 应用牛顿-莱布尼兹公式时应注意的问题

【例 5.2.19】 证明推广的牛顿-莱布尼兹公式.

【分析与证明】 比较一下,它们的条件不同之处只是将 $F(x)$ 在 $x = a$ 右连续,在 $x = b$ 左连续,改为 $F(a+0)$ 与 $F(b-0)$ 存在.事实上在后一条件下,只需补充定义

$$F(a) = F(a+0)(= \lim_{x \to a+0} F(x)), \quad F(b) = F(b-0)(= \lim_{x \to b-0} F(x)),$$

则 $F(x)$ 在 $[a, b]$ 连续,在 (a, b) 可导且 $F'(x) = f(x)$,于是由牛顿-莱布尼兹公式得

$$\int_a^b f(x)\,dx = \left[F(x)\right]_a^b = F(b) - F(a) = F(b-0) - F(a+0).$$

【例 5.2.20】 下列计算是否正确?为什么?若有错误请改正.

（1）$\displaystyle\int_0^3 \frac{\mathrm{d}x}{(x-1)^2} \overset{①}{=\!=\!=} \left[-\frac{1}{x-1}\right]_0^3 \overset{②}{=\!=\!=} -\frac{1}{2}-1 \overset{③}{=\!=\!=} -\frac{3}{2}$；

（2）$\displaystyle\int_0^\pi \frac{\mathrm{d}x}{\cos^2 x+2\sin^2 x} \overset{①}{=\!=\!=} \int_0^\pi \frac{\dfrac{1}{\cos^2 x}}{1+2\tan^2 x}\mathrm{d}x \overset{②}{=\!=\!=} \int_0^\pi \frac{\mathrm{d}\tan x}{1+2\tan^2 x}$

$\qquad\overset{③}{=\!=\!=} \frac{1}{\sqrt{2}}\int_0^\pi \frac{\mathrm{d}(\sqrt{2}\tan x)}{1+(\sqrt{2}\tan x)^2} \overset{④}{=\!=\!=} \frac{1}{\sqrt{2}}\left[\arctan(\sqrt{2}\tan x)\right]_0^\pi$

$\qquad\overset{⑤}{=\!=\!=} 0.$

【分析】这两道题都想用牛顿-莱布尼兹公式来计算定积分,在应用这个公式时要注意验证条件.若条件不满足则不能用.

（1）被积函数在 $[0,3]$ 是无界的,因此是不可积的(黎曼不可积),定积分不存在,第①步就是错的.

（2）被积函数在 $[0,\pi]$ 连续恒正,所以积分值是正的,从答案看,这是错的.

错在哪里? 第①、②、③步的变形是为了求出原函数 $F(x)=\dfrac{1}{\sqrt{2}}\arctan\sqrt{2}\,x$,但

$F(x)$ 在 $x=\dfrac{\pi}{2}$ 没有定义,即不满足条件: $F'(x)=\dfrac{1}{\cos^2 x+2\sin^2 x}$, $x\in(0,\pi)$. 不能在 $[0,\pi]$ 上用牛顿-莱布尼兹公式,第④步是错的.

改正:注意,$F(x)=\dfrac{1}{\sqrt{2}}\arctan(\sqrt{2}\tan x)$, $F(x)$ 在 $[0,\pi]$ 除 $x=\dfrac{\pi}{2}$ 连续,且

$$F'(x)=\frac{1}{\cos^2 x+2\sin^2 x}, \quad x\in(0,\pi), x\neq\frac{\pi}{2},$$

又 $\qquad\displaystyle\lim_{x\to\frac{\pi}{2}-0}F(x)=\frac{1}{2\sqrt{2}}\pi, \qquad \lim_{x\to\frac{\pi}{2}+0}F(x)=-\frac{1}{2\sqrt{2}}\pi,$

于是可分别在 $\left[0,\dfrac{\pi}{2}\right]$ 与 $\left[\dfrac{\pi}{2},\pi\right]$ 利用推广的牛顿-莱布尼兹公式,得

$$\int_0^\pi \frac{\mathrm{d}x}{\cos^2 x+2\sin^2 x} = \frac{1}{\sqrt{2}}\int_0^{\frac{\pi}{2}}\frac{\mathrm{d}(\sqrt{2}\tan x)}{1+(\sqrt{2}\tan x)^2} + \frac{1}{\sqrt{2}}\int_{\frac{\pi}{2}}^\pi \frac{\mathrm{d}(\sqrt{2}\tan x)}{1+(\sqrt{2}\tan x)^2}$$

$$= \frac{1}{\sqrt{2}}\left[\arctan(\sqrt{2}\tan x)\right]_0^{\frac{\pi}{2}-0} + \frac{1}{\sqrt{2}}\cdot\left[\arctan(\sqrt{2}\tan x)\right]_{\frac{\pi}{2}+0}^\pi$$

$$= \frac{1}{\sqrt{2}}\cdot\frac{\pi}{2} + \left(-\frac{1}{\sqrt{2}}\right)\left(-\frac{\pi}{2}\right) = \frac{\pi}{\sqrt{2}} = \frac{\sqrt{2}}{2}\pi.$$

评注 $\quad f(x)\overset{记}{=\!=\!=}\dfrac{1}{\cos^2 x+2\sin^2 x}$,则 $f(x)$ 以 π 为周期且是偶函数.利用周期函数与奇偶函数的积分性质可得

$$\int_0^\pi f(x)\mathrm{d}x = \int_{-\frac{\pi}{2}}^{\frac{\pi}{2}}f(x)\mathrm{d}x = 2\int_0^{\frac{\pi}{2}}f(x)\mathrm{d}x = 2\cdot\frac{1}{\sqrt{2}}\left[\arctan(\sqrt{2}\tan x)\right]_0^{\frac{\pi}{2}-0}$$

$$= 2\cdot\frac{1}{\sqrt{2}}\cdot\frac{\pi}{2} = \frac{\sqrt{2}}{2}\pi.$$

12. 由 $f(x) = \varphi(x) + k\int_a^b f(x)\mathrm{d}x$, 求 $f(x)$

【例 5.2.21】设 $f(x)$ 连续, $f(x) = x + 2\int_0^2 f(x)\mathrm{d}x$, 求 $f(x)$.

【分析与求解】实质上是求数值 $\int_0^2 f(x)\mathrm{d}x$. 将原式两边积分, 由定积分的性质 ② 与 ③ 并注意 $\int_0^2 f(x)\mathrm{d}x$ 是常数可提出到积分号外, 得

$$\int_0^2 f(x)\mathrm{d}x = \int_0^2 x\mathrm{d}x + \int_0^2 \left[2\int_0^2 f(x)\mathrm{d}x \right]\mathrm{d}x = \int_0^2 x\mathrm{d}x + \left[2\int_0^2 f(x)\mathrm{d}x \right] \cdot 2.$$

解出 $\int_0^2 f(x)\mathrm{d}x = -\dfrac{1}{3}\int_0^2 x\mathrm{d}x$.

最后由牛顿-莱布尼兹公式得

$$\int_0^2 f(x)\mathrm{d}x = -\frac{1}{3} \cdot \frac{1}{2}\left[x^2 \right]_0^2 = -\frac{4}{6} = -\frac{2}{3}.$$

因此 $f(x) = x - \dfrac{4}{3}$.

13. 利用定积分求某些和式的极限

【例 5.2.22】求下列和式的极限:

(1) $I = \lim\limits_{n \to +\infty} \left(\dfrac{1}{n+1} + \dfrac{1}{n+2} + \cdots + \dfrac{1}{n+n} \right)$;

(2) $I = \lim\limits_{n \to +\infty} \dfrac{1^2 + 3^2 + \cdots + (2n-1)^2}{n^3}$.

【解】(1) 将和式变形, 提出因子 $\dfrac{1}{n}$, 则

$$\frac{1}{n+1} + \frac{1}{n+2} + \cdots + \frac{1}{n+n} = \sum_{i=1}^n \frac{1}{1+\dfrac{i}{n}} \cdot \frac{1}{n}.$$

它是 $f(x) = \dfrac{1}{1+x}$ 在 $[0,1]$ 区间上的一个积分和, $[0,1]$ 是 n 等分, $[x_{i-1}, x_i] = \left[\dfrac{i-1}{n}, \dfrac{i}{n} \right]$, $\xi_i \in [x_{i-1}, x_i]$, 取为右端点 $\xi_i = \dfrac{i}{n}$, $\sum\limits_{i=1}^n \dfrac{1}{1+\dfrac{i}{n}} \dfrac{1}{n} = \sum\limits_{i=1}^n f\left(\dfrac{i}{n} \right) \dfrac{1}{n}$.

因为 $f(x) = \dfrac{1}{1+x}$ 在 $[0,1]$ 可积, 于是

$$I = \lim_{n \to +\infty} \sum_{i=1}^n f\left(\frac{i}{n} \right) \cdot \frac{1}{n} = \int_0^1 \frac{\mathrm{d}x}{1+x} = \left[\ln(1+x) \right]_0^1 = \ln 2.$$

(最后一步用的是牛顿-莱布尼兹公式.)

(2) 将和式变形

$$\frac{1^2 + 3^2 + \cdots + (2n-1)^2}{n^3} = \sum_{i=1}^n \left(\frac{2i-1}{n} \right)^2 \cdot \frac{1}{n} = \sum_{i=1}^n 4\left(\frac{i-\dfrac{1}{2}}{n} \right)^2 \cdot \frac{1}{n}.$$

它是函数 $f(x)=4x^2$ 在 $[0,1]$ 区间上的一个积分和，区间 $[0,1]$ n 等分，$[x_{i-1},x_i]=\left[\dfrac{i-1}{n},\dfrac{i}{n}\right]$，$\xi_i\in\left[\dfrac{i-1}{n},\dfrac{i}{n}\right]$ 取为该区间的中点 $\xi_i=$

$\dfrac{i-1}{n}+\dfrac{\frac{1}{2}}{n}=\dfrac{i-\frac{1}{2}}{n}$（见图 $5.2-1$），$\displaystyle\sum_{i=1}^{n}4\left(\dfrac{i-\frac{1}{2}}{n}\right)^2\cdot$

图 5.2 - 1

$\dfrac{1}{n}=\displaystyle\sum_{i=1}^{n}f\left(\dfrac{i-\frac{1}{2}}{n}\right)\dfrac{1}{n}$. 因为 $f(x)=4x^2$ 在 $[0,1]$ 可积，于是

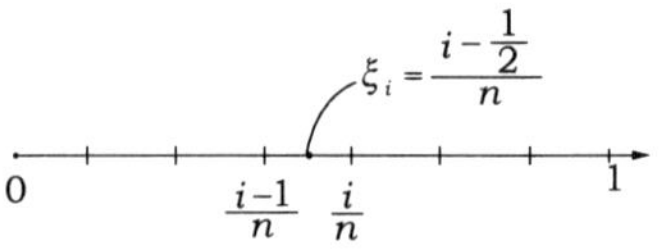

$$I=\lim_{n\to+\infty}\sum_{i=1}^{n}f\left(\dfrac{i-\frac{1}{2}}{n}\right)\dfrac{1}{n}=\int_0^1 f(x)\,\mathrm{d}x=\int_0^1 4x^2\,\mathrm{d}x=\dfrac{4}{3}.$$

评注 ① 若某和式 $\displaystyle\sum_{i=1}^{n}a_i$ 能表示成

$$\sum_{i=1}^{n}a_i=\sum_{i=1}^{n}f\left(\dfrac{i}{n}\right)\dfrac{1}{n}\ \text{或}\ \sum_{i=1}^{n}a_i=\sum_{i=1}^{n}f\left(\dfrac{i-1}{n}\right)\dfrac{1}{n},$$

其中，$f(x)$ 在 $[0,1]$ 是已知的连续（或可积）函数，则

$$\lim_{n\to+\infty}\sum_{i=1}^{n}a_i=\lim_{n\to+\infty}\sum_{i=1}^{n}f\left(\dfrac{i}{n}\right)\dfrac{1}{n}\left(=\lim_{n\to+\infty}\sum_{i=1}^{n}f\left(\dfrac{i-1}{n}\right)\dfrac{1}{n}\right)=\int_0^1 f(x)\,\mathrm{d}x.$$

② 设 $f(x)$ 在 $[0,1]$ 可积，将 $[0,1]$ n 等分，$[x_{i-1},x_i]=\left[\dfrac{i-1}{n},\dfrac{i}{n}\right]$，取 $\xi_i\in$

$\left[\dfrac{i-1}{n},\dfrac{i}{n}\right]$ 为区间的中点 $\xi_i=\dfrac{i-\frac{1}{2}}{n}$，则 $\displaystyle\int_0^1 f(x)\,\mathrm{d}x=\lim_{n\to+\infty}\sum_{i=1}^{n}f\left(\dfrac{i-\frac{1}{2}}{n}\right)\cdot\dfrac{1}{n}$.

第三节 定积分的换元法和分部积分法

一、知识点归纳总结

1. 怎样计算定积分

方法一 直接利用牛顿-莱布尼兹公式和它的推广形式

即归结为求被积函数的原函数，然后求原函数在相应的积分区间上的改变量或积分区间端点极限值之差.

方法二 分项积分与分段积分法

若 $f(x)$ 可以分解成 $f(x)=k_1 f_1(x)+k_2 f_2(x)$，$k_1,k_2$ 为常数，$f_1(x)$，$f_2(x)$ 在 $[a,b]$ 可积，则

$$\int_a^b f(x)\mathrm{d}x = k_1 \int_a^b f_1(x)\mathrm{d}x + k_2 \int_a^b f_2(x)\mathrm{d}x.$$

这样可通过求 $\int_a^b f_i(x)\mathrm{d}x\ (i=1,2)$ 而求得 $\int_a^b f(x)\mathrm{d}x$，这就是定积分的分项积分法.

若 $f(x)$ 是分段表示的：$f(x) = \begin{cases} f_1(x), & a \leqslant x \leqslant c, \\ f_2(x), & c \leqslant x \leqslant b, \end{cases}$　$f_1(x),\ f_2(x)$ 分别在 $[a,c]$ 与 $[c,b]$ 可积，则

$$\int_a^b f(x)\mathrm{d}x = \int_a^c f(x)\mathrm{d}x + \int_c^b f(x)\mathrm{d}x = \int_a^c f_1(x)\mathrm{d}x + \int_c^b f_2(x)\mathrm{d}x.$$

通过求 $\int_a^c f_1(x)\mathrm{d}x$ 与 $\int_c^b f_2(x)\mathrm{d}x$ 而求得 $\int_a^b f(x)\mathrm{d}x$，这是定积分的分段积分法.

设 $f(x)$ 在 $[a,b]$ 连续（或可积），$F(x)$ 在 $[a,c),(c,b]$ 连续，存在极限

$$F(c+0) = \lim_{x \to c+0} F(x), \quad F(c-0) = \lim_{x \to c-0} F(x).$$

又设 $x \in (a,b),\ x \neq c$ 时，$F'(x) = f(x)$，则

$$\int_a^b f(x)\mathrm{d}x = \int_a^c f(x)\mathrm{d}x + \int_c^b f(x)\mathrm{d}x = [F(c-0) - F(a)] + [F(b) - F(c+0)].$$

这也是定积分的分段积分法，是原函数分段表示的情形.

方法三　换元积分法

设：$f(x)$ 在 $[a,b]$ 连续；$\varphi(t)$ 在 $[\alpha,\beta]$（或 $[\beta,\alpha]$）有连续的导数，当 $t \in [\alpha,\beta]$（或 $[\beta,\alpha]$）时，$a \leqslant \varphi(t) \leqslant b$；$\varphi(\alpha) = a,\ \varphi(\beta) = b$，则

$$\int_a^b f(x)\mathrm{d}x \xeq{x = \varphi(t)} \int_\alpha^\beta f[\varphi(t)]\varphi'(t)\mathrm{d}t.$$

对于定积分的换元法，积分变量变换后，积分限也要作相应的改变，不必作变量还原.

方法四　分部积分法

设 $u(x),v(x)$ 在 $[a,b]$ 有连续的导数 $u'(x),v'(x)$，则

$$\int_a^b u(x)v'(x)\mathrm{d}x = [u(x)v(x)]_a^b - \int_a^b u'(x)v(x)\mathrm{d}x.$$

或　　　　　　　$$\int_a^b u(x)\mathrm{d}v(x) = [u(x)v(x)]_a^b - \int_a^b v(x)\mathrm{d}u(x).$$

2. 奇偶函数与周期函数的积分性质

通过定积分的变量替换法可以证明：

① 奇偶函数的积分性质.

若 $f(x)$ 在 $[-a,a]$ 连续，则 $\int_{-a}^a f(x)\mathrm{d}x = \begin{cases} 0, & f(x)\ \text{为奇函数}, \\ 2\int_0^a f(x)\mathrm{d}x, & f(x)\ \text{为偶函数}. \end{cases}$

② 周期函数的积分性质.

设 $f(x)$ 在 $(-\infty, +\infty)$ 连续，且是以 T 为周期的周期函数，则 $\forall$ 实数 a，有

$$\int_a^{a+T} f(x)\mathrm{d}x = \int_0^T f(x)\mathrm{d}x.$$

3. 定积分计算中的技巧

① 利用定积分的几何意义.

② 利用周期函数的积分性质.

③ 利用奇偶函数的积分性质.

④ 利用被积函数的分解与结合.

二、典型题型归纳及解题方法与技巧

1. 用分段积分法计算定积分

【例 5.3.1】求下列定积分：

（1）$I = \int_{-\frac{\pi}{2}}^{\frac{\pi}{4}} \sqrt{\cos x - \cos^3 x}\, dx$；

（2）$I = \int_{-1}^{1} \frac{d}{dx}\left(\frac{1}{1 + 2^{\frac{1}{x}}}\right) dx$.

【分析与求解】（1）以下计算是否正确？

$$I = \int_{-\frac{\pi}{2}}^{\frac{\pi}{4}} \sqrt{\cos x(1 - \cos^2 x)}\, dx \overset{①}{=\!=\!=} \int_{-\frac{\pi}{2}}^{\frac{\pi}{4}} \sqrt{\cos x}\, \sin x\, dx \overset{②}{=\!=\!=} \int_{-\frac{\pi}{2}}^{\frac{\pi}{4}} \sqrt{\cos x}\, d\cos x$$

$$= -\frac{2}{3}\left[\cos^{\frac{3}{2}} x\right]_{-\frac{\pi}{2}}^{\frac{\pi}{4}} = -\frac{2}{3} 2^{-\frac{3}{4}}.$$

注意，$\sqrt{1 - \cos^2 x} = \sqrt{\sin^2 x} = |\sin x|$，因此步骤①是错误的.

改正：$I = \int_{-\frac{\pi}{2}}^{\frac{\pi}{4}} \sqrt{\cos x}\, |\sin x|\, dx = -\int_{-\frac{\pi}{2}}^{0} \sqrt{\cos x}\, \sin x\, dx + \int_{0}^{\frac{\pi}{4}} \sqrt{\cos x}\, \sin x\, dx$

$$= \int_{-\frac{\pi}{2}}^{0} \sqrt{\cos x}\, d\cos x - \int_{0}^{\frac{\pi}{4}} \sqrt{\cos x}\, d\cos x$$

$$= \left[\frac{2}{3}(\cos x)^{\frac{3}{2}}\right]_{-\frac{\pi}{2}}^{0} - \left[\frac{2}{3}(\cos x)^{\frac{3}{2}}\right]_{0}^{\frac{\pi}{4}}$$

$$= \frac{2}{3}(1 - 2^{-\frac{3}{4}} + 1) = \frac{2}{3}(2 - 2^{-\frac{3}{4}}).$$

评注 ① 实质上被积函数是分段函数，所以要用分段积分法.

② 被积函数在 $\left(-\frac{\pi}{2}, \frac{\pi}{4}\right)$ 上恒正，积分值应是正的，若算出 $I \leqslant 0$，自然就是错的，应

检查错在哪里. 这里的错误是 $\sqrt{a^2} \overset{\times}{=\!=\!=} a$，而应是 $\sqrt{a^2} = |a|$.

（2）以下计算是否正确？

$$I = \int_{-1}^{1} \frac{d}{dx}\left(\frac{1}{1 + 2^{\frac{1}{x}}}\right) dx = \left[\frac{1}{1 + 2^{\frac{1}{x}}}\right]_{-1}^{1} = \frac{1}{3} - \frac{2}{3} = -\frac{1}{3}.$$

可以验证：$f(x) = \frac{d}{dx}\left(\frac{1}{1 + 2^{\frac{1}{x}}}\right)$ 在 $[-1, 1]$ 可积，$\frac{1}{1 + 2^{\frac{1}{x}}}$ 在 $x = 0$ 不可导，在 $[-1,$

1]上不满足用牛顿-莱布尼兹公式的条件，因此解法是错误的.

改正：用分段积分法，并分别在 $[-1, 0]$ 与 $[0, 1]$ 上用推广的牛顿-莱布尼兹公式：

$$I = \int_{-1}^{0} \frac{d}{dx}\left(\frac{1}{1 + 2^{\frac{1}{x}}}\right) dx + \int_{0}^{1} \frac{d}{dx}\left(1 + \frac{1}{2^{\frac{1}{x}}}\right) dx$$

$$= \left[\frac{1}{1+2^{\frac{1}{x}}}\right]_{-1}^{0-0} + \left[\frac{1}{1+2^{\frac{1}{x}}}\right]_{0+0}^{1} = \left(1 - \frac{1}{1+\frac{1}{2}}\right) + \left(\frac{1}{3} - 0\right) = \frac{2}{3}.$$

评注 这里

$$f(x) = \frac{\mathrm{d}}{\mathrm{d}x}\left(\frac{1}{1+2^{\frac{1}{x}}}\right) = \frac{(-1)2^{\frac{1}{x}}\ln 2\left(-\frac{1}{x^2}\right)}{(1+2^{\frac{1}{x}})^2},$$

要验证它在 $[-1,1]$ 可积,只需考察

$$\lim_{x\to 0+} f(x) \xlongequal{t=\frac{1}{x}} \lim_{t\to +\infty} \frac{t^2 2^t \ln 2}{(1+2^t)^2} = \lim_{t\to +\infty} \frac{t^2 2^t \ln 2}{(2^t)^2} \cdot \lim_{t\to +\infty} \frac{(2^t)^2}{(1+2^t)^2} = 0,$$

$$\lim_{x\to 0-} f(x) \xlongequal{t=\frac{1}{x}} \lim_{t\to -\infty} \frac{t^2 2^t \ln 2}{(1+2^t)^2} = \lim_{t\to -\infty} \frac{t^2}{2^{-t}} \ln 2 = 0,$$

因此,$f(x)$ 在 $[-1,1]$ 有界,只有间断点 $x=0$,于是 $f(x)$ 在 $[-1,1]$ 可积.事实上,若补充定义 $f(0)=0$,则 $f(x)$ 在 $[-1,1]$ 连续.

【例 5.3.2】 求下列定积分:

(1) $I = \int_1^3 f(x-2)\mathrm{d}x$,其中 $f(x) = \begin{cases} 1+x^2, & x<0, \\ \mathrm{e}^{-x}, & x\geqslant 0; \end{cases}$ (2) $I = \int_{-2}^3 \min\{1, x^2\}\mathrm{d}x$.

【解】（1）先作变量替换 $t=x-2$,再用分段积分法:

$$I = \int_{-1}^1 f(t)\mathrm{d}t = \int_{-1}^0 f(t)\mathrm{d}t + \int_0^1 f(t)\mathrm{d}t = \int_{-1}^0 (1+t^2)\mathrm{d}t + \int_0^1 \mathrm{e}^{-t}\mathrm{d}t$$

$$= 1 + \left[\frac{1}{3}t^3\right]_{-1}^0 + \left[-\mathrm{e}^{-t}\right]_0^1 = \left(1 + \frac{1}{3}\right) + \left(1 - \frac{1}{\mathrm{e}}\right) = \frac{7}{3} - \frac{1}{\mathrm{e}}.$$

评注 若对定积分不作变量替换,就要利用变量替换法由 $f(x)$ 的表达式写出 $f(x-2)$ 的表达式

$$f(x-2) = \begin{cases} 1+(x-2)^2, & x-2<0, \\ \mathrm{e}^{-(x-2)}, & x-2\geqslant 0 \end{cases} = \begin{cases} 1+(x-2)^2, & x<2, \\ \mathrm{e}^{2-x}, & x\geqslant 2. \end{cases}$$

于是 $$I = \int_1^2 [1+(x-2)^2]\mathrm{d}x + \int_2^3 \mathrm{e}^{2-x}\mathrm{d}x$$

$$= 1 + \left[\frac{1}{3}(x-2)^3\right]_1^2 - \left[\mathrm{e}^{2-x}\right]_2^3 = 1 + \frac{1}{3} - \mathrm{e}^{-1} + 1 = \frac{7}{3} - \frac{1}{\mathrm{e}}.$$

（2）由于分段函数的分界点为 -1 与 1,所以

$$I = \int_{-2}^{-1} \mathrm{d}x + \int_{-1}^1 x^2 \mathrm{d}x + \int_1^3 \mathrm{d}x = 1 + 2 \cdot \left[\frac{1}{3}x^3\right]_0^1 + 2 = \frac{11}{3}.$$

评注 例 5.3.1 与例 5.3.2 主要是用分段积分法求解,例 5.3.1 中的题（1）与例 5.3.2 属于被积函数是分段表示的情形,而分段函数的分界点就是区间的分点. 例 5.3.1 中的题（2）属于要用推广的牛顿-莱布尼兹公式的情形,即 $f(x)$ 在 $[a,b]$ 连续（或可积）,$c\in(a,b)$,$F(x)$ 在 $[a,c),(c,b]$ 连续且 $F'(x)=f(x)$,$x\in(a,b)$,$x\neq c$. 又 $F(c+0)$ 与 $F(c-0)$ 均存在,则先用分段积分法再用推广的牛顿-莱布尼兹公式:

$$\int_a^b f(x)\mathrm{d}x = \int_a^c f(x)\mathrm{d}x + \int_c^b f(x)\mathrm{d}x = \Big[F(x)\Big]_a^{c-0} + \Big[F(x)\Big]_{c+0}^b.$$

例 5.3.1 中的题(2)就属于这种情形.

2. 用凑微分法求定积分

【例 5.3.3】求下列定积分:

(1) $I = \displaystyle\int_0^1 \frac{\arcsin\sqrt{x}}{\sqrt{x(1-x)}}\mathrm{d}x$;   (2) $I = \displaystyle\int_0^1 \frac{1}{1+e^{-x}}\mathrm{d}x$;   (3) $I = \displaystyle\int_1^{e^2} \frac{\mathrm{d}x}{x\sqrt{1+\ln x}}$.

【解】(1) $I = 2\displaystyle\int_0^1 \frac{\arcsin\sqrt{x}}{\sqrt{1-(\sqrt{x})^2}}\mathrm{d}\sqrt{x} = 2\int_0^1 \arcsin\sqrt{x}\,\mathrm{d}\arcsin\sqrt{x} = \Big[\arcsin^2\sqrt{x}\Big]_0^1 = \frac{\pi^2}{4}.$

(2) $I = \displaystyle\int_0^1 \frac{e^x}{1+e^x}\mathrm{d}x = \int_0^1 \frac{\mathrm{d}(e^x+1)}{1+e^x} = \Big[\ln(1+e^x)\Big]_0^1 = \ln\frac{1+e}{2}.$

(3) $I = \displaystyle\int_1^{e^2} \frac{\mathrm{d}(\ln x+1)}{\sqrt{\ln x+1}} = \Big[2\sqrt{\ln x+1}\Big]_1^{e^2} = 2(\sqrt{3}-1).$

评注   这几道题均是求一类定积分 $\displaystyle\int_a^b \Phi(x)\mathrm{d}x$,用凑微分法能表示成

$$\int_a^b \Phi(x)\mathrm{d}x = \int_a^b f[\varphi(x)]\mathrm{d}\varphi(x),$$

其中, $\displaystyle\int f(u)\mathrm{d}u = F(u)+C$ 可求出,于是由牛顿-莱布尼兹公式直接写成

$$\int_a^b \Phi(x)\mathrm{d}x = \int_a^b f[\varphi(x)]\mathrm{d}\varphi(x) = \Big[F[\varphi(x)]\Big]_a^b.$$

这里实际上是对不定积分作了变量替换,即

$$\int f[\varphi(x)]\mathrm{d}\varphi(x) \xrightarrow{u=\varphi(x)} \int f(u)\mathrm{d}u = F[\varphi(x)]+C,$$

或对定积分作了变量替换,即

$$\int_a^b \Phi(x)\mathrm{d}x = \int_a^b f[\varphi(x)]\mathrm{d}\varphi(x) \xrightarrow{u=\varphi(x)} \int_{\varphi(a)}^{\varphi(b)} f(u)\mathrm{d}u$$
$$= \Big[F(u)\Big]_{\varphi(a)}^{\varphi(b)} \Big(= \Big[F[\varphi(x)]\Big]_a^b\Big).$$

在上述解法中均省略了某些过程,使解法更简洁.

【例 5.3.4】求下列定积分:

(1) $I = \displaystyle\int_{-2}^{-\sqrt{2}} \frac{\mathrm{d}x}{x\sqrt{x^2-1}}$;   (2) $I = \displaystyle\int_1^2 \frac{\sqrt{x^2-1}}{x^4}\mathrm{d}x$.

【解】(1) 从分母中根号内提出 x,注意 $\sqrt{x^2}=-x(x<0)$,得

$$I = \int_{-2}^{-\sqrt{2}} \frac{\mathrm{d}x}{-x^2\sqrt{1-\frac{1}{x^2}}} = \int_{-2}^{-\sqrt{2}} \frac{\mathrm{d}\frac{1}{x}}{\sqrt{1-\frac{1}{x^2}}}$$

$$= \Big[\arcsin\frac{1}{x}\Big]_{-2}^{-\sqrt{2}} = -\frac{\pi}{4} - \Big(-\frac{\pi}{6}\Big) = -\frac{\pi}{12}.$$

（2）从分子中根号内提出 x 得

$$I = \int_1^2 \frac{\sqrt{1 - \frac{1}{x^2}}}{x^3} \mathrm{d}x = -\frac{1}{2} \int_1^2 \sqrt{1 - \frac{1}{x^2}} \mathrm{d}\left(1 - \frac{1}{x^2}\right)$$

$$= \frac{1}{2} \cdot \left[\frac{2}{3}\left(1 - \frac{1}{x^2}\right)^{\frac{3}{2}}\right]_1^2 = \frac{1}{3} \cdot \left(\frac{3}{4}\right)^{\frac{3}{2}} = \frac{\sqrt{3}}{8}.$$

评注　这两道题均可作三角函数变换来求解. 这里作了倒数代换更为方便, 对题（1）是令 $t = \frac{1}{x}$, 对题（2）是令 $t = \frac{1}{x^2}$, 但倒数代换被省略了, 因为我们用的是凑微分法.

3. 用变量替换法求定积分

【例 5.3.5】当用变换 $u = \tan x$ 计算定积分 $\int_{\frac{\pi}{4}}^{\frac{3\pi}{4}} \frac{\mathrm{d}x}{1 + \cos^2 x}$ 时, 下面的计算结果是否正确? 为什么?

$$\int_{\frac{\pi}{4}}^{\frac{3\pi}{4}} \frac{\mathrm{d}x}{1 + \cos^2 x} \xlongequal{u = \tan x} \int_1^{-1} \frac{\mathrm{d}u}{u^2 + 2} = \left[\frac{1}{\sqrt{2}} \arctan \frac{u}{\sqrt{2}}\right]_1^{-1} = -\sqrt{2} \arctan \frac{1}{2}.$$

【解】这里被积函数 $\frac{1}{1 + \cos^2 x}$ 在 $\left[\frac{\pi}{4}, \frac{3\pi}{4}\right]$ 上恒大于零, 故积分结果必为正, 因此这个结果肯定是错的.

错误的原因是所用的变换不符合定积分换元公式成立的条件. 当用 $u = \tan x$ 变换原积分时, 我们是将被积函数 $\frac{1}{1 + \cos^2 x}$ 中的 x 用它的反函数 $x = \arctan u$ 代换. 由于函数 $u = \tan x$ 在区间 $\left[\frac{\pi}{4}, \frac{3\pi}{4}\right]$ 上有间断点 $x = \frac{\pi}{2}$, 易知其反函数在区间 $[-1, 1]$ 上也必定有间断点, 不满足定积分换元法的要求. 正确做法如下:

$$\int_{\frac{\pi}{4}}^{\frac{3\pi}{4}} \frac{\mathrm{d}x}{1 + \cos^2 x} = -\int_{\frac{\pi}{4}}^{\frac{3\pi}{4}} \frac{\mathrm{d}(\cot x)}{1 + 2\cot^2 x} \xlongequal{u = \cot x} -\int_1^{-1} \frac{\mathrm{d}u}{1 + 2u^2}$$

$$= 2\int_0^1 \frac{\mathrm{d}u}{1 + 2u^2} = \left[\sqrt{2} \arctan \sqrt{2}\, u\right]_0^1 = \sqrt{2} \arctan \sqrt{2}.$$

评注　值得指出的是, 在求不定积分 $\int \frac{\mathrm{d}x}{1 + \cos^2 x}$ 时用换元 $u = \arctan x$ 却是允许的, 即有

$$\int \frac{\mathrm{d}x}{1 + \cos^2 x} = \int \frac{\mathrm{d}(\tan x)}{\tan^2 x + 2} = \frac{1}{\sqrt{2}} \arctan \frac{\tan x}{\sqrt{2}} + C.$$

这是因为在计算不定积分时, 一般情况下不要求指出原函数适用的区间, 只要采用的变换能够算出被积函数在某个区间上的原函数就可以了. 这是用换元法计算定积分和不定积分时的一个重要区别.

本例告诉我们, 在定积分中使用换元法时, 要注意验证所使用的换元函数在整个积分区间上具有连续导数. 除此以外, 还要注意换元后的积分上限（下限）对应换元前的积分上限（下限）.

【例 5.3.6】求下列定积分：

（1）$I = \int_0^{\frac{1}{2}} \dfrac{x^2}{\sqrt{1-x^2}} \mathrm{d}x$；

（2）$I = \int_{-2\sqrt{2}}^{-2} \dfrac{\sqrt{x^2-4}}{x^3} \mathrm{d}x$；

（3）$I = \int_0^{\frac{\pi}{4}} \dfrac{\sin x}{1+\sin x} \mathrm{d}x$；

（4）$I = \int_0^{\ln 2} \sqrt{1-\mathrm{e}^{-2x}} \mathrm{d}x$.

【解】（1）**方法一**　为去根号，由被积函数的特点，作三角函数替换，令 $x = \sin t$，当 $x=0$ 时 $t=0$，$x=\dfrac{1}{2}$ 时 $t=\dfrac{\pi}{6}$，于是

$$I = \int_0^{\frac{1}{2}} \frac{x^2}{\sqrt{1-x^2}} \mathrm{d}x = \int_0^{\frac{\pi}{6}} \frac{\sin^2 t}{\sqrt{1-\sin^2 t}} \cos t \, \mathrm{d}t = \frac{1}{2} \int_0^{\frac{\pi}{6}} (1-\cos 2t) \mathrm{d}t$$

$$= \frac{\pi}{12} - \left[\frac{1}{4}\sin 2t\right]_0^{\frac{\pi}{6}} = \frac{\pi}{12} - \frac{\sqrt{3}}{8}.$$

方法二　若利用分项积分法可得

$$I = \int_0^{\frac{1}{2}} \frac{\mathrm{d}x}{\sqrt{1-x^2}} - \int_0^{\frac{1}{2}} \sqrt{1-x^2} \, \mathrm{d}x,$$

其中 $\quad \int_0^{\frac{1}{2}} \dfrac{\mathrm{d}x}{\sqrt{1-x^2}} = \left[\arcsin x\right]_0^{\frac{1}{2}} = \dfrac{\pi}{6}.$

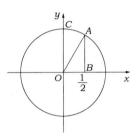

第二项积分利用定积分的几何意义（见图 5.3-1）直接得

$$\int_0^{\frac{1}{2}} \sqrt{1-x^2} \, \mathrm{d}x = \triangle OBA \text{ 面积} + \text{扇形 } OAC \text{ 面积} = \frac{\sqrt{3}}{8} + \frac{\pi}{12}.$$

图 5.3-1

因此 $I = \dfrac{\pi}{6} - \left(\dfrac{\sqrt{3}}{8} + \dfrac{\pi}{12}\right) = \dfrac{\pi}{12} - \dfrac{\sqrt{3}}{8}.$

（2）同样，为去根号，作三角函数替换，令 $x = 2\sec t$，$\mathrm{d}x = 2\sec t \tan t \, \mathrm{d}t$，当 $x = -2\sqrt{2}$ 时，$t = \dfrac{3}{4}\pi$；当 $x = -2$ 时，$t = \pi$. 由于 $t \in \left[\dfrac{3}{4}\pi, \pi\right]$ 时 $\tan t < 0$，则 $\sqrt{x^2-4} = -2\tan t$. 于是

$$I = \int_{\frac{3}{4}\pi}^{\pi} \frac{-2\tan t}{2^3 \sec^3 t} \cdot 2\sec t \tan t \, \mathrm{d}t = -\frac{1}{2} \int_{\frac{3}{4}\pi}^{\pi} \sin^2 t \, \mathrm{d}t$$

$$= -\frac{1}{2} \int_{\frac{3}{4}\pi}^{\pi} \frac{1-\cos 2t}{2} \mathrm{d}t = -\frac{1}{4} \cdot \frac{\pi}{4} + \frac{1}{4} \cdot \left[\frac{1}{2}\sin 2t\right]_{\frac{3}{4}\pi}^{\pi} = \frac{1}{8} - \frac{\pi}{16}.$$

（3）先用分项积分法再作万能替换：

$$I = \int_0^{\frac{\pi}{4}} \frac{\sin x + 1 - 1}{1 + \sin x} \mathrm{d}x = \frac{\pi}{4} - \int_0^{\frac{\pi}{4}} \frac{1}{1+\sin x} \mathrm{d}x.$$

令 $\quad t = \tan \dfrac{x}{2} \Rightarrow \sin x = \dfrac{2t}{1+t^2}, \mathrm{d}x = \dfrac{2}{1+t^2} \mathrm{d}t.$

因此 $\quad I = \dfrac{\pi}{4} - \int_0^{\tan \frac{\pi}{8}} \dfrac{1}{1 + \dfrac{2t}{1+t^2}} \cdot \dfrac{2}{1+t^2} \mathrm{d}t = \dfrac{\pi}{4} - 2\int_0^{\tan \frac{\pi}{8}} \dfrac{\mathrm{d}t}{(1+t)^2}$

$$= \frac{\pi}{4} + \left[\frac{2}{1+t}\right]_0^{\tan \frac{\pi}{8}} = \frac{\pi}{4} + \frac{2}{1 + \tan \dfrac{\pi}{8}} - 2 = \frac{\pi}{4} + \sqrt{2} - 2.$$

（4）作指数代换与幂函数代换的结合，令

$$t = \sqrt{1 - e^{-2x}} \Rightarrow x = -\frac{1}{2}\ln(1 - t^2), dx = \frac{t}{1 - t^2}dt.$$

$x = 0$ 时 $t = 0$，$x = \ln 2$ 时 $t = \frac{\sqrt{3}}{2}$，于是

$$I = \int_0^{\frac{\sqrt{3}}{2}} t \cdot \frac{t}{1 - t^2}dt = \int_0^{\frac{\sqrt{3}}{2}} \frac{t^2 - 1 + 1}{1 - t^2}dt = -\frac{\sqrt{3}}{2} + \frac{1}{2}\int_0^{\frac{\sqrt{3}}{2}}\left(\frac{1}{1 - t} + \frac{1}{1 + t}\right)dt$$

$$= -\frac{\sqrt{3}}{2} + \left[\frac{1}{2}\ln\frac{1 + t}{1 - t}\right]_0^{\frac{\sqrt{3}}{2}} = -\frac{\sqrt{3}}{2} + \ln(2 + \sqrt{3}).$$

评注 对定积分用换元积分法时，变量替换的选择与不定积分是类似的，但要注意，积分限也要作相应的改变，这里不必作变量还原。

4. 用分部积分法求定积分

【例 5.3.7】求下列定积分：

（1）$I = \int_0^1 x^5 \ln^3 x \, dx$；
（2）$I = \int_0^{\frac{\pi}{4}} \frac{x}{1 + \cos 2x}dx$；

（3）$I = \int_0^1 y(x)dx$，已知 $y'(x) = \arctan(x - 1)^2$，$y(0) = 0$.

【解】（1）注意对任意 $\alpha > 0$，$\beta > 0$，$\lim\limits_{x \to 0+} x^\alpha \ln^\beta x = 0$，$x^5 \ln^3 x$ 在 $x = 0$ 无定义. 若补充定义 $x = 0$ 的函数值为 0，则它在 $[0, 1]$ 连续. 累次利用分部积分得

$$\int_0^1 x^5 \ln^3 x \, dx = \frac{1}{6}\int_0^1 \ln^3 x \, dx^6 = \frac{1}{6}x^6 \ln^3 x \Big|_0^1 - \frac{1}{6}\int_0^1 x^6 d\ln^3 x$$

$$= -\frac{1}{2}\int_0^1 x^5 \ln^2 x \, dx = -\frac{1}{12}\int_0^1 \ln^2 x \, dx^6$$

$$= \frac{1}{6}\int_0^1 x^5 \ln x \, dx = \frac{1}{36}\int_0^1 \ln x \, dx^6 = -\frac{1}{36}\int_0^1 x^5 dx = -\frac{1}{216}.$$

（2）先作恒等变形再用分部积分法：

$$I = \int_0^{\frac{\pi}{4}} \frac{x}{2\cos^2 x}dx = \frac{1}{2}\int_0^{\frac{\pi}{4}} x \, d\tan x = \left[\frac{1}{2}x\tan x\right]_0^{\frac{\pi}{4}} - \frac{1}{2}\int_0^{\frac{\pi}{4}} \frac{\sin x}{\cos x}dx$$

$$= \frac{\pi}{8} + \frac{1}{2}\int_0^{\frac{\pi}{4}} \frac{d\cos x}{\cos x} = \frac{\pi}{8} + \left[\frac{1}{2}\ln\cos x\right]_0^{\frac{\pi}{4}} = \frac{\pi}{8} - \frac{1}{4}\ln 2.$$

（3）不必由 $y'(x)$ 先去求 $y(x)$，再求 $\int_0^1 y(x)dx$，而应将 $\int_0^1 y(x)dx$ 分部积分，转化为与 $y'(x)$ 有关的定积分. 用分部积分时要注意"小技巧".

$$I = \int_0^1 y(x)d(x - 1)$$

$$= \left[y(x)(x - 1)\right]_0^1 - \int_0^1 (x - 1)y'(x)dx = -\int_0^1 (x - 1)\arctan(x - 1)^2 dx$$

$$= -\frac{1}{2}\int_0^1 \arctan(x - 1)^2 d(x - 1)^2 \xlongequal{t = (x - 1)^2} \frac{1}{2}\int_0^1 \arctan t \, dt$$

$$= \left[\frac{1}{2}t\arctan t\right]_0^1 - \frac{1}{2}\int_0^1 \frac{t}{1+t^2}\mathrm{d}t$$

$$= \frac{\pi}{8} - \frac{1}{4}\int_0^1 \frac{\mathrm{d}(1+t^2)}{1+t^2} = \frac{\pi}{8} - \left[\frac{1}{4}\ln(1+t^2)\right]_0^1 = \frac{\pi}{8} - \frac{1}{4}\ln 2.$$

评注 ① 定积分的分部积分法与不定积分也是类似的. 通常用分部积分法求定积分 $\int_a^b u(x)v'(x)\mathrm{d}x$ 要比先用分部积分法求出 $\int u(x)v'(x)\mathrm{d}x$ ，最后再代上、下限要方便. 因为，对定积分来说，分部积分法的首项 $\left[u(x)v(x)\right]_a^b$ 因代入上、下限化简后可能很简单.

② 对某些情形要注意使用"小技巧"，即

$$\int_a^b f(x)\mathrm{d}x = \int_a^b f(x)\mathrm{d}(x-a) = \int_a^b f(x)\mathrm{d}(x-b).$$

变形后可能使分部积分的首项为零（若 $f(b)=0$ 或 $f(a)=0$），如题(3).

5. 递推使用分部积分公式求定积分

【例 5.3.8】求 $J_n = \int_0^{\frac{\pi}{2}} \cos^n x \sin nx \, \mathrm{d}x$ $(n=1,2,3,\cdots)$.

【解】用分部积分法得

$$J_n = -\frac{1}{n}\int_0^{\frac{\pi}{2}} \cos^n x \, \mathrm{d}(\cos nx)$$

$$= -\frac{1}{n}\left[\cos^n x \cos nx\right]_0^{\frac{\pi}{2}} + \int_0^{\frac{\pi}{2}} \cos^{n-1} x(-\sin x)\cos nx \, \mathrm{d}x$$

$$= \frac{1}{n} + \int_0^{\frac{\pi}{2}} \cos^{n-1} x(-\sin x \cos nx)\mathrm{d}x.$$

注意，原式 $J_n = \int_0^{\frac{\pi}{2}} \cos^{n-1} x \cos x \sin nx \, \mathrm{d}x$.

把两式结合起来，就可得递推公式

$$2J_n = \frac{1}{n} + \int_0^{\frac{\pi}{2}} \cos^{n-1} x(\sin nx \cos x - \cos nx \sin x)\mathrm{d}x$$

$$= \frac{1}{n} + \int_0^{\frac{\pi}{2}} \cos^{n-1} x \sin(n-1)x \, \mathrm{d}x = \frac{1}{n} + J_{n-1},$$

即
$$2J_n = \frac{1}{n} + J_{n-1}.$$

上式两边同乘 2^{n-1} 得

$$2^n J_n = \frac{2^{n-1}}{n} + 2^{n-1}J_{n-1}, \quad 即 \quad 2^n J_n - 2^{n-1}J_{n-1} = \frac{2^{n-1}}{n}.$$

将它求和得 $2^n J_n - 2J_1 = \sum_{k=2}^n (2^k J_k - 2^{k-1}J_{k-1}) = \sum_{k=2}^n \frac{2^{k-1}}{k}.$

而
$$2J_1 = 2\int_0^{\frac{\pi}{2}} \cos x \sin x \, \mathrm{d}x = \left[\sin^2 x\right]_0^{\frac{\pi}{2}} = 1,$$

学习随笔

因此，$2^n J_n = \sum\limits_{k=1}^{n} \dfrac{2^{k-1}}{k}$，$J_n = \dfrac{1}{2^{n+1}} \sum\limits_{k=1}^{n} \dfrac{2^k}{k}$.

6. 利用变量替换法比较积分值或判断积分的符号

【例 5.3.9】判断积分值的大小：$I = \displaystyle\int_0^{\pi} \mathrm{e}^{-x^2} \cos^2 x \, \mathrm{d}x$，$J = \displaystyle\int_{\pi}^{2\pi} \mathrm{e}^{-x^2} \cos^2 x \, \mathrm{d}x$.

【分析与求解】当两个定积分的积分区间不同时，常常通过变量替换化为积分区间相同的情形，然后比较被积函数.

$$J \xrightarrow{x = t + \pi} \int_0^{\pi} \mathrm{e}^{-(t+\pi)^2} \cos^2(t + \pi) \, \mathrm{d}t = \int_0^{\pi} \mathrm{e}^{-(t+\pi)^2} \cos^2 t \, \mathrm{d}t = \int_0^{\pi} \mathrm{e}^{-(x+\pi)^2} \cos^2 x \, \mathrm{d}x.$$

注意：$\mathrm{e}^{-x^2} \cos^2 x$ 与 $\mathrm{e}^{-(x+\pi)^2} \cos^2 x$ 在 $[0, \pi]$ 连续，又

$$\mathrm{e}^{-(x+\pi)^2} \cos^2 x < \mathrm{e}^{-x^2} \cos^2 x,\ x \in [0, \pi],\ x \neq \frac{\pi}{2},$$

于是得 $J < I$.

【例 5.3.10】确定定积分 $I = \displaystyle\int_0^{2\pi} \dfrac{\sin x}{x} \, \mathrm{d}x$ 的符号.

【分析与求解】当连续函数 $f(x)$ 在 $[a, b]$ 变号一次时，常用如下方法判断 $\displaystyle\int_a^b f(x) \, \mathrm{d}x$ 的符号. 设 $c \in (a, b)$，$f(c) = 0$，将 $\displaystyle\int_a^b f(x) \, \mathrm{d}x$ 分解成 $\displaystyle\int_a^b f(x) \, \mathrm{d}x = \int_a^c f(x) \, \mathrm{d}x + \int_c^b f(x) \, \mathrm{d}x$，然后通过变量替换将它们化成同一区间上的两个积分，然后比较被积函数.

$$I = \int_0^{\pi} \frac{\sin x}{x} \, \mathrm{d}x + \int_{\pi}^{2\pi} \frac{\sin x}{x} \, \mathrm{d}x.$$

而　$$\int_{\pi}^{2\pi} \frac{\sin x}{x} \, \mathrm{d}x \xrightarrow{x = t + \pi} \int_0^{\pi} \frac{\sin(t + \pi)}{t + \pi} \, \mathrm{d}t = \int_0^{\pi} \frac{-\sin t}{t + \pi} \, \mathrm{d}t = -\int_0^{\pi} \frac{\sin x}{x + \pi} \, \mathrm{d}x,$$

因此　$$I = \int_0^{\pi} \frac{\sin x}{x} \, \mathrm{d}x - \int_0^{\pi} \frac{\sin x}{x + \pi} \, \mathrm{d}x = \int_0^{\pi} \frac{\pi}{x(x + \pi)} \sin x \, \mathrm{d}x > 0.$$

7. 利用变量替换法或分部积分法证明积分等式

【例 5.3.11】设 n 为正整数，用变量替换法证明下列积分等式：

(1) $\displaystyle\int_0^{\frac{\pi}{2}} \sin^n x \, \mathrm{d}x = \int_0^{\frac{\pi}{2}} \cos^n x \, \mathrm{d}x$；　　　　　　　(2) $\displaystyle\int_0^{\pi} \sin^n x \, \mathrm{d}x = 2 \int_0^{\frac{\pi}{2}} \sin^n x \, \mathrm{d}x$.

【证明】(1) 由 $\sin x = \cos\left(\dfrac{\pi}{2} - x\right)$ 得 $\displaystyle\int_0^{\frac{\pi}{2}} \sin^n x \, \mathrm{d}x = \int_0^{\frac{\pi}{2}} \cos^n\left(\dfrac{\pi}{2} - x\right) \mathrm{d}x$. 作变换 $t = \dfrac{\pi}{2} - x$ 得 $\displaystyle\int_0^{\frac{\pi}{2}} \cos^n\left(\dfrac{\pi}{2} - x\right) \mathrm{d}x = -\int_{\frac{\pi}{2}}^{0} \cos^n t \, \mathrm{d}t = \int_0^{\frac{\pi}{2}} \cos^n x \, \mathrm{d}x$.

因此原等式成立.

(2) $\displaystyle\int_0^{\pi} \sin^n x \, \mathrm{d}x = \int_0^{\frac{\pi}{2}} \sin^n x \, \mathrm{d}x + \int_{\frac{\pi}{2}}^{\pi} \sin^n x \, \mathrm{d}x$. 对第二个积分作变量替换 $x = \pi - t$ 得

$$\int_{\frac{\pi}{2}}^{\pi} \sin^n x \, \mathrm{d}x = -\int_{\frac{\pi}{2}}^{0} \sin^n(\pi - t) \, \mathrm{d}t = \int_0^{\frac{\pi}{2}} \sin^n x \, \mathrm{d}x.$$

因此原等式成立.

学习随笔

【例 5.3.12】设 $f(u)$ 是连续函数，$a>0$，求证：

$$\int_1^a \frac{1}{x} f\left(x^2+\frac{a^2}{x^2}\right) \mathrm{d}x = \int_1^a \frac{1}{x} f\left(x+\frac{a^2}{x}\right) \mathrm{d}x.$$

【分析与证明】为证左式＝右式，对左式作变换 $x^2=t$ 即 $x=\sqrt{t}$，则

$$\int_1^a \frac{1}{x} f\left(x^2+\frac{a^2}{x^2}\right) \mathrm{d}x = \frac{1}{2}\int_1^{a^2} \frac{1}{\sqrt{t}} f\left(t+\frac{a^2}{t}\right) \frac{\mathrm{d}t}{\sqrt{t}} = \frac{1}{2}\int_1^{a^2} \frac{1}{t} f\left(t+\frac{a^2}{t}\right) \mathrm{d}t$$

$$= \frac{1}{2}\int_1^a \frac{1}{t} f\left(t+\frac{a^2}{t}\right) \mathrm{d}t + \frac{1}{2}\int_a^{a^2} \frac{1}{t} f\left(t+\frac{a^2}{t}\right) \mathrm{d}t.$$

下面要证上式右端第一项等于第二项，于是对第二项作变换 $u=\dfrac{a^2}{t}$，则 $t=a$ 时 $u=a$，$t=a^2$ 时 $u=1$，从而

$$\int_a^{a^2} \frac{1}{t} f\left(t+\frac{a^2}{t}\right) \mathrm{d}t = \int_a^1 \frac{u}{a^2} f\left(\frac{a^2}{u}+u\right)\left(-\frac{a^2}{u^2}\right) \mathrm{d}u$$

$$= \int_1^a \frac{1}{u} f\left(u+\frac{a^2}{u}\right) \mathrm{d}u = \int_1^a \frac{1}{t} f\left(t+\frac{a^2}{t}\right) \mathrm{d}t,$$

因此，$\displaystyle\int_1^a \frac{1}{x} f\left(x^2+\frac{a^2}{x^2}\right) \mathrm{d}x = \int_1^a \frac{1}{x} f\left(x+\frac{a^2}{x}\right) \mathrm{d}x.$

评注　用变量替换法证明定积分等式，关键是选择变量替换．常常是，要证明的结论给了我们提示．从比较等式两边被积函数和积分限的异同来确定应作的变量替换．

【例 5.3.13】设 $f(x)$ 在 $[a,b]$ 有连续的二阶导数，又 $f(a)=f'(a)=0$，求证：

$$\int_a^b f(x)\mathrm{d}x = \frac{1}{2}\int_a^b f''(x)(x-b)^2 \mathrm{d}x.$$

【分析与证明】很自然的想法是用分部积分法，但要注意"小技巧"：

$$\int_a^b f(x)\mathrm{d}x = \int_a^b f(x)\mathrm{d}(x-b).$$

这样改写后，分部积分的首项 $[f(x)(x-b)]_a^b=0$，于是连续分部积分两次得

$$\int_a^b f(x)\mathrm{d}x = \int_a^b f(x)\mathrm{d}(x-b) = -\int_a^b f'(x)(x-b)\mathrm{d}x$$

$$= -\frac{1}{2}\int_a^b f'(x)\mathrm{d}(x-b)^2$$

$$= \left[-\frac{1}{2}[f'(x)(x-b)^2]\right]_a^b + \frac{1}{2}\int_a^b f''(x)(x-b)^2 \mathrm{d}x$$

$$= \frac{1}{2}\int_a^b f''(x)(x-b)^2 \mathrm{d}x.$$

8. 积分技巧——利用奇偶函数、周期函数的积分性质及定积分的几何意义

【例 5.3.14】求下列定积分：

(1) $I = \displaystyle\int_0^2 y\sqrt{2y-y^2}\,\mathrm{d}y$；

(2) $I = \displaystyle\int_0^{2\pi} |\sin x - \cos x|\,\mathrm{d}x$；

(3) $I = \displaystyle\int_0^{2\pi} (\sin^3 t + 2\sin t\cos^2 t + \sin^2 t)\,\mathrm{d}t$；

（4）$I = \int_a^b x^2 \sqrt{(x-a)(b-x)}\,\mathrm{d}x \quad (b > a)$.

【分析与求解】（1）配方后不作三角函数变换而作平移变换：

$$I = \int_0^2 y\sqrt{1-(y-1)^2}\,\mathrm{d}y \xrightarrow{t=y-1} \int_{-1}^1 (t+1)\sqrt{1-t^2}\,\mathrm{d}t$$

$$\xrightarrow{\text{奇函数的积分性质}} 0 + \int_{-1}^1 \sqrt{1-t^2}\,\mathrm{d}t = \frac{\pi}{2}. \quad \text{（定积分的几何意义）}$$

（2）为了避免考察 $[0,2\pi]$ 中 $\sin x - \cos x$ 的正负号区间，先作如下变形

$$I = \sqrt{2}\int_0^{2\pi} \left| \sin\left(x-\frac{\pi}{4}\right) \right|\,\mathrm{d}x,$$

再作平移变换 $x - \dfrac{\pi}{4} = t$，并利用周期函数的积分性质得

$$I = \sqrt{2}\int_{-\frac{\pi}{4}}^{2\pi-\frac{\pi}{4}} |\sin t|\,\mathrm{d}t = \sqrt{2}\int_{-\pi}^{\pi} |\sin t|\,\mathrm{d}t,$$

再用偶函数的积分性质得

$$I = 2\sqrt{2}\int_0^{\pi} \sin t\,\mathrm{d}t = \left[2\sqrt{2}(-\cos t)\right]_0^{\pi} = 4\sqrt{2}.$$

（3）被积函数有奇偶性，但积分区间不对称，被积函数又是 2π 周期函数，于是由周期函数积分性质，可把积分区间 $[0,2\pi]$ 变到 $[-\pi,\pi]$ 上，即

$$I = \int_{-\pi}^{\pi} (\sin^3 t + 2\sin t\cos^2 t + \sin^2 t)\,\mathrm{d}t = 0 + 2\int_0^{\pi} \sin^2 t\,\mathrm{d}t = \pi.$$

（4）与题（1）类似，有

$$I = \int_a^b x^2 \sqrt{\left(\frac{b-a}{2}\right)^2 - \left(x-\frac{a+b}{2}\right)^2}\,\mathrm{d}x$$

$$\xrightarrow{t=x-\frac{a+b}{2}} \int_{-c}^{c} \left(t+\frac{a+b}{2}\right)^2 \sqrt{c^2-t^2}\,\mathrm{d}t \quad \left(\text{其中 } c = \frac{b-a}{2}\right)$$

$$= \int_{-c}^{c} t^2\sqrt{c^2-t^2}\,\mathrm{d}t + (a+b)\int_{-c}^{c} t\sqrt{c^2-t^2}\,\mathrm{d}t + \left(\frac{a+b}{2}\right)^2\int_{-c}^{c}\sqrt{c^2-t^2}\,\mathrm{d}t$$

$$= I_1 + 0 + \left(\frac{a+b}{2}\right)^2\frac{1}{2}\pi c^2, \quad \text{（奇函数的积分性质与定积分的几何意义）}$$

其中
$$I_1 = \int_{-c}^{c} t^2\sqrt{c^2-t^2}\,\mathrm{d}t = 2\int_0^{c} t^2\sqrt{c^2-t^2}\,\mathrm{d}t$$

$$\xrightarrow{t=c\sin\theta} 2\int_0^{\frac{\pi}{2}} c^4\sin^2\theta \cdot \cos\theta \cdot \cos\theta\,\mathrm{d}\theta$$

$$= \frac{c^4}{2}\int_0^{\frac{\pi}{2}} \sin^2 2\theta\,\mathrm{d}\theta = \frac{c^4}{4}\int_0^{\pi} \sin^2 s\,\mathrm{d}s = \frac{\pi}{8}c^4.$$

因此，$I = \dfrac{\pi}{8}c^2\left[c^2 + (a+b)^2\right]$.

9. 积分技巧——被积函数的分解与结合

被积函数的分解即分项积分法. 另一方面，有时对积分 $I = \int_a^b f(x)\,\mathrm{d}x$ 施行变量替换

或恒等变形，将它转化为另一形式 $I = \int_a^b g(x)\mathrm{d}x$，将它们结合在一起得 $2I = \int_a^b [f(x) + g(x)]\mathrm{d}x$．若它容易求出则也就求出了积分值 I．

常见的积分技巧有：

(1) $I = \int_0^b f(x)\mathrm{d}x \xlongequal{x=b-t} \int_0^b f(b-t)\mathrm{d}t = \int_0^b f(b-x)\mathrm{d}x$，

$\quad 2I = \int_0^b [f(x) + f(b-x)]\mathrm{d}x$；

(2) $I = \int_{-b}^b f(x)\mathrm{d}x \xlongequal{x=-t} \int_{-b}^b f(-t)\mathrm{d}t = \int_{-b}^b f(-x)\mathrm{d}x$，

$\quad 2I = \int_{-b}^b [f(x) + f(-x)]\mathrm{d}x$．

【例 5.3.15】求下列定积分：

(1) $I = \int_0^{\frac{\pi}{2}} \dfrac{\sin^3 x}{\sin x + \cos x}\mathrm{d}x$；
(2) $I = \int_{-\frac{\pi}{4}}^{\frac{\pi}{4}} \dfrac{\sin^2 x}{1 + \mathrm{e}^{-x}}\mathrm{d}x$．

【解】(1) $I \xlongequal{x=\frac{\pi}{2}-t} \int_0^{\frac{\pi}{2}} \dfrac{\sin^3\left(\frac{\pi}{2}-t\right)}{\sin\left(\frac{\pi}{2}-t\right) + \cos\left(\frac{\pi}{2}-t\right)}\mathrm{d}t$

$\qquad = \int_0^{\frac{\pi}{2}} \dfrac{\cos^3 t}{\cos t + \sin t}\mathrm{d}t = \int_0^{\frac{\pi}{2}} \dfrac{\cos^3 x}{\sin x + \cos x}\mathrm{d}x$，

则 $\quad 2I = \int_0^{\frac{\pi}{2}} \dfrac{\sin^3 x + \cos^3 x}{\sin x + \cos x}\mathrm{d}x = \int_0^{\frac{\pi}{2}} (\sin^2 x - \sin x \cos x + \cos^2 x)\mathrm{d}x$

$\qquad = \int_0^{\frac{\pi}{2}} \left(1 - \dfrac{1}{2}\sin 2x\right)\mathrm{d}x = \dfrac{\pi}{2} + \left[\dfrac{1}{4}\cos 2x\right]_0^{\frac{\pi}{2}} = \dfrac{\pi}{2} - \dfrac{1}{2}$，

因此，$I = \dfrac{\pi}{4} - \dfrac{1}{4}$．

(2) $I \xlongequal{t=-x} \int_{-\frac{\pi}{4}}^{\frac{\pi}{4}} \dfrac{\sin^2 t}{1 + \mathrm{e}^t}\mathrm{d}t = \int_{-\frac{\pi}{4}}^{\frac{\pi}{4}} \dfrac{\sin^2 x}{1 + \mathrm{e}^x}\mathrm{d}x$，

则 $\quad 2I = \int_{-\frac{\pi}{4}}^{\frac{\pi}{4}} \sin^2 x \left(\dfrac{1}{1 + \mathrm{e}^{-x}} + \dfrac{1}{1 + \mathrm{e}^x}\right)\mathrm{d}x = \int_{-\frac{\pi}{4}}^{\frac{\pi}{4}} \sin^2 x \left(\dfrac{\mathrm{e}^x}{1 + \mathrm{e}^x} + \dfrac{1}{1 + \mathrm{e}^x}\right)\mathrm{d}x$

$\qquad = 2\int_0^{\frac{\pi}{4}} \sin^2 x \,\mathrm{d}x = 2\int_0^{\frac{\pi}{4}} \dfrac{1}{2}(1 - \cos 2x)\mathrm{d}x$

$\qquad = \dfrac{\pi}{4} - \left[\dfrac{1}{2}\sin 2x\right]_0^{\frac{\pi}{4}} = \dfrac{\pi}{4} - \dfrac{1}{2}$，

因此，$I = \dfrac{\pi}{8} - \dfrac{1}{4}$．

10. 利用 $\int_0^{\frac{\pi}{2}} \sin^n x\,\mathrm{d}x$，$\int_0^{\frac{\pi}{2}} \cos^n x\,\mathrm{d}x$ 的公式计算某些定积分

【例 5.3.16】求下列定积分：

(1) $I = \int_0^{2\pi} \sin^4 3x \cos^4 3x\,\mathrm{d}x$；
(2) $I = \int_0^1 x^5 \sqrt{1 - x^2}\,\mathrm{d}x$．

【解】(1) $I = \dfrac{1}{16} \displaystyle\int_0^{2\pi} \sin^4 6x \, \mathrm{d}x \xrightarrow{\;t = 6x\;} \dfrac{1}{96} \int_0^{12\pi} \sin^4 t \, \mathrm{d}t$

$= \dfrac{12}{96} \displaystyle\int_0^{\pi} \sin^4 t \, \mathrm{d}t$ （周期函数积分性质，$\sin^4 t$ 以 π 为周期）

$= \dfrac{1}{4} \displaystyle\int_0^{\frac{\pi}{2}} \sin^4 t \, \mathrm{d}t$ （周期函数与奇偶函数积分性质）

$= \dfrac{1}{4} \cdot \dfrac{3 \cdot 1}{4 \cdot 2} \cdot \dfrac{\pi}{2} = \dfrac{3}{64} \pi.$

(2) 作三角函数变换，令 $x = \sin t$ 得

$$I = \int_0^{\frac{\pi}{2}} \sin^5 t \cos^2 t \, \mathrm{d}t = \int_0^{\frac{\pi}{2}} \sin^5 t (1 - \sin^2 t) \, \mathrm{d}t$$

$$= \int_0^{\frac{\pi}{2}} \sin^5 t \, \mathrm{d}t - \int_0^{\frac{\pi}{2}} \sin^7 t \, \mathrm{d}t = \dfrac{4 \cdot 2}{5 \cdot 3} - \dfrac{6 \cdot 4 \cdot 2}{7 \cdot 5 \cdot 3} = \dfrac{8}{105}.$$

第四节 反常积分

一、知识点归纳总结

1. 反常积分概念

(1) 无穷限反常积分的定义

设 $\forall A > a$，$f(x)$ 在 $[a, A]$ 可积. 若极限 $\displaystyle\lim_{A \to +\infty} \int_a^A f(x) \, \mathrm{d}x$ 存在，称此极限为函数 $f(x)$ 在 $[a, +\infty)$ 上的反常积分，记为 $\displaystyle\int_a^{+\infty} f(x) \, \mathrm{d}x$，即

$$\int_a^{+\infty} f(x) \, \mathrm{d}x = \lim_{A \to +\infty} \int_a^A f(x) \, \mathrm{d}x.$$

这时也称反常积分 $\displaystyle\int_a^{+\infty} f(x) \, \mathrm{d}x$ 收敛；若上述极限不存在，称反常积分 $\displaystyle\int_a^{+\infty} f(x) \, \mathrm{d}x$ 发散.

设 $\forall B < b$，$f(x)$ 在 $[B, b]$ 可积. 若极限 $\displaystyle\lim_{B \to -\infty} \int_B^b f(x) \, \mathrm{d}x$ 存在，称此极限为函数 $f(x)$ 在 $(-\infty, b]$ 上的反常积分，记作 $\displaystyle\int_{-\infty}^b f(x) \, \mathrm{d}x$，即

$$\int_{-\infty}^b f(x) \, \mathrm{d}x = \lim_{B \to -\infty} \int_B^b f(x) \, \mathrm{d}x.$$

这时也称反常积分 $\displaystyle\int_{-\infty}^b f(x) \, \mathrm{d}x$ 收敛；若上述极限不存在，称反常积分 $\displaystyle\int_{-\infty}^b f(x) \, \mathrm{d}x$ 发散.

设 $f(x)$ 在 $\forall$ 有限区间上可积. 若反常积分 $\displaystyle\int_{-\infty}^0 f(x) \, \mathrm{d}x$ 与 $\displaystyle\int_0^{+\infty} f(x) \, \mathrm{d}x$ 均收敛，则称

$$\int_{-\infty}^0 f(x) \, \mathrm{d}x + \int_0^{+\infty} f(x) \, \mathrm{d}x$$

为 $f(x)$ 在 $(-\infty, +\infty)$ 上的反常积分,记作 $\int_{-\infty}^{+\infty} f(x)\mathrm{d}x$,即

$$\int_{-\infty}^{+\infty} f(x)\mathrm{d}x = \int_{-\infty}^{0} f(x)\mathrm{d}x + \int_{0}^{+\infty} f(x)\mathrm{d}x.$$

这时也称反常积分 $\int_{-\infty}^{+\infty} f(x)\mathrm{d}x$ 收敛;否则称反常积分 $\int_{-\infty}^{+\infty} f(x)\mathrm{d}x$ 发散.

上述反常积分统称为无穷限的反常积分.

(2) 无界函数反常积分的定义

设 $f(x)$ 在 $[a,b)$ 有定义,$\forall \varepsilon, 0 < \varepsilon < b-a$,$f(x)$ 在 $[a, b-\varepsilon]$ 可积,但在 $[b-\varepsilon, b)$ 无界(b 称为瑕点). 若 $\lim\limits_{\varepsilon \to 0+} \int_{a}^{b-\varepsilon} f(x)\mathrm{d}x$ 存在,称它为 $f(x)$ 在 $[a,b)$ 上的反常积分,也称为瑕积分,仍记为 $\int_{a}^{b} f(x)\mathrm{d}x$,即 $\int_{a}^{b} f(x)\mathrm{d}x = \lim\limits_{\varepsilon \to 0+} \int_{a}^{b-\varepsilon} f(x)\mathrm{d}x$.

这时也称瑕积分 $\int_{a}^{b} f(x)\mathrm{d}x$ 收敛,否则称瑕积分 $\int_{a}^{b} f(x)\mathrm{d}x$ 发散.

类似地,设 $f(x)$ 在 (a,b) 有定义,$\forall \varepsilon, 0 < \varepsilon < b-a$,$f(x)$ 在 $[a+\varepsilon, b]$ 可积,但在 $(a, a+\varepsilon)$ 无界(a 称为瑕点). 若 $\lim\limits_{\varepsilon \to 0+} \int_{a+\varepsilon}^{b} f(x)\mathrm{d}x$ 存在,称它为 $f(x)$ 在 $(a,b]$ 上的反常积分,也称为瑕积分,仍记为 $\int_{a}^{b} f(x)\mathrm{d}x$,即 $\int_{a}^{b} f(x)\mathrm{d}x = \lim\limits_{\varepsilon \to 0} \int_{a+\varepsilon}^{b} f(x)\mathrm{d}x$.

这时也称瑕积分 $\int_{a}^{b} f(x)\mathrm{d}x$ 收敛,否则称 $\int_{a}^{b} f(x)\mathrm{d}x$ 发散.

设 $f(x)$ 在 $[a,b]$ 除点 $c(a < c < b)$ 外有定义. $\forall \varepsilon, 0 < \varepsilon < c-a, b-c$,$f(x)$ 在 $[a, c-\varepsilon], [c+\varepsilon, b]$ 均可积,而在 c 点邻域 $f(x)$ 是无界的. 若瑕积分 $\int_{a}^{c} f(x)\mathrm{d}x$,$\int_{c}^{b} f(x)\mathrm{d}x$ 均收敛,则称反常积分(瑕积分)$\int_{a}^{b} f(x)\mathrm{d}x$ 收敛,且

$$\int_{a}^{b} f(x)\mathrm{d}x = \int_{a}^{c} f(x)\mathrm{d}x + \int_{c}^{b} f(x)\mathrm{d}x.$$

否则称瑕积分 $\int_{a}^{b} f(x)\mathrm{d}x$ 发散. 这里 $x = c$ 是瑕点.

设 $f(x)$ 在 (a,b) 有定义. $\forall [\alpha, \beta] \subset (a,b)$,$f(x)$ 在 $[\alpha, \beta]$ 可积,而在 a 点右邻域与 b 点左邻域 $f(x)$ 均无界. 若瑕积分 $\int_{a}^{c_0} f(x)\mathrm{d}x$,$\int_{c_0}^{b} f(x)\mathrm{d}x$ 均收敛,其中 $c_0 \in (a,b)$,则称反常积分(瑕积分)$\int_{a}^{b} f(x)\mathrm{d}x$ 收敛,且

$$\int_{a}^{b} f(x)\mathrm{d}x = \int_{a}^{c_0} f(x)\mathrm{d}x + \int_{c_0}^{b} f(x)\mathrm{d}x.$$

否则称瑕积分 $\int_{a}^{b} f(x)\mathrm{d}x$ 发散. 这里 $x = a, x = b$ 是瑕点.

上述两类积分统称为反常积分. 若反常积分收敛(或发散)又称反常积分存在(或不存在). 若 $f(x)$ 的反常积分存在(或不存在),又称 $f(x)$ 在该区间可积(不可积).

2. 几个常见的反常积分

➤ $a > 0, \int_{a}^{+\infty} \dfrac{\mathrm{d}x}{x^p} \begin{cases} 收敛, & p > 1, \\ 发散, & p \leqslant 1; \end{cases}$

> $a > 1$，$\displaystyle\int_a^{+\infty} \dfrac{\mathrm{d}x}{x \ln^p x}$ $\begin{cases} \text{收敛}, & p > 1, \\ \text{发散}, & p \leqslant 1; \end{cases}$

> $k \geqslant 0$，$\displaystyle\int_a^{+\infty} x^k \mathrm{e}^{-\lambda x} \mathrm{d}x$ $\begin{cases} \text{收敛}, & \lambda > 0, \\ \text{发散}, & \lambda \leqslant 0; \end{cases}$

> $\displaystyle\int_0^{+\infty} \mathrm{e}^{-x^2} \mathrm{d}x = \dfrac{\sqrt{\pi}}{2}$；

> $\displaystyle\int_a^b \dfrac{\mathrm{d}x}{(x-a)^p}$ $\begin{cases} \text{收敛}, & p < 1, \\ \text{发散}, & p \geqslant 1. \end{cases}$

3. 反常积分的计算

反常积分是变限积分的极限. 因此，由定积分的运算法则及极限的运算法则可得反常积分的运算法则.

① 设 $f(x)$ 在 $[a, +\infty)$ 连续，$F(x)$ 在 $[a, +\infty)$ 连续，$F'(x) = f(x)$ $(x \in (a, +\infty))$. 若 $\displaystyle\lim_{x \to +\infty} F(x) \xlongequal{\text{记为}} F(+\infty)$ 存在，则

$$\int_a^{+\infty} f(x)\mathrm{d}x = \Big[F(x)\Big]_a^{+\infty} = F(+\infty) - F(a).$$

② 设 $\displaystyle\int_a^{+\infty} f(x)\mathrm{d}x$，$\displaystyle\int_a^{+\infty} g(x)\mathrm{d}x$ 收敛，则

$$\int_a^{+\infty} [k_1 f(x) + k_2 g(x)]\mathrm{d}x = k_1 \int_a^{+\infty} f(x)\mathrm{d}x + k_2 \int_a^{+\infty} g(x)\mathrm{d}x,$$

其中 k_1, k_2 为常数.

③ 设 $f(x), g(x)$ 在 $[a, +\infty)$ 有连续的导数，若 $\displaystyle\lim_{x \to +\infty} [f(x)g(x)]$ 存在，$\displaystyle\int_a^{+\infty} f'(x)g(x)\mathrm{d}x$ 收敛，则

$$\int_a^{+\infty} f(x)g'(x)\mathrm{d}x = \Big[f(x)g(x)\Big]_a^{+\infty} - \int_a^{+\infty} f'(x)g(x)\mathrm{d}x.$$

这里 $\Big[f(x)g(x)\Big]_a^{+\infty} = \displaystyle\lim_{x \to +\infty} [f(x)g(x)] - f(a)g(a)$.

④ 设 $f(x)$ 在 $[a, +\infty)$ 连续，$\varphi(t)$ 在 $[\alpha, \beta)$ 有连续的导数且单调，$\varphi(\alpha) = a$，$\displaystyle\lim_{t \to \beta - 0} \varphi(t) = +\infty$，则

$$\int_a^{+\infty} f(x)\mathrm{d}x \xlongequal{x = \varphi(t)} \int_\alpha^\beta f[\varphi(t)]\varphi'(t)\mathrm{d}t.$$

对于瑕积分也有类似的结果.

二、典型题型归纳及解题方法与技巧

1. 按定义判断反常积分的收敛性，并求反常积分的值

【例 5.4.1】按定义判断下列反常积分是否收敛，若收敛并求积分值：

(1) $\displaystyle\int_0^{+\infty} \mathrm{e}^{-x} \mathrm{d}x$；　　　　　　(2) $\displaystyle\int_2^{+\infty} \dfrac{\mathrm{d}x}{x \ln^2 x}$；　　　　(3) $\displaystyle\int_0^{+\infty} \sin x \, \mathrm{d}x$；

(4) $\displaystyle\int_0^{\frac{1}{2}} \dfrac{\mathrm{d}x}{x \ln x}$；　　　　　　(5) $\displaystyle\int_{-1}^1 \dfrac{\mathrm{d}x}{\sqrt{1 - x^2}}$.

【分析与求解】按定义判断反常积分是否收敛，就是考察相应的变限积分是否存在极限.

（1）因存在极限

$$\lim_{A \to +\infty} \int_0^A e^{-x} dx = -\lim_{A \to +\infty} \left[e^{-x} \right]_0^A = \lim_{A \to +\infty} (1 - e^{-A}) = 1,$$

所以 $\int_0^{+\infty} e^{-x} dx$ 收敛且 $\int_0^{+\infty} e^{-x} dx = 1$.

（2）因存在极限

$$\lim_{A \to +\infty} \int_2^A \frac{dx}{x \ln^2 x} = \lim_{A \to +\infty} \int_2^A \frac{d\ln x}{\ln^2 x} = \lim_{A \to +\infty} \left[-\frac{1}{\ln x} \right]_2^A = \lim_{A \to +\infty} \left(\frac{1}{\ln 2} - \frac{1}{\ln A} \right) = \frac{1}{\ln 2},$$

所以 $\int_2^{+\infty} \frac{dx}{x \ln^2 x}$ 收敛且 $\int_2^{+\infty} \frac{dx}{x \ln^2 x} = \frac{1}{\ln 2}$.

（3）因 $\int_0^A \sin x \, dx = \left[-\cos x \right]_0^A = 1 - \cos A$，$\lim_{A \to +\infty} (1 - \cos A)$ 不存在，则 $\lim_{A \to +\infty} \int_0^A \sin x \, dx$ 不存在，因此 $\int_0^{+\infty} \sin x \, dx$ 发散.

（4）因 $\lim_{x \to 0+} x \ln x = 0$，即 $\lim_{x \to 0+} \frac{1}{x \ln x} = \infty$，所以被积函数在 $x = 0$ 右邻域无界，$x = 0$ 是瑕点.

$$\lim_{\varepsilon \to 0+} \int_\varepsilon^{\frac{1}{2}} \frac{dx}{x \ln x} = \lim_{\varepsilon \to 0+} \int_\varepsilon^{\frac{1}{2}} \frac{d\ln x}{\ln x} = \lim_{\varepsilon \to 0+} \left[\ln |\ln x| \right]_\varepsilon^{\frac{1}{2}} = -\infty,$$

因此 $\int_0^{\frac{1}{2}} \frac{dx}{x \ln x}$ 发散.

（5）因 $\lim_{x \to 1-0} \frac{1}{\sqrt{1-x^2}} = +\infty$，$\lim_{x \to -1+0} \frac{1}{\sqrt{1-x^2}} = +\infty$，所以 $x = \pm 1$ 是瑕点，又 $\frac{1}{\sqrt{1-x^2}}$ 在 $(-1, 1)$ 连续. 考察

$$\int_0^1 \frac{dx}{\sqrt{1-x^2}} = \lim_{\varepsilon \to 0+} \int_0^{1-\varepsilon} \frac{dx}{\sqrt{1-x^2}} = \lim_{\varepsilon \to 0+} \left[\arcsin x \right]_0^{1-\varepsilon} = \arcsin 1 = \frac{\pi}{2},$$

$$\int_{-1}^0 \frac{dx}{\sqrt{1-x^2}} = \lim_{\eta \to 0+} \int_{-1+\eta}^0 \frac{dx}{\sqrt{1-x^2}} = \lim_{\eta \to 0+} \left[\arcsin x \right]_{-1+\eta}^0 = -\arcsin(-1) = \frac{\pi}{2},$$

即 $\int_0^1 \frac{dx}{\sqrt{1-x^2}}$ 与 $\int_{-1}^0 \frac{dx}{\sqrt{1-x^2}}$ 均收敛.

因此 $\int_{-1}^1 \frac{dx}{\sqrt{1-x^2}}$ 收敛且 $\int_{-1}^1 \frac{dx}{\sqrt{1-x^2}} = \frac{\pi}{2} + \frac{\pi}{2} = \pi$.

评注　按定义求反常积分，就是先求变限积分，然后再求极限. 理解了这一过程之后，以后在书写上可以简略. 如

$$\int_2^{+\infty} \frac{dx}{x \ln^2 x} = \int_2^{+\infty} \frac{d\ln x}{\ln^2 x} = \left[-\frac{1}{\ln x} \right]_2^{+\infty} = \frac{1}{\ln 2}.$$

2. 选用适当方法计算反常积分

【例 5.4.2】求下列无穷积分：

(1) $I = \int_0^{+\infty} \dfrac{x\,e^x}{(1+e^x)^2}dx$; (2) $I = \int_1^{+\infty} \dfrac{\ln^2 x}{x^2}dx$;

(3) $I = \int_1^{+\infty} \dfrac{dx}{x\sqrt{1+x^5+x^{10}}}$; (4) $I = \int_1^{+\infty} \dfrac{dx}{(1+x^n)\sqrt[n]{1+x^n}}$ ，n 为正整数.

【分析与求解】选择分部积分法或作适当的变量替换.

(1) $I = -\int_0^{+\infty} x\,d\dfrac{1}{e^x+1} = \left[-\dfrac{x}{e^x+1} \right]_0^{+\infty} + \int_0^{+\infty} \dfrac{dx}{e^x+1}$

$= 0 - \int_0^{+\infty} \dfrac{de^{-x}}{1+e^{-x}} = \left[-\ln(1+e^{-x}) \right]_0^{+\infty} = \ln 2.$

(2) $I = -\int_1^{+\infty} \ln^2 x\,d\dfrac{1}{x} = \left[-\dfrac{\ln^2 x}{x} \right]_1^{+\infty} + \int_1^{+\infty} \dfrac{1}{x}2\ln x \cdot \dfrac{1}{x}dx$

$= 0 - 2\int_1^{+\infty} \ln x\,d\dfrac{1}{x} = \left[-\dfrac{2\ln x}{x} \right]_1^{+\infty} + 2\int_1^{+\infty} \dfrac{dx}{x^2} = \left[-\dfrac{2}{x} \right]_1^{+\infty} = 2.$

(3) $I = \dfrac{1}{5}\int_1^{+\infty} \dfrac{dx^5}{x^5\sqrt{1+x^5+x^{10}}} \xlongequal{(t=x^5)} \dfrac{1}{5}\int_1^{+\infty} \dfrac{dt}{t\sqrt{1+t+t^2}}$

$= \dfrac{1}{5}\int_1^{+\infty} \dfrac{dt}{t^2\sqrt{\dfrac{1}{t^2}+\dfrac{1}{t}+1}} = -\dfrac{1}{5}\int_1^{+\infty} \dfrac{d\dfrac{1}{t}}{\sqrt{\dfrac{1}{t^2}+\dfrac{1}{t}+1}}$

$\xlongequal{\left(u=\frac{1}{t}\right)} \dfrac{1}{5}\int_0^1 \dfrac{du}{\sqrt{u^2+u+1}} \xlongequal{(配方)} \dfrac{1}{5}\int_0^1 \dfrac{du}{\sqrt{\left(u+\dfrac{1}{2}\right)^2+\left(\dfrac{\sqrt{3}}{2}\right)^2}}$

$= \dfrac{1}{5}\left[\ln\left(u+\dfrac{1}{2}+\sqrt{u^2+u+1}\right) \right]_0^1$

$= \dfrac{1}{5}\left[\ln\left(\dfrac{3}{2}+\sqrt{3}\right) - \ln\dfrac{3}{2} \right] = \dfrac{1}{5}\ln\left(1+\dfrac{2}{\sqrt{3}}\right).$

注：这里用了积分公式 $\int \dfrac{dx}{\sqrt{x^2+a^2}}dx = \ln|x+\sqrt{x^2+a^2}| + C.$

(4) $I = \int_1^{+\infty} \dfrac{dx}{(1+x^n)^{1+\frac{1}{n}}} = \int_1^{+\infty} \dfrac{dx}{x^{n+1}\left(\dfrac{1}{x^n}+1\right)^{1+\frac{1}{n}}}$

$= \dfrac{-1}{n}\int_1^{+\infty} \dfrac{d\left(\dfrac{1}{x^n}\right)}{\left(1+\dfrac{1}{x^n}\right)^{1+\frac{1}{n}}} = \left[\left(1+\dfrac{1}{x^n}\right)^{-\frac{1}{n}} \right]_1^{+\infty} = 1 - \dfrac{1}{\sqrt[n]{2}}.$

【例 5.4.3】求下列瑕积分：

(1) $I = \int_1^5 \dfrac{x\,dx}{\sqrt{5-x}}$; (2) $I = \int_0^1 \dfrac{dx}{(2-x)\sqrt{1-x}}$;

(3) $I = \int_1^2 \dfrac{dx}{\sqrt{(x-1)(2-x)}}$; (4) $I = \int_{\frac{1}{2}}^{\frac{3}{2}} \dfrac{dx}{\sqrt{|x-x^2|}}$.

【分析与求解】(1) $x=5$ 是瑕点. 如同计算定积分, 用分项积分法.

$$I = \int_1^5 \frac{x-5+5}{\sqrt{5-x}} dx = -\int_1^5 \sqrt{5-x}\, dx + 5\int_1^5 \frac{dx}{\sqrt{5-x}}$$

$$= \left[\frac{2}{3}(5-x)^{\frac{3}{2}}\right]_1^5 - 5\times 2\times \left[(5-x)^{\frac{1}{2}}\right]_1^5 = -\frac{16}{3} + 20 = \frac{44}{3}.$$

(2) $x=1$ 是瑕点. 如同计算定积分, 作变量替换 $t=\sqrt{1-x}$, 则 $x=1-t^2$, $dx = -2t\,dt$, $2-x=1+t^2$, 得

$$I = \int_1^0 \frac{-2t\,dt}{(1+t^2)t} = 2\int_0^1 \frac{dt}{1+t^2} = 2\left[\arctan t\right]_0^1 = 2\times \frac{\pi}{4} = \frac{\pi}{2}.$$

(3) $x=1,2$ 是瑕点. 如同计算定积分, 将根号内的二次三项式先配方后再选择三角代换.

$$\sqrt{(x-1)(2-x)} = \sqrt{-x^2+3x-2} = \sqrt{\left(\frac{1}{2}\right)^2 - \left(x-\frac{3}{2}\right)^2}.$$

于是令 $x-\dfrac{3}{2} = \dfrac{1}{2}\sin t$, 则

$$dx = \frac{1}{2}\cos t\,dt, \quad \sqrt{(x-1)(2-x)} = \frac{1}{2}\sqrt{1-\sin^2 t} = \frac{1}{2}\cos t,$$

$$I = \int_{-\frac{\pi}{2}}^{\frac{\pi}{2}} \frac{\frac{1}{2}\cos t\,dt}{\frac{1}{2}\cos t} = \pi.$$

(4) $x=1$ 是瑕点, 被积函数分母分段表示为

$$|x-x^2| = |x(1-x)| = \begin{cases} x-x^2, & \dfrac{1}{2} \leqslant x \leqslant 1, \\[2mm] x^2-x, & 1 \leqslant x \leqslant \dfrac{3}{2}. \end{cases}$$

如同计算定积分, 先用分段积分法, 再对被积函数分母中的二次三项式配方, 然后选择变换:

$$I = \int_{\frac{1}{2}}^1 \frac{dx}{\sqrt{x-x^2}} + \int_1^{\frac{3}{2}} \frac{dx}{\sqrt{x^2-x}}$$

$$= \int_{\frac{1}{2}}^1 \frac{dx}{\sqrt{\left(\frac{1}{2}\right)^2 - \left(x-\frac{1}{2}\right)^2}} + \int_1^{\frac{3}{2}} \frac{dx}{\sqrt{\left(x-\frac{1}{2}\right)^2 - \left(\frac{1}{2}\right)^2}}$$

$$= \int_{\frac{1}{2}}^1 \frac{d(2x-1)}{\sqrt{1-(2x-1)^2}} + \int_1^{\frac{3}{2}} \frac{dx}{\sqrt{\left(x-\frac{1}{2}\right)^2 - \left(\frac{1}{2}\right)^2}}$$

$$= \left[\arcsin(2x-1)\right]_{\frac{1}{2}}^1 + \left[\ln\left|x-\frac{1}{2} + \sqrt{\left(x-\frac{1}{2}\right)^2 - \left(\frac{1}{2}\right)^2}\right|\right]_1^{\frac{3}{2}}$$

$$= \frac{\pi}{2} + \ln\left(1+\frac{\sqrt{3}}{2}\right) - \ln\frac{1}{2} = \frac{\pi}{2} + \ln(2+\sqrt{3}).$$

注：这里用了积分公式 $\displaystyle\int\frac{\mathrm{d}x}{\sqrt{x^2-a^2}}=\ln|x+\sqrt{x^2-a^2}|+C$.

评注　题 (3) 是 $I=\displaystyle\int_a^b\frac{\mathrm{d}x}{\sqrt{(x-a)(b-x)}}$ $(b>a)$ 的特例，$x=a,b$ 是瑕点，除了用题中的方法外，还可作如下三角函数代换 $x=a\cos^2 t+b\sin^2 t$，则

$$\mathrm{d}x=2(b-a)\sin t\cos t\,\mathrm{d}t,\quad\sqrt{x-a}=\sqrt{b-a}\sin t,\quad\sqrt{b-x}=\sqrt{b-a}\cos t$$

得

$$I=\int_0^{\frac{\pi}{2}}\frac{2(b-a)\sin t\cos t}{\sqrt{b-a}\sin t\,\sqrt{b-a}\cos t}\mathrm{d}t=\int_0^{\frac{\pi}{2}}2\mathrm{d}t=\pi.$$

【例 5. 4. 4】 求下列无穷积分：

(1) $I=\displaystyle\int_1^{+\infty}\frac{\mathrm{d}x}{x(1+x^2)}$；
　　　　　　　　　(2) $I=\displaystyle\int_0^{+\infty}\frac{\arctan x}{(1+x^2)^{3/2}}\mathrm{d}x$；

(3) $I=\dfrac{1}{\sigma\sqrt{2\pi}}\displaystyle\int_{-\infty}^{+\infty}\mathrm{e}^{-\frac{(x-a)^2}{2\sigma^2}}\mathrm{d}x,\sigma>0$.

【分析与求解】 (1) 先将被积函数分解得

$$I=\int_1^{+\infty}\left(\frac{1}{x}-\frac{x}{1+x^2}\right)\mathrm{d}x.$$

$\left(\text{不可写成 } I\xlongequal{\times}\displaystyle\int_1^{+\infty}\frac{\mathrm{d}x}{x}-\int_1^{+\infty}\frac{x}{1+x^2}\mathrm{d}x，\text{因为}\int_1^{+\infty}\frac{\mathrm{d}x}{x},\int_1^{+\infty}\frac{x}{1+x^2}\mathrm{d}x\text{ 均发散.}\right)$

易求出被积函数的原函数，即

$$\int\left(\frac{1}{x}-\frac{x}{1+x^2}\right)\mathrm{d}x=\int\frac{\mathrm{d}x}{x}-\frac{1}{2}\int\frac{\mathrm{d}(x^2+1)}{1+x^2}$$

$$=\ln x-\ln\sqrt{1+x^2}+C=\ln\frac{x}{\sqrt{1+x^2}}+C.$$

于是　　$I=\displaystyle\int_1^{+\infty}\left(\frac{1}{x}-\frac{x}{1+x^2}\right)\mathrm{d}x=\left[\ln\frac{x}{\sqrt{1+x^2}}\right]_1^{+\infty}=0+\ln\sqrt{2}=\frac{1}{2}\ln 2.$

若用倒数代换求解则更为简单：

$$I=\int_1^{+\infty}\frac{\mathrm{d}x}{x^3\left(1+\dfrac{1}{x^2}\right)}=-\frac{1}{2}\int_1^{+\infty}\frac{\mathrm{d}\left(1+\dfrac{1}{x^2}\right)}{1+\dfrac{1}{x^2}}$$

$$=-\frac{1}{2}\left[\ln\left(1+\frac{1}{x^2}\right)\right]_1^{+\infty}=\frac{1}{2}\ln 2.$$

(2) 由被积函数的特点，选作三角函数代换 $x=\tan t$，得

$$I=\int_0^{\frac{\pi}{2}}\frac{t}{(1+\tan^2 t)^{3/2}}\frac{1}{\cos^2 t}\mathrm{d}t=\int_0^{\frac{\pi}{2}}t\cos t\,\mathrm{d}t$$

$$=\int_0^{\frac{\pi}{2}}t\,\mathrm{d}\sin t=t\sin t\Big|_0^{\frac{\pi}{2}}-\int_0^{\frac{\pi}{2}}\sin t\,\mathrm{d}t=\frac{\pi}{2}+\left[\cos t\right]_0^{\frac{\pi}{2}}=\frac{\pi}{2}-1.$$

(3) 作变量替换，并利用已知结果 $\displaystyle\int_{-\infty}^{+\infty}\mathrm{e}^{-x^2}\mathrm{d}x=\sqrt{\pi}$，得

$$I = \frac{1}{\sqrt{\pi}} \int_{-\infty}^{+\infty} e^{-\left(\frac{x-a}{\sqrt{2}\sigma}\right)^2} d\left(\frac{x-a}{\sqrt{2}\sigma}\right) \xlongequal{t = \frac{x-a}{\sqrt{2}\sigma}} \frac{1}{\sqrt{\pi}} \int_{-\infty}^{+\infty} e^{-t^2} dt = \frac{1}{\sqrt{\pi}} \sqrt{\pi} = 1.$$

评注 用积分法则求反常积分与求定积分类似. 所不同的是, 代入上下限时, 其中有一个是极限运算.

3. 若干特殊类型的反常积分的计算

【例 5.4.5】求 $I = \displaystyle\int_0^{+\infty} \frac{x \ln x}{(1+x^2)^2} dx$.

【分析】$I = -\dfrac{1}{2} \displaystyle\int_0^{+\infty} \ln x \, d\left(\dfrac{1}{1+x^2}\right)$. 不可写成

$$I \xlongequal{\times} -\frac{1}{2}\left[\frac{\ln x}{1+x^2}\right]_0^{+\infty} + \frac{1}{2}\int_0^{+\infty} \frac{dx}{x(1+x^2)}.$$

因为 $\displaystyle\lim_{x \to 0+} \frac{\ln x}{1+x^2} = -\infty$, $\displaystyle\int_0^{+\infty} \frac{dx}{x(1+x^2)}$ 以 $x=0$ 为瑕点是发散的. 但如果求

$\displaystyle\int_1^{+\infty} \frac{x \ln x}{(1+x^2)^2} dx$, 则上述方法是可行的.

事实上, $x=0$ 不是原积分的瑕点: $\displaystyle\lim_{x \to 0+} \frac{x \ln x}{(1+x^2)^2} = 0$.

$\displaystyle\int_1^{+\infty} \frac{x \ln x}{(1+x^2)^2} dx$ 会算, 将 $\displaystyle\int_0^1 \frac{x \ln x}{(1+x^2)^2} dx$ 通过变换 $x = \dfrac{1}{t}$ 化成无穷积分的情形.

【解】$\displaystyle\int_0^1 \frac{x \ln x}{(1+x^2)^2} dx \xlongequal{x = \frac{1}{t}} \int_{+\infty}^1 \frac{\dfrac{1}{t} \ln \dfrac{1}{t}}{\left(1+\dfrac{1}{t^2}\right)^2}\left(-\frac{1}{t^2}\right) dt$

$$= -\int_1^{+\infty} \frac{t \ln t}{(1+t^2)^2} dt = -\int_1^{+\infty} \frac{x \ln x}{(1+x^2)^2} dx,$$

因此 $\quad I = \displaystyle\int_0^1 \frac{x \ln x}{(1+x^2)^2} dx + \int_1^{+\infty} \frac{x \ln x}{(1+x^2)^2} dx$

$$= -\int_1^{+\infty} \frac{x \ln x}{(1+x^2)^2} dx + \int_1^{+\infty} \frac{x \ln x}{(1+x^2)^2} dx = 0.$$

【例 5.4.6】求 $I = \displaystyle\int_0^{\frac{\pi}{2}} \ln \sin x \, dx$.

【分析与求解】$x=0$ 是瑕点.

$$I \xlongequal{x = \frac{\pi}{2} - t} -\int_{\frac{\pi}{2}}^0 \ln \sin\left(\frac{\pi}{2} - t\right) dt = \int_0^{\frac{\pi}{2}} \ln \cos x \, dx. \quad \left(x = \frac{\pi}{2} \text{ 是瑕点}\right)$$

则 $\quad 2I = \displaystyle\int_0^{\frac{\pi}{2}} \ln \sin x \, dx + \int_0^{\frac{\pi}{2}} \ln \cos x \, dx = \int_0^{\frac{\pi}{2}} \ln \frac{1}{2} \sin 2x \, dx$

$$= \int_0^{\frac{\pi}{2}} \ln \frac{1}{2} dx + \int_0^{\frac{\pi}{2}} \ln \sin 2x \, dx = -\frac{\pi}{2} \ln 2 + \frac{1}{2} \int_0^{\pi} \ln \sin t \, dt.$$

注意 $\displaystyle\int_0^{\pi} \ln\sin t\, \mathrm{d}t = \int_0^{\frac{\pi}{2}} \ln\sin t\, \mathrm{d}t + \int_{\frac{\pi}{2}}^{\pi} \ln\sin(\pi - t)\, \mathrm{d}t = \int_0^{\frac{\pi}{2}} \ln\sin t\, \mathrm{d}t + \int_0^{\frac{\pi}{2}} \ln\sin u\, \mathrm{d}u = 2I.$

代入上式得 $2I = -\dfrac{\pi}{2}\ln 2 + \dfrac{1}{2} \cdot 2I$，因此 $I = -\dfrac{\pi}{2}\ln 2.$

评注 这里计算例 5.4.6 用的正是定积分计算中的技巧——被积函数的结合.

4. 进一步理解反常积分概念

【例 5.4.7】判断下列结论是否正确，并证明你的判断：

(1) 若 $\displaystyle\int_a^{+\infty} f(x)\, \mathrm{d}x, \int_a^{+\infty} g(x)\, \mathrm{d}x$ 均发散，则不能确定 $\displaystyle\int_a^{+\infty} [f(x) + g(x)]\, \mathrm{d}x$ 是否收敛；

(2) 若 $\displaystyle\int_{-\infty}^0 f(x)\, \mathrm{d}x$ 与 $\displaystyle\int_0^{+\infty} f(x)\, \mathrm{d}x$ 均发散，则不能确定 $\displaystyle\int_{-\infty}^{+\infty} f(x)\, \mathrm{d}x$ 是否收敛；

(3) 若 $\displaystyle\lim_{R \to +\infty} \int_{-R}^R f(x)\, \mathrm{d}x$ 存在，则 $\displaystyle\int_{-\infty}^{+\infty} f(x)\, \mathrm{d}x$ 收敛.

【分析与证明】结论是确定的，给出证明. 结论不确定的，举出例子.

(1) 正确. 例如

$$\int_1^{+\infty} \left(\frac{1}{x^2} - \sin x\right) \mathrm{d}x \text{ 与 } \int_1^{+\infty} \sin x\, \mathrm{d}x \text{ 均发散,}$$

$$\int_1^{+\infty} \left[\left(\frac{1}{x^2} - \sin x\right) + \sin x\right] \mathrm{d}x = \int_1^{+\infty} \frac{\mathrm{d}x}{x^2} \text{ 收敛.}$$

又如

$$\int_1^{+\infty} \left(\frac{1}{x^2} + \sin x\right) \mathrm{d}x \text{ 与 } \int_1^{+\infty} \sin x\, \mathrm{d}x \text{ 均发散,}$$

$$\int_1^{+\infty} \left[\left(\frac{1}{x^2} + \sin x\right) + \sin x\right] \mathrm{d}x = \int_1^{+\infty} \left(\frac{1}{x^2} + 2\sin x\right) \mathrm{d}x \text{ 也发散.}$$

(2) 不正确. 按定义，只要 $\displaystyle\int_{-\infty}^0 f(x)\, \mathrm{d}x$ 与 $\displaystyle\int_0^{+\infty} f(x)\, \mathrm{d}x$ 中有一个发散，$\displaystyle\int_{-\infty}^{+\infty} f(x)\, \mathrm{d}x$ 就是发散的. 因此 $\displaystyle\int_{-\infty}^0 f(x)\, \mathrm{d}x$ 与 $\displaystyle\int_0^{+\infty} f(x)\, \mathrm{d}x$ 均发散时，$\displaystyle\int_{-\infty}^{+\infty} f(x)\, \mathrm{d}x$ 也是发散的.

(3) 不正确. 因为 $\displaystyle\lim_{R \to +\infty} \int_{-R}^R f(x)\, \mathrm{d}x$ 存在，不能保证 $\displaystyle\int_{-\infty}^{+\infty} f(x)\, \mathrm{d}x$ 收敛. 例如，$\forall R > 0$，$\displaystyle\int_{-R}^R \sin x\, \mathrm{d}x = 0$，于是 $\displaystyle\lim_{R \to +\infty} \int_{-R}^R \sin x\, \mathrm{d}x = 0$，但 $\displaystyle\int_{-\infty}^{+\infty} \sin x\, \mathrm{d}x$ 发散.

评注 ① "$\displaystyle\int_a^{+\infty} f(x)\, \mathrm{d}x, \int_a^{+\infty} g(x)\, \mathrm{d}x$ 均发散，则不能确定 $\displaystyle\int_a^{+\infty} [f(x) + g(x)]\, \mathrm{d}x$ 是否发散"，这是"极限 $\displaystyle\lim_{x \to +\infty} F(x), \lim_{x \to +\infty} G(x)$ 均不存在，则不能确定 $\displaystyle\lim_{x \to +\infty} [F(x) + G(x)]$ 是否存在"的特殊情形.

② $\displaystyle\int_{-\infty}^{+\infty} f(x)\, \mathrm{d}x = \int_{-\infty}^0 f(x)\, \mathrm{d}x + \int_0^{+\infty} f(x)\, \mathrm{d}x = \lim_{B \to -\infty} \int_B^0 f(x)\, \mathrm{d}x + \lim_{A \to +\infty} \int_0^A f(x)\, \mathrm{d}x.$

这里包含两个独立的极限过程：$B \to -\infty$ 与 $A \to +\infty$. 它不同于

$$\int_a^{+\infty} [f(x) + g(x)]\, \mathrm{d}x = \int_a^{+\infty} f(x)\, \mathrm{d}x + \int_a^{+\infty} g(x)\, \mathrm{d}x,$$

后者包含在同一个极限过程中.

学习随笔

③ $\int_{-\infty}^{+\infty} f(x)\mathrm{d}x$ 收敛 $\overset{\Rightarrow}{\neq}$ $\lim\limits_{R\to+\infty}\int_{-R}^{R} f(x)\mathrm{d}x$ 存在.

当 $\int_{-\infty}^{+\infty} f(x)\mathrm{d}x$ 收敛时, $\int_{-\infty}^{+\infty} f(x)\mathrm{d}x = \lim\limits_{R\to+\infty}\int_{-R}^{R} f(x)\mathrm{d}x$.

【例 5.4.8】判断下列命题是否正确,并证明你的判断:

(1) 设 $f(x)$ 在 $(-\infty,+\infty)$ 连续为奇函数,则 $\int_{-\infty}^{+\infty} f(x)\mathrm{d}x = 0$;

(2) 设 $f(x)$ 在 $(-\infty,+\infty)$ 连续为偶函数,又 $\int_{0}^{+\infty} f(x)\mathrm{d}x$ 收敛,则

$$\int_{-\infty}^{+\infty} f(x)\mathrm{d}x = 2\int_{0}^{+\infty} f(x)\mathrm{d}x.$$

【分析与证明】错误的,举出反例.正确的,给出证明.

(1) 错误.在所设条件下,积分 $\int_{-\infty}^{+\infty} f(x)\mathrm{d}x$ 不一定收敛.如 $\int_{0}^{+\infty} \sin x\,\mathrm{d}x$ 发散,于是 $\int_{-\infty}^{+\infty} \sin x\,\mathrm{d}x$ 发散.

(2) 正确.用变量替换法证明 $\int_{-\infty}^{0} f(x)\mathrm{d}x$ 收敛且 $\int_{-\infty}^{0} f(x)\mathrm{d}x = \int_{0}^{+\infty} f(x)\mathrm{d}x$.

因 $\int_{0}^{+\infty} f(x)\mathrm{d}x \xrightarrow{\text{令}x=-t} -\int_{0}^{-\infty} f(-t)\mathrm{d}t = \int_{-\infty}^{0} f(t)\mathrm{d}t = \int_{-\infty}^{0} f(x)\mathrm{d}x$, 即 $\int_{-\infty}^{0} f(x)\mathrm{d}x$ 也收敛且与 $\int_{0}^{+\infty} f(x)\mathrm{d}x$ 相等,所以 $\int_{-\infty}^{+\infty} f(x)\mathrm{d}x$ 收敛且

$$\int_{-\infty}^{+\infty} f(x)\mathrm{d}x = \int_{-\infty}^{0} f(x)\mathrm{d}x + \int_{0}^{+\infty} f(x)\mathrm{d}x = 2\int_{0}^{+\infty} f(x)\mathrm{d}x.$$

评注 设 $f(x)$ 在 $(-\infty,+\infty)$ 连续为奇函数,又 $\int_{0}^{+\infty} f(x)\mathrm{d}x$ 收敛,则

$$\int_{-\infty}^{+\infty} f(x)\mathrm{d}x = 0.$$

因为,此时如同题(2)一样可用变量替换法证明 $\int_{-\infty}^{0} f(x)\mathrm{d}x$ 也收敛且

$$\int_{-\infty}^{0} f(x)\mathrm{d}x = -\int_{0}^{+\infty} f(x)\mathrm{d}x.$$

于是 $\int_{-\infty}^{+\infty} f(x)\mathrm{d}x = \int_{-\infty}^{0} f(x)\mathrm{d}x + \int_{0}^{+\infty} f(x)\mathrm{d}x = 0.$

第五节　反常积分的审敛法 Γ 函数

一、知识点归纳总结

1. 非负函数反常积分的收敛性判别法

(1) 基本根据

设 $f(x)$ 在 $[a,+\infty)$ 的任意有限区间上可积,且 $f(x) \geqslant 0$. 若函数 $F(x) = \int_{a}^{x} f(t)\mathrm{d}t$

在 $[a,+\infty)$ 上有上界,则反常积分 $\int_a^{+\infty} f(x)\mathrm{d}x$ 收敛.

（2）比较判别法

比较原理　设 $f(x),g(x)$ 在 $[a,+\infty)$ 的任意有限区间上可积,又 $0 \leqslant f(x) \leqslant g(x)$ $(a \leqslant x < +\infty)$,则:

① 若 $\int_a^{+\infty} g(x)\mathrm{d}x$ 收敛,则 $\int_a^{+\infty} f(x)\mathrm{d}x$ 也收敛.

② 若 $\int_a^{+\infty} f(x)\mathrm{d}x$ 发散,则 $\int_a^{+\infty} g(x)\mathrm{d}x$ 也发散.

比较原理的极限形式　设 $f(x),g(x)$ 在 $[a,+\infty)$ 的任意有限区间上可积,又 $f(x)$, $g(x)$ 是非负的,且

$$\lim_{x \to +\infty} \frac{f(x)}{g(x)} = l,$$

则: ① 当 $0 < l < +\infty$ 时, $\int_a^{+\infty} f(x)\mathrm{d}x$ 与 $\int_a^{+\infty} g(x)\mathrm{d}x$ 有相同的敛散性.

② 当 $l = 0$ 时,若 $\int_a^{+\infty} g(x)\mathrm{d}x$ 收敛,则 $\int_a^{+\infty} f(x)\mathrm{d}x$ 也收敛.

③ 当 $l = +\infty$ 时,若 $\int_a^{+\infty} g(x)\mathrm{d}x$ 发散,则 $\int_a^{+\infty} f(x)\mathrm{d}x$ 也发散.

若取 $g(x) = \dfrac{1}{x^p}$,则有如下判别法:

$f(x)$ 与 $\dfrac{1}{x^p}$ 的比较　设 $a > 0$, $f(x)$ 在 $[a,+\infty)$ 的任意有限区间上可积,非负,若

$$\lim_{x \to +\infty} \frac{f(x)}{\dfrac{1}{x^p}} = \lim_{x \to +\infty} x^p f(x) = l,$$

则: ① 当 $p > 1$ 且 $0 \leqslant l < +\infty$ 时 $\int_a^{+\infty} f(x)\mathrm{d}x$ 收敛.

② 当 $p \leqslant 1$ 且 $0 < l \leqslant +\infty$ 时 $\int_a^{+\infty} f(x)\mathrm{d}x$ 发散.

上述各判别法都是针对无穷积分的情形. 对于瑕积分也有类似的结果. 如

$f(x)$ 与 $\dfrac{1}{(x-a)^p}$ $\left(\text{或} \dfrac{1}{(x-b)^p}\right)$ 的比较　设 $\forall [\alpha,\beta] \subset (a,b)$, $f(x)$ 在 $[\alpha,\beta]$ 可积且非负. 又设 $x = a$（或 $x = b$）是 $f(x)$ 的瑕点,

1）若存在常数 $M > 0$ 及 p 使得:

① $f(x) \leqslant \dfrac{M}{(x-a)^p} \left(\text{或} f(x) \leqslant \dfrac{M}{(b-x)^p}\right), x \in (a,b)$,且 $p < 1$,则瑕积分 $\int_a^b f(x)\mathrm{d}x$ 收敛.

② $f(x) \geqslant \dfrac{M}{(x-a)^p} \left(\text{或} f(x) \geqslant \dfrac{M}{(x-a)^p}\right), x \in (a,b)$,且 $p \geqslant 1$,则瑕积分 $\int_a^b f(x)\mathrm{d}x$ 发散.

2) 若 $\lim\limits_{x \to a+0}(x-a)^p f(x)=l$(或 $\lim\limits_{x \to b-0}(b-x)^p f(x)=l$),则:

① 当 $p<1$ 且 $0 \leqslant l<+\infty$ 时,瑕积分 $\int_a^b f(x)\mathrm{d}x$ 收敛.

② 当 $p \geqslant 1$ 且 $0<l \leqslant +\infty$ 时,瑕积分 $\int_a^b f(x)\mathrm{d}x$ 发散.

2. 变号函数反常积分收敛性判别法

(1) 绝对收敛与条件收敛

设 $f(x)$ 在 $[a,+\infty)$ 的任意有限区间可积,若 $\int_a^{+\infty}|f(x)|\mathrm{d}x$ 收敛,称 $\int_a^{+\infty}f(x)\mathrm{d}x$ 绝对收敛,也称 $f(x)$ 在 $[a,+\infty)$ 绝对可积. 若 $\int_a^{+\infty}|f(x)|\mathrm{d}x$ 发散,但 $\int_a^{+\infty}f(x)\mathrm{d}x$ 收敛,则称 $\int_a^{+\infty}f(x)\mathrm{d}x$ 条件收敛.

设 $\int_a^{+\infty}f(x)\mathrm{d}x$ 绝对收敛,则 $\int_a^{+\infty}f(x)\mathrm{d}x$ 收敛.

对于绝对收敛情形,可用非负函数反常积分收敛性判别法来证明.

**(2) 积分 $\int_a^{+\infty}f(x)g(x)\mathrm{d}x$ 收敛性判别法

狄里克雷判别法 若 $f(x)$ 满足 $\left|\int_a^A f(x)\mathrm{d}x\right| \leqslant M(\forall A>a)$;$g(x)$ 单调且 $\lim\limits_{x \to +\infty}g(x)=0$,则 $\int_a^{+\infty}f(x)g(x)\mathrm{d}x$ 收敛.

阿贝尔判别法 若 $\int_a^{+\infty}f(x)\mathrm{d}x$ 收敛,$g(x)$ 单调有界,则 $\int_a^{+\infty}f(x)g(x)\mathrm{d}x$ 收敛.

对于瑕积分有类似的概念与结论.

3. Γ 函数的定义

由参变积分 $\int_0^{+\infty}t^{x-1}\mathrm{e}^{-t}\mathrm{d}t$ 所确定的 x 的函数称为 Γ 函数(读作 Gamma 函数),记为 $\Gamma(x)$,

$$\Gamma(x)=\int_0^{+\infty}t^{x-1}\mathrm{e}^{-t}\mathrm{d}t,$$

其定义域是 $x>0$.

4. Γ 函数的性质

① $\Gamma(x)$ 对 $x>0$ 有任意阶导数且

$$\Gamma^{(n)}(x)=\int_0^{+\infty}t^{x-1}\mathrm{e}^{-t}(\ln t)^n\mathrm{d}t,\quad n=1,2,3,\cdots.$$

② 递推公式:$x>0$ 时,$\Gamma(x+1)=x\Gamma(x)$.
特别有 $\Gamma(n+1)=n!$,n 为正整数.

③ 余元公式:$0<x<1$ 时,$\Gamma(x)\Gamma(1-x)=\dfrac{\pi}{\sin \pi x}$.

二、典型题型归纳及解题方法与技巧

1. 用比较原理判断非负函数反常积分的敛散性

【例 5.5.1】判别下列无穷积分的敛散性：

(1) $\displaystyle\int_1^{+\infty} x^a \mathrm{e}^{-x^2}\,\mathrm{d}x$；

(2) $\displaystyle\int_0^{+\infty} \frac{\arctan(x+1)}{x^2+1}\,\mathrm{d}x$；

(3) $\displaystyle\int_1^{+\infty} \frac{\mathrm{d}x}{\sqrt[3]{x}(1+\sqrt{x})}$；

(4) $\displaystyle\int_1^{+\infty} \frac{\ln(1+x)}{x^p}\,\mathrm{d}x$.

【解】(1) 注意 $\displaystyle\lim_{x\to+\infty} x^a \mathrm{e}^{-bx}=0$（其中 $b>0$），则 $x^a \mathrm{e}^{-bx}$ 在 $x\in[1,+\infty)$ 有界，得

$$0 < x^a \mathrm{e}^{-x^2} \leqslant x^a \mathrm{e}^{-x} = x^a \mathrm{e}^{-\frac{1}{2}x} \cdot \mathrm{e}^{-\frac{1}{2}x} \leqslant M\mathrm{e}^{-\frac{1}{2}x} \quad (x \geqslant 1).$$

又 $\displaystyle\int_1^{+\infty} M\mathrm{e}^{-\frac{1}{2}x}\,\mathrm{d}x$ 收敛，因此 $\displaystyle\int_1^{+\infty} x^a \mathrm{e}^{-x^2}\,\mathrm{d}x$ 收敛.

(2) $0 < \dfrac{\arctan(x+1)}{x^2+1} \leqslant \dfrac{\pi}{2}\dfrac{1}{1+x^2} \quad (x \geqslant 0)$.

又 $\displaystyle\int_0^{+\infty} \frac{\mathrm{d}x}{1+x^2}$ 收敛，因此 $\displaystyle\int_0^{+\infty} \frac{\arctan(x+1)}{x^2+1}\,\mathrm{d}x$ 收敛.

(3) $\dfrac{1}{\sqrt[3]{x}(1+\sqrt{x})} \sim \dfrac{1}{x^{\frac{1}{3}+\frac{1}{2}}} = \dfrac{1}{x^{\frac{5}{6}}} \quad (x\to+\infty)$，即 $\displaystyle\lim_{x\to+\infty}\left[\frac{1}{\sqrt[3]{x}(1+\sqrt{x})}\Big/x^{\frac{1}{3}+\frac{1}{2}}\right]=1$.

又 $\displaystyle\int_1^{+\infty} \frac{\mathrm{d}x}{x^{\frac{5}{6}}}$ 发散，则 $\displaystyle\int_1^{+\infty} \frac{\mathrm{d}x}{\sqrt[3]{x}(1+\sqrt{x})}$ 发散.

或由

$$\frac{1}{\sqrt[3]{x}(1+\sqrt{x})} \geqslant \frac{1}{\sqrt[3]{x}\cdot 2\sqrt{x}} = \frac{1}{2x^{\frac{5}{6}}} \quad (x \geqslant 1)$$

同样可得结论.

(4) 显然，$\displaystyle\lim_{x\to+\infty}\left[\frac{\ln(1+x)}{x^p}\Big/\frac{1}{x^p}\right]=+\infty$. $\hspace{2cm}$ (5.5-1)

当 $p\leqslant 1$ 时，$\displaystyle\int_1^{+\infty} \frac{1}{x^p}\,\mathrm{d}x$ 发散，由比较判别法的极限形式，得 $p\leqslant 1$ 时 $\displaystyle\int_1^{+\infty} \frac{\ln(1+x)}{x^p}$ 发散.

当 $p>1$ 时，由式(5.5-1)得不出结论. 取 $\varepsilon>0$ 充分小使得 $p-\varepsilon>1$，于是

$$\lim_{x\to+\infty}\left[\frac{\ln(1+x)}{x^p}\Big/\frac{1}{x^{p-\varepsilon}}\right] = \lim_{x\to+\infty}\frac{\ln(1+x)}{x^\varepsilon}=0.$$

此时 $\displaystyle\int_1^{+\infty} \frac{\mathrm{d}x}{x^{p-\varepsilon}}$ 收敛，因此 $p>1$ 时，$\displaystyle\int_1^{+\infty} \frac{\ln(1+x)}{x^p}\,\mathrm{d}x$ 收敛.

【例 5.5.2】判别下列瑕积分的敛散性：

(1) $\displaystyle\int_0^1 \frac{\mathrm{d}x}{\sqrt{x}(1+x^2)}$；

(2) $\displaystyle\int_0^\pi \frac{\mathrm{d}x}{\sqrt{\sin x}}$.

【解】(1) 原积分仅有瑕点 $x=0$.

$x\in(0,1]$ 时，$0 < \dfrac{1}{\sqrt{x}(1+x^2)} < \dfrac{1}{\sqrt{x}}$，而 $\displaystyle\int_0^1 \frac{\mathrm{d}x}{\sqrt{x}}$ 收敛，则原积分收敛.

或由

$$\frac{1}{\sqrt{x}\,(1+x^2)} \sim \frac{1}{\sqrt{x}}\,(x \to 0+)$$

$\left(\text{即} \lim\limits_{x \to 0+}\left(\dfrac{1}{\sqrt{x}\,(1+x^2)} \Big/ \dfrac{1}{\sqrt{x}}\right)=1\right)$ 可得原积分收敛.

（2）积分有瑕点 $x=0$ 和 $x=\pi$.

注意,当 $x \to 0+$ 时,$\dfrac{1}{\sqrt{\sin x}} \sim \dfrac{1}{\sqrt{x}}$,而 $\displaystyle\int_0^1 \dfrac{\mathrm{d}x}{\sqrt{x}}$ 收敛,则 $\displaystyle\int_0^1 \dfrac{\mathrm{d}x}{\sqrt{\sin x}}$ 收敛.

当 $x \to \pi-0$ 时,$\dfrac{1}{\sqrt{\sin x}} = \dfrac{1}{\sqrt{\sin(\pi-x)}} \sim \dfrac{1}{\sqrt{\pi-x}}$,又 $\displaystyle\int_1^\pi \dfrac{\mathrm{d}x}{\sqrt{\pi-x}}$ 收敛,则

$\displaystyle\int_1^\pi \dfrac{\mathrm{d}x}{\sqrt{\sin x}}$ 收敛.

合起来,即得 $\displaystyle\int_0^\pi \dfrac{\mathrm{d}x}{\sqrt{\sin x}}$ 收敛.

【例 5.5.3】判别积分 $\displaystyle\int_0^{+\infty} \dfrac{\ln(1+x)}{x^p}\mathrm{d}x$ 的敛散性.

【解】这既是无穷积分又是瑕积分. 以 $x=0$ 为瑕点,要分别考察. 因为

$$\int_0^{+\infty} \frac{\ln(1+x)}{x^p}\mathrm{d}x = \int_0^1 \frac{\ln(1+x)}{x^p}\mathrm{d}x + \int_1^{+\infty} \frac{\ln(1+x)}{x^p}\mathrm{d}x,$$

在例 5.5.1 中的题（4）已证:仅当 $p>1$ 时,$\displaystyle\int_1^{+\infty} \dfrac{\ln(1+x)}{x^p}\mathrm{d}x$ 收敛.

下面考察 $\displaystyle\int_0^1 \dfrac{\ln(1+x)}{x^p}\mathrm{d}x$. 因为

$$\lim_{x \to 0+}\left[\frac{\ln(1+x)}{x^p} \Big/ \frac{1}{x^{p-1}}\right] = \lim_{x \to 0+} \frac{\ln(1+x)}{x} = 1,$$

$\displaystyle\int_0^1 \dfrac{\ln(1+x)}{x^p}\mathrm{d}x$ 与 $\displaystyle\int_0^1 \dfrac{\mathrm{d}x}{x^{p-1}}$ 有相同的敛散性,于是,仅当 $p-1<1$ 即 $p<2$ 时

$\displaystyle\int_0^1 \dfrac{\ln(1+x)}{x^p}\mathrm{d}x$ 收敛.

综合上述两种情形,积分 $\displaystyle\int_0^{+\infty} \dfrac{\ln(1+x)}{x^p}\mathrm{d}x$ 在 $1<p<2$ 时收敛.

**2. 判别积分是绝对收敛还是条件收敛

【例 5.5.4】** 判别下列积分是绝对收敛还是条件收敛.

（1）$\displaystyle\int_0^{+\infty} \mathrm{e}^{-x^2}\cos ax\,\mathrm{d}x$；　（2）$\displaystyle\int_0^{+\infty} \dfrac{\sin x}{x}\mathrm{e}^{-x}\,\mathrm{d}x$；　（3）$\displaystyle\int_1^{+\infty} \dfrac{\sin(x^2)}{x^p}\mathrm{d}x$ $(p>-1)$.

【解】（1）$|\mathrm{e}^{-x^2}\cos ax| \leqslant \mathrm{e}^{-x^2}$ $(x \geqslant 0)$,$\displaystyle\int_0^{+\infty} \mathrm{e}^{-x^2}\mathrm{d}x$ 收敛,因此,原积分绝对收敛.

（2）因为 $\lim\limits_{x \to 0}\left(\dfrac{\sin x}{x} \cdot \mathrm{e}^{-x}\right)=1$,所以 $x=0$ 不是积分的瑕点. 注意 $\dfrac{\sin x}{x}$ 在 $(0,+\infty)$ 连

续,又 $\lim\limits_{x \to 0+} \dfrac{\sin x}{x}=1$,$\lim\limits_{x \to +\infty} \dfrac{\sin x}{x}=0$,则 $\dfrac{\sin x}{x}$ 在 $(0,+\infty)$ 有界,因此 $\left|\dfrac{\sin x}{x}\mathrm{e}^{-x}\right| \leqslant M\mathrm{e}^{-x}$

$(x > 0)$. 又 $\int_0^{+\infty} M \mathrm{e}^{-x} \mathrm{d}x$ 收敛,因此原积分绝对收敛.

(3) 显然,$\left| \dfrac{\sin(x^2)}{x^p} \right| \leqslant \dfrac{1}{x^p} (x \geqslant 1)$. $p > 1$ 时,$\int_1^{+\infty} \dfrac{\mathrm{d}x}{x^p}$ 收敛,因此,$p > 1$ 时原积分绝对收敛.

下面考虑 $-1 < p \leqslant 1$ 的情形.

作变量替换,令 $x^2 = t$,则

$$\int_1^{+\infty} \frac{\sin x^2}{x^p} \mathrm{d}x = \int_1^{+\infty} \frac{\sin t}{t^{\frac{p}{2}}} \cdot \frac{1}{2} \frac{1}{t^{\frac{1}{2}}} \mathrm{d}t = \int_1^{+\infty} \frac{\sin t}{2 t^{\frac{1}{2}(p+1)}} \mathrm{d}t.$$

$\forall A > 1$,$\left| \int_1^A \sin t \, \mathrm{d}t \right| \leqslant 2$,又 $\dfrac{1}{2 t^{\frac{1}{2}(p+1)}}$ 在 $[1, +\infty)$ 单调下降且 $\lim\limits_{t \to +\infty} \dfrac{1}{2 t^{\frac{1}{2}(p+1)}} = 0$,

由狄里克雷判别法得 $\int_1^{+\infty} \dfrac{\sin t}{2 t^{\frac{1}{2}(p+1)}} \mathrm{d}t$ 收敛,即原积分收敛.

（也可不作变量替换,而用分部积分法将原积分变形:

$$\int_1^{+\infty} \frac{\sin x^2}{x^p} \mathrm{d}x = -\int_1^{+\infty} \frac{1}{2 x^{p+1}} \mathrm{d}\cos x^2 = -\frac{\cos x^2}{2 x^{p+1}} \Big|_1^{+\infty} - \int_1^{+\infty} \frac{\cos x^2 \, \mathrm{d}x}{2(p+1) x^{p+2}}$$

$$= \frac{\cos 1}{2} - \frac{1}{2(p+1)} \int_1^{+\infty} \frac{\cos x^2}{x^{p+2}} \mathrm{d}x.$$

由 $\left| \dfrac{\cos x^2}{x^{p+2}} \right| \leqslant \dfrac{1}{x^{p+2}} (x \geqslant 1)$,$\int_1^{+\infty} \dfrac{\mathrm{d}x}{x^{p+2}} (p+2 > 1)$ 收敛,则 $\int_1^{+\infty} \dfrac{\cos x^2}{x^{p+2}} \mathrm{d}x$ 收敛,因此原积分收敛.）

最后考察 $\int_1^{+\infty} \left| \dfrac{\sin x^2}{x^p} \right| \mathrm{d}x$.

$$\left| \frac{\sin x^2}{x^p} \right| \geqslant \frac{\sin^2 x^2}{x^p} = \frac{1}{2 x^p} (1 - \cos 2 x^2).$$

因 $p \leqslant 1$,则 $\int_1^{+\infty} \dfrac{\mathrm{d}x}{2 x^p}$ 发散,如同前面一样证明,$-1 < p \leqslant 1$ 时,$\int_1^{+\infty} \dfrac{\cos 2 x^2}{2 x^p} \mathrm{d}x$ 收敛.

于是,$\int_1^{+\infty} \dfrac{1 - \cos 2 x^2}{2 x^p} \mathrm{d}x$ 发散.由比较判别法得 $\int_1^{+\infty} \left| \dfrac{\sin x^2}{x^p} \right| \mathrm{d}x$ 发散.

因此,$-1 < p \leqslant 1$ 时 $\int_1^{+\infty} \dfrac{\sin x^2}{x^p} \mathrm{d}x$ 条件收敛.

3. 求某些特殊点的 Γ 函数值

【例 5.5.5】求 $\Gamma\left(\dfrac{1}{2}\right)$ 与 $\Gamma\left(\dfrac{7}{2}\right)$ 的值.

【解】由 $\Gamma\left(\dfrac{1}{2}\right)$ 的表达式得

$$\Gamma\left(\frac{1}{2}\right) = \int_0^{+\infty} t^{\frac{1}{2}-1} \mathrm{e}^{-t} \mathrm{d}t = \int_0^{+\infty} t^{-\frac{1}{2}} \mathrm{e}^{-t} \mathrm{d}t = 2 \int_0^{+\infty} \mathrm{e}^{-t} \mathrm{d}\sqrt{t}$$

$$\xlongequal{x = \sqrt{t}} 2 \int_0^{+\infty} \mathrm{e}^{-x^2} \mathrm{d}x = 2 \cdot \frac{\sqrt{\pi}}{2} = \sqrt{\pi}.$$

由递推公式得 $\Gamma\left(\dfrac{7}{2}\right) = \Gamma\left(1+\dfrac{5}{2}\right) = \dfrac{5}{2}\Gamma\left(\dfrac{5}{2}\right) = \dfrac{5}{2}\Gamma\left(1+\dfrac{3}{2}\right) = \dfrac{5}{2}\cdot\dfrac{3}{2}\Gamma\left(1+\dfrac{1}{2}\right)$

$$= \dfrac{5}{2}\cdot\dfrac{3}{2}\cdot\dfrac{1}{2}\Gamma\left(\dfrac{1}{2}\right) = \dfrac{15}{8}\sqrt{\pi}.$$

评注 由 $\Gamma\left(\dfrac{1}{2}\right) = \sqrt{\pi}$ 及递推公式可求得

$$\Gamma\left(n+\dfrac{1}{2}\right) = \Gamma\left(n-\dfrac{1}{2}+1\right) = \left(n-\dfrac{1}{2}\right)\Gamma\left(n-\dfrac{3}{2}+1\right)$$

$$= \left(n-\dfrac{1}{2}\right)\left(n-\dfrac{3}{2}\right)\Gamma\left(n-\dfrac{5}{2}+1\right) = \cdots$$

$$= \left(n-\dfrac{1}{2}\right)\left(n-\dfrac{3}{2}\right)\left(n-\dfrac{5}{2}\right)\cdots\left(n-\dfrac{2n-1}{2}\right)\Gamma\left(\dfrac{1}{2}\right)$$

$$= \left(n-\dfrac{1}{2}\right)\left(n-\dfrac{3}{2}\right)\left(n-\dfrac{5}{2}\right)\cdots\dfrac{1}{2}\sqrt{\pi} = \dfrac{(2n-1)!!}{2^n}\sqrt{\pi}.$$

【例 5.5.6】求极限 $\lim\limits_{x\to0+}\left[x\,\Gamma(x)\right]$, $\lim\limits_{x\to0+}\Gamma(x)$.

【解】利用递推公式与 Γ 函数的连续性得

$$\lim_{x\to0+}\left[x\,\Gamma(x)\right] = \lim_{x\to0+}\Gamma(x+1) = \Gamma(1) = \int_0^{+\infty}\mathrm{e}^{-t}\,\mathrm{d}t = 1,$$

$$\lim_{x\to0+}\Gamma(x) = \lim_{x\to0+}\left[x\,\Gamma(x)\cdot\dfrac{1}{x}\right] = +\infty.$$

4. 将 Γ 函数表示成其他形式

【例 5.5.7】求证：$\Gamma(x) = 2\displaystyle\int_0^{+\infty}t^{2x-1}\mathrm{e}^{-t^2}\,\mathrm{d}t$.

【证明】选择适当的变量替换. 在 Γ 函数的表达式中令 $t=s^2$，则

$$\Gamma(x) = \int_0^{+\infty}t^{x-1}\mathrm{e}^{-t}\,\mathrm{d}t = \int_0^{+\infty}s^{2x-2}\mathrm{e}^{-s^2}\cdot2s\,\mathrm{d}s = 2\int_0^{+\infty}t^{2x-1}\mathrm{e}^{-t^2}\,\mathrm{d}t.$$

5. 利用 Γ 函数表示某些积分

【例 5.5.8】用 Γ 函数表示积分 $\displaystyle\int_0^1\left(\ln\dfrac{1}{x}\right)^p\mathrm{d}x\,(p>-1)$.

【解】选作适当的变量替换. 令 $t=\ln\dfrac{1}{x}$ 则 $x=\mathrm{e}^{-t}$，得

$$\text{原式} = \int_{+\infty}^0 t^p(-\mathrm{e}^{-t})\,\mathrm{d}t = \int_0^{+\infty}t^{p+1-1}\mathrm{e}^{-t}\,\mathrm{d}t = \Gamma(p+1).$$

6. 利用 Γ 函数求某些广义积分值

【例 5.5.9】求广义积分 $\displaystyle\int_0^{+\infty}\mathrm{e}^{-4t}t^{3/2}\,\mathrm{d}t$ 的值.

【解】选适当变换转化为求 Γ 函数值. 即

$$\text{原式} = \dfrac{1}{4\cdot(4)^{3/2}}\int_0^{+\infty}\mathrm{e}^{-4t}(4t)^{3/2}\,\mathrm{d}(4t) = \dfrac{1}{32}\int_0^{+\infty}\mathrm{e}^{-s}s^{\frac{5}{2}-1}\,\mathrm{d}s = \dfrac{1}{32}\Gamma\left(\dfrac{5}{2}\right)$$

$$= \dfrac{1}{32}\cdot\dfrac{3}{2}\cdot\dfrac{1}{2}\Gamma\left(\dfrac{1}{2}\right) = \dfrac{3}{128}\sqrt{\pi}.$$

第六章 定积分的应用

第一节 定积分的元素法(微元法)

一、知识点归纳总结

定积分所计算的是某函数改变量(即增量),如曲边梯形的面积是面积函数改变量,弧长是弧长函数改变量.所用方法是分割、近似、求和、取极限,即

$$
\overset{\text{整体改变量化为局部改变量之和}}{F(b)-F(a)} = \sum_{i=1}^{n}\big[F(x_i)-F(x_{i-1})\big]
$$

$$
\approx \underset{\text{局部用微分近似改变量}}{\sum_{i=1}^{n}F'(x_i)\Delta x_i} = \sum_{i=1}^{n}f(x_i)\Delta x_i.
$$

取极限从近似转化为精确,即 $F(b)-F(a)=\lim\limits_{\lambda\to 0}\sum\limits_{i=1}^{n}f(x_i)\Delta x_i=\int_a^b f(x)\mathrm{d}x$.

这四步法中的关键是分割与近似.由于微分式与积分式是等价的,这四步法可归结为两步:

第一步,求出 $F(x)$ 的微分式 $\mathrm{d}F(x)=f(x)\mathrm{d}x$,其中 $f(x)$ 是已知的,$F(x)$ 是要求的;

第二步,将微分式积分,即得 $F(b)-F(a)=\int_a^b f(x)\mathrm{d}x$.

怎样写出 $F(x)$ 的微分式,常用的方法是微元分析法(又称元素法):$\forall$ 取微元区间 $[x,x+\Delta x]$,求出

$$
\Delta F(x)=F(x+\Delta x)-F(x)\approx f(x)\Delta x.
$$

当 $\Delta x\to 0$ 时,上面的近似式转化为等式,即 $\mathrm{d}F(x)=f(x)\mathrm{d}x$.

二、典型题型归纳及解题方法与技巧

【例 6.1.1】设平面曲线 $\overset{\frown}{AB}$ 的参数方程为 $\begin{cases} x=x(t), \\ y=y(t), \end{cases} \alpha\leqslant t\leqslant\beta$,其中 $x(t),y(t)$ 在 $[\alpha,\beta]$ 有连续的导数,$x'^2(t)+y'^2(t)\neq 0$.试用微元法导出弧长的计算公式.

【解】任意取区间 $[t,t+\Delta t]\subset[\alpha,\beta]$,对应点 $(x(t),y(t))(x(t+\Delta t),y(t+\Delta t))$ 的弧长用弦长来近似,得 $\Delta s\approx\sqrt{\Delta x^2+\Delta y^2}=\sqrt{\left(\dfrac{\Delta x}{\Delta t}\right)^2+\left(\dfrac{\Delta y}{\Delta t}\right)^2}\,\Delta t$,其中,$\Delta x=x(t+\Delta t)-x(t),\Delta y=y(t+\Delta t)-y(t)$,见图 6.1-1.

小弧段的长是弧长函数改变量,$\Delta s=s(t+\Delta t)-s(t)$,从点 $(x(a),y(a))$ 到点 $(x(t),y(t))$ 之间的弧长为 $s(t)$.注意,当 $\Delta t\to 0$ 时,有

$$\lim_{\Delta t \to 0} \frac{\Delta x}{\Delta t} = x'(t), \quad \lim_{\Delta t \to 0} \frac{\Delta y}{\Delta t} = y'(t),$$

于是得 $ds = \sqrt{x'^2(t) + y'^2(t)} \, dt$，因此 $\overset{\frown}{AB}$ 的弧长 $s = \int_a^\beta \sqrt{x'^2(t) + y'^2(t)} \, dt$.

【例 6.1.2】设连续曲线 $\Gamma: y = f(x)(a \leqslant x \leqslant b)$，$f(x) \geqslant 0$，与直线 $x = a$，$x = b$ 及 x 轴围成平面图形. 该图形绕 x 轴旋转一周产生旋转体，试用微元法导出它的体积公式.

【解】任意取 $[x, x+\Delta x] \subset [a, b]$，得平面图形的一小窄条，见图 6.1-2 中的阴影部分，它绕 x 轴旋转得旋转体的一小薄片，近似看成圆柱体，其体积 $\Delta V \approx \pi f^2(x) \Delta x$（小薄片的体积是体积函数 $V(x)$ 的改变量 $\Delta V = V(x+\Delta x) - V(x)$，曲线 $y = f(x)$，直线 $x = a$，$x = t$ 与 x 轴围成平面图形绕 x 轴旋转的旋转体体积为 $V(t)$）.

令 $\Delta x \to 0$，得 $dV = \pi f^2(x) dx$. 于是整个旋转体的体积为

$$V = \int_a^b \pi f^2(x) \, dx = \pi \int_a^b f^2(x) \, dx.$$

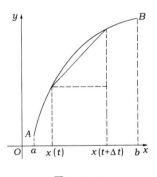

图 6.1-1

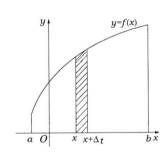

图 6.1-2

第二节　定积分在几何学上的应用

一、知识点归纳总结

1. 平面图形的面积

(1) 直角坐标系中的平面图形

设 $f(x), g(x)$ 在 $[a, b]$ 连续，则由曲线 $y = f(x)$，$y = g(x)$ 及直线 $x = a$，$x = b(a < b)$ 所围成的平面图形的面积为

$$S = \int_a^b |f(x) - g(x)| \, dx,$$

其中，曲线 $y = f(x)$，$y = g(x)(x \in [a, b])$ 可以有有限个交点，见图 6.2-1.

特别地，若 $f(x) \geqslant g(x)(x \in [a, b])$，见图 6.2-2，则

$$S = \int_a^b [f(x) - g(x)] \, dx.$$

若 $g(x) \equiv 0$，见图 6.2-3，则 $S = \int_a^b f(x) \, dx$.

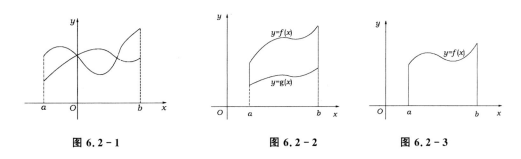

图 6.2－1　　　　　　图 6.2－2　　　　　　图 6.2－3

设 $\varphi(y),\psi(y)$ 在 $[\alpha,\beta]$ 连续,则由曲线 $x=\varphi(y),x=\psi(y)$ 及直线 $y=\alpha,y=\beta(\alpha<\beta)$ 所围成的平面图形的面积为

$$S=\int_{\alpha}^{\beta}|\varphi(y)-\psi(y)|\mathrm{d}y.$$

其中,曲线 $x=\varphi(y),x=\psi(y)(y\in[\alpha,\beta])$ 可以有有限个交点,见图 6.2－4.

特别地,若 $\varphi(y)\geqslant\psi(y)(y\in[\alpha,\beta])$,见图 6.2－5,则 $S=\int_{\alpha}^{\beta}[\varphi(y)-\psi(y)]\mathrm{d}y.$

若 $\psi(y)\equiv0$,见图 6.2－6,则 $S=\int_{\alpha}^{\beta}\varphi(y)\mathrm{d}y.$

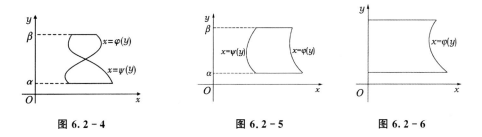

图 6.2－4　　　　　　图 6.2－5　　　　　　图 6.2－6

(2) 极坐标系中的平面图形

设 $r_1(\theta),r_2(\theta)$ 在 $[\alpha,\beta]$ 连续,$r_1(\theta)\leqslant r_2(\theta)(\theta\in[\alpha,\beta])$,则在极坐标系中由曲线 $r=r_1(\theta),r=r_2(\theta)$ 及射线 $\theta=\alpha,\theta=\beta(\alpha<\beta)$ 所围成的平面图形的面积(见图 6.2－7)为

$$S=\frac{1}{2}\int_{\alpha}^{\beta}[r_2^2(\theta)-r_1^2(\theta)]\mathrm{d}\theta.$$

特别当 $r_2(\theta)=r(\theta),r_1(\theta)=0$ 时,有 $S=\frac{1}{2}\int_{\alpha}^{\beta}r^2(\theta)\mathrm{d}\theta$,见图 6.2－8.

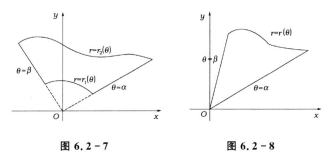

图 6.2－7　　　　　　图 6.2－8

设 $\theta_1(r),\theta_2(r)$ 在 $[a,b]$ 连续,$\theta_1(r)\leqslant\theta_2(r)(r\in[a,b])$,则在极坐标系中由曲线

$\theta=\theta_1(r),\theta=\theta_2(r)$ 及圆弧 $r=a,r=b(a<b)$ 所围成图形的面积(见图 6.2-9)为

$$S=\int_a^b r[\theta_2(r)-\theta_1(r)]\mathrm{d}r.$$

(3) 曲边梯形的曲边由参数方程给出的情形

当曲边梯形的曲边 $y=f(x)\geqslant0(x\in[a,b])$ 由参数方程

$$x=\varphi(t),y=\psi(t),t\in[\alpha,\beta]$$

给出时,其中 $\varphi(t)$ 在 $[\alpha,\beta]$(或 $[\beta,\alpha]$)有连续导数且 $\varphi'(t)$ 不变号,$\varphi(\alpha)=a,\psi(\beta)=b$,$\psi(t)\geqslant0$ 连续,则曲边梯形的面积(见图 6.2-10)为

$$S=\int_a^b y\mathrm{d}x=\int_\alpha^\beta \psi(t)\varphi'(t)\mathrm{d}t.$$

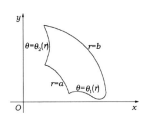

图 6.2-9

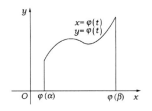

图 6.2-10

2. 平面曲线的弧微分与弧长

(1) 参数方程情形

已知平面曲线 $\overparen{AB}$ 的参数方程为 $x=x(t),y=y(t)$,则

弧微分为 $\qquad \mathrm{d}s=\sqrt{x'^2(t)+y'^2(t)}\,\mathrm{d}t\ ((\mathrm{d}s)^2=(\mathrm{d}x)^2+(\mathrm{d}y)^2)$,

弧长为 $\qquad\qquad s=\int_\alpha^\beta\sqrt{x'^2(t)+y'^2(t)}\,\mathrm{d}t$,

其中,$x(t),y(t)$ 在 $[\alpha,\beta]$ 有连续的导数,$x'^2(t)+y'^2(t)\neq0$.

(2) 显示方程情形

已知平面曲线 $\overparen{AB}$ 在直角坐标系中显式表示为 $y=f(x)(a\leqslant x\leqslant b)$,则

弧微分 $\qquad\qquad \mathrm{d}s=\sqrt{1+f'^2(x)}\,\mathrm{d}x.$

弧长为 $\qquad\qquad s=\int_a^b\sqrt{1+f'^2(x)}\,\mathrm{d}x$,

其中,$f(x)$ 在 $[a,b]$ 有连续的导数.

(3) 极坐标情形

已知平面曲线 $\overparen{AB}$ 的极坐标方程为 $r=r(\theta)(\alpha\leqslant\theta\leqslant\beta)$,则它的参数方程为

$$x=r(\theta)\cos\theta,\qquad y=r(\theta)\sin\theta\quad(\alpha\leqslant\theta\leqslant\beta).$$

则弧微分为 $\qquad\qquad \mathrm{d}s=\sqrt{r^2(\theta)+r'^2(\theta)}\,\mathrm{d}\theta$,

弧长为 $\qquad\qquad s=\int_\alpha^\beta\sqrt{r^2(\theta)+r'^2(\theta)}\,\mathrm{d}\theta$,

其中,$r(\theta)$ 在 $[\alpha,\beta]$ 有连续的导数.

3. 空间图形的体积

（1）求已知平行截面面积的立体的体积

设空间中某立体由一曲面和过点 $z=a$，$z=b$ 且垂直于 z 轴的两个平面围成（$a<b$）．若过 z 轴 $\forall$ 点 $z(a\leqslant z\leqslant b)$ 且垂直 z 轴的平面截立体所得的截面面积 $S(z)$ 是已知的连续函数，则该立体的体积 $V=\int_a^b S(z)\mathrm{d}z$，见图 6.2 - 11．

（2）求旋转体的体积

设有连续曲线 $\Gamma:y=f(x)(a\leqslant x\leqslant b)$，与直线 $x=a$，$x=b$ 及 x 轴围成平面图形．该平面图形绕 x 轴旋转一周产生旋转体，其体积为 $V=\pi\int_a^b f^2(x)\mathrm{d}x$，见图 6.2 - 12．

当 $a>0$ 时，该平面图形绕 y 轴旋转一周产生另一旋转体，其体积为 $V=2\pi\int_a^b x\,|\,f(x)\,|\,\mathrm{d}x$．

4. 曲面的面积

在 x 轴上方有一平面曲线 $\overset{\frown}{AB}$，绕 x 轴旋转一周得旋转曲面，其面积记为 F，见图 6.2 - 13．

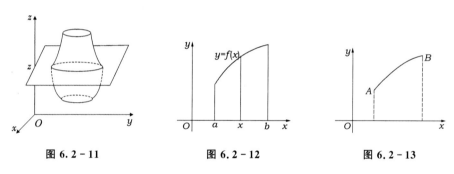

图 6.2 - 11　　　　　图 6.2 - 12　　　　　图 6.2 - 13

① 若 $\overset{\frown}{AB}$ 为直线段 $\overline{AB}$，则 $F=\pi l(y_A+y_B)$，其中 l 为 $\overline{AB}$ 的长度，y_A，y_B 分别为点 A，B 的纵坐标．

② 设 $\overset{\frown}{AB}$ 以弧长为参数的方程为 $x=x(s)$，$y=y(s)(0\leqslant s\leqslant l)$，则 $F=2\pi\int_0^l y(s)\mathrm{d}s$，其中 $x(s)$，$y(s)$ 连续．

③ 设 $\overset{\frown}{AB}$ 的参数方程为 $x=x(t)$，$y=y(t)(\alpha\leqslant t\leqslant\beta)$，则

$$F=2\pi\int_\alpha^\beta y(t)\sqrt{x'^2(t)+y'^2(t)}\,\mathrm{d}t,\text{其中 }x(t)，y(t)\text{ 在}[\alpha,\beta]\text{有连续偏导数．}$$

④ 设 $\overset{\frown}{AB}$ 的方程为 $y=f(x)(a\leqslant x\leqslant b)$，则

$$F=2\pi\int_a^b f(x)\sqrt{1+f'^2(x)}\,\mathrm{d}x,\text{其中 }f(x)\text{ 在}[a,b]\text{有连续的导数．}$$

⑤ 设 $\overset{\frown}{AB}$ 的极坐标方程为 $r=r(\theta)(\alpha\leqslant\theta\leqslant\beta)$，则

$$F=2\pi\int_\alpha^\beta r(\theta)\sin\theta\cdot\sqrt{r^2(\theta)+r'^2(\theta)}\,\mathrm{d}\theta,\text{其中 }r(\theta)\text{ 在}[\alpha,\beta]\text{有连续的导数．}$$

二、典型题型归纳及解题方法与技巧

1. 求平面图形的面积

【例 6.2.1】求下列平面图形的面积：

（1）由曲线 $y=\ln x$ 与两直线 $y=e+1-x$ 及 $y=0$ 围成的平面图形；

（2）由双纽线 $(x^2+y^2)^2=x^2-y^2$ 围成的平面图形；

（3）由曲线 $y=x(x-1)(2-x)$ 与 x 轴围成的平面图形.

【解】（1）解联立方程 $\begin{cases} y=\ln x, \\ y=e+1-x \end{cases}$ 得唯一交点 $(e,1)$，所给曲线与直线分别交 x 轴于 $x=1$ 及 $x=e+1$. 围成图形见图 6.2-14 中阴影部分，其面积为

$$S=\int_0^1 (e+1-y-e^y)\,dy=e+1-\frac{1}{2}-e^y\Big|_0^1=\frac{3}{2}.$$

（2）双纽线的极坐标方程是 $r^4=r^2(\cos^2\theta-\sin^2\theta)$，即 $r^2=\cos 2\theta$. 当 $\theta\in[0,2\pi]$ 时，仅当 $|\theta|\leqslant\dfrac{\pi}{4}$，$|\theta|\geqslant\dfrac{3}{4}\pi$ 时才有 $r\geqslant 0$.

由于曲线关于极轴与 y 轴均对称，见图 6.2-15，只须考虑 $\theta\in\left[0,\dfrac{\pi}{4}\right]$ 部分. 由对称性及反常扇形面积计算公式得

$$S=4\cdot\int_0^{\frac{\pi}{4}}\frac{1}{2}r^2(\theta)\,d\theta=2\int_0^{\frac{\pi}{4}}\cos 2\theta\,d\theta=\sin 2\theta\Big|_0^{\frac{\pi}{4}}=1.$$

（3）曲线 $y=x(x-1)(2-x)$ 与 x 轴的交点是 $x=0,1,2.\ 0<x<1$ 时 $y<0$，$1<x<2$ 时 $y>0$，见图 6.2-16. 因此图形的面积为

$$S=\int_0^2 |x(x-1)(2-x)|\,dx=-\int_0^1 x(x-1)(2-x)\,dx+\int_1^2 x(x-1)(2-x)\,dx$$

$$\xlongequal{t=x-1}-\int_{-1}^0 t(1-t^2)\,dt+\int_0^1 t(1-t^2)\,dt=\frac{1}{2}.$$

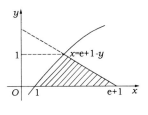

图 6.2-14

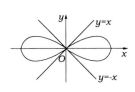

图 6.2-15

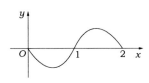

图 6.2-16

2. 求平面曲线的弧长

【例 6.2.2】求下列平面曲线的弧长：

（1）曲线 $y=\ln(1-x^2)$ 相应于 $0\leqslant x\leqslant\dfrac{1}{2}$ 的一段；

（2）摆线 $\begin{cases} x=1-\cos t, \\ y=t-\sin t \end{cases}$ 的一拱 $(0\leqslant t\leqslant 2\pi)$.

【解】(1) 先求 y' 与 $\sqrt{1+y'^2}$：$y'=\dfrac{-2x}{1-x^2}$，$\sqrt{1+y'^2}=\dfrac{1+x^2}{1-x^2}$，因此该段曲线的弧长为

$$s=\int_0^{\frac{1}{2}}\sqrt{1+y'^2}\,\mathrm{d}x=\int_0^{\frac{1}{2}}\frac{1+x^2}{1-x^2}\,\mathrm{d}x=\int_0^{\frac{1}{2}}\left(-1+\frac{1}{1+x}+\frac{1}{1-x}\right)\mathrm{d}x$$

$$=-\frac{1}{2}+\ln\frac{1+x}{1-x}\bigg|_0^{\frac{1}{2}}=-\frac{1}{2}+\ln 3.$$

(2) $\sqrt{x'^2+y'^2}=\sqrt{(\sin t)^2+(1-\cos t)^2}=\sqrt{2}\sqrt{1-\cos t}=2\left|\sin\dfrac{t}{2}\right|$. 因此，摆线的一拱($0\leqslant t\leqslant 2\pi$)的弧长为

$$s=\int_0^{2\pi}\sqrt{x'^2(t)+y'^2(t)}\,\mathrm{d}t=\int_0^{2\pi}2\left|\sin\frac{t}{2}\right|\mathrm{d}t=2\int_0^{2\pi}\sin\frac{t}{2}\,\mathrm{d}t$$

$$=4\left[-\cos\frac{t}{2}\right]_0^{2\pi}=8.$$

【例 6.2.3】 求曲线 $\rho=a\sin^3\dfrac{\theta}{3}$ 的全长.

【解】 $\rho=a\sin^3\dfrac{\theta}{3}$ 以 6π 为周期，$\theta\in[0,3\pi]\Leftrightarrow\dfrac{\theta}{3}\in[0,\pi]$，$\rho\geqslant0$；$\theta\in(3\pi,6\pi)\Leftrightarrow$ $\dfrac{\theta}{3}\in(\pi,2\pi)$，$\rho<0$. 只需考虑 $\theta\in[0,3\pi]$. 由于

$$\rho'=3a\sin^2\frac{\theta}{3}\cos\frac{\theta}{3}\cdot\frac{1}{3}=a\sin^2\frac{\theta}{3}\cos\frac{\theta}{3},\ \rho^2+\rho'^2=a^2\sin^4\frac{\theta}{3},$$

则

$$L=\int_0^{3\pi}\sqrt{\rho^2+\rho'^2}\,\mathrm{d}\theta=a\int_0^{3\pi}\sin^2\frac{\theta}{3}\,\mathrm{d}\theta=3a\int_0^\pi\sin^2 t\,\mathrm{d}t=\frac{3a}{2}\pi.$$

3. 求旋转体的体积

【例 6.2.4】 求由曲线 $x=a(t-\sin t)$，$y=a(1-\cos t)$($0\leqslant t\leqslant 2\pi$)，$y=0$ 所围图形绕 Ox 轴旋转所成立体的体积.

【解】 由已知的体积公式，得

$$V=\int_0^{2\pi a}\pi y^2(x)\,\mathrm{d}x\xrightarrow[\substack{t\in[0,2\pi]}]{\substack{x=a(t-\sin t)\\ x\in[0,2\pi a]}}\int_0^{2\pi}\pi a^2(1-\cos t)^2 x'(t)\,\mathrm{d}t$$

$$=\int_0^{2\pi}\pi a^3(1-\cos t)^3\,\mathrm{d}t=\pi a^3\int_0^{2\pi}(1-3\cos t+3\cos^2 t-\cos^3 t)\,\mathrm{d}t$$

$$=\pi a^3\left[2\pi+3\pi-\int_0^{2\pi}(1-\sin^2 t)\mathrm{d}(\sin t)\right]=5\pi^2 a^3.$$

【例 6.2.5】 求下列旋转体的体积 V：

(1) 由曲线 $x^2+y^2\leqslant 2x$ 与 $y\geqslant x$ 确定的平面图形绕直线 $x=2$ 旋转而成的旋转体；

(2) 由曲线 $y=3-|x^2-1|$ 与 x 轴围成封闭图形绕直线 $y=3$ 旋转而成的旋转体.

【解】(1) 对该平面图形，可以作垂直分割，也可作水平分割.

方法一 作水平分割. 该平面图形见图 6.2-17，上半圆方程写成 $x=1-\sqrt{1-y^2}$ ($0\leqslant y\leqslant 1$). 任取 y 轴上 $[0,1]$ 区间内的小区间 $[y,y+\mathrm{d}y]$，相应的微元绕 $x=2$ 旋转而成

的立体体积为

$$dV = \{\pi[2-(1-\sqrt{1-y^2})]^2 - \pi(2-y)^2\}dy.$$

于是

$$V = \pi\int_0^1[2-(1-\sqrt{1-y^2})]^2dy - \pi\int_0^1(2-y)^2dy$$

$$= \pi\int_0^1(2-y^2+2\sqrt{1-y^2})dy - \pi\int_1^2 t^2dt$$

$$\underset{\substack{\underline{\int_0^1\sqrt{1-y^2}dy=\frac{\pi}{4}}\\ \text{单位圆面积}}}{=\!=\!=\!=\!=\!=\!=\!=} \frac{5}{3}\pi + \frac{1}{2}\pi^2 - \frac{7}{3}\pi = \frac{1}{2}\pi^2 - \frac{2}{3}\pi.$$

方法二 作垂直分割.任取 x 轴上 $[0,1]$ 区间内的小区间 $[x,x+dx]$,相应的小竖条绕 $x=2$ 旋转而成的立体的体积为

$$dV = 2\pi(2-x)(\sqrt{2x-x^2}-x)dx.$$

于是 $V = 2\pi\int_0^1(2-x)(\sqrt{2x-x^2}-x)dx$

$$= 2\pi\left[\int_0^1(1-x)\sqrt{1-(1-x)^2}dx + \int_0^1\sqrt{1-(1-x)^2}dx - \int_0^1(2-x)xdx\right]$$

$$= 2\pi\left[\frac{1}{3}(1-(1-x)^2)^{\frac{3}{2}}\Big|_0^1 + \frac{\pi}{4} - 1 + \frac{1}{3}\right] = \frac{\pi^2}{2} - \frac{2}{3}\pi,$$

其中,$\int_0^1\sqrt{1-(1-x)^2}dx = \frac{\pi}{4}$ 是 $\frac{1}{4}$ 单位圆面积.

(2) 曲线 $y=3-|x^2-1|$ 与 x 轴的交点是 $(-2,0),(2,0)$. 曲线 $y=f(x)=3-|x^2-1|$ 与 x 轴围成的平面图形,如图 6.2-18 所示.

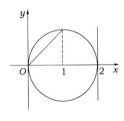

图 6.2-17

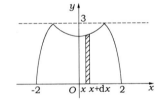

图 6.2-18

显然作垂直分割方便.任取 $[x,x+dx]\subset[-2,2]$,相应的小竖条绕 $y=3$ 旋转而成的立体体积为

$$dV = \pi[3^2-(3-f(x))^2]dx = \pi(9-|x^2-1|^2)dx,$$

于是 $V = \pi\int_{-2}^2[9-(x^2-1)^2]dx = 2\pi\int_0^2[9-(x^4-2x^2+1)]dx$

$$= 2\pi\left[18-\left(\frac{1}{5}\times2^5 - \frac{2}{3}\times2^3 + 2\right)\right] = \frac{448}{15}\pi.$$

评注 ① 在用微元法时,有时可用不同的分割,如题(1)作水平或垂直分割均可,繁简程度差不多.有时取某种分割方便,如题(2)取垂直分割方便.

② 做题时要观察题目的特点,如题(2)中,体积公式只与 $(y-3)^2$ 有关,因此可不必事先把曲线表达式 $y=3-|x^2-1|$ 中的绝对值打开,即不必将它分段表示.

4. 求平行截面面积为已知的立体体积

【例 6.2.6】设底面长短轴分别为 $2a$，$2b$ 的正椭圆柱体被过此柱体底面的短轴且与底面成 α 角 $\left(0<\alpha<\dfrac{\pi}{2}\right)$ 的平面截得一楔形体（见图 6.2-19），求它的体积.

【解】椭圆柱体底面的椭圆方程是 $\dfrac{x^2}{a^2}+\dfrac{y^2}{b^2}=1$. 垂直于 y 轴的

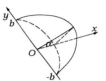

平面截此立体得直角三角形，一锐角为 α，邻边长 $x=a\sqrt{1-\dfrac{y^2}{b^2}}$，

对边长 $a\sqrt{1-\dfrac{y^2}{b^2}}\tan\alpha$，它的面积为

图 6.2-19

$$S(y)=\frac{1}{2}a\sqrt{1-\frac{y^2}{b^2}}a\sqrt{1-\frac{y^2}{b^2}}\tan\alpha=\frac{1}{2}a^2\left(1-\frac{y^2}{b^2}\right)\tan\alpha.$$

楔形体的体积为

$$V=\int_{-b}^{b}S(y)\mathrm{d}y=2\int_{0}^{b}\frac{1}{2}a^2\left(1-\frac{y^2}{b^2}\right)\tan\alpha\,\mathrm{d}y=a^2\left[y-\frac{1}{3b^2}y^3\right]_0^b\tan\alpha=\frac{2}{3}a^2b\tan\alpha.$$

5. 求旋转面的面积

【例 6.2.7】求下列旋转面的面积：

(1) $y=\sin x\,(0\leqslant x\leqslant\pi)$，$y=0$ 围成的图形绕 x 轴旋转所得曲面；

(2) $r=a(1+\cos\theta)\,(a>0)$ 绕极轴旋转所成曲面.

【解】(1) 该旋转面的面积为

$$\begin{aligned}
F&=2\pi\int_0^\pi y\sqrt{1+y'^2}\,\mathrm{d}x=2\pi\int_0^\pi\sin x\sqrt{1+\cos^2 x}\,\mathrm{d}x\\
&=-2\pi\int_0^\pi\sqrt{1+\cos^2 x}\,\mathrm{d}(\cos x)=2\pi\int_{-1}^{1}\sqrt{1+u^2}\,\mathrm{d}u\\
&=4\pi\int_0^1\sqrt{1+u^2}\,\mathrm{d}u=4\pi\left[\frac{u}{2}\sqrt{1+u^2}+\frac{1}{2}\ln(u+\sqrt{1+u^2})\right]_0^1\\
&=2\pi[\sqrt{2}+\ln(1+\sqrt{2})].
\end{aligned}$$

(2) 这是心形线. $r(\theta)=a(1+\cos\theta)$，则 $r(-\theta)=r(\theta)$，曲线关于极轴对称，在极轴上方部分是 $r=a(1+\cos\theta)$，$0\leqslant\theta\leqslant\pi$. 于是它绕极轴旋转所成曲面的面积为

$$\begin{aligned}
F&=2\pi\int_0^\pi r(\theta)\sin\theta\sqrt{r^2(\theta)+r'^2(\theta)}\,\mathrm{d}\theta\\
&=2\pi\int_0^\pi a(1+\cos\theta)\sqrt{a^2(1+\cos\theta)^2+a^2\sin^2\theta}\sin\theta\,\mathrm{d}\theta\\
&=-2\pi\int_0^\pi\sqrt{2}a^2(1+\cos\theta)^{\frac{3}{2}}\,\mathrm{d}(1+\cos\theta)\\
&=-2\sqrt{2}a^2\pi\frac{2}{5}\left[(1+\cos\theta)^{\frac{5}{2}}\right]_0^\pi=\frac{32}{5}\pi a^2.
\end{aligned}$$

【例 6.2.8】求下列旋转面的面积：

(1) 圆弧 $x^2+y^2=a^2\left(\dfrac{a}{2}\leqslant y\leqslant a\right)$ 绕 y 轴旋转所得球冠；

（2）$x = a\cos^3 t, y = a\sin^3 t$ 绕直线 $y = x$ 旋转所得曲面.

【解】（1）如图 6.2-20 所示，由对称性只须考虑 y 轴右方部分的圆弧，将它表示为

$x = \sqrt{a^2 - y^2}\left(\dfrac{a}{2} \leqslant y \leqslant a^2\right)$，则 $\dfrac{\mathrm{d}x}{\mathrm{d}y} = \dfrac{-y}{\sqrt{a^2 - y^2}}$. 直接由旋转面的面积计算公式得

$$F = 2\pi\int_{\frac{a}{2}}^{a} \sqrt{a^2 - y^2} \cdot \sqrt{1 + \left(\frac{\mathrm{d}x}{\mathrm{d}y}\right)^2}\,\mathrm{d}y = 2\pi\int_{\frac{a}{2}}^{a} \sqrt{a^2 - y^2}\,\frac{a}{\sqrt{a^2 - y^2}}\,\mathrm{d}y$$

$$= 2\pi \cdot \frac{a}{2} a = \pi a^2.$$

（2）如图 6.2-21 所示，曲线关于 $y = \pm x$ 对称，只须考察 $t \in \left[\dfrac{\pi}{4}, \dfrac{3}{4}\pi\right]$ 一段曲线. 现在没有现成的公式可用. 用微元法导出旋转面的面积公式. 任取曲线的小微元，端点坐标为 $(x(t), y(t)) = (a\cos^3 t, a\sin^3 t)$，它到直线 $y = x$ 的距离为

$$l(t) = \frac{a\sin^3 t - a\cos^3 t}{\sqrt{2}}.$$

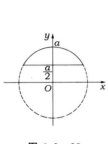

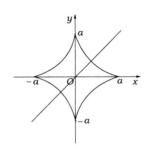

图 6.2-20   图 6.2-21

曲线微元的弧长 $\mathrm{d}s = \sqrt{x'^2 + y'^2}\,\mathrm{d}t = 3a\,|\sin t\cos t|\,\mathrm{d}t$，它绕 $y = x$ 旋转所得曲面微元的面积为

$$\mathrm{d}F = 2\pi l(t)\mathrm{d}s = 2\pi\,\frac{a\sin^3 t - a\cos^3 t}{\sqrt{2}} \cdot 3a\,|\sin t\cos t|\,\mathrm{d}t.$$

因此整个旋转面的面积为

$$F = 2 \cdot \frac{6\pi a^2}{\sqrt{2}}\int_{\frac{\pi}{4}}^{\frac{3}{4}\pi} (\sin^3 t - \cos^3 t)\,|\sin t\cos t|\,\mathrm{d}t$$

$$= 6\sqrt{2}\pi a^2 \cdot \left[\int_{\frac{\pi}{4}}^{\frac{\pi}{2}} (\sin^3 t - \cos^3 t)\sin t\cos t\,\mathrm{d}t - \int_{\frac{\pi}{2}}^{\frac{3}{4}\pi} (\sin^3 t - \cos^3 t)\sin t\cos t\,\mathrm{d}t\right]$$

$$= \frac{6\sqrt{2}\pi a^2}{5}\left[\left[\sin^5 t + \cos^5 t\right]_{\frac{\pi}{4}}^{\frac{\pi}{2}} - \left[\sin^5 t + \cos^5 t\right]_{\frac{\pi}{2}}^{\frac{3}{4}\pi}\right]$$

$$= \frac{6\sqrt{2}\pi a^2}{5}\left(2 - \frac{\sqrt{2}}{4}\right) = \frac{3}{5}\pi a^2(4\sqrt{2} - 1).$$

第三节　定积分在物理学上的应用

一、知识点归纳总结

1. 变力沿直线做的功

设一物体沿 x 轴运动,在运动过程中始终有力 F 作用于物体上.力 F 的方向或与 Ox 轴方向一致(此时 F 取正值),或与 Ox 轴方向相反(此时 F 取负值).物体在 x 处的力为 $F(x)$,则物体从 a 移到 b 时变力 $F(x)$ 做的功为 $W = \int_a^b F(x)\mathrm{d}x$(任取 $[x, x + \mathrm{d}x]$ 一段, 力 $F(x)$ 做的功 $\mathrm{d}W = F(x)\mathrm{d}x$).

2. 液体的静压力

在液面下深度为 h 处,由液体重量产生的压强 p 等于它的深度 h 与液体比重 γ 的乘积:

$$p = \gamma h.$$

并且同一点的压强在各个方向都是相等的.

设有一薄板垂直放入均匀的静止液体中.取直角坐标系 Oxy,y 轴在液体表面上,向右为正向,x 轴垂直向下为正向.薄板的上、下边为直边 $x = a$,$x = b$,$a < b$,而侧边为曲边,曲边方程分别为 $y = f(x)$,$y = g(x)$,$f(x) \geqslant g(x)$,它们在 $[a, b]$ 上连续,见图 6.3 - 1.则液体对薄板的侧压力 P 为

$$P = \gamma \int_a^b x[f(x) - g(x)]\mathrm{d}x.$$

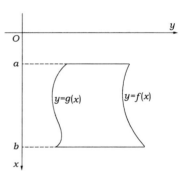

图 6.3 - 1

3. 引力问题

质量分别为 m_1,m_2 相距为 r 的两个质点间的引力大小为 $F = k\dfrac{m_1 m_2}{r^2}$,其中 k 为引力常数,引力的方向沿着两个质点的连线方向.

根据万有引力定律与微元法可以计算质点对某些均匀物体的引力.

4. 物理量的平均值

① 连续函数 $y = f(x)$ 在 $[a, b]$ 上的平均值为 $\overline{y} = \dfrac{1}{b - a}\int_a^b f(x)\mathrm{d}x$.

② 直线电路中,电流强度为 I,电阻为 R,则消耗的功率为 $P = I^2 R$.交流电路中,电流强度 $i = i(t)$ 是时间 t 的周期函数,周期为 T,它的瞬时功率为

$$P = i^2(t)R,$$

其中,R 为电阻,一个周期内的平均功率为 $\overline{P} = \dfrac{1}{T}\int_0^T i^2(t)R\ \mathrm{d}t = \dfrac{R}{T}\int_0^T i^2(t)\mathrm{d}t.$

学习随笔

③ 连续函数 $y=f(x)$ 在$[a,b]$上的均方根为$\sqrt{\frac{1}{b-a}\int_a^b f^2(x)\mathrm{d}x}$. 如:周期性电流 $i(t)$ 的有效值 $I=\sqrt{\frac{1}{T}\int_0^T i^2(t)\mathrm{d}t}$ 就是它在一个周期上的均方根.

二、典型题型归纳及解题方法与技巧

1. 用定积分求功

【例 6.3.1】设有一半径为 R、长度为 l 的圆柱体,平放在深度为 $2R$ 的水池中(圆柱体的侧面与水面相切). 设圆柱体的比重为 $\rho(\rho>1)$,现将圆柱体从水中移出水面,问需作多少功?

【分析】建立坐标系如图 6.3-2 所示. 用微元法考察微元上的作用力. 注意,在水里时受重力与浮力的作用,在水面上时只受重力的作用.

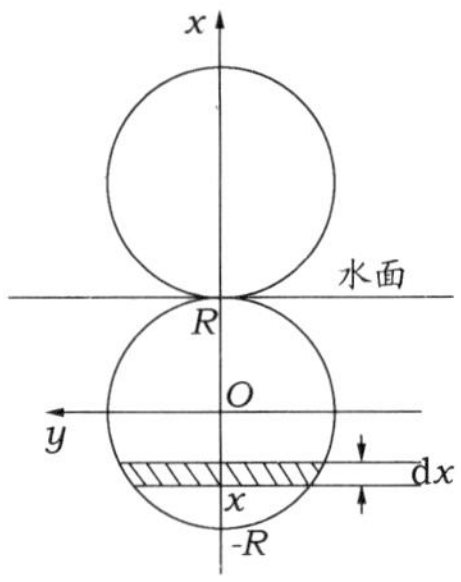

图 6.3-2

【解】任取小区间$[x,x+\mathrm{d}x]\subset[-R,R]$相应的柱体薄片,其体积为

$$2yl\,\mathrm{d}x=2l\sqrt{R^2-x^2}\,\mathrm{d}x.$$

移至水面时薄片移动的距离为 $R-x$,所受的力(重力与浮力之差)为$(\rho-1)2l\sqrt{R^2-x^2}\,\mathrm{d}x$,因而移至水面时做的功为

$$(\rho-1)2l(R-x)\sqrt{R^2-x^2}\,\mathrm{d}x.$$

整个移出水面时,此薄片离水面距离为 $R+x$. 将薄片从水面移动此距离所做的功为 $\rho(R+x)2l\sqrt{R^2-x^2}\,\mathrm{d}x$. 于是对薄片做的功为

$$\begin{aligned}\mathrm{d}W&=2l[(\rho-1)(R-x)+\rho(R+x)]\sqrt{R^2-x^2}\,\mathrm{d}x\\&=2l[(2\rho-1)R+x]\sqrt{R^2-x^2}\,\mathrm{d}x.\end{aligned}$$

因此,所求的功
$$\begin{aligned}W&=\int_{-R}^{R}2l\sqrt{R^2-x^2}[(2\rho-1)R+x]\mathrm{d}x\\&=2l(2\rho-1)R\int_{-R}^{R}\sqrt{R^2-x^2}\,\mathrm{d}x+0\\&=2l(2\rho-1)R\cdot\frac{\pi}{2}R^2=l(2\rho-1)\pi R^3.\end{aligned}$$

2. 用定积分求液体静压力

【例 6.3.2】有一椭圆形薄板,长半轴为 a,短半轴为 b,薄板垂直立于水中,而其短半轴与水面相齐,求水对薄板的侧压力.

【解法一】取坐标系如图 6.3-3 所示,椭圆方程为$\frac{x^2}{a^2}+\frac{y^2}{b^2}=1$.

见图 6.3-3,分割区间$[0,a]$,在小区间$[x,x+\mathrm{d}x]$对应的小横条薄板上,水对它的压力为

$$\mathrm{d}P=\text{压强}\times\text{面积}=\gamma x\cdot 2y\,\mathrm{d}x=\gamma x\,\frac{2b}{a}\sqrt{a^2-x^2}\,\mathrm{d}x,$$

学习随笔

其中,γ 为水的比重.从 0 到 a 积分便得到椭圆形薄板所受的压力为

$$P = \int_0^a \frac{2b\gamma}{a}x\sqrt{a^2-x^2}\,\mathrm{d}x = -\frac{b\gamma}{a}\frac{2}{3}(a^2-x^2)^{\frac{3}{2}}\Big|_0^a = \frac{2}{3}\gamma a^2 b.$$

【解法二】见图 6.3-4,分割区间 $[-b,b]$,在小区间 $[y,y+\mathrm{d}y]$ 对应的小竖条薄板上,水对它的压力为

$$\mathrm{d}P = 中心处的压强 \times 面积 = \gamma \cdot \frac{x}{2}x\mathrm{d}y = \frac{\gamma}{2}a^2\left(1-\frac{y^2}{b^2}\right)\mathrm{d}y.$$

从 $-b$ 到 b 积分便得到椭圆形薄板所受的压力为

$$P = \int_{-b}^b \frac{\gamma}{2}a^2\left(1-\frac{y^2}{b^2}\right)\mathrm{d}y = \gamma a^2\int_0^b\left(1-\frac{y^2}{b^2}\right)\mathrm{d}y = \gamma a^2\left[y-\frac{y^3}{3b^2}\right]_0^b = \frac{2\gamma}{3}a^2 b.$$

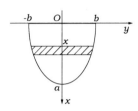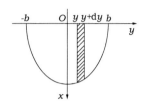

图 6.3-3　　　　　　　　　　　图 6.3-4

评注 在定积分的分割、近似、求和、取极限这四步法中关键是分割与近似,抓住这个关键,我们把这个方法简化为微元分析法.作适当分割取微元是为了近似,找到函数改变量的主要部分,从而直接写出所求函数的微分表达式,再积分便得到所求的量.

在例 6.3.2 的解法一中,作横向分割,任取 $[x,x+\Delta x]$ 对应的小横条薄板,把变压强转化为常压强,从而得到压力函数改变量的近似值 $\Delta P \approx \gamma x \cdot 2y\Delta x$,$\Delta x \to 0$ 时近似式转化为等式 $\dfrac{\mathrm{d}P}{\mathrm{d}x} = 2\gamma xy$,即 $\mathrm{d}P = 2\gamma xy\mathrm{d}x$.

在解法二中,作纵向分割,任取 $[y,y+\Delta y]$ 对应的小竖条薄板,虽然压强是变量,但小竖条的长度转化为常量,即可近似看成矩形,对矩形薄板(见图 6.3-5),它所受的压力我们是知道的,即

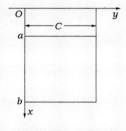

$$P = \int_a^b \gamma xc\,\mathrm{d}x = \frac{1}{2}\gamma c(b^2-a^2) = \gamma \cdot \frac{b+a}{2}(b-a)c$$

$$= 矩形中心处的压强 \times 矩形面积,$$

图 6.3-5

因此也是可行的.

3. 用定积分求引力

【例 6.3.3】设 x 轴上有一细杆,其线密度为 μ,长度为 l,有一质量为 m 的质点到杆右端的距离为 a 且引力常数为 k,求质点与细杆之间的引力.

【分析】先建立坐标系,取坐标系的原点为杆的右端点.x 轴正向指向质点.任取杆上 $[x,x+\mathrm{d}x]$ 段,它到质点的距离是 $a-x$,因此质点与细杆间的引力

$$F = \int_{-l}^0 \frac{k\mu m}{(a-x)^2}\mathrm{d}x = k\mu m\left(\frac{1}{a}-\frac{1}{a+l}\right) = k\frac{mM}{a(a+l)},$$

其中 M 是杆的质量.

【例 6.3.4】有两根长各为 l、质量各为 M 的均匀细杆,位于同一条直线上,相距为 a,求两杆间的引力.

【分析】取某杆的任一微元,先求此微元与另一杆间的引力(见例 6.3.3,即质点对杆的引力),然后再沿杆积分.

【解】沿杆建立坐标系见图 6.3-6.在右杆上任取微元 $[x, x+\mathrm{d}x]$,它与左杆间的引力为

$$\mathrm{d}F = k\,\frac{M \cdot \dfrac{M}{l}\mathrm{d}x}{x(x+l)}.$$

$\left(\text{用例 6.3.3 的结论,杆的线密度为 }\dfrac{M}{l},\text{此微元到杆右端距离为 }x\right)$ 于是两杆间的引力为

$$F = \int_a^{a+l} \frac{kM^2}{lx(x+l)}\mathrm{d}x = \frac{kM^2}{l^2}\int_a^{a+l}\left(\frac{1}{x}-\frac{1}{x+l}\right)\mathrm{d}x$$

$$= \frac{kM^2}{l^2}\left[\ln\frac{x}{x+l}\right]_a^{a+l} = \frac{kM^2}{l^2}\ln\frac{(a+l)^2}{a(a+2l)}.$$

【例 6.3.5】设有以 O 为心、r 为半径、质量为 M 的均匀圆环、$\overline{PO}$ 垂直圆面,$\overline{PO}=b$,见图 6.3-7,质点 P 的质量为 m,试导出圆环对 P 点的引力公式

$$F = k\,\frac{mMb}{(r^2+b^2)^{\frac{3}{2}}}.$$

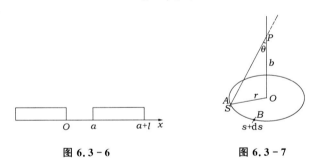

图 6.3-6   图 6.3-7

【解】由对称性,引力沿 $\overline{OP}$ 方向,取环上某点为计算弧长的起点,任取弧长为 s 到 $s+\mathrm{d}s$ 的一段微元 $\overset{\frown}{AB}$,它的质量为 $\dfrac{M}{2\pi r}\mathrm{d}s$,到 P 点的距离为 $\sqrt{r^2+b^2}$,$\overline{OP}$ 与 $\overline{PA}$ 的夹角为 θ,$\cos\theta = \dfrac{b}{\sqrt{r^2+b^2}}$,则微元 $\overset{\frown}{AB}$ 对 P 点的引力沿 $\overline{OP}$ 方向的分力为

$$\mathrm{d}F = k\,\frac{m \cdot \dfrac{M}{2\pi r}\mathrm{d}s}{r^2+b^2}\cos\theta,$$

于是整个圆环对 P 点的引力为

$$F = \frac{kmM}{2\pi r}\int_0^{2\pi r}\frac{b\,\mathrm{d}s}{(r^2+b^2)^{\frac{3}{2}}} = kmMb\,\frac{1}{(r^2+b^2)^{\frac{3}{2}}}.$$

【例 6.3.6】设有半径为 a、面密度为 σ 的均匀圆板、质量为 m 的质点位于通过圆板中心 O 且垂直于圆板的直线上, $\overline{PO}=b$, 求圆板对质点的引力.

【分析】用微元法,作分割转化为圆环对质点的引力,然后再积分. 由对称性,引力沿 OP 方向.

【解】任取 $[r, r+dr]$ 对应的圆环,见图 6.3-8,它的面积 $dS = 2\pi r\,dr$, 质量 $dM = \sigma\,dS = 2\pi r\sigma\,dr$, 对质点 P 的引力为

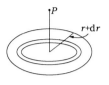

图 6.3-8

$$dF = k\,\frac{bm\,2\pi r\sigma\,dr}{(r^2+b^2)^{\frac{3}{2}}} \quad (\text{见例 } 6.3.5)$$

因此,整个圆板对 P 的引力为

$$F = \int_0^a \frac{kbm\,2\pi\sigma r\,dr}{(r^2+b^2)^{\frac{3}{2}}} = kmb\,2\pi\sigma\left[-(r^2+b^2)^{-\frac{1}{2}}\right]_0^a$$

$$= 2\pi km\sigma\left(1 - \frac{b}{\sqrt{a^2+b^2}}\right).$$

第七章 微分方程

第一节 微分方程的基本概念

一、知识点归纳总结

1. 微分方程和它的阶

凡是联系自变量 x 和它的未知函数 $y(x)$ 及其直到 n 阶导数在内的函数方程

$$F(x, y, y', \cdots, y^{(n)}) = 0 \qquad (7.1-1)$$

叫作常微分方程,其中实际出现的未知函数的导数的最高阶数叫作该常微分方程的阶.

这里"常"字是指未知函数是一元函数. 若未知函数是多元函数,叫作偏微分方程. 因为我们只讨论常微分方程,以后简称微分方程.

2. 微分方程的解、通解与特解

设 J 是一个区间,$y = \varphi(x)$ 是定义于 J,在 J 有直到 n 阶的导数. 若把 $y = \varphi(x)$ 及其相应的各阶导数代入方程(7.1-1),得到关于 $x \in J$ 的恒等式,即

$$F(x, \varphi(x), \varphi'(x), \cdots, \varphi^{(n)}(x)) \equiv 0, x \in J,$$

则称 $y = \varphi(x)$ 为微分方程(7.1-1)在区间 J 上的一个解.

n 阶方程(7.1-1)的解 $y = \varphi(x, C_1, C_2, \cdots, C_n)$,包含 n 个独立的任意常数 $C_1, C_2, \cdots, C_n$,称它为通解. 方程(7.1-1)的解 $y = \varphi(x)$ 不含任意常数,称它为特解.

3. 线性微分方程与非线性微分方程

若微分方程(7.1-1)中,F 对未知函数 y 和它的各阶导数 $y', y'', \cdots, y^{(n)}$ 的全体而言是一次的,称它为线性微分方程,否则称它为非线性的.

n 阶线性微分方程的标准形式是:

$$\frac{\mathrm{d}^n y}{\mathrm{d} x^n} + P_{n-1}(x) \frac{\mathrm{d}^{n-1} y}{\mathrm{d} x^{n-1}} + P_{n-2}(x) \frac{\mathrm{d}^{n-2} y}{\mathrm{d} x^{n-2}} + \cdots + P_1(x) \frac{\mathrm{d} y}{\mathrm{d} x} + P_0(x) y = f(x),$$

其中,$P_0(x), P_1(x), \cdots, P_{n-1}(x)$ 与 $f(x)$ 是已知函数,$y(x)$ 是未知函数.

4. 微分方程的定解问题与初值问题

在求解微分方程时,常常要加上某些条件,称为定解条件. 最常见的定解条件是初始条件(初值条件).

n 阶微分方程(7.1-1)的初始条件的一般提法是:

$$y(x_0) = y_0, \quad y'(x_0) = y_1, \cdots, \quad y^{(n-1)}(x_0) = y_{n-1}. \qquad (7.1-2)$$

方程(7.1-1)与初始条件(7.1-2)组成一个定解问题

$$\begin{cases} F(x, y, y' \cdots, y^{(n)}) = 0, \\ y(x_0) = y_0, y'(x_0) = y_1, \cdots, y^{(n-1)}(x_0) = y_{n-1}, \end{cases}$$

称为 n 阶微分方程的初值问题或柯西(Cauchy)问题.

最常见的是:

一阶微分方程的初值问题 $\begin{cases} \dfrac{\mathrm{d}y}{\mathrm{d}x} = f(x,y) \\ y(x_0) = y_0. \end{cases}$

二阶微分方程的初值问题 $\begin{cases} \dfrac{\mathrm{d}^2 y}{\mathrm{d}x^2} = f\left(x,y,\dfrac{\mathrm{d}y}{\mathrm{d}x}\right) \\ y(x_0) = y_0, y'(x_0) = y_1. \end{cases}$

5. 一阶方程的几何意义

设 $y = \varphi(x)$ $(x \in J)$ 是一阶方程 $\dfrac{\mathrm{d}y}{\mathrm{d}x} = f(x,y)$ 的解,它在 Oxy 平面上是一条曲线,称为该方程的一条积分曲线,它在 $\forall$ 点 $(x_0, \varphi(x_0))$ 处的斜率是

$$\frac{\mathrm{d}\varphi(x_0)}{\mathrm{d}x} = f[x_0, \varphi(x_0)].$$

二、典型题型归纳及解题方法与技巧

【例 7.1.1】验证下列各题中左边的函数是否是右边微分方程的解? 哪些是通解? 哪些是特解?

(1) $y = C_1 e^{-2x} + C_2 e^x$, $y''' - 2y'' - 5y' + 6y = 0$($C_1, C_2$ 为 $\forall$ 常数);

(2) $w = \dfrac{1}{s}$, $\dfrac{\mathrm{d}w}{\mathrm{d}s} = s^2 + w^2$;

(3) $1 + xy = C(x - y)$(C 为 $\forall$ 常数),$\dfrac{\mathrm{d}x}{1 + x^2} = \dfrac{\mathrm{d}y}{1 + y^2}$.

【解】(1) 分别求

$$y' = -2C_1 e^{-2x} + C_2 e^x, \quad y'' = 4C_1 e^{-2x} + C_2 e^x, \quad y''' = -8C_1 e^{-2x} + C_2 e^x,$$

则 $y''' - 2y'' - 5y' + 6y$

$$= [-8C_1 - 2(4C_1) - 5(-2C_1) + 6C_1]e^{-2x} + (1 - 2 - 5 + 6)C_2 e^x = 0$$

是解,不是通解,也不是特解.

(2) $\dfrac{\mathrm{d}w}{\mathrm{d}s} = -\dfrac{1}{s^2}$, $s^2 + w^2 = s^2 + \dfrac{1}{s^2}$, $\dfrac{\mathrm{d}w}{\mathrm{d}s} \neq s^2 + w^2$ 不是解.

(3) 这是由函数方程确定的隐函数,由 $\dfrac{1+xy}{x-y} = C$,两边求微分得

$$\frac{(y\,\mathrm{d}x + x\,\mathrm{d}y)(x-y) - (1+xy)(\mathrm{d}x - \mathrm{d}y)}{(x-y)^2} = 0,$$

即 $\qquad (1+x^2)\mathrm{d}y - (1+y^2)\mathrm{d}x = 0$, $\qquad \dfrac{\mathrm{d}x}{1+x^2} = \dfrac{\mathrm{d}y}{1+y^2}$

是解,是通解.

第二节 可分离变量的微分方程

一、知识点归纳总结

1. 可分离变量的微分方程

形如
$$X(x)Y_1(y)\mathrm{d}x = Y(y)X_1(x)\mathrm{d}y \tag{7.2-1}$$

的方程称为可分离变量的微分方程（或变量分离的微分方程）.

解法：两边同乘 $[X_1(x)Y_1(y)]^{-1}$ 得（分离变量）

$$\frac{X(x)}{X_1(x)}\mathrm{d}x = \frac{Y(y)}{Y_1(y)}\mathrm{d}y, \tag{7.2-2}$$

两边积分得 $\displaystyle\int \frac{X(x)}{X_1(x)}\mathrm{d}x = \int \frac{Y(y)}{Y_1(y)}\mathrm{d}y + C.$

若 $X_1(x)Y_1(y) \neq 0$，显然式（7.2-1）与式（7.2-2）同解. 若存在实数 a（或 b）使得 $X_1(a) = 0(Y_1(b) = 0)$，显然 $x = a$ 或 $y = b$ 是式（7.2-1）的解，但不是式（7.2-2）的解. 此时，若求全部解，要补上可能丢失的解，若求通解，也可不必补上.

2. 用初等变换法把某些方程化为可分离变量的微分方程

形如 $\dfrac{\mathrm{d}y}{\mathrm{d}x} = f(ax+by+c)$ 的方程，a, b, c 为常数，$a \cdot b \neq 0$，作变换 $u = ax+by+c$，则方程化为

$$\frac{\mathrm{d}u}{\mathrm{d}x} = a + b\frac{\mathrm{d}y}{\mathrm{d}x},$$

即 $\dfrac{\mathrm{d}u}{\mathrm{d}x} = a + bf(u)$——可分离变量的微分方程.

二、典型题型归纳及解题方法与技巧

1. 求可分离变量的微分方程的通解

【例 7.2.1】求解微分方程 $(x^2+1)(y^2-1)\mathrm{d}x + xy\mathrm{d}y = 0$.

【解】这是可分离变量的方程. 当 $x(y^2-1) \neq 0$ 时，分离变量得

$$\frac{x^2+1}{x}\mathrm{d}x + \frac{y}{y^2-1}\mathrm{d}y = 0.$$

积分得
$$\frac{1}{2}\int \frac{x^2+1}{x^2}\mathrm{d}x^2 + \frac{1}{2}\int \frac{\mathrm{d}y^2}{y^2-1} = C_1,$$

$$x^2 + \ln x^2 + \ln|y^2-1| = C_1,$$

$$x^2 \mathrm{e}^{x^2}|y^2-1| = \mathrm{e}^{C_1}, \tag{7.2-3}$$

即
$$x^2 \mathrm{e}^{x^2}(y^2-1) = C, \tag{7.2-4}$$

其中 C 为 $\forall$ 常数.

评注 当 $x(y^2-1)=0$ 时得 $x=0$，$y=\pm1$，它们均是原方程的解. 式(7.2-3)是原方程的通解，它含 $\forall$ 常数 C_1，它不包含解 $x=0$ 与 $y=\pm1$. $C=\pm\mathrm{e}^{C_1}\neq0$. 式(7.2-4)也是通解，$C$ 可取零值，$C=0$ 时它包含解 $x=0$ 或 $y=\pm1$. 式(7.2-4)也可写成

$$y^2=1+Cx^{-2}\mathrm{e}^{-x^2},$$

其中 C 为 $\forall$ 常数，它不含解 $x=0$. 通解不一定包含所有的解.

2. 求可分离变量的微分方程的特解

【例 7.2.2】 求解初值问题：$\begin{cases} x\sqrt{1+y^2}+y\sqrt{1+x^2}\,y'=0, \\ y(0)=1. \end{cases}$

【解】 这是可分离变量的方程，分离变量得

$$\frac{y\,\mathrm{d}y}{\sqrt{1+y^2}}=-\frac{x\,\mathrm{d}x}{\sqrt{1+x^2}}. \tag{7.2-5}$$

两边积分得通解 $\sqrt{1+y^2}=-\sqrt{1+x^2}+C$.

令 $x=0$，$y=1$ 则 $C=\sqrt{2}+1$. 因此得初值问题的解为

$$\sqrt{1+y^2}+\sqrt{1+x^2}=\sqrt{2}+1. \tag{7.2-6}$$

或直接由式(7.2-5)式取变限积分得

$$\int_1^y\frac{t\,\mathrm{d}t}{\sqrt{1+t^2}}=-\int_0^x\frac{t\,\mathrm{d}t}{\sqrt{1+t^2}},\quad \left[\sqrt{1+t^2}\right]_1^y=\left[-\sqrt{1+t^2}\right]_0^x.$$

同样得初值问题的解即式(7.2-6).

评注 求一阶微分方程的初值问题的解有两种方法，一种是先求通解，再由初始条件确定其中的常数，从而求得特解. 另一种是利用变限积分. 若解满足初值 $y(x_0)=y_0$，对最后求得的微分式 $f(y)\mathrm{d}y=g(x)\mathrm{d}x$，积分得 $\int_{y_0}^y f(t)\mathrm{d}t=\int_{x_0}^x g(t)\mathrm{d}t$.

3. 用初等变换法求解可化为可分离变量的微分方程

【例 7.2.3】 求解 $\dfrac{\mathrm{d}y}{\mathrm{d}x}=\cos(x-y)$.

【解】 判别类型，选择变量替换.

这是形如 $\dfrac{\mathrm{d}y}{\mathrm{d}x}=f(ax+by+c)$ 的方程，作变换 $u=x-y$，则方程化为

$$\frac{\mathrm{d}u}{\mathrm{d}x}=1-\cos u \quad \text{（可分离变量的）}.$$

分离变量得 $\dfrac{\mathrm{d}u}{1-\cos u}=\mathrm{d}x$，$\dfrac{\mathrm{d}u}{2\sin^2\dfrac{u}{2}}=\mathrm{d}x$.

积分得 $-\cot\dfrac{u}{2}=x+C$.

以 $u=x-y$ 代入得 $\cot\dfrac{x-y}{2}=-(x+C)$.

再由 $1-\cos u=0$ 得 $u=2k\pi(k=0,\pm 1,\pm 2,\cdots)$.

因此,原方程的解为 $\cot\dfrac{x-y}{2}+x=C$ 及 $x-y=2k\pi$ $(k=0,\pm 1,\pm 2,\cdots)$.

第三节　齐次方程

一、知识点归纳总结

1. 齐次方程

形如 $\dfrac{\mathrm{d}y}{\mathrm{d}x}=F\left(\dfrac{y}{x}\right)$ 的方程称为 齐次方程.

解法:作变换 $u=\dfrac{y}{x}$（即 $y=u\cdot x$）,则 $\dfrac{\mathrm{d}y}{\mathrm{d}x}=u+x\dfrac{\mathrm{d}u}{\mathrm{d}x}$.

原方程化为 $x\dfrac{\mathrm{d}u}{\mathrm{d}x}=F(u)-u$ ——可分离变量的方程.

*2. 可化为齐次的方程

形如 $\dfrac{\mathrm{d}y}{\mathrm{d}x}=f\left(\dfrac{a_1x+b_1y+c_1}{a_2x+b_2y+c_2}\right)$ 的方程,c_1,c_2 不同时为零.

① 当 $\Delta=\begin{vmatrix} a_1 & b_1 \\ a_2 & b_2 \end{vmatrix}\neq 0$ 时,对自变量与因变量同时作变换,令 $x=t+\alpha,y=u+\beta$,

其中,α,β 为特定常数,且满足方程 $\begin{cases} a_1\alpha+b_1\beta+c_1=0, \\ a_2\alpha+b_2\beta+c_2=0, \end{cases}$ 则原方程可转化为 $\dfrac{\mathrm{d}u}{\mathrm{d}t}=$

$f\left(\dfrac{a_1t+b_1u}{a_2t+b_2u}\right)$ ——齐次方程进一步可化为变量分离的方程.

② 当 $\Delta=\begin{vmatrix} a_1 & b_1 \\ a_2 & b_2 \end{vmatrix}=0$ 时,$\dfrac{a_2}{a_1}=\dfrac{b_2}{b_1}=\lambda$,则原方程可写成

$$\dfrac{\mathrm{d}y}{\mathrm{d}x}=f\left(\dfrac{a_1x+b_1y+c_1}{\lambda(a_1x+b_1y)+c_2}\right).$$

于是作变换 $u=a_1x+b_1y$,即可化成变量分离的方程 $\dfrac{\mathrm{d}u}{\mathrm{d}x}=a_1+b_1f\left(\dfrac{u+c_1}{\lambda u+c_2}\right)$.

二、典型题型归纳及解题方法与技巧

【例 7.3.1】求下列微分方程的通解:

(1) $\dfrac{\mathrm{d}y}{\mathrm{d}x}=\dfrac{y}{x+y}$;　　(2) $\dfrac{\mathrm{d}y}{\mathrm{d}x}=\dfrac{x+y+3}{x-y+1}$.

【解】判别类型,选择变量替换.

(1) 这是齐次方程 $\dfrac{\mathrm{d}y}{\mathrm{d}x}=\dfrac{\dfrac{y}{x}}{1+\dfrac{y}{x}}$. 令 $u=\dfrac{y}{x}$（$y=ux$）,则方程化为

$$x\,\frac{\mathrm{d}u}{\mathrm{d}x}+u=\frac{u}{1+u},\quad\text{即}\quad x\,\frac{\mathrm{d}u}{\mathrm{d}x}=\frac{-u^2}{1+u}\text{（可分离变量的）.}$$

分离变量
$$\frac{1+u}{u^2}\mathrm{d}u=-\frac{\mathrm{d}x}{x}.$$

积分得
$$-\frac{1}{u}+\ln|u|=-\ln|x|+C_1,\quad \ln|ux|=\frac{1}{u}+C_1.$$

得通解为 $y=C\mathrm{e}^{\frac{x}{y}}$，其中 C 为 $\forall$ 常数.

若以 y 为自变量，这也是一阶线性方程 $\dfrac{\mathrm{d}x}{\mathrm{d}y}-\dfrac{1}{y}x=1$. 注意，$\mathrm{e}^{-\int\frac{1}{y}\mathrm{d}y}=\dfrac{1}{|y|}$，方程两

边乘 $\mu(y)=\dfrac{1}{y}$ 得 $\dfrac{\mathrm{d}}{\mathrm{d}y}\left(\dfrac{1}{y}x\right)=\dfrac{1}{y}.$

积分得
$$\frac{1}{y}x=\ln|y|+C.$$

通解为 $x=y\ln|y|+Cy.$

（2）这是形如 $\dfrac{\mathrm{d}y}{\mathrm{d}x}=f\left(\dfrac{a_1x+b_1y+c_1}{a_2x+b_2y+c_2}\right)\left(\begin{vmatrix}a_1&b_1\\a_2&b_2\end{vmatrix}\neq0\right)$ 类型的方程.

先求解方程组 $\begin{cases}x+y+3=0,\\x-y+1=0,\end{cases}$ 得 $\begin{cases}x=-2,\\y=-1.\end{cases}$ 再令 $t=x+2,v=y+1$，原方程化为

$$\frac{\mathrm{d}v}{\mathrm{d}t}=\frac{t+v}{t-v}\left(=\frac{1+\dfrac{v}{t}}{1-\dfrac{v}{t}}\right)\text{（齐次方程）.}$$

令 $u=\dfrac{v}{t}$ $(v=ut)$，则方程化为

$$t\,\frac{\mathrm{d}u}{\mathrm{d}t}+u=\frac{1+u}{1-u},\quad t\,\frac{\mathrm{d}u}{\mathrm{d}t}=\frac{1+u^2}{1-u}\text{（可分离变量的）.}$$

分离变量得 $\dfrac{1-u}{1+u^2}\mathrm{d}u=\dfrac{\mathrm{d}t}{t}.$ 积分得

$$\arctan u-\frac{1}{2}\ln(1+u^2)=\ln|t|+C_1,$$

即
$$|t|\sqrt{1+u^2}=C\mathrm{e}^{\arctan u}.$$

用 $u=\dfrac{v}{t}=\dfrac{y+1}{x+2}$，$t=x+2$ 代回得

$$\sqrt{(x+2)^2+(y+1)^2}=C\mathrm{e}^{\arctan\frac{y+1}{x+2}},$$

其中，$C>0$ 为 $\forall$ 常数.

第四节　一阶线性微分方程

一、知识点归纳总结

1. 一阶线性微分方程

一阶线性微分方程的标准形式是

$$\frac{\mathrm{d}y}{\mathrm{d}x} + P(x)y = Q(x), \tag{7.4-1}$$

其中,$P(x)$,$Q(x)$在某区间 I 连续. 当 $Q(x) \not\equiv 0$ 时方程是非齐次的. 当 $Q(x) \equiv 0$ 时方程是齐次的. 方程(7.4-1)相应的齐次方程是

$$\frac{\mathrm{d}y}{\mathrm{d}x} + P(x)y = 0. \tag{7.4-2}$$

(1) 用分离变量法求解一阶线性齐次方程

将方程(7.4-2)分离变量得 $\dfrac{\mathrm{d}y}{y} = -P(x)\mathrm{d}x$. 两端积分得

$$\ln|y| = -\int P(x)\mathrm{d}x + C_1.$$

即得通解 $y = C\mathrm{e}^{-\int P(x)\mathrm{d}x}$,其中 C 为 $\forall$ 常数.

(2) 用积分因子法求解一阶线性方程

将方程(7.4-1)式两边乘 $\mathrm{e}^{\int P(x)\mathrm{d}x}$ 得

$$\frac{\mathrm{d}}{\mathrm{d}x}\left[\mathrm{e}^{\int P(x)\mathrm{d}x}y(x)\right] = \mathrm{e}^{\int P(x)\mathrm{d}x}Q(x).$$

两边积分得 $\mathrm{e}^{\int P(x)\mathrm{d}x}y(x) = \int \mathrm{e}^{\int P(x)\mathrm{d}x}Q(x)\mathrm{d}x + C.$

得通解为 $y(x) = C\mathrm{e}^{-\int P(x)\mathrm{d}x} + \mathrm{e}^{-\int P(x)\mathrm{d}x}\int \mathrm{e}^{\int P(x)\mathrm{d}x}Q(x)\mathrm{d}x.$

(3) 用常数变易法求解一阶线性微分方程

① 先用分离变量法求得方程(7.4-1)相应的齐次方程的通解为

$$y = C\mathrm{e}^{-\int P(x)\mathrm{d}x}.$$

② 将 $\forall$ 常数 C 换成 $C(x)$,令 $y = C(x)\mathrm{e}^{-\int P(x)\mathrm{d}x}$,代入方程(7.4-1) 得

$$C'(x)\mathrm{e}^{-\int P(x)\mathrm{d}x} = Q(x), \quad \text{即} \quad C'(x) = \mathrm{e}^{\int P(x)\mathrm{d}x}Q(x).$$

③ 积分得 $C(x) = \int \mathrm{e}^{\int P(x)\mathrm{d}x}Q(x)\mathrm{d}x + C.$

因此得通解 $y = C\mathrm{e}^{-\int P(x)\mathrm{d}x} + \mathrm{e}^{-\int P(x)\mathrm{d}x}\int \mathrm{e}^{\int P(x)\mathrm{d}x}Q(x)\mathrm{d}x.$

(4) 一阶线性方程解的性质与通解的结构

1) 解的叠加原理

① 若 $y_0(x)$ 是齐次方程(7.4-2)的解,则 $Cy_0(x)$ 也是方程(7.4-2)的解,C 为 $\forall$ 常数.

② 非齐次线性方程(7.4-1)的任意两个解之差必为相应的齐次方程(7.4-2)的解.

③ 方程(7.4-1)的一个解与方程(7.4-2)的一个解之和仍是方程(7.4-1)的一个解.

2)通解的结构

一阶线性微分方程(7.4-1)的通解为

$$y = Cy_0(x) + y^*(x),$$

其中,$y^*(x)$ 是方程(7.4-1)的一个特解,$y_0(x)$ 是方程(7.4-1)的相应齐次方程(7.4-2)的非零特解.

一阶线性方程(7.4-1)的通解即它的所有解.

2. 自变量与因变量互换后是一阶线性微分方程的情形

对于形如 $\dfrac{\mathrm{d}y}{\mathrm{d}x} = \dfrac{h(y)}{p(y)x + q(y)}$ 的方程,(注意:自变量与因变量的相对性),若以 y 为自变量,x 为因变量,则方程可改写成

$$\frac{\mathrm{d}x}{\mathrm{d}y} = \frac{p(y)}{h(y)}x + \frac{q(y)}{h(y)},$$

这是一阶线性微分方程.

*3. 伯努利(Bernoulli)方程(用初等变换法可化为一阶线性微分方程的情形)

形如 $\dfrac{\mathrm{d}y}{\mathrm{d}x} + P(x)y = Q(x)y^\alpha\,(\alpha \neq 0,1)$ 的方程称为**伯努利方程**.

解法:将方程改写成 $y^{-\alpha}\dfrac{\mathrm{d}y}{\mathrm{d}x} + P(x)y^{1-\alpha} = Q(x)$,即

$$\frac{1}{1-\alpha}\frac{\mathrm{d}}{\mathrm{d}x}(y^{1-\alpha}) + P(x)y^{1-\alpha} = Q(x).$$

作变换 $u = y^{1-\alpha}$,原方程化为

$$\frac{\mathrm{d}u}{\mathrm{d}x} + (1-\alpha)P(x)u = (1-\alpha)Q(x) \text{——} \text{一阶线性微分方程.}$$

4. 可转化为一阶常微分方程的几种情形

(1)由自变量的增量与因变量的增量之间的关系给出的微分方程

设 $y = y(x)$ 满足 $\Delta y = y(x+\Delta x) - y(x) = f(x,y)\Delta x + \alpha$,其中 $\alpha = o(\Delta x)(\Delta x \to 0)$,则 $\dfrac{\mathrm{d}y}{\mathrm{d}x} = f(x,y)$.

(2)含变限积分的方程

求解某些含变限积分的方程可转化为求解常微分方程或它的初值问题.

常见的是: $\qquad p(x)f(x) = q(x) + \displaystyle\int_{x_0}^{x} b(t)f^\alpha(t)\mathrm{d}t,$

其中，$p(x),q(x)$ 有连续导数，$p(x)\neq0,b(x)$ 连续，为已知函数，$f(x)$ 可导，求 $f(x)$.

原问题$\Leftrightarrow$
$$\begin{cases}p(x)f'(x)+p'(x)f(x)=q'(x)+b(x)f^{\alpha}(x),\\ f(x_0)=\dfrac{q(x_0)}{p(x_0)}.\end{cases}$$

当 $\alpha=0,1$ 时，这是一阶线性微分方程. 当 $q(x)$ 为常数，$\alpha\neq0,1$ 时，这是伯努利方程.

5. 微分方程的建模与应用

(1) 把实际问题化成微分方程问题的步骤

第一步，根据实际要求确定要研究的量(自变量、未知函数、必要的参数等)，并确定坐标系.

第二步，找出这些量所满足的基本规律(物理的、几何的、化学的或生物的).

第三步，运用这些规律列出方程和定解条件.

(2) 列方程常用的方法

1) 按自然定律直接列方程

在数学、力学、物理、化学等许多学科中，许多自然现象所满足的规律已为人们所熟知，并直接由微分方程所描述，如牛顿第二定律、放射性物质的放射规律等.

2) 微元分析法与任意区域上求积分的方法

自然界中许多现象所满足的规律是通过变量的微元之间的关系来表达的. 对这类问题，我们不能直接列出自变量、未知函数及其导数之间的关系式，而是通过微元分析法，利用已知的规律，建立一些量(自变量与未知函数)的微元之间的关系，然后通过取极限的方法，得到微分方程或等价地通过任意区间上取积分的方法来建立微分方程.

3) 模拟近似法

在生物学、经济学等学科中，许多现象所满足的规律并不清楚而且相当复杂，因而需根据实际资料或大量的实验数据，提出各种假设，在一定假设下给出实际现象所满足的规律，然后利用适当的数学方法列出方程.

二、典型题型归纳及解题方法与技巧

1. 求一阶线性微分方程的通解

【例 7.4.1】求解方程 $\dfrac{\mathrm{d}y}{\mathrm{d}x}-\dfrac{2y}{x+1}=(x+1)^{5/2}$.

【分析】这是一阶线性非齐次方程.

【解法一】常数变易法.

首先，相应的齐次方程 $\dfrac{\mathrm{d}y}{\mathrm{d}x}-\dfrac{2y}{x+1}=0 \xrightarrow{\text{分离变量}} \dfrac{\mathrm{d}y}{y}=\dfrac{2\mathrm{d}x}{x+1}$.

积分得 $\ln|y|=\ln(x+1)^2+C_1$，即 $|y|=\mathrm{e}^{C_1}(x+1)^2$，$y=C(x+1)^2$.

其次，变动常数. 令 $y=C(x)(x+1)^2$，则 $y'=C'(x)(x+1)^2+2C(x)(x+1)$.

代入方程得

$$C'(x)(x+1)^2 + 2C(x)(x+1) - \frac{2C(x)(x+1)^2}{x+1} = (x+1)^{5/2},$$

即
$$C'(x) = (x+1)^{\frac{1}{2}} \xrightarrow{\text{积分}} C(x) = \frac{2}{3}(x+1)^{\frac{3}{2}} + C.$$

最后,通解 $y = C(x+1)^2 + \frac{2}{3}(x+1)^{\frac{7}{2}}$.

【解法二】积分因子法. 方程两边乘 $\mu(x) = \mathrm{e}^{-\int \frac{2}{x+1}\mathrm{d}x} = \mathrm{e}^{-\ln(x+1)^2} = \dfrac{1}{(x+1)^2}$ 得

$$\left[\frac{1}{(x+1)^2}y\right]' = (x+1)^{\frac{1}{2}}.$$

积分得
$$\frac{1}{(x+1)^2}y = \frac{2}{3}(x+1)^{\frac{3}{2}} + C.$$

即通解为
$$y = C(x+1)^2 + \frac{2}{3}(x+1)^{\frac{7}{2}}.$$

【例 7.4.2】求解方程 $y' = \dfrac{1}{xy+y^3}$.

【解】函数 $y = y(x)$ 满足的微分方程不是可分离变量的,也不是线性的,但对 x 是一次的. 将 x 看作 y 的函数,该方程可写成

$$\frac{\mathrm{d}x}{\mathrm{d}y} - xy = y^3,$$

这是一阶线性非齐次方程. 两边乘 $\mu(y) = \mathrm{e}^{-\int y \mathrm{d}y} = \mathrm{e}^{-\frac{1}{2}y^2}$ 得

$$\frac{\mathrm{d}}{\mathrm{d}y}\left(\mathrm{e}^{-\frac{1}{2}y^2}x\right) = y^3 \mathrm{e}^{-\frac{1}{2}y^2}.$$

积分得
$$x\mathrm{e}^{-\frac{1}{2}y^2} = -\int y^2 \mathrm{d}\mathrm{e}^{-\frac{1}{2}y^2} + C = -y^2 \mathrm{e}^{-\frac{1}{2}y^2} + \int \mathrm{e}^{-\frac{1}{2}y^2} \mathrm{d}y^2 + C$$
$$= -y^2 \mathrm{e}^{-\frac{1}{2}y^2} - 2\mathrm{e}^{-\frac{1}{2}y^2} + C.$$

因此得通解
$$x = C\mathrm{e}^{\frac{1}{2}y^2} - y^2 - 2.$$

2. 求一阶线性微分方程的特解

【例 7.4.3】求解初值问题 $\begin{cases} \dfrac{\mathrm{d}y}{\mathrm{d}x} + y\tan x = \dfrac{1}{\cos x}, \\ y(\pi) = -1. \end{cases}$

【解】这是一阶线性微分方程. 注意,$\mathrm{e}^{\int \tan x \mathrm{d}x} = \mathrm{e}^{-\int \frac{\mathrm{d}\cos x}{\cos x}} = \dfrac{1}{|\cos x|}$.

方程两边乘 $\mu(x) = \dfrac{1}{\cos x}$ 得 $\left(y\dfrac{1}{\cos x}\right)' = \dfrac{1}{\cos^2 x}$.

两边取变限积分得 $y(x)\dfrac{1}{\cos x} - y(\pi)\dfrac{1}{\cos \pi} = \displaystyle\int_\pi^x \dfrac{1}{\cos^2 t}\mathrm{d}t$, 即 $y(x)\dfrac{1}{\cos x} = 1 + \left[\tan t\right]_\pi^x$.

因此初值问题的解为 $y(x) = \sin x + \cos x$.

学习随笔

3. 由一阶线性微分方程的特解求通解或另外的特解

【例 7.4.4】已知 $\dfrac{\mathrm{d}y}{\mathrm{d}x}+\dfrac{2x}{x^2-1}y=\dfrac{\cos x}{x^2-1}$ 及相应的齐次方程 $\dfrac{\mathrm{d}y}{\mathrm{d}x}+\dfrac{2x}{x^2-1}y=0$，分

别有特解 $y=\dfrac{1}{x^2-1}\sin x$ 与 $y=\dfrac{1}{x^2-1}$，则方程 $\dfrac{\mathrm{d}y}{\mathrm{d}x}+\dfrac{2x}{x^2-1}y=\dfrac{\cos x}{x^2-1}$ 满足 $y(0)=1$

的特解是 $y=$ _____．

【分析】由一阶线性方程通解的结构得该一阶线性非齐次方程的通解为

$$y=\frac{C}{x^2-1}+\frac{1}{x^2-1}\sin x.$$

由 $y(0)=1$ 得 $C=-1$．因此特解为 $y=\dfrac{1}{x^2-1}(\sin x-1)$．

评注 该例是利用线性方程解的叠加原理与通解的结构，由线性非齐次方程或其相应齐次方程的某些特解求得通解或另外特解的一种情形．

对于线性方程(7.4-1)，

① 由它的两个不同的解可得它的通解．

② 由它的一个特解及相应的齐次方程的非零解，可得它的通解．

③ 由齐次方程(7.4-2)的一个非零解可得它的通解．

*4. 用初等变换法求解伯努利方程

【例 7.4.5】设 $y'-\dfrac{6x}{x^2+1}y=\dfrac{3}{2}x\sqrt[3]{y^2}$，求通解及满足 $y(0)=1$ 的特解．

【解】判别类型，选择变量替换．

这是伯努利方程．方程两边除以 $\sqrt[3]{y^2}$ 得

$$\frac{1}{\sqrt[3]{y^2}}\frac{\mathrm{d}y}{\mathrm{d}x}-\frac{6x}{x^2+1}y^{\frac{1}{3}}=\frac{3}{2}x,\quad 即\quad \frac{\mathrm{d}y^{\frac{1}{3}}}{\mathrm{d}x}-\frac{2x}{x^2+1}y^{\frac{1}{3}}=\frac{1}{2}x.$$

令 $z=y^{\frac{1}{3}}$，是 z 的一阶线性方程，两边乘 $\mu(x)=\mathrm{e}^{\int\frac{-2x}{x^2+1}\mathrm{d}x}=\dfrac{1}{x^2+1}$ 得

$$\frac{\mathrm{d}}{\mathrm{d}x}\left(\frac{1}{x^2+1}y^{\frac{1}{3}}\right)=\frac{x}{2(x^2+1)}.$$

积分得

$$\frac{1}{x^2+1}y^{\frac{1}{3}}=\frac{1}{4}\left[\ln(x^2+1)+C\right].$$

即原方程的通解为 $y=\dfrac{1}{64}\left[(x^2+1)(\ln(x^2+1)+C)\right]^3$，其中 C 为 $\forall$ 常数．

令 $x=0$，由 $y(0)=1$ 得 $C=4$．因此满足 $y(0)=1$ 的特解为

$$y=\frac{1}{64}\left[(x^2+1)(\ln(x^2+1)+4)\right]^3.$$

5. 求解由自变量的增量与因变量的增量之间的关系给出的微分方程

【例 7.4.6】当 $\Delta x\to 0$ 时，α 是比 Δx 较高阶的无穷小，函数 $y(x)$ 在任意点 x 处的增量

$$\Delta y = \frac{y \Delta x}{x^2 + x + 1} + \alpha,$$

且 $y(0) = \pi$，则 $y(1) = $_____.

【分析】先求 $y(x)$，再求 $y(1)$.由 Δy 与其微分 $\mathrm{d}y$ 的关系知,函数 $y(x)$ 在任意点 x 处的微分 $\mathrm{d}y = \dfrac{y}{x^2 + x + 1}\mathrm{d}x$，这是可分离变量的微分方程,分离变量得

$$\frac{\mathrm{d}y}{y} = \frac{\mathrm{d}x}{\left(x + \dfrac{1}{2}\right)^2 + \left(\dfrac{\sqrt{3}}{2}\right)^2} \xRightarrow{\text{积分}} \ln|y| = \frac{2}{\sqrt{3}}\int \frac{\mathrm{d}\left(\dfrac{2x+1}{\sqrt{3}}\right)}{\left(\dfrac{2x+1}{\sqrt{3}}\right)^2 + 1} + C_1,$$

即

$$y = C\mathrm{e}^{\frac{2}{\sqrt{3}}\arctan\frac{2x+1}{\sqrt{3}}}.$$

再由 $y(0) = \pi$ 得 $C = \pi \mathrm{e}^{-\frac{\pi}{3\sqrt{3}}}$，则 $y(1) = \pi \mathrm{e}^{-\frac{\pi}{3\sqrt{3}} + \frac{2\pi}{3\sqrt{3}}} = \pi \mathrm{e}^{\frac{\pi}{3\sqrt{3}}}$.

6. 求解含变限积分的方程

【例 7.4.7】设 $f(x)$ 为连续函数,解方程 $f(x) = \mathrm{e}^x + \mathrm{e}^x \displaystyle\int_0^x [f(t)]^2 \mathrm{d}t$.

【分析与求解】实质上 $f(x)$ 可导.将原方程两端求导,得

$$f'(x) = \mathrm{e}^x + \mathrm{e}^x \int_0^x [f(t)]^2 \mathrm{d}t + \mathrm{e}^x f^2(x), \quad 即 \quad f'(x) - f(x) = \mathrm{e}^x f^2(x).$$

在原方程中令 $x = 0$ 得 $f(0) = 1$.于是原方程等价于初值问题

$$\begin{cases} f'(x) - f(x) = \mathrm{e}^x f^2(x), \\ f(0) = 1. \end{cases}$$

这是伯努利方程,两边除 $f^2(x)$，得 $\dfrac{1}{f^2(x)} f'(x) - \dfrac{1}{f(x)} = \mathrm{e}^x$.

令 $u = \dfrac{1}{f(x)}$，则化成一阶线性微分方程初值问题 $\begin{cases} \dfrac{\mathrm{d}u}{\mathrm{d}x} + u = -\mathrm{e}^x, \\ u(0) = 1. \end{cases}$

解此初值问题得 $u = \dfrac{3}{2}\mathrm{e}^{-x} - \dfrac{1}{2}\mathrm{e}^x$.因此 $f(x) = \dfrac{1}{u(x)} = \dfrac{2\mathrm{e}^x}{3 - \mathrm{e}^{2x}}$.

【例 7.4.8】求连续函数 $f(x)$，使它满足

$$\int_0^1 f(tx)\mathrm{d}t = f(x) + x\sin x. \tag{7.4-3}$$

【分析与求解】先作变换把 $\displaystyle\int_0^1 f(tx)\mathrm{d}t$ 转变成变限积分:

$$\int_0^1 f(tx)\mathrm{d}t = \frac{1}{x}\int_0^1 f(tx)\mathrm{d}(tx) = \frac{1}{x}\int_0^x f(s)\mathrm{d}s.$$

于是原方程变为 $\dfrac{1}{x}\displaystyle\int_0^x f(s)\mathrm{d}s = f(x) + x\sin x \ (x \neq 0)$.

即

$$\int_0^x f(s)\mathrm{d}s = xf(x) + x^2\sin x. \tag{7.4-4}$$

在方程(7.4-3)与方程(7.4-4)中令 $x = 0$，等式均自然成立.

将方程(7.4-4)式求导得 $f(x)=f(x)+xf'(x)+x^2\cos x+2x\sin x$.方程(7.4-3)、方程(7.4-4)式等价于 $f'(x)=-2\sin x-x\cos x$.

积分得 $f(x)=\cos x-x\sin x+C$.

评注 ① 求解含变限积分的方程的基本方法是:将方程两边求导,转化为求解常微分方程,并把变动的积分上限(或下限)的 x 取值为下限(或上限),或得到未知函数满足的附加条件即初始条件(如例7.4.7)或等式自然成立,不必附加条件(如例7.4.8).在求解过程中要注意变形过程的同解性.

② 例7.4.8是一个积分方程.原方程中不含变限积分,而是积分的被积函数中含有参变量,通过变量替换转化为含变限积分的方程,然后求解.

7. 关于微分方程的建模与应用

情形一 利用定积分的几何意义列方程

利用定积分的几何意义如面积、体积等或利用定积分的物理意义如平面图形的形心等列方程时,常常得到含变限积分的积分方程或积分微分方程,因此要先将其转化为微分方程然后再求解.

【例7.4.9】设有曲线 $y=f(x)$,其中 $f(x)$ 是可导函数,且 $f(x)>0$.已知曲线 $y=f(x)$ 与直线 $y=0,x=1$,及 $x=t(t>1)$ 所围成的曲边梯形绕 x 轴旋转一周所得立体体积值是该曲边梯形面积的 πt 倍,求该曲线的方程.

【分析与求解】① 列方程.由曲线 $y=f(x)$ 及直线 $y=0,x=1$ 及 $x=t(t>1)$ 所围成的曲边梯形的面积是 $\int_1^t f(x)\mathrm{d}x$,该曲边梯形绕 x 轴旋转一周所得旋转体的体积值是 $\pi\int_1^t f^2(x)\mathrm{d}x$.按题设,当 $t\geqslant 1$ 时有

$$\pi\int_1^t f^2(x)\mathrm{d}x=\pi t\int_1^t f(x)\mathrm{d}x$$

$$\Leftrightarrow\qquad\int_1^t f^2(x)\mathrm{d}x=t\int_1^t f(x)\mathrm{d}x. \tag{7.4-5}$$

② 转化.将方程(7.4-5)式两边求导得

$$f^2(t)=\int_1^t f(x)\mathrm{d}x+tf(t). \tag{7.4-6}$$

(在方程(7.4-5)中令 $t=1$,等式自然成立.)再将方程(7.4-6)两边求导得

$$2f(t)f'(t)=2f(t)+tf'(t),$$

即

$$[2f(t)-t]f'(t)=2f(t). \tag{7.4-7}$$

在方程(7.4-6)中令 $t=1$ 得 $f^2(1)=f(1)$,因 $f(1)>0$,故

$$f(1)=1. \tag{7.4-8}$$

③ 求解微分方程的初值问题.求解方程(7.4-5)转化为求解等价的初值问题式(7.4-7)与式(7.4-8),即

$$\begin{cases}(2y-x)\dfrac{\mathrm{d}y}{\mathrm{d}x}=2y,\\[2mm]y(1)=1,\end{cases}$$

其中,以 x 代替 t,y 代替 $f(t)$,$f'(t)=\dfrac{\mathrm{d}y}{\mathrm{d}x}$.

这是齐次方程. 若以 y 为自变量,这也是一阶线性方程,即

$$\frac{\mathrm{d}x}{\mathrm{d}y}+\frac{x}{2y}=1, x(1)=1.$$

两边乘 $\mu(y)=\mathrm{e}^{\int\frac{\mathrm{d}y}{2y}}\xrightarrow{\text{取}}\mathrm{e}^{\ln\sqrt{y}}=\sqrt{y}$ 得

$$\frac{\mathrm{d}}{\mathrm{d}y}(\sqrt{y}\,x)=\sqrt{y}.$$

积分得

$$\sqrt{y}\,x=\frac{2}{3}y^{\frac{3}{2}}+C, x=\frac{2}{3}y+\frac{C}{\sqrt{y}}.$$

由初值定出 $C=\frac{1}{3}$,从而所求曲线方程为

$$3x=\frac{1}{\sqrt{y}}+2y.$$

情形二　利用导数的几何意义列方程

由导数的几何意义可得,曲线 $y=y(x)$ 在 $\forall$ 点 $(x,y(x))$ 处的切线方程为

$$Y-y(x)=y'(x)(X-x),$$

(X,Y) 是切线上点的坐标. 在 $\forall$ 点 $(x,y(x))$ 处的法线方程为

$$Y-y(x)=-\frac{1}{y'(x)}(X-x) \quad (y'(x)\neq 0).$$

则切线在 x,y 轴上的截距分别是

$$X=x-\frac{y(x)}{y'(x)}, \quad Y=y(x)-xy'(x). \tag{7.4-9}$$

法线在 x,y 轴上的截距分别是

$$X=x+y(x)y'(x), \quad Y=y(x)+\frac{x}{y'(x)}. \tag{7.4-10}$$

由导数的几何意义可解决一类有关曲线的切线或法线的截距或夹角等应用题.

【例 7.4.10】设曲线 $y=y(x)$ 上任一点的切线在 y 轴上的截距与法线在 x 轴上的截距之比为 3,求 $y(x)$.

【分析与求解】① 列方程. 按题意,由方程(7.4-9)与方程(7.4-10)得

$$\frac{y-xy'}{x+yy'}=3, \quad 即 \quad y'=\frac{y-3x}{3y+x}.$$

② 解方程. 这是齐次方程 $\frac{\mathrm{d}y}{\mathrm{d}x}=\frac{\frac{y}{x}-3}{3\frac{y}{x}+1}$. 令 $u=\frac{y}{x}(y=ux)$,则

$$x\frac{\mathrm{d}u}{\mathrm{d}x}+u=\frac{u-3}{3u+1}.$$

化简并分离变量得

$$\frac{3u+1}{u^2+1}\mathrm{d}u=-\frac{3}{x}\mathrm{d}x.$$

积分得 $\frac{3}{2}\ln(1+u^2)+\arctan u=-3\ln|x|+C.$

$u=\dfrac{y}{x}$ 代入得曲线 $y=y(x)$ 的方程为 $3\ln\sqrt{x^2+y^2}+\arctan\dfrac{y}{x}=C$.

情形三　利用变化率满足的条件列方程

$y=y(x)$ 的导数 $\dfrac{\mathrm{d}y}{\mathrm{d}x}$ 最一般的意义是 y 对 x 的变化率. 若已知变化率满足一定的规律，可得 $y=y(x)$ 满足的一阶微分方程.

【例 7.4.11】设热水瓶内热水温度为 T，室内温度为 T_0，t 为时间（以小时为单位）. 根据牛顿冷却定律知：热水温度下降的速率与 $T-T_0$ 成正比. 又设 $T_0=20℃$，当 $t=0$ 时，$T=100℃$，并知 24 小时后水瓶内温度为 $50℃$，问几小时后瓶内温度为 $95℃$？

【解】温度变化的速率即 $\dfrac{\mathrm{d}T}{\mathrm{d}t}$，牛顿冷却定律给出了这个变化率满足的条件，写出来它就是温度 T 所满足的微分方程 $\dfrac{\mathrm{d}T}{\mathrm{d}t}=-k(T-T_0)$. 其中 k 为比例常数，且 $k>0$. 其通解为 $T=T_0+C\mathrm{e}^{-kt}$. 再由题设 $T_0=20℃$，$T(0)=100℃$，$T(24)=50℃$，所以 $\begin{cases}100=20+C,\\50=20+C\mathrm{e}^{-24k},\end{cases}$ 其解为 $C=80,k=\dfrac{1}{24}(\ln 8-\ln 3)$. 这样，温度 $T=20+80\mathrm{e}^{-\frac{1}{24}(\ln 8-\ln 3)t}$. 若 $T=95℃$，则 $t=\dfrac{24(\ln 16-\ln 15)}{\ln 8-\ln 3}=1.58$，即在 1.58 小时后热水的温度降为 $95℃$.

【例 7.4.12】设总人数 N 是不变的. t 时刻病人数为 $x(t)$，从 t 到 $t+\Delta t$ 时间内疾病的平均传染率是单位时间内病人增长数与健康人数之比，即

$$\frac{x(t+\Delta t)-x(t)}{\Delta t[N-x(t)]}.$$

（1）试给出 t 时刻疾病传染率的数学表示式.

（2）设疾病的传染率为常数 r，开始（$t=0$）时病人数为 x_0，经过 t_0 时刻后开始采取预防措施，使得传染上疾病的人数 $x(t)$ 减少，减少的速度与总人数 N 成正比，比例常数为 $a>0,a<r$. 试求病人数 $x(t)$ 的变化规律.

（3）求 $\lim\limits_{t\to+\infty}x(t)$.

【解】（1）t 时刻的传染率 $=\lim\limits_{\Delta t\to 0}\dfrac{x(t+\Delta t)-x(t)}{\Delta t[N-x(t)]}=\dfrac{1}{N-x}\dfrac{\mathrm{d}x}{\mathrm{d}t}$.

（2）这首先是微分方程的建模问题. 要分为两段 $0\leqslant t\leqslant t_0$ 与 $t\geqslant t_0$. 因为不同的时间段中传染规律不相同，所得的方程也就不相同，因此要分别求解. 但要注意：时间段 $0\leqslant t\leqslant t_0$ 中求出解 $x(t)$ 后，$x(t_0)$ 就是 $t\geqslant t_0$ 时间段中的初值.

$0\leqslant t\leqslant t_0$ 时，按题意有 $\begin{cases}\dfrac{1}{N-x}\dfrac{\mathrm{d}x}{\mathrm{d}t}=r,\\x(0)=x_0.\end{cases}$ 这是可分离变量方程的初值问题，积分得

$$-\ln(N-x)=rt+C,\qquad 即\qquad x(t)=N+C_1\mathrm{e}^{-rt}.$$

利用初值 $x(0)=x_0$ 确定常数 C_1 后，即得 $x(t)=N+(x_0-N)\mathrm{e}^{-rt}$.

记
$$x(t_0)=N+(x_0-N)\mathrm{e}^{-rt_0}=x_1. \tag{7.4-11}$$

$t \geqslant t_0$ 时,按题意有 $\begin{cases} \dfrac{\mathrm{d}x}{\mathrm{d}t} = r(N-x) - aN, \\ x(t_0) = x_1. \end{cases}$

这也是可分离变量方程初值问题,与前面类似,可解得

$$x(t) = \left(1 - \frac{a}{r}\right)N + \left[x_1 - \left(1 - \frac{a}{r}\right)N\right]\mathrm{e}^{-r(t-t_0)}.$$

将方程(7.4-11)式代入即得

$$x(t) = N + (x_0 - N)\mathrm{e}^{-rt} - \frac{aN}{r}[1 - \mathrm{e}^{-r(t-t_0)}].$$

因此得
$$x(t) = \begin{cases} N + (x_0 - N)\mathrm{e}^{-rt}, & 0 \leqslant t \leqslant t_0, \\ N + (x_0 - N)\mathrm{e}^{-rt} - \dfrac{aN}{r}[1 - \mathrm{e}^{-r(t-t_0)}], & t_0 \leqslant t. \end{cases}$$

(3) $\displaystyle\lim_{t \to +\infty} x(t) = \lim_{t \to +\infty}\left[N + (x_0 - N)\mathrm{e}^{-rt} - \frac{aN}{r}(1 - \mathrm{e}^{-r(t-t_0)})\right] = N - \frac{aN}{r} = N\left(1 - \frac{a}{r}\right).$

情形四　利用微元法列方程

用微元法导出 $y = y(x)$ 所满足的方程就是考察变量 x 的微元区间 $[x, x+\Delta x]$ 上相应的函数改变量 $\Delta y = y(x+\Delta x) - y(x)$,关键是写出它的一个等量关系:

$$\Delta y \approx F(x, y, \Delta x)\Delta x.$$

令 $\Delta x \to 0$ 就得到微分方程 $\dfrac{\mathrm{d}y}{\mathrm{d}x} = f(x, y)$,其中 $\displaystyle\lim_{\Delta x \to 0} F(x, y, \Delta x) = f(x, y)$.

【例 7.4.13】用均匀材料设计一个高为 h、顶面直径为 $2a$ 的旋转体的支柱.如果支柱顶部所受压力为 P,并要求每一个水平截面上的压强都相等,那么它应该是怎样的旋转体?

【解法一】按图 7.4-1 取定坐标系.设旋转体由曲线 $y = y(x)$ 绕 x 轴旋转而成.按题意每一水平截面所受的压强均为 $P/\pi a^2$.我们用微元法列出 y 满足的微分方程.

分别过 x 轴上的点 x 及 $x+\Delta x$ 作支柱的水平截面,这两个截面上的压力差应等于这两个截面之间柱体的重量,于是得

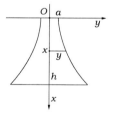

图 7.4-1

$$\frac{P}{\pi a^2}[\pi y^2(x+\Delta x) - \pi y^2(x)] \approx \gamma\pi y^2(x)\Delta x.$$

即 $\dfrac{P}{a^2}\dfrac{y(x+\Delta x) - y(x)}{\Delta x}[y(x+\Delta x) + y(x)] \approx \gamma\pi y^2(x)$,

其中,γ 为材料的比重,它为常数.令 $\Delta x \to 0$,得

$$\frac{2P}{a^2}y'(x) = \gamma\pi y(x). \tag{7.4-12}$$

又 $y(x)$ 满足初始条件 $y(0) = a$. $\tag{7.4-13}$

方程(7.4-12)是一阶线性齐次方程,易求得它的通解,即

$$y = C\mathrm{e}^{\frac{\gamma\pi a^2}{2P}x}.$$

再由方程(7.4-13)得 $C = a$,即 $y = a\mathrm{e}^{\frac{\gamma\pi a^2}{2P}x}$.

【解法二】过 x 轴上任意 x 作支柱的水平截面 $S(x)$，其面积为 $\pi y^2(x)$. 它所承受的压力应等于 $S(x)$ 上方柱体 $V(x)$ 的重量与顶部压力 P 之和. $V(x)$ 的体积是 $V = \pi\int_0^x y^2(s)\mathrm{d}s$，于是得

$$\frac{P}{\pi a^2} \cdot \pi y^2 = \pi\gamma\int_0^x y^2(s)\mathrm{d}s + P.$$

对 x 求导后，同样可得 $\dfrac{2P}{a^2}y' = \pi\gamma y$.

情形五　电学问题

【例 7.4.14】在图 7.4-2 所示线路中，R 是电阻器的电阻，C 是电容器的电容，E 是电源的电动势，K 是开关. 设开始时电容器上没有电荷，两端电压为零. 当开关合上时，电源就会向电容器充电，电路中有电流 i 流过，求电容器上的电压 u_C 随时间 t 的变化规律.

【分析与求解】由回路的电压定律，电路的电动势 E 应等于电流经过各元件的电压降的总和. 于是有

$$u_R + u_C = E, \tag{7.4-14}$$

其中，u_R 是经过电阻器的电压降，$u_R = iR$，而电流 $i = \dfrac{\mathrm{d}q}{\mathrm{d}t}$，其中 q 是电容器上的电量，$q = Cu_C$. 因而 $u_R = \dfrac{\mathrm{d}q}{\mathrm{d}t}R = RC\dfrac{\mathrm{d}u_C}{\mathrm{d}t}$. 代入式(7.4-14)得 $RC\dfrac{\mathrm{d}u_C}{\mathrm{d}t} + u_C = E$. 这是一阶线性微分方程. 初始条件 $u_C\big|_{t=0} = 0$.

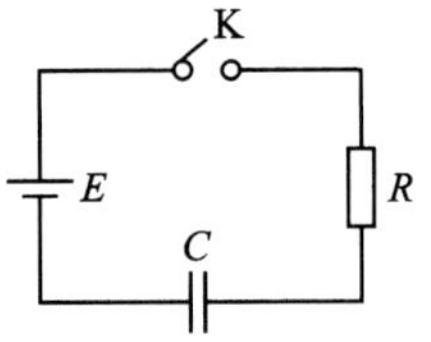

图 7.4-2

解此初值问题易得 $u_C = E\left(1 - \mathrm{e}^{-\frac{t}{RC}}\right)$.

第五节　可降阶的高阶微分方程

一、知识点归纳总结

某些高阶方程通过适当的变换可化为一阶方程，从而可利用一阶微分方程的解法来求解，这就是所谓降阶法.

1. $y^{(n)} = f(x)$ 型的微分方程

微分方程

$$y^{(n)} = f(x) \tag{7.5-1}$$

的右端仅含有自变量 x. 容易看出，只要把 $y^{(n-1)}$ 作为新的未知函数，那么式(7.5-1)就是新未知函数的一阶微分方程. 两边积分，就得到一个 $n-1$ 阶的微分方程

$$y^{(n-1)} = \int f(x)\mathrm{d}x + C_1.$$

同理可得

$$y^{(n-2)} = \int\left[\int f(x)\mathrm{d}x + C_1\right]\mathrm{d}x + C_2.$$

依此法继续进行,接连积分 n 次,便得方程(7.5-1)的含有 n 个任意常数的通解.

2. 方程不显含 y 的情形

$F(x,y',y'')=0$,令 $P=y'$,则 $y''=P'$,方程化为

$$F(x,P,P')=0\text{——}P \text{ 的一阶方程}.$$

3. 方程不显含自变量 x 的情形

$F(y,y',y'')=0$,令 $P=y'$,并以 y 为自变量,则 $y''=\dfrac{\mathrm{d}P}{\mathrm{d}x}=\dfrac{\mathrm{d}P}{\mathrm{d}y}P$. 方程化为

$$F\left(y,P,P\,\frac{\mathrm{d}P}{\mathrm{d}y}\right)=0\text{——}P \text{ 的一阶方程}.$$

4. 一阶微分方程小结

① 微分方程描述的是物体运动的瞬时规律,求解微分方程就是从这瞬时规律出发来获得运动的全过程. 为此需要给定这一运动的一个初始状态(即初始条件),以此为基点来推断这一运动的未来,同时也可追溯它的过去.

② 微分方程的求解与一定的积分运算相联系,因而也把求解微分方程的过程称为积分一个微分方程. 由于每进行一次不定积分运算,就会产生一个任意常数,因此仅从微分方程本身去求解(不顾及定解条件),则 n 阶方程的解应包含 n 个任意常数.

③ 求解一阶微分方程时首先要判断类型,确定类型后就可选用求解该类型方程的方法来求解.

第一步,先看是否属于最基本类型(可分离变量的,或一阶线性的(包括自变量与因变量互换后是一阶线性的)).

第二步,若不是,再看是否是齐次方程或伯努利方程等属于变量替换后可转化为可分离变量或一阶线性的若干类型的方程.

第三步,若不是上述情形,再看是否可将方程作恒等变形后,选择某种变量替换化为熟悉的类型.

④ 求解一阶方程时,可能漏掉某些解,只要求得的解中含一个任意常数,它就是通解. 若题目中求的是通解,可以不考察求解时是否漏掉解,若求全部解就必须补上漏掉的解.

⑤ 求一阶方程的特解时,或先求通解再由初条件定出其中的任意常数,或利用初值将方程两边取变限积分.

⑥ 对于可降阶的二阶方程,只要确定可降阶的类型后,用降阶法把它转化为用上述方法求解相应的一阶方程.

**⑦ 一阶微分方程初值问题解的存在性与唯一性.

设 $f(x,y)$ 在矩形区域 $R:|x-x_0|\leqslant a,|y-y_0|\leqslant b$ 连续,则初值问题

$$\begin{cases} \dfrac{\mathrm{d}y}{\mathrm{d}x}=f(x,y), \\ y(x_0)=y_0 \end{cases} \tag{7.5-2}$$

在区间 $I=[x_0-h,x_0+h]$ 至少有一个解,其中

$$h=\min\left\{a,\frac{b}{M}\right\}, \quad M=\max_{(x,y)\in R}|f(x,y)|.$$

若又有 $\dfrac{\partial f}{\partial y}$ 在 R 连续,则方程(7.5-2)在 $[x_0-h,x_0+h]$ 上的解是唯一的.

二、典型题型归纳及解题方法与技巧

1. 求解 $y^{(n)}=f(x)$ 型的高阶微分方程

【例 7.5.1】求 $y'''=\dfrac{\ln x}{x^2}$ 满足 $y(1)=0$, $y'(1)=1$, $y''(1)=2$ 的特解.

【解】$y''=\displaystyle\int_1^x \dfrac{\ln x}{x^2}\mathrm{d}x + 2 = 3 - \dfrac{\ln x}{x} - \dfrac{1}{x}$,

$$y'=\int_1^x \left(3 - \dfrac{\ln x}{x} - \dfrac{1}{x}\right)\mathrm{d}x + 1 = 3x - \dfrac{1}{2}\ln^2 x - \ln x - 2,$$

$$y=\int_1^x \left(3x - \dfrac{1}{2}\ln^2 x - \ln x - 2\right)\mathrm{d}x = \dfrac{3}{2}x^2 - 2x - \dfrac{x}{2}\ln^2 x + \dfrac{1}{2}.$$

故所求特解为 $y=\dfrac{3}{2}x^2 - 2x - \dfrac{x}{2}\ln^2 x + \dfrac{1}{2}$.

【例 7.5.2】设 $f(x)$ 为已知的连续函数,又 $y''(x)=f(x)$,求 $y(x)$,并用变限定积分来表示.

【解】积分一次得 $y'(x)=\displaystyle\int_0^x f(t)\mathrm{d}t + C_1$,再积分一次得 $y(x)=\displaystyle\int_0^x \left[\int_0^s f(t)\mathrm{d}t\right]\mathrm{d}s + C_1 x + C_2$.

现把其中的二次积分表成定积分

$$\int_0^x \left[\int_0^s f(t)\mathrm{d}t\right]\mathrm{d}s = \int_0^x \left[\int_0^s f(t)\mathrm{d}t\right]\mathrm{d}(s-x)$$

$$=\left[(s-x)\int_0^s f(t)\mathrm{d}t\right]_{s=0}^{s=x} - \int_0^x (s-x)\mathrm{d}\left[\int_0^s f(t)\mathrm{d}t\right] = \int_0^x (x-s)f(s)\mathrm{d}s.$$

因此 $y(x)=\displaystyle\int_0^x (x-s)f(s)\mathrm{d}s + C_1 x + C_2$,其中 C_1, C_2 为 $\forall$ 常数.

2. 求解 $y''=f(x,y')$ 型的微分方程

【例 7.5.3】求解方程 $xy''=y'+x\sin\dfrac{y'}{x}$.

【解】这是可降阶类型的,不显含 y. 令 $P=y'$,方程化为 $xP'=P+x\sin\dfrac{P}{x}$,即

$$\dfrac{\mathrm{d}P}{\mathrm{d}x}=\dfrac{P}{x}+\sin\dfrac{P}{x}.$$

这是齐次方程,令 $u=\dfrac{P}{x}$(即 $P=ux$),方程又化成

$$x\dfrac{\mathrm{d}u}{\mathrm{d}x}+u=u+\sin u, \quad x\dfrac{\mathrm{d}u}{\mathrm{d}x}=\sin u \xRightarrow{\text{分离变量}} \dfrac{\mathrm{d}u}{\sin u}=\dfrac{\mathrm{d}x}{x}.$$

两边积分得 $\displaystyle\int \dfrac{\mathrm{d}\tan\dfrac{u}{2}}{\tan\dfrac{u}{2}}=\ln|x|+C'$, $\ln\left|\tan\dfrac{u}{2}\right|=\ln|x|+C'$,即 $\tan\dfrac{u}{2}=C_1 x$.

于是 $$\frac{dy}{dx} = 2x\arctan(C_1 x).$$

再积分得 $$y = \int \arctan(C_1 x)dx^2 + C_2 = x^2\arctan(C_1 x) - \int \frac{C_1 x^2}{1 + C_1^2 x^2}dx + C_2$$

$$= x^2\arctan(C_1 x) - \frac{x}{C_1} + \frac{1}{C_1^2}\arctan(C_1 x) + C_2.$$

因此得 $$y = x^2\arctan(C_1 x) - \frac{x}{C_1} + \frac{1}{C_1^2}\arctan(C_1 x) + C_2,$$

及 $$y = \frac{k\pi}{2}x^2 + C_2 \quad k = 0, \pm 1, \pm 2, \cdots, \left(\text{由 } \sin u = 0 \text{ 得 } u = k\pi, \text{即} \frac{dy}{dx} = k\pi x\right)$$

其中 $C_1 \neq 0$ 及 C_2 为 $\forall$ 常数.

3. 求解 $y'' = f(y, y')$ 型的微分方程

【例 7.5.4】求解初值问题 $\begin{cases} yy'' = 1 + y'^2, \\ y(1) = 1, y'(1) = 0. \end{cases}$

【解】这是不显含 x 的可降阶方程,解法是:作变换 $y' = \dfrac{dy}{dx} = P$,并以 y 为自变量,得

$$y'' = \frac{d^2 y}{dx^2} = \frac{dP}{dx} = \frac{dP}{dy}P \xrightarrow{\text{代入方程}} y\frac{dP}{dy}P = 1 + P^2.$$

这是可分离变量的方程,分离变量得 $\dfrac{PdP}{1 + P^2} = \dfrac{dy}{y} \xrightarrow{\text{积分}} C_1 y = \sqrt{1 + P^2}.$

由 $y = 1$ 时 $y' = P = 0 \Rightarrow C_1 = 1 \Rightarrow y = \sqrt{1 + P^2}.$

注意,由方程知,$y > 0$ 时 $y'' > 0 \Rightarrow x > 1$ 时 $y' > 0$;$x < 1$ 时 $y' < 0.$

于是 $$y' = \pm\sqrt{y^2 - 1}, \qquad \frac{dy}{\sqrt{y^2 - 1}} = \pm dx.$$

并注意,$x = 1$ 时 $y = 1$ 解得 $\ln(y + \sqrt{y^2 - 1}) = \pm(x - 1)$,即 $y + \sqrt{y^2 - 1} = e^{\pm(x-1)}.$

由此又得 $y - \sqrt{y^2 - 1} = e^{\mp(x-1)}.$ 因此所求解为 $y = \dfrac{1}{2}[e^{x-1} + e^{-(x-1)}].$

评注 当二阶微分方程不显含 y 或 x 时均属于可降阶类型的,利用降阶法转化为求解一阶方程.

4. 求解含变限积分的微分方程

设 $f(x)$ 满足 $p(x)f'(x) + \int_{x_0}^{x} f(t)dt = xf(x)$,其中已知函数 $p(x)$ 有连续导数,$p(x_0) = 0, x_0 \neq 0, f(x)$ 有二阶连续导数,求 $f(x)$.

原问题 $\Leftrightarrow p(x)f''(x) + [p'(x) - x]f'(x) = 0, f(x_0) = 0$,这是二阶线性变系数可降阶的方程.

【例 7.5.5】设 $f(x)$ 有连续的导数并满足:

$$xf'(x) + \int_0^x f(t)dt = (x + 2)f(x), \tag{7.5-3}$$

求 $f(x)$.

【分析与求解】转化为常微分方程来求解. 事实上, $x \neq 0$ 时, $f(x)$ 有二阶连续导数.

由方程(7.5-3)求导得 $xf''(x) - (x+1)f'(x) = 0$. 令 $x = 0$ 得 $f(0) = 0$.

问题转化为求解 $\begin{cases} xf''(x) - (x+1)f'(x) = 0, \\ f(0) = 0. \end{cases}$ 这是可降阶的方程.

令 $y = f'(x)$ 得 $xy' - (x+1)y = 0$. 这是变量分离的(也是一阶线性的). 解得 $y = Cxe^x$.

再由 $f'(x) = Cxe^x$ 及 $f(0) = 0$ 积分得

$$f(x) = C\int_0^x te^t \, dt = C[e^x(x-1) + 1].$$

5. 关于微分方程的建模与应用

情形一　用导数的几何意义列方程

一阶与二阶导数的几何意义还体现在曲率计算公式上. 若已知曲线的曲率满足某些条件, 常可得某类二阶常微分方程.

【例 7.5.6】位于上半平面的(向上)凹曲线 $y = y(x)$ 通过点 $(0, 2)$, 在该点处切线水平, 曲线上任一点 (x, y) 处的曲率与 $\sqrt{y}$ 及 $1 + y'^2$ 的乘积成反比, 比例系数 $k = \dfrac{1}{2\sqrt{2}}$. 求曲线方程 $y = y(x)$.

【解】由题意知, 所求曲线 $y = y(x)$ 满足: $y > 0$, $y'' > 0$, $y(0) = 2$, $y'(0) = 0$, 且

$$\frac{|y''|}{(1 + y'^2)^{\frac{3}{2}}} = \frac{1}{2\sqrt{2}} \frac{1}{\sqrt{y}(1 + y'^2)},$$

即 $y = y(x)$ 是初值问题 $\begin{cases} \dfrac{y''}{\sqrt{1 + y'^2}} = \dfrac{1}{2\sqrt{2y}}, \\ y(0) = 2, y'(0) = 0 \end{cases}$ 的解.

因方程是不显含自变量 x 的二阶方程, 应令 $y' = p$, 且以 y 为新自变量求解, 于是

$$y'' = \frac{dp}{dx} = p\frac{dp}{dy},$$

代入原问题, 得 $\begin{cases} \dfrac{p\,dp}{\sqrt{1 + p^2}} = \dfrac{dy}{2\sqrt{2y}}, \\ p(2) = 0. \end{cases} \xRightarrow{\text{积分}} \sqrt{1 + p^2} = \sqrt{\dfrac{y}{2}} + C_1.$

由条件 $p(2) = 0$ 可确定 $C_1 = 0$, 于是有 $\sqrt{1 + p^2} = \sqrt{\dfrac{y}{2}}$, 即 $y' = p = \pm\sqrt{\dfrac{y-2}{2}}$, 分离变量并求积分, 有 $2\sqrt{y-2} = \pm\dfrac{x}{\sqrt{2}} + C_2$.

由条件 $y(0) = 2$ 可确定 $C_2 = 0$, 于是得到 $2\sqrt{y-2} = \pm\dfrac{x}{\sqrt{2}}$, 即所求曲线方程为 $y = 2 + \dfrac{x^2}{8}$.

学习随笔

评注　在解出 p 的通解后,应及时利用定解条件 $p(2)=0$ 确定通解中的任意常数,这样往往可以简化再求解 y 的计算过程. 此处,条件 $p(2)=0$ 是结合 $y(0)=2$ 与 $y'(0)=0$ 得到的,如果误用 $p(0)=0$,就必然得不到所求的解.

情形二　用牛顿第二定律列方程

设质量为 m 的质点作直线运动,时刻为 t 时质点的位置坐标为 $y(t)$,则按牛顿第二定律有

$$m\,\frac{\mathrm{d}^2 y}{\mathrm{d}t^2}=F\left(t,y,\frac{\mathrm{d}y}{\mathrm{d}t}\right),\qquad(7.5-4)$$

其中,F 是外力,通常它与时间 t、位移 y 及速度 $\dfrac{\mathrm{d}y}{\mathrm{d}t}$ 有关. 它有两种特殊情形属于可降阶的情形.

① 外力 F 只依赖于 t 与速度 $v=\dfrac{\mathrm{d}y}{\mathrm{d}t}$. 方程(7.5-4)变成 $m\,\dfrac{\mathrm{d}v}{\mathrm{d}t}=F(t,v)$.

② 外力 F 只与 y 与 $v=\dfrac{\mathrm{d}y}{\mathrm{d}t}$ 有关. 由于 $\dfrac{\mathrm{d}^2 y}{\mathrm{d}t^2}=\dfrac{\mathrm{d}v}{\mathrm{d}t}=\dfrac{\mathrm{d}v}{\mathrm{d}y}\dfrac{\mathrm{d}y}{\mathrm{d}t}=v\,\dfrac{\mathrm{d}v}{\mathrm{d}y}$,方程(7.5-4)可写成 $mv\,\dfrac{\mathrm{d}v}{\mathrm{d}y}=F(y,v)$.

用牛顿第二定律列方程的关键是:弄清楚物体的受力情况.

【例 7.5.7】(1) 设质量为 m 的物体在空气中降落,空气阻力与物体的速度平方成正比,阻尼系数为 $k>0$. 沿垂直地面向下的方向取定坐标轴 x,物体在任意时刻 t 的位置坐标为 $x=x(t)$,分别求出 $x(t)$ 与物体的速度 $v(t)$ 所满足的微分方程.

(2) 求物体的速度并作 $v=v(t)$ 的图形(体现单调性、凹凸性与渐近线).

(3) 现有一跳伞员,开伞前的阻尼系数为 k_1,开伞后的阻尼系数为 $k_2,k_1\ll k_2$. 开始跳伞时跳伞员的初速度 $v_0=0$,从开始跳伞到开伞的时间间隔为 T,作跳伞员下降速度 $v=v(t)$ 的图形并求跳伞员落地速度的近似值.

【分析与求解】(1) t 时刻物体的位置坐标 $x(t)$,速度 $v=\dfrac{\mathrm{d}x}{\mathrm{d}t}$,加速度 $a=\dfrac{\mathrm{d}v}{\mathrm{d}t}=\dfrac{\mathrm{d}^2 x}{\mathrm{d}t^2}$;物体受的力为重力 mg;空气阻力为 $-kv^2$. 由牛顿第二定律得 $x(t)$ 满足:

$$m\,\frac{\mathrm{d}^2 x}{\mathrm{d}t^2}=mg-k\left(\frac{\mathrm{d}x}{\mathrm{d}t}\right)^2.$$

相应地 $v(t)$ 满足:

$$m\,\frac{\mathrm{d}v}{\mathrm{d}t}=mg-kv^2.\qquad(7.5-5)$$

(2) 现求解方程(7.5-5).这是一阶可分离变量的方程,分离变量得

$$\frac{\mathrm{d}v}{g-\dfrac{k}{m}v^2}=\mathrm{d}t,\quad\left(\frac{1}{\sqrt{\dfrac{mg}{k}}+v}+\frac{1}{\sqrt{\dfrac{mg}{k}}-v}\right)\mathrm{d}v=a\,\mathrm{d}t,$$

其中,$a=2\sqrt{\dfrac{kg}{m}}$.

积分得
$$\ln\left|\frac{\sqrt{\frac{mg}{k}}+v}{\sqrt{\frac{mg}{k}}-v}\right|=at+C_1,\ \sqrt{\frac{mg}{k}}+v=\left(\sqrt{\frac{mg}{k}}-v\right)C\mathrm{e}^{at},$$

$$v=\sqrt{\frac{mg}{k}}\ \frac{C\mathrm{e}^{at}-1}{C\mathrm{e}^{at}+1}. \tag{7.5-6}$$

若考虑初条件 $v(0)=v_0$（下落的初速度），得 $C=\dfrac{v_0+\sqrt{\dfrac{mg}{k}}}{\sqrt{\dfrac{mg}{k}}-v_0}$.

由式（7.5-6）知 $\lim\limits_{t\to+\infty}v(t)=\sqrt{\dfrac{mg}{k}}$，$v=v(t)$ 有水平渐近线 $v=\sqrt{\dfrac{mg}{k}}$.

方程（7.5-5）还有特解 $v=\sqrt{\dfrac{mg}{k}}$，不包含在通解（7.5-6）中.

若 $0\leqslant v_0<\sqrt{\dfrac{mg}{k}}$ 时 $0<v(t)<\sqrt{\dfrac{mg}{k}}$，由式（7.5-5）得 $\dfrac{\mathrm{d}v}{\mathrm{d}t}>0$，$\dfrac{\mathrm{d}^2v}{\mathrm{d}t^2}=-2\dfrac{k}{m}v$

$\dfrac{\mathrm{d}v}{\mathrm{d}t}<0$，即 $v=v(t)$ 单调上升，是凸的，以 $v=\sqrt{\dfrac{mg}{k}}$ 为渐近线.

若 $v_0>\sqrt{\dfrac{mg}{k}}$ 时 $v(t)>\sqrt{\dfrac{mg}{k}}$，同理 $\dfrac{\mathrm{d}v}{\mathrm{d}t}<0$，$\dfrac{\mathrm{d}^2v}{\mathrm{d}t^2}>0$，即 $v=v(t)$ 单调下降，

是凹的，以 $v=\sqrt{\dfrac{mg}{k}}$ 为渐近线.

因此 $v=v(t)$ 的图形如图 7.5-1 所示.

（3）跳伞员开伞前后的速度分别满足 $\begin{cases} m\dfrac{\mathrm{d}v}{\mathrm{d}t}=mg-k_1v^2, \\ v(0)=0 \end{cases}$ $(0<t<T)$，它的解记为

$v=v_1(t)$；满足 $\begin{cases} m\dfrac{\mathrm{d}v}{\mathrm{d}t}=mg-k_2v^2, \\ v(T)=v_1(T) \end{cases}$ $(t>T)$，它的解记为 $v=v_2(t)$.

于是跳伞员的速度 $v(t)=\begin{cases} v_1(t), & 0\leqslant t\leqslant T, \\ v_2(t), & T\leqslant t. \end{cases}$

因为 $v(0)=0<\sqrt{\dfrac{mg}{k_1}}$，当 $0<t<T$ 时 $v(t)=v_1(t)$ 单调上升且是凸的. 开伞后跳伞

员的初速度 $v(T)=v_1(T)$，$\sqrt{\dfrac{mg}{k_2}}<v_1(T)<\sqrt{\dfrac{mg}{k_2}}$，$t>T$ 时 $v=v_2(t)$ 单调下降且是

凹的（图 7.5-2）；$\lim\limits_{t\to+\infty}v(t)=\lim\limits_{t\to+\infty}v_2(t)=\sqrt{\dfrac{mg}{k_2}}$.

因此，跳伞员落地时的速度 $\approx\sqrt{\dfrac{mg}{k_2}}$.

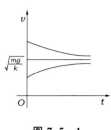

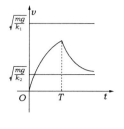

图 7.5 - 1　　　　　　　图 7.5 - 2

【例 7.5.8】 一个离地面很高的物体,受地球引力的作用由静止开始下落,求它落到地面时的速度和所需要的时间.

【解】 分以下三步求解:

第一步,列微分方程和初始条件.

取连接地球中心与该物体的直线为 y 轴,其方向铅直向上,取地球中心为原点 O,地球的半径为 R,见图 7.5 - 3.

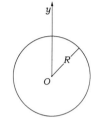

图 7.5 - 3

设物体的质量为 m,与地球中心的距离为 l,在 t 时刻物体所在的位置为 $y = y(t)$.地球对此物体的引力为

$$F = -\frac{kmM}{y^2},$$

其中,M 为地球质量,k 为引力常数.因为引力指向地球中心,所以带负号.于是由牛顿第二定律得

$$m\,\frac{\mathrm{d}^2 y}{\mathrm{d}t^2} = -\frac{kmM}{y^2}, \quad \frac{\mathrm{d}^2 y}{\mathrm{d}t^2} = -\frac{kM}{y^2}.$$

因为,当 $y = R$ 时 $\dfrac{\mathrm{d}^2 y}{\mathrm{d}t^2} = -g$,所以,$kM = R^2 g$,$g$ 是地球表面的重力加速度.这样,方程成为

$$\frac{\mathrm{d}^2 y}{\mathrm{d}t^2} = -\frac{gR^2}{y^2}, \tag{7.5 - 7}$$

初始条件是

$$y\,|_{t=0} = l, \quad \frac{\mathrm{d}y}{\mathrm{d}t}\bigg|_{t=0} = 0. \tag{7.5 - 8}$$

问题变成由方程(7.5 - 7)和初始条件(7.5 - 8)求 $y = R$ 时的 $\dfrac{\mathrm{d}y}{\mathrm{d}t}$ 及由 $y(t) = R$ 求 t.

第二步,求落地速度.

解方程(7.5 - 7).令 $v = \dfrac{\mathrm{d}y}{\mathrm{d}t}$,则 $\dfrac{\mathrm{d}^2 y}{\mathrm{d}t^2} = v\,\dfrac{\mathrm{d}v}{\mathrm{d}y}$,代入初始条件(7.5 - 8),得

$$v\,\frac{\mathrm{d}v}{\mathrm{d}y} = -\frac{gR^2}{y^2} \xrightarrow{\text{分离变量}} v\,\mathrm{d}v = -\frac{gR^2}{y^2}\mathrm{d}y,$$

两边积分得

$$\int_0^v v\,\mathrm{d}v = -gR^2 \int_l^y \frac{\mathrm{d}y}{y^2}, \quad \frac{1}{2}v^2 = gR^2\left(\frac{1}{y} - \frac{1}{l}\right). \tag{7.5 - 9}$$

令 $y=R$，得物体落到地面时的速度 $v=-\sqrt{\dfrac{2gR(l-R)}{l}}$.

第三步，求落地所需时间.

由方程$(7.5-9)$式得 $\dfrac{\mathrm{d}y}{\mathrm{d}t}=-R\sqrt{2g\left(\dfrac{1}{y}-\dfrac{1}{l}\right)}$. 分离变量后得

$$\frac{\sqrt{y}}{\sqrt{l-y}}\mathrm{d}y=-R\sqrt{\frac{2g}{l}}\,\mathrm{d}t \xRightarrow{\text{积分}} t=-\frac{1}{R}\sqrt{\frac{l}{2g}}\int\frac{\sqrt{y}}{\sqrt{l-y}}\mathrm{d}y+C.$$

因为 $\displaystyle\int\frac{\sqrt{y}}{\sqrt{l-y}}\mathrm{d}y \xlongequal[(y=l\cos^2 u)]{} -\int\frac{\sqrt{l}\cos u}{\sqrt{l}\,\sqrt{1-\cos^2 u}}2l\cos u\sin u\,\mathrm{d}u$

$$=-2l\int\frac{1+\cos 2u}{2}\mathrm{d}u=-(lu+l\sin u\cos u)$$

$$=-\left(l\arccos\sqrt{\frac{y}{l}}+\sqrt{ly-y^2}\right),$$

又 $t=0$ 时 $y=l$，所以得 $t=\dfrac{1}{R}\sqrt{\dfrac{l}{2g}}\left(l\arccos\sqrt{\dfrac{y}{l}}+\sqrt{ly-y^2}\right)$（常数 $C=0$）.

最后令 $y=R$，就得到物体到达地面所需时间为

$$\frac{1}{R}\sqrt{\frac{l}{2g}}\left(l\arccos\sqrt{\frac{R}{l}}+\sqrt{lR-R^2}\right).$$

情形三　质点运动的轨迹方程

求质点运动的轨迹方程是导数的几何意义与力学意义的综合应用.

设质点作平面运动，它的轨迹由参数方程 $x=x(t)$，$y=y(t)$ 确定.$(x'(t),y'(t))$ 是质点的速度向量，速度大小是 $\sqrt{x'^2(t)+y'^2(t)}$，速度方向即轨线的切线方向.

有一些问题可由题目的条件去确定轨迹方程.

【例 7.5.9】设物体 A 从 $(0,1)$ 出发，沿 y 轴正向以常数 v 的速度运动.物体 B 从点 $(-1,0)$ 与 A 同时出发，方向始终指向 A 并以 $2v$ 的速度运动.试建立物体 B 的运动轨迹所满足的微分方程，并写出初始条件.

【分析与求解】规定 A 出发的时刻 $t=0$.

（1）t 时刻 A 位于 $(0,1+vt)$.

（2）t 时刻 B 位于点 $(x(t),y(t))$，B 点的速度 $\left(\dfrac{\mathrm{d}x}{\mathrm{d}t},\dfrac{\mathrm{d}y}{\mathrm{d}t}\right)$ 与 $\overrightarrow{BA}$ 平行，则

$$\frac{\dfrac{\mathrm{d}x}{\mathrm{d}t}}{0-x}=\frac{\dfrac{\mathrm{d}y}{\mathrm{d}t}}{1+vt-y}, \qquad (7.5-10)$$

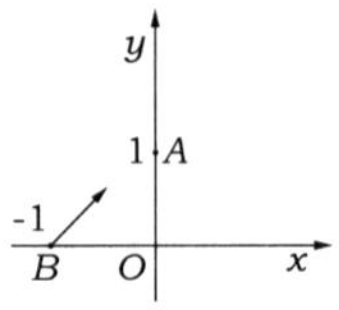

见图 7.5-4.又 B 点的速度大小满足

$$\sqrt{\left(\frac{\mathrm{d}x}{\mathrm{d}t}\right)^2+\left(\frac{\mathrm{d}y}{\mathrm{d}t}\right)^2}=2v. \qquad (7.5-11)$$

（3）初条件 $x(0)=-1$，$y(0)=0$.

（4）进一步消去 t，可得 y 作为 x 的函数满足的微分方程.

图 7.5-4

由方程(7.5-10)得 $x\dfrac{\mathrm{d}y}{\mathrm{d}x}=y-vt-1$. 两边对 x 求导得

$$x\frac{\mathrm{d}^2y}{\mathrm{d}x^2}+\frac{\mathrm{d}y}{\mathrm{d}x}=\frac{\mathrm{d}y}{\mathrm{d}x}-v\frac{\mathrm{d}t}{\mathrm{d}x},\quad 即\quad x\frac{\mathrm{d}^2y}{\mathrm{d}x^2}=-v\frac{\mathrm{d}t}{\mathrm{d}x}.\qquad(7.5-12)$$

由方程(7.5-11)得

$$\frac{\mathrm{d}x}{\mathrm{d}t}\sqrt{1+\left(\frac{\mathrm{d}y}{\mathrm{d}x}\right)^2}=2v\left(\frac{\mathrm{d}x}{\mathrm{d}t}>0\right),\quad 即\frac{\mathrm{d}t}{\mathrm{d}x}=\frac{\sqrt{1+\left(\dfrac{\mathrm{d}y}{\mathrm{d}x}\right)^2}}{2v}.$$

代入方程(7.5-12)式得

$$x\frac{\mathrm{d}^2y}{\mathrm{d}x^2}=-\frac{1}{2}\sqrt{1+\left(\frac{\mathrm{d}y}{\mathrm{d}x}\right)^2}.\qquad(7.5-13)$$

又初始条件为 $\qquad\qquad y|_{x=-1}=0,\quad y'|_{x=-1}=1,\qquad(7.5-14)$

式(7.5-13)与式(7.5-14)组成一个二阶方程的初值问题,它是可降阶类型的(不显含 y).

6. 选择适当方法求解一阶微分方程

【例 7.5.10】求解下列微分方程:

(1) $(2x-3xy^2-y^3)y'+y^3=0$;　(2) $\dfrac{\mathrm{d}y}{\mathrm{d}x}=\dfrac{2xy}{x^2-y^2}$.

【解】先判断类型,然后再求解.

(1) 若把 x 看作自变量,这不是我们所熟悉的基本类型. 由于该方程对 x 是一次的,若把 y 看作自变量,x 看作未知函数,它就是一阶线性方程

$$\frac{2x-3xy^2-y^3}{y^3}+\frac{\mathrm{d}x}{\mathrm{d}y}=0,\quad 即\quad \frac{\mathrm{d}x}{\mathrm{d}y}+\frac{2-3y^2}{y^3}x=1.$$

计算 $\mathrm{e}^{\int\frac{2-3y^2}{y^3}\mathrm{d}y}$,两边乘 $\mu(y)=\mathrm{e}^{-\frac{1}{y^2}}\dfrac{1}{y^3}$,得 $\dfrac{\mathrm{d}}{\mathrm{d}y}\left(x\dfrac{1}{y^3}\mathrm{e}^{-\frac{1}{y^2}}\right)=\dfrac{1}{y^3}\mathrm{e}^{-\frac{1}{y^2}}$. 积分得

$$x\frac{1}{y^3}\mathrm{e}^{-\frac{1}{y^2}}=\int\frac{1}{y^3}\mathrm{e}^{-\frac{1}{y^2}}\mathrm{d}y,\quad 即\quad x\frac{1}{y^3}\mathrm{e}^{-\frac{1}{y^2}}=\frac{1}{2}\mathrm{e}^{-\frac{1}{y^2}}+C.$$

因此得 $x=Cy^3\mathrm{e}^{\frac{1}{y^2}}+\dfrac{1}{2}y^3$,其中 C 为 $\forall$ 常数.另补上解 $y=0$.

(2) 方法一　这是齐次方程 $\dfrac{\mathrm{d}y}{\mathrm{d}x}=\dfrac{2\dfrac{y}{x}}{1-\left(\dfrac{y}{x}\right)^2}$. 令 $u=\dfrac{y}{x}(y=ux)$,则

$$x\frac{\mathrm{d}u}{\mathrm{d}x}=\frac{u(1+u^2)}{1-u^2}.$$

分离变量得 $\qquad\qquad\left(\dfrac{1}{u}-\dfrac{2u}{1+u^2}\right)\mathrm{d}u=\dfrac{\mathrm{d}x}{x}.$

积分得 $\qquad \ln|u|-\ln(1+u^2)=\ln|x|+C_1,\quad \dfrac{u}{1+u^2}=Cx.$

以 $u=\dfrac{y}{x}$ 代入得 $\dfrac{y}{x^2+y^2}=C$,即 $y=C(x^2+y^2)$,其中 C 为 $\forall$ 常数.

方法二 以 y 为自变量,改写成 $\dfrac{\mathrm{d}x}{\mathrm{d}y}-\dfrac{1}{2y}x=-\dfrac{y}{2}x^{-1}$（伯努利方程）.

改写成 $\dfrac{\mathrm{d}x^2}{\mathrm{d}y}-\dfrac{x^2}{y}=-y$. 两边乘 $\mu(y)=\dfrac{1}{y}$,得 $\dfrac{\mathrm{d}}{\mathrm{d}y}\left(\dfrac{1}{y}x^2\right)=-1$.

积分得 $\dfrac{1}{y}x^2=-y+C$,即 $x^2+y^2=Cy$. 补上 $y=0$.

【例 7.5.11】求解下列微分方程:

(1) $(1+\mathrm{e}^{\frac{x}{y}})\mathrm{d}x+\mathrm{e}^{\frac{x}{y}}\left(1-\dfrac{x}{y}\right)\mathrm{d}y=0$;   (2) $(x^2+y^2+2x)\mathrm{d}x+2y\mathrm{d}y=0$.

【解】(1) 方法一 （凑微分法）将原方程改写成

$$\mathrm{d}x+\mathrm{e}^{\frac{x}{y}}\mathrm{d}y+\mathrm{e}^{x/y}\,\dfrac{y\mathrm{d}x-x\mathrm{d}y}{y}=0,\quad \mathrm{d}x+\mathrm{e}^{\frac{x}{y}}\mathrm{d}y+y\mathrm{e}^{\frac{x}{y}}\mathrm{d}\left(\dfrac{x}{y}\right)=0,$$

$$\mathrm{d}x+\mathrm{e}^{\frac{x}{y}}\mathrm{d}y+y\mathrm{d}\mathrm{e}^{\frac{x}{y}}=0,\quad \mathrm{d}(x+y\mathrm{e}^{\frac{x}{y}})=0.$$

通解为 $x+y\mathrm{e}^{\frac{x}{y}}=C$.

方法二 这是齐次方程.

$$\dfrac{\mathrm{d}x}{\mathrm{d}y}=\dfrac{\left(\dfrac{x}{y}-1\right)\mathrm{e}^{x/y}}{1+\mathrm{e}^{x/y}}.\ 令 u=\dfrac{x}{y}\,(x=uy),\ 得$$

$$y\,\dfrac{\mathrm{d}u}{\mathrm{d}y}+u=\dfrac{(u-1)\mathrm{e}^u}{1+\mathrm{e}^u},\quad 即 \quad y\,\dfrac{\mathrm{d}u}{\mathrm{d}y}=-\dfrac{u+\mathrm{e}^u}{1+\mathrm{e}^u}.$$

分离变量得 $\quad -\dfrac{1+\mathrm{e}^u}{u+\mathrm{e}^u}\mathrm{d}u=\dfrac{\mathrm{d}y}{y},\quad \dfrac{\mathrm{d}(u+\mathrm{e}^u)}{u+\mathrm{e}^u}+\dfrac{\mathrm{d}y}{y}=0.$

积分得 $\quad \ln|y(u+\mathrm{e}^u)|=C_1,\quad 即 \quad y(u+\mathrm{e}^u)=C.$

通解为 $x+y\mathrm{e}^{x/y}=C$.

(2) 方法一 将方程改写成 $2x+x^2+y^2+\dfrac{\mathrm{d}y^2}{\mathrm{d}x}=0$. 令 $u=y^2$,得

$$\dfrac{\mathrm{d}u}{\mathrm{d}x}+u=-2x-x^2.$$

这是一阶线性方程,两边乘 $\mu=\mathrm{e}^x$ 得 $\dfrac{\mathrm{d}}{\mathrm{d}x}(u\mathrm{e}^x)=(-2x-x^2)\mathrm{e}^x.$

积分得 $u\mathrm{e}^x=\displaystyle\int(-2x-x^2)\mathrm{e}^x\mathrm{d}x+C=-\int(\mathrm{e}^x\mathrm{d}x^2+x^2\mathrm{d}\mathrm{e}^x)+C=-x^2\mathrm{e}^x+C.$

因此得通解 $x^2+y^2=C\mathrm{e}^{-x}$,其中,C 为 $\forall$ 正的常数.

方法二 将方程改写成 $(x^2+y^2)\mathrm{d}x+\mathrm{d}(x^2+y^2)=0$. 两边除 x^2+y^2 得

$$\mathrm{d}x+\dfrac{\mathrm{d}(x^2+y^2)}{x^2+y^2}=0,\quad \mathrm{d}[x+\ln(x^2+y^2)]=0.$$

通解为 $x+\ln(x^2+y^2)=C_1$,即 $x^2+y^2=C\mathrm{e}^{-x}$,其中 $C>0$ 为 $\forall$ 常数.

*7. 变量替换的灵活应用

【例 7.5.12】作适当变换求下列微分方程的通解:

(1) $\sqrt{1+x^2}\sin 2y\,\dfrac{\mathrm{d}y}{\mathrm{d}x}=2x\sin^2 y+\mathrm{e}^{2\sqrt{1+x^2}}$;　　(2) $y'=\dfrac{y\sqrt{y}}{2x\sqrt{y}-x^2}$;

(3) $y'=\dfrac{y}{2x}+\dfrac{1}{2y}\tan\dfrac{y^2}{x}$.

【分析与求解】(1) 将原方程改写成

$$\sqrt{1+x^2}\,\frac{\mathrm{d}\sin^2 y}{\mathrm{d}x}=2x\sin^2 y+\mathrm{e}^{2\sqrt{1+x^2}},\tag{7.5-15}$$

其中　　　　　　　　$\sin 2y\,\mathrm{d}y=2\sin y\cos y\,\mathrm{d}y=2\sin y\,\mathrm{d}\sin y=\mathrm{d}\sin^2 y.$

令 $z=\sin^2 y$,则式(7.5-15)就是 z 的一阶线性方程

$$\frac{\mathrm{d}z}{\mathrm{d}x}-\frac{2x}{\sqrt{1+x^2}}z=\frac{1}{\sqrt{1+x^2}}\mathrm{e}^{2\sqrt{1+x^2}}.$$

两边乘 $\mu(x)=\mathrm{e}^{-\int\frac{2x}{\sqrt{1+x^2}}\mathrm{d}x}=\mathrm{e}^{-2\sqrt{1+x^2}}$,得 $\dfrac{\mathrm{d}}{\mathrm{d}x}(\mathrm{e}^{-2\sqrt{1+x^2}}z)=\dfrac{1}{\sqrt{1+x^2}}.$

积分得　　　　　　　　$\mathrm{e}^{-2\sqrt{1+x^2}}z=\ln(1+\sqrt{1+x^2})+C.$

于是通解为 $\sin^2 y=\mathrm{e}^{2\sqrt{1+x^2}}\big[\ln(x+\sqrt{1+x^2})+C\big]$,其中 C 为 $\forall$ 常数.

(2) 将原方程改写成 $\dfrac{\mathrm{d}x}{\mathrm{d}y}-\dfrac{2}{y}x=-\dfrac{1}{y^{3/2}}x^2$.这是伯努利方程.两边乘 x^{-2} 得

$\dfrac{\mathrm{d}}{\mathrm{d}y}\Big(\dfrac{1}{x}\Big)+\dfrac{2}{y}\Big(\dfrac{1}{x}\Big)=\dfrac{1}{y^{3/2}}$.两边再乘 $\mu(y)=\mathrm{e}^{\int\frac{2}{y}\mathrm{d}y}=y^2$ 得

$$\frac{\mathrm{d}}{\mathrm{d}y}\Big(\frac{y^2}{x}\Big)=y^{\frac{1}{2}}\xrightarrow{\text{积分}}\frac{y^2}{x}=\frac{2}{3}y^{3/2}+C.$$

通解为 $y^2=\dfrac{2}{3}xy\sqrt{y}+Cx.$

(3) 将方程改写成 $y\dfrac{\mathrm{d}y}{\mathrm{d}x}=\dfrac{y^2}{2x}+\dfrac{1}{2}\tan\dfrac{y^2}{x}$,$\dfrac{\mathrm{d}y^2}{\mathrm{d}x}=\dfrac{y^2}{x}+\tan\dfrac{y^2}{x}$.右端是 $\dfrac{y^2}{x}$ 的函数.令 $u=\dfrac{y^2}{x}$(即 $y^2=ux$),则 $\dfrac{\mathrm{d}y^2}{\mathrm{d}x}=x\dfrac{\mathrm{d}u}{\mathrm{d}x}+u$.因此,可作变换 $u=\dfrac{y^2}{x}$,原方程化为

$x\dfrac{\mathrm{d}u}{\mathrm{d}x}=\tan u$——可分离变量的.

分离变量得　　　　　　$\dfrac{\mathrm{d}u}{\tan u}=\dfrac{\mathrm{d}x}{x}\xrightarrow{\text{积分}}\ln|\sin u|=\ln|x|+C_1.$

即通解为 $\sin\dfrac{y^2}{x}=Cx$,C 为 $\forall$ 常数.

评注　对于一般方程,不一定能找到变量替换把它化成我们所熟悉的方程.怎样找变量替换? 这没有固定的规则,只能多观察,根据方程的特点作出判断.例7.5.12就不属于我们所熟悉的四种类型,就是通过凑微分法将方程作适当变形,变成易观察到适合变量替换的形式.

*8. 求一阶方程的某种特解

【例7.5.13】设 $f(x)$ 在 $(-\infty,+\infty)$ 连续且有界,又设 $\displaystyle\int_{-\infty}^{0}\mathrm{e}^x f(x)\mathrm{d}x$ 收敛.求证:

（1）方程

$$y' + y = f(x) \qquad\qquad (7.5-16)$$

只有一个解在 $(-\infty, +\infty)$ 有界；

（2）若又有 $f(x)$ 以 T 为周期，则上述方程只有一个解是以 T 为周期的.

【分析与证明】（1）**方法一**　先设 $y(x)$ 是方程 $(7.5-16)$ 的有界解，导出它的表达式，最后再加以验证.

设 $y(x)$ 是方程 $(7.5-16)$ 的有界解. 方程两边乘 $\mu(x) = \mathrm{e}^{\int \mathrm{d}x} = \mathrm{e}^x$，得 $(\mathrm{e}^x y)' = \mathrm{e}^x f(x)$. 由于 $\int_{-\infty}^{0} \mathrm{e}^x f(x)\mathrm{d}x$ 收敛，可将上式两边从 $-\infty$ 到 x 积分并注意 $\lim\limits_{x \to -\infty}(\mathrm{e}^x y) = 0$，得

$$\mathrm{e}^x\big[y\big]_{-\infty}^{x} = \int_{-\infty}^{x} \mathrm{e}^t f(t)\mathrm{d}t,$$

即

$$y = \mathrm{e}^{-x} \int_{-\infty}^{x} \mathrm{e}^t f(t)\mathrm{d}t. \qquad\qquad (7.5-17)$$

易验证：

① $y' = \mathrm{e}^{-x} \cdot \mathrm{e}^x f(x) - \mathrm{e}^{-x} \int_{-\infty}^{x} \mathrm{e}^t f(t)\mathrm{d}t = f(x) - y$，即 $y' + y = f(x)$，

② $|y(x)| = |\mathrm{e}^{-x} \int_{-\infty}^{x} \mathrm{e}^t f(t)\mathrm{d}t| \leqslant \mathrm{e}^{-x} \int_{-\infty}^{x} \mathrm{e}^t M \mathrm{d}t = M$，

其中，$|f(x)| \leqslant M (x \in (-\infty, +\infty))$.

这就证明了式 $(7.5-17)$ 是方程 $(7.5-16)$ 的唯一有界解.

方法二　先求方程 $(7.5-16)$ 的通解，只能定出一个常数，使之为 $(-\infty, +\infty)$ 上的有界解.

方程两边乘 $\mu(x) = \mathrm{e}^{\int \mathrm{d}x} = \mathrm{e}^x$ 得 $(y\mathrm{e}^x)' = \mathrm{e}^x f(x)$. 两边积分得

$$y = \mathrm{e}^{-x} \int_{0}^{x} \mathrm{e}^t f(t)\mathrm{d}t + C' \mathrm{e}^{-x}.$$

$\forall$ 常数 C'，当 $x \in [0, +\infty)$ 时，有

$$|y(x)| \leqslant \mathrm{e}^{-x} \int_{0}^{x} \mathrm{e}^t M \mathrm{d}t + |C'| = \big[M\mathrm{e}^{-x}\mathrm{e}^t\big]_{0}^{M} + |C'| \leqslant M + |C'|,$$

即 $\forall C'$，当 $x \in [0, +\infty)$ 时 $y(x)$ 有界.

当 $x \in (-\infty, 0]$ 时，将 $y(x)$ 改写成

$$y(x) = \mathrm{e}^{-x}\left[\int_{0}^{x} \mathrm{e}^t f(t)\mathrm{d}t + C_0\right] + C_1 \mathrm{e}^{-x} \xlongequal{\text{记}} y^*(x) + C_1 \mathrm{e}^{-x}.$$

注意：当 $C_0 + \int_{0}^{-\infty} \mathrm{e}^t f(t)\mathrm{d}t \neq 0$，即 $C_0 \neq \int_{-\infty}^{0} \mathrm{e}^t f(t)\mathrm{d}t$ 时，$\lim\limits_{x \to -\infty} y^*(x) = \infty$.

取 $C_0 = \int_{-\infty}^{0} f(t)\mathrm{e}^t \mathrm{d}t$ 时，$y^*(x) = \mathrm{e}^{-x} \int_{-\infty}^{x} \mathrm{e}^t f(t)\mathrm{d}t$. 它在 $(-\infty, +\infty)$ 有界，而方程 $(7.5-16)$ 的通解也是所有解.

$$y(x) = y^*(x) + C_1 \mathrm{e}^{-x}.$$

仅当 $C_1 = 0$ 时，$y(x)$ 才在 $(-\infty, +\infty)$ 有界.

（2）若 $y(x)$ 是方程 $(7.5-16)$ 的以 T 为周期的解，则它必是有界的，则 $y(x) = y^*(x)$，

$$y^*(x) = \mathrm{e}^{-x} \int_{-\infty}^{x} \mathrm{e}^t f(t) \mathrm{d}t.$$

下面只须再证 $y^*(x)$ 是以 T 为周期的. 由于

$$y^*(x+T) = \mathrm{e}^{-(x+T)} \int_{-\infty}^{x+T} \mathrm{e}^t f(t)\mathrm{d}t = \mathrm{e}^{-x} \int_{-\infty}^{x+T} \mathrm{e}^{t-T} f(t)\mathrm{d}t$$

$$\xrightarrow{\ \text{令} s = t - T\ } \mathrm{e}^{-x} \int_{-\infty}^{x} \mathrm{e}^s f(s+T)\mathrm{d}t = \mathrm{e}^{-x}\int_{-\infty}^{x} \mathrm{e}^s f(s)\mathrm{d}s = y^*(x).$$

因此得 $y^*(x)$ 是以 T 为周期的.

因此,方程(7.5 - 16)只有一个解是以 T 为周期的.

评注　这里是求一阶方程的特解,但不是求初值问题的解,而是求一阶方程的满足某种性质(如有界性、周期性等)的特解. 解这类问题常用的两种方法是:

① 先设解具有这种特性,然后由方程导出这种解必具有某种表达式,然后再加以验证.

② 先求出方程的通解,然后选定其中的 $\forall$ 常数,使得选定常数后的特解满足某种特性.

第六节　高阶线性微分方程

一、知识点归纳总结

二阶线性微分方程的标准形式是

$$y'' + P(x)y' + Q(x)y = f(x), \tag{7.6 - 1}$$

其中,$P(x)$,$Q(x)$,$f(x)$ 在某区间 I 连续. 当 $f(x) \not\equiv 0$ 时称该方程为非齐次方程,当 $f(x) \equiv 0$ 时称该方程为齐次方程. 而

$$y'' + P(x)y' + Q(x)y = 0 \tag{7.6 - 2}$$

称为方程(7.6 - 1)相应的齐次方程.

更一般地,n 阶线性微分方程的标准形式是

$$y^{(n)} + P_1(x)y^{(n-1)} + P_2(x)y^{(n-2)} + \cdots + P_{n-1}(x)y' + P_n(x)y = f(x) \tag{7.6 - 3}$$

其中,$P_1(x)$,$P_2(x)$,$\cdots$,$P_n(x)$,$f(x)$ 在某区间 I 连续. 当 $f(x) \not\equiv 0$ 时称该方程为非齐次方程,当 $f(x) \equiv 0$ 时称该方程为齐次方程. 而

$$y^{(n)} + P_1(x)y^{(n-1)} + P_2(x)y^{(n-2)} + \cdots + P_{n-1}(x)y' + P_n(x)y = 0 \tag{7.6 - 4}$$

称为方程(7.6 - 3)相应的齐次方程.

1. 函数的线性相关性与线性无关性

设 $y_1(x)$,$y_2(x)$,$\cdots$,$y_n(x)$ 为定义在区间 I 上的 n 个函数,若 $\exists n$ 个不全为零的常数 α_1,α_2,$\cdots$,α_n,使得当 $x \in I$ 时有恒等式

$$\sum_{i=1}^{n} \alpha_i y_i(x) \equiv 0$$

成立,则称这 n 个函数在区间 I 线性相关,否则称线性无关.

特别是,$y_1(x)$,$y_2(x)$ 在区间 I 线性相关 $\Leftrightarrow \exists$ 常数 $k \neq 0$ 使得 $y_1(x) = ky_2(x)$ 或 $y_2(x) = ky_1(x)(\forall x \in I)$.

2. 线性方程解的叠加原理

① 设 $y_1(x)$,$y_2(x)$,$\cdots$,$y_m(x)$ 均是线性齐次方程(7.6-2)的解,则它的 $\forall$ 线性组合 $\sum\limits_{i=1}^{m} c_i y_i(x)$ 也是方程(7.6-2)的解,其中 c_1,c_2,$\cdots$,c_m 为 $\forall$ 常数.

② 设 $y_1(x)$,$y_2(x)$ 是非齐次方程(7.6-1)的 $\forall$ 两个解,则 $y_1(x) - y_2(x)$ 是方程(7.6-1)的相应齐次方程(7.6-2)的解.

③ 设 $y = y^*(x)$ 是非齐次方程(7.6-1)的一个解,$y = y_0(x)$ 是方程(7.6-1)的相应齐次方程(7.6-2)的一个解,则 $y = y_0(x) + y^*(x)$ 是非齐次方程(7.6-1)的解.

④ 设 $y = y_i(x)$ 是线性方程
$$y'' + P(x)y' + Q(x)y = f_i(x)$$
的解 $(i = 1, 2)$,则 $y = y_1(x) + y_2(x)$ 是线性方程
$$y'' + P(x)y' + Q(x)y = f_1(x) + f_2(x)$$
的解.

n 阶线性微分方程也有上述同样的结论.

3. 线性方程通解的结构

设 $y_1(x)$,$y_2(x)$ 是线性齐次方程(7.6-2)的两个线性无关的解,则方程(7.6-2)的通解是
$$y = C_1 y_1(x) + C_2 y_2(x),$$
其中 C_1,C_2 为 $\forall$ 常数. 又设 $y^*(x)$ 是线性非齐次方程(7.6-1)的一个特解,则方程(7.6-1)的通解是
$$y = C_1 y_1(x) + C_2 y_2(x) + y^*(x),$$
其中 C_1,C_2 为 $\forall$ 常数.

线性方程的通解即所有解.

齐次方程(7.6-2)的两个线性无关解称为它的一个基本解组.

对 n 阶线性微分方程有同样的结论:

设 $y_1(x)$,$y_2(x)$,$\cdots$,$y_n(x)$ 是 n 阶线性齐次方程(7.6-4)的 n 个线性无关的解,则此方程的通解为
$$y = C_1 y_1(x) + C_2 y_2(x) + \cdots + C_n y_n(x)$$
其中 C_1,C_2,$\cdots$,C_n 为 $\forall$ 常数. 又设 $y^*(x)$ 是 n 阶线性非齐次方程(7.6-3)的一个特解,则方程(7.6-3)的通解为
$$y = C_1 y_1(x) + C_2 y_2(x) + \cdots + C_n y_n(x) + y^*(x)$$
其中 C_1,C_2,$\cdots$,C_n 为 $\forall$ 常数.

*4. 已知线性齐次方程的通解,可用常数变易法求相应的非齐次方程的通解

已知方程(7.6-1)相应的齐次方程(7.6-2)的一对线性无关解 $y_1(x)$,$y_2(x)$,即知

方程(7.6-2)通解 $y=C_1y_1(x)+C_2y_2(x)$.

用常数变易法求非齐次方程(7.6-1)的通解的步骤是:

第一步,将任意常数 C_1,C_2 改成函数,令

$$y=C_1(x)y_1(x)+C_2(x)y_2(x), \qquad (7.6-5)$$

计算　　　$y'=C_1(x)y_1'(x)+C_2(x)y_2'(x)+C_1'(x)y_1(x)+C_2'(x)y_2(x),$

并设　　　　　　　$C_1'(x)y_1(x)+C_2'(x)y_2(x)=0,$

后再求 y'',将 y'',y',y 代入方程(7.6-1)得 $C_1'(x)y_1'(x)+C_2'(x)y_2'(x)=f(x)$.

第二步,解 $C_1'(x),C_2'(x)$ 满足的方程组

$$\begin{cases} C_1'(x)y_1(x)+C_2'(x)y_2(x)=0, \\ C_1'(x)y_1'(x)+C_2'(x)y_2'(x)=f(x), \end{cases} \qquad (7.6-6)$$

得 $C_1'(x)$ 与 $C_2'(x)$ 的表达式.

第三步,再对 $C_1'(x),C_2'(x)$ 积分就可求出 $C_1(x)$ 与 $C_2(x)$.将求出的 $C_1(x),C_2(x)$ 代入方程(7.6-5)即得方程(7.6-1)的通解.

**5. 初值问题解的存在唯一性与基本解组的判断

① 设 $f(x),p(x),q(x)$ 在某区间 I 连续,$x_0\in I$,则初值问题

$$\begin{cases} y''+p(x)y'+q(x)y=f(x), \\ y(x_0)=y_0,y'(x_0)=y_1 \end{cases}$$

在区间 I 存在唯一解.

② 设 $y_1(x),y_2(x)$ 是相应的齐次方程

$$y''+p(x)y'+q(x)y=0$$

在区间 I 上的解,则 $y_1(x),y_2(x)$ 在 I 上线性无关$\Leftrightarrow$

$$W(x)=\begin{vmatrix} y_1(x) & y_2(x) \\ y_1'(x) & y_2'(x) \end{vmatrix}\neq 0(\forall x\in I)\Leftrightarrow \exists x_0\in I,W(x_0)\neq 0.$$

二、典型题型归纳及解题方法与技巧

1. 函数组的线性相关性

【例 7.6.1】判断下列函数组在$(-\infty,+\infty)$是否线性相关.

(1) x,x^2,x^3;　(2) $x,x+1,x+2$;　(3) e^{3x},e^{-3x},e^x.

【解】按定义判断.

(1) 设 $\alpha x+\beta x^2+\gamma x^3=0(\forall x\in(-\infty,+\infty)) \Rightarrow \alpha+\beta x+\gamma x^2=0$. 令 $x=0\Rightarrow\alpha=0$ $\Rightarrow \beta x^2+\gamma x^3=0\Rightarrow\beta+\gamma x=0$.再令 $x=0\Rightarrow\beta=0\Rightarrow\gamma x^3=0\Rightarrow\gamma=0$.因此,$x,x^2,x^3$ 在 $(-\infty,+\infty)$ 线性无关.

(2) 注意,$x+2=2(x+1)-x$ $(\forall x\in(-\infty,+\infty))$,因此,$x,x+1,x+2$ 线性相关.

(3) 设 $\alpha e^{3x}+\beta e^{-3x}+\gamma e^x=0$ $(x\in(-\infty,+\infty)) \Rightarrow \alpha+\beta e^{-6x}+\gamma e^{-2x}=0$ $(x\in(-\infty,+\infty))$,令 $x\to+\infty\Rightarrow\alpha=0$.类似可证:$\beta=0,\gamma=0$.故 e^{3x},e^{-3x},e^x 在 $(-\infty,+\infty)$ 线性无关.

评注 要证 $\varphi_1(x),\varphi_2(x),\varphi_3(x)$ 在区间 I 线性无关，只需证：若 $\alpha\varphi_1(x)+\beta\varphi_2(x)+\gamma\varphi_3(x)=0(\forall x\in I)$，则 $\alpha=\beta=\gamma=0$。

【例7.6.2】 设 $\varphi_1(x),\varphi_2(x)$ 在区间 I 可导且线性相关，求证

$$W(x)=\begin{vmatrix} \varphi_1(x) & \varphi_2(x) \\ \varphi'_1(x) & \varphi'_2(x) \end{vmatrix}=0 \quad (\forall x\in I).$$

【分析与证明】 由线性相关的定义，$\exists$ 不全为 0 的常数 α,β，使得

$$\alpha\varphi_1(x)+\beta\varphi_2(x)=0 \quad (x\in I).$$

求导得 $\qquad\qquad \alpha\varphi'_1(x)+\beta\varphi'_2(x)=0 \quad (x\in I).$

现考察方程组

$$\begin{cases} \alpha\varphi_1(x)+\beta\varphi_2(x)=0, \\ \alpha\varphi'_1(x)+\beta\varphi'_2(x)=0, \end{cases} \qquad (7.6-7)$$

则 $\forall x\in I, W(x)=\begin{vmatrix} \varphi_1(x) & \varphi_2(x) \\ \varphi'_1(x) & \varphi'_2(x) \end{vmatrix}=0.$

因为若 $\exists x_0\in I, W(x_0)\neq0$，则 $x=x_0$ 时方程组(7.6-7)有唯一解 $\alpha=\beta=0$。这与 α,β 不全为零矛盾。

评注 $W(x)=0(\forall x\in I)\not\Rightarrow\varphi_1(x),\varphi_2(x)$ 在区间 I 上线性相关。

例如：$\varphi_1(x)=\begin{cases} x^2, & x\geq0, \\ 0, & x<0, \end{cases}$ $\varphi_2(x)=\begin{cases} 0, & x\geq0, \\ x^2, & x\leq0 \end{cases}$ 在 $(-\infty,+\infty)$ 上线性无关，但

$$W(x)=\begin{vmatrix} \varphi_1(x) & \varphi_2(x) \\ \varphi'_1(x) & \varphi'_2(x) \end{vmatrix}=0 \quad (\forall x\in(-\infty,+\infty)).$$

2. 已知二阶线性方程的某些特解，利用解的性质求它的通解

【例7.6.3】 设线性无关的函数 $y_1(x),y_2(x),y_3(x)$ 都是方程

$$y''+p(x)y'+q(x)y=f(x)$$

的解，其中 $p(x),q(x),f(x)$ 连续，求此方程的通解。

【解】 由线性方程解的性质知，y_1-y_3,y_2-y_3 均为相应的齐次方程的解。设

$$\alpha(y_1-y_3)+\beta(y_2-y_3)=0,$$

得 $\qquad\qquad \alpha y_1+\beta y_2+(-\alpha-\beta)y_3=0.$

由 y_1,y_2,y_3 线性无关 $\Rightarrow\alpha=\beta=0\Rightarrow y_1-y_3,y_2-y_3$ 线性无关，再由线性方程通解的结构知，原方程的通解为

$$y=C_1(y_1-y_3)+C_2(y_2-y_3)+y_3,$$

其中 C_1,C_2 为 $\forall$ 常数。

【例7.6.4】 已知 $(x-1)y''-xy'+y=0$ 的一个解是 $y_1=x$，又知 $\tilde{y}=e^x-(x^2+x+1)$，$y^*=-x^2-1$ 是 $(x-1)y''-xy'+y=(x-1)^2$ 的两个解，则此方程的通解是 $y=$_____.

【解】 由非齐次方程

$$(x-1)y''-xy'+y=(x-1)^2 \qquad (7.6-8)$$

的两个特解 $\tilde{y}$ 与 y^* 可得其相应的齐次方程

$$(x-1)y''-xy'+y=0 \tag{7.6-9}$$

的另一特解 $\tilde{y}-y^*=\mathrm{e}^x-x$.

事实上
$$y_2=(\mathrm{e}^x-x)+x=\mathrm{e}^x$$

也是方程(7.6-9)的一个解,又 e^x 与 x 线性无关,因此非齐次方程(7.6-8)的通解为
$$y=C_1x+C_2\mathrm{e}^x-x^2-1.$$

评注　利用线性方程解的叠加原理与通解的结构,由线性非齐次方程或它的相应的齐次方程的某些特解可求得通解.

对于二阶线性方程 $\dfrac{\mathrm{d}^2y}{\mathrm{d}x^2}+p(x)\dfrac{\mathrm{d}y}{\mathrm{d}x}+q(x)y=f(x)$, $\tag{7.6-10}$

① 由它的三个线性无关的解可求得它的通解.

② 由它的一个特解及它的相应的齐次方程的两个线性无关的解,可求得它的通解.

③ 由它两个不同的解及它的相应齐次方程的一个非零解,可求得它的通解.

若 $\tilde{y}(x)$ 与 $y^*(x)$ 是方程(7.6-10)的不同特解,又 $y_1(x)$ 是方程(7.6-10)的相应齐次方程的非零解,只要 $\tilde{y}(x)-y^*(x)$ 与 $y_1(x)$ 线性无关,则方程(7.6-10)的通解是
$$y=C_1y_1(x)+C_2[\tilde{y}(x)-y^*(x)]+y^*(x),$$

其中 C_1,C_2 为任意常数.

*3. 基本解组的性质与判断

【例7.6.5】设 $y_1(x),y_2(x)$ 是 $y''+p(x)y'+q(x)y=0$ 在区间 I 上的两个解,其中 $p(x),q(x)$ 在 I 连续,令

$$W(x)=\begin{vmatrix} y_1(x) & y_2(x) \\ y_1'(x) & y_2'(x) \end{vmatrix}.$$

(1) 导出 $W(x)$ 满足的一阶微分方程.

(2) 求证: $W(x)=C\mathrm{e}^{\int_{x_0}^x p(t)\mathrm{d}t}$ ($x\in I$),其中 $x_0\in I$,C 为某常数.

【解】(1) $y_1(x),y_2(x)$ 满足
$$y_2''+p(x)y_2'+q(x)y_2=0,$$
$$y_1''+p(x)y_1'+q(x)y_1=0.$$

第一个方程乘 y_1,第二个方程乘 y_2,然后相减得
$$(y_1y_2''-y_2y_1'')+p(x)(y_1y_2'-y_2y_1')=0,$$
即
$$W'(x)+p(x)W(x)=0.$$

(2) $W(x)$ 满足一阶线性齐次微分方程,解此方程得
$$W(x)=C\mathrm{e}^{\int_{x_0}^x p(t)\mathrm{d}t}\quad(x\in I).$$

评注　$W(x)$ 在区间 I 上或恒为零,或恒不为零.

【例7.6.6】设 $y_1(x),y_2(x)$ 是 $y''+p(x)y'+q(x)y=0$ 在区间 I 上的基本解组,其中 $p(x),q(x)$ 在 I 连续,求证: $y_1(x),y_2(x)$ 在区间 I 无相同零点.

【证明】用反证法.若 $\exists x_0\in I$ 使得 $y_1(x_0)=y_2(x_0)=0$,则

$$W(x_0) = \begin{vmatrix} y_1(x_0) & y_2(x_0) \\ y_1'(x_0) & y_2'(x_0) \end{vmatrix} = 0.$$

得 $y_1(x), y_2(x)$ 在 I 上线性相关，与已知条件矛盾. 因此 $y_1(x), y_2(x)$ 在区间 I 上无相同零点.

*4. 已知二阶线性方程的特解，用常数变易法求通解

【例 7.6.7】已知 $y_1(x) = x$ 是二阶线性微分方程 $(1-x^2)y'' - 2xy' + 2y = 0(x \in (-1,1))$ 的解，求该方程的通解.

【解】令 $y = xu(x)$，求解 y 转化为求 $u(x)$.

先求 $y' = xu' + u$，$y'' = xu'' + 2u'$，代入原方程得

$$(1-x^2)y'' - 2xy' + 2y = (1-x^2)(xu'' + 2u') - 2x(xu' + u) + 2xu$$
$$= x(1-x^2)u'' + 2[(1-x^2) - x^2]u' = 0,$$

即
$$u'' + \left(\frac{2}{x} - \frac{2x}{1-x^2}\right)u' = 0.$$

以 u' 为未知函数，这是一阶线性方程，先求 u'.

取 $\mu(x) = e^{\int\left(\frac{2}{x} - \frac{2x}{1-x^2}\right)dx} = e^{\ln x^2 + \ln(1-x^2)} = x^2(1-x^2)$，两边乘 $\mu(x)$ 得
$$(x^2(1-x^2)u')' = 0.$$

积分得
$$x^2(1-x^2)u' = C_1，即 u' = \frac{C_1}{x^2(1-x^2)}.$$

再积分得

$$u(x) = C_1 \int \frac{dx}{x^2(1-x^2)} + C_2$$
$$= C_1 \int \left[\frac{1}{x^2} + \frac{1}{2}\left(\frac{1}{1-x} + \frac{1}{1+x}\right)\right]dx + C_2$$
$$= C_1\left(-\frac{1}{x} + \frac{1}{2}\ln\frac{1+x}{1-x}\right) + C_2.$$

因此得通解 $y = C_1 x\left(-\frac{1}{x} + \frac{1}{2}\ln\frac{1+x}{1-x}\right) + C_2 x.$

评注　对于二阶线性微分方程
$$y'' + p(x)y' + q(x)y = 0,$$
若已知它的一个特解 $y = y_1(x)$，总可令 $y = y_1(x)u(x)$，代入原方程得
$$(y_1 u'' + 2y_1' u' + y_1'' u) + p(x)(y_1 u' + y_1' u) + q(x)y_1 u = y_1 u'' + (2y_1' + p(x)y_1)u' = 0.$$

求通解 y 转化为求 u.

由
$$y_1 u'' + (2y_1' + p(x)y_1)u' = 0,$$

得
$$\frac{u''}{u'} = -\frac{2y_1'}{y_1} - p(x).$$

积分得
$$\ln|u'| = -\ln y_1^2 - \int p(x)dx + C',$$

$$u'(x) = \frac{C_1}{y_1^2} e^{-\int p(x)dx}.$$

从而

$$u(x) = C_1 \int \frac{1}{y_1^2(x)} e^{-\int p(x)dx} + C_2.$$

取 $C_1 = 1, C_2 = 0$, 得原方程的另一解 $y_2(x) = y_1(x) \int \frac{1}{y_1^2(x)} e^{-\int p(x)dx} dx$. 验证如下：

$$W = \begin{vmatrix} y_1(x) & y_2(x) \\ y_1'(x) & y_2'(x) \end{vmatrix} = \begin{vmatrix} y_1(x) & y_1(x)u(x) \\ y_1'(x) & y_1'(x)u(x) + y_1(x)u'(x) \end{vmatrix}$$

$$= y_1^2(x) \frac{1}{y_1^2(x)} e^{-\int p(x)dx}$$

$$= e^{-\int p(x)dx} \neq 0 (u(x) \text{ 中取 } C_1 = 1, C_2 = 0),$$

所以 $y_1(x), y_2(x)$ 线性无关，因此通解为

$$y = C_1 y_1(x) + C_2 y_2(x).$$

【例 7.6.8】已知二阶线性齐次方程

$$y'' + \frac{x}{1-x} y' - \frac{1}{1-x} y = 0$$

有二个线性无关的解 $y_1 = e^x, y_2 = x$, 求 $y'' + \frac{x}{1-x} y' - \frac{1}{1-x} y = 1-x$ 的通解.

【解】令 $y = C_1(x)e^x + C_2(x)x$, 计算

$$y' = C_1(x)e^x + C_2(x) + C_1'(x)e^x + C_2'(x)x,$$

并取

$$C_1'(x)e^x + C_2'(x)x = 0,$$

然后再求

$$y'' = C_1'(x)e^x + C_1(x)e^x + C_2'(x).$$

代入原方程得

$$C_1'(x)e^x + C_1(x)e^x + C_2'(x) + \frac{x}{1-x}(C_1(x)e^x + C_2(x)) -$$

$$\frac{1}{1-x}(C_1(x)e^x + C_2(x)x) = C_1'(x)e^x + C_2'(x) = 1-x.$$

现解 $C_1'(x), C_2'(x)$ 满足的方程组

$$\begin{cases} C_1'(x)e^x + C_2'(x)x = 0, \\ C_1'(x)e^x + C_2'(x) = 1-x. \end{cases}$$

记

$$W(x) = \begin{vmatrix} e^x & x \\ e^x & 1 \end{vmatrix} = e^x(1-x),$$

得

$$C_1'(x) = \frac{1}{W(x)} \begin{vmatrix} 0 & x \\ 1-x & 1 \end{vmatrix} = -\frac{x}{e^x},$$

$$C_2'(x) = \frac{1}{W(x)} \begin{vmatrix} e^x & 0 \\ e^x & 1-x \end{vmatrix} = 1.$$

再对 $C_1'(x), C_2'(x)$ 积分得

$$C_1(x) = -\int x e^{-x} dx + C_1 = \int x de^{-x} + C_1 = x e^{-x} + e^{-x} + C_1,$$

$$C_2(x) = x + C_2.$$

因此得通解

$$y = C_1(x)e^x + C_2(x)x = C_1 e^x + C_2 x + 1 + x + x^2,$$

其中 C_1, C_2 为 $\forall$ 常数.

第七节　常系数齐次线性微分方程

一、知识点归纳总结

1. 二阶常系数齐次线性方程

二阶常系数线性微分方程即

$$y''(x) + py'(x) + qy(x) = f(x),$$

其中 p, q 为常数.

对于二阶线性微分方程,可以通过求特解而求得它的通解.

求解二阶常系数线性齐次微分方程 $y'' + py' + qy = 0$ 的方法:求解特征方程 $\lambda^2 + p\lambda + q = 0$ 得相应特征根为 λ_1, λ_2(如表 7.7 - 1 所列).

表 7.7 - 1

特征根的情况	一对线性无关的解	通　解
$\lambda_1 \neq \lambda_2$ 为实根	$y_1 = e^{\lambda_1 x}, y_2 = e^{\lambda_2 x}$	$y = C_1 e^{\lambda_1 x} + C_2 e^{\lambda_2 x}$
$\lambda_1 = \lambda_2$ 为重实根	$y_1 = e^{\lambda_1 x}, y_2 = x e^{\lambda_1 x}$	$y = (C_1 + C_2 x) e^{\lambda_1 x}$
$\lambda_1, \lambda_2 = \alpha \pm i\beta$ 为共轭复根	$y_1 = e^{\alpha x} \cos\beta x,$ $y_2 = e^{\alpha x} \sin\beta x$	$y = e^{\alpha x}(C_1 \cos\beta x + C_2 \sin\beta x)$

表中 C_1, C_2 为 $\forall$ 常数.

2. n 阶常系数齐次线性方程

n 阶常系数齐次线性方程一般形式为

$$y^{(n)} + P_1 y^{(n-1)} + P_2 y^{(n-2)} + \cdots + P_n y = 0,$$

其中 $P_i (i = 1, 2, \cdots, n)$ 为常数,相应的特征方程为

$$\lambda^n + P_1 \lambda^{n-1} + P_2 \lambda^{n-2} + \cdots + P_n = 0.$$

特征根与通解的关系(表 7.7 - 2)与二阶方程的情形类似.

表 7.7 - 2

特征根的情况	微分方程通解中的对应项
$\lambda = \lambda^*$ 是单实根	$C e^{\lambda^* x}$

续表 7.7-2

特征根的情况	微分方程通解中的对应项
$\lambda = \lambda_0$ 是 k 重实根	$(C_1 + C_2 x + \cdots + C_k x^{k-1}) e^{\lambda_0 x}$
$\lambda = \alpha \pm i\beta$ 为单复根	$e^{\alpha x}(C_1 \cos\beta x + C_2 \sin\beta x)$
$\lambda = \alpha \pm i\beta$ 为 k 重复根	$e^{\alpha x}[(C_1 + C_2 x + \cdots + C_k x^{k-1})\cos\beta x + (C_1' + C_2' x + \cdots + C_k' x^{k-1})\sin\beta x]$

二、典型题型归纳及解题方法与技巧

1. 求二阶常系数齐次线性方程的通解

【例 7.7.1】求下列微分方程的通解:

(1) $y'' + 2y' + y = 0$; (2) $y'' + 2y' - 3y = 0$; (3) $y'' - 2y + 5y = 0$.

【解】只需求解相应的特征方程.

(1) 解特征方程 $\lambda^2 + 2\lambda + 1 = 0$ 得 $\lambda_1 = \lambda_2 = -1$. 一对线性无关解是

$$y_1 = e^{-x}, \quad y_2 = x e^{-x}.$$

通解 $$y = (C_1 + C_2 x) e^{-x}.$$

(2) 解特征方程 $\lambda^2 + 2\lambda - 3 = 0$ 得 $\lambda_1 = -3, \lambda_2 = 1$, 一对线性无关解是

$$y_1 = e^{-3x}, \quad y_2 = e^x.$$

通解 $$y = C_1 e^{-3x} + C_2 e^x.$$

(3) 解特征方程 $\lambda^2 - 2\lambda + 5 = 0$ 得 $\lambda = 1 \pm 2i$, 一对线性无关解为

$$y_1 = e^x \cos 2x, \quad y_2 = e^x \sin 2x.$$

通解 $$y = e^x(C_1 \cos 2x + C_2 \sin 2x).$$

2. 已知二阶常系数齐次线性方程的两个线性无关解,求方程

【例 7.7.2】已知二阶线性常系数齐次方程有两个解: $y_1 = e^{2x}\sin 3x$, $y_2 = e^{2x}\cos 3x$, 则该二阶方程为_____.

【分析一】由两个特解可知,该二阶方程相应的特征根为 $\lambda = 2 \pm 3i$. 由根与系数关系知,相应的特征方程为 $\lambda^2 - 4\lambda + 13 = 0$.

因此该方程为 $y'' - 4y' + 13y = 0$.

【分析二】设该二阶线性常系数齐次方程为 $y'' + py' + qy = 0$. 它有复值解 $y = e^{(2 \pm 3i)x}$, 代入得

$$(2 + 3i)^2 + p(2 + 3i) + q = 0, \quad 即 \quad (3p + 12)i + 2p - 5 + q = 0.$$

于是得 $p = -4, q = 13$.

因此该方程为 $y'' - 4y' + 13y = 0$.

评注 若已知二阶常系数线性齐次方程

$$y'' + py' + qy = 0 \tag{7.7-1}$$

的两个线性无关解 $y = y_1(x), y = y_2(x)$, 可以确定出其中的常数 p 与 q, 确定的方法有:

方法一 由两个线性无关的解 $y=y_1(x)$ 与 $y=y_2(x)$，先求出相应的特征方程的特征根，再求出相应的特征方程，最后定出二阶方程(7.7-1)中的系数 p 与 q.

方法二 由 $\begin{cases} py_1'+qy_1=-y_1'', \\ py_2'+qy_2=-y_2'' \end{cases}$ 可以验证 $\begin{vmatrix} y_1' & y_1 \\ y_2' & y_2 \end{vmatrix} \neq 0$，

由此可唯一地解出 p 与 q.

因此，在二阶导数项系数为 1 的情形下，以 y_1,y_2 为两个线性无关解的方程(7.7-1)被唯一确定.

3. 高阶常系数齐次线性方程

【例 7.7.3】求下列微分方程的通解：

（1）$y'''-3y''+4y=0$；（2）$y^{(4)}-2y'''+2y''-2y'+y=0$.

【解】（1）特征方程

$$\lambda^3-3\lambda^2+4=0.$$

观察到 $\lambda=-1$ 是特征根，将特征方程改写成

$$\lambda^2(\lambda+1)-4(\lambda-1)(\lambda+1)=(\lambda+1)(\lambda^2-4\lambda+4)$$
$$=(\lambda+1)(\lambda-2)^2=0,$$

得特征根 $\lambda_1=-1,\lambda_2=\lambda_3=2$，于是通解为

$$y=C_1\mathrm{e}^{-x}+C_2\mathrm{e}^{2x}+C_3x\mathrm{e}^{2x}.$$

（2）特征方程

$$\lambda^4-2\lambda^3+2\lambda^2-2\lambda+1=0.$$

改写成 $\lambda^2(\lambda^2-2\lambda+1)+(\lambda^2-2\lambda+1)=(\lambda^2+1)(\lambda-1)^2=0.$

得特征根

$$\lambda_1=\lambda_2=1,\lambda_{3,4}=\pm\mathrm{i}.$$

于是通解为

$$y=\mathrm{e}^x(C_1+C_2x)+C_3\cos x+C_4\sin x.$$

【例 7.7.4】已知三阶常系数齐次线性微分方程

$$y'''+ay''+by'+cy=0$$

的三个线性无关的解或通解，求该方程.

（1）三个线性无关的解：$y_1=\mathrm{e}^x\cos 2x$，$y_2=\mathrm{e}^x\sin 2x$，$y_3=\mathrm{e}^{-x}$.

（2）通解为 $y=c_1\mathrm{e}^x+c_2\mathrm{e}^{2x}+c_3x\mathrm{e}^{2x}$，$c_1,c_2,c_3$ 为 $\forall$ 常数.

【解】该方程的特征方程是

$$\lambda^3+a\lambda^2+b\lambda+c=0.$$

现由所给条件可求出该方程的特征根，从而得特征方程，即求出常系数 a,b,c.

（1）三个线性无关解对应于特征根 $\lambda_{1,2}=1\pm2\mathrm{i}$，$\lambda_3=-1$，由此可得特征方程是

$$(\lambda-1-2\mathrm{i})(\lambda-1+2\mathrm{i})(\lambda+1)=0 \Leftrightarrow \lambda^3-\lambda^2+3\lambda+5=0.$$

因此该三阶常系数齐次线性方程是

$$y'''-y''+3y'+5y=0.$$

（2）由通解知，该方程的三个线性无关解是 $y_1=\mathrm{e}^x$，$y_2=\mathrm{e}^{2x}$，$y_3=x\mathrm{e}^{2x}$，对应于特征根 $\lambda_1=1,\lambda_2=\lambda_3=2$，由此得特征方程是

$$(\lambda - 1)(\lambda - 2)^2 = 0 \Leftrightarrow \lambda^3 - 5\lambda^2 + 8\lambda - 4 = 0.$$

因此该三阶常系数齐次线性方程是

$$y''' - 5y'' + 8y' - 4y = 0.$$

第八节　常系数非齐次线性微分方程

一、知识点归纳总结

1. 二阶线性常系数非齐次方程的一个特解与通解

二阶常系数线性非齐次微分方程

$$y'' + py' + qy = f(x) \qquad (7.8-1)$$

的相应的齐次方程的通解已会求,因而求非齐次方程(7.8-1)的通解的关键是求它的一个特解.

(1) 待定系数法求特解

当非齐次项 $f(x)$ 是某些特殊类型的函数时,可以根据这种特殊性,断定方程的特解是某一函数类中的函数,其中含若干参数,然后代入方程定出其中的参数就求出特解. 这种求特解的方法称为待定系数法.

表 7.8 - 1 给出若干种非齐次项 $f(x)$ 所对应的特解的类型.

表 7.8 - 1

$f(x)$ 的类型	α 或 $\alpha \pm i\beta$ 与特征根的关系	特解的类型
$P_n(x)e^{\alpha x}$ ($P_n(x)$ 为 n 次多项式)	α 不是特征根	$Q_n(x)e^{\alpha x}$
	α 是单特征根	$xQ_n(x)e^{\alpha x}$
	α 是重特征根	$x^2 Q_n(x)e^{\alpha x}$
$e^{\alpha x}(a\cos\beta x + b\sin\beta x)$	$\alpha \pm i\beta$ 不是特征根	$e^{\alpha x}(A\cos\beta x + B\sin\beta x)$
	$\alpha \pm i\beta$ 是特征根	$xe^{\alpha x}(A\cos\beta x + B\sin\beta x)$
$e^{\alpha x}[P_m(x)\cos\beta x + \widetilde{P}_n(x)\sin\beta x]$	$\alpha \pm i\beta$ 不是特征根	$e^{\alpha x}[Q_k(x)\cos\beta x + \widetilde{Q}_k(x)\sin\beta x]$
	$\alpha \pm i\beta$ 是特征根	$xe^{\alpha x}[Q_k(x)\cos\beta x + \widetilde{Q}_k(x)\sin\beta x]$ $k = \max\{m, n\}$

注:表中的 $Q_n(x)$ 为 n 次多项式.

(2) 常数变易法

用常数变易法可求得方程(7.8-1)的通解.

2. 求解二阶常系数线性方程初值问题的解

求解初值问题

$$\begin{cases} y'' + py' + qy = f(x), \\ y(x_0) = y_0, y'(x_0) = y_1 \end{cases} \qquad (7.8-2)$$

的步骤是：

第一步，先求方程的通解 $y = C_1 y_1(x) + C_2 y_2(x) + y^*(x)$，其中 $y_1(x)$，$y_2(x)$ 是相应齐次方程的一对线性无关的解.

第二步，由初始条件解

$$\begin{cases} C_1 y_1(x_0) + C_2 y_2(x_0) = -y^*(x_0) + y_0, \\ C_1 y'_1(x_0) + C_2 y'_2(x_0) = -y^{*\prime}(x_0) + y_1. \end{cases}$$

因为

$$W = \begin{vmatrix} y_1(x_0) & y_2(x_0) \\ y'_1(x_0) & y'_2(x_0) \end{vmatrix} \neq 0, \tag{7.8-3}$$

可唯一解出常数 C_1 与 C_2，相应地就得到初值问题(7.8-2)的解.

评注 对于常系数线性方程，可以具体地验证式(7.8-3)成立，或由一般理论也可得知 $W \neq 0$.

3. 可转化为二阶常系数线性微分方程的情形

求解某些含变限积分的方程可转化为求解二阶常系数线性微分方程或其初值问题.

常见的有：

$$f(x) = p(x) + a \int_{x_0}^{x} (x - t) f(t) \mathrm{d}t,$$

其中，$p(x)$ 二阶连续可导并为已知函数，$a \neq 0$ 为已知常数，$f(x)$ 连续（实质上二阶可导），求 $f(x)$.

原问题 $\Leftrightarrow \begin{cases} f''(x) = a f(x) + p''(x), \\ f(x_0) = p(x_0), \ f'(x_0) = p'(x_0). \end{cases}$

这是二阶线性常系数方程的初值问题.

4. 微分方程的建模与应用

情形一 线性化问题

在一般的实际应用中，许多二阶微分方程

$$y'' = f(x, y, y') \tag{7.8-4}$$

是非线性的，即 $f(x, y, y')$ 对 y, y' 是非线性函数. 往往由于求解的困难，当 $|y|$，$|y'|$ 很小时，用近似公式

$$f(x, y, y') \approx f(x, 0, 0) + f'_2(x, 0, 0) y + f'_3(x, 0, 0) y',$$

得方程(7.8-4)的线性化方程

$$y'' = f(x, 0, 0) + f'_2(x, 0, 0) y + f'_3(x, 0, 0) y'.$$

情形二 振动问题

通过受力的分析，利用牛顿第二定律，建立一类振动问题所满足的微分方程，归结为一类二阶线性常系数方程

$$\frac{\mathrm{d}^2 y}{\mathrm{d}t^2} + \alpha \frac{\mathrm{d}y}{\mathrm{d}t} + \omega^2 y = f(t),$$

其中 α, ω 为正的常数.

情形三 电学问题

由电学知识：回路电压定律，电阻 R 上电压 u_R 与电流 i 的关系($u_R = Ri$)，电感 L 上

电压 u_L 与电流 i 的关系 $\left(u_L = L\dfrac{\mathrm{d}i}{\mathrm{d}t}\right)$，电容 C 上电压 u_C 与电量 q 的关系 $(q = Cu_C)$ 等可列出某些回路上电流或电压所满足的微分方程. 有一类就是二阶线性常微分方程.

二、典型题型归纳及解题方法与技巧

1. 用待定系数法求解二阶线性常系数非齐次方程

【例 7.8.1】求下列非齐次方程的通解：

(1) $y'' + 2y' + y = x^2$；

(2) $y'' - 4y = \mathrm{e}^{2x}$；

(3) $y'' + 4y = \sin 2x$；

(4) $y'' - 2y = 2x\,\mathrm{e}^x(\cos x - \sin x)$.

【解】只需求相应的齐次方程的特征根并用待定系数法求非齐次方程的一个特解.

(1) 相应齐次方程的特征方程 $\lambda^2 + 2\lambda + 1 = 0$，特征根 $\lambda_1 = \lambda_2 = -1$.

$\alpha = 0$ 不是特征根，方程有特解 $y^* = a_0 + a_1 x + a_2 x^2$，代入方程得

$$2a_2 + 2(a_1 + 2a_2 x) + (a_0 + a_1 x + a_2 x^2)$$
$$= (2a_2 + 2a_1 + a_0) + (4a_2 + a_1)x + a_2 x^2 = x^2.$$

取 a_0, a_1, a_2 满足

$$\begin{cases} a_2 = 1, \\ 4a_2 + a_1 = 0, \\ 2a_2 + 2a_1 + a_0 = 0 \end{cases} \Rightarrow \begin{cases} a_2 = 1, \\ a_1 = -4, \\ a_0 = 6, \end{cases}$$

则 $y^* = 6 - 4x + x^2$.

因此，通解为 $y = C_1 \mathrm{e}^{-x} + C_2 x \mathrm{e}^{-x} + 6 - 4x + x^2$.

(2) 相应齐次方程的特征方程 $\lambda^2 - 4 = 0$，特征根 $\lambda = \pm 2$.

$\alpha = 2$ 是单特征根，方程有特解 $y^* = Ax\mathrm{e}^{2x}$. 代入原方程得

$$y^{*''} - 4y^* = (4A\mathrm{e}^{2x} + 4Ax\mathrm{e}^{2x}) - 4Ax\mathrm{e}^{2x} = 4A\mathrm{e}^{2x} = \mathrm{e}^{2x}.$$

则 $A = \dfrac{1}{4}$，特解 $y^* = \dfrac{1}{4}x\mathrm{e}^{2x}$.

因此，原方程通解为 $y = C_1 \mathrm{e}^{2x} + C_2 \mathrm{e}^{-2x} + \dfrac{1}{4}x\mathrm{e}^{2x}$.

(3) 相应齐次方程的特征方程 $\lambda^2 + 4 = 0$，特征根 $\lambda = \pm 2\mathrm{i}$. 相应齐次方程的一对线性无关解为

$$y_1 = \cos 2x, \quad y_2 = \sin 2x.$$

$\alpha \pm \mathrm{i}\beta = 0 \pm 2\mathrm{i}$ 是特征根，方程有特解 $y^* = x(A\cos 2x + B\sin 2x)$.

计算得 $\quad y^{*'} = A\cos 2x + B\sin 2x + x(-2A\sin 2x + 2B\cos 2x)$,

$$y^{*''} = -4A\sin 2x + 4B\cos 2x + x(-4A\cos 2x - 4B\sin 2x).$$

代入方程得 $\quad 4(B\cos 2x - A\sin 2x) = \sin 2x$.

则 $B = 0$，$A = -\dfrac{1}{4}$，$y^* = -\dfrac{1}{4}x\cos 2x$.

因此，通解为 $y = C_1\cos 2x + C_2\sin 2x - \dfrac{1}{4}x\cos 2x$.

(4) 相应的齐次方程的特征方程 $\lambda^2 - 2 = 0$，特征根 $\lambda = \pm\sqrt{2}$.

$\alpha \pm i\beta = 1 \pm i$ 不是特征根，方程有特解 $y^* = e^x[(Ax+B)\cos x + (Cx+D)\sin x]$.

计算 $y^{*\prime}, y^{*\prime\prime}$ 得

$$y^{*\prime} = e^x[((A+C)x + A+B+D)\cos x + ((C-A)x + (D+C-B))\sin x],$$

$$y^{*\prime\prime} = 2e^x[(Cx+A+C+D)\cos x - (Ax+A+B-C)\sin x].$$

代入原方程得

$$y^{*\prime\prime} - 2y^* = 2e^x[((C-A)x + A-B+C+D)\cos x + (-(A+C)x - (A+B-C+D))\sin x]$$

$$= 2e^x x(\cos x - \sin x).$$

于是取
$$\begin{cases} C-A=1, \\ C+A=1, \\ A-B+C+D=0, \\ A+B-C+D=0, \end{cases} \quad 即 \quad \begin{cases} A=0, \\ B=1, \\ C=1, \\ D=0. \end{cases}$$

特解为
$$y^* = e^x(\cos x + x\sin x).$$

因此，原方程通解为 $y = C_1 e^{\sqrt{2}x} + C_2 e^{-\sqrt{2}x} + e^x(\cos x + x\sin x)$.

评注 用待定系数法求二阶常系数线性非齐次方程的特解的关键是确定特解的类型.

2. 待定系数法中常用的技巧

用待定系数求解二阶线性常系数非齐次方程时，常用如下技巧：

① 若非齐次项 $f(x)$ 是不同类型的函数之和，由解的叠加原理可以分别求特解，然后相加得原方程的特解.

② 某些特殊方程的复数解法用到如下结论：

设 $y = y_1(x) + iy_2(x)$ $(i = \sqrt{-1})$ 是方程
$$y'' + py' + qy = f_1(x) + if_2(x)$$
的解 $\Leftrightarrow y = y_j(x)(j=1,2)$ 是 $y'' + py' + qy = f_j(x)$ 的解.

【例 7.8.2】求方程 $y'' + y' + y = 4 + 3x + e^x$ 的一个特解.

【解】特征方程为 $\lambda^2 + \lambda + 1 = 0$.

先求 $y'' + y' + y = 4 + 3x$ 的一个特解. $\alpha = 0$ 不是特征根，令 $y_1 = a + bx$，代入方程得
$$(a+b) + bx = 4 + 3x \Rightarrow b = 3, a = 1$$
得
$$y_1 = 1 + 3x.$$

再求 $y'' + y' + y = e^x$ 的特解. $\alpha = 1$ 不是特征根，令 $y_2 = Ae^x$ 代入方程得
$$3Ae^x = e^x \Rightarrow A = \frac{1}{3}$$
得
$$y_2 = \frac{1}{3}e^x.$$

因此，原方程有特解 $y^* = 1 + 3x + \frac{1}{3}e^x$.

【例 7.8.3】求方程 $y'' - 2y' + 5y = e^x(\cos 2x - \sin 2x)$ 的一个特解.

【解】记 $\lambda_0 = 1 + 2i$，考察相应的复值方程

$$y'' - 2y' + 5y = e^{\lambda_0 x}, \tag{7.8-5}$$

其中，$e^{\lambda_0 x} = e^{(1+2i)x} = e^x(\cos 2x + i\sin 2x)$.

注意：特征方程 $\lambda^2 - 2\lambda + 5 = 0$ 的特征根为 $\lambda = 1 \pm 2i$，因此 λ_0 是特征根. 令特解 $y_s = Ax e^{\lambda_0 x}$.

计算得
$$y_s' = (A\lambda_0 x + A)e^{\lambda_0 x}, \quad y_s'' = (A\lambda_0^2 x + 2A\lambda_0)e^{\lambda_0 x}.$$

代入方程(7.8-5)得
$$y_s'' - 2y_s' + 5y_s = Ax e^{\lambda_0 x}(\lambda_0^2 - 2\lambda_0 + 5) + (2A\lambda_0 - 2A)e^{\lambda_0 x}$$
$$= 2A(\lambda_0 - 1)e^{\lambda_0 x} = e^{\lambda_0 x}.$$

取 A 使得
$$2A(\lambda_0 - 1) = 1 \Rightarrow A = \frac{1}{4i} = -\frac{i}{4},$$

则(7.8-5)有特解
$$y_s = -\frac{i}{4}x e^{\lambda_0 x} = -\frac{i}{4}x e^x(\cos 2x + i\sin 2x) = \frac{1}{4}x e^x(\sin 2x - i\cos 2x)$$

得
$$y'' - 2y' + 5y = e^x\cos 2x \text{ 有解 } y_1 = \frac{1}{4}x e^x\sin 2x,$$

$$y'' - 2y' + 5y = e^x\sin 2x \text{ 有解 } y_2 = -\frac{1}{4}x e^x\cos 2x.$$

因此，原方程有特解 $y^* = y_1 - y_2 = \frac{1}{4}x e^x(\sin 2x + \cos 2x)$.

评注　求解方程 $y'' + py' + qy = A e^{\alpha x}(\cos\beta x \pm \sin\beta x)$ 均可用此方法，其中 p, q, α, β, A 为常数.

3. 用常数变易法求解二阶常系数线性非齐次方程

【例 7.8.4】求非齐次方程 $y'' + y = \dfrac{1}{\cos x}$ 的通解.

【解】非齐次项不属于用待定系数法的类型，故用常数变易法求解.

相应齐次方程的特征方程为 $\lambda^2 + 1 = 0$，特征根 $\lambda = \pm i$，通解为 $y = C_1\cos x + C_2\sin x$.

设非齐次方程的解为 $y = C_1(x)\cos x + C_2(x)\sin x$，其中 $C_1(x), C_2(x)$ 满足方程组
$$\begin{cases} C_1'(x)\cos x + C_2'(x)\sin x = 0, \\ C_1'(x)(\cos x)' + C_2'(x)(\sin x)' = \dfrac{1}{\cos x}, \end{cases}$$

即
$$\begin{cases} C_1'(x)\cos x + C_2'(x)\sin x = 0, \\ -C_1'(x)\sin x + C_2'(x)\cos x = \dfrac{1}{\cos x}. \end{cases}$$

用行列式解法求解 $C_1'(x), C_2'(x)$，其系数行列式为
$$W = \begin{vmatrix} \cos x & \sin x \\ -\sin x & \cos x \end{vmatrix} = 1,$$

$$C_1'(x) = \frac{1}{W}\begin{vmatrix} 0 & \sin x \\ \dfrac{1}{\cos x} & \cos x \end{vmatrix} = -\frac{\sin x}{\cos x}, \quad C_2'(x) = \frac{1}{W}\begin{vmatrix} \cos x & 0 \\ -\sin x & \dfrac{1}{\cos x} \end{vmatrix} = 1.$$

积分得 $$C_1(x) = \ln|\cos x| + C_1, C_2(x) = x + C_2.$$

因此,原方程的通解为 $y = C_1\cos x + C_2\sin x + \cos x\ln|\cos x| + x\sin x.$

【评注】 这里求 $C_1'(x), C_2'(x)$ 直接套用公式(7.8-3),就不必进行具体的计算后再得到 $C_1'(x)$ 与 $C_2'(x)$ 满足的方程.

4. 求解初值问题的解

【例 7.8.5】求解初值问题 $$\begin{cases} \dfrac{d^2 y}{dx^2} + 2\dfrac{dy}{dx} + y = e^x, \\ y(0) = 0, y'(0) = \dfrac{1}{4}. \end{cases}$$

【解】先解相应齐次方程的特征方程 $\lambda^2 + 2\lambda + 1 = 0$,得重根 $\lambda = -1$.

再求原方程的一个特解 $y^* = Ae^x$($e^{ax}, a = 1$ 不是特征根),代入方程得特解 $y^* = \dfrac{1}{4}e^x$.

因此原方程有通解 $y = C_1 e^{-x} + C_2 x e^{-x} + \dfrac{1}{4}e^x.$

由于 $$\dfrac{dy}{dx} = -C_1 e^{-x} + C_2 e^{-x} - C_2 x e^{-x} + \dfrac{1}{4}e^x,$$

根据初始条件得 $$\begin{cases} C_1 + \dfrac{1}{4} = 0, \\ -C_1 + C_2 + \dfrac{1}{4} = \dfrac{1}{4} \end{cases} \Rightarrow C_1 = -\dfrac{1}{4}, C_2 = -\dfrac{1}{4}.$$

因此求得初值问题的解 $y = -\dfrac{1}{4}e^{-x} - \dfrac{1}{4}x e^{-x} + \dfrac{1}{4}e^x.$

【评注】 求解二阶线性常系数方程初值问题的基本方法是:先求通解,再由初始条件定常数.

5. 讨论常系数方程解的性质

【例 7.8.6】设有方程 $y'' + 2my' + n^2 y = 0$,其中常数 $m > 0, n > 0$.

(1) 求方程的通解.并证明对任一解 $y(x)$ 均有 $\lim\limits_{x \to +\infty} y(x) = 0$.

(2) 又设 $y(x)$ 是满足 $y(0) = a, y'(0) = b$ 的特解,求 $\int_0^{+\infty} y(x)dx$.

【分析与求解】(1) 这是二阶线性常系数齐次方程.为求通解只需求解特征方程 $$\lambda^2 + 2m\lambda + n^2 = 0.$$

得特征根 $$\lambda = -m \pm \sqrt{m^2 - n^2}.$$

① $m > n > 0$ 时,得两个相异实根,分别记为 λ_1, λ_2,均为负的,通解为 $$y = C_1 e^{\lambda_1 x} + C_2 e^{\lambda_2 x}.$$

② $m = n > 0$ 时,得重实根 $\lambda_1 = \lambda_2 = -m < 0$,通解为 $$y = (C_1 + C_2 x)e^{-mx}.$$

③ $0 < m < n$,得共轭复根 $\lambda = -m \pm i\sqrt{n^2 - m^2}$,实部为负的,通解为 $$y = e^{-mx}(C_1\cos\sqrt{n^2 - m^2}\,x + C_2\sin\sqrt{n^2 - m^2}\,x).$$

由指数函数的性质, $\forall\,\alpha<0, k\geqslant 0$, 均有

$$\lim_{x\to+\infty}x^k e^{\alpha x}=0,\quad \lim_{x\to+\infty}e^{\alpha x}\cos\beta x=0,\quad \lim_{x\to+\infty}e^{\alpha x}\sin\beta x=0.$$

于是, 对该方程的 $\forall$ 一个解 $y(x)$ 均有 $\lim\limits_{x\to+\infty}y(x)=0$, $\lim\limits_{x\to+\infty}y'(x)=0$.

(2) 当 $y(x)$ 是满足 $y(0)=a$, $y'(0)=b$ 的特解时, 为求 $\int_0^{+\infty}y(x)\mathrm{d}x$, 不必先由初值去定常数 C_1, C_2, 然后再求积分, 而只需将方程两边积分得

$$\int_0^{+\infty}(y''+2my'+n^2y)\mathrm{d}x=\big[y'\big]_0^{+\infty}+\big[2my\big]_0^{+\infty}+n^2\int_0^{+\infty}y(x)\mathrm{d}x$$

$$=-b-2ma+n^2\int_0^{+\infty}y(x)\mathrm{d}x=0.$$

因此 $\displaystyle\int_0^{+\infty}y(x)\mathrm{d}x=\frac{2ma+b}{n^2}$.

6. 关于微分方程的建模与应用

情形一　振动问题导出的微分方程

【例 7.8.7】取一根长为 l 不能伸长的细线, 上端固定在空间点 O, 下端 P 点挂一质量为 m 的小球, 让它在垂直平面内摆动, 构成一单摆.

图 7.8 - 1

(1) 设 OP 与铅垂方向的夹角为 $\theta(t)$, 逆时针方向为正 (见图 7.8 - 1). 单摆的振动用弧度 $\theta(t)$ 来描述. 试导出 $\theta(t)$ 所满足的微分方程.

(2) 试导出上述方程的线性化方程.

(3) 开始时将小球拉开 θ_0 角后松开, 由上述线性化方程确定 $\theta(t)$ 满足的初值问题.

【分析与求解】(1) 受力分析. 点 P 作圆周运动, t 时刻的弧长 $s=l\theta(t)$,

切向速度 $v=\dfrac{\mathrm{d}s}{\mathrm{d}t}=l\,\dfrac{\mathrm{d}\theta}{\mathrm{d}t}$, 切向加速度 $a=\dfrac{\mathrm{d}v}{\mathrm{d}t}=l\,\dfrac{\mathrm{d}^2\theta}{\mathrm{d}t^2}$.

小球所受重力在摆线方向的分力与摆线对它的反作用力抵消, 切向分力为 $-mg\sin\theta$ (力的方向与 θ 的正向相反). 小球还受有阻力, 阻力的方向与切向速度方向相反, 大小与切向速度成比例, 即 $-\mu l\,\dfrac{\mathrm{d}\theta}{\mathrm{d}t}$, μ 为阻尼系数. 由牛顿第二定律得

$$ml\,\frac{\mathrm{d}^2\theta}{\mathrm{d}t^2}=-\mu l\,\frac{\mathrm{d}\theta}{\mathrm{d}t}-mg\sin\theta,$$

即

$$\frac{\mathrm{d}^2\theta}{\mathrm{d}t^2}+\frac{\mu}{m}\,\frac{\mathrm{d}\theta}{\mathrm{d}t}+\frac{g}{l}\sin\theta=0. \tag{7.8-6}$$

这是 $\theta(t)$ 的二阶非线性微分方程.

(2) 当 $|\theta|$ 很小时, $\sin\theta\approx\theta$, 以 θ 代替 $\sin\theta$, 得式(7.8-6)的线性化方程为

$$\frac{\mathrm{d}^2\theta}{\mathrm{d}t^2}+\frac{\mu}{m}\,\frac{\mathrm{d}\theta}{\mathrm{d}t}+\frac{g}{l}\theta=0.$$

这是二阶线性常系数齐次方程. 将它记为 $\dfrac{\mathrm{d}^2\theta}{\mathrm{d}t^2}+k\,\dfrac{\mathrm{d}\theta}{\mathrm{d}t}+\omega^2\theta=0$, 其中 $k=\dfrac{\mu}{m}>0$,

$\omega^2=\dfrac{g}{l}$.

(3) 按题意,初始条件为 $\theta(0)=\theta_0$,$\theta'(0)=0$.问题化为求解初值问题

$$
\begin{cases}
\dfrac{\mathrm{d}^2\theta}{\mathrm{d}t^2}+k\,\dfrac{\mathrm{d}\theta}{\mathrm{d}t}+\omega^2\theta=0, \\
\theta(0)=\theta_0,\theta'(0)=0.
\end{cases}
$$

【例 7.8.8】设有一弹簧,上端固定而下端挂一振子,振子质量为 m,弹簧的弹性系数为 k.取垂直向下的直线为 Ox 轴,而振子的平衡点取为原点,如图 7.8-2 所示.振子在周期力 $p\sin nt$ 的作用下作振动.

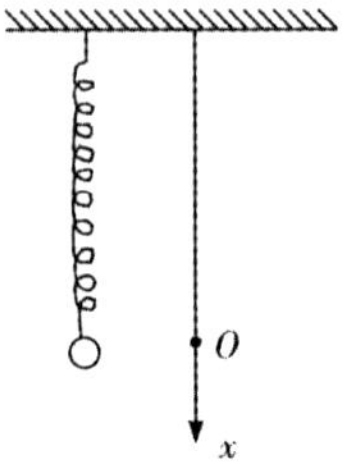

(1) 导出 t 时刻振子的位置坐标 $x(t)$ 所满足的微分方程;

(2) 开始时振子拉到 x_0 处,然后自由松开,忽略运动中的阻力,试求振子运动规律 $x=x(t)$.

图 7.8-2

【分析与求解】(1) 振子在 t 时刻除了受周期力 $p\sin nt$ 外,还受弹性力 $-kx$,及空气阻力 $-\mu\,\dfrac{\mathrm{d}x}{\mathrm{d}t}$($\mu>0$ 为阻尼系数),于是由牛顿第二定律得

$$
m\,\frac{\mathrm{d}^2x}{\mathrm{d}t^2}=-kx-\mu\,\frac{\mathrm{d}x}{\mathrm{d}t}+p\sin nt.
$$

这是 $x(t)$ 所满足的二阶线性常系数非齐次方程.

(2) 按题意,问题归结为求解初值问题

$$
\frac{\mathrm{d}^2x}{\mathrm{d}t^2}+\omega^2x=A\sin nt, \tag{7.8-7}
$$

$$
x(0)=x_0,\quad \frac{\mathrm{d}x}{\mathrm{d}t}\bigg|_{t=0}=0, \tag{7.8-8}
$$

其中,$\omega^2=\dfrac{k}{m}$,$A=\dfrac{p}{m}$.

对应的特征根为 $\pm\omega\mathrm{i}$,于是对应的齐次方程的通解为 $x=C_1\cos\omega t+C_2\sin\omega t$.

下面分两种情形来讨论:

① $n\neq\omega$.用待定系数法求式(7.8-7)的一个特解 $x^*(t)=a\cos nt+b\sin nt$.

代入方程可确定 $a=0,b=\dfrac{A}{\omega^2-n^2}$.于是式(7.8-7)有特解 $x^*(t)=\dfrac{A}{\omega^2-n^2}\sin nt$.

通解为
$$
x(t)=C_1\cos\sqrt{\frac{k}{m}}\,t+C_2\sin\sqrt{\frac{k}{m}}\,t+\frac{p}{k-mn^2}\sin nt.
$$

由初始条件得,$C_1=x_0$,$C_2=-\sqrt{\dfrac{m}{k}}\,\dfrac{pn}{k-mn^2}$.

相应地得初值问题(7.8-7)与(7.8-8)的解.

② $n=\omega$.此时初值问题(7.8-7)的特解应是 $x^*(t)=t(a\cos nt+b\sin nt)$.

代入方程可确定出 $a=\dfrac{-A}{2\omega}$,$b=0$.于是

$$
x^*(t)=-\frac{A}{2\omega}t\cos nt.
$$

于是初值问题(7.8-7)的通解为

$$x = C_1 \cos nt + C_2 \sin nt - \frac{p}{2mn} t \cos nt. \tag{7.8-9}$$

由初始条件得，$C_1 = x_0, C_2 = \dfrac{p}{2n^2 m}.$

相应地得初值问题(7.8-7)与(7.8-8)的解.

评注 ① 当振子处于平衡状态时,弹簧产生的弹性力与振子所受重力相抵消,所以考虑振子相对平衡位置的运动时,可不考这两个力,而只考虑回到平衡位置时那部分的弹性力.

② 当 $n = \omega$ 时初值问题(7.8-7)的解(7.8-9)是无界的,它反映了外加频率 n 与固有频率 ω 相同时共振现象.

情形二　RLC 串联电路

【例 7.8.9】图 7.8-3 所示是一个有直流电源(设电动势为 E)的 RLC 串联电路(R, L, C 分别表示电阻、电感与电容). 当开关合上时,试求电容器两端的电压所满足的微分方程与初始条件.

【分析与求解】设电阻 R、电感 L 和电容 C 两端的电压分别为 u_R, u_L 与 u_C,则由回路电压电律知

$$u_R + u_L + u_C = E. \tag{7.8-10}$$

又知,u_C 与电容 C 及电量 q 的关系为 $q = Cu_C$,电流 $i = \dfrac{\mathrm{d}q}{\mathrm{d}t}$,则

$$i = C \frac{\mathrm{d}u_C}{\mathrm{d}t}.$$

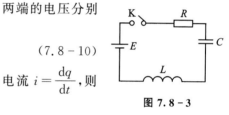

图 7.8-3

电阻与电感上的电压为

$$u_R = iR = RC \frac{\mathrm{d}u_C}{\mathrm{d}t}, \quad u_L = L \frac{\mathrm{d}i}{\mathrm{d}t} = LC \frac{\mathrm{d}^2 u_C}{\mathrm{d}t^2}.$$

将它们代入式(7.8-10)得

$$LC \frac{\mathrm{d}^2 u_C}{\mathrm{d}t^2} + RC \frac{\mathrm{d}u_C}{\mathrm{d}t} + u_C = E.$$

这是一个二阶线性常系数方程.

按题意,易写出初始条件为 $u_C |_{t=0} = 0, \quad \dfrac{\mathrm{d}u_C}{\mathrm{d}t} \Big|_{t=0} = 0.$

$\left(因为 t = 0 时 i(0) = C \dfrac{\mathrm{d}u_C}{\mathrm{d}t} \Big|_{t=0} = 0. \right)$

*第九节　欧拉方程

一、知识点归纳总结

方程 $x^2 y'' + axy' + by = f(x)$ 称为欧拉方程,其中 a, b 为常数.

求解方法:作自变量替换 $x = \pm e^t$,即 $t = \ln|x|$ 原方程化为常系数方程

$$\frac{\mathrm{d}^2 y}{\mathrm{d}t^2} + (a-1)\frac{\mathrm{d}y}{\mathrm{d}t} + by = f(\pm e^t).$$

二、典型题型归纳及解题方法与技巧

【例 7.9.1】 求下列微分方程的通解：

(1) $x^2 \dfrac{\mathrm{d}^2 y}{\mathrm{d}x^2} + 3x\dfrac{\mathrm{d}y}{\mathrm{d}x} + y = 0$；

(2) $(x-1)^2 y'' + (x-1)y' + y = 2\cos\ln(x-1)$.

【解】 (1) 这是欧拉方程，令 $x = \pm e^t$ 即 $t = \ln|x|$，方程变成

$$\frac{\mathrm{d}^2 y}{\mathrm{d}t^2} + 2\frac{\mathrm{d}y}{\mathrm{d}t} + y = 0. \tag{7.9-1}$$

特征方程为 $\lambda^2 + 2\lambda + 1 = 0 \Rightarrow$ 特征根为 $\lambda_1 = \lambda_2 = -1$. 方程 (7.9-1) 的通解为

$$y = e^{-t}(C_1 t + C_2).$$

因此，原方程的通解为 $y = \dfrac{1}{|x|}(C_1\ln|x| + C_2)$，$C_1, C_2$ 为 $\forall$ 常数.

(2) 显然 $x - 1 > 0$. 作变换 $s = x - 1$ 后即是欧拉方程

$$s^2 \frac{\mathrm{d}^2 y}{\mathrm{d}s^2} + s\frac{\mathrm{d}y}{\mathrm{d}s} + y = 2\cos\ln s.$$

按欧拉方程的解法，令 $s = e^t$（$t = \ln s = \ln(x-1)$），方程化为

$$\frac{\mathrm{d}^2 y}{\mathrm{d}t^2} + y = 2\cos t. \tag{7.9-2}$$

它的特征方程为 $\lambda^2 + 1 = 0$，特征根为 $\lambda = \pm i$. 非齐次项形如 $e^{\alpha x}(a\cos\beta x + b\sin\beta x)$，$\alpha = 0$，$\beta = 1$. $\alpha \pm i\beta = \pm i$ 是特征根，于是方程 (7.9-2) 有特解形如 $y^* = t(A\cos t + B\sin t)$，代入方程得 $A = 0, B = 1$，即 $y^* = t\sin t$. 因此，通解为 $y = C_1\cos t + C_2\sin t + t\sin t$.

原方程的通解为 $y = C_1\cos\ln(x-1) + C_2\sin\ln(x-1) + \ln(x-1) \cdot \sin\ln(x-1)$.

评注 方程 $(x-x_0)^2 y'' + a(x-x_0)y' + by = f(x)$，其中 a, b, x_0 为常数，作变换 $s = x - x_0$ 后均可化为欧拉方程.

第十节　常系数线性微分方程组解法举列

一、知识点归纳总结

含有多个未知函数的多个微分方程式构成微分方程组. 最简单的是线性微分方程组

$$\begin{cases} \dfrac{\mathrm{d}y_1}{\mathrm{d}x} = a_{11}(x)y_1 + a_{12}(x)y_2 + \cdots + a_{1n}(x)y_n + f_1(x) \\[2mm] \dfrac{\mathrm{d}y_2}{\mathrm{d}x} = a_{21}(x)y_1 + a_{22}(x)y_2 + \cdots + a_{2n}(x)y_n + f_2(x) \\[2mm] \vdots \\[2mm] \dfrac{\mathrm{d}y_n}{\mathrm{d}x} = a_{n1}(x)y_1 + a_{n2}(x)y_2 + \cdots + a_{nn}(x)y_n + f_n(x) \end{cases}$$

学习随笔

其中，$y_1, y_2, \cdots, y_n$ 是 n 个未知函数，$a_{ij}(x)(i,j=1,2,\cdots,n)$ 及 $f_i(x)(i=1,2,\cdots,n)$ 都是某区间 I 上的已知连续函数. 若 $f_i(x)=0(i=1,2,\cdots,n,x \in I)$，则称 $f_i(x)$ 为齐次线性方程组，否则称其为非齐次线性方程组. 若 $a_{ij}(x)(i=1,2,\cdots,n)$ 均为常数，则称 $a_{ij}(x)$ 为常系数线性微分方程组. 考察 $n=2,3$ 时的常系数线性微分方程组. 求解方法之一是消元法，把线性常系数方程组化为常系数线性微分方程式. 基本步骤是：

① 从方程组中消去一些未知函数及其各阶导数，得到只含一个未知函数的高阶常系数线性微分方程式.

② 求解这个高阶线性常系数微分方程式.

③ 把已求得的这个函数代入原方程组，求出其他未知函数.

二、典型题型归纳及解题方法与技巧

1. 用消元法解常系数线性微分方程组

$$\begin{cases} \dfrac{\mathrm{d}x}{\mathrm{d}t} = a_{11}x + a_{12}y + f_1(t), \\ \dfrac{\mathrm{d}y}{\mathrm{d}t} = a_{21}x + a_{22}y + f_2(t). \end{cases} \tag{7.10-1}$$

【例 7.10.1】用消元法解线性微分方程组

$$\begin{cases} \dfrac{\mathrm{d}x}{\mathrm{d}t} = 2x - 4y + 4\mathrm{e}^{-2t}, \\ \dfrac{\mathrm{d}y}{\mathrm{d}t} = 2x - 2y. \end{cases}$$

【解】由第二个方程式得

$$x = \frac{1}{2}\,\frac{\mathrm{d}y}{\mathrm{d}t} + y. \tag{7.10-2}$$

将它代入第一个方程式，得

$$\frac{1}{2}\,\frac{\mathrm{d}^2 y}{\mathrm{d}t^2} + \frac{\mathrm{d}y}{\mathrm{d}t} = 2\left(\frac{1}{2}\,\frac{\mathrm{d}y}{\mathrm{d}t} + y\right) - 4y + 4\mathrm{e}^{-2t}.$$

化简得

$$\frac{\mathrm{d}^2 y}{\mathrm{d}t^2} + 4y = 8\mathrm{e}^{-2t}.$$

解此二阶线性常系数非齐次方程得

$$y = c_1 \cos 2t + c_2 \sin 2t + \mathrm{e}^{-2t}.$$

再把它代入式 (7.10-2) 即得

$$x = \frac{1}{2}(-2c_1 \sin 2t + 2c_2 \cos 2t - 2\mathrm{e}^{2t}) + c_1 \cos 2t + c_2 \sin 2t + \mathrm{e}^{-2t}$$

$$= (c_1 + c_2)\cos 2t + (c_2 - c_1)\sin 2t.$$

因此，原方程组的通解为

$$\begin{cases} x = (c_1 + c_2)\cos 2t + (c_2 - c_1)\sin 2t, \\ y = c_1 \cos 2t + c_2 \sin 2t + \mathrm{e}^{-2t}. \end{cases}$$

评注 对于如下常系数线性微分方程组

$$\begin{cases} a_1 \dfrac{\mathrm{d}x}{\mathrm{d}t} + a_2 \dfrac{\mathrm{d}y}{\mathrm{d}t} = b_{11}x + b_{12}y + g_1(t), \\[3mm] a_3 \dfrac{\mathrm{d}x}{\mathrm{d}t} + a_4 \dfrac{\mathrm{d}y}{\mathrm{d}t} = b_{21}x + b_{22}y + g_2(t), \end{cases}$$

只要 $\begin{vmatrix} a_1 & a_2 \\ a_3 & a_4 \end{vmatrix} \neq 0$，就可转化为式 $(7.10-1)$ 类型的微分方程组.

2. 常系数线性微分方程组中含有高阶导数的情形

【例 7.10.2】求解微分方程组

$$\begin{cases} \dfrac{\mathrm{d}^2 x}{\mathrm{d}t^2} - \dfrac{\mathrm{d}^2 y}{\mathrm{d}t^2} - 5\dfrac{\mathrm{d}x}{\mathrm{d}t} = 0, \\[3mm] \dfrac{\mathrm{d}x}{\mathrm{d}t} - y - 3x = t. \end{cases}$$

【解】为了消去 $y(t)$ 及 $\dfrac{\mathrm{d}^2 y}{\mathrm{d}t^2}$，可在第二个方程式两端对 t 求导两次，得

$$\frac{\mathrm{d}^3 x}{\mathrm{d}t^3} - \frac{\mathrm{d}^2 y}{\mathrm{d}t^2} - 3\frac{\mathrm{d}^2 x}{\mathrm{d}t^2} = 0.$$

将上式与第一个方程式相减得

$$\frac{\mathrm{d}^3 x}{\mathrm{d}t^3} - 4\frac{\mathrm{d}^2 x}{\mathrm{d}t^2} + 5\frac{\mathrm{d}x}{\mathrm{d}t} = 0. \qquad (7.10-3)$$

这是未知函数 $x(t)$ 的常系数线性齐次微分方程，其特征方程为

$$\lambda^3 - 4\lambda^2 + 5\lambda = \lambda(\lambda^2 - 4\lambda + 5) = 0.$$

特征根为

$$\lambda_1 = 0, \lambda_{2,3} = 2 \pm \mathrm{i}.$$

因此方程 $(7.10-3)$ 的通解为

$$x(t) = c_1 + \mathrm{e}^{2t}(c_2 \cos t + c_3 \sin t).$$

将 $x(t)$ 代入第二个方程式，得

$$y(t) = \frac{\mathrm{d}x}{\mathrm{d}t} - 3x - t = -3c_1 - t + \mathrm{e}^{2t}\big[(c_3 - c_2)\cos t - (c_2 + c_3)\sin t\big].$$

因此得到原方程组的通解为

$$\begin{cases} x(t) = c_1 + \mathrm{e}^{2t}(c_2 \cos t + c_3 \sin t), \\[2mm] y(t) = -3c_1 - t + \mathrm{e}^{2t}\big[(c_3 - c_2)\cos t - (c_2 + c_3)\sin t\big]. \end{cases}$$